全国高职高专规划教材

环境工程施工与核算

（第二版）

郭正　张之浩　主编

中国环境出版集团·北京

图书在版编目（CIP）数据

环境工程施工与核算/郭正，张之浩主编. —2 版. —北京：中国环境出版集团，2013.3（2021.2 重印）
高职高专环境类系列教材
ISBN 978-7-5111-1335-1

Ⅰ. ①环… Ⅱ. ①郭…②张… Ⅲ. ①环境工程—工程施工—工程技术人员—技术培训—教材②环境工程—经济核算—工程技术人员—技术培训—教材 Ⅳ. ①X5

中国版本图书馆 CIP 数据核字（2013）第 030849 号

出 版 人　武德凯
责任编辑　黄晓燕　侯华华
责任校对　任　丽
封面设计　宋　瑞

出版发行　中国环境出版集团
（100062　北京市东城区广渠门内大街 16 号）
网　　址：http://www.cesp.com.cn
电子邮箱：bjgl@cesp.com.cn
联系电话：010-67112765（编辑管理部）
010-67112735（第一分社）
发行热线：010-67125803，010-67113405（传真）

印　　刷　北京市联华印刷厂
经　　销　各地新华书店
版　　次　2005 年 2 月第 1 版　2013 年 3 月第 2 版
印　　次　2021 年 2 月第 3 次印刷
开　　本　787×960　1/16
印　　张　28
字　　数　510 千字
定　　价　41.00 元

丛书编委会

前言

环境保护是我们的基本国策，政府为此颁布了一系列的环境法律、规范和环境标准，随着我国国民经济的迅速发展和人民生活水平的不断提高，人民群众对环境质量和生活质量的要求也越来越高，国家投入了大量资金用于环境保护基础设施的建设，越来越多的企事业单位开始重视对污染的预防和治理，这促使广大环境工程技术人员对污染治理技术进行更广泛、深入的研究和实践，使环境工程治理技术得到迅速的发展并成为一门成熟的专业学科。

《环境工程施工与核算》是从广大环境工程治理技术人员在治理现场施工的需要出发而编写的，本书的特点之一是注重实践。环境工程技术是一门实践性的专业学科，它不仅需要工程技术人员掌握环境工程的理论知识，更重要的是需要掌握环境工程的施工技能，包括施工项目如何进行计划和组织；施工过程中从土方和地基基础到混凝土施工的现场处理与处置；设备的防腐；管道、阀门及常用环保设备安装、加工和调试等。在市场经济中，环境工程的管理人员和技术人员还需要掌握如何组织参加项目的招投标；如何编写投标书；如何进行项目的成本核算；如何进行工程的结算。这也是环保企业参与市场竞争必要的知识。

本书的特点之二是内容全面，全书结构完整、循序渐进，基本涵盖了一个工程项目施工所涉及的施工技术、安装技术、组织管理和经济核算方面的知识。相信这对于从事环境工程治理服务的工程技术人员和现场管理人员是非常珍贵的。

本书可供高等院校和高职技术学院环境工程、给水排水工程、建筑环境设备与施工专业的学生作为专业教科书，也可供从事环境工程的相关技术人员阅读参考。

参加本书修订工作的有张之浩（第一章和第二章）、邱小燕（第三章和第四章）、龚野（第五章、第六章、第七章和第八章）、景凤湘（第九章和第十章）、谌永红（第十一章、第十二章和第十三章）等。全书由郭正与张之浩统稿。

由于作者水平有限，书中疏漏和错误之处在所难免，敬请读者批评指正。

郭正　张之浩

2012 年 5 月 19 日

目录

第一章 环境污染与环境工程

本章重点

本章介绍环境污染、环境工程技术的发展与技术特点、技术分类。

第一节 环境污染问题

环境污染问题是由于人类作用于自然环境的不合理和不科学的行动引起而又反作用于人类自己的综合性问题。它涉及人口的过度增长，不合理地利用、开发自然资源所带来的环境恶化、资源枯竭、物种灭绝及生态破坏、浪费资源、向环境排放大量污染物而引起的污染等问题。这些问题相互关联、互相影响，已成为全球十分关注的问题，也是21世纪的热点和焦点问题。

一、水环境污染

水是地球上一切生命赖以生存、生活和生产不可缺少的基本物质之一，是自然资源的重要组成部分。水环境污染是指进入水体的污染物的浓度超过水环境所能允许的极限，改变了正常水体的组成，破坏其物理、化学和生态平衡体系，使水环境质量恶化，从而危害人类生活、生产和健康，并给正常的工农业生产带来不良的后果。排入水体的污染物种类很多，例如，酸性和碱性物质、无机有毒物质、重金属、有机污染物质、油类物质等。水环境污染不仅影响工农业生产，重要的是会直接威胁人们的生活质量和身体健康。

二、大气环境污染

大气污染是指进入大气层的污染物的浓度超过环境所能允许的极限，改变了正常大气的组成，破坏其物理、化学和生态平衡体系，使大气质量恶化，从而危害人类健康生活、生产，给正常的工农业带来不良后果的大气状况。排入大气的污染物种类很多，一般可分为两类：一类是颗粒污染物，例如尘粒、粉尘、烟尘等；另一类是气态污染物，例如含硫化合物 SO_2、氮氧化物 NO_x、卤素化合物 HCl、HF 等。大气污染对人体健康的影响很大，它是造成呼吸道疾病的主要原因。

三、固体废物污染

固体废物通常是指人类在生产和生活过程中产生并排出的固体或泥状物质，包括从废水和废气处理中分离出来的固体颗粒物。固体废物按照其来源一般分为矿业固体废物、工业固体废物、城市垃圾和放射性固体废物。固体废物对环境的污染主要体现在污染土壤、水体、大气，影响环境卫生并占用大量土地。固体废物处理的方法包括综合回收利用、堆肥化处理、焚烧处理、填埋处理等多种方法。目前，在我国的城市垃圾处理中，大约有 4%采用焚烧处理，37%采用卫生填埋处理。在未来 20 年，我国城市垃圾处理仍然将以规范的卫生填埋处理为主。

四、噪声污染

从环境的角度来说，一切人们不需要的声音都称为噪声，它包括危害人们身体健康的声音，干扰人们学习、工作、休息的声音及其他人们不需要的声音。噪声污染的危害是多方面的，它可使人的听力受到损伤，影响人的神经系统、消化系统、心血管系统和视觉系统等。在城市环境综合整治中，群众反映的环境问题中噪声污染占很大的比例，它是环境污染控制的一个重要方面。

第二节　环境工程技术

环境工程是一门新兴的综合性学科。与这门学科密切相关的学科包括：土木工程、生物工程、物理学、化学及化学工程、机械工程、伦理学等。可以说，目前的几乎所有学科都与环境工程有或多或少的联系。

环境工程是人类与各种环境污染进行斗争和保护生存环境的过程中形成和发展起来的。在 20 世纪 50 年代之前，由于环境污染影响面较小，污染的治理措施多处于自发阶段，仅仅是针对工业生产过程中污染物的排放进行的，环境工程还没有形成一门比较完整的学科。50 年代之后，环境污染日益严重，环境保护和污染治理技术迅速发展起来，环境工程作为一门学科也逐渐形成。随着人们治理污染技术水平和认识水平的提高，环境工程技术也得到迅速的发展。目前的环境工程是一门运用工程技术的方法和手段来控制环境污染及改善环境质量的学科，它不仅要提供合理利用、保护自然资源的一整套技术途径和技术措施，而且还要研究开发废物资源化技术、改革生产工艺、提出清洁生产路线、发展循环经济需要的无废或少废的闭路生产系统。另外，还要对区域环境系统进行长远规划与科学管理，以获得最佳的环境、社会和经济效益。

在新的发展时期，环境工程的主要任务可概括为以下三个方面：

（1）落实国家环境保护政策，为保护自然资源和能源，消除资源的浪费，控制和减轻污染提供技术支持。

（2）研究防治环境污染的机理和有效途径，保护和改善环境，保护人民身体健康。

（3）综合利用废水、废气、废渣，促进工农业生产的发展。

一、环境工程技术的基本内容

（一）水污染控制工程

水污染控制工程的主要任务是从技术和工程上解决预防和控制水污染的问题，提供保护水环境质量、合理利用水资源的方法以及满足不同用途和要求的用水的工艺技术和工程措施。在对一个区域的水环境污染进行治理时，首先必须考虑当地的社会条件（工厂布局、人口密度、交通、农业生产等）、自然条件（气象、地质、水文、植被等）及污染源的性质（生产工艺、排放量、污染物等），研究当地水体、土壤自然净化能力，分析有无对废水进行自然净化的可能。在确定治理工艺后，还必须对处理后废水的排放及回用作出妥善的安排。

对废水的处理，一般是根据当地纳污水体的功能与当地污染物总量控制下允许的排放量及浓度来确定处理程度。处理的程度从经济性、技术性及实用性考虑一般可分为三级。

1．废水的一级处理

该方法主要采取的是物理处理，如格栅、沉淀、网滤、砂滤、隔油、气浮等。主要去除废水中的漂浮物及部分悬浮状污染物，以减轻水质的腐化程度和后续处理工艺负荷。经过一级处理的废水，一般达不到排放标准。

2．废水的二级处理

该方法以生物处理为主要手段，如活性污泥法、生物膜法、生物稳定塘、土地处理系统等。主要去除废水中呈可溶态、胶态的有机污染物及部分氮、磷元素，其出水一般能达到排放标准。

3．废水的三级处理（又称深度处理）

采用该法的目的在于废水的回收利用。因此，应根据用户对水质的要求，建立不同的处理工艺组合。一般主要去除氮、磷、重金属、病原微生物及其他有毒物质。经常采用的方法主要有化学处理方法，如中和、化学沉淀、微滤、吸附、电渗析、离子交换、氧化还原等。这里须指出，对于工业废水的处理，由于其成分复杂，处理难度较大，必须采取综合防治措施。

在确定治理方案时，应特别考虑废水的利用问题。例如：对于饲养场的有机高浓度废水，可采用各种方法组合起来处理废水，使出水达标排放，或是将废水视作肥料及能源加以利用，这是两种截然不同的结果。许多实例告诉我们，不重视这个问题将付出高昂的代价。

（二）大气污染控制工程

大气污染控制工程主要研究大气污染物的起因，并提供预防、控制和改善大气质量的工程技术措施。大气污染问题主要为人类活动所造成，主要的大气污染源有三种，即生活污染源、工业及农业生产污染源和交通污染源。对大气污染的防治，在宏观上应采取综合防治的策略，对于主要污染物可采取下列措施进行治理。

1. 颗粒污染物净化技术

这是将颗粒物从废气中分离出来的技术。常用的除尘器的除尘率为 40%～99%，例如：沉降室、惯性除尘器、旋风除尘器、冲击式除尘器、文丘里除尘器、过滤式除尘器和电除尘器等。

2. 气态污染物净化技术

气态污染物种类较多，性质各异，排放量较大的有二氧化硫（SO_2）、氮氧化物（NO_x）、汽车尾气、碳氢化合物、碳氧化物等。排放量较少的还有化工及各种生产过程中排放出的废气等。

常用的净化方法有：吸收法、吸附法、催化转化法、燃烧法等。其中吸收法是最常用的基本方法。该法是用适当的吸收剂，从废气中吸收除去气态污染物以消除污染。主要特点是处理量大、处理效果好。目前，发达国家普遍采用的烟气脱除 SO_2 的技术（石灰/石膏法），就是吸收原理的应用成果。多数情况下，吸收过程是将污染物由气相转入液相，因此，还需对吸收液做进一步的处理，以免产生二次污染。吸附法适合于低浓度的废气净化，能回收有用成分，设备简单。从目前发展的趋势看，吸附法的应用面正在逐步扩大。催化转化法目前应用较多的是汽车尾气的净化。燃烧法能去除散发难闻气味或有毒的气体有机物或气溶胶。

大气污染物经过处理净化后达到了排放标准，但如果烟囱的排放高度不够，仍然会造成严重污染，因此常常需要采用高烟囱排放技术。我们必须建立高度合适的烟囱，使经过净化达标的烟气，充分利用大气的自净作用向更远的地方稀释扩散，进一步降低地面空气中污染物的浓度。

（三）固体废物处理与处置工程

固体废物处理与处置工程的主要任务是从工程的角度，解决城市垃圾、工业废渣、有毒有害固体废弃物的处理处置和回收利用的问题。由于固体废物来源面广、量大，若管理不当，必将对水体、大气和土壤带来严重污染。其中的有毒、有害废物和病原体，还会通过生物和环境介质的传播，危害人体健康。因此，对固体废物的处理和处置，是一个十分重要的问题。

对固体废物的处理方法，从观念上讲，首先应将固体废物视作资源，固体废物中的每一种物质都是具有再利用价值的。对固体废物的处理首先应考虑综合利用，尽可能实现固体废物的资源化。从中回收金属、玻璃、塑料、纸张、能源、肥料等，也可考虑将量大的固体废物用来生产建筑材料，大城市采用清洁的垃圾发电是今后的发展方向。中、小城市及县城采用垃圾的资源化也是比较可行的。填埋一般作为固体废物的最终处理方式，这有两层意义：无害固体废物，如垃圾发电后的残渣、建筑垃圾、少量的炉渣等，这是一种回归性的填埋，没有什么潜在危害；另一种是危险固体废物的最终填埋。这种填埋的意义在于：目前的技术水平还不能及时、有效地回收利用这些废物，填埋的目的是安全地将其封存起来，等科技水平提高后，有了合适的利用方法，再将其挖出来，变废为宝。生活垃圾最好不要采用直接填埋的处理方式，因为这些垃圾迟早要污染地下水和周围的大气。美国每年都要拿出上百亿美元来清理以往的垃圾填埋场，从环境中铲除这些毒瘤。

（四）噪声及放射性污染控制工程

自然环境中除了大气、水、植被等环境要素以外，在我们的生存空间里还充满着各种声波、电磁波、光辐射等。随着核能技术及放射性元素的广泛应用，天然石材制品进入室内装饰领域，放射性污染也在走近我们。电磁、放射性、噪声、热、光污染的防治已成为众所瞩目的环境保护课题。据有关部门统计，北京、上海居民向环保部门反映的噪声污染问题占所有污染事件的 40%以上，说明我国的噪声污染很严重。

声音的形成有三个要素：声源、介质和接受者。所以噪声的控制也必须从这三个环节入手，即从声源上降低噪声，在噪声传播途径上加以控制，在接受点上进行防护。一般来说，从声源到接受体之间可采用隔振、消声、吸声、隔声的措施来治理噪声污染。

产生电磁污染的污染源有：各种微波通信、电台、电视台、工业用及家用电器等产生的电磁辐射，使人们生活在电磁波的海洋里，对人类的危害不可小视。防护的主要方法是采用金属材料作屏蔽体，将电磁辐射能量传入大地。

核废物造成的放射性污染的治理方法基本与水、气、渣的治理方法相同。基本原理是将放射性元素浓缩后，回收或固化，再作最终处理。

（五）污染的综合防治技术

环境工程学具有庞大而复杂的技术体系。所研究和要解决的问题，不仅限于防治环境污染的技术措施，还包括保护和合理利用自然资源，探讨和开发废物的资源化技术，改革生产工艺，以及按区域环境质量的要求，合理地布局与管理，以求得社会、经济和环境三个效益的统一。以这种考虑为基础，即形成了环境污染综合防治的概念。我们应从资源、生态、经济、社会全方位来考虑，以获得最佳的治理效果。例如一个污水处理场的建立，给周围居民带来了废水、气溶胶及噪声的污染；治理烟气污染时，却又产生了水污染；填埋垃圾又造成地下及地面水污染；而落后的、污染严重的生产工艺产生了大量的污染物，又需要进行艰难的治理等。这些不合理现象的出现，说明我们的发展思路还没有从末端治理的观念中转变过来，并未从综合防治的角度出发，而是就事论事地进行治理，结果还是留下了污染环境的后遗症。

二、环境工程的发展趋势

环境工程在宏观上是一门保护自然环境的学科，微观上旨在防治随着生产、生活活动而带来的各种污染。它是一门提出控制、治理工程措施的实用学科，所跨的学科内容包括化学工程、土木工程、机电工程等，它不仅研究防治环境污染和公害的措施，而且研究自然资源的保护和合理利用，探讨废物资源化技术、改革生产工艺、发展少害或无害的闭路生产系统以及按区域环境进行运筹学管理，以获得较大的环境效果和经济效益，这些都成为环境工程学的重要发展方向。

自然资源的有限和对自然资源需求的不断增长，特别是环境污染的控制目标和对能源资源需求之间的矛盾，促使环境工程学对现有技术和未来技术的发展进行技术评价，为保护自然资源和社会资源提供依据。资源、生态、经济三者发展的动态平衡，决定着环境工程未来的发展趋势。

第三节　环境工程的装备

一、环境工程的设备分类

按设备的功能，可将环境工程设备分为水污染控制设备、大气污染控制及除尘设备、固体废弃物处理设备、噪声控制设备、环境监测及分析设备、采暖通风设备、热交换设备等。

上述各类设备又可分为若干小类，如水污染控制设备可分为物理法、化学法、生物化学法等设备类型，其中每类还可细分成若干小类。

（一）按设备构成分类

按设备的构成，可将环境工程设备分为以下三类。

1．单体设备

这是环境工程设备的主体，例如大气污染治理中各种除尘器，包括了袋式除尘器、旋风除尘器等，而单体水处理设备包括离子交换器、各种污泥脱水设备等。单体设备可以是机械加工件，也可以是混凝土或其他材料（如玻璃钢）建造的构筑物。

2．成套设备

指以单体设备为主，各种附属设备（如风机、电机等）组成的整体，如电镀废水一体化处理设备、有机废气催化燃烧系统等。

3．生产线

指由一台或多台单体设备、各种附属设备及其管线所构成的整体，如固体废弃物处理生产线等。

（二）按设备性质分类

按设备的性质，可将环境工程设备分为以下三类。

1．机械设备

指各种用于治理污染和改善环境质量的机械加工产品，如除尘器、风机、机械式水处理设备、机械式固体废物处理设备等。机械设备是目前环境工程设备中种类最广、型号最多、应用最普遍、使用最方便的设备。

2．构筑物

构筑物一般指钢筋混凝土结构件，如各种形式的沉淀池、过滤池、浓缩池等，但也有许多是采用玻璃钢或钢结构本体建设的。

3．仪器设备

指各种用于环境监测及环境工程实验的仪器，如各种电化学分析、光学分析、色谱分析仪器，各种采样器，各种自动监测仪器及工程施工装备等。

二、环境工程中的主要设备

1．建筑物和构筑物

环境工程的工程设施主要包括土建工程中的建筑物、构筑物（如厂房、泵房、各种工艺用水池等）和环境工程专门的设备。这些建筑物、构筑物和设备在污染的控制和治理中发挥着重要的作用（第三章至第八章中将详细介绍）。

2．水处理装备

在城市水污染治理工程中，主要包括各种传统物理法过滤、隔油、沉沙设备，生物方法中的活性污泥法或生物滤池法处理中的氧化池、沉淀池以及鼓风机、曝气机、污泥泵、潜水泵、脱水机械等水处理配套设备。在工业污水的净化处理中，还有大量的各种小型组合式成套处理设备等。国家鼓励发展的水污染治理设备目录见表 1-1。

3．大气污染控制装备

在大气污染治理设备中，主要产品包括多管旋风除尘器，中小型湿式脱硫除尘器，静电除尘器和袋式除尘器，汽油车排气净化设备和有害工业废气净化设备。国家鼓励发展的空气污染治理设备目录见表 1-2。

4．噪声污染控制装备

在噪声污染治理设备中，主要产品包括各种规格的消声器、吸声材料、隔声和隔震设备等。国家鼓励发展的噪声控制设备目录见表 1-3。

5．固体废弃物处理

国家鼓励发展的固体废弃物处理设备目录见表 1-4。

环境工程施工中涉及的环保设备和施工技术方法种类繁多，只有通过有效的施工组织，从基础工程开始，循序渐进，认真按照施工技术指南精心施工，才能保质保量完成任务，达到工程设计预期的环境目标，同时取得良好的经济效益。

表 1-1　国家鼓励发展的水污染治理设备目录

设备产品名称	主要指标及技术要求	适用范围
旋转式阶梯格栅	栅条间距：3～40 mm；设计水深：<3 m	大中型污水处理厂
旋流式除沙设备	除沙率：85%～95%	城市污水、工业废水处理
浮油回收机	油拖移动线速度：18～20 m/min	浮油回收
高效气浮成套设备	微气泡直径≤1 μm	给水及废水处理
风能曝气机（增氧机）	二级风速：2～3.7 m/s	城市污水或工业废水处理
悬挂链脉冲波式曝气装置	理论动力效率≥3.0 kg O_2/（kW·h）	城市污水及工业废水处理
带式脱水机与污泥浓缩机一体化装置	有效带宽：2 m（形成 1～3 m 系列）	城市污水及工业废水处理
高浓度难生物降解有机废水处理成套设备	处理后的水质可达到国家或地方排放标准	高浓度有机废水的处理
除藻机	利用机械去除藻类	水库、湖泊
SBR 序批式活性污泥法反应器	混合液悬浮固体 MLSS：4 000～10 000 mg/L	城市污水、工业废水处理
内循环三相生物流化床反应器	采用多孔载体，载体耐磨，有较好的机械强度，且性能价格比高于一般载体	城市及工业废水处理
膜—生物反应器	反应器生物量达 10 g/L 以上	城市中水处理及污水回用
光氧化法处理受污染饮用水设备	对受污染饮用水源水中的污染物质具有良好去除能力	饮用水净化处理
污泥快速制肥成套设备	处理量：5～50 m^3 污泥/d（脱水污泥）	城市污水及工业废水处理
卧螺式离心水机与污泥浓缩机一体化装置	转鼓直径 450～720 mm	城市污水及工业废水处理
新型自氧发生器	单位能耗，纯氧作原料时≤15 kW·h/kg 纯氧；空气作原料时≤25 kW·h/kg 纯氧	给水及废水处理
SBR 法大型旋转滗水器	单台滗水器≥1 000 m^3/h；滗水深度≥3 m	城市污水、工业废水处理

表 1-2 国家鼓励发展的空气污染治理设备目录

设备产品名称	主要指标及技术要求	适用范围
石灰石（石灰）—石膏湿法烟气脱硫成套设备	钙硫比 Ca/S＜1.05；脱硫率 90%及以上；石膏中亚硫酸钙的残留度＜8%；烟气带水量＜100 mg/Nm^3；副产品石膏能够得到有效利用	火电厂烟气治理
炉内喷钙及尾部增湿活化硫成套设备	钙硫比 Ca/S＜2.5；脱硫率：70%及以上	火电厂烟气治理
半干法烟气脱硫设备	钙硫比 Ca/S＝1.4；脱硫率：75%及以下	火电厂烟气治理及工业炉窑烟气治理
烟气循环流化床脱硫设备	钙硫比 Ca/S＜1.25；脱硫率：80%及以上	火电厂烟气治理
高温高滤速袋式除尘器	最高适用温度 250℃；除尘效率为 95%；滤袋正常寿命≥2 年；过滤风速≥1.5 m/min	烟气除尘治理
袋式除尘器高效清灰设备	漏风率＜1%；耐温＞200℃；同样清灰量条件下减小能耗 25%	烟气除尘治理
高效电除尘器	处理风量 30 000～1 000 000 m^3/h；除尘效率≥99%；出口浓度≤50 mg/m^3（标）	烟气除尘治理
电除尘器系统配置数据、实地采样及定量分析设备	最高适用温度 350℃；实地采样模拟连续即时显示除尘效率，精度为 2%；具备整体移动功能	烟气除尘治理

表 1-3 国家鼓励发展的噪声控制设备目录

设备产品名称	主要指标及技术要求	适用范围
大型配套消声器	消声量：15～20 dB（A）/m；具有较大型的配套性、通用性和安全性	通风及空气动力设备的消声
高炉冷风放风阀、高炉鼓风机放风消声器系列	放风量：1 000～8 800 m^3/min；消声量：20～50 dB（A）	工业噪声控制
高炉煤气均压放散消声器系列产品	放散体积：20～100 m^3；消声量＞45 dB（A）	工业噪声控制
高炉煤气减压阀组消声器系列产品	气流量：20 000～700 000 m^3/h；气体压力≤0.015 MPa；消声量＞30 dB（A）	工业噪声控制
锅炉安全门消声器	能够满足电力环保及安全要求	火电厂

表 1-4 国家鼓励发展的固体废弃物处理设备目录

设备产品名称	主要指标及技术要求	适用范围
垃圾分选设备	分选能力 10 t/h 及以上	城市垃圾处理及利用
城市生活垃圾焚烧处理成套设备	处理量：150～1 000 t/d； 炉膛温度：850℃以上	城市生活垃圾处理
有毒有害固体废弃物焚烧处理成套设备	处理量：20 t/d 以上； 回转窑温度：850～1 000℃； 二燃室：1 000～1 200℃	有毒有害固体废物处理
小型固体废弃物焚烧设备	焚烧量：30～500 kg/h； 烟气排放达到国家排放标准	用于医院、机场、生活小区等固体废弃物处理
垃圾发酵滚筒	50～300 t/d	适合于混合垃圾和袋装垃圾的处理
堆肥翻堆机	处理量 200～1 000 m^3/h	用于垃圾堆肥处理
后装压缩式垃圾收运车	压缩密度：0.6～0.8 t/m^3； 装载能力：3～15 t/车； 卸料方式：液压倾翻自卸，推铲推出	城市生活垃圾的收集运输

习题

1. 环境工程技术分为哪几类，各有什么特点？
2. 环境工程的主要装备有哪些？

第二章 环境工程的施工与组织

本章重点

要求掌握施工组织、进度控制、质量控制与项目协调的原理及方法。

第一节 工程施工组织的概念

一、工程施工组织的作用

随着环境工程建设范围的扩展和技术的进步，现代环境工程施工过程已成为一项较为复杂的生产活动。一个大型环境工程建设项目的施工，包括要组织不同专业的工人和数量众多的各类机械、设备有条不紊地投入到施工中，要组织种类繁多、几十甚至几百万吨计的建筑材料、制品和构配件的生产、运输、贮存和供应工作，组织施工机具的供应、维修和保养工作，组织施工现场临时供水、供电、供热，以及安排施工现场的生产和生活所需要的各种临时建筑物等工作。这些工作的组织与协调，对于多快好省地进行工程建设具有十分重要的意义。

施工组织就是针对项目施工的复杂性，研究如何组织、计划施工项目的全部施工，寻求最合理的组织管理方法，实现工程建设计划和设计的要求，提供各阶段的施工准备工作内容，对人力、资金、材料、机械和施工方法等进行科学合理的安排，协调工程建设中各施工单位、各工种、各项资源之间，以及资源与时间之间的合理关系。在整个建设过程中，按照客观的技术、经济规律，做出科学、合理的安排，使项目施工取得最优的效果。

项目的组织管理者应充分认识施工的特点，对各个环节要做到精心组织、严格管理，全面协调好施工中的各种关系。对于特殊、复杂的施工过程，要进行科学的分析，弄清主次矛盾，找出关键线路，有的放矢地采取措施，合理组织各种资源的投入顺序、数量、比例，进行科学合理的安排，组织平行和交叉流水作业，提高对时间、空间的利用，以取得全面的经济效益和社会效益。

二、工程施工组织的特点

施工组织管理的对象是千差万别的，施工过程中内部工作与外部联系是错综复杂的，并没有一种固定不变的组织管理方法可运用于一切工程。因此，在不同的条件下，项目管理者对不同的施工对象需采取不同的管理方法。施工组织具有以下特点：

1．施工项目产品在空间上的固定性

大多数的环境工程施工项目均由自然地面以下的基础和自然地面以上的主体两部分组成（地下建筑全部在自然地面以下）。基础承受主体的全部荷载（包括基础的自重），并传给地基，同时将主体固定。任何施工项目产品都是在选定的地点上建造使用，与选定地点的土地不可分割，一般从建造开始直至拆除均不能移动。

2．施工项目产品的多样性

施工项目产品不仅要满足各种使用功能的要求，而且受到地区的自然条件诸因素的限制，使施工项目产品在规模、结构、构造、形式、基础等诸方面变化纷繁，因此施工项目产品的类型多样。

3．施工项目产品生产的流动性

施工项目产品地点的固定性决定了产品生产的流动性。一般的工业产品都是在固定的工厂、车间内进行生产，而环境工程施工项目产品的生产是在不同的地区，或同一地区的不同现场，或同一现场的不同单位工程，或同一单位工程的不同部位组织工人、机械围绕着同一施工项目产品进行生产，从而导致施工项目产品的生产在地区之间、现场之间和单位工程不同部位之间流动。

4．施工项目产品生产的单件性

施工项目产品地点的固定性和类型的多样性决定了施工项目生产的单件性。一般的工业产品是在一定的时期里，统一的工艺流程中进行批量生产，而具体的一个环境工程施工项目应在国家或地区的统一规划内，根据其使用功能，在选定的地点上单独设计和单独施工。即使是选用标准设计、通用构件或配件，由于施工项目产品所在地区的自然、技术、经济条件不同，也使施工项目产品的结构或构造、建筑材料、施工组织和施工方法等也要因地制宜加以修改，从而使各施工项目产品生产具有单件性。

5．施工项目产品生产周期性

施工项目产品的固定性决定了施工项目产品的生产周期较长。施工项目产品的生产全过程还要受到工艺流程和生产程序的制约，使各专业、工种间必须按照合理的施工顺序进行配合。由于施工项目产品地点的固定性，使施工活动的空间具有局限性，从而导致环境工程施工项目具有生产周期长、占用流动资金大的特点。

6．施工项目产品生产的露天作业和高空作业多

施工项目产品地点的固定性和独立性及体形庞大的特点，决定了施工项目产品生产露天作业和高空作业多的特点。

7. 施工项目产品生产组织协作的综合复杂性

由施工项目的特点可以看出，环境工程施工的涉及面广。它涉及工程力学、建筑结构、建筑构造、地基基础、水暖电、机械设备、建筑材料和施工技术等学科的专业知识，需要在不同时期、不同地点和不同产品上组织多专业、多工种的综合作业。因此，施工的组织是一项科学的管理活动。

第二节 施工项目的施工准备

一、施工准备工作的概念

（一）施工准备工作的意义

现代企业管理的理论认为，企业管理的重点是生产经营，而生产经营的核心是决策。施工项目的施工准备工作是生产经营管理的重要组成部分，是对拟建工程目标、资源供应和施工方案的选择及其空间布置和时间排列等诸方面进行的施工决策。

环境工程建设总的程序是按照决策、设计和施工三个阶段进行。而施工阶段又分为施工准备、土建施工、设备安装、交付验收四个阶段。

由此可见，施工准备工作的基本任务是为拟建工程的施工建立必要的技术和物质条件，统筹安排施工力量和施工现场。施工准备工作也是施工企业搞好目标管理，推行技术经济责任制的重要依据，同时施工准备工作还是土建施工和设备安装顺利进行的根本保证。因此，认真地做好施工准备工作，对于发挥企业优势、合理供应资源、加快施工进度、提高工程质量、降低工程成本、增加企业经济效益、赢得企业社会信誉、实现企业管理现代化等具有重要的意义。

实践证明，凡是重视施工准备工作，积极为拟建工程创造一切施工条件，项目施工就会顺利地进行，凡是不重视施工准备工作，就会给项目施工带来麻烦和损失，甚至给项目施工带来灾难，其后果不堪设想。

（二）施工准备工作的分类

1. 按施工项目施工准备工作的范围不同分类

按施工项目施工准备工作的范围不同，一般可分为全场性施工准备、单位工程施工条件准备和分部分项工程作业条件准备等三种。

所谓全场性施工准备是以一个施工工地为对象而进行的各项施工准备。其特点是施工准备工作的目的、内容都是为全场性施工服务的，它不仅要为全场性的施工活动创造有利条件，而且要兼顾单位工程施工条件的准备。

单位工程施工条件准备是以一个建筑物或构筑物为对象而进行的施工条件准备工作。其特点是施工准备工作的目的、内容都是为单位工程施工服务的，它不仅为该单位工程的施工做好一切准备，而且要为分部分项工程做好施工准备工作。

分部分项工程作业条件的准备是以一个分部分项工程或冬雨期施工项目为对象而进行的作业条件准备。

2．按施工项目所处的施工阶段不同分类

按施工项目所处的施工阶段不同，一般可分为开工前的施工准备和各施工阶段前的施工准备两种。

开工前的施工准备：它是在拟建工程正式开工之前所进行的一切施工准备工作。其目的是为施工项目正式开工创造必要的施工条件。它既可能是全场性的施工准备，又可能是单位工程施工条件的准备。

各施工阶段前的施工准备：它是在施工项目开工之后，每个施工阶段正式开工之前所进行的一切施工准备工作。其目的是为施工阶段正式开工创造必要的施工条件。如沉淀池的施工一般可分为地下工程、主体工程、设备安装工程等施工阶段，每个施工阶段的施工内容不同，所需要的技术条件、物资条件、组织要求和现场布置等方面也不同，在每个施工阶段开工之前，都必须做好相应的施工准备工作。

二、施工准备工作的内容

施工项目施工准备工作按其性质和内容，通常包括技术准备、物资准备、劳动组织准备、施工现场准备和施工的场外准备。

（一）技术准备

技术准备是施工准备工作的核心。由于任何技术的差错或隐患都可能引起人身安全和质量事故，因此必须认真地做好技术准备工作。具体有如下内容：

1．熟悉、审查施工图纸和有关的设计资料

要求施工组织者熟悉的资料包括：

（1）建设单位和设计单位提供的初步设计或扩大初步设计（技术设计）、施工图设计、建筑总平面图、土方竖向设计和城市规划等资料文件。

（2）设计、施工验收规范和有关技术规定。

（3）图纸的设计意图、结构与构造特点和技术要求。

（4）施工图纸与设计说明书在内容上是否一致，以及施工图纸与其各组成部分之间有无矛盾和错误。

（5）总平面图与其他结构图在几何尺寸、坐标、标高、说明等方面是否一致，技术要求是否正确；设备安装图纸与其相配合的土建施工图纸在坐标、标高上是否一致，土建施工质量是否满足设备安装的要求。

（6）审查地基处理与基础设计同拟建工程地点的工程水文、地质等条件是否一致，建筑物或构筑物与地下建筑物或构筑物、管线之间的关系。

（7）明确施工项目的结构形式和特点，复核主要承重结构的强度、刚度和稳定性是否满足要求，审查施工图纸中的工程复杂、施工难度大和技术要求高的分部分项工程或新结构、新材料、新工艺，检查现有施工技术水平和管理水平能否满足工期和质量要求，并采取可行的技术措施加以保证。

（8）明确建设期限、分期分批投产或交付使用的顺序和时间，施工项目所需主要材料，设备的数量、规格、来源和供货日期。

（9）明确建设、设计、监理和施工等单位之间的协作、配合关系，了解建设单位可以提供的施工条件。

熟悉、审查施工图纸的程序通常分为自审阶段、会审阶段和现场签证三个阶段。

（1）施工图纸的自审阶段。施工单位收到施工项目的施工图纸和有关技术文件后，应尽快地组织有关的工程技术人员对图纸进行熟悉，写出自审图纸的记录。自审图纸的记录应包括对设计图纸的疑问和对设计图纸的有关建议等。

（2）施工图纸的会审阶段。一般由建设单位主持，由设计单位、施工单位和监理单位参加，四方共同进行设计图纸的会审。图纸会审时，首先由设计单位的工程主设计人向会审者说明拟建工程的设计依据、意图和功能要求，并对特殊结构、新材料、新工艺和新技术提出设计要求；然后施工单位根据自审记录以及对设计意图的了解，提出对施工图纸的疑问和建议；最后在统一认识的基础上，对所探讨的问题逐一地做好记录，形成“图纸会审纪要”，参加单位共同会签、盖章，由建设单位正式行文，作为与设计文件同时使用的技术文件和指导施工的依据，也是建设单位与施工单位进行工程结算的依据。

（3）施工图纸的现场签证阶段。在拟建工程施工的过程中，如果发现施工的条件与设计图纸的条件不符，或者发现图纸中仍然有错误，或者因为材料的规格、质量不能满足设计要求，或者因为施工单位提出了合理化建议，需要对施工图纸进行及时修改时，应遵循技术核定和设计变更的签证制度，进行图纸的施工现场签证。如果设计变更的内容对拟建工程的规模、投资影响较大时，要报请项目的原批准单位批准。在施工现场的图纸修改、技术核定和设计变更资料，都要有正式的文字记录，归入拟建工程施工档案，作为指导施工、工程结算和竣工验收的依据。

2．原始资料的调查分析

为了做好施工准备工作，除了要掌握有关施工项目的书面资料外，还应该进行施工项目的实地勘测和调查，这对于拟定一个先进合理、切合实际的施工组织设计是非常必要的，因此应该做好以下几个方面的调查分析：

（1）自然条件的调查分析。建设地区自然条件调查分析的主要内容有：地区水准点和绝对标高等情况；地质构造、土的性质和类别、地基土的承载力、地震级别和烈度等情况；地下水位的高低变化情况。

（2）技术经济条件的调查分析。建设地区技术经济条件调查分析的主要内容有：地方建筑施工企业的状况；施工现场的动迁状况；当地可利用的地方材料状况；材料供应状况；能源和交通运输状况；劳动力和技术水平状况；生活供应、教育和医疗卫生状况；当地消防、治安状况和参加施工单位的状况等。

3．编制施工预算

施工预算是根据中标后的合同价、施工图纸、施工组织设计或施工方案、施工定额等文件进行编制的，它直接受中标后合同价的控制。它是工程建设企业内部控制各项成本支出、考核用工、“两算”对比、签发施工任务单、限额领料、基层进行经济核算的依据。

4．编制中标后的施工组织设计

中标后的施工组织设计是施工准备工作的重要组成部分，也是指导施工现场全部生产活动的技术经济文件。

为了正确处理人与物、主体与辅助、工艺与设备、专业与协作、供应与消耗、生产与储存、使用与维修以及它们在空间布置、时间排列之间的关系，必须根据拟建工程的规模、结构特点和建设单位的要求，在原始资料调查分析的基础上，编制出一份能切实指导该工程全部施工活动的科学方案（施工组织设计）。

（二）物资准备

材料、构（配）件、制品、机具和设备是保证施工顺利进行的物质基础，这些物资的准备工作必须在工程开工之前完成。根据各种物资的需要量计划，分别落实货源，安排运输和储备，使其满足连续施工的要求。

1．物资准备工作的内容

物资准备主要包括建筑材料的准备；构（配）件和制品的加工准备；设备及安装机具的准备和生产工艺设备的准备。

（1）建筑材料的准备。建筑材料的准备主要是根据施工预算进行分析，按照施工进度计划要求，按材料名称、规格、使用时间、材料储备定额和消耗定额进行汇总，编制出材料需要量计划，为组织备料、确定仓库、场地堆放所需的面积和组织运输等提供依据。

（2）构（配）件、制品的加工准备。根据施工预算提供的构（配）件、制品的名称、规格、质量和消耗量，确定加工方案、供应渠道及进场后的储存地点和方式，编制出其需要量计划，为组织运输、确定堆场面积等提供依据。

（3）设备及安装机具的准备。根据采用的施工方案、安排的施工进度，确定施工机械的类型、数量和进场时间，确定设备及施工机具的供应办法和进场后的存放地点和方式，为组织运输、确定堆场面积等提供依据。

（4）生产工艺设备的准备。按照施工项目工艺流程及工艺设备的布置图，提出工艺设备的名称、型号、生产能力和需要量，确定分期分批进场时间和保管方式，编制工艺设备需要量计划，为组织运输、确定堆场面积提供依据。

2．物资准备工作的程序

物资准备工作的程序是搞好物资准备的重要手段。通常按如下程序进行：

（1）根据施工预算、分部（项）工程施工方法和施工进度的安排，拟定材料、构（配）件及制品、施工机具和工艺设备等物资的需要量计划。

（2）根据各种物资需要量计划，组织货源，确定加工、供应地点和供应方式，签订物资供应合同。

（3）根据各种物资的需要量计划和合同，拟定运输计划和运输方案。

（4）按照施工总平面图的要求，组织物资按计划时间进场，在指定地点，按规定方式进行储存或堆放。

（三）劳动组织准备

劳动组织准备的范围既有整个施工企业的劳动组织准备，又有大型综合的拟建建设项目的劳动组织准备，也有小型简单的拟建单位工程的劳动组织准备。劳动组织准备工作的内容包括：

1．建立施工项目的领导机构

施工组织领导机构的建立应根据施工项目的规模、结构特点和复杂程度，确定项目施工的领导机构人选和名额。坚持合理分工与密切协作相结合，把有施工经验、有创新精神、有工作效率的人选入领导机构，认真执行因事设职、因职选人的原则。

2．建立精干的施工队组

施工队组的建立要认真考虑专业、工种的合理配合，技工、普工的比例要满足合理的劳动组织，要符合流水施工组织的要求，确定建立施工队组（是专业施工队组，还是混合施工队组）要坚持合理、精干的原则，同时制定出该项目的劳动力需要量计划。

3．集结施工力量、组织劳动力进场

工地的领导机构确定之后，按照开工日期和劳动力需要量计划，组织劳动力进场。同时要进行安全、防火和文明施工等方面的教育，并安排好职工的生活。

4．向施工队组、工人进行施工组织设计、计划和技术交底

施工组织设计、计划和技术交底的目的是把施工项目的设计内容、施工计划和施工技术等要求，向施工队组和工人讲解交代。这是落实计划和技术责任制的好办法。

施工组织设计、计划和技术交底的时间在单位工程或分部（项）工程开工前及时进行，以保证项目严格地按照设计图纸、施工组织设计、安全操作规程和施工验收规范等要求进行施工。

施工组织设计、计划和技术交底的内容有：项目的施工进度计划、月（旬）作业计划；施工组织设计，尤其是施工工艺、质量标准、安全技术措施、降低成本措施和施工验收规范的要求；新结构、新材料、新技术和新工艺的实施方案和保证措施；图纸会审中所确定的有关部位的设计变更和技术核定等事项。交底工作应该按照管理系统逐级进行，由上而下直到工人队组。交底的方式有书面形式、口头形式和现场示范形式等。

施工队组、工人接受施工组织设计、计划和技术交底后，要组织其成员进行认真的分析研究，弄清关键部位、质量标准、安全措施和操作要领。必要时应该进行示范，并明确任务及做好分工协作，同时建立健全岗位责任制和保证措施。

5．建立健全各项管理制度

工地的各项管理制度是否建立、健全，直接影响其各项施工活动的顺利进行。有章不循其后果是严重的，而无章可循更是危险的。为此必须建立、健全工地的各项管理制度。

通常，其内容包括：工程质量检验与验收制度；工程技术档案管理制度；建筑材料（构件、配件、制品）的检查验收制度；技术责任制度；施工图纸学习与会审制度；技术交底制度；职工考勤、考核制度；工地及班组经济核算制度；材料出入库制度；安全操作制度；机具使用保养制度等。

（四）施工现场准备

施工现场是施工的全体参加者为夺取优质、高速、低耗的目标，而有节奏、均衡连续地进行战术决战的活动空间。施工现场的准备工作，主要是为了给施工项目创造有利的施工条件和物资保证。其具体内容如下：

1．做好施工场地的控制网测量

按照设计单位提供的建筑总平面图及给定的永久性经纬坐标控制网和水准控制基桩，进行场区施工测量，设置场区的永久性经纬坐标桩，水准基桩和建立场区工程测量控制网。

2．搞好“三通一平”

“三通一平”是指路通、水通、电通和平整场地。

路通：施工现场的道路是组织物资运输的动脉。施工项目开工前，必须按照施工总平面图的要求，修好施工现场的永久性道路以及必要的临时性道路，形成施工现场完整畅通的运输网络，为建筑材料进场、堆放创造有利条件。

水通：水是施工现场的生产和生活不可缺少的。施工项目开工之前，必须按照施工方的要求，接通施工用水和生活用水的管线，使其尽可能与永久性的给水系统结合起来，做好地下排水系统，为施工创造良好的环境。

电通：电是施工现场的主要动力来源。施工项目开工前，要按照施工组织设计的要求，接通电力和电信设施，做好其他能源（如蒸汽、压缩空气）的供应，确保施工现场动力设备和通信设备的正常运行。

平整场地：按照工程施工总平面图的要求，首先拆除场地上妨碍施工的建筑物或构筑物，然后根据总平面图规定的标高和土方竖向设计图纸，进行挖（填）土方的工程量计算，确定平整场地的施工方案，进行平整场地的工作。

3．做好施工现场的补充勘探

对施工现场做补充勘探是为了进一步寻找枯井、防空洞、古墓、地下管道、暗沟和枯树根等隐蔽物，以便及时拟定处理隐蔽物的方案并实施，为基础工程施工创造有利条件。

4．建造临时设施

按照施工总平面图的布置，建造临时设施，为正式开工准备好生产、办公、生活、居住和储存等临时用房。

5．安装、调试施工机具

组织施工机具进场，根据施工总平面图将施工机具安置在规定的地点及仓库。对于固定的机具要进行就位、搭棚、接电源、保养和调试等工作。对所有施工机具都必须在开工之前进行检查和试运转。

6．做好建筑构（配）件、制品和材料的储存和堆放

按照建筑材料、构（配）件和制品的需要量计划组织进场，根据施工总平面图规定的地点和指定的方式进行储存和堆放。

7．及时提供建筑材料的试验申请计划

按照建筑材料的需要量计划，及时提供建筑材料的试验申请计划。如钢材的机械性能和化学成分等试验；混凝土或沙浆的配合比和强度试验等。

8．做好冬、雨期施工安排

按照施工组织设计的要求，落实冬、雨期施工的临时设施和技术措施。

9．进行新技术项目的试制和试验

按照设计图纸和施工组织设计的要求，认真进行新技术项目的试制和试验。

10．设置消防、保安设施

按照施工组织设计的要求，根据施工总平面图的布置，建立消防、保安等组织机构和有关的规章制度，布置安排好消防、保安等措施。

（五）施工的场外准备

施工准备除了施工现场内部的准备工作外，还有施工现场外部的准备工作，其具体内容包括：

1．材料的加工和订货

建筑材料、构（配）件和建筑制品大部分外购，工艺设备更是如此。这样如何与其他部门、生产单位联系，签订供货合同，搞好及时供应，对于施工企业的正常生产是非常重要的；对于协作项目也是这样，除了要签订议定书外，还必须做大量有关方面的工作。

2. 做好分包工作和签订分包合同

由于施工单位本身的力量所限，有些专业工程的施工、安装和运输等均需要向外单位委托。根据工程量、完成日期、工程质量和工程造价等内容，与其他单位签订分包合同、保证按时实施。

3. 向主管部门提交开工申请报告

当材料的加工、订货和做好分包工作、签订分包合同等施工场外的准备工作完成之后，应及时地填写开工申请报告，并上报上级主管部门批准。

为了落实各项施工准备工作，加强对其检查和监督，必须根据各项施工准备工作的内容、时间和人员，编制出施工准备工作计划。

第三节　工程施工的组织设计

一、工程施工组织设计编制程序和内容

做任何事情都不能没有全盘的考虑，不能没有计划，否则是不可能达到预定的目的，施工过程也是这样。必须首先对各项施工的准备工作和施工过程进行认真仔细的考虑，制订出一个尽可能严密的计划，对施工单位来说，就是要编制生产计划，对于一个拟建工程来说，就是编制一个施工组织设计，有了这些计划，就能指导以后的施工及其准备工作的进行，以便按要求完成施工任务。所以，它在施工准备工作中具有极其重要的决定性意义，是准备工作的中心内容。

施工组织设计的编制程序见图 2-1 和图 2-2。

二、单位工程施工进度计划的编制

与施工组织设计的编制方法大致相同，但是繁简程度有所差异。下面仅介绍单位工程施工组织设计的编制程序。

1. 计算工程量

通常可以利用工程预算中的工程量，但最好还是另编施工预算。工程量计算准确，才能保证劳动力和资源需要量计算的正确和分层分段流水作业之合理的组织，故工程量必须根据图纸和较为准确的定额资料进行计算。如工程的分层分段按流水作业方法施工时，工程量也应相应的分层分段计算。同时，许多工程量在确定了施工方法以后可能还须修改，比如土方工程的施工由利用挡土板改为放坡以后，土方工程

量相应增加，而支撑工料就将全部取消。这种修改可在施工方法确定后一次进行。

2．确定施工方案

如果施工组织总设计已有原则规定，则任务就是进一步具体化，否则应全面加以考虑。需要特别加以研究的是主要分部分项工程的施工方法和施工机械的选择，因为它对整个单位工程的施工具有决定性的作用。具体施工顺序的安排和流水段的划分，也是需要考虑的重点。与此同时，还要很好地研究和决定保证质量与安全和缩短技术性中断的各种技术组织措施。这些都是单位工程施工中的关键，对施工能否做到好快省和安全有重大的影响。

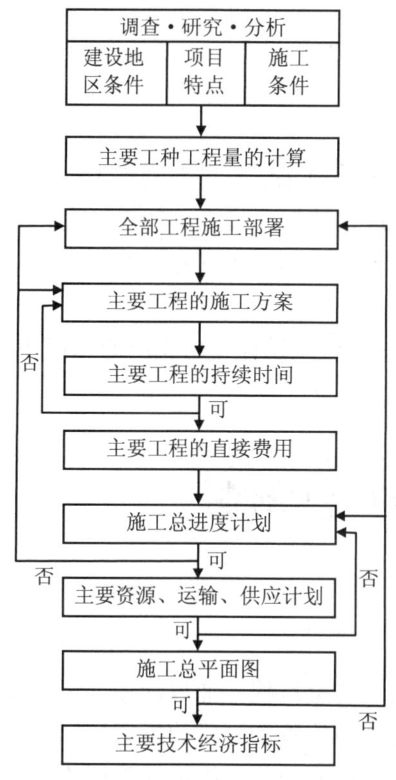

图 2-1　施工组织总设计的编制程序

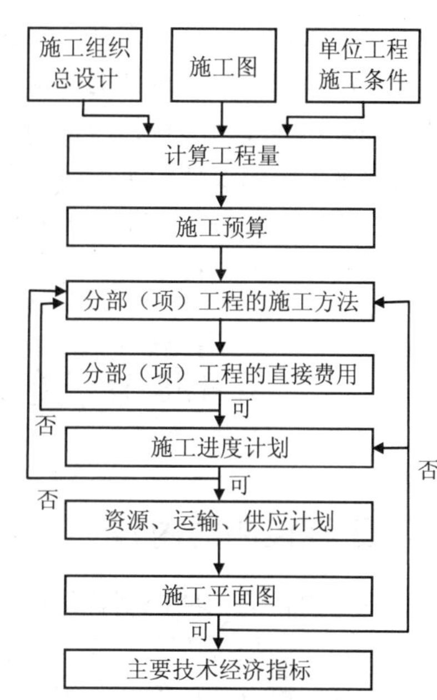

图 2-2　单位工程施工组织设计的编制程序

3．组织流水作业，排出施工进度

根据流水作业的基本原理，按照工期要求和工作面的情况、工程结构对分层分段的影响以及其他因素，组织流水作业，决定劳动力和机械的具体需要量以及各工序的作业时间，编制网络计划，并按工作日排出施工进度。

4．计算各种资源的需要和确定供应计划

依据采用的劳动定额和工程进度可以决定劳动日（以工日为单价）和需要的工

人数量，依据采用的机械效率和工程进度就可以决定需要的机械工作台班和机械需用的时间和期限。依据有关定额和工程进度就可以计算确定材料和预制品的大致种类和数量及供应计划。

5．平衡劳动力、材料物资和施工机械的需要并修正进度计划

根据对劳动力和材料物资的计算就可绘制出相应的曲线以检查其平衡状况。如果发现有过大的高峰或低谷，即应将进度计划做适当的调整与修改，使其尽可能趋于平衡，以便使劳动力的利用和物资的供应更为合理。

6．设计施工平面图

施工组织设计编制以后，必须按照有关规定经一定的机关审批，以保证其编制质量。施工组织设计是有计划、按步骤进行施工准备和组织的重要依据，一经批准，即成为指导施工活动的纲领性文件，必须严肃对待，认真贯彻执行。因此，在编制、报批时就要考虑到贯彻执行。

施工组织设计既是技术文件，同时又是经济计划文件，关系到施工单位的全部活动。施工活动必须符合设计的要求，施工管理、计划、技术、物资供应、劳动工资等部门都必须遵照组织设计规定的内容和步骤来安排，布置各自的工作，分工协作，共同为施工组织设计的实现而努力。

当施工的主客观条件发生重大变化，应对施工组织设计作出相应的修正和补充，以保证顺利执行，但这种修正补充应获得原审批单位同意。

第四节　施工项目的工期控制

一、工期控制的内容

所谓施工项目的工期控制就是针对项目施工的全过程，通过计划、组织和调度等手段，调动一切积极因素，努力实现施工过程中的各个阶段的工期目标。通过工期控制，协调、检查从而保证总施工项目的工期控制是施工组织和管理的主要任务之一。按期完成施工项目的工期目标，既是合同的要求，也是实现企业经营目标和社会信誉的需要。在这一点上，体现了建设单位和业主单位双方利益的一致性。

施工项目的工期控制包括的内容有如下几个方面：

◆ 施工准备阶段的工期控制。

◆ 施工过程的工期控制。

◆ 图纸资料交付与材料、设备供应进度的协调。

◆ 辅助生产进度的控制与协调。

施工项目工期控制是通过计划的编制、实施、检查、处理，即 PDCA 四个环节来实现的。如图 2-3 所示：

◆ 制订进度计划（P）。

◆ 组织计划实施（D）。

◆ 检查实施进度（C）。

◆ 反馈调节调度（A）。

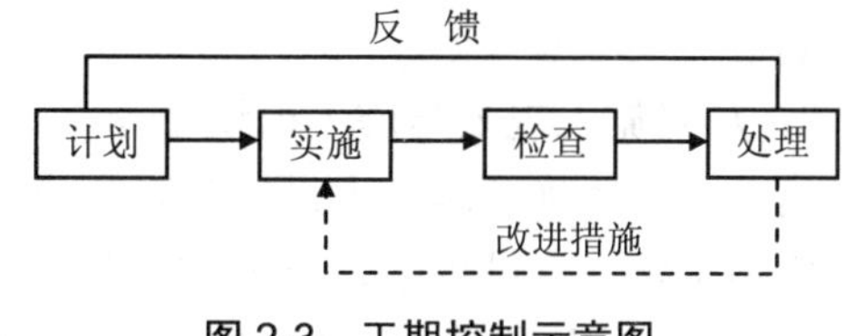

图 2-3 工期控制示意图

任何一项计划的管理过程都应是封闭、循环与连续的，施工项目进度计划也是如此，以实现合同工期目标为宗旨。在施工过程中，加强进度计划的管理和调度工作，及时检查与督促，以确保控制的有效性。

二、工期计划的编制

计划是控制的前提。所谓控制就是通过实际值与计划值进行比较，找出其间的偏差，然后进行反馈调节。编制工期计划，就是确定一个控制工期的计划值，并制订出保证计划实现的有效措施。

（一）工期计划的种类和内容

编制工期计划就是决定什么时候做什么事情，或者什么时候做到什么程度。无论是项目施工本身的各道工序，还是施工方面的其他工作，都应纳入工期计划，即都要对其进度作出计划安排。施工项目工期计划的种类有如下几种：

1．目标性计划与支持性计划

目标性计划——针对项目施工本身的进度计划确定施工的工期目标。它是最基本的目标性计划。

支持性计划——为实现目标计划，要有一系列的支持性计划，包括机械使用计划、劳动力使用计划和构件、半成品使用计划等。

2．总工期计划与阶段性计划

总工期计划——是控制项目施工的全过程的计划。

阶段性计划——包括本项目的季度、月度的进度计划。

3．文字说明计划与图表式计划

文字说明计划——用文字说明各阶段的施工任务，以及要达到的形象进度目标。

图表式计划——用形象而简洁的图表来表达施工进度的安排，有横道计划和网络计划、斜线式计划等。

（二）工期计划的编制依据

编制施工项目的工期计划，通常需要的资料包括：

1．项目的工程承包合同

以合同中有关工期的要求为依据，合理规定的工程开、完工日期，这是确定工期计划值的最基本依据。

2．项目施工规划与施工组织设计

这些资料明确了施工力量的部署与施工组织的方法，体现了本项目的施工特点，因而成为确定施工过程中各个阶段工期目标的基础。

3．企业的施工生产经营计划

项目工期计划是企业计划的组成部分，要服从企业经营方针的指导并满足企业计划综合平衡的要求。

4．设计进度计划

图纸资料是施工的依据，施工进度计划必须与设计进度计划相衔接，必须根据每部分图纸资料的交付日期，来安排相应部位的施工时间。

5．有关现场施工条件的资料

包括施工现场的水文、地质、气候、环境资料、交通运输条件、能源供应情况、辅助生产能力等。

6．材料和设备供货计划

大致确定了关于材料和设备的供货计划，项目施工进度计划就必须与之相协调。

已建成的同类或相似项目的实际施工工期也是重要的参考资料。

在编制项目施工进度计划之前，必须全面收集上述有关资料，认真进行分析整理控制进度的约束条件，明确影响工期的强制时限，为编制计划做好充分准备。

工期控制的依据是施工进度计划，因此，编制科学可行的工期计划是施工项目工期控制的首要环节。

虽然在施工组织设计中已经编制了施工进度计划，理应对施工工期起控制目标的作用，但是这个计划是在开工之前编制的一次性计划，带有预测性，不十分具体，因此，在施工中必须结合现场和工程的实际情况进一步具体化。

根据上述的编制依据，在优化了的施工方案的基础上制定工期计划，既要满足合同工期的要求，又要体现工艺顺序的合理性和施工工人与施工机械的工作连续性。施工组织设计中的施工进度计划与工期计划二者的关系是：前者对后者起着控制作用，后者对前者起保证作用。具体的计划形式常常采用横道计划或网络计划，应体现出流水施工原理，努力做到连续、均衡、有节奏。

（三）工期进度网络计划的编制程序和方法

1．工艺网络与施工网络

为了叙述网络进度计划的编制程序，要先了解工艺网络与施工网络的概念。

（1）工艺网络。主要考虑工艺逻辑关系画出来的网络计划图。工艺网络的作用是表明从工艺要求而言，施工必须遵循怎样的顺序，这种顺序是不能随便改变的。

（2）施工网络。以工艺网络为基础，考虑施工现场的实际情况和条件，包括投入施工资源量和具体采取的施工组织方法等，加上相应的组织逻辑关系，画出来的供实施的施工网络。

在项目施工的准备阶段，在进行施工组织设计的时候，往往只能根据既定的施工部署和施工方案，确定各施工工序之间的工艺逻辑关系，画出工艺网络。工艺网络是编制施工网络的基本依据。

2．工期进度网络计划的编制程序

这是在项目施工中用来指导施工、控制工期的施工进度计划网络。其编制程序如图 2-4 所示，主要内容包括：

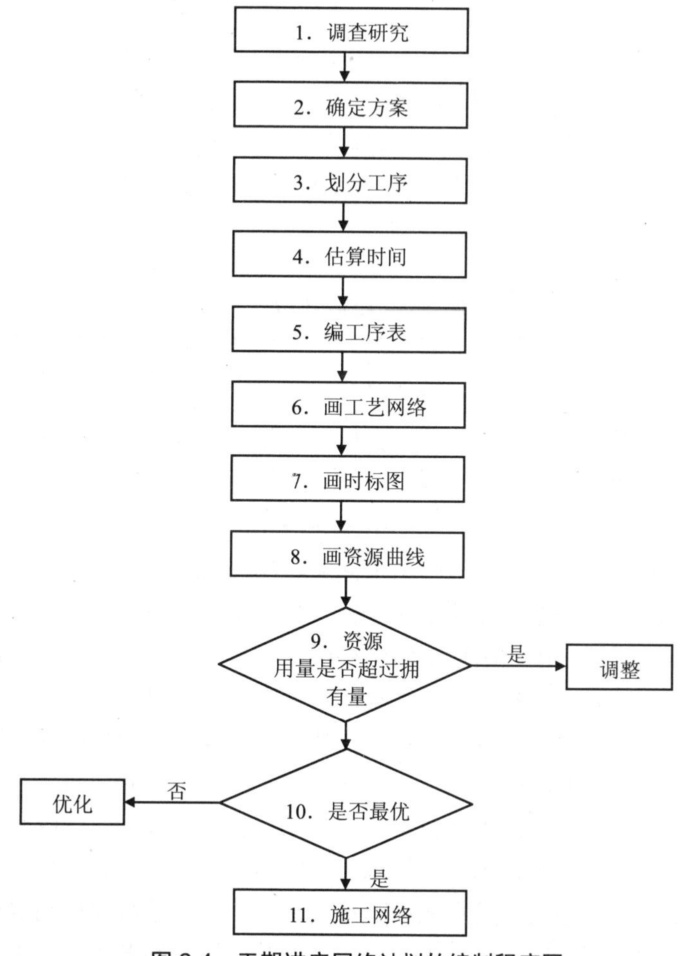

图 2-4　工期进度网络计划的编制程序图

（1）调查研究。通过了解和分析工程任务的构成和施工的客观条件，掌握并熟悉各种资料，特别要对施工过程进行透彻的研究，并尽可能对施工中可能发生的问题作出预测，预先考虑解决问题的对策等。

（2）确定方案。主要指确定项目施工的总体部署，划分施工阶段，制定施工方法，明确工艺流程，决定施工顺序等。这些一般都是施工组织设计的内容。如果已经完成了施工组织设计，就可以从研读施工组织设计的有关文件中获得上述有关信息。

（3）划分工序。根据工程内容和施工方案，将工程任务划分为若干道工序。一个项目划分为多少道工序，划分的粗细程度如何，由项目的规模和复杂程度以及计划管理的需要来决定。大体上要求每一道工序都有明确的任务内容，有一定的实物工程量和形象进度目标，能够满足指导施工作业的需要，完成与否有明确的判别标志。

（4）估算时间。即估算完成每道工序所需要的工作时间，也就是每项工作的延续时间。这是网络计划的原始参数，是对计划进行定量分析的基础。

（5）编工序表。将本项目的所有工序依次列成表格，编排序号，便于查对是否有遗漏或重复，并分析其相互之间的逻辑制约关系。工序表的内容和格式参见表 2-1。表中的“紧前工序”栏是填写工序开始前必须完成的工序，也就是为该工序的开工直接创造条件的工序，“紧后工序”栏填写紧接在该工序之后进行的工序，均以工序代号填入即可。

表 2-1　工序示例表

代号	工序名称	实物量		平均每天投入资源数量/人	工时 t/d	紧前工序	紧后工序	备注
		数量	单位					
A	挖　土	9 000	m^2	20	9	无	B，F，G	
B	打垫层	120	m^2	16	1	A	C，D	
…	…	…	…	…	…	…	…	…

（6）画工艺网络。根据工序表画出工艺网络图。事实上，工序表中所列出的工序逻辑关系，不可能完全是单纯的工艺逻辑，其中不可避免地包含了一些由施工组织方法决定的组织逻辑，由此画出来的网络图也不是单纯的工艺网络，但这种网络图是以考虑工艺逻辑为主的初始形态的网络，也称为工艺网络。

（7）画时标图。将上一步画出来的“工艺网络”画成时间坐标网络图的形式，时间坐标网络图就是一般的网络图加上时间，某工序的延续时间是多长，表示这道工序的箭线在时间坐标轴上的水平投影长度就是相应的长度；工序的时差用波形线表示，虚工序延续时间为零，因此虚箭线在时间坐标轴的投影长度也应为零，即垂直于时间坐标轴；虚工序的时差也应用波形线表示出来。这种时标图也可以按工序的最早可能开工和完工时间来画，也可以按工序的最迟必须开工和完工时间来画。网络图的表达方法，根据画图符号的不同，一般分为单代号与双代号两种方法。在一个网络图中，只能用一种表达方法，一般多采用双代号方法，见图 2-5。具体的画法还可参看有关网络计划技术的书籍。

（8）画资源曲线。根据时标图画出主要施工资源的计划曲线，包括动态曲线和累计（积分）曲线。这种曲线就是资源用量计划的形象表述。

（9）可行性判别。主要是判别资源的计划用量是否超过实际可能的投入量，如果超过了，这个计划是不可行的，须进行调整，要将施工高峰错开，削减资源用量高峰或者改变施工方法，减少资源用量。这时需要增加或改变某些组织逻辑关系，重新绘制时间坐标网络图，回到第（7）步的步骤。如果资源计划用量不超过实际拥有量，那么这个计划是可行的，可以转入下一步骤。

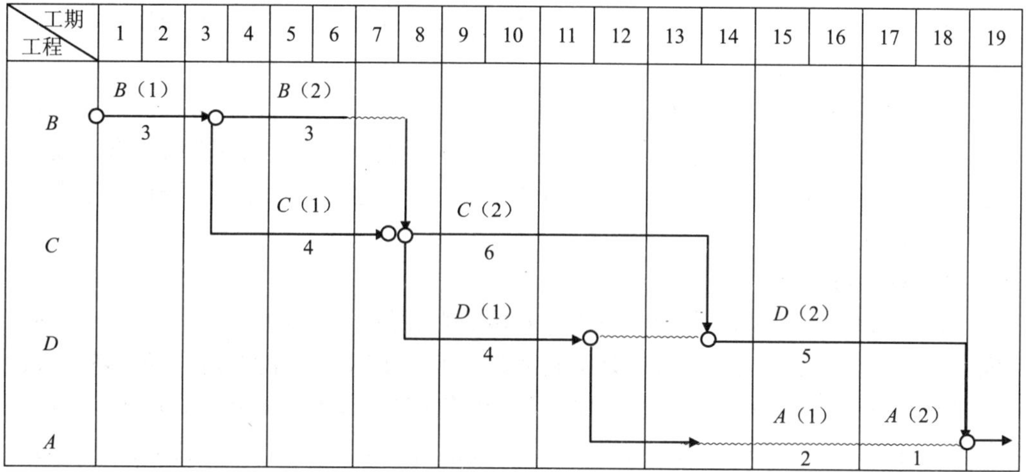

图 2-5　4 段流水施工时标图

（10）优化程度判别。可行的计划不一定是最优的计划。计划的优化是提高经济效益的关键步骤。所以，要判别计划是否最优。如果不是，就要进一步优化，通过改变或增加一些逻辑关系（只要施工工艺不变，工艺逻辑是不能改变的），再重画时标图。如果计划的优化程度已经可以令人满意（往往不一定是最优），那么就得到可以用来指导施工、控制工期的施工网络计划了。

三、工期计划的实施与控制

如果说制订工期计划是对项目施工进度的事前控制的话，工期计划的贯彻实施过程中的管理，就是事中控制。

任何计划目标都必须通过计划的实施才能成为现实。计划的实施过程是复杂的动态过程，由于各种复杂而多变的因素的影响，计划的实施情况经常会与原计划有出入，完全按照原计划实现的情况是很少的。在计划实施中必须实行有效的跟踪、控制，必要时则做调整，才能使计划目标得到最好的实现。

1．计划目标分解

对于规模较大的施工项目，在施工总进度计划确定后，往往还要对计划目标进行分解，即按照不同的管理层次，将其分解为若干个分目标或子目标。

（1）按施工阶段分解，突出控制节点，根据工程项目特点，把整个施工分成几个施工阶段，如基础、结构、安装、调试等，以网络计划图中表示这些施工阶段起止的里程碑事件作为控制节点，明确提出若干个阶段目标，例如：某月某日安装设备，从某月某日通水、通电，某月某日联动试车等，这些目标是根据总体网络进度计划来确定的，并有明确的标志，是整个施工过程中的大事件。

（2）按施工单位分解，明确分部目标。以总进度计划为依据，确定各单位的分包目标来确保项目总目标的实现。一个项目一般若有多个施工单位参加施工，必须充分落实分包责任制。

（3）按专业工种分解，确定交接日期。在同专业或同工种的任务之间，要进行力量平衡；在不同专业或不同工种的任务之间，要强调相互之间的衔接配合，要确定相互之间的交接日期。在这里需要强调为下一道工序服务，保证工程进度不在本工序造成延误。

2．落实施工条件

根据网络进度计划，任何一道工序开始的必要条件是它的所有紧前工作全部完成。施工进度计划的实施过程就是不断地为后续工序创造条件的过程。但事实上很难把所有的施工条件都在网络图上展示，这些包括图纸、资料、场地、环境、气候、交通、材料、构件以及能源介质等。在计划确定之后，施工组织者的首要任务，就是落实已列入计划或未列入计划的各种施工条件，有时还要编制施工准备网络图，来保证各种施工条件的落实。

3．组织资源供应

如前所述，施工所需的人力、物力、财力，包括劳动力、周转材料与工程材料、施工机具、流动资金等，都可以称作施工资源。适时投入必要的资源，是计划实施的物质基础。进度网络计划的资源曲线，是组织资源供应的依据，施工组织者必须安排落实各种施工资源的供应计划，保证资源供应，才能使计划顺利实施。

4．进行指示动员

国内很多环境工程施工企业把这个步骤称为计划“交底”，即把计划要求和施工条件、资源落实安排的情况，向参加项目施工的人员作详细的说明和交代。特别要指出哪些是关键线路和关键工序，哪些是关键资源和关键条件；对于阶段控制节点，单位或专业工种的分部目标和交接日期也要突出说明；还要根据网络图中的时差分布和资源平衡情况，分析各条线路和各种资源的紧张程度，有时要采用计划任务书的形式，向施工人员交任务、交工期、交条件、交要求。总之，要使每个参与项目施工的人员都明白自己在施工全局中所处的地位和肩负的责任，明白各种资源在计划执行中的安排使用情况，并通过落实承包责任制等方式，充分调动各方面的积极性，促进进度计划的顺利实施。

5．跟踪检查调度

随着计划实施的进程，施工组织者要定期收集工程施工的各种信息，将实施情况与原定计划进行比较，分析研究出现的偏差及原因，并预测其发展变化的趋势，及时决策，进行调整调度。

定期召开调度会则是广泛采用的调度方式。调整调度即采取改变进度的措施，也针对原定计划本身，通过适当调整计划，纠正和克服那些不利于实现计划的影响因素，发展和扩大有利于计划目标实现的因素和趋势，争取最好的结果。

第五节　施工项目的质量控制和安全管理

一、工程项目质量控制

所谓施工项目的质量控制就是针对项目施工的全过程，利用科学的方法对施工产品质量实行有效的控制，以预防不合格品的产生，并使产品达到规定的质量标准。换言之，质量控制就是质量事故的防范，这是质量管理工作的重点。

做好环境工程施工项目的质量控制，除了管理者应具备必要的专业技术和质量管理知识外，还必须在企业内部建立健全质量保证体系，加强对施工现场的质量控制，充分发挥质量检验的作用，采用科学的质量管理方法，达到保证工程质量、加快工程进度、降低工程成本、提高经济效益的目的。

（一）质量控制的内容

环境工程的施工质量控制是在施工阶段通过质量交底和质量检查，对不符合质量标准的工序和影响产品质量的因素采取改进措施的调节管理过程。这个过程包括：

（1）制定并执行施工质量控制计划。

（2）制定承包单位在工程质量方面应提交的证明文件。

（3）协助施工部门制定好焊接、清洗、处理等有特殊要求的工艺加工程序。

（4）查明施工中发生的质量问题。

（5）监督有关图纸管理、设计变更、设施维护、仪表校正等工作是否贯彻了有关规定，以免发生质量问题。

（6）及时发现、记录和纠正工程实施过程中出现的问题，以避免或减少因这些问题所带来的损失；掌握工程检查以及试验记录等有关资料，以证明工程是按照有关规定进行的，与有关方面发生纠纷时，上述资料还可以作为解决纠纷的依据。

通过以上控制，以保证业主得到与其所付费用相当并合乎其要求的工程成果，并为项目工程质量提供独立而公正的评价。

（二）质量控制的方法

1．熟悉质量计划

在施工准备阶段的质量控制，要熟悉施工组织设计、有关质量管理的法律、法规性文件及质量验收标准，注意工程测量控制资料的收集。

2．熟悉设计图纸

及时提出图纸中所存在的问题和疑点以及要解决的技术难题，参加图纸会审。

在施工阶段的质量控制，主要是编写分项工程技术交底和安全交底，掌握定位轴线、构筑物的高程控制点测量、标桩埋设和测量放线资料。

3．材料质量控制

进场材料书应该检查出厂合格证和材质化验单，同时进行外观检查，掌握对原材料、半成品、构配件的标识方法；掌握材料质量抽样和检验方法；掌握不合格材料退场处理程序。

4．设备质量控制

机械设备质量控制重点是机械设备性能参数选择、数量以及完好程度，对于计量控制重点是磅秤、检测仪器的复核和校对。

（三）土建施工中主要工序质量控制

（1）土方工程。定位放线、排水、降水措施，土方开挖、运输方案编制，基坑支护方案编制。

（2）地基验槽。核对基坑位置、平面尺寸、坑底标高，核对基坑土质和地下水情况，地下埋设物的位置性状，可以采用钎探或触探方法。

（3）地下防水工程。防水材料验收，防水混凝土、防水沙浆配比要求及施工控制。

（4）模板工程。模板重点是阴阳角接口、楼层间过渡节点、底部点、门洞口、电梯井筒等一些特殊部位，及对墙柱烂根、模板接缝、涨模的防治措施。

（5）钢筋工程。特别注意梁柱节点钢筋的绑扎。保证钢筋保护层的措施。注意箍筋加密区设置，预留洞、门窗洞加强筋、梁柱钢筋的锚固，水管、电线盒定位等。

（6）混凝土工程。注意混凝土配比要求，现场准备工作要检查是否按照浇筑混凝土施工、振捣、施工缝处理的工艺要求进行，保证混凝土养护的时间要求。

在各分项、分部工程质量验收中，注意按要求填写验收表格，编写规范的质量处理报告。

二、工程项目安全管理

安全管理是一项综合性管理，是施工项目管理的重要内容。安全管理是探索和研究如何消除施工过程中的各种有害因素，研究施工过程中的不安全、不卫生因素与劳动者之间的矛盾和对立统一规律，并运用这些规律制定科学的、合理的、行之有效的各种安全生产管理制度，改进并不断完善安全技术措施，预防伤亡事故，控制职业病和职业中毒的发生，以保障劳动者的安全与健康，促进施工的发展。

（一）安全管理的主要内容

安全管理包括：劳动保护管理、安全技术和工程、劳动卫生技术与工程。

1．劳动保护管理

在施工生产过程中存在着各种不安全因素，即各种事故隐患，如果不及时采取有效措施，防止和消除这些因素，就有发生工伤事故和职业病、职业中毒的危险。比如施工企业，在进行场地平整、土石方工程、道路工程、混凝土施工、管道的制作与安装、机电设备和采暖通风设备的安装与调整试运转等一系列施工生产过程中，作业对象和环境经常变化，存在着高处坠落、物体打击、机械伤害、起重伤害、触电、坍塌、烫伤、爆炸、粉尘、有毒物质、高温、噪声及振动等危险因素，会直接危及职工的安全和健康。

为了切实保障职工在施工生产过程中的安全健康，必须有效、及时地防止和消除上述各种不安全、不卫生因素。为了做到这一点，需要采取各种措施。根据党和国家有关劳动保护方针政策制定的各种法规、制度、条例、规程、规定及标准，比如“工厂安全卫生规程”“建筑安装工程安全技术规程”“工人职员伤亡事故报告制度”“安全生产责任制”“安全技术措施计划”“安全生产教育计划”“安全生产定期检查制度”“伤、亡事故调查处理办法”以及一系列安全生产的规定和标准等，除此以外，还要建立健全劳动保护管理机构，要及时总结和交流安全生产工作的经验等。

2．安全技术与工程

安全技术是生产技术的一个组成部分，是一门综合性的科学技术。安全技术是在施工生产过程中，为了防止和消除伤亡事故、保障职工的安全和减轻劳动强度、不断提高劳动生产而采取的各种技术、组织措施的总和。

随着科学技术的不断发展，现代工业具有设备大型化、生产连续化、高速化和自动化的特点。同时，随着科学技术的不断发展，新技术、新工艺、新设备、新材料被广泛地使用。随着这种变化，从工人操作技术上看，必须要有相应的技术知识和熟练的操作技能，否则，任何一点疏忽或操作失误，都可能造成设备事故或人身伤亡事故。

根据本单位及某项工程的需要，有的放矢地采取各种有效的组织和技术措施，即施工企业通常所编制的安全技术措施方案或安全技术交底卡，以保证施工生产的顺利进行。安全技术措施的内容主要包括：

（1）改进施工（生产）工艺和设备，实现机械化、自动化。

（2）设置安全防护装置或设施。

（3）进行预防性的机械强度试验及电气绝缘试验。

（4）加强机械、工器具的维修保养和定期检修。

（5）合理地布置工作地点和施工平面，搞好现场文明施工。

3．劳动卫生技术与工程

劳动卫生技术与工程或称为工业卫生。劳动卫生技术与工程是在生产过程中，为了改善劳动条件，保护职工的健康，防止和消除高温、高湿、粉尘、有毒气体或其他有害因素对职工健康的危害而采取的预防和卫生保健的技术和组织措施的总和。

影响工业卫生的主要因素有三个方面：

物理因素，如：不良的气候条件、电磁辐射、电离辐射、噪声等；

化学因素，如：施工（生产）过程中使用或产生的有毒物质，如铅尘等；

生物因素，如：病菌微生物或寄生虫的感染和侵害。

除上述三个主要因素外，还有与劳动过程有关的职业危害，如劳动组织和劳动制度不合理，作业时间过长，劳动强度过大，个别器官过分紧张，长时间被迫采取同一体位作业，还有与生产作业场所的卫生技术和生产设备有关的毒害，如采光照明有缺陷，通风或采暖有缺陷得不到治理等。

（二）安全管理的主要方法

工程施工项目安全管理的方法体现在以下几个方面：

（1）认真贯彻执行国家的安全生产方针、标准和制度等；

（2）建立安全组织管理体系；

（3）建立、健全安全管理制度；

（4）抓好安全技术措施管理；

（5）加强安全教育；

（6）加强安全检查；

（7）做好工伤事故预防和处理工作；

（8）加强对特种设备和特种作业的安全管理。

习题

1. 工程施工组织有什么作用？
2. 施工项目的施工准备包括哪些具体内容？
3. 什么是施工进度计划？它与工期控制计划有什么关系？
4. 项目的质量管理最需要注意的问题有哪些？
5. 如何抓好安全生产管理，在施工中要注意哪些问题？

第三章 土方工程

本章重点

本章重点介绍土方工程的施工特点、基坑开挖方法、土方机械的使用和降低地下水位的方法。

土方工程是建筑工程施工的主要工种工程之一。常见的土方工程有：大面积场地平整，基坑（槽）、管沟开挖，地下工程土方开挖以及回填工程等。

土方工程施工具有如下特点：

（1）土方量大，劳动繁重，工期长。如深基坑土方开挖面积为 $2\times10^4 m^2$，开挖深度达 20 m，土方开挖总量达 $3.3\times10^5 m^3$，实际工期达 200 d，为了减轻土方施工繁重的劳动，提高劳动生产率，缩短工期、降低工程成本，在组织土方工程施工时，应尽可能采用机械化施工方法。

（2）施工条件复杂。一般为露天作业，受地区、气候、水地质等条件的影响大。同时，土方工程受周围环境条件的制约也多。因此，在组织土方施工前，必须根据施工现场具体施工条件、工期和质量要求，拟定切实可行的土方工程施工方案。

第一节　土的分类及基本性质

一、土的生成与特性

1．土的生成

地球表面 30～80 km 厚的范围是地壳。地壳中原本整体坚硬的岩石，经风化、剥蚀、搬运、沉积，形成固体矿物、水和气体的集合体称为土。

不同的风化作用，形成不同性质的土。风化作用有下列三种：

（1）物理风化。岩石受风、霜、雨、雪的侵蚀，温度、湿度变化，不均匀膨胀与收缩，使岩石产生裂隙，崩解为碎块，这种风化作用，只改变颗粒的大小与形状，不改变矿物成分，称为物理风化作用。由物理风化生成的称为粗颗粒土，如碎石、卵石、砾石、沙土等，呈松散状态，总称为无黏性土。

（2）化学风化。岩石碎屑与水、氧气和二氧化碳等物质接触，使岩石碎屑发生化学变化，改变了原来组成矿物的成分，产生一种新的成分——次生矿物，土的颗粒变得很细，如黏土、粉质黏土，总称为黏性土。

（3）生物风化。由动、植物和人类活动对岩体造成的破坏，称生物风化。例如开山、打隧道等活动形成的土，其矿物成分没有变化。

2．土的特性

土与其他连续介质材料相比，具有下列三个特性：

（1）压缩性大。反映压缩性大小的指标弹性模量（土称变形模量），随材料不同而有很大差别。例如：

钢筋　　　　E=21 万 MPa；

C20 混凝土　E_2=2.6 万 MPa；

卵石　　　　E_3=40 万～50 万 MPa；

饱和细沙　　E_4=8～16 MPa。

由此可知 $E_2>1\,600\,E_4$。

当应力与材料厚度相同时，饱和细沙的压缩性比 C20 混凝土大 1 600 倍。黏性土压缩性往往比饱和细沙还要大。

（2）强度低。土的强度指抗剪强度。无黏性土的强度主要为土颗粒表面粗糙不平的摩擦力，黏性土还有黏聚力。摩擦力与黏聚力远远小于建筑材料本身的强度。因此，土的强度比其他建筑材料低得多。

（3）透水性大。由于土体中固体矿物颗粒之间具有无数的孔隙，孔隙是透水的。因此土的透水性很大。尤其是粗颗粒的无黏性土，如卵石透水性极大。

二、土的三相构成

土由固体矿物、液体水和气体三部分组成，称为土的三相构成。土中的固体矿物构成骨架，骨架之间贯穿着孔隙，孔隙中充填着水和空气。同一地点的土体，它的三相组成不是固定不变的。随着环境的变化，例如天气的晴雨、季节变化、温度高低、地下水的升降以及建造建筑物施加的荷重等，都会引起土体三相比例的变化。土体三相比例不同，土的状态和工程性质也不相同。例如：

固体+气体（液体=0）为干土，干黏土较为坚硬，干沙较为松散；

固体+液体+气体为湿土，湿的黏土多为可塑状态；

固体+液体（气体=0）为饱和土，饱和细沙或饱和粉沙受震动可能产生液化；饱和黏性土的地基沉降需很长时间才能稳定。

三、土的分类

（一）地基土的分类

1．岩石

定义：颗粒间牢固联结、呈整体或具有节理裂隙的岩体称为岩石。

（1）按坚固程度分为：① 硬质岩石；② 软质岩石。

（2）按风化程度分为：① 微风化；② 中等风化；③ 强风化。

工程性质：微风化的硬质岩石为最优良的地基。强风化的软质岩石工程性质较差。

2．碎石土

定义：粒径 d>2 mm 的颗粒含量超过全重 50%的土称碎石土。

分类依据：根据土的粒径级配含量及颗粒形状进行分类定名。

定名：粒径由大至小分漂石、块石、卵石、碎石、圆砾、角砾六种，见表 3-1。

表 3-1　碎石土定名

土的名称	颗粒形状	粒组含量
漂石	圆形及亚圆形为主	粒径大于 200 mm 的颗粒超过全重 50%
块石	棱角形为主	
卵石	圆形及亚圆形为主	粒径大于 20 mm 的颗粒超过全重 50%
碎石	棱角形为主	
圆砾	圆形及亚圆形为主	粒径大于 2 mm 的颗粒超过全重 50%
角砾	棱角形为主	

注：定名时应根据粒径分组由大到小以最先符合者确定。

工程性质：碎石土根据骨架颗粒含量占总重的百分比、颗粒的排列、可挖性与可钻性，分为密实、中密和稍密三等。常见的碎石土强度大、压缩性小、渗透性大，为良好的地基。

3．沙土

定义：粒径 d>2 mm 的颗粒含量最多不超过全重 50%，且 d>0.075 mm 的颗粒超过全重 50%的土，称沙土。

分类依据：根据粒组含量定名。

定名：粒径由大到小分为砾沙、粗沙、中沙、细沙、粉沙五种，见表 3-2。

工程性质：常见的砾沙、粗沙、中沙为良好地基；粉细沙要具体分析，若为饱和疏松状态，则为不良地基。

表 3-2 沙土定名

土的名称	粒组含量
砾 沙	粒径大于 2 mm 的颗粒占全重 25%～50%
粒 沙	粒径大于 0.5 mm 的颗粒占全重 50%
中 沙	粒径大于 0.25 mm 的颗粒占全重 50%
细 沙	粒径大于 0.075 mm 的颗粒占全重 85%
粉 沙	粒径大于 0.075 mm 的颗粒占全重 50%

注：1. 定名时应根据粒径分组由大到小以最先符合者确定。

2. 当沙土中，粒径小于 0.075 mm 的土 $I_p>10$ 时，应以"含黏性土"定名，如含黏性土粒沙等。

4．粉土

定义：粒径 $d>0.075$ mm 的颗粒含量不超过全重 50%，且塑性指数 $I_p\leqslant10$，称为粉土。粉土的性质介于黏性土与沙土之间。根据 $d<0.005$ mm 的颗粒含量是否超过全重 10%，分为黏质粉土与沙质粉土。

密实度：根据天然孔隙比的大小，粉土的密实可分为三等：密实、中密、稍密。

湿度：粉土的湿度根据饱和度分为三等：稍湿、很湿、饱和。

工程性质：密实粉土性质好，饱和稍密的粉土地震时易产生液化，为不良地基。

5．黏性土

定义：塑性指数 $I_p>10$ 的，称为黏性土。

分类依据：按塑性指数的大小来定名。

定名：$I_p>17$ 为黏土；$I_p\leqslant17$ 为粉质黏土（即亚黏土）。

工程性质：黏性土随其含水量的大小，处于不同的状态。密实硬塑状态的黏性土为良好地基；疏松流塑状态的黏性土为软弱地基。

6．人工填土

定义：由人类活动堆填形成的各类土称为人工填土，与上述五大类由大自然生成的相区别。

分类依据：按组成物质和堆积年代分类。

（1）按组成物质可分为以下三种：

◆ 素填土：由碎石、沙土、粉土、黏性土等组成的填土。经分层压实者统称为压实填土，这种人工填土不含杂物。

◆ 杂填土：含有建筑垃圾、工业废料、生活垃圾等杂物的填土。

◆ 冲填土：由水力冲填泥沙形成的沉积土。

（2）按堆积年代可分为以下两种：

◆ 老填土：黏性土填筑年代超过 10 年，粉土超过 5 年。

◆ 新填土：黏性土填筑年代小于 10 年，粉土小于 5 年。

工程性质：人工填土因堆积年代很新，通常工程性质为不良，其中压实填土相对稍好。杂填土因成分杂，分布很不均匀，工程性质最差。

以上六类岩土，在工程中经常遇到。

（二）土的工程分类

土方工程施工和工程预算定额中，按土开挖的难易程度（坚实程度、坚实系数）将土分为松软土、普通土、坚土、沙砾坚土、软石、次坚石、坚石、特坚硬石 8 类 16 级。其分类如表 3-3 所示。

表 3-3　土的工程分类

土的分类	土的级别	土的名称	坚实系数/f	密度/（kg/m^3）	开挖方法及工具
一类土（松软土）	Ⅰ	沙土；粉土；冲积沙土层；疏松的种植土；淤泥（泥炭）	0.5～0.6	600～1 500	用锹、锄头挖掘
二类土（普通土）	Ⅱ	粉质黏土；潮湿的黄土；夹有碎石、卵石的沙；粉土湿卵（碎）石；种植土，填土	0.6～0.8	1 100～1 600	用锹、锄头挖掘，少许用镐翻松
三类土（坚土）	Ⅲ	软及中等密实黏土；重粉质黏土；砾石土；干黄土、含有碎石卵石的黄土、粉质黏土、压实的填土	0.8～1.0	1 750～1 900	主要用镐，少许用锹、锄头挖掘，部分用撬棍
四类土（沙砾坚土）	Ⅳ	坚硬密实的黏性土或黄土；含碎石、卵石的中等密实的黏性土或黄土；粗卵石；天然级配沙石；软泥灰岩	1.0～1.5	1 900	整个先用镐、撬棍，后用锹挖掘，部分用楔子及大锤
五类土（软石）	Ⅴ～Ⅵ	硬质黏土；中密的页岩、泥灰岩、白垩土；胶结不紧的砾岩；软石灰岩及贝壳石灰岩	1.5～4.0	1 100～2 700	用镐或撬棍、大锤挖掘，部分使用爆破方法
六类土（次坚石）	Ⅶ～Ⅸ	泥岩；沙岩；砾岩；坚实的页岩；泥灰岩；密实的石灰岩；微风化安山岩；片麻岩及正常岩	4.0～10.0	2 200～2 700	用爆破方法开挖，部分用风镐
七类土（坚石）	Ⅹ～Ⅻ	大理岩；辉绿岩；粉岩；粗、中粒花岗岩；坚实的白云岩、沙岩、砾岩、片麻岩、石灰岩；微风化安山岩；玄武岩	10.0～18.0	2 500～3 100	用爆破方法开挖
八类土（特坚石）	XVI～XVII	安山岩、玄武岩；花岗片麻岩；坚实的细粒花岗岩、闪长岩、石英岩、辉长岩、辉绿岩、玢岩、角闪岩	18.0～25.0 以上	2 700～3 300	用爆破方法开挖

注：1. 土的级别为相当于一般 16 级土石分类级别。
2. 坚实系数 f 为相当于普氏岩石强度系数。

（三）土的工程性质

1．土的天然密度和干密度

在天然状态下，单位体积土的质量叫土的天然密度。它与土的密实程度和含水量有关。一般，黏性土天然密度为 1 800～2 000 kg/m^3，沙土为 1 600～2 000 kg/m^3。在土方运输中，汽车载重量折算体积时，常用天然密度。土的天然密度按下式计算：

$$\rho = \frac{m}{V} \tag{3-1}$$

式中，ρ—— 土的天然密度，kg/m^3；

m—— 土的总质量，kg；

V—— 土的体积，m^3。

干密度是土的固体颗粒质量与总体积的比值，用下式表示：

$$\rho_d = \frac{m_s}{V} \tag{3-2}$$

式中，ρ_d—— 土的干密度，kg/m^3；

m_s—— 固体颗粒质量，kg；

V—— 土的体积，m^3。

在一定程度上，土的干密度反映了土的颗粒排列紧密程度。人工夯实或机械压实的填方工程，应使其达到设计要求的密实度。土的密实程度主要由检验填方的干密度和含水量来控制。

2．土的含水量

土的含水量是土中水的质量与固体颗粒质量之比的百分率

$$W = \frac{m_{湿} - m_{干}}{m_{干}} \times 100\% = \frac{m_w}{m_s} \times 100\% \tag{3-3}$$

式中，$m_{湿}$—— 含水状态土的质量，kg；

$m_{干}$—— 烘干后土的质量，kg；

m_w—— 土中水的质量，kg；

m_s—— 固体颗粒的质量，kg。

土的含水量随气候条件、雨雪和地下水的影响而变化，对土方边坡的稳定性及填方密实程度有直接的影响，因此，土方开挖时对含水量过大的土，应采取排水措施，对土壁进行支撑或放坡；回填土时，使土料的含水率在最佳含水率的范围内，以便得到最大的密实度。

3．土的可松性系数

天然土经开挖后，其体积因松散而增加。虽然振动夯实，仍然不能完全复原，土的这种性质称为土的可松性。土的可松性用可松性系数表示，即：

$$K_{s_1} = \frac{V_2}{V_1} \tag{3-4}$$

$$K_{s_2} = \frac{V_3}{V_1} \tag{3-5}$$

式中，K_{s_1}，K_{s_2}—— 土的最初、最终可松性系数；

V_1—— 土在天然状态下的体积，m^3；

V_2—— 土挖出后在松散状态下的体积，m^3；

V_3—— 土经夯实后的体积，m^3。

土的最初可松性系数是计算车辆装运土方体积及挖土机械的主要参数；土的最终可松性系数是计算填方所需挖土工程量的主要参数，各类土的可松性系数如表3-4所示。

表3-4　土的可松系数

土的类别	最初可松性系数 K_{s_1}	最后可松性系数 K_{s_2}	土的类别	最初可松性系数 K_{s_1}	最后可松性系数 K_{s_2}
特坚石	1.45～1.50	1.20～1.30	沙砾坚土	1.24～1.30	1.04～1.07
坚　石	1.30～1.45	1.10～1.20	坚　　土	1.14～1.28	1.02～1.05
次坚石	1.33～1.37	1.11～1.15	普 通 土	1.20～1.30	1.03～1.04
软　石	1.26～1.32	1.06～1.09	松 软 土	1.08～1.17	1.01～1.03

4．土的渗透性

土的渗透性是指土体被水透过的性质，当基坑（槽）开挖到地下水位以下时，地下水平衡被破坏、土体孔隙中的自由水在重力作用下发生流动。

土的渗透性用渗透系数表示。渗透系数表示单位时间内水穿透土层的能力，以m/d表示。它同土的颗粒级配、密实程度等有关，是人工降低地下水位及选择各类排水井点的主要参数。根据土的渗透系数不同，可分为透水性土（如沙土）和不透水性土（如黏土）。土的渗透性能影响施工降水与排水速度，一般土的渗透系数如表3-5所示。

表3-5　土的渗透系数参考表

土的名称	渗透系数/(m/d)	土的名称	渗透系数/(m/d)	土的名称	渗透系数/(m/d)
黏土	＜0.005	粉沙	0.50～1.00	粗沙	20～50
亚黏土	0.005～0.10	细沙	1.00～5.00	圆砾石	50～100
轻亚黏土	0.10～0.50	中沙	5.00～20.00	卵石	100～500
黄土	0.25～0.50	均质中沙	35～50		

第二节 土方工程的种类

土方工程是环境工程施工中的主要工程之一，它包括土方的开挖、运输、填筑与弃土、平整与压实等主要施工过程，以及场地清理、测量放线、施工排水、降水和土壁支护等准备工作与辅助工作。

土方工程按其施工内容和方法的不同，常有以下几种：

1．场地平整

场地平整是将天然地面改造成所要求的设计平面时所进行的土方工程施工全过程。往往具有工程量大、劳动繁重和施工条件复杂等特点，土方工程受气候、水文、地质等影响，难以确定的因素多，有时施工条件极为复杂，因此，在组织场地平整施工前，应详细分析、核对各项技术资料（如实测地形图、工程地质、水文地质勘察资料、原有地下管道、电缆和地下构筑物资料、土方施工图等），进行现场调查并根据现场施工条件，制订出以经济分析为依据的施工设计。

2．基坑（槽）及管沟开挖

其开挖宽度在 3 m 以内的基槽或开挖底面积在 20 m^2 以内的土方工程是浅基础工程，其特点是：要求开挖的标高、断面、轴线准确，土方量少，它受气候的影响较小。

3．地下工程大型土方开挖

为大型水处理工程、深基础施工等而进行的地下大型土方开挖。它涉及降低地下水位、边坡稳定与支护、地面沉降与位移、邻近建筑物（构筑物、道路和各种管线）的安全与防护等一系列问题，因此在土方开挖前，应详细研究各项技术资料，进行专门的施工设计和评审。

4．土方填筑

土方填筑是对低洼处用土方分层填平。环境工程上有大型土方填筑和中小型场地基坑、基槽、管沟的回填。前者一般与场地平整施工同时进行，交叉施工，后者除小型场地回填外，一般在地下工程施工完毕再进行，对填筑的土方，要求严格选择好土质，分层回填压实。

第三节　施工准备与辅助工作

一、施工准备工作

（1）施工场地清理。

在施工区域内，对有碍施工的已有建筑物和构筑物、道路、沟渠、管线、坟墓、树木等，应在施工前妥善做好处理。在拆除建筑物和构筑物时，事先要有拆除施工方案确保施工安全的措施。

（2）地面水的排除。

为了保证土方工程顺利进行，场地内积水必须排除，尤其是雨季施工时，还要做好地面水的排除工作。地面水通常可采用设置排水沟、截水沟或修筑土堤等方法来排除。

（3）临时道路的修筑，供电、供水管线的敷设，临时设施的搭设等。

（4）土方调配及土方工程的定位放线工作。

土方调配，就是对挖土的利用、堆弃和填土的取得三者之间关系进行综合协调的处理，使土方工程施工费用少，施工方便，工期短。因此，它是土方施工设计的一个重要内容。土方调配的原则：应力求使场地内填挖平衡、运距最短、费用最省；考虑土方的利用，减少土方的重复挖填和运输；便于近期和后期施工和改土造田、支援农业。调配时，要划分调配区，计算各调配区土方量和各调配区之间的平均运距（或单位土方运价或单位土方施工费用），确定土方的最优调配方案，绘制土方调配图表。

二、土方边坡及土壁支撑

（一）土方边坡

为了保持土方工程施工时土体的稳定性，防止塌方，保证施工安全，当挖方超过一定的深度或填方超过一定的高度时，应做边坡。

土方边坡的稳定，主要是由于土体颗粒间存在摩阻力和内聚力，从而使土体具有一定的抗剪强度。土体抗剪强度的大小与土质有关。黏性土颗粒之间除具有摩阻力外还具有内聚力（黏结力），土体失稳而发生滑动时，滑动的土体将沿着滑动面整个滑动；沙性土颗粒之间无内聚力，主要靠摩阻力保持平衡。所以黏性土的边坡可陡些，沙性土的边坡则应平缓些。土方边坡大小除与土质有关外，还与挖方深度（或填方高度）有关，此外亦受外界因素的影响。

在一般情况下，基坑边坡的失稳，发生滑动，其原因主要是由于土质及外界因素的影响，致使土体内的抗剪强度降低或剪应力增加，使土体中的剪应力超过其抗剪强度。

引起土体抗剪强度降低的原因有：因风化等气候影响使土质变松；黏土中的夹层因浸水而产生润滑作用；细沙、粉沙土因振动而液化等。

引起土体内剪应力增加的原因有：因坡顶堆放重物或存在运载；雨水或地面水浸入使土的含水量增加，因而使土体自重增加；水在土体中渗流而产生动水压力等。

土方边坡坡度以其挖方深度（或填方高度）H 与其边坡底宽 B 之比来表示。边坡可以做成直线形边坡、阶梯形边坡及折线形边坡（图 3-1）。

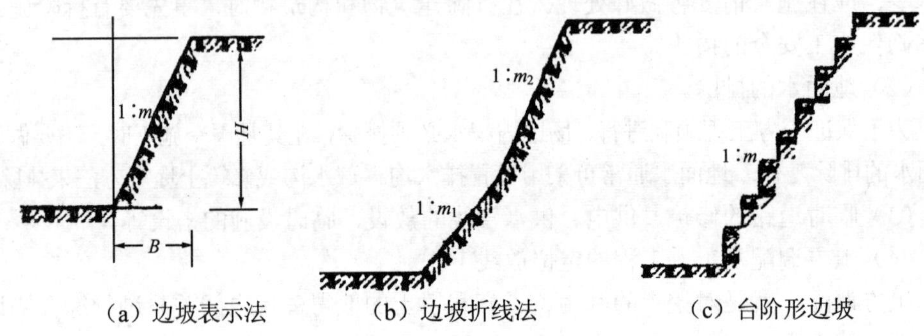

图 3-1　土方边坡

$$\text{土方边坡坡度}=\frac{H}{B}=\frac{1}{B/H}=\frac{1}{m} \tag{3-6}$$

式中，$m=\dfrac{B}{H}$ 称为边坡系数，即当边坡高度为 H 时，边坡宽度为 $B=mH$。

土质均匀且地下水位低于基坑（槽）或管沟底面标高，其挖方深度不超过表 3-6 规定时，其边坡可做成直壁不加支撑；而深度在 5 m 以内的基坑边坡的最陡坡度根据土质类别按表 3-7 处理。

表 3-6　直壁不加支撑挖方深度

土的类别	挖方深度/m
密实、中密的沙土和碎石类土（充填物为沙土）	1.00
硬塑、可塑的粉土及粉质黏土	1.25
硬塑、可塑的黏土和碎石类土（充填物为黏性土）	1.50
坚硬的黏土	2.00

表 3-7　深度在 5 m 内的基坑（槽）、管沟边坡的最陡坡度

土的类别	边坡坡度（1∶m）		
	坡顶无荷载	坡顶有静载	坡顶有动载
中密的沙土	1∶1.00	1∶1.25	1∶1.50
中密的碎石类土（充填物为沙土）	1∶0.75	1∶100	1∶1.25
硬塑的粉土	1∶0.67	1∶0.75	1∶1.00
中密的碎石类土（充填物为黏性土）	1∶0.50	1∶0.67	1∶0.75
硬塑的粉质黏土、黏土	1∶0.33	1∶0.50	1∶0.67
老黄土	1∶0.10	1∶0.250	1∶0.33
软土（经井点降水后）	1:1.00	—	—

（二）坑壁支撑

开挖基坑（槽）或管沟，采用放坡开挖比较经济，但有时由于场地的限制不能按要求放坡或因土质的原因，放坡所增加的土方量很大，在这种情况下可采用设置支撑的施工方法。

1．横撑式支撑

贴附于土壁上的挡土板，可水平铺设、垂直铺设、间断铺设或连续铺设。前者一般用于沟深小于 3 m、湿度较小的黏性土；后者则用于沟深不大于 5 m、潮湿或松散的土。连续垂直铺设的横撑式，由于深挖前已将挡土板打入土层中，然后随挖随加设横撑，所以常用于湿度很高、松散的土，挖深可以不限，但应注意横撑的刚度。横撑式支撑如图 3-2 所示。

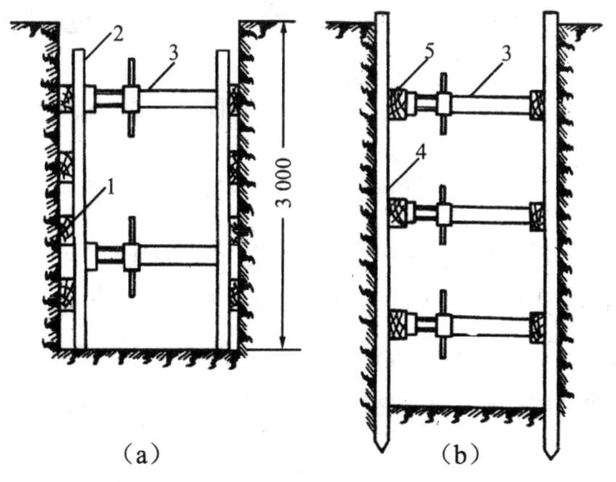

（a）连续式水平土板支撑　（b）垂直挡土板支撑

1．水平挡土板　2．竖楞木　3．工具式横撑

4．竖直挡土板　5．横楞木

图 3-2　横撑式支撑

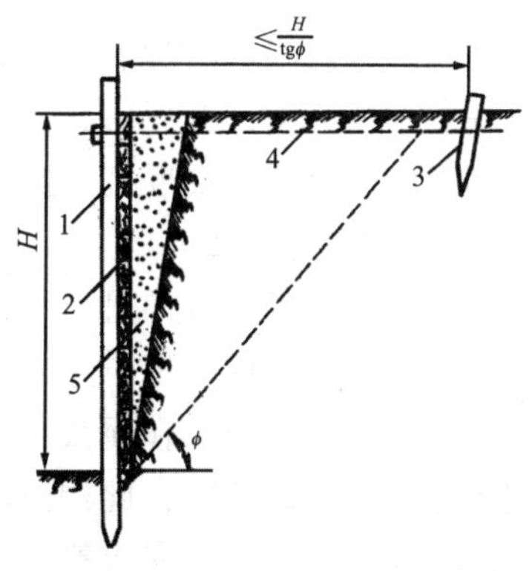

1．桩柱　2．挡土板　3．回填土

4．拉杆　5．锚桩

图 3-3　锚着式支撑

2．锚着式支撑

当开挖宽度较大的基坑时，如用横撑会因自由度大而引起稳定性差，此时可用锚着式支撑，如图 3-3 所示。锚着式支撑是沿基坑外地表水平设置的，水平拉杆一端与桩柱顶部连接，另一端锚固在锚碇上，用于承受挡墙所传递的土压力、水压力和附加荷载所产生的侧压力。拉杆通过开沟浅埋于地表下，以免影响地面交通，锚碇位置应处于地层滑动面之外，以防止坑壁土体整体滑动时，引起支护结构整体失稳。

拉杆通常采用粗钢筋或钢绞线。根据使用时间长短和周围环境情况，事先应对拉杆采取相应的防腐措施，拉杆中间设有紧固器，将挡墙拉紧之后即可进行土方开挖作业。

此法施工简便，经济可行，适用于土质条件好，开挖深度不大，基坑周边有较开阔施工场地时的基坑支护。

3．板桩支撑

板桩有钢板桩、木板桩与钢筋混凝土板桩等数种。常用的钢板桩基本上分为平板桩和波浪形桩两类（图 3-4）。平板桩防水和承受轴向应力的性能良好，易打入地下，但长轴方向抗弯能力较小。波浪形板桩防水和抗弯性能均较好。

板桩是一种支护结构，既挡土又防水。当开挖的基坑较深，地下水位较高又有出现流沙现象的危险时，如未采用降低地下水位的方法，则宜将板桩打入土中，使地下水在土中渗流的路线延长，降低水力坡度，阻止地下水渗入坑内，从而防止流沙现象。当靠近原有建筑物开挖基坑（槽）时，为了防止原有建筑物下沉，也应打设板桩支护。

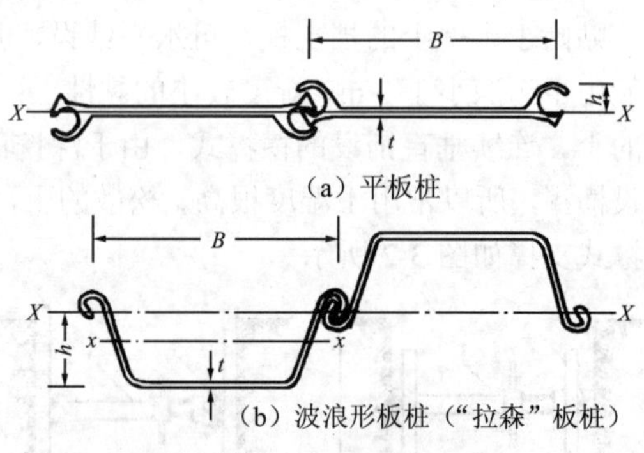

(a) 平板桩

(b) 波浪形板桩（“拉森”板桩）

图 3-4　常用的钢板桩

4．地下连续墙

地下连续墙即是在地下分段开挖筑造墙体并使用特殊的接头方法使之连接起来，最后成为一垛在地下起结构或防渗作用的完整的墙体。它的基本施工方法是先用专门的挖槽设备，在泥浆护壁的条件下，沿设计轴线开挖出一段长、宽、深为一定尺寸的槽段，随即在此槽段内放入钢筋笼并用导管浇筑混凝土。如此一段紧接一段地连续进行，最后完成整个墙体。

地下连续墙施工工艺的最大特点是先在地下浇筑具有一定功能的墙，然后开挖土方，因而对其周围的地基土无干扰破坏。

地下连续墙多用于–12m 以下，地下水位高、软土地基深坑的挡墙支护结构。尤其是与邻近建筑物、道路、地下设施距离很近时，地下连续墙是首选的支护结构形式。

地下连续墙结构刚度大，变形小，既能挡土又能挡水。如果只充当临时性的支护结构，费用过高，如设计上考虑挡墙与承重结构合一功能，则较为理想。

三、基坑排水

开挖基坑或沟槽时，地面雨水大量流入，或由于土的含水层被切断地下水不断渗入，施工条件恶化，如果不采取降水措施，不仅会使基坑施工条件恶化，而且地基土被水泡软后，造成基坑边坡塌方，使地基承载力下降。因此，为了保证基坑土方施工质量和安全，在基坑土方开挖前和开挖过程中，除保证边坡大小与坡顶上荷载符合规定要求外，必须采取降低地下水位措施，以保持开挖土体的干燥。

基坑内的降水工作，应持续到地下结构施工完成，坑内回填土完毕为止。在雨季施工时，更应注意检查基坑边坡的稳定性，必要时，可适当放缓边坡坡度或调协支护结构，以防塌方。

对于地面的雨水，一般采取在坑的四周或流水的上游设挡水土堤或截水沟，以堵截引开，对于地下水则常采用集水坑降水或井点降水的方法，使地下水位降低至所需开挖的深度以下。

降低基坑中的地下水位通常采取集水井降水法和井点降水法。不论采取哪种降水方法，降水工作都要持续到基础工程施工完毕并回填土后才能停止。

（一）集水井降水法

集水井降水法（又称明排水法）是在基坑开挖过程中，沿坑底周围或中央开挖有一定坡度的排水沟，在坑底每隔一定距离设一个集水井，地下水通过排水沟流入集水坑内，然后用水泵抽走。

集水坑降水法设备简单、排水方便，适用基坑面积较小，降水深度不大的黏粒土层，或渗水量小的黏性土层。对于软土或土层为细沙、粉沙或淤泥层时，则不宜采用这种方法，因为在基坑中直接排水，地下水将产生自上而下或从边坡向基坑的动水压力，容易导致边坡塌方和产生流沙现象，使基底土层结构遭破坏。

为了防止基底土层结构遭到破坏，集水坑宜设在基础范围之外，地下水的上游。排水沟深度通常为 0.3～0.5 m，沟底宽不小于 0.3 m，集水坑数量则根据地下水流入排水沟的水量大小及水泵的抽水能力来确定，一般每隔 20～40 m 设置一个。

集水坑的直径或宽度一般为 0.6～0.8 m，坑的深度随着挖土而加深，要经常保持低于挖土工作面 0.7～1.0 m。当基坑挖至设计标高后，集水坑应低于基坑底面 1～2 m，并要铺设碎石滤水层，以免抽水时间较长将泥沙带出，并防止基底土方搅动。

（二）井点降水法

井点降水法就是在基坑开挖前，预先在基坑四周埋设一定数量的滤水管（井），利用抽水设备从中抽水，使地下水位降落到坑底以下，同时在基坑开挖过程中仍不断抽水。这样，可使所挖的土始终处于干燥状态，从根本上防止流沙发生，改善了操作条件，同时土内水分排除后，边坡可改陡，以减少挖土量。此外，还可以防止基底隆起并可以加速地基固结，以利于提高工程质量。

1．井点降水的分类

井点降水方法按其系统的设置、吸水方法和原理的不同，可以分为轻型井点、喷射井点、管井井点、深井井点及电渗井点等。各种井点有其适用范围，可参考表3-8选用，但是应在作技术经济比较后确定。在各类井点中，应用最广的是轻型井点。

表 3-8　各类井点的适用范围

项　次	井点类别	土层渗透系数/（m/d）	降低水位深度/m
1	单层轻型井点	0.1～50	3～6
2	多层轻型井点	0.1～50	6～12（由井点层数测定）
3	喷射井点	0.1～2	8～20
4	电渗井点	＜0.1	根据选用的井点确定
5	管井井点	20～200	3～5
6	深井井点	10～250	＞15

2．轻型井点

轻型井点是在基坑四周埋设若干井管，深至基坑底面以下，井管上端伸出地面与总管相连并引向泵房，利用抽水设备将地下水由井管不断吸出排除，经一定的时间，即可将地下水位降低至坑底以下所要求的深度，如图3-5所示。

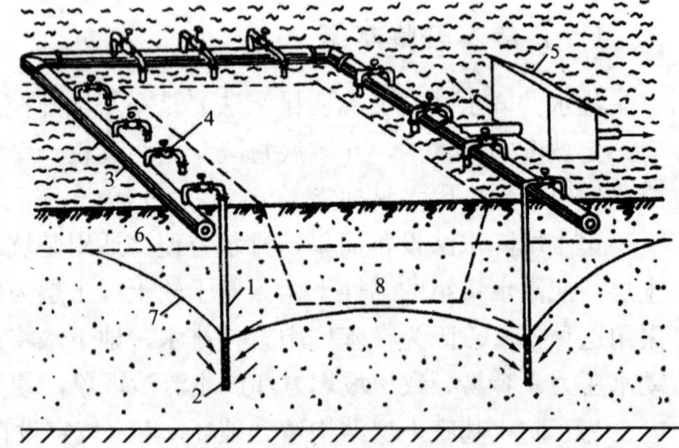

1．井点管　2．滤管　3．总管　4．弯联管
5．水泵房　6．原地下水位线
7．降低后的地下水位线　8．基坑

图 3-5　轻型井点系统降低地下水示意

轻型井点设备内管路系统和抽水设备组成包括：滤管、井点管、弯联管及总管等。

滤管为进水设备，其构造是否合理对抽水设备影响很大。滤管直径为38～50 mm，长度为1～1.7 m。管壁上钻有直径为13～19 mm的小圆孔，外包两层滤网，滤管下端为一铸铁圆锥体，其上端与井点管连接。井点管是直径同滤管的无缝钢管，长度5～7 m。井点管上端用弯联管与总管相连。弯联管上装有阀门，用于检修井点。

集水总管一般用内径 100～127 mm 的无缝钢管分节连接，每节长 4 m，间距 0.8 m 或 1.2 m，其上端设有一个与井点管联结的短接头。

轻型井点通常由 1 台真空泵、2 台离心泵（1 台备用）和 1 台水气分离器组成抽水机组。抽水设备的负荷长度（即集水总管长度）在采用 W_5 型真空泵时，不大于 100 m；采用 W_6 型真空泵时，不大于 120 m。

第四节　土方工程机械化施工

建筑工程中，除少量或零星土方施工采用人工外，一般均应采用机械化、半机械化的施工方法，以减轻繁重的体力劳动，加快施工进度，降低工程成本。

土方工程施工机械的种类繁多，有推土机、铲运机、平土机、松土机、单头挖土机及多头挖土机和各种碾压、夯实机械等，其中应用最多的有推土机、铲运机和单头挖土机。现就这几种类型的机械性能、施工特点和适用范围简要介绍如下。

一、推土机施工

推土机实际上为一装有铲刀的拖拉机。基行走方式有轮胎式和履带式两种，铲刀的操纵机构有索式和液压式两种。索式推土机的铲刀借本身自重切入土中，在硬土中切土深度较小。液压式推土机系用液压操纵，故能使铲刀强制切入土中，切土深度较大。

推土机的特点是操纵灵活、运转方便、所需工作面较小，功率较大，行驶快，易于转移，能爬 30° 左右的缓坡，用途很广。适用于地形起伏不大的场地平整，铲除腐殖土，并推送到附近的弃土区；开挖深度不大于 1.5 m 的基坑；回填基坑和沟槽；推筑高度在 1.5 m 以内的路基、堤坝；平整其他机械卸置的土堆；推送松散的硬土、岩石和冻土；配合铲运机、挖土机工作等。卸下铲刀还可以牵引其他无动力的土方机械。推土机可推掘一～四类土壤，为提高生产效率，对三、四类土宜事先翻松。推运距离宜在 100 m 以内，以 40～60 m 效率最高。

推土机的生产率主要决定于推土刀推移土壤的体积及切土、推土、回程等工作的循环时间。为此，可采用顺地面坡度下坡推土，2～3 台推土机并列推土，分批集中一次推送，开槽推土等方法来提高生产效率。如推运较松的土壤，且运距较大时，还可在铲刀两侧加挡土板。

二、铲运机施工

铲运机由牵引机械和土斗组成，完成运土、平土或填土以及碾压等全部土方施工工序；对行驶道路要求较低；操纵灵活、运转方便；生产率高。在土方工程中常应用于大面积场地平整，开挖大型基坑、沟槽，以及填筑路基、堤坝等工程。最宜于铲运含水量不大于27%的松土和普通土，不适于在砾石层和冻土带及沼泽区工作，当铲运三、四类较紧硬的土壤时，宜用推土机助铲或选用松土机配合把土翻松0.2～0.4 m以减少机械磨损，提高生产率。

在工业与民用建筑施工中，常用铲运机的斗容量为1.5～6 m^3。自行式铲运机的经济运距以800～1 500 m为宜，拖式铲运机的运距以600 m为宜，当运距为200～300 m时效率最高。在规划铲运机的运行路线时，应力求符合经济运距的要求。

铲运机的运行路线，对提高生产效率影响很大，应根据填方区的分布情况并结合当地具体条件进行合理选择。

铲运机在坡地行走和工作时，上下纵坡不宜超过25°，横坡不宜超过6°，不能在陡坡上急转弯，工作时应避免转弯铲土，以免铲刀受力不均匀引起翻车事故。

三、单斗挖土机施工

单斗挖土机是大型基坑开挖中最常用的一种土方机械。根据其工作装置不同，分为正铲、反铲、抓铲和拉铲四种，常用斗容量为0.5～2.0 m^3。根据操纵方式，分为液压传动和机械传动两种。在建筑工程中，单斗挖土机可挖掘基坑、沟槽，清理和平整场地，更换工作装置后还可以进行装卸、起重、打桩等作业，是建筑工程土方施工中不可缺少的机械设备。

1．正铲挖土机

正铲挖土机，挖掘能力大，生产效率高，一般用于开挖停机面以上一～四类土。正铲挖土机需与汽车配合完成整个挖运任务。在开挖基坑时要通过坡道进入坑中挖土（坡道坡度为1∶8左右），并要求停机面干燥，因此挖土前须做好基坑排水工作。

2．反铲挖土机

反铲挖土机用于开挖停机面以下的一～三类土（索式反铲只宜挖一、二类土），不需设置进出口通道。适用于挖基坑、基槽和管沟、有地下水的土壤或泥泞土壤。一次开挖深度取决于最大挖掘深度的技术参数。

3．拉铲挖土机

拉铲挖土机用于开挖停机面以下的一、二类土。它工作装置简单，可直接由起重机改装。其特点是：铲斗悬挂在钢丝绳下面不需刚性斗柄，土斗借自重使斗齿切入土中，开挖深度和宽度均较大；常用于开挖大型基坑和沟槽。拉铲卸土时斗齿朝下，并有惯性，湿的黏土也能卸干净，用于水下挖土或开挖有地下水的土。与反铲挖土机相比，拉铲的挖土深度、挖土半径和卸土半径均较大，但开挖的精确性差，且大多将土弃于土堆，如需卸在运输工具上，则操作技术要求高，且效率低。拉铲挖土机的运行路线与反铲挖土机运行路线相同。

4．抓铲挖土机

抓铲挖土机是在挖土机臂端用钢索装一抓斗而成，也可由履带式起重机改装。它可挖掘一、二类土，宜用于挖掘独立基坑、沉井，特别适宜于水下挖土。

第五节　土方的填筑与压实

一、土料的选择与填筑方法

为了保证填土工程的质量，必须正确选择土料和填筑方法。

填方土料为黏性土时，填土前应检验其含水量是否在控制范围以内，含水量大的黏土不宜做填土用；淤泥、冻土、膨胀性土及有机物含量大于8%的土，以及硫酸盐含量大于5%的土均不能做填土。

填方施工应接近水平状态，并分层填土、分层压实，每层的厚度根据土的种类及选用的压实机械而定。应分层检查填土压实质量，符合设计要求后，才能填筑上层。

填方中采用两种透水性不同的填料时，应分层填筑，上层宜填筑透水性较小的填料，下层宜填筑透水性较大的填料。各种土不得混杂使用。

二、填土的压实方法

填土压实方法有碾压、夯实和振动三种，如图3-6所示，此外，还可利用运土工具压实。

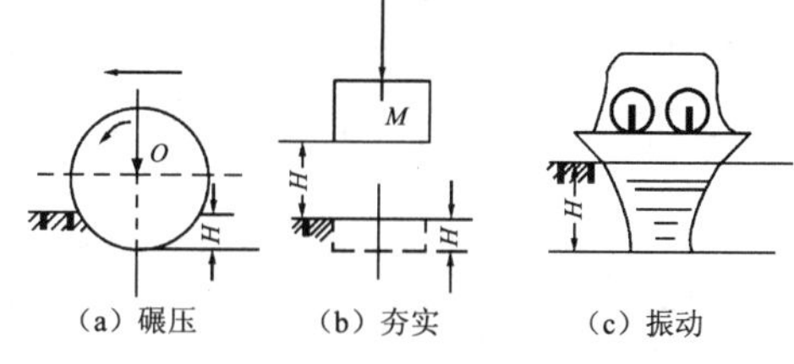

图3-6　填土压实方法

1．碾压法

碾压法[图3-6（a）]是由沿着表面滚动的鼓筒或轮子的压力压实土壤。一切拖动和自动的碾压机具，如平碾（压路机）、羊足碾和气胎碾等的工作都属于同一原理。

碾压法主要用于大面积的填土。平碾适用于碾压黏性和非黏性土；羊足碾只能用来压实黏性土；气胎碾对土壤碾压较为均匀，故其填土质量较好。

按碾轮重量，平碾又分为轻型（5 t以下）、中型（8 t以下）和重型（10 t）三种。轻型平碾压实土层的厚度不大，但土层上部可变得较密实，当用轻型平碾初碾后，再用重型平碾碾压，就会取得较好的效果。如直接用重型平碾碾压松土，则形成强烈的起伏现象，其碾压效果较差。

用碾压法压实填土时，铺土应均匀一致，碾压遍数要一样，碾压方向是从填土区的两边逐渐向中心，每次碾压应有150～200 mm重叠。

2．夯实法

夯实法[图 3-6（b）]是利用夯锤自由下落的冲击力来夯实土壤，主要用于小面积的回填土。夯实机具类型较多，有木夯、蛙式打夯机以及利用挖土机或起重机装上夯板后的夯土机等。其中蛙式打夯机轻巧灵活、构造简单，在小型土方工程中应用最广。

夯实法的优点是，可以夯实较厚的土层。采用重型夯土机（如 1 t 以上的重锤）时，其夯实厚度可达 1～1.5 m，但对木夯、蛙式打夯机等夯土工具，其夯实厚度则较小，一般均在 200 mm 以内。

3．振动法

振动法[图 3-6（c）]是将重锤放在土层的内部，借助于振动设备使其振动，土壤颗粒即发生相对位移达到紧密状态。此法用于振实非黏性土效果较好。

三、影响填土压实质量的因素

影响填土压实质量的因素很多，其中主要有：土的含水量、铺土厚度及压实遍数。

1．土的含水量

土的含水量对填土压实质量有很大的影响。较干燥的土，由于土颗粒之间的摩阻力较大，填土不易被压实；而土含水量较大，超过一定的限度，土颗粒间的孔隙全部被水填充而呈饱和状态，土也不能被压实；只有当土具有适当的含水量，土颗粒之间的摩阻力由于水的润滑作用而减小，土才易被压实。使填土压实获得最大密实度时的含水量，称为土的最优含水量。各种土的最优含水量和最大干密度可参考表 3-9。

表 3-9　土的最优含水量和最大干密度参考表

项次	土的种类	变动范围		项次	土的种类	变动范围	
		最优含水量（%）质量比	最大干密度/（g/cm³）			最优含水量（%）质量比	最大干密度/（g/cm³）
1	沙土	8～12	1.80～1.88	3	粉质黏土	12～15	1.85～1.95
2	黏土	19～23	1.58～1.70	4	粉土	16～22	1.61～1.80

注：1．表中土最大干密度应根据现场实际达到的数字为准。
　　2．一般性回填可不作此项制定。

为了保证填土在压实过程中具有最优含水量，土含水量过高时，可采取翻松、晾晒、均匀掺入干土（或吸水性填料）等措施；如含水量偏低，可采用预先洒水润湿，增加压实遍数或使用大功率压实机械等措施。

2．铺土厚度

压实机械的压实作用，随土层的深度增加而逐渐减少。在压实过程中，土的密度也是表层大，而随深度加深逐渐减小，超过一定深度以后，虽经反复碾压，土的密实度仍与未压实前一样。各种不同压实机械的压实影响深度与土的性质、含水量有关。所以，填方每层铺土厚度应根据土质、压实的密实度要求（压实系数）和压实机械性能确定，或者按表 3-10 选用。在表 3-10 规定的范围内，轻型压实机械取小值，重型的则取大值。

表 3-10　填方每层的铺土厚度和压实遍数

压实机具	每层铺土厚度/mm	每层压实遍数（遍）	压实机具	每层铺土厚度/mm	每层压实遍数（遍）
平碾	200～300	6～8	蛙式打夯机	200～250	3～4
羊足碾	200～350	8～16	人工打夯	≤200	3～4

3．压实遍数

填土压实的密度与压实遍数有关。土在一定的含水量条件下，开始压实时土的密实度急剧增加，接近土的最大干密度后，虽经反复压实，其密度再无变化。所以，对不同的土，以及对压实后密实度要求的不同，各类压实机械的压实遍数也不同。填土的压实遍数应根据土质、压实系数和机具性能来确定，表 3-10 可供参考。

四、填土压实质量的检查

填土压实后必须要达到密实度要求，填土密实度以设计规定的控制干密度 ρ_d 作为检查标准。土的控制干密度与最大干密度之比称为压实系数λ_0，不同的填方工程，设计要求的压实系数不同，一般场地平整，其压实系数为 0.9 左右，地基填土为 0.91～0.97，具体取值视结构类型和填土部位而定。

土的最大干密度一般在试验室由击实试验确定。土的最大干密度乘以规范规定或设计要求的压实系数，即可计算出填土控制干密度 ρ_d 的值。

土的实际干密度可用“环刀法”测定。其取样组数：基坑回填土每层按 20～50 m^2 取样一组；基槽、管沟填土每层长度按 20～50 m 取样一组；室内回填土每层按 100～500 m^2 取样一组；场地平整填土每层按 400～900 m^2 取样一组。取样部位在每层压实后的下半部。试样取出后测出实际干密度。

习题

1. 地基土分为哪几类？各具有哪些显著的工程特性？
2. 土方边坡支撑有哪几种型式，各有何特点？
3. 某工地开挖一大型氧化沟基础，质为沙砾坚土，开挖量为 14 000 m^3，氧化沟混凝土浇筑后回填约 4 000 m^3，问需要载重 10 t/车的运输车辆各需多少车次？
4. 收集上海莲花河畔楼房倒塌事故的相关资料，完成一份事故原因分析报告。

第四章 地基与基础工程

本章重点

本章主要介绍地基加固处理方法和钢筋混凝土桩的施工方法。

第一节 地基基础

任何建构筑物都建造在一定的地层（岩层或土层）上。地层在建构筑物荷载作用下将改变原有的应力与应变状态，我们把地层由于承受建构筑物全部荷载而产生不可忽略的应力与应变的那部分土或岩石称为该建构筑物的地基。建构筑物的基础则是整个结构的重要组成部分，它位于上部结构与地基之间，通常被埋于地下，是建构筑物的下部结构（或组成部分），如图 4-1 所示。

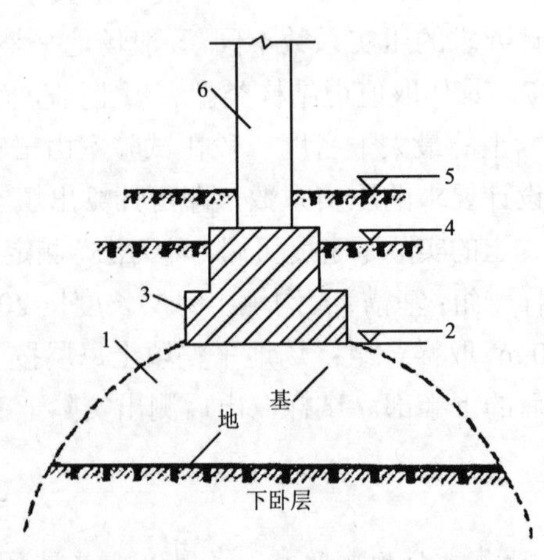

1．持力层　2．基础底面　3．基础　4．天然地面　5．设计地面　6．上部结构

图 4-1　地基与基础示意

地基基础对整个建构筑物的安全、使用、工程量、造价和施工工期的影响都很大，而且基础地下隐蔽工程一旦失事，将难以补救，应当引起高度重视，充分认识地基基础的重要性。

一、地基承载力

各类地基承受上部荷重的能力都有一定限度，如超过这一限度，则可能因地基变形过大使建筑物开裂或地基发生强度破坏而滑动。当地基在同时满足变形和强度两个条件下，单位面积所能承受的最大荷载，称为地基承载力，以 f_0 表示，单位 kPa。

不同条件的地基承载力差别很大，如密实卵石 f_0 可达 800～1 000 kPa，天然含水量 W=75%的淤泥 f_0 只有 40 kPa，两者 f_0 相差 20 倍以上。影响 f_0 值大小的因素包括：建构筑物的性质与基础尺寸，通常建构筑物体形简单、整体刚度大，对不均匀沉降适应性好，则承载力可取高值；基础宽度大，埋置深度深，土的承载力相应较高。

二、地基变形

地基土层承受上部建筑物的荷载，必然会产生变形，从而引起建筑物基础发生沉降或倾斜。当地基为软弱土层且厚薄不匀或上部结构荷载轻重变化较大时，基础将会发生较大的沉降和不均匀沉降。其结果将使建构筑物发生裂缝，严重时甚至会影响建构筑物的正常使用与安全。

分析地基土层发生变形的主要因素，内因是土具有压缩性，其外因主要是建构筑物荷载的作用。

1．土的压缩性

饱和土的压缩需要一定时间才能完成。钢、混凝土等材料受压后，其压缩在瞬时内即已完成。饱和土的压缩就不同，由于饱和土的孔隙中全部充满着水，要使孔隙减小，就必须使土中的部分水挤出，亦即土的压缩与孔隙中水的挤出是同时发生的。土中的水分挤出需要一定时间。土的颗粒越粗，孔隙越大，则透水性越大，因而土中水的挤出和土体的压缩越快。黏土颗粒很细，则需要很长的时间。这个过程叫作渗流固结过程，是土区别于其他材料压缩性的又一特点。此外，土是一种弹塑性材料，这种变形随时间而持续的现象称为蠕变的影响。

2．建构筑物荷载的作用

由于建构筑物荷载的作用，引起一定范围的地层增加新的应力，同时也产生场应变，地基的这种变形叫作地基沉降。地基的沉降，一般包括均匀沉降、不均匀沉降和倾斜等。地基沉降过大，就会影响建构筑物的正常使用。

三、地基的分类

地基的分类见表 4-1。

表 4-1　地基的分类

分类依据	分类及说明
按地基土层的组成分	一般性土地基：如黏性土地基、沙土地基、碎石地基及岩石地基等
	特殊性土地基：如黄土地基、膨胀土地基、冻土地基、软土地基等
按地基土层的压缩性分	高压缩性地基
	中等压缩性地基
	低压缩性地基

分类依据	分类及说明
按地基土层的均匀性分	均质地基
	非均质地基
按地基土层的构成分	单层土地基
	双层土地基
	多层土地基
按地基土层的处理与否分	天然地基：将基础直接做在天然土层上，称为天然地基
	人工地基：经过人工加工处理后作为地基，称为人工地基（地基处理）

第二节　地基处理

一、地基处理方法

进行地基设计时，应最大限度地发挥天然地基的潜在能力，尽可能采用天然地基方案。当采用简易的处理措施或通过加强上部结构的整体刚度措施后，仍难以满足工程要求，再考虑采用地基处理方案。

在选择地基处理方案时，要结合当地环境和经济技术条件、材料来源、地基土层的埋藏条件、土的特性指标、处理目的、工程造价、工程进度等多方面因素综合考虑。

（一）换土垫层法

当建筑物基础下的持力层为较软弱或为湿陷性土层，不能满足上部荷载对地基强度或变形的要求时，常采用换土垫层来处理地基，即先将基础下的软弱土、湿陷性黄土、杂填土料中的膨胀土等一部分或全部挖除，然后换填密度较大或稳定性较好的土或灰土、砂石、矿渣等材料，并分层夯实或碾压使其密实。过去认为换土垫层只适用于荷载不大、基础埋深较浅的建筑物，但这几年的实践证明：一些重大建构筑物，如高层建筑、大型博物馆、发电机厂房等也可使用；开挖深度有的已达十余米，甚至更深，但要注意边坡的稳定性，有时还要采取加固或锚固边坡的措施。垫层的厚度有的达到 3 m 以上，地基处理效果一般都较好，而处理费用则远比桩基要低。

垫层的主要作用如下：

（1）提高持力层的承载能力。

（2）减少地基的变形量。

（3）砂石垫层还有加速地基的排水固结作用，而灰土垫层则具有促使其下土层含水量均匀转移的功能，从而减少土性的差异。

（二）强夯法

强夯是松软地基的一种有效的加固方法，利用夯锤自由落下的巨大冲击能和所产生的冲击波反复夯击地基土，将夯面以下一定深度的土层夯实，以提高地基的承载力和土体的稳定性，降低压缩性，消除黄土地基的湿陷性和沙土的振动液化。由于夯击能量大，加固深度也大，国外介绍的最大加固深度可达 40 m，夯击能量（100～800）×10 kN，甚至达（1 000～2 000）×10 kN，锤重 8～40 t，落距 7～40 m。

强夯不仅对湿陷性黄土、粉土、沙土有效，而且对饱和软黏性土也有成功的实例。这是由于强夯时发出的冲击能造成一系列压缩波使体内出现排水网络。土的渗透性骤然增大。孔隙水迅速排出，孔隙水压力很快消散，从而产生很大的瞬时沉降，使土体压密，强度大幅度提高。

（三）挤密桩法

为加固较大深度内的地基土或消除一定深度内黄土的湿陷性，提高地基的承载能力，常采用挤密桩法。它是通过冲击或振动先往土中打入一尖端封闭的桩管成孔，将桩管松散土挤密，拔出柱管后向孔中填入土或其他材料并分层捣实而成桩。其作用是除了将周围松散土挤密外，还使桩和挤密后的地基土共同组成基础下的复合地基，从而提高地基的强度并减小地基变形，对黄土则可减小或全部消除深层黄土的湿陷性。挤密桩按所填充的材料分为沙桩、灰土桩等，按成孔方式分为打入或振入挤密桩和爆破挤密桩。

1．沙桩挤密加固

沙桩常用于挤密松散杂填土、沙性较大的黏性土或松散沙地基，能提高地基的密实程度和承载能力，并能有效地防止沙土地基的振动液化。但对于黏性大的饱和软土地基、软弱的高湿度黄土地基，由于土的渗透性小、抗剪强度低和灵敏度较高，在加固过程中孔隙水不能及时顺利挤出，孔隙水压力难以很快消散，其挤密效果不显著。沙桩还不能用于湿陷性黄土地基。沙桩的作用：一是挤密地基；二是排水，能加速一般黏性土的排水固结。

2．土或灰土桩挤密加固

土或灰土桩挤密加固地基是一种人工复合地基，属于深层加密处理地基的一种方法，主要作用是提高地基承载能力，减少地基变形。对湿陷性黄土则有消除浅部或深部的部分或全部湿陷性的作用。

以提高地基承载力为主要目的时，既要提高地基承载力，又要消除地基湿陷性，应采用灰土挤密桩；如仅为消除地基湿陷性，则采用土桩挤密较为经济。

3．爆扩挤密桩加固

爆扩挤密桩加固是先用洛阳铲或钻机打孔，然后在孔内进行爆破，以扩大孔径并在下端形成一扩大头。其作用是利用爆扩挤密土层，并利用混凝土桩大头支承在下部较密土层上。

（四）堆载预压法

预压法又称预固结法，是在工程建造之前用比基底压力大或相等的填土荷载等，促使地基提前固结沉降，以提高地基的强度；当强度指标达到要求的数值后，卸除荷载，修建构筑物，这样可以安全地进行构筑物的施工，而且构筑物建成后基本不再产生过大的固结沉降。

本方法适用于软弱黏性土，包括沿海地区的淤泥质土及冲填土等，多用于储液罐、建筑物、道路填土等构筑物的地基处理。对一般建筑物，主要为提高天然地基强度和完成沉降；对桩基础，主要是消除桩表面的负摩擦力使其完成沉降；对道路填土而言，主要是完成沉降。

（五）振冲法

利用振动和水冲加固土体的方法称为振冲法。振冲法分为振冲挤密法和振冲置换法两类。用于振密松沙地基时，称为“振冲挤密”。用于黏性土地基时，在黏性土中制造一群以碎石、卵石或沙砾材料组成的桩体，从而构成复合地基。这种方法称为“振冲置换”。

振冲法加固沙基一方面是通过振冲器的强力振动使饱和沙土液化，沙颗粒重新排列，孔隙减小；另一方面又依靠振冲器的水平振动力，在施加固体填料的情况下使沙层挤压加密。

对于黏粒含量高的软弱黏性土，一般不起挤密作用，主要是通过置换部分软土和加速地基土的排水固结来达到提高复合地基承载力的目的，即在黏性土中形成紧密的沙石桩，其变形模量远较黏性土大，因此随地基变形的增加，附加应力有集中到沙石桩上去的趋势，从而在不增加原有地基承载力的基础上，使加固后的地基（复合地基）的承载力有所提高，沉降相应减小。

因此，振冲法最有效的土层为沙性土（粉沙到松散含砾粗沙）和粉土，其次为黏粒含量较小的黏性土，对黏粒含量大于 30%的软弱黏性土，基本没有挤密效果，只产生置换作用。

（六）化学加固法

化学加固法是利用化学溶液或胶结剂，灌入土中，把土粒胶结起来，以提高地基强度、减少沉降量的一种加固方法。目前采用的化学浆液有以下几种：

（1）水泥浆液。用高标号的硅酸盐水泥和速凝剂组成的浆液，应用较多。

（2）以硅酸钠（水玻璃）为主的浆液，常用水玻璃和氯化钙溶液。

（3）以丙烯酰胺为主的浆液。

（4）以纸浆液为主的浆液，如重铬酸盐木质素浆，加固效果尚可，但有毒性，易污染地下水。

加固的施工方法有压力灌注法、旋喷法、旋转搅拌法和电渗硅化法等。常用的有高压旋喷法、深层搅拌法和电渗硅化法。下面主要介绍高压旋喷法加固原理。

高压旋喷法是在静压注浆基础上发展的化学处理地基的方法，将能凝固的浆液用带特殊喷嘴的注浆管，置入土层预定深度，以 20 MPa 左右的高压喷射流，强力冲击破坏土体，使浆液与土搅拌混合，经固化在土中形成固结体，用于加固地基，提高地基剪切强度，改善土的变形性质。采用旋喷注浆形式，可使加固体在土中形成直径较大的均匀圆柱体或异形圆柱体。

旋喷处理适用于地下开挖中防止流砂管涌及坑底隆起，提高地基载力，扩散上部荷载，用于建筑物防护结构，如连续墙、挡土结构等的防渗、防液化和建筑物的加固处理。

对于沙土、粉土、黏性土、黄土和淤泥等都能进行旋喷加固，但对砾石直径过大、砾石含量过多和有大量纤维质的腐殖土，旋喷质量较差，有时甚至不如静压注浆的效果。

二、地基处理方法的选择

地基处理方法的选择可参照表 4-2。

表 4-2 地基处理方法

土的种类	方法名称	适用条件	方法要点	作用及效果
岩石类土	褥垫法	基底局部岩突出地段	将基岩挖 5～50 cm，填压缩性较高土层	减少差异沉降
	灌浆法	裂隙性基岩、溶洞	利用压力灌入水泥、沥青或黏土泥浆等	防渗及加强地基
沙土	硅化法	渗透系数为 2～80 m/d	注入硅酸钠和氯化钠溶液	防渗及加强地基
	振动法、振冲法、沙桩法、强夯法	饱和与非饱和的松散沙层	浅层用振动法；深层用振冲法、强夯法及沙桩法	使地基密实，提高地基强度及抗液化能力
湿陷性黄土	换土垫层法	湿陷性黄土	换去一定厚度的湿陷性土	提高地基强度、减少湿陷性
	重锤夯实法、强夯法	湿陷性黄土	重锤吊起一定高度自由落下	消除或减少湿陷性，提高强度
湿陷性黄土	挤密土桩法	湿陷性黄土	桩管成孔，内填夯实砾石或灰土	消除湿陷性，提高强度
	灰土井柱法	下有非湿陷性密实土层	挖井或钻探成孔，填以夯实灰土	消除地基湿陷性，提高强度
	硅化法、碱液加固法、热加固法	湿陷性黄土	向土中灌注化学溶液或加热	消除湿陷性，提高地基强度

土的种类	方法名称	适用条件	方法要点	作用及效果
软弱黏性土，淤泥质土	砂石垫层法	饱和和非饱和土	换掉一定深度的软土	提高地基强度，减少地基变形
	沙桩法	饱和和非饱和土	桩管成孔，孔内夯填沙砾	
	电动硅化法	饱和黏性土	电渗排水，硅化加固	
	旋喷柱浆加固法	饱和软黏性土，松散沙类土	强力将浆液与土体搅拌混合经凝固在水中形成固结体	增加地基强度，防渗、防液化、防基底隆起
	沙井排水法	饱和软黏性土	加速排水，缩短地基固结时间	提高地基强度，减少地基变形
	堆载预压法	软土地基	加速固结时间	提高地基强度，减少地基变形
杂填土	机械压实法	非饱和土	用机械方法进行压实	使地基密实，减少地基变形
	换土垫层法	饱和或非饱和土	挖去杂填土，换夯素土、灰土或沙砾	
	土桩或沙桩法	饱和或非饱和土	桩管成孔，换填土、灰土或沙砾	
	扩底墩法	松散土下有坚实土层	穿透松软土，置于坚实土层上	提高地基强度
膨胀土	换土法	地基内有膨胀性土	挖去膨胀性土，换填非膨胀性土	消除膨胀性的危害
	墩基法、桩基法	地基内有膨胀性土	穿透膨胀性土，作用在下部土层上	
	封闭处理法	地基内有膨胀性土	防止地面水渗入，防止地基内水分散失	
各类土层	冻结法	地下水位以下地层	将冷气循环送入孔内	降低透水性，提高土的暂时强度

第三节　桩基础

建构筑物应尽量采用天然浅地基。遇天然土层软弱时，可以用人工加固（地基处理）的各种方法，采用人工地基的浅基础。当因土层软弱、建构筑物对变形与稳定的要求较高或建构筑物有特殊要求以及技术、经济等各种原因，无法或不宜采用人工地基时，就得采用深基础。

常见的深基础有：桩基础、墩基础、沉井基础、地下连续等，其中以桩基础应用最广。

深基础与浅基础有以下区别：

（1）深基础除由深层较好的土来承受上部结构的荷重以外，还有深基础周壁的摩阻力共同承受上部的荷重。深基础的承载力高。

（2）深基础需要用特殊的方法进行施工。例如：预制桩需要有打桩机；沉井需要现场浇筑沉井的设备、井点降水、沉降观测及纠偏等设备；沉箱需要有专门的密闭气闸、工作室和压缩空气与通风等一整套设备等。

（3）深基础的造价较高。

（4）深基础的工期较长。

（5）深基础的技术较复杂，需要专职人员负责施工及质量检查，发现问题及时处理。

一、桩及桩基础的分类

（一）按受力情况分类

1．端承桩

这种桩穿过软弱土层，打入深层坚实土中。上部结构荷重由桩尖阻力承受。

2．摩擦桩

当软弱土层很厚时，桩只需打入一定的程度，上部结构荷重主要由桩摩擦力和桩尖阻力共同承受。

常见桩基础见图 4-2。

（二）按所用材料分类

1．木桩

适用于常年在地下水位以下的地基。所用木材须坚韧耐久，如杉木、松木和橡木等。桩长一般为 4～10 m，直径为 18～26 cm。使用时应将木桩打入地下水位以下 0.5 m，在干湿交替的环境或地下水位以上部分，木桩极易腐烂，海水中也易腐蚀。木桩桩顶应平正并加铁箍，以保护桩顶不被打坏，桩尖长为直径的 1～2 倍。木桩的优点是储运方便，打桩设备简单，较经济，但承载力较低。需要指出的是，由于我国木材资源匮乏，国家已严令禁止使用木桩。

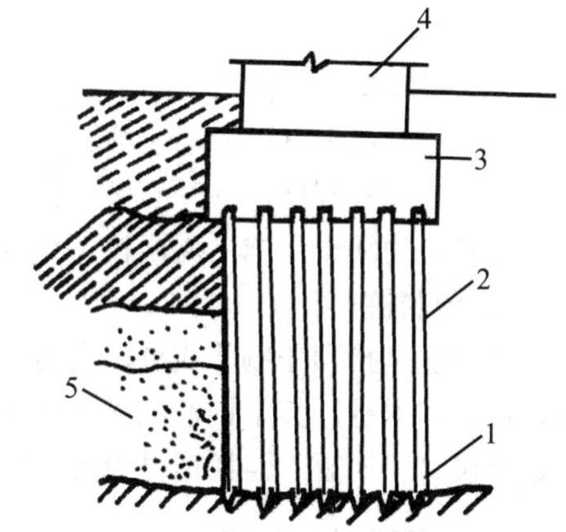

1．持力层　2．桩　3．桩基承台
4．上部建筑物　5．软弱层

图 4-2　桩基础

2．混凝土桩

在现场开孔至所需深度，随即在孔内浇灌混凝土，经捣实后就成为混凝土桩。混凝土桩的优点是设备简单、操作方便、经济、省钢材。缺点是可能产生“缩颈”、断桩、局部夹土和混凝土离析等质量事故，应采取必要的措施保证质量。

3．钢筋混凝土桩

一般预制钢筋混凝土桩，做成实心的方形、圆形或十字形截面；当桩的直径较大时也可做成空心的圆柱截面。方形截面边长一般为 25～55 cm。桩长可根据持力层位置和桩架高度而定。短桩为整体一根桩，长桩可以接桩。接桩方法有螺栓连接和硫黄胶泥浆锚法等。

钢筋混凝土桩的优点是承载能力大，不受地下水位的限制；缺点为自重大，需笨重的打桩设备，预制钢筋混凝土桩长短不合适时剪接麻烦。

4．钢桩

用各种型钢作为桩，称为钢桩。常用的钢桩有钢管桩、宽翼工字形钢桩、钢板桩等。钢桩的优点是承载力高，适合于大型、重型的设备基础以及部分高层建筑；缺点为价格高、费钢材、易锈蚀，使用不广。

（三）按施工方法分类

1．灌柱桩

在现场开孔、灌注成型，材料用混凝土或钢筋混凝土。灌柱桩具有以下优点：

（1）灌注桩不需预先制作和运输，适用于当地没有混凝土预制厂和交通不便的地区。

（2）可根据桩身内力大小，分段配筋或不配筋以节约钢材。

（3）可做成大直径的灌注桩，以提高承载力。

（4）没有预制桩打桩时的振动和噪声。

灌柱桩的缺点是施工周期长、易造成缩颈等质量事故。

2．预制桩

预制桩是指预先制作成桩，利用打桩设备打入地基的各种桩，包括钢筋混凝土桩、钢桩和木桩。其中钢筋混凝土桩又可分为工厂预制和施工现场预制。这种桩施工速度快、工期短，但耗钢材较大、造价较高。

二、预制桩施工

预制桩包括钢筋混凝土方桩、管桩和锥形桩，钢管桩也属于这一类型，其中以钢筋混凝土方桩应用较为普通。从沉桩方法来说，有锤击沉桩、振动沉桩和静力沉桩等不同的方法，其中以锤击沉桩，即常说的打桩应用最广。

（一）锤击沉桩

1．打桩机械

打桩机械包括桩架、桩锤和动力装置，如图 4-3 所示。

（1）桩架：桩架的作用是起吊并固定桩的打击位置，作为锤和桩的导向，使桩沿导杆的方向入土。桩架应能前后左右灵活移动，以便于对准桩位。桩架由立柱、斜撑及底盘（机体）组成。

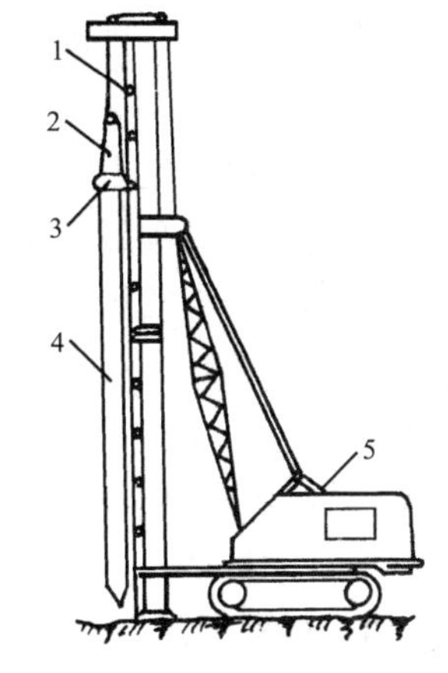

1．桩架　2．桩锤　3．桩帽
4．桩　5．吊车
图 4-3　履带式桩架

（2）桩锤：桩锤有落锤、汽锤、柴油锤和振动锤几种。我国目前使用柴油锤较为普遍。

落锤：落锤系用生铁铸成，重量 1～5 t，由卷扬机起锤至一定高度下落，下落时产生之冲击能将桩击入土中。落锤构造简单，使用方便，但生产效率较低。

汽锤：汽锤是靠蒸汽或压缩空气推动锤体工作，故需配备锅炉或压缩机等动力设备，锤体由汽缸和活塞组成，按其操纵方式有单动汽锤和双动汽锤之分。

汽锤冲击能量大，生产效率高，既可用于打设各种桩，也可用于拔桩。

柴油锤：柴油锤利用燃油爆炸推动锤体工作，常用的有导杆式和筒式两种类型。柴油锤上附有油箱，不需外部能源，且耗油少，使用方便，生产效率高。适用于各种类型的桩，但在过软的土层锤击时易灭火，造成工作中断。另外噪声较大，对空气污染也较严重。

选择桩锤应根据地质条件、桩的类型、桩身结构强度、桩的长度、桩群密集程度以及施工条件等因素决定。

（3）动力装置：打桩机械的动力装置是根据所选的桩锤而定的。如当采用空气锤时，应配备空气压缩机；当选用蒸汽锤时，则要配备蒸汽锅炉。

2．打桩顺序

打桩顺序一般分为逐排打、自中央向边缘打、自边缘向中央打和分段打四种。打桩顺序直接影响打桩工程的速度和桩基质量。因此，应结合地形、地质及地基土壤挤压情况和桩的布置密度、工作性能、工期要求等综合考虑后予以确定，以确保桩基质量，减少桩架的移动和转向，加快打桩进度。

逐排打法，桩架系单向移动，桩的就位与起吊均很方便，故打桩效率较高。但它会使土壤向一个方向挤压，导致土壤挤压不均匀，后面的桩打入深度因此而逐渐减小，最终会引起建筑物的不均匀沉降。自边缘向中央打，则中间部分土壤挤压密实，不仅使桩难以打入，而且打中间桩时，还有可能使外侧名桩被挤压浮起，同样影响桩基质量。所以，一般以自中央向边缘打和分段打法为宜。但若桩基大于或等于 4 倍桩的直径时，则土壤挤压情况将与打桩顺序关系不大。

此外，根据基础的设计标高和桩的规格，宜按先深后浅，先大后小，先长后短的顺序进行打桩。

打桩顺序确定后，还需要考虑打桩机是往后“退打”还是向前“顶打”。当打桩地面标高接近桩顶设计标高时，打桩后，实际上每根桩的桩顶还会高出地面。这是由于桩尖持力层的标高不可能完全一致，而预制桩又不可能设计成各不相同的长度，因此桩顶高出地面往往是不可以避免的。在此情况下，打桩机只能采取往后退行打桩的方法，由于往后退行，桩不能事先布置在地面，只能随打随运。如打桩后桩顶的实际标高在地面以下时，打桩机则可以采取往前顶打的方法，这时，只要场地允许，所有的桩都可以事先布置好。

3．打桩工艺

打桩过程包括桩机的移动和就位、吊桩和定桩、打桩、截桩和接桩等。

桩机就位时，柱架调整平移，导杆中心线应与打桩方向一致，并检查桩位是否正确，然后将桩提升就位并缓缓放下插入土中，随即扣好桩帽、桩箍，校正好桩的垂直度，如桩顶不平则应用矮木垫平后再扣桩帽，脱钩后用锤轻压且轻击数锤，使桩沉入土中一定深度，达到稳定位置，再次校正桩位及垂直度，然后开始打桩。打桩时，应先用短落距轻打，待桩入土 1～2 m 后，再以全落距施打。用落锤或单动汽锤时，最大落距不宜大于 1 m，用柴油锤时，应使锤跳动正常。桩入土的速度应均匀，锤击间隔时间不宜过长，要连续打入，如中途停歇，土弹性恢复，向桩周挤紧，桩周孔隙水消失，则再次打时，摩阻力增大，使桩难以打入；打桩时，应防止锤击偏心，以免桩产生偏位、倾斜，或打坏桩头、打断桩身。如采用送桩时，则送桩与桩的纵轴线应在同一竖线上。

桩正常下沉时，桩锤回跳小，贯入度变化均匀。若桩锤回跳大，则说明锤太轻。如贯入度突然减小，回跳增大，落距减小，加快锤击后，桩仍不下沉，则说明桩下有障碍物。若贯入度突然增大，则表明桩尖、桩身有可能遭到损坏，或接桩不直、接头破裂，或下遇软土层、土穴等。打桩过程中，如贯入度剧变，桩身突然发生倾斜、移位或有严重回弹，桩顶或桩身出现严重裂缝或破碎等情况，应暂停打桩，并及时与有关单位研究处理。

打桩过程中，应注意打桩机的工作情况和稳定性，经常检查机件是否正常，绳索有无损坏，桩锤悬挂是否牢固，桩架是否移动和固定是否安全等。打桩完毕后，应将桩头或无法打入的桩身截去，以使桩顶符合设计高程。截桩可采取锯截、电弧或氧乙炔焰截割等方法，主要依据桩的种类而定。对钢筋混凝土桩，应将混凝土打掉后再截断钢筋。

4．打桩的质量控制及打桩记录

打桩的质量视打入后的偏差是否在允许范围之内，最后贯入度与沉桩标高是否满足设计要求，以及桩顶、桩身是否打坏等三个因素而定。

桩的垂直偏差应控制在 1%以内，平面位置的偏差一般为 1/2～1 倍桩柱的直径

（或边长）。

承受轴向荷载的摩擦桩的入土深度控制，应以标高为主，而以最后贯入度（施工中一般采用最后三阵，每阵 10 击的平均入土深度作为标准）作为参考；端承桩的入土深度应以最后贯入度控制为主，而以标高作为参考。设计与施工中控制的贯入度应以合格的试桩数据为准。最后贯入度的测量应在下列正常条件下进行：桩顶没有破坏，锤击没有偏心；锤的落距符合规定；桩帽和弹性垫层正常。

打桩工程系隐蔽工程，施工中应做好观测和记录。要观测桩的入土速度、锤的落距和每分钟锤击次数，当桩下沉接近设计标高时，即应进行标高和贯入度的观测。各项观测数据应记入打桩记录表，其表格格式，内容可参见《地基与基础工程施工及验收规范》。

（二）静力压桩

静力压桩是利用无噪声、无振动的静压力将桩压入土中，常用于土质均匀的软土地基的沉桩施工。

静力压桩利用压桩桩架的自重和配重，通过卷扬机牵引，由钢丝绳、滑轮和压梁，将整个桩机的重力（800～1 500 kN）反压在桩顶上，以克服桩身下沉时与土的摩擦力，迫使预制桩下沉。桩架高度 10～40 m，压入桩长度可达 30 m 左右，桩断面为 400 mm×400 mm 至 500 mm×500 mm。

压入施工一般采取分节压入，逐段接长的施工方法。因此，桩需分节预制，每节长 6～10 m。当第一节压入土中，其上端距地面 2 m 左右时，将第二节接上。接桩可采用焊接法、法兰螺栓连接法和硫黄浆锚法。

（三）振动沉桩

振动沉桩的原理是：借助固定于桩头上的振动沉桩机所产生的振动力，减小桩与土壤颗粒之间的摩擦力，使桩在自重与机械力的作用下沉入土中。

振动沉桩机系由电动机、弹簧支承、偏心振动块和桩帽组成。振动机内偏心振动块，分左右对称两组，其旋转速度相等，方向相反。所以，当工作时，两组偏心块的离心力的水平分力相消，但垂直分力则相叠加，形成垂直方向（向上或向下）的振动力。由于桩与振动机刚性连接在一起，故桩也随着振动力沿垂直方向上下振动而下沉。

振动沉桩主要适用于砂石、黄土、软土和亚黏土，在含水沙层中的效果更为显著，但在沙层中采用此法时，尚需配以水冲法。沉桩工作应连续进行，以防间歇过久难以沉下。

三、灌注桩施工

混凝土灌注桩是直接在施工现场桩位上成孔，然后在孔内放入钢筋笼、浇筑混凝土成桩。与预制桩相比，具有施工低噪声、低振动、桩长和直径可按设计要求变化自如、桩端能可靠地进入持力层或嵌入岩层、单桩承载力大、挤土影响小、含钢量低等特点。但成桩工艺较复杂，成桩速度较预制打入桩慢，成桩质量好坏与施工有密切关系，易出现吊脚桩、颈缩、断裂等质量问题。灌注桩按成孔方法分为：沉管灌注桩、钻孔灌注桩和人工挖孔灌注桩。

（一）沉管灌注桩

1. 原理

沉管灌注桩是利用锤击打桩设备或振动沉桩设备，将带有钢筋混凝土的桩尖（或钢板靴）或带有活瓣式桩靴的钢管沉入土中（钢管直径与桩的设计尺寸一致），形成桩孔，然后放入钢筋骨架并浇筑混凝土，随之拔出套管，利用拔管时的振动将混凝土捣实。利用锤击沉桩设备沉管、拔管成桩，称为锤击沉管灌注桩；利用振动器振动沉管、拔管成桩，称为振动沉管灌注桩。沉管灌注桩的施工工艺过程见图 4-4。

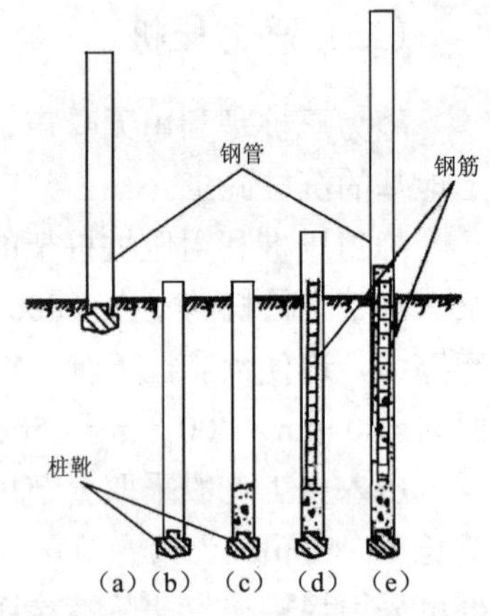

（a）就位　（b）沉钢管
（c）开始灌注混凝土
（d）下钢筋笼继续浇混凝土
（e）拔管成型

图 4-4　沉管灌注桩施工过程

2. 施工方法

为了提高桩的质量和承载能力，沉管灌注桩常用单打法、复打法、翻插法等施工工艺。

（1）单打法（又称一次拔管法）。拔管时，每提升 0.5～1.0 m，振动 5～10 s，然后再拔管 0.5～1.0 m，这样反复进行，直至全部拔出。

（2）复打法。在同一桩孔内连续进行两次单打，或根据需要进行局部复打。施工时，应保证前后两次沉管轴线重合，并在混凝土初凝之前进行。

（3）翻插法。钢管每提升 0.5 m，再下插 0.3 m，这样反复进行，直至拔出。这种方法在淤泥层中可消除颈缩现象，但在坚硬土层中易损坏桩尖，因而不宜采用。

在施工时，注意及时补充套筒内的混凝土，使管内混凝土面保持一定高度并高于地面。

3. 施工中常见问题和处理方法

（1）断桩。断桩一般常见于地面以下 1～3 m 的不同软硬层交接处。其裂痕呈水平或略倾斜，一般都贯通整个截面。原因是桩距过小受邻桩打时挤压影响；桩身混凝土不够；软硬土层间传递水平力不同，对桩产生剪应力。处理办法为将断的桩段拔去，将孔清理后，略增大面积或加上铁箍连续，再重新浇筑混凝土补做桩身；施工时控制桩距不小于 3.5 倍桩径；采用跳打法减少对邻桩影响。

（2）瓶颈桩（缩颈）。又称蜂腰桩，该桩在某部分桩径缩小，截面不符合要求。瓶颈桩常发生在饱和的淤泥或淤泥质软土地基中。原因为地下水压力（孔隙水压）大于混凝土自重而产生。处理办法为进行复打处理。在施工中应保持混凝土在管中有足够高度。

（3）吊脚桩。即桩底部混凝土隔空，或混凝土中混进泥沙而形成松软层。原因为桩靴强度不够，沉管时被破坏变形，水或泥砂进入套管，或活瓣未及时打开。处理办法为将套管拔出纠正桩靴或将沙回填桩孔后重新沉管。

（4）桩靴进水进泥。常发生在地下水位高或饱和淤泥或粉沙土层中。原因为桩靴活瓣闭合不严、预制桩靴被打坏或活瓣变形。处理方法为拔出桩管，清除泥沙，整修桩靴活瓣，用沙回填后重打。地下水位高时，可待桩管沉至地下水位时，先灌入 0.5 m 厚的水泥沙浆作封底，再灌 1 m 高混凝土增压，然后再继续沉管。

（5）有隔层。原因是钢套管和管径较小；混凝土骨料粒过大、和易性差；拔管速度过快。处理方法为施工时严格控制混凝土的坍落度≥5～7 cm，骨料粒径≤30 mm；拔管速度在淤泥中≤0.8 m/min，拔管时宜密振慢拔。

（二）钻孔灌注桩

钻孔灌注桩是利用钻孔机在桩位成孔，然后灌注混凝土而成的就地灌注桩。它能在各种土质条件下施工。较之沉管灌注桩，它具有无振动、对土体无挤压的优点，但也有堆载能力较低、沉降较大的弱点。但若能在桩底扩钻成扩大头，则可得到较好弥补。钻孔灌注桩按成孔方法可分为干作业钻孔灌注桩和泥浆护壁成孔灌注桩两类。

1．干作业钻孔灌注桩

干作业成孔一般采用螺旋钻机钻孔。螺旋钻头外径分别为ϕ400 mm、ϕ500 mm、ϕ600 mm，钻孔深度相应为 12 m、10 m、8 m，适用于成孔深度内没有地下水的一般黏土层、沙土及人工填土地基，不适于有地下水的土层和淤泥质土。

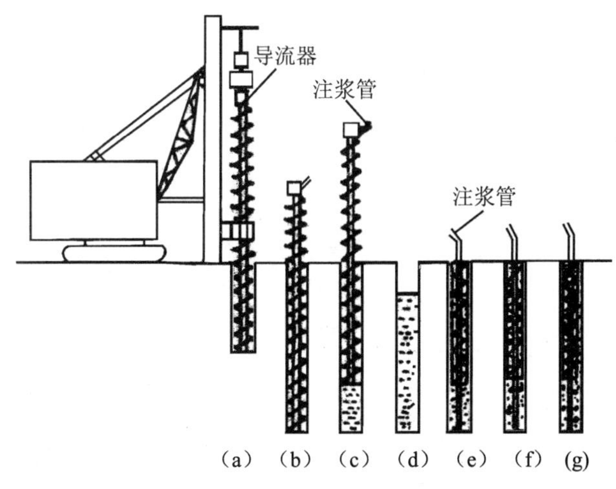

（a）钻机就位 （b）钻孔 （c）一次压浆 （d）提出钻杆
（e）下钢筋笼 （f）下碎石 （g）二次补浆

图 4-5 螺旋钻机钻孔压浆成桩施工顺序图

干作业钻孔灌注桩施工过程如图 4-5 所示。

2．泥浆护壁成孔灌注桩

泥浆护壁成孔是利用泥浆保护稳定孔壁的机械钻孔方法。它通过循环泥浆将切削碎的泥石渣屑悬浮后排出孔外，适用于有地下水和无地下水的土层。成孔机械有潜水钻机、冲击钻机、冲抓锥等。泥浆护壁成孔灌注桩的施工工艺流程为：测定桩位、埋设护筒、桩机就位、制备泥浆、机械（潜水钻机、冲击钻机等）成孔、泥浆循环出渣、清孔、安放钢筋骨架、水下浇筑混凝土。

习题

1．地基加固处理有哪些方法？各有何特点？

2．简述锤击法施工的设备与施工过程和质量控制方法。

3．简要叙述沉管灌注桩施工步骤及注意事项。

第五章 砌筑工程

本章重点

掌握水泥、块材、砂浆的质量要求及砖砌体的组砌形式、砌筑方法、施工工艺、施工方法、技术要求和质量标准。了解脚手架的构造特点和搭设方式，了解垂直运输设施的种类及适应条件。

环境污染治理工程工艺复杂，类型较多，与其相配套的土建工程类型也较多，但其施工方法与其他普通土木建筑施工方法有相似的共性。污水治理工程的土建施工，如各类储水池、输水管道、泵房的土建施工；废气处理用的构筑物土建施工，如建设物的烟道与构筑物烟囱的土建施工；固体废物最终处理工程的土建施工，如垃圾填埋场的土建施工等。这些构筑物的土建施工特点主要反映在结构造型复杂、施工工种和工序多、技术水平要求高、安装难度大和基础土石方量大等方面，因而组织施工的程序和施工方法也是多种多样的。

砌体工程是混合结构建筑中重要的部分，它应具有足够的强度和良好的整体性、稳定性，不论用何种组砌形式（如一顺一丁式、三顺一丁式、沙包式、二平一侧式和其他形式）皆应能保证砖砌体“横平竖直、砂浆饱满、上下错缝、内外搭接”的质量要求，并保持砌体尺寸和位置准确。

第一节 脚手架工程

脚手架是建筑工程施工中堆放材料和工人进行操作的临时设施。按其搭设位置分为外脚手架和里脚手架两大类；按其所用材料分为木脚手架、竹脚手架、钢管脚手架；按其构造形式分为多立柱式、门型、桥式、悬吊式、挂式、挑式、爬升式脚手架等。

一、脚手架工程一般要求

（1）结构设计合理，搭拆方便，能多次周转使用。

（2）坚固、稳定，能满足施工期间在各种荷载和气候条件下正常使用。

（3）因地制宜，就地取材。

（4）其宽度应满足人操作、材料堆置和运输的需要；脚手架的宽度一般为 1.5～2 m。

二、多立柱脚手架

1．钢管扣件式脚手架

钢管扣件式脚手架的基本形式有单排、双排两种。单排节省材料但稳定性差，外墙要留脚手眼；双排稳定性好，但费工费料。

钢管扣件式脚手架目前得到广泛应用，虽然其一次性投资较大，但其周转次数多，摊销费用低，装拆方便，搭设高度大，能适应建筑物平立面的变化。

钢管扣件式脚手架的构造要求：钢管扣件式脚手架由钢管（图 5-1）、扣件（图 5-2）、脚手板（图 5-3）和底座等组成。钢管一般用ϕ48 mm、壁厚 3.5 mm 的焊接钢管。扣件用于钢管之间的连接，其基本形式有三种，如图 5-2 所示：

◆ 直角扣件，用于两根钢管呈垂直交叉的连接；

◆ 旋转扣件，用于两根钢管呈任意角度交叉的连接；

◆ 对接扣件，用于两根钢管的对接连接。

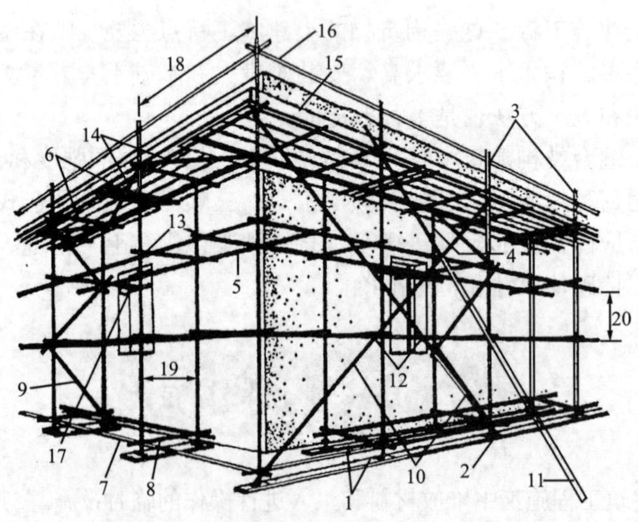

1．垫板 2．底座 3．外立柱 4．内立柱 5．纵向水平杆 6．横向水平杆 7．纵向扫地杆 8．横向扫地杆 9．横向斜撑 10．剪刀撑 11．抛撑 12．旋转扣件 13．直角扣件 14．水平斜撑 15．挡脚板 16．防护栏杆 17．连墙固定件 18．柱距 19．排距 20．步距

图 5-1 钢管扣件式脚手架构造

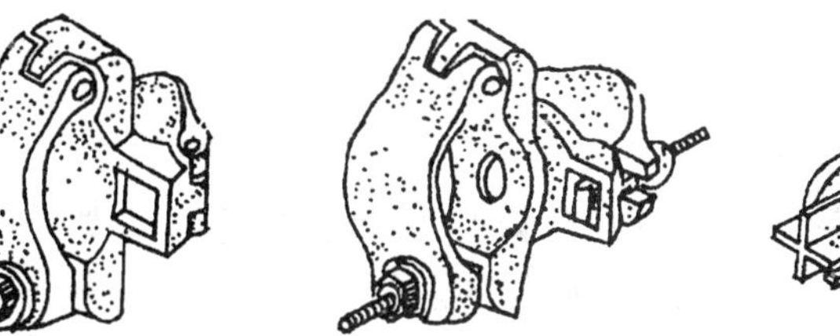

（a）直角扣件　（b）旋转扣件　（c）对接扣件

图 5-2　扣件形式

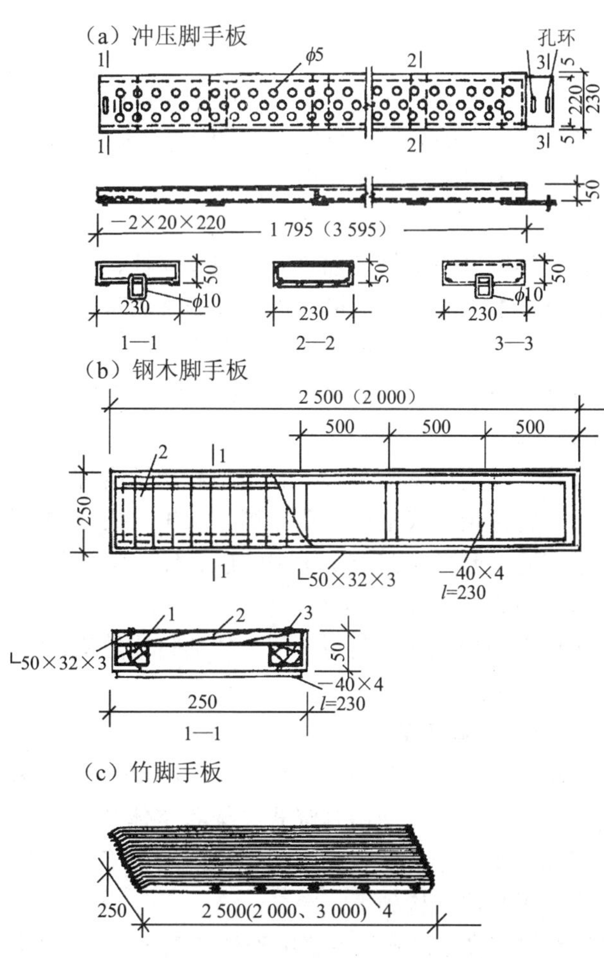

1．25×40 木条　2．20 厚木条　3．钉子　4．螺栓

图 5-3　脚手板

立柱底端立于底座上，以传递荷载到地面上。它的主要杆件有：① 纵向水平杆；② 横向水平杆；③ 立柱；④ 支撑体系；⑤ 固定件；⑥ 脚手板。

2．碗扣式钢管脚手架

碗扣式钢管脚手架或称多功能碗扣型脚手架。这种新型脚手架的核心部件是碗扣接头，由一上下碗扣、横杆接头和上碗扣的限位销等组成。具有结构简单，杆件全部轴向连接，力学性能好，接头构造合理，工作安全可靠，拆装方便，操作容易，零部件损耗率低等特点。碗扣式接头可同时连接 4 根横杆，横杆可相互垂直或偏转一定角度。正是由于这一特点，碗扣式钢管脚手架的部件可用以搭设各种型式脚手架，还可作为模板的支撑，特别适合于搭设扇形表面及用作高层建筑施工和装修作业两用外脚手架。

3．木脚手架

通常用剥皮杉木杆。用于立柱和支撑的杆件小头直径不少于 70 mm。用于纵向水平杆、横向水平杆的杆件小头直径不少于 80 mm。木脚手架构造搭设与钢管扣件式脚手架相似，但它一般用 8 号铅丝绑扎。

4．竹脚手架

杆件应用生长三年以上的毛竹（楠竹）。用于立柱、支撑、顶柱、纵向水平杆的竹竿小头直径不小于 75 mm，用于横向水平杆的小头直径不小于 90 mm。竹脚手架一般用竹篾绑扎，在立柱旁加设顶柱顶住横向水平杆，以分担一部分荷载，免使纵向水平杆因受荷过大而下滑，上下顶柱应保持在同一垂直线上。

5．门型脚手架

门型脚手架又称多功能门型脚手架，有门型和梯型两种，是目前国际上应用最普遍的脚手架之一。它是由门式框架、剪刀撑和水平梁架或脚手板构成基本单元，这种脚手架的搭设高度一般限制在 45 m 以内。施工荷载限定为：均布荷载 1 816 N/m^2 或作用于脚手板跨中的集中荷载 1 916 N/m^2。

门型脚手架部件之间的连接是采用方便可靠的自锚结构，常用形式为制动片式和偏重片式。

6．爬升、吊、挂、挑脚手架

爬升脚手架简称爬架，分为两部分，分别固定在墙上，交替爬升。现有多种型式的爬架，如套架升降式爬架、交错升降式爬架和整体升降式电动爬架。这种脚手架吸收了吊脚手架和挂脚手架的优点，不但可以附墙升降，而且可以节省大量脚手架材料和人工。适用于高层结构施工。

吊、挂、挑脚手架有多种形式，主要用于外墙砌筑、装修工程操作与维修保养。

7．桥式脚手架

由桥架和支承架组成。桥架又称桁架式工作平台，可用横杆和剪刀撑连接。其优点是：减少立杆数量，自由升降，可代替满堂脚手架。

8．里脚手架

里脚手架用于在楼层上砌墙、内装饰和砌筑围墙等。里脚手架用工料少，经济，广泛采用。常用的里脚手架有：角钢折叠式里脚手架、支柱式里脚手架、马凳式里脚手架等。

9．脚手板

搁置于脚手架上的脚手板有冲压钢脚手板、钢木脚手板、竹脚手板、钢筋脚手板、薄钢脚手板等，如图 5-3 所示。每块脚手板的重量不宜大于 30 kg。脚手板应铺满、铺稳，离开墙面 12～15 cm（便于用靠尺检查墙面）。对头铺设的脚手板，其接头下面设两根小横杆，板端悬空部分应保持 10～15 cm。搭接铺设的脚手板，其接头必须在小横杆上，搭接长度保持 20～30 cm，板端挑出小横杆的长度保持 10～15 cm。搭接方向要与脚手架上的运输行车方向一致。

三、脚手架的安全措施

为了确保脚手架的安全，脚手架应具备足够的强度、刚度和稳定性。对多立柱式外脚手架，施工均布荷载标准规定为：维修脚手架为 1 kN/m^2；装饰脚手架为 2 kN/m^2；结构脚手架为 3 kN/m^2。若需超载，则应采取相应措施并进行验算。

当外墙砌砖高度超过 4 m 或立体交叉作业时，必须设置安全网，以防材料下落伤人和高空操作人员坠落。安全网是用直径 9 mm 的麻绳、棕绳或尼龙绳编织而成的，一般规格为宽 3 m、长 6 m、网眼 50 mm 左右，每块支好的安全网应能承受不小于 1.6 kN 的冲击荷载。

钢脚手架（包括钢井架、钢龙门架、钢独脚拔杆提升架等）不得搭设在距离 35 kV 以上的高压线路 4.5 m 以内的地区和距离 1～10 kV 高压线路 2 m 以内的地区，否则使用期间应断电或拆除电源。过高的脚手架必须有防雷措施，钢脚手架的防雷措施是用接地装置与脚手架连接，一般每隔 50 m 设置一处，最远点到接地装置脚手架上的过渡电阻不应超过 10 Ω。

第二节　垂直运输设施

垂直运输设施指担负垂直输送材料和施工人员上下的机械设备和设施。目前砌筑工程中常用的垂直运输设施有塔式起重机、井字架、龙门架、独杆提升机、屋顶起重机、建筑施工电梯、灰浆泵等。

一、井字架、龙门架

1．井字架

井字架是施工中最常用的，亦为最简便的垂直运输设施。它稳定性好，运输量大。除用型钢或钢管加工的定型井架之外，还可用脚手架材料搭设而成。井架起重能力一般为1～3 t，提升高度一般在60 m以内，在采取措施后，亦可搭设得更高。

井架多为单孔井架，但也可构成两孔或多孔井架。井架内设吊盘，也可在吊盘下加设混凝土料斗，两孔或三孔井架可分别设吊盘或料斗，以满足同时运输多种材料的需要。

2．龙门架

龙门架是由二立柱及天轮梁（横梁）构成。在龙门架上装设滑轮、导轨、吊盘（上料平台），安全装置以及起重索、缆风绳等，即构成一个完整的垂直运输体系。龙门架构造简单，制作容易，用材少，装拆方便，起重能力一般在2 t以内，提升高度一般为40 m以内，适用于中小型工程。

二、建筑施工电梯

目前在高层建筑施工中常采用人货两用的建筑施工电梯，其吊笼装在井架外侧，沿齿条式轨道升降，附着在外墙或建筑物其他结构上，可载重货物1.0～1.2 t，亦可乘12～15人。其高度随着建筑物主体结构施工而接高，可达100 m以上。它特别适用于高层建筑，也可用于高大建筑物、多层厂房和一般楼房施工中的垂直运输。

建筑施工电梯安装前先做好混凝土基础，混凝土基础上预埋锚固螺栓或者预留固定螺栓孔以固定底笼。其安装过程大致为：将部件运至安装地点→装底笼和二层标准节→装梯笼→接高标准节并随设附墙支撑→安平衡箱。

三、垂直运输设施的设置要求

（1）覆盖面和供应面：工程的全部作业面应处于垂直运输的覆盖范围内。

（2）供应能力：供应能力＝吊次（运次）×吊量（运量）×折减系数（0.5～0.75）。供应能力应满足高峰工作量的需要。

（3）提升高度：应比需要的高度高出3 m。

（4）水平运输手段应满足需要。

（5）装设条件：具有可靠的基础与拉接结构。

（6）设备效能的发挥：必须同时满足工程需要，又要发挥设备效能。各施工阶段垂直运输相差悬殊时，要及时增减垂直运输设施。

（7）设备拥有的条件和今后利用问题：充分利用现有设备，添置新设备要考虑今后前景。

（8）安全保障：安全是施工中的首要问题，必须高度重视，所有设备都要经过检验合格，严格按操作规程操作使用。

第三节　砌筑材料与施工准备工作

砌体的承载能力不仅取决于砖、石等块体强度，而且与砂浆强度有关，所以砂浆是砌体的重要组成部分。砂浆使用的水泥品种及标号，应根据砌体部位和所处环境来选。

砂浆由胶凝材料、细骨料和水组成。胶凝材料有水泥、石灰、石膏等。细骨料主要是砂，也有用工业废料和石屑的。

一、砂浆

砂浆在建筑工程中的主要用途是将砖、石及砌块等建材制品黏结（砌筑）成砌体并传递荷载。主要用途为：

（1）用做管道、大板等接头及接缝材料；

（2）用于室内外的基础、墙壁、梁柱、地板和天棚等的表面抹灰；

（3）用做粘贴大理石、瓷砖、贴面砖、水磨石、马赛克等饰面层的黏结材料；

（4）配制具有特殊功能（保温、吸音、防水、防腐、装饰等）的特殊砂浆。

1．砂浆的强度等级

砂浆强度等级是以标准养护（温度 20℃±3℃及正常湿度条件下的室内不通风处养护），龄期为 28 d 的试块平均抗压极限强度而确定的。砂浆按其抗压强度平均值分为 M2.5、M5、M7.5、M10、M15 五个强度等级。

2．砌筑砂浆的配合比

砌筑砂浆的配合比应经计算和试验确定，可采用重量比，按通知单检查每盘用量。配料准确度：水泥和外加剂为±2%；砂、石灰、水和掺和料为±5%。水泥砂浆的最少水泥用量不宜小于 200 kg/m^3，砂浆的配制强度按规定应比设计强度等级提高 15%。实际施工中，常用砌筑砂浆的配合比可参照表 5-1 选用。

施工中，如用水泥砂浆代替设计要求的同强度等级的水泥石灰混合砂浆时，因水泥砂浆的和易性较差，其砌体抗压强度将会比水泥石灰混合砂浆的砌体抗压强度低 15%左右，通常采用水泥砂浆的强度等级比原设计的水泥石灰混合砂浆强度等级提高一个等级并按此强度等级重新计算砂浆配制强度和配合比。采用掺有微沫剂的水泥砂浆代替同强度等级的水泥石灰混合砂浆时，其砌体抗压强度仍会比水泥石灰混合砂浆的砌体抗压强度低 10%左右，因此，微沫水泥砂浆（简称微沫砂浆）的强度等级也应提高一级。

表 5-1 水泥石灰砂浆配合比（质量比）

水泥标号	砂浆强度等级			
	M10	M7.5	M5	M2.5
425	1∶0.3∶5.5	1∶0.6∶6.7	1∶1∶8.2	1∶2.2∶13.6
325	1∶0.1∶4.8	1∶0.3∶5.7	1∶0.7∶7.1	1∶1.7∶11.5
275	—	1∶0.2∶5.2	1∶0.6∶6.8	1∶1.5∶10.5

砂浆试块应在搅拌机出料口随机取样、制作，与砌体或构件同条件养护。一组试样（每组 6 块）应在同一盘砂浆中取样制作，同盘砂浆只能制作一组试样。砂浆的抽样频率应符合下列规定：每一工作班每台搅拌机取样不得少于一组；每一楼层的每一分项工程取样不得少于一组；每一楼层或 250 m^3 砌体中同强度等级和品种的砂浆取样不得少于 3 组。基础砌体可按一个楼层计。任意一组砌筑砂浆试件的抗压强度均不得低于设计强度的 75%。以每组六个试件测得的抗压强度的算术平均值作为该组试件的抗压强度值，当六个试件的最大值或最小值与六个试件的平均值之差超过 20%时，以中间四个试件的平均值作为该组试件的抗压强度值。砌筑砂浆强度等级见表 5-2。

表 5-2 砌筑砂浆强度等级

强度等级	龄期 28 d 抗压强度/MPa	
	各组平均值	最小一组平均值
	不小于	不小于
M15	15	11.25
M10	10	7.5
M7.5	7.5	5.63
M5	5	3.75
M2.5	2.5	1.88

3．砂浆的技术性质

新拌砂浆的和易性包括流动性、保水性和黏结性，是指砂浆混合料能比较容易地在砖、石等表面上铺砌成均匀的薄层，且与底层紧密黏结的性质。砂浆的流动性用稠度表示，稠度的大小用沉入度试验确定；砂浆的保水性用分层度表示。

砂浆应具有一定的黏结力，砂浆黏结力的影响因素有：

（1）黏结力随抗压强度增加而增强；

（2）黏结力与砖石表面状态有关；

（3）黏结力与砖石表面清洁程度、湿润情况有关；

（4）黏结力与施工养护条件有关。

为改善和易性、保水性、防水性、抗裂性，或改善装饰效果，常在砂浆中掺入某种混合材料或外加剂。

4．砌筑砂浆的选用

砂浆按其功能可分为：抹面砂浆、砌筑砂浆、装饰砂浆、特殊用途砂浆。

应根据砌体种类、砌体性质、所处环境条件因地制宜。如水泥砂浆：宜用于砌筑潮湿环境及强度要求较高的砌体；水泥石灰砂浆：宜作为地面以上部位，混凝土墙底层抹灰；石灰砂浆：宜用于干燥环境砖墙的底层抹灰；石膏砂浆：宜用于干燥环境高级抹灰层。

（1）砌筑砂浆：将砖、石、砌块等黏结成为整体的砂浆。砌筑砂浆主要有水泥砂浆、水泥混合砂浆、石灰砂浆等。

（2）装饰砂浆：有喷涂、滚涂、拉毛以及水刷石、水磨石、蘑菇石、剁（斩）假石、干黏石等。直接用于建筑物内外表面，以提高建筑物装饰艺术性为主要目的的抹面砂浆。只要改变原料色彩或施工方法，就能获得新颖多样的装饰效果。装饰抹灰砂浆的组成、性质与普通抹灰砂浆相比，底层和中层基本相同，区别只在于面层具有特殊的表面式样或呈现各种色彩。

（3）抹面砂浆：采用混合砂浆、麻刀石灰浆或纸筋石灰浆。抹面按构造层次和厚度及质量要求不同分高级、中级、低级抹灰。分为二层或三层进行，每层砂浆的组成也不相同。

- ◆ 底层砂浆：起黏结基层的作用，要求砂浆应具有良好的和易性及较高的黏结力；
- ◆ 中层抹灰：找平，有时可省去不用；
- ◆ 面层抹灰：平整美观，应选细砂。

二、对砌筑砂浆所用原材料的要求

1．水泥

水泥是一种多级分的人造矿物粉料，与水拌和后成为塑性胶体，即能在空气中硬化，也能在水中硬化，并能将砂石等材料结合成具有一定强度的整体。水泥是水硬性胶凝材料，常用的水泥主要有硅酸盐水泥、普通硅酸盐水泥、矿渣硅酸盐水泥、火山灰质硅酸盐水泥、粉煤灰硅酸盐水泥、特种水泥（道路水泥、高铝水泥、膨胀水泥）等。应根据工程的特点、所处的施工部位与环境以及施工要求等具体情况，选择与之相适应的水泥品种。

水泥标号是根据国家标准强度检验方法测得 28 天时的抗压强度划分的，一般水泥标号的强度值以砂浆强度等级的 4～5 倍较好，如水泥标号不明或出厂日期超过三个月的过期水泥，应经试验鉴定后方可按实际强度使用。不同品种的水泥不得混合使用。常用水泥的主要技术性能见表 5-3。

表 5-3 常用水泥的主要技术性能 （单位：MPa）

<table>
<tr><th rowspan="2">品种</th><th rowspan="2">强度等级</th><th colspan="2">抗压强度</th><th colspan="2">抗折强度</th><th rowspan="2">凝结时间</th><th rowspan="2">不溶物</th><th rowspan="2">烧失量</th><th rowspan="2">氧化镁</th><th rowspan="2">三氧化硫</th><th rowspan="2">细度</th><th rowspan="2">安定性</th><th rowspan="2">碱</th></tr>
<tr><th>3 d</th><th>28 d</th><th>3 d</th><th>28 d</th></tr>
<tr><td rowspan="6">硅酸盐水泥
P. Ⅰ
P. Ⅱ</td><td>42.5</td><td>17.0</td><td>42.5</td><td>3.5</td><td>6.5</td><td rowspan="6">初凝≥45 min
终凝≤6.5 h</td><td rowspan="6">P. Ⅰ≤0.75
P. Ⅱ≤1.5%</td><td rowspan="6">P. Ⅰ≤3.0%
P. Ⅱ≤3.5%</td><td rowspan="12">≤5.0%
（6.0%）</td><td rowspan="12">≤3.5%</td><td rowspan="6">比表面积大于 300 m^2/kg</td><td rowspan="12">用沸煮法检验必须合格</td><td rowspan="12">用 Na_2O+$0.65K_2O$ 计算值表示：≤0.60% 或供需双方商定</td></tr>
<tr><td>42.5R</td><td>22.0</td><td>425.5</td><td>4.0</td><td>6.5</td></tr>
<tr><td>525.5</td><td>23.0</td><td>52.5</td><td>4.0</td><td>7.0</td></tr>
<tr><td>52.5R</td><td>27.0</td><td>52.5</td><td>5.0</td><td>7.0</td></tr>
<tr><td>62.5</td><td>28.0</td><td>62.5</td><td>5.0</td><td>8.0</td></tr>
<tr><td>62.5R</td><td>32.0</td><td>62.5</td><td>5.5</td><td>8.0</td></tr>
<tr><td rowspan="6">普通水泥
P.O</td><td>32.5</td><td>11.0</td><td>32.5</td><td>2.5</td><td>5.5</td><td rowspan="6">初凝≥45 min
终凝 10 h</td><td rowspan="6"></td><td rowspan="6">≤5.0%</td><td rowspan="6">80 μm 方孔筛筛余≤10.0%</td></tr>
<tr><td>32.5R</td><td>16.0</td><td>32.5</td><td>3.5</td><td>5.5</td></tr>
<tr><td>42.5</td><td>16.0</td><td>42.5</td><td>3.5</td><td>6.5</td></tr>
<tr><td>42.5R</td><td>21.0</td><td>42.5</td><td>4.0</td><td>6.5</td></tr>
<tr><td>52.5</td><td>22.2</td><td>52.5</td><td>4.0</td><td>7.0</td></tr>
<tr><td>52.5R</td><td>26.0</td><td>52.5</td><td>5.0</td><td>7.0</td></tr>
</table>

硅酸盐水泥的技术指标与技术标准：

（1）细度：水泥颗粒粗细的程度。

（2）标准稠度：为使水泥凝结时间以及体积安定性等多种性质具有可比性，必须采用标准稠度的水泥净浆。

（3）凝结时间：水泥从加水时刻起，到失去塑性经过的时间称为初凝，到获得强度经过的时间称为终凝。凝结时间对施工有重要的意义，初凝时间太短，将影响砼拌和料的运输浇灌；终凝时间过长，则影响砼工程的工程进度。GB 175—1992 规定：硅酸盐水泥初凝时间不得早于 45 min，终凝时间不得迟于 390 min。

（4）安定性：又称为水泥的体积安定性，是表征水泥硬化后体积变化均匀性的物理性能指标。主要影响因素为 MgO、SO_3 的含量。安定性不合格的水泥不能用于工程项目。

（5）强度：国际上采用砂浆法作为水泥强度的标准检验方法。常用水泥的质量标准见表 5-4。

表 5-4 常用水泥的质量标准

项目			硅酸盐水泥			普通硅酸盐水泥			矿渣硅酸盐水泥、火山灰质硅酸盐水泥、粉煤灰硅酸盐水泥		
物理性质	细度		0.08 mm 方孔筛筛余不得超过 12%								
	凝结时间		初凝不得早于 45 min，终凝不得迟于 12 h								
	安定性		用沸煮法检验必须合格								
		标号	龄期								
			3 d	7 d	28 d	3 d	7 d	28 d	3 d	7 d	23 d
	抗压强度/MPa	275					15.7	27.0		12.8	27.0
		325				11.8	18.6	31.9		14.7	31.9
		425	17.7	26.5	41.7	15.7	24.5	41.7		20.6	41.7
		425R	22.0		41.7	21.0		41.7	19.0		41.7
		525	22.6	33.3	51.5	20.6	31.4	51.5		28.4	51.5
		525R	27.0		51.5	26.0		51.5	23.0		51.5
		625	28.4	42.2	61.3	26.5	40.2	61.3			
		625R	32.0		61.3	31.0		61.3	28.0		61.3
		725R	37.0		71.1	36.0		71.1			
	抗折强度/MPa	275					3.2	4.9		2.7	4.9
		325				2.5	3.6	5.4		3.2	5.4
		425	3.3	4.5	6.3	3.3	4.5	6.3		4.1	6.3
		425R	4.1		6.3	4.1		6.3	4.0		6.3
		525	4.1	5.3	7.1	4.1	5.3	7.1		4.9	7.1
		525R	4.9		7.1	4.9		7.1	4.6		7.1
		625	4.9	6.1	7.8	4.9	6.1	7.8			
		625R	5.5		7.8	5.5		7.8	5.2		7.8
		725R	6.2		8.6	6.2		8.6			
化学成分	烧失量	旋窑厂不得超过 5.0%，立窑厂不得超过 7.0%									
	氧化镁	熟料中氧化镁的含量不得超过 5%，如水泥经压蒸安定性试验合格，则熟料中氧化镁的含量允许放宽到 6.0%									
	三氧化硫	除矿渣硅酸盐水泥不得超过 4%外，其余水泥不得超过 3.5%									

2．砂

砌筑砂浆宜采用中砂，并应过筛。砂中不得含有草根等杂物。砂中的含泥量，对于水泥砂浆和强度等级不小于 M5 的水泥石灰混合砂浆，不应超过 5%；对于强度等级小于 M5 的水泥石灰混合砂浆，不应超过 10%。砂中含泥量及泥块含量见表 5-5。

表 5-5　砂中含泥量及泥块含量

混凝土强度等级	大于或等于 C30	小于 C30
含泥量（按质量计，%）	≤3.0	≤5.0
泥块含量（按重量计，%）	≤1.0	≤2.0

注：对有抗冻、抗渗或其他特殊要求的混凝土用砂，含泥量不大于 3.0%，泥块含量不大于 1%；
对 C10 和 C10 以下的混凝土用砂，根据水泥标号，其含泥量可予放宽。

3．外掺料与外加剂

为了改善砂浆的和易性、保水性、防水性、抗裂性或改善装饰效果，节约水泥和砂浆用量，常在砂浆中掺入某种混合材料或外加剂。可掺入石灰膏、磨细生石灰粉、粉煤灰、黏土膏等无机塑化剂或微沫剂、皂化松香、纸浆废液等有机塑化剂。

外掺料与外加剂用量应通过计算和试验确定，但砂浆中的粉煤灰取代水泥率最大不宜超过 40%，砂浆中的粉煤灰取代石灰膏率最大不宜超过 50%。

4．水

凡是可饮用的水，均可拌制砂浆。当采用其他水源时，必须经试验鉴定，砂浆拌和用水应为不含有害物质的洁净水。其水质符合建设部颁发的《混凝土拌和用水标准》方可使用。

三、砂浆的拌制和使用

砂浆应尽量采用机械搅拌，投料顺序有很多种，应根据具体技术要求确定。搅拌水泥石灰混合砂浆时，应先将部分砂、拌和水和石灰膏投入搅拌机内，搅拌均匀后再加入其余的砂和全部水泥，并开始计时搅拌。搅拌粉煤灰砂浆时，应先将粉煤灰、部分砂、拌和水和石灰膏投入搅拌机内，待基本拌匀后再加入其余的砂和全部水泥，并开始计时搅拌。搅拌掺有微沫剂的砂浆时，微沫剂宜用不低于 70℃的水稀释至质量浓度 5%～10%后，随拌和水投入搅拌机内；稀释后的微沫剂溶液存放的时间不宜超过 7 d。

（1）砂浆宜采用机械搅拌，搅拌时间自投料完算起，应符合下列规定:水泥砂浆和水泥石灰混合砂浆，不得少于 2 min；粉煤灰砂浆或掺外加剂的砂浆，不得少于 3 min；掺用微沫剂的砂浆为 3～5 min。

（2）砌筑砂浆的稠度应符合表 5-6 的规定；砂浆的分层度以 20 mm 为宜，最大不得超过 30 mm；砂浆的颜色要均匀一致。

（3）若砂浆在使用过程中发生泌水、流浆等现象时，则会使砂浆与砌筑材料间黏结不牢，并且会由于失水而影响砂浆正常凝结和硬化，使砂浆强度降低。如砂浆出现泌水现象，应在砌筑前重新拌和均匀。

表 5-6 砌筑砂浆的稠度

项目	砌体种类	砂浆稠度/mm	项目	砌体种类	砂浆稠度/mm
1	实心砖墙、柱	70～100	4	空斗砖墙、砖筒拱	50～70
2	实心砖平拱	50～70	5	石砌体	30～50
3	空心砖墙、柱	60～80	—	—	—

（4）拌成后的砂浆应盛入灰桶、灰槽等储灰器内，砌筑砂浆应随拌随用，水泥砂浆和水泥石灰混合砂浆必须在拌成后 3～4 h 内使用完毕，如施工期间当日最高气温超过 30℃时，必须分别在拌成后 2 h 和 3 h 内使用完毕。

四、砖的准备

普通砖又分为烧结砖和蒸养（压）砖两类。常用烧结普通砖有黏土砖、页岩砖、煤矸石砖和烧结粉煤灰砖。

烧结普通砖具有一定的强度、较好的耐久性、一定的保温隔热性能，在建筑工程中主要砌筑各种承重墙体和非承重墙体等围护结构。普通砖的尺寸规格是 240 mm×115 mm×53 mm；烧结普通砖按抗压强度分为 MU30、MU25、MU20、MU15 和 MU10 五个强度等级，单位为 MPa（N/mm^2），见表 5-7。

表 5-7 砖的强度等级 （单位：mm）

强度等级	抗压强度平均值 f≥	变异系数 δ≤0.21	变异系数 δ≥0.21
		强度标准值（MPa）f_k≥	单块最小抗压强度值（MPa）f_{min}≥
MU30	30.0	22.0	25.0
MU25	25.0	18.0	22.0
MU20	20.0	14.0	16.0
MU15	15.0	10.0	12.0
MU10	10.0	6.5	7.5

强度试验按 GB/T 2542 进行，取 10 块砖试验，计算强度变异系数及标准值，评定砖的强度等级。

非烧结砖是不经焙烧而制成的砖，如碳化砖、免烧免蒸砖、蒸养（压）砖等。目前，应用较广的是蒸养（压）砖。蒸压砖主要品种有灰砂砖、粉煤灰砖、炉渣砖等。

砌筑用砖按砖面孔洞率不同分为三大类：普通砖是指孔洞率不大于 15%或没有孔洞的砖；多孔砖是指孔洞率大于 15%但不大于 35%的砖；空心砖是指孔洞率大于 35%的砖。常用多孔砖和空心砖主要有烧结多孔砖和只适用于填充墙的烧结空心砖。

烧结普通砖根据其外观质量、泛霜和石灰爆裂三项指标，分为优等品（A)、一等品（B)、合格品（C）三个质量等级。

（1）砖的品种、质量、标号必须符合设计要求，规格一致，有出厂合格证；用于清水墙、柱表面的砖应边角整齐、色泽均匀。

（2）在砌砖前一天或半天（视天气情况而定）应将砖堆浇水湿润；以免在砌筑时因干砖吸收砂浆中的水分，使砂浆流动性降低，砌筑困难，并影响砂浆的黏结力和强度。但也要注意不能将砖浇得过湿而使砖不能吸收砂浆中的多余水分，影响砂浆的密实性、强度和黏结力，而且还会产生堕灰和砖块滑动现象，使墙面不洁净，灰缝不平整，墙面不平直。要求普通黏土砖、空心砖含水率为10%～15%。施工中可将砖砍断，看其断面四周的吸水深度达 10～20 mm 即认为合格。灰砂砖、粉煤灰砖含水率宜为5%～8%。雨期施工时，不得使用含水率达到饱和状态的砖砌墙。砖应尽量不在脚手架上浇水，如砌筑时砖块干燥、操作困难时，可用喷壶适当补充浇水。

五、施工机具的准备

砌筑工程施工前，必须按施工组织设计的要求组织垂直和水平运输机械、砂浆搅拌机械进场、安装、调试等工作，做好机械架设与安装。同时，还要准备脚手架、砌筑工具（如皮数杆、托线板）等。

第四节　砖砌体施工

一、砖砌体的施工工艺

砖砌体的施工过程有：抄平、放线、摆砖、立皮数杆和砌砖、清理等工序。

1．抄平

砌墙前应在基础防潮层或楼面上定出各层标高，并用 M7.5 水泥砂浆或 C10 细石混凝土找平，使各段砖墙底部标高符合设计要求。

2．基础放线

根据龙门板上给定的轴线及图纸上标注的墙体尺寸，在基础顶面上用墨线弹出墙的轴线和墙的宽度线，并分出门洞口位置线。二楼以上墙的轴线可以用经纬仪或垂球将轴线引上，并弹出各墙的宽度线，划出门洞口位置线。

3．摆砖

摆砖是指在放线的基面上按选定的组砌方式用干砖试摆。一般在房屋外纵墙方向摆顺砖，在山墙方向摆丁砖，摆砖由一个大角摆到另一个大角，砖与砖留 10 mm 缝隙。摆砖的目的是校正所放出的墨线在门窗洞口、附墙垛等处是否符合砖的模数，以尽可能减少砍砖，并使砌体灰缝均匀，组砌得当。

4．立皮数杆和砌砖

皮数杆是指在其上划有每皮砖和砖缝厚度，以及门窗洞口、过梁、楼板、梁底、预埋件等标高位置的一种木制标杆，如图5-4所示。它是砌筑时控制砌体竖向尺寸的标志，同时还可以保证砌体的垂直度。皮数杆一般立于房屋的四大角、内外墙交接处、楼梯间以及洞口多的地方，每隔10～15 m立1根。皮数杆的设立，应由两个方向斜撑或锚钉加以固定，以保证其牢固和垂直。一般每次开始砌砖前应检查一遍皮数杆的垂直度和牢固程度。

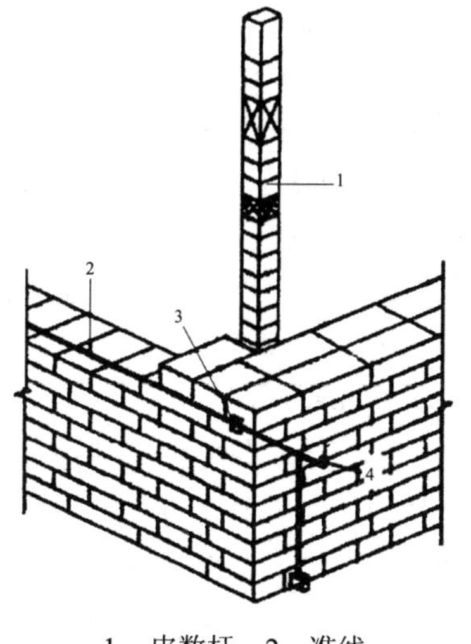

1．皮数杆 2．准线
3．竹片 4．圆铁钉

图5-4 皮数杆示意图

砌砖的操作方法很多，各地的习惯、使用工具也不尽相同，一般宜用“三一”砌砖法。砌砖时，先挂上通线，按所排的干砖位置把第一皮砖砌好，然后盘角，每次盘角不得超过六皮砖，在盘角过程中应随时用托线板检查墙角是否垂直平整，砖层灰缝是否符合皮数杆标志，然后在墙角安装皮数杆，即可挂线砌第二皮以上的砖。砌筑过程中应二皮一吊，五皮一靠，把砌筑误差消灭在操作过程中，以保证墙面垂直平整。砌一砖半厚以上的砖墙必须双面挂线。

5．清理墙面

当该层砖砌体砌筑完毕后，应进行墙面、柱面和落地灰的清理。

二、砖砌体的砌筑方法

砖砌体的砌筑方法有“三一”砌砖法、挤浆法、刮浆法和满刀灰法四种，其中，“三一”砌砖法和挤浆法最常用。

1．“三一”砌砖法

“三一”砌砖法即是一块砖、一铲灰、一揉压，并随手将挤出的砂浆刮去的砌筑方法。这种砌砖方法的优点是：灰缝容易饱满、黏结力好，墙面整洁。因此，它是应用最广的砌砖法之一，特别是实心砖墙或抗震裂度八度以上地震设防区的砌砖工程更宜采用此法。

2．挤浆法

挤浆法是用灰勺、大铲或小灰桶将砂浆倒在墙顶面上铺一段砂浆，随即用大铲或推尺铺灰器将砂浆铺平（每次铺设长度不应大于750 mm，当气温高于30℃时，一次铺灰长度不应大于500 mm），然后双手拿砖或单手拿砖，用砖挤入砂浆中一定厚度之后把砖放平，达到下齐边、上齐线、横平竖直的要求。也可采用加浆挤砖的方法，即左手拿砖，右手用瓦刀从灰桶中舀适量灰浆放在顶头的立缝中（这种方法称“带头灰”），随即挤砌在要求位置上。

挤浆法的优点是一次铺灰后，可连续挤砌 2～3 排顺砖，减少了多次铺灰的重复动作，砌筑效率高；采用平推平挤砌砖或加浆挤砖均可使灰缝饱满，有利于保证砌筑质量。挤浆法也是应用最广的砌筑方法之一。

3．刮浆法

对于多孔砖和空心砖，由于砖的规格或厚度较大，竖缝较高，用“三一”法和挤浆法砌筑时，竖缝砂浆很难挤满，因此先在竖缝的墙面上刮一层砂浆后再砌筑，这就是刮浆法。

4．满刀灰法

又称打刀灰，即在砌筑空斗墙时，不能采用“三一”法和挤浆法铺灰砌筑，而应使用瓦刀舀适量的稠度和黏结力较大的砂浆，并将其抹在左手拿着的普通砖需要黏结的位置上，随后将砖按在墙顶上的砌筑方法。

三、常用砖砌体的组砌形式

砖砌体的组砌要求：上下错缝，内外搭接，以保证砌体的整体性；同时组砌要有规律，少砍砖，以提高砌筑效率，节约材料。

（一）普通砖墙

普通砖墙的厚度有半砖（115 mm）、3/4 砖（178 mm，习惯上称 180 墙）、一砖（240 mm）、一砖半（365 mm）、二砖（490 mm）等几种，个别情况下还有$1\frac{1}{4}$砖（303 mm，习惯上称 300 mm 墙）。但从墙的立面上看，共有下列六种组砌形式。

1．一顺一丁

一顺一丁砌法，是一面墙的同一皮中全部顺砖与一皮中全部丁砖相互间隔砌成，上下皮间的竖缝相互错开 1/4 砖长（图 5-5）。这种砌法效率较高，但当砖的规格不一致时，竖缝就难以整齐。

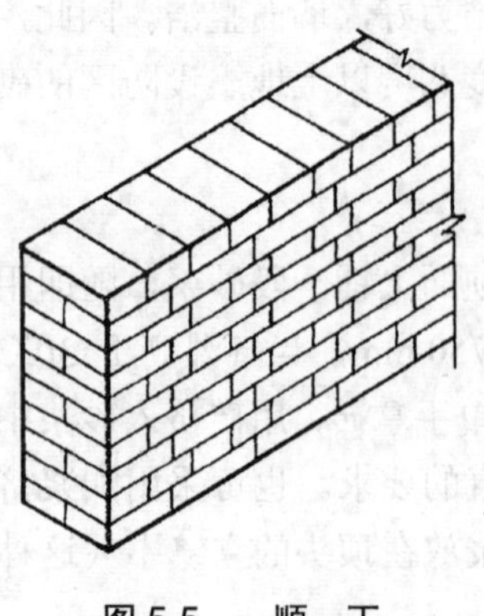

图 5-5　一顺一丁

图 5-6　三顺一丁

2．三顺一丁

三顺一丁砌法，是一面墙的连续三皮中全部采用顺砖与一皮中全部采用丁砖间隔砌成。上下皮顺砖间竖缝错开 1/2 砖长（125 mm）；上下皮顺砖与丁砖间竖缝错开 1/4 砖长（图 5-6）。这种砌筑方法，由于顺砖较多，砌筑效率较高，但丁砖拉结较少，结构的整体性较差，适用于砌一砖和一砖以上的墙厚（此时墙的另一面为一顺三丁）。

3．梅花丁

又称沙包式、十字式。梅花丁砌法是每皮中丁砖与顺砖相隔，上皮丁砖坐中于下皮顺砖，上下皮间竖缝相互错开 1/4 砖长（图 5-7）。这种砌法内外竖缝每皮都能错开，故整体性较好，灰缝整齐，比较美观，但砌筑效率较低。砌筑清水墙或当砖规格不一致时，采用这种砌法较好。

4．两平一侧

两平一侧是一面墙连续两皮平砌砖与一皮侧立砌的顺砖上下间隔砌成(图 5-8)。两平一侧砌法只适用 3/4 砖和$1\frac{1}{4}$砖墙。

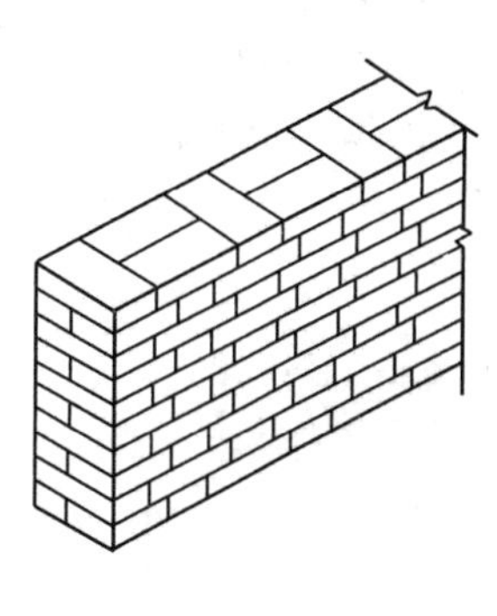

图 5-7 梅花丁

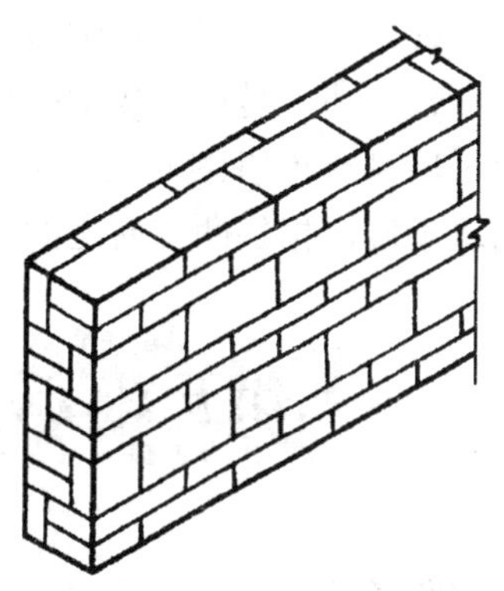

图 5-8 两平一侧

5．全顺砌法

全顺砌法是一面墙的各皮砖均为顺砖，上下皮竖缝相错 1/2 砖长（图 5-9）。此砌法仅适用于半砖墙。

6．全丁砌法

全丁砌法是一面墙的每皮砖均为丁砖，上下皮竖缝相错 1/4 砖长。适于砌筑一砖、一砖半、二砖的圆弧形墙、烟囱筒身和圆井圈等（图 5-10）。

（二）空斗墙

空斗墙是指墙的全部或大部分采用侧立丁砖和侧立顺砖相间砌筑而成，在墙中由侧立丁砖、顺砖围成许多个空斗，所有侧砌斗砖均用整砖。空斗墙的组砌有以下几种。

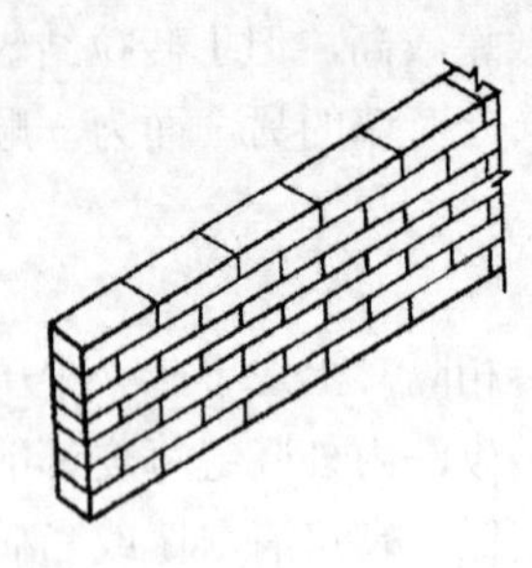

图 5-9　全顺

图 5-10　全丁

（1）无眠空斗。是全部由侧立丁砖和侧立顺砖砌成的斗砖层构成的，无平卧丁砌的眠砖层。空斗墙中的侧立丁砖也可以改成每次只砌一块侧立丁砖。

（2）一眠一斗。是由一皮平卧的眠砖层和一皮侧砌的斗砖层上下间隔砌成的。

（3）一眠二斗。是由一皮眠砖层和二皮连续的斗砖层相间砌成的。

（4）一眠三斗。是由一皮眠砖层和三皮连续的斗砖层相间砌成的。

无论采用哪一种组砌方法，空斗墙中每一皮斗砖层每隔一块侧砌顺砖必须侧砌一块或两块丁砖，相邻两皮砖之间均不得有连通的竖缝。

第五节　砖砌体施工的技术要求

一、砖基础

（1）基础施工前检查。砌基础时可依皮数杆先砌几皮转角及交接处部分的砖，然后在其间拉准线砌中间部分。若砖基础不在同一深度，则应先砌深处后砌浅处，见图 5-11。

（2）砖基础有带形基础和独立基础，基础下部扩大部分称为大放脚。大放脚有等高式和不等高式两种（图 5-12）。等高式大放脚是两皮一收，两边各收进 1/4 砖长；不等高式大放脚是两皮一收与一皮一收相间隔，两边各收进 1/4 砖长。大放脚的底宽应根据计算而定，各层大放脚的宽度应为半砖长的整数倍。大放脚一般采用一顺一丁砌法。

基础墙的防潮层，如设计无特殊要求，应在室内地坪以下，用 1∶2.5 的水泥砂浆加 3%～5%的防水剂铺设，其厚度一般为 20 mm。

（3）砖基础水平灰缝和竖缝宽度应控制在 8～12 mm，水平灰缝的砂浆饱满度用方格网检查不得小于 80%。砖基础中的洞口、管道、沟槽和预埋件等，砌筑时应留出或预埋，宽度超过 300 mm 的洞口应设置过梁。

（4）砖基础砌完后，应及时回填。基槽回填土时应从基础两侧同时进行，并按规定的厚度和要求进行分层回填、分层夯实。

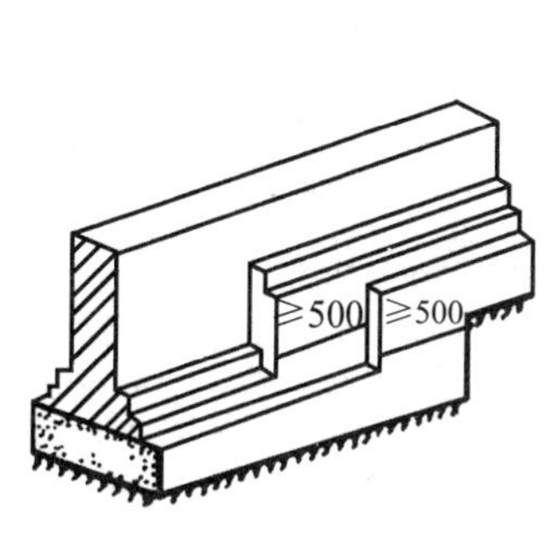

图 5-11　砖基础高低接头处砌法

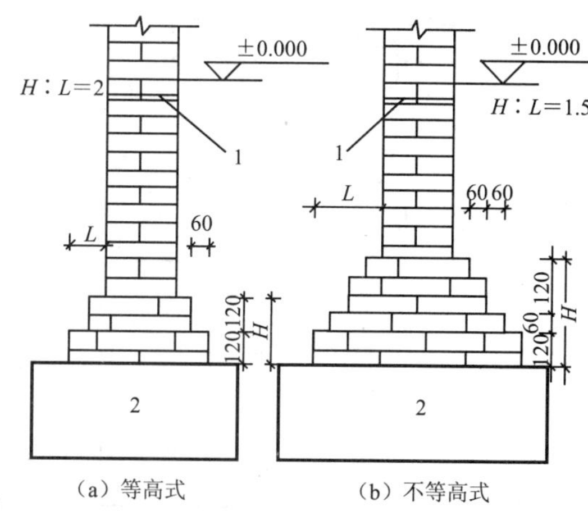

1．防潮层　2．垫层

图 5-12　砖基础大放脚形式

二、砖柱

砖柱的断面主要是方形、矩形，也有多角形和圆形。方柱的最小断面为 365 mm×365 mm（临时房屋的砖柱也有 240 mm×240 mm 方柱），矩形柱的最小断面为 240 mm×365 mm。砖柱的正确排列砌筑法如图 5-13（a）所示；矩形砖柱的错误砌法如图 5-13（b）所示。

砖柱砌筑的特殊要求是：

（1）应使柱面上下皮砖的竖缝错开不少于 1/4 砖长，在柱心无通缝，少砖并尽量利用 1/4 砖；不得采用先砌四周后填心的包心砌法。

（2）砖柱应选用整砖砌筑；表面必须选用边角整齐，颜色均匀，规格一致的砖。

（3）成排砖柱应拉通线砌筑，这样易于控制皮数正确，高低及进出一致。

（4）砖柱每日砌筑高度不宜超过 1.8 m。

（5）柱与隔墙如不同时砌筑时，可于柱中引出直槎，并于柱的灰缝中预埋拉结筋，每 200 mm 宽不少于 2 根。

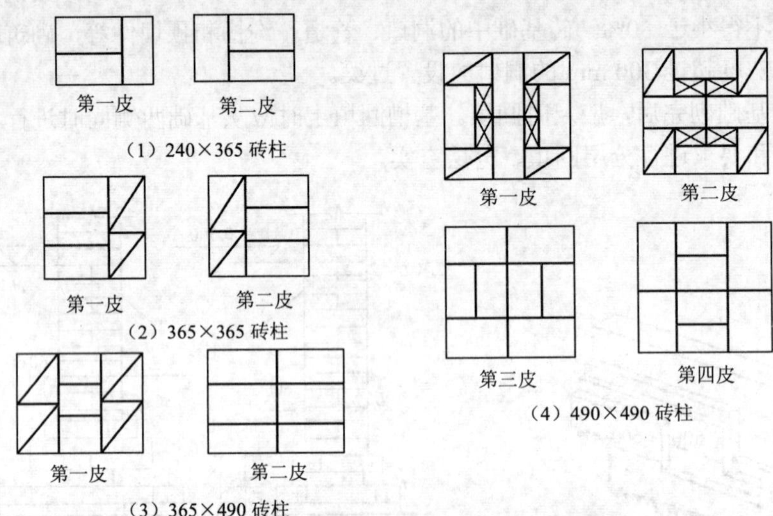

（a）矩形砖柱的正确砌法

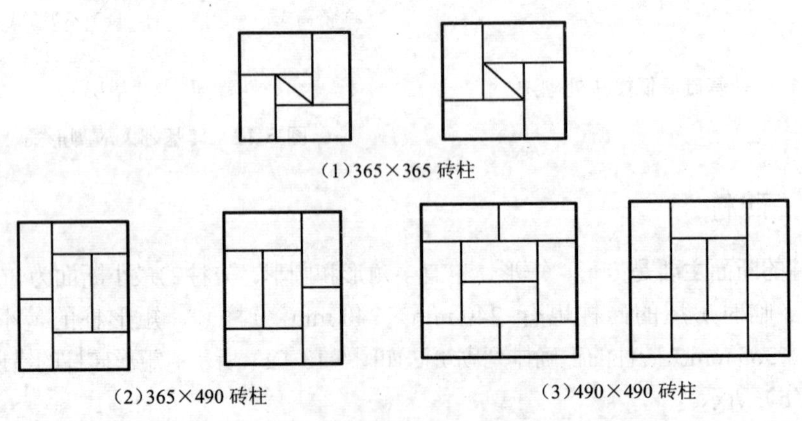

（b）矩形砖柱的错误砌法

图 5-13　矩形砖柱的正确和错误砌法

三、砖垛的组砌

砖垛又称附墙柱、壁柱。砖垛断面根据墙厚不同及垛的大小有多种型式（图 5-14），一般采用矩形断面的垛，垛凸出墙面至少 120 mm，垛宽至少 240 mn。砖垛必须与墙同时砌筑，砌筑要求同墙、柱。砖垛的砌法要根据墙厚度及垛的大小而定，但都应使垛与墙身逐皮搭接并同时砌筑，切不可分离砌筑。搭接长度至少为 1/2 砖长，因错缝需要可加砌 3/4 砖或半砖。

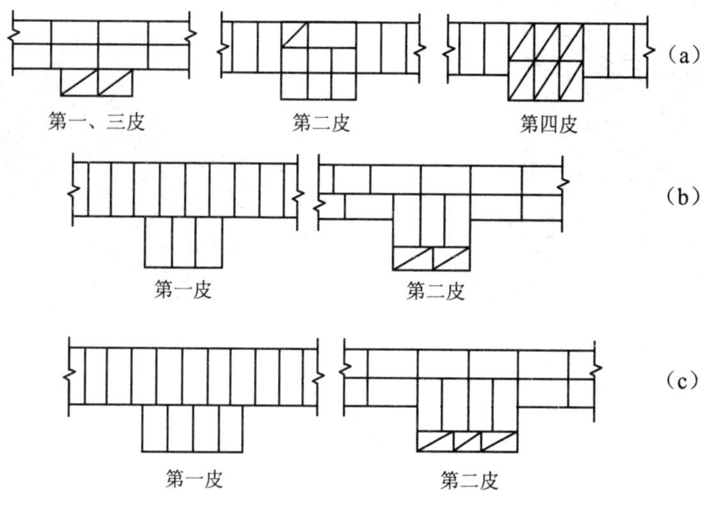

（a）365×365 砖垛 （b）365×490 砖垛 （c）490×490 砖垛

图 5-14 一砖墙附砖垛封皮砌法

四、砖墙

（1）要求墙体垂直、墙面平整、接槎可靠。墙身砌砖前检查皮数杆。全部砖墙除分段处外，均应尽量平行砌筑，并使同一皮砖层的每一段墙顶面均在同一水平面内，作业中以皮数杆上砖层的标高进行控制。

（2）砖墙砌筑前，应将砌筑部位的顶面清理干净，并放出墙身轴线和墙身边线，浇水润湿。

（3）宽度小于 1m 的窗间墙应选用质量好的整砖砌筑，半头砖和有破损的砖应分散使用在受力较小的墙体内侧，小于 1/4 砖的碎砖不能使用。

（4）砖墙的接槎与房屋的整体性有关，砖墙的转角处和交接处应同时砌筑，不能同时砌筑时应砌成斜槎（踏步槎），斜槎长度不应小于其高度的 2/3[图 5-15（a）]。如留斜槎确有困难，除转角处外，也可以留直槎，但必须做成突出墙面的阳槎，并加设拉结钢筋。拉结钢筋的数量为每半砖墙厚设置 1 根，每道墙不得少于 2 根，钢筋直径为 6 mm；拉结钢筋的间距为沿墙高不得超过 500 mm（8 皮砖高）；埋入墙内的长度从留槎处算起每边均不应小于 500 mm；对抗震设防烈度为 6 度、7 度的地区，不小于 1 000 mm，钢筋的末端应做成 90°弯钩（图 5-15（b））。抗震设防地区建筑物的临时间断处不得留直槎。

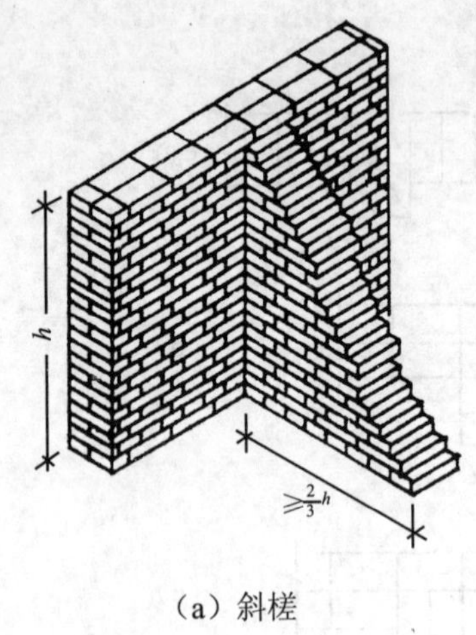

（a）斜槎　　（b）直槎

图 5-15

隔墙与墙或柱之间如果不能同时砌筑，又不能留设斜槎时，可留设突出墙面或柱面的阳槎，或从墙或柱中伸出预埋的拉结钢筋，拉结钢筋的设置要求同承重墙。图 5-16 为拉结钢筋布置及马牙槎示意图。

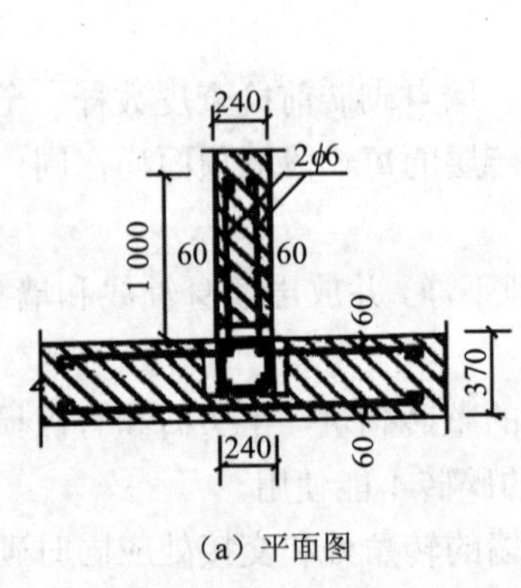

（a）平面图

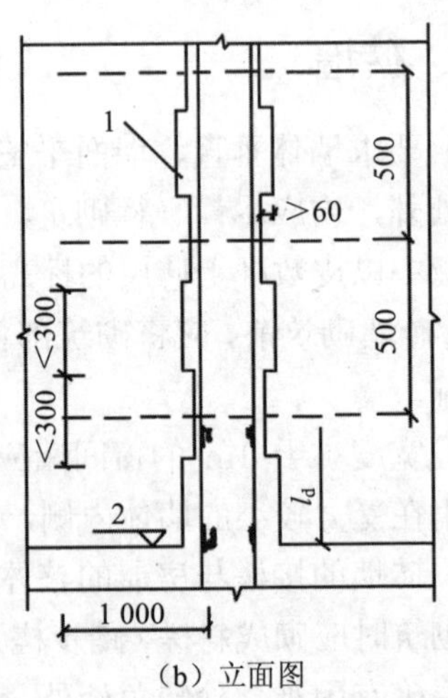

（b）立面图

1. 马牙槎　2. 楼层面

图 5-16　拉结钢筋布置及马牙槎示意

砖砌体接槎处继续砌砖时，必须将接槎处的表面清理干净，浇水润湿，并填实端面竖缝、上下水平缝的砂浆，保持砖面平直位正、灰缝均匀。

（5）砖墙分段施工时，施工流水段的分界线宜设在伸缩缝、沉降缝、抗震缝或门窗洞口处，相邻施工段的砖墙砌筑高度差不得超过一个楼层高，且不宜大于 4 m，砖墙临时间断处的高度差，不得超过一步架高。

（6）砖墙每天的砌筑高度以不超过 1.8 m 为宜，雨天施工时，每天砌筑高度不宜超过 1.2 m。

（7）脚手眼不允许留在《砌体工程施工及验收规范》规定的部位。

五、砌体的细部构造及砖过梁与檐口的施工

（一）砌体的细部做法

1. 门窗洞口

施工中的门窗洞口应按建筑图的尺寸留。门窗安装前要对门窗洞口尺寸进行检验。

2. 窗台的砌筑

窗台的高度应在抹灰及地面装饰完成后按图纸要求确定，砌筑时应留出足够的空间满足窗台泄水坡度、装饰层、安装窗框等的需要。

（二）砖过梁与檐口的组砌

1. 砖平拱过梁

砖平拱过梁立面呈倒梯形，拱高有 240 mm、300 mm、365 mm 三种，拱厚等于墙厚。砌砖平拱前，应将砖拱两边的墙端面砌成斜面，其斜度为 1/4～1/6，砖拱两端伸入洞口两侧墙内的拱脚长度应为 20～30 mm。砖拱侧砌砖的排数务必为单数，竖向灰缝呈上宽下窄的楔形，拱底灰缝宽度不应小于 5 mm，拱顶灰缝宽度不应大于 15 mm（图 5-17）。

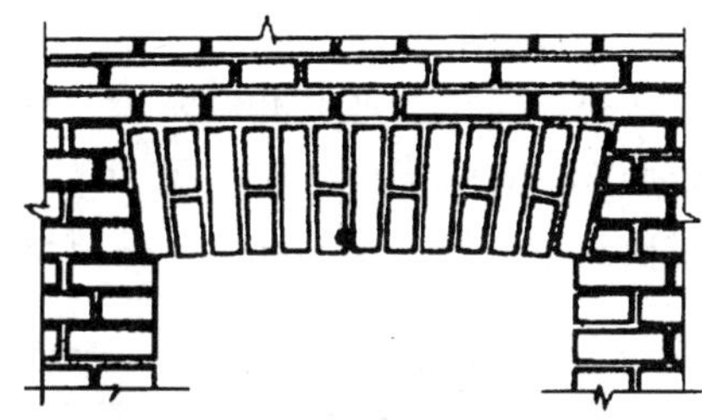

图 5-17 砖平拱

2. 砖弧拱过梁

采用普通砖砌筑时，弧拱楔形竖向灰缝下口宽度不应小于 5 mm，亦不应大于 15 mm，上口宽度不应大于 25 mm，当采用加工成的楔形砖砌筑时，弧拱的竖向灰缝宽度应一致，并控制在 8～10 mm（图 5-18）。

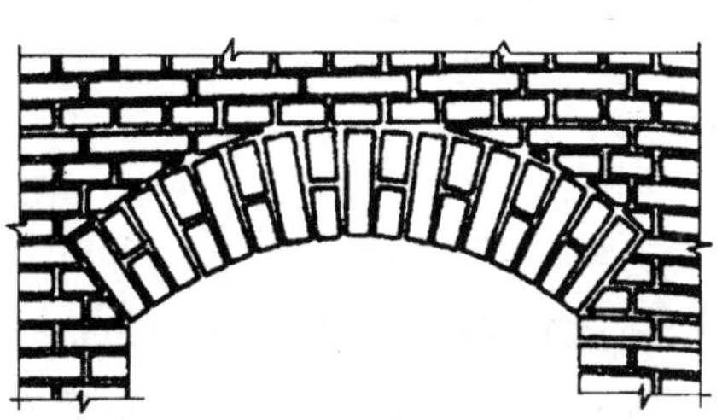

图 5-18 砖弧拱

总之，砖拱过梁应采用不低于 MU7.5 的砖和不低于 M5 的砂浆砌筑。在拱底支模时，平拱底模板的中部应有 1%的起拱；弧拱底模板应按设计要求做成圆弧。在模板上要画出砖和灰缝的位置、宽度线，并

使排砖块数为单数。砖拱过梁一般采用满刀灰法按模板上的准线从两边向中间对称砌筑，最后砌的正中一块砖要挤紧。砖拱过梁的灰缝砂浆强度达到设计强度的 50%以上时，方可拆除拱底模板。

3．钢筋砖过梁

钢筋砖过梁是用普通砖和砂浆砌筑而成，底部 30 mm 厚的 1∶3 水泥砂浆层内，配有不少于 3 根直径为 6～8 mm 的钢筋。钢筋的水平间距不大于 120 mm，两端弯成直角弯钩，钩在其上的竖向灰缝中，钢筋伸入洞口两边墙内的长度不小于 240 mm，两边伸入长度要一致（图 5-19）。钢筋砖过梁中砖的组砌与墙体一样，宜采用一顺一丁或梅花丁，但钢筋砂浆层上的第一皮砖应采用丁砖。在高度不小于洞口净跨 1/4 且不少于六皮砖高的过梁范围内的墙体，应采用不低于 MU7.5 的砖和 M5 的砂浆砌筑。支底模板时，模板跨中应有 1%的起拱。钢筋砖过梁的灰缝砂浆强度达到设计强度的 50%以上时，方可拆除过梁底模板。

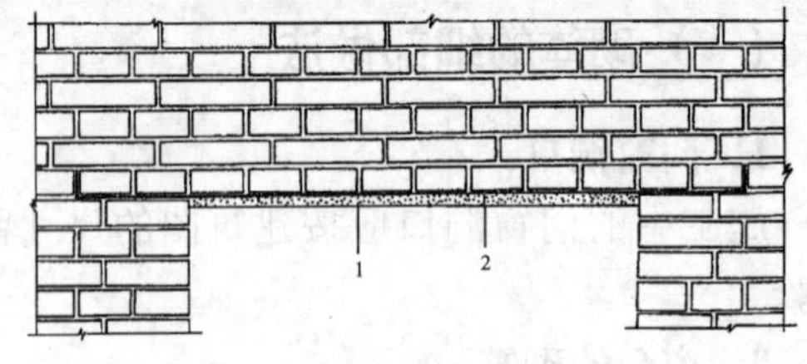

1. 30 mm 厚的水泥砂浆　2. 3 根$\phi 6$～$\phi 8$ 的钢筋

图 5-19　钢筋砖过梁

4．砖挑檐

砖挑檐是用普通砖和砂浆按一皮一挑、二皮一挑或二皮一挑与一皮一挑相间隔砌筑而成的悬挑构造（图 5-20）。无论采用哪种型式，挑台的下皮砖应为丁砖，每次挑出长度应不大于 60 mm，砖挑檐的总挑出长度应小于墙的厚度。

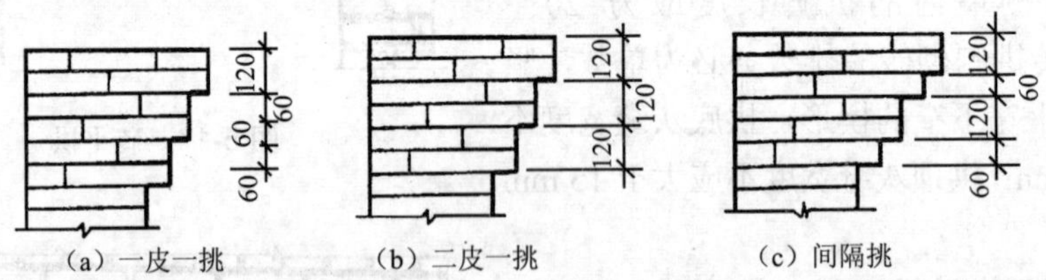

图 5-20　砖挑檐

砌筑砖挑檐时，应选用边角整齐、规格一致的整砖和强度等级不低于 M5 的砂浆。先砌挑檐的两头，然后在挑檐外侧每一挑层的下棱角处拉设挑出准线，依准线逐层砌筑中间部分的挑檐。

每皮挑檐应先砌里侧砖，后砌外侧挑出砖，确保上皮里侧砖压住下皮挑出砖后，方可砌上皮挑出砖。挑出砖的水平灰缝应控制在 8～10 mm，外侧灰缝稍厚，里侧稍薄。竖向灰缝要砂浆饱满，灰缝宽度为 10 mm 左右。

第六节 石砌体

石材按其加工后的外形规则程度，可分为料石和毛石。料石是经加工，外观规矩，尺寸均≥200 mm 的石材；料石又分为细料石、半细料石、粗料石、毛石。毛石外形大致方正，形状不规则，一般不加工或仅稍加修整，高度不应小于 200 mm，叠砌面凹入深度不应大于 25 mm。

石砌体采用的石材应质地坚实，无风化剥落和裂纹。用于清水墙、柱表面的石材，尚应色泽均匀。石材强度等级从 MU15、MU20、MU30～MU100 共九级。

石材及砌筑砂浆的强度等级应符合设计要求。砂浆常用水泥砂浆或水泥混合砂浆。砂浆饱满度应不少于 80%。

石砌体有丁砌、顺斜、斜向、顺叠、人字、杂纹及乱纹等砌法。

一、毛石基础

毛石基础有墙下条形基础和柱下独立基础两类。毛石基础按其断面形状分有矩形、梯形、阶梯形等几种。基础顶面宽度应比墙基底面宽度大 200 mm；基础底面宽度依设计计算而定。梯形基础与地面之间的坡角应大于 60°；阶梯形基础每个台阶的高度不小于 300 mm，每个台阶一侧的挑出宽度不大于 200 mm（图 5-21）。

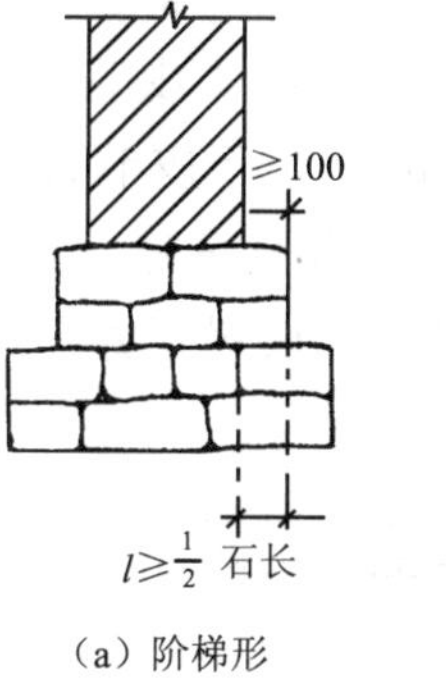

（a）阶梯形

（b）梯形

图 5-21 毛石基础

二、毛石墙体

1. 构造

毛石墙体采用平毛石或乱毛石砌筑，墙面灰缝不规则，外观整齐，其外皮石材应适当加工。毛石墙的转角处和交接处可用料石或平毛石砌筑，上下错缝。毛石墙厚度不应小于 350 mm。毛石墙可以采用与普通砖组砌或与料石组砌，普通砖或料石在外侧，毛石在内侧；毛石墙也可和普通砖墙在转角处或交接处搭接砌筑。

2. 施工技术要求

（1）砌筑毛石墙，一般均采用“铺浆法”，双面拉准线，第一皮按墙边线砌筑，以上各皮均按准线砌筑。

（2）毛石墙的第一皮、楼板下的顶皮、转角处、交接处及门窗洞口两侧，应用较大的平毛石砌筑。灰缝厚度宜为 20～30 mm，砂浆饱满，不得有干接、空缝现象；石缝间较大孔隙应先填砂浆后塞碎石块。

（3）毛石墙应分皮卧砌，各皮石块利用其自然形状，经适当凿打修整，使之能与先砌石块基本吻合，搭砌紧密，上下错缝，内外搭砌，不得采用侧立石块于外侧、中间填心的砌法。毛石墙上，不得有尖石向下或斜尖向外的铲口石、上宽下尖三角形的斧刃石和仅在两端搭在下面石块上的过桥石。

（4）毛石墙必须设置拉结石，拉结石应均匀分布，相互错开，一般每 0.7 m^2 墙面至少设置一块，且同一皮内的拉结石中间距离不大于 2 m。墙厚等于或小于 400 mm 时，拉结石长度应与墙厚相等；墙厚大于 400 mm 时，可用两块拉结石两面搭砌，搭接长度不小于 150 mm，且其中一块的长度不应小于墙厚的 2/3。

（5）在毛石与外侧为半砖的组合墙中，毛石与砖应同时砌筑，并每隔 5～6 皮砖用 2～3 皮丁砖与毛石墙拉结砌合，砌合搭接长度应不小于 120 mm，两种材料间的缝隙用砂浆填满。毛石墙与普通砖墙相接的转角处和交接处应同时砌筑。砌筑时，应从转角处的一道墙上或从交接处的直通墙上，每隔 4～6 皮砖高，砌出不小于 120 mm 长、4～6 皮砖高的阳槎与相连接的墙搭接。

（6）毛石墙和砖石组合墙每天的砌筑高度不应超过 1.2 m。

（7）砌筑毛石挡土墙时，除应满足上述要求外，还应注意以下几点：毛石中部厚度不应小于 200 mm；每砌 3～4 皮毛石为一个分层高度，应找平一次；外露墙面的灰缝宽度不得大于 40 mm，上下皮毛石的竖向灰缝应相互错开 80 mm 以上；泄水孔应设置在挡土墙的底部，并且每隔 1 m 高设置一个。泄水孔的水平距离为 2 m 左右，并在泄水孔与土体之间设置高宽各为 300 mm、厚为 200 mm 的碎石滤水、集水层。

三、料石砌体施工

（一）料石基础

料石基础通常采用毛料石或粗料石砌筑，有条形基础和独立柱基础两类，其断面形状有矩形、阶梯形两种。阶梯形基础的每个台阶为一皮或二皮料石，挑出宽度不大于 200 mm。

料石基础的组砌有丁顺叠砌（即一顺一丁）、丁顺组砌（同皮内 1～3 块顺石与一块丁石相间隔砌筑，丁石中距不大于 2 m）两种。

（二）料石墙

1. 构造

料石墙一般采用毛、粗、半细、细料石砌筑，有全顺叠砌（全顺砌法）、丁顺叠砌（即一顺一丁）和丁顺组砌（同皮内一顺一丁或二顺一丁或三顺一丁）三种。料石也可与毛石（在内侧）或普通砖（在外侧）砌筑成组合墙体。

2．砌筑技术要求

（1）砌筑料石墙除全顺叠砌单面拉准线外，其余均双面拉准线，第一皮铺浆按墙边线砌筑，其余各皮均按准线砌筑，先砌转角处、交接处，后砌中间部分。料石墙的第一皮料石和楼板下的顶皮料石均应采用丁砌。

（2）竖向灰缝厚度：细料石墙不宜大于 5 mm，半细料石墙不宜大于 10 mm，粗料石、毛料石墙不宜大于 20 mm。水平灰缝铺设砂浆的厚度：细料石、半细料石墙宜为 3～5 mm；粗料石、毛料石墙为 6～8 mm。

（3）料石墙的转角处、交接处应同时砌筑，如不能同时砌筑时应留斜槎。料石墙每天砌筑高度不宜超过 1.2 m。料石清水墙中不得留脚手眼。

第七节　中小型砌块墙的施工

用砌块代替黏土砖作墙体材料，是节约宝贵的土地资源和进行墙体改革的重要途径。砌块是指主规格中的长度、宽度或高度中有一项或一项以上分别大于 365 mm、240 mm 或 115 mm，但高度不大于长度或宽度的 6 倍，长度不超过高度 3 倍的人造墙体材料。砌块墙生产工艺简单，可充分利用地方性的天然材料和工业废料，就地取材，变废为宝，又能方便砌筑施工，减轻劳动强度，提高劳动生产率和减轻建筑物的自重，提高抗震能力等。因此广泛用于各种结构的建筑物墙体工程中。砌块施工的工艺流程见图 5-22。

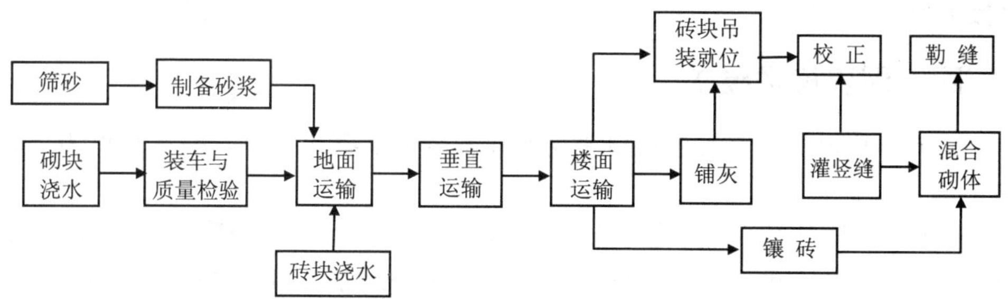

图 5-22　砌块施工的工艺流程

一、砌块的分类

- ◆ 砌块按用途不同分为承重砌块与非承重砌块（如保温砌块、隔墙用砌块）；
- ◆ 按有无孔洞分为实心砌块与空心砌块（如单排孔、双排孔砌块）；

◆ 按所使用的原材料不同分为硅酸盐混凝土砌块（如粉煤灰硅酸盐混凝土砌块、煤矸石硅酸盐混凝土砌块）与轻骨料混凝土砌块（如火山渣混凝土砌块、陶粒混凝土砌块、浮石混凝土砌块）；

◆ 按生产工艺分为烧结砌块（如烧结黏土砌块、烧结页岩砌块、烧结粉煤灰砌块）与蒸压蒸养砌块（如加气混凝土砌块、蒸养页岩泡沫混凝土砌块等）；

◆ 按产品的规格大小不同分为大型砌块（高度大于 980 mm）、中型砌块（高度为 380～980 mm）、小型砌块（高度大于 115 mm 而又小于 380 mm）三种。

二、砌块排列

砌块施工前需先绘砌块排列图。

绘图根据：工程平面图、立面图、构造要求等。

小砌块排列：小砌块墙体应对孔错缝搭接，搭接长度不应小于 90 mm，不满足时应设置拉接筋或网片。

小型砌块灰缝宽厚为 8～12 mm；中型砌块水平缝厚 10～20 mm，有配筋时为 20～25 mm，竖缝宽 15～20 mm，大于 30 mm 时应用 C20 细石混凝土填实，大于 150 mm 时用砖镶砌。

三、组砌型式

混凝土空心砌块的主规格为 390 mm×190 mm×190 mm 的双孔砌块，其墙厚等于砌块宽度 190 mm，其立面的组砌型式只有全顺砌法一种，上下皮砌块竖缝相错 1/2 砌块长，上下皮的砌块孔洞沿全高对齐，辅助规格有 290 mm×190 mm×190 mm 的一孔砌块或 590 mm×190 mm×190 mm 的三孔砌块，用于砌块墙 T 字接头处或十字接头处。

四、砌块技术要求

（1）小型混凝土空心砌块以采用水泥混合砂浆砌筑为宜，砂浆稠度为 50～70 mm。

（2）个别情况无法做到孔对孔、肋对肋砌筑时，允许错孔砌筑，但上下皮竖缝相错的最小搭接长度不应小于 90 mm。否则，应在砌块的水平缝内设置两根直径为 6 mm 的 I 级钢筋作拉结筋或设置ϕ4 mm 的焊接钢筋网片，其总长度不应小于 700 mm，竖向通缝不得超过两皮砌块。

（3）空心砌块墙转角处的纵横墙砌块应采用隔皮相互搭砌的方法。T 字接头处的内墙端头砌块应采用隔皮外露的搭砌方法。而此处的直通墙，无芯柱时可隔皮采用 2 块一孔半的辅助规格砌块或 1 块三孔砌块砌筑；有芯柱时，则应采用 1 块三孔的大规格砌块砌筑。十字接头处，纵横墙均应隔皮采用 1 块三孔大规格的砌块砌筑，无芯柱时也可隔皮采用 2 块一孔半的砌块砌筑。

（4）空心砌块墙的转角处和交接处应同时砌筑，如不能同时砌筑时应留斜槎，斜槎长度应等于或大于斜槎高度。在非抗震设防地区，除外墙转角处外，其余临时间断处也可留伸出墙面 200 mm 的“直阳槎”，但必须每隔三皮砌块高就要在其水平灰缝中设置 2 根直径 6 mm 的拉结钢筋，拉结钢筋埋入纵横墙内的长度，从接槎处算起每边不少于 600 mm。后砌隔墙或填充墙留槎要求同上。

（5）砌块砌筑前，一般不需浇水润湿，天气炎热干燥时，可在用前喷水润湿。砌块均应采用底面（即大面，为了制作抽模方便，一般芯模上大下小，使得砌块制作时底端的边肋、中肋较厚）朝上的“反砌”方法。水平灰缝应采用坐浆法铺浆（可采用专用盖孔套板铺浆，以减少砂浆落孔数量），砂浆饱满度按边肋、中肋的净面积计算不应低于 90%；竖向灰缝应采用加浆的方法，可将许多砌块的铺浆端面朝上紧密排列后，在上面铺放砂浆，然后再将砌块一块块上墙组砌，当砌块的一个端面有凹槽时，应在有凹槽的端面加浆，将其与无凹槽的端面共同组成一个竖缝，竖向灰缝的砂浆饱满率不应低于 60%。

（6）为加强砌块墙建筑物的整体刚度，应在下列位置增设 C15 的混凝土芯柱（孔中插设 1 根直径 10 mm 的竖向钢筋，孔内用混凝土填塞捣实）；3～4 层楼房应在建筑物的四大角和楼梯间四角加设芯柱；5 层楼房还应在内纵墙与山墙交接处全部设置芯柱，在内横墙与外纵墙的交接处间隔设置芯柱；6 层楼房则还应在所有内墙与外墙的 T 字交接处设置芯柱；对有抗震要求的房屋，还应在芯柱处沿墙高每隔 600 mm 设置点焊ϕ4 mm 钢筋网片一道，使芯柱横向连接成一个整体（相当于箍筋）。芯柱底部第一皮砌块的侧面应留孔洞，开口朝室内，作为清扫口用；芯柱孔内的竖向钢筋应与基础和圈梁的钢筋搭接，搭接长度不小于 35 d（d 表示钢筋直径）；浇筑圈梁混凝土时，应先浇芯柱混凝土，并与圈梁混凝土同时浇筑在一起，芯柱混凝土每浇筑 400～500 mm 高度，应捣实 1 次。混凝土芯柱的第一皮砌块排列如图 5-23 所示。

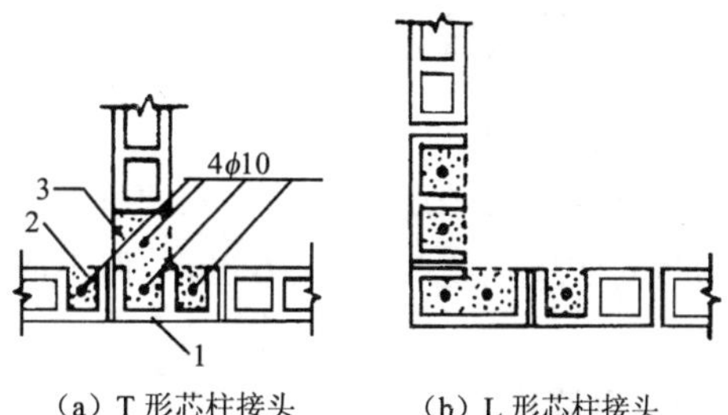

（a）T 形芯柱接头　（b）L 形芯柱接头

1．开回砌块　2．清扫口　3．C15填芯混凝土

图 5-23　芯柱位置第一皮砌块排列平面

（7）对设计规定或施工需要的预留孔洞、沟槽、预埋管道、预埋件等，均应在砌筑时预留或预埋，不得在砌块墙砌完后再打洞、凿槽。临时设置的施工洞口，其边侧离墙体交接处不应小于 600 mm，施工洞口上方应设置过梁。填筑临时洞口的砂浆强度等级宜提高一级。

（8）砌块墙体的下列部位，应采用 C15 的混凝土灌实孔洞后的砌块砌筑，以便提高砌块墙的承载能力。底层室内地面或防潮层以下的砌体；无圈梁的楼板支承面下的顶皮砌块；无梁垫的次梁支承处，宽度不小于 600 mm、高度不小于一皮砌块高的范围内；挑梁悬挑长度不小于 1.2 m 时，其支承部位的内外墙交接处，宽度为纵横墙的 3 个孔洞，高度不小于三皮砌块的高度。

（9）需要移动已砌好的砌块时，应清除原有砂浆，重新铺砂浆砌筑。空心砌块墙每天的砌筑高度控制在 1.5 m 或一步脚手架高度内。

五、砌块砌体质量检查

（1）砌块砌体基本要求与砖砌体相同，但搭接长度不应小于 150 mm。

（2）外观检查应达到：墙面清洁，钩缝密实，深浅一致，交接平整。

（3）试块检查：在每层楼或每 250 m^3 砌体中，一组试块，其平均强度，砂浆不低于设计强度的 75%，细石混凝土不低于 85%。

（4）预埋件、预留孔的位置应符合设计要求。

（5）砌体的允许偏差和外观质量符合要求。

第八节　砖砌体质量要求及施工要点

一、质量要求

1．横平竖直

横平是指每一层砖在同一水平面上，竖直是指砌体应垂直。砖墙的水平灰缝厚度和竖向灰缝宽度一般为 10 mm，但不应小于 8 mm，也不应大于 12 mm，防止游丁走缝。

2．砂浆饱满

砖砌体砂浆必须密实饱满，实心砖砌体水平灰缝的砂浆饱满度不低于 80%，砂浆饱满度用百格网检查。竖向灰缝宜用挤浆或加浆方法，使其砂浆饱满，严禁用水冲浆灌缝。

3．组砌得当

砖砌体砌筑方法应正确，上下错缝、内外搭砌，实心砖砌体宜采用一顺一丁、梅花丁或三顺一丁的砌筑形式。要减少砍砖，有利于提高劳动生产率。

二、施工要点

（1）每层承重墙的最上一皮砖、梁或梁垫下面的砖，应用丁砖砌筑；隔墙与填充墙的顶面与上层结构的接触处，宜用侧砖或立砖斜砌挤紧。防止顶砖墙砌成螺丝墙。

（2）各种预埋件、预留孔洞的位置应按设计要求准确留置，不得剔墙凿洞。

（3）配筋砌体。埋设钢筋的灰缝厚度应超过钢筋直径 6 mm 以上，超过钢筋网片厚度 4 mm 以上。连弯筋相邻层应相互垂直设置，并选用整砖砌筑。凡局部提高砂浆强度的部位，砂浆试块应单独制作。

（4）设有钢筋混凝土构造柱的抗震多层砖混房屋，应先绑扎钢筋，而后砌砖墙，最后浇筑混凝土。

（5）抗震构造。砖混结构的构造柱两侧砖墙应砌成马牙槎，先退后进，每一马牙槎沿高度方向不超过 60 mm，槎子挑出 60 mm，由于上口混凝土不易浇实，可分两次挑出。一般沿墙高每 500 mm 设 2 根拉结钢筋，每边伸入墙内 1 000 mm。应先砌墙后浇筑混凝土。

（6）冬期施工。根据当地气象台气象预报，预计连续 10 天内平均气温低于 5℃时，砖石工程的施工按冬期施工执行。当日最低气温低于−3℃时，也应按冬期施工执行。

砖砌体的尺寸和位置的偏差应符合表 5-8 的规定。

表 5-8　砌砖体的尺寸和位置的允许偏差

<table>
<tr><th rowspan="2">项次</th><th colspan="3" rowspan="2">项目</th><th colspan="3">允许偏差/mm</th><th rowspan="2">检验方法</th></tr>
<tr><th>基础</th><th>墙</th><th>柱</th></tr>
<tr><td>1</td><td colspan="3">轴线位移</td><td>10</td><td>10</td><td>10</td><td>用经纬仪复查或检查施工测量记录</td></tr>
<tr><td>2</td><td colspan="3">基础顶面和楼面标高</td><td>±15</td><td>±15</td><td>±15</td><td>用水平仪复查或检查施工测量记录</td></tr>
<tr><td rowspan="3">3</td><td rowspan="3">墙面垂直度</td><td colspan="2">每层</td><td>—</td><td>5</td><td>5</td><td>用 2 m 托线板检查</td></tr>
<tr><td rowspan="2">全高</td><td>小于或等于 10 m</td><td>—</td><td>10</td><td>10</td><td rowspan="2">用经纬仪或吊线和尺检查</td></tr>
<tr><td>大于 10 m</td><td>—</td><td>20</td><td>20</td></tr>
<tr><td rowspan="2">4</td><td colspan="2" rowspan="2">表面平整度</td><td>清水墙、柱</td><td>—</td><td>5</td><td>5</td><td rowspan="2">用 2 m 直尺和楔形塞尺检查</td></tr>
<tr><td>混水墙、柱</td><td>—</td><td>8</td><td>8</td></tr>
<tr><td rowspan="2">5</td><td colspan="2" rowspan="2">水平灰缝平直度</td><td>清水墙</td><td>—</td><td>7</td><td>—</td><td rowspan="2">用 10 m 线和尺检查</td></tr>
<tr><td>混水墙</td><td>—</td><td>10</td><td>—</td></tr>
<tr><td>6</td><td colspan="3">水平灰缝厚度（10 皮砖累计数）</td><td>—</td><td>±8</td><td>—</td><td>与皮数杆比较，用尺检查</td></tr>
<tr><td>7</td><td colspan="3">清水墙游丁走缝</td><td>—</td><td>20</td><td>—</td><td>吊线和尺检查，以每层第一皮砖为准</td></tr>
<tr><td>8</td><td colspan="3">外墙上下窗口偏移</td><td>—</td><td>20</td><td>—</td><td>用经纬仪和吊线检查以底层窗口为准</td></tr>
<tr><td>9</td><td colspan="3">门窗洞口宽度（后塞口）</td><td>—</td><td>±5</td><td>—</td><td>用尺检查</td></tr>
</table>

砌体每皮砌块在 10 cm 长度内对水平线的偏差为 0.2 cm。

砌体竖向表面凹凸处，用 2 m 直尺检查为 1 cm，并规定砌块之间的缝隙大于 14 mm 时，竖缝不得镶砖。

第九节　砖砌体工程的质量通病与防治

一、接槎不好

1．现象

砌筑时随意留槎，留直槎、阴槎；留直槎处不设拉结筋，或间距过大、长度不够；接槎处灰缝砂浆不饱满，两次砌的墙不同轴。

2．预防措施

（1）加强技术交底，按规范规定留槎、设拉结筋。

（2）加强施工现场检查，严格控制轴线，按皮数杆砌砖，控制砂浆饱满度。

二、墙体开裂

1．现象

地基不均匀下沉引起的墙体裂缝现象。

2．预防措施

（1）加强地基验槽。对较复杂的地基，在基槽开挖后应进行普遍钎探。

（2）合理设置沉降缝。凡不同荷载、长度过大、平面形状较为复杂、同一建筑物地基处理方法不同和有部分地下室的房屋，都应设沉降缝。

（3）加强上部结构的刚度，提高墙体抗剪强度。操作中严格执行施工规范，保证结构强度和刚度。

（4）宽大窗口下部应考虑设混凝土梁。

第十节　烟囱土建施工

烟囱是环境污染治理工程中的重要构筑物之一。人们在生产和生活中燃烧燃料产生的烟气里含有大量的废气和有害气体（如硫氧化物、氮氧化物及飞灰等），这些气体是造成大气污染的一个重要污染源，通常需要利用烟囱将烟气排放扩散到一定高度的大气层中，通过大气对污染物的扩散稀释能力来防止大气污染。烟囱与其他机械类处理污染有害气体的通风设备相比，具有通风可靠，不易出故障，可以不消耗动力，不用经常维修等特点。它的工作原理如同一个倒置的虹吸，具有一种自然抽引和排放作用。烟囱的结构特点是高度大、筒壁薄、结构复杂。烟囱的施工特点是高空作业、操作面狭小、连续作业、施工难度大。因此在烟囱土建施工中要综合考虑烟囱的特点，选择合理的烟囱施工工艺方法，以满足施工要求。

一、烟囱的类型与构造

（一）烟囱的类型

1．按建筑材料分类

烟囱分为砖砌烟囱、钢筋混凝土烟囱和钢烟囱三种类型。其中钢筋混凝土烟囱比砖砌烟囱耐久、坚固、整体性好、强度高，适宜高度 40 m 以上、维护简单、抗震性能好；与钢烟囱相比，后期维修量小。因此，钢筋混凝土烟囱使用最为广泛，目前一些发达国家对高大烟囱也越来越趋向采用钢筋混凝土烟囱。

2．按烟囱结构分类

烟囱分为单管式烟囱、多管式烟囱、双管式烟囱三种类型，其中以单管式烟囱使用最多。双管式烟囱是在钢筋混凝土外筒内再安装一钢管或砌筑一砖烟囱。多管式烟囱与一般单管烟囱相比，在正常运行条件下，钢筋混凝土筒身承重结构不直接与含硫的烟气相接触；在烟气呈正压运行状态时也不漏气；结构稳定性好，抗风抗震能力强，便于检修，使用寿命长；烟气热浮力大，有利于烟气扩散，减少大气污染。多管式烟囱是烟囱体系中发展起来的一种新的结构形式，一般仅在特殊情况下应用。

3．按筒壳截面形状分类

烟囱分为圆形、矩形、三角形三种类型。实际工程中，多为圆形截面烟囱。

（二）烟囱的构造

烟囱一般是由基础、筒身、筒座、筒首及一些相应的附属设施等组成，如图 5-24 所示。

1．基础

一般均采用钢筋混凝土结构。只有高度较小的砖烟囱，烟道又是在地面以上时，才用混凝土或块石基础。基础在平面上多采用圆形，如图 5-25 所示。当地质条件较好、地基承载能力较高且烟囱的烟道不通过基础时，

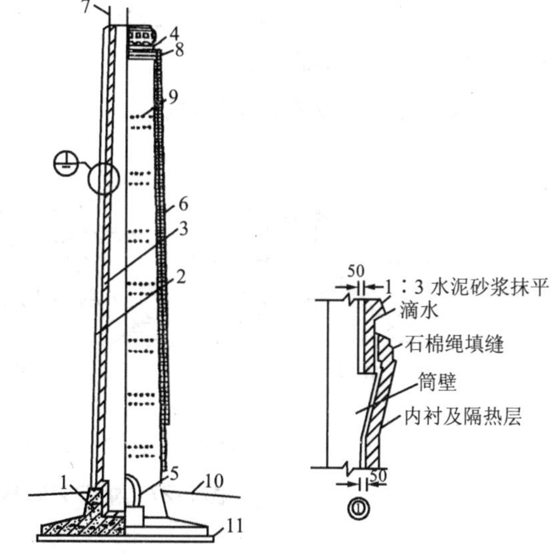

1．基础 2．筒壁 3．内衬及隔热层 4．筒首
5．烟道口 6．外爬梯 7．避雷针 8．信号灯平台
9．通气孔 10．排水坡 11．垫层

图 5-24 烟囱构造

也可以采用环形板式基础，如图 5-26 所示。环形板式基础与圆形板式基础相比，有基础体积小、节省材料等优点。基础埋置深度，应根据烟囱施工现场的工程地质情况、地基承载力、持力层的厚度、邻近建筑物等因素综合考虑确定。埋置深度一般为烟囱地上部分高度的 1/20～1/50。

为改善烟囱基础的受力情况，节约原材料，发挥结构的材料强度，近年来，在烟囱基础工程中，对高大烟囱基础有的采用了钢筋混凝土锥形薄壳基础，如图 5-27 所示。

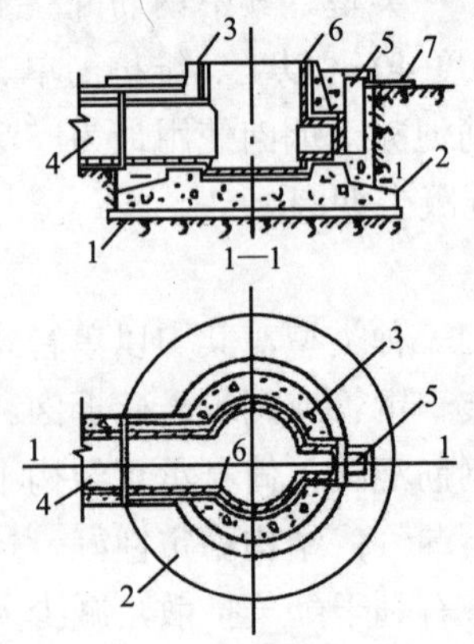

1．垫层　2．底板　3．环壁

4．烟道口　5．孔　6．内衬　7．排水坡

注：1—1 为施工缝位置

图 5-25　烟囱圆形板式基础

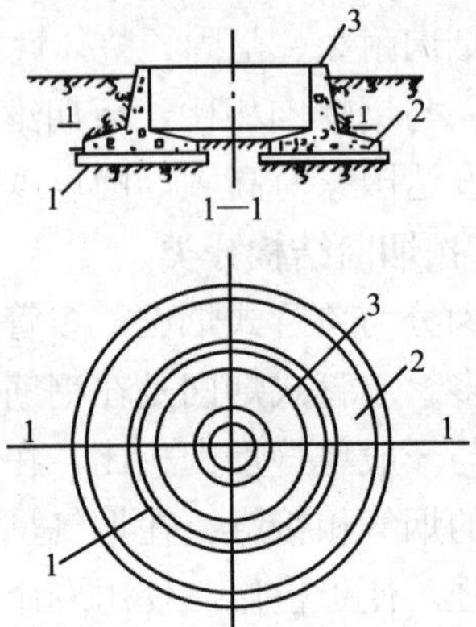

1．垫层　2．底板　3．环壁

注：1—1 为施工缝位置

图 5-26　烟囱环形板式基础

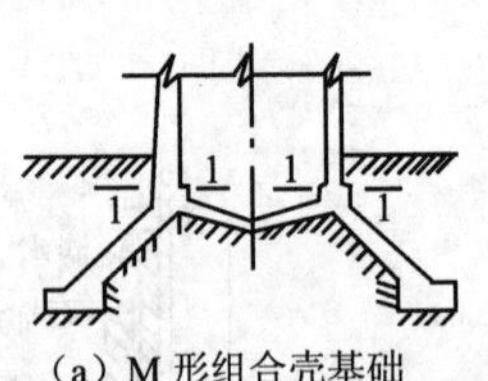

（a）M 形组合壳基础

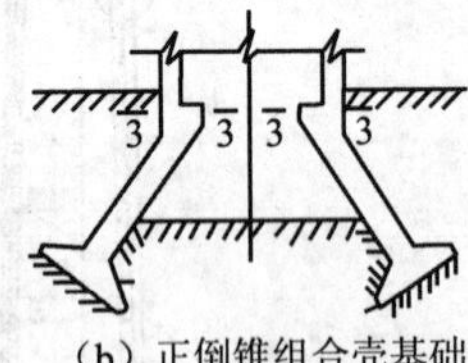

（b）正倒锥组合壳基础

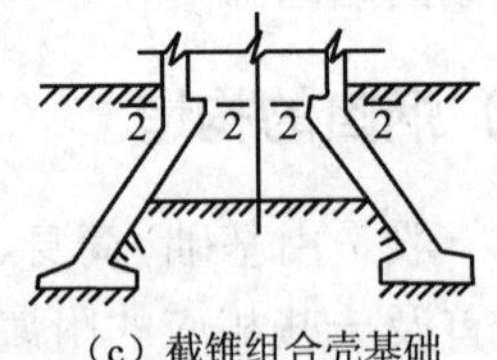

（c）截锥组合壳基础

注：1—1，2—2，3—3 为施工缝位置

图 5-27　烟囱壳体基础形式与构造

2．筒身

可用砖砌体、配筋砖砌体、钢筋混凝土或钢板做成。烟囱筒身材料及结构形式的选择，主要是根据烟囱的高度、烟囱的出口直径、耐腐蚀要求、建筑材料等方面，通过技术经济比较来确定的。

烟囱筒身根据需要还应设测温孔、检查孔和沉降观测点。筒身的高度通常是依据生产工艺要求来确定，一般取为 30～120 m。砖烟囱和配筋砖烟囱的高度一般在 80 m 左右，钢筋混凝土烟囱高度在 210～270 m。美国的密契尔电厂的钢筋混凝土多管烟囱高达 368 m，是目前世界上最高的烟囱之一。国内有的大型火力发电厂烟囱高度已达到 210～270 m，底部筒身外直径 7～17.6 m，上部筒口内径 1.45～8.0 m。钢筋混凝土烟囱筒身由于强度、经济以及建筑上的要求，一般都设计成圆锥形，筒壁的坡度为 1%～3%，一般多采用 2%。

烟囱筒壁的厚度是根据其自重、风荷载以及温度应力等因素，分段计算确定的，通常以 10 m 左右为一段，自下而上地呈阶梯形逐渐减薄，但同一段内的厚度应相同。筒身上部的最小壁厚，应不小于 140 mm。当筒身上口的内径 D 超过 4 m 时，应适当增加壁厚。筒壁的最大厚度可达 600～1 200 mm。

烟囱的工作环境大多数是在高温状态下，为防止高温对筒身混凝土的损害，降低筒身内外温差，防止烟囱裂缝，一般要在筒身内表面砌筑内衬，内衬构造如图 5-28 所示。为了支承内衬，在钢筋混凝土筒身内壁，沿高度每隔 10 m 左右设环形悬壁（牛腿）。环形悬臂形式有矩形和斜三角形两种。向筒内挑出的宽度，为内衬和隔热层的总厚度。斜三角形支承牛腿的高度，一般为 1.25 m，并配置一定数量的钢筋。在环形悬臂中，沿圆周方向，每隔 1 m 左右应设置一道宽度为 20～25 mm 的垂直温度缝（即图中圆形标记处），如图 5-29 所示。

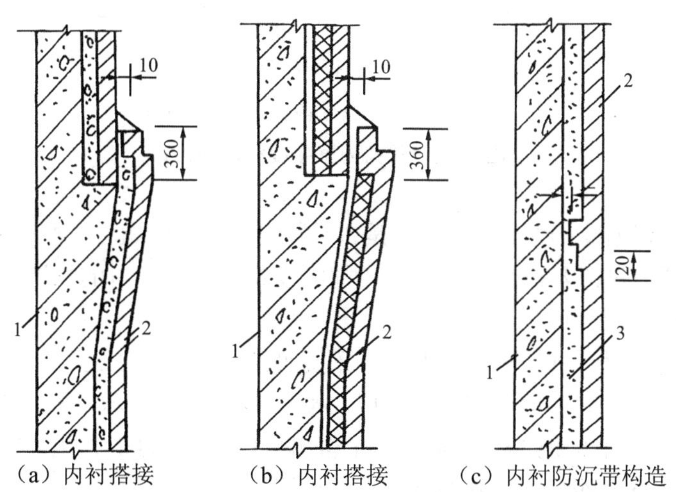

（a）内衬搭接 （b）内衬搭接 （c）内衬防沉带构造

1．筒身 2．内衬 3．隔热层

图 5-28 烟囱内衬构造

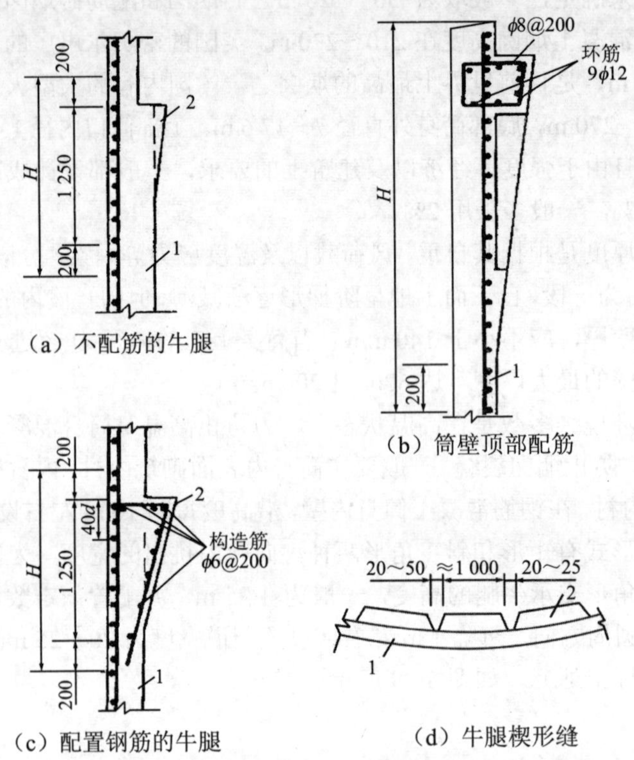

1. 筒壁 2. 环形悬臂（牛腿）

H——环形钢筋加密区段；*d*——钢筋直径

图 5-29 筒身内壁牛腿和顶部构造

砖烟囱应根据其排烟温度来决定是否设置内衬。当排烟温度不超过 150℃时，一般可不另设置内衬；若排烟温度较高，则应设置内衬。内衬的构造一般与钢筋混凝土烟囱的内衬相同。

钢烟囱的内衬，视其设计的要求，采用喷涂或抹刷等工艺。

内衬与筒身之间一般设空气隔热层，如图 5-28（c）所示。烟囱的内衬和隔热层起着两种作用：对承重结构的筒身起隔热和防止烟气侵蚀的作用。换句话说，隔热层具有降低筒身内外温差及其温度应力的作用。

内衬与筒身之间的空气隔热层厚度一般为 50～80 mm。为了保持内衬的稳定，每平方米内由内衬向筒壁方向挑出两块顶砖。顶砖与筒壁间应留出 10 mm 的温度缝。

3．筒座

筒座是筒身下部的加大部分。钢筋混凝土烟囱和钢烟囱筒座部分的坡度，通常比烟囱筒身的其余部分要大。而砖烟囱由于一般高度不大，其筒座和筒身往往采用同一坡度，有时在筒座部分砌成圆柱形。

4．筒首

筒身的顶部称筒首。筒首部位由于要经受烟囱排出烟气的侵蚀和承受顶部较大的风荷载，因此在结构上必须予以增强。

5．爬梯

烟囱外部的爬梯，在施工期间可作为施工人员上下辅助通道。当烟囱建成后，作为观察、修理信号灯和避雷装置之用。

6．信号灯平台及标志色

高大的烟囱是飞行航线上的障碍物。为保证夜间航行的安全，在烟囱不同高度处，应设置不同层数的红色信号灯。为了安装和检修信号灯，在烟囱顶部以下 5～7.5 m 处（一般为 6.25 m）应设置信号灯平台。

为了保证飞机在白天航行的安全，烟囱应涂刷航空标志色。

7．避雷装置

烟囱是耸立在高空中的构筑物，为防止雷击，须装设避雷装置。避雷装置包括避雷针、引雷环、导线和接地极等。避雷针用ϕ38 mm、长 3.5 m 的镀锌钢管制作，顶端应制成圆锥形，一般应高出筒首 1.8 m。导线与避雷针下端的连接点，以铜焊接导线沿外爬梯导引至地下，以铁夹板及螺栓紧固在每隔 2.5 m 高度的爬梯爪上。导线至筒身下部的一段，应穿在钢管内保护起来。在地面下 0.5 m 深处与接地极的扁钢带焊接在一起。

接地极由镀锌扁钢带与数根接地钢管焊接而成。接地钢管一般采用ϕ50 mm、长 2.5～3.5 m 的镀锌钢管加工成尖形。接地极的顶端应低于地面以下 0.5 m，一般每隔 5～7 m 埋置 1 根，并沿烟囱基础周围等距离布置成环形。

二、砖烟囱施工

（一）基础的施工

砖烟囱基础的施工程序：定位放线—挖土方—做素混凝土垫层—绑扎钢筋—支模板—浇灌混凝土—拆模板—回填土。

1．定位放线

按建筑平面图上烟囱中心点坐标及其与邻近的坐标点或建筑物的相对位置，引测烟囱中心点，由中心点向四周测设 4 个控制桩，便于施工中观测烟囱筒身中心线。连接控制桩的轴线应相互垂直。在基坑边坡附近测设轴线引桩并在其上引测标高，作为放灰线、挖土、灌筑混凝土垫层，安装基础模板，弹烟囱筒身线的依据。

2．挖土方

烟囱基础土方量比较大，也比较深，一般适宜于用拉铲、反铲等挖土机施工。

3．安装基础模板及钢筋

基础钢筋用量多，直径也比较粗，多呈放射形布置。绑扎时应先以基础中心放射出 4 根纵横垂直的直线，然后再画出放射筋和环筋的间距等，检查无误后方能绑扎钢筋。

4．基础混凝土灌筑

基础底板混凝土应一次连续灌筑完毕，不得留施工缝，并于混凝土初凝前埋设烟囱中心点预埋件，作为控制烟囱中心的依据。预埋件必须埋准位置和埋设牢固，防止倾斜不平。

5．回填土

基础模板拆除后，应立即进行土方回填，回填时应分层夯实，并于四周做好排水坡，以利于迅速排除地面水，防止对基础地基的浸蚀而产生质量问题。

当烟囱高度大于 50 m 时，应在散水标高以上 500 mm 的筒身上，埋设 3～4 个水准观测点，进行沉降观测；在湿陷性黄土（大孔土）上的烟囱，不论其高度如何，均应观测其沉降值。

（二）筒身施工设备的选择

砌筑砖烟囱筒身的施工有以下几种形式：

1．外脚手架施工

在筒身外围搭设双排脚手架，操作人员在外架的脚手板上操作，垂直运输由脚手架外侧设上料架即可。这种施工方法，耗费架杆，且搭、拆的工作量也大。仅适用于上口内径较小的砖烟囱。

2．内井架提升式内操作台施工法

在筒身内架设竖井架，用倒链将可收缩的内吊盘操作台悬挂在井架上，根据施工需要沿着井架向上移动提升。垂直运输是在井架内安装吊笼上料。此法适用于上口径 2 m 以上的较大烟囱施工。

竖井架的孔数根据烟囱内径大小决定，可以是多孔、单孔。但不论采用哪一种，都应保证在竖井架周围有一定的工作面。操作台上的材料，不宜堆置过多，应随用随运。如烟囱筒身下部筒壁较厚，可搭设一段外脚手架，以便内外同时砌筑，加快进度。

总之，砌筑砖烟囱筒身的垂直运输设备和脚手架形式，应该根据烟囱的结构情况，结合本地施工条件、材料供应、工期要求及瓦工操作水平和习惯等因素综合考虑选用。

（三）筒身砌筑

1．筒身基础

砌筑筒身的砖可以是异型砖或普通砖，但强度等级必须符合设计要求，砖的外形尺寸、强度、抗冻性、火候、裂缝等都要符合国家标准一等砖的要求。砌筑筒身砌体的施工顺序主要是：弹线—摞底—砌砖—检查，再根据中心点画出烟囱底部墙身周围边线即弹出烟囱墙身线。

（1）摞底。干砖试摆后再砌筑。试摆砖的目的是调节灰缝，一般说来水平灰缝厚为8～12 mm，垂直灰缝为6～12 mm，缝应错开，不得有重缝和通缝。

（2）砌砖。组砌方法可采用丁砖砌筑，直径大时，也可顺砖和丁砖交错砌筑。砌筑次序一般是先砌外皮，再砌内皮，最后填心。砌体的每一皮砖应为水平状，或稍微内倾斜，绝对不允许向外倾斜。

2．内衬砌筑

当烟囱筒身砌完一定高度或全部完成后，开始砌筑内衬，多采用主体分段作业法。若内衬与筒身属同类砖时，亦可随筒身同时砌筑。衬壁厚度为半砖时，用顺砖砌筑，交错搭接1/2砖；大于半砖时，用顺砖、丁砖交替砌筑，交错搭接1/4砖。灰缝厚度：用黏土砖时，厚度不超过8 mm；用耐火砖时，则不超过4 mm。

内衬是被分段砌在筒身的环形悬臂（牛腿）上，悬臂上表面应用水泥砂浆抹平，其水平误差不得超过10 mm，内衬砖缝厚度的误差和过厚砖缝的数量不超过规定。

3．砌筑烟道口

烟囱下部通常是一砖厚的内衬，内衬砌到烟道口时，应与烟道两侧的耳墙同时交叉砌筑，砌到设计标高后，找好中心线，安放预先做好的拱顶底模板，必须支设平稳牢固，然后开始由两侧向中心砌筑拱顶，拱顶若两砖厚时，则砌完第一层砖后用 M5 水泥砂浆找平，再砌第二层砖。烟道与锅炉房及筒身的接触处按设计图纸留沉降缝，用石棉绳或石棉板堵塞，最后进行烟道底面的铺砖。

4．附属设施

砖烟囱的爬梯、围栏及其他埋件，应在筒身砌筑过程中安装，其埋设深度不应少于一砖。烟囱上的钢箍应安装成水平并箍紧。钢箍的接头应沿烟囱圆周均匀分布。避雷器安装完成后，应用电阻测定器检查电阻，其数值应符合设计要求。

习题

1. 脚手架的作用、要求、类型和适用范围。
2. 单排和双排的钢管扣件式脚手架在构造上有什么区别？
3. 多立柱式和门型脚手架为什么要设置固定件（或连墙点）？如何设置？
4. 安全网的搭设应遵守什么原则？应注意什么问题？
5. 试述毛石砌体的施工要点。
6. 为什么水泥砂浆和水泥混合砂浆的使用时间规定不同？
7. 什么叫皮数杆？皮数杆如何布置？如何划线？
8. 砖墙在转角处和交接处留设临时间断处时有什么构造要求？

9. 试说明砖砌体留脚手眼的规定。
10. 砖平拱、钢筋砖过梁如何施工？怎样保证其施工质量？
11. 普通黏土砖砌筑前为什么要浇水？浇湿到什么程度？
12. 砖墙为什么要挂线？怎样挂线？
13. 为什么要限制独立墙身和砖柱砌筑的自由高度？它和哪些因素有关？超过规定高度时如何处理？
14. 为什么要规定砖墙的每日砌筑高度？
15. 何谓包心组砌？为什么砖柱不能采用包心组砌？
16. 砖墙应检查哪些质量？如何检查？
17. 砖砌体的施工工艺有哪些？
18. 砌体的一般要求有哪些？
19. 实心砖墙的组砌形式有哪些？

第六章 钢筋混凝土工程

本章重点

了解模板及支撑系统的构造特点。掌握钢筋连接、配料与代换、钢筋冷加工的方法和适用范围，掌握混凝土施工、配料、搅拌、运输、浇灌、振捣、养护等施工工艺、施工方法和质量要求。

钢筋混凝土在工程中应用只有100多年历史，现在已成为基本建设、环境土建工程中的主要材料，发展速度之快，应用之广，是由于它具有下列优点：

1．耐久性

在钢筋混凝土结构中，混凝土的强度随时间的增长而增长，并且钢筋受混凝土的保护而不易锈蚀。处于侵蚀性气体或腐蚀性液体中浸泡的钢筋混凝土结构，经过合理设计采取特殊的措施，一般也可满足工程需要。

2．耐火性

混凝土是热的不良导体，遇火只能损伤其表面，而不易破坏其内部。因为混凝土包裹在钢筋之外，起着保护作用，不致因受火灾使钢材很快达到软化的危险温度而造成结构整体被破坏。

3．可模性

由于混凝土凝结前具有良好的塑性，钢筋混凝土可以根据建筑结构的需要，利用模板浇筑成各种形状和尺寸的构件和结构。

4．就地取材

钢筋混凝土所用的砂和石，都是地方材料，量大价廉，易于就地取材。在工业废料（例如矿渣、粉煤灰等）比较多的地方，还可将工业废料制成人造骨料用于钢筋混凝土结构中。

但是，钢筋混凝土结构也存在一些缺点：自重大，对于大跨度结构、高层建筑以及结构的抗震都是不利的；另外抗裂性较差；现场浇捣受到季节气候条件的限制，补强修复较困难等。不过随着人们对于钢筋混凝土这门学科认识的不断提高，对上述一些缺点正在逐步加以改正，以适应不断发展的建筑需要。

钢筋混凝土是由钢筋和混凝土两种物理—力学性能完全不同的材料所组成。混凝土的抗压能力较强而抗拉能力却很弱。钢材的抗拉和抗压能力都很强。首先，由于混凝土在硬化过程中，产生体积收缩，给钢筋一定的压力并紧紧地裹住钢筋，产生很强的握裹力，钢筋与混凝土之间产生良好黏结力。其次，钢筋与混凝土两种材料的温度线膨胀系数的数值颇为接近(钢为1.2×10^{-5},混凝土为$1.0\times10^{-5}\sim1.5\times10^{-5}$)，当温度变化时，不致产生较大的温度应力而破坏两者之间的黏结。此外，混凝土包裹对钢筋有防护作用。由于混凝土包裹着钢筋，对钢筋能起防火、防腐作用。

为了充分利用材料的性能，把混凝土和钢筋这两种材料结合在一起共同工作，以满足工程结构的使用要求。

钢筋混凝土工程分为模板工程、钢筋工程和混凝土工程，其施工工艺流程如图 6-1 所示。混凝土工程又包括现浇混凝土、预制混凝土和预应力混凝土。目前，设计理论与施工工艺方面的研究不断有突破，广泛采用预应力钢筋混凝土以达到提高构件抗裂度和刚度的目的，预应力钢筋混凝土还具有增强构件的耐久性、减轻自重等优点，同时能有效地采用高强钢材，大大节约钢材。因篇幅有限，本章对预应力钢筋混凝土不作详细介绍。

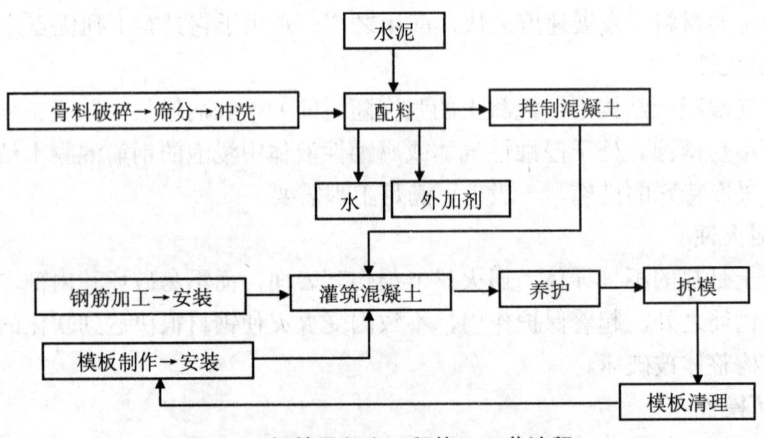

图 6-1　钢筋混凝土工程施工工艺流程

第一节　模板工程

模板工程的施工工艺包括模板的选材、选型、设计、制作、安装、拆除和周转等过程。模板工程是钢筋混凝土工程的重要组成部分，混凝土在此模型内浇筑、养护、硬化，使构件达到要求。特别是在现浇钢筋混凝土结构施工中占有主导地位，它决定着施工方法和施工机械的选择，直接影响工期和造价。

一、模板的组成

模板体系由模板和支撑两部分组成。模板作为钢筋混凝土构件成型的工具，支撑是保证模板形状、尺寸及其空间位置的支撑体系，所以支撑体系既要保证模板形状、尺寸、空间位置的准确，又要承受模板传来的全部荷载。

二、模板分类

在钢筋混凝土工程中，模板工程的费用占有很大比例，常会超过混凝土的费用，甚至超过钢筋和混凝土费用的总和。因此，模板工程需要不断革新，在保证质量基础上改善其经济性。

1．按材料分类

模板按所用的材料不同，分为木模板、钢木模板、胶合模板、钢竹模板、钢模板、塑料模板、玻璃钢模板、铝合金模板和预应力混凝土模板等，按其形式不同，有整体式定型模板、工具式模板和滑升模板、胎模等。

钢模板都做成定型模板，用连接件拼装成各种形状和尺寸，适用于多种结构形式。这种模板一次投资量大，但周转率高，在使用过程中做好维修和保管，防止其生锈，能延长使用寿命，降低成本。

塑料模板、玻璃钢模板、铝合金模板具有质量小、刚度大、拼装方便、周转率高的特点，但它们造价高，在施工中还未普遍采用。

2．按结构类型分类

现浇钢筋混凝土构件形状、尺寸、构造不同，因此模板的组装方法也不相同。按结构类型分类，可将模板分为基础模板、柱模板、梁模板、楼板模板、楼梯模板、墙模板等。

3．按施工方法分类

（1）现场装拆式模板。是在施工现场按照设计要求在设计位置进行组装，当混凝土强度达到拆模强度后拆除的模板，如多种定型模板和工具式支撑。

（2）固定式模板。多用于预制构件，在预制构件厂比较多见，如各种胎模。

（3）移动式模板。是随混凝土的浇筑，模板可沿垂直方向和水平方向移动，如水塔、烟囱、墙柱等混凝土浇筑的模板。

三、对模板及其支架系统的要求

1．对模板的要求

（1）模板起模型作用，使混凝土成型。保证结构和构件各部分形状、尺寸和相互间位置的正确性。

（2）具有足够的强度、刚度和整体稳定性，能可靠地承受新浇筑混凝土的重力和侧压力，以及施工过程中所产生的荷载。

（3）构造简单，便于绑扎钢筋、混凝土浇筑，装卸方便，接缝严密，不得漏浆；能满足浇筑混凝土及养护等工艺要求；要因地制宜，合理选材，做到用料经济，便于周转使用。

2．支模要求

（1）按设计要求和各有关标准的规定，木材应符合承重结构的选材标准，所用隔离剂应涂刷均匀，便于拆模，并不妨碍装饰工程。

（2）检查模板的几何尺寸、轴线、预埋铁件、螺栓孔位置等，应符合设计要求。模板应支撑牢固，拼缝严密。模板清理干净，浇水润湿，并经检查合格后方可绑扎钢筋或浇筑混凝土。

（3）检查支撑模板的基土，土质必须坚实，并有排水措施。对湿陷性黄土，必须有防水措施；对冻胀性土，必须有防冻融措施。

（4）杯形基础模板要检查杯口模板的底标高和上下口的几何尺寸。

（5）柱模板：要检查柱箍的间距及连接方法是否正确牢固；柱间水平拉杆，剪刀撑及端柱外的斜撑必须支撑牢固。柱模下口应留清扫口。

（6）梁模板：当梁的跨度大于 4 m 时，模板应起拱，如设计无规定时，起拱高度为全跨长度的 1/1 000～3/1 000。当层间高度大于 4 m 时，可采用多层支架支撑模板的方法，上下支撑必须在同一竖向中心线上，上下层垫板交接处支撑要垫平钉牢。支撑上层模板时，下层楼板必须达到足够的强度或采取临时支撑。

（7）墙体采用大模板时，应检查螺栓套管的长度，以保证墙体厚度。螺栓间距一般为 70～80 cm，螺栓必须拧紧。墙体采用组合模板时，还应检查支撑系统的间距、规格是否符合模板设计的规定。

（8）楼梯模板，应检查根据实样配制的模板尺寸，检查平台标高，踏步高度是否均匀一致，最上和最下一步的高度应考虑地面标高。

四、组合钢模板（定型钢模板）

组合钢模板可组合成多种尺寸和几何形状，以适应各种类型建筑的柱、梁、板、墙、基础和设备基础等施工的需要。在钢筋混凝土结构施工中，可在现场直接组装，也可预先拼装成大块组装，使用定型钢模板可以使模板制作工厂化，节约材料和提高效率。这是目前使用广泛的一种模板。

定型模板由钢模板和配件两部分组成。其中钢模板包括平面模板、阴角模板、阳角模板和连接角模板。配件的连接件包括 U 形卡、L 形插销、钩头螺栓、紧固螺栓、对拉螺栓、扣件等。配件的支承件包括柱箍、钢楞、支柱、斜撑、钢椅架等。

定型钢模板的规格不宜太多，要尽量采用少规格的模板拼装成多种尺寸的构件。组合钢模板的规格编码见表 6-1。

表 6-1　钢模板规格编码表

模板名称			模板长度/mm					
			450		600		750	
			代号	尺寸	代号	尺寸	代号	尺寸
平面模板(代号 P)	宽度/mm	300	P3004	300×450	P3006	300×600	P3007	300×750
		250	P2504	250×450	P2506	250×600	P2507	250×750
		200	P2004	200×450	P2006	200×600	P2007	200×750
		150	P1504	150×450	P1506	150×600	P1507	150×750
		100	P1004	100×450	P1006	100×600	P1007	100×750
阴角模板（代号 E）			E1504	150×150×450	E1506	150×150×600	E1507	150×150×750
			E1004	100×150×450	E1006	100×150×600	E1007	100×150×750
阳角模板（代号 Y）			Y1004	100×100×450	Y1006	100×100×600	Y1007	100×100×750
			Y0504	50×50×450	Y0506	50×50×600	Y0507	50×50×750
连接角模（代号 J）			J0004	50×50×450	J0006	50×50×600	J0007	50×50×750
模板名称			模板长度/mm					
			900		1 200		1 500	
			代号	尺寸	代号	尺寸	代号	尺寸
平面模板(代号 P)	宽度/mm	300	P3009	300×900	P3012	300×1 200	P3015	300×1 500
		250	P2509	250×900	P2512	250×1 200	P2515	250×1 500
		200	P2009	200×900	P2012	200×1 200	P2015	200×1 500
		150	P1509	150×900	P1512	150×1 200	P1515	150×1 500
		100	P1009	100×900	P1012	100×1 200	P1015	100×1 500
阴角模板（代号 E）			E1509	150×150×900	E1512	150×150×1 200	E1515	150×150×1 500
			E1009	100×150×900	E1012	100×150×1 200	E1015	100×150×1 500
阳角模板（代号 Y）			Y1009	100×100×900	Y1012	100×100×1 200	Y1015	100×100×1 500
			Y0509	50×50×900	Y0512	50×50×1 200	Y0515	50×50×1 500
连接角模（代号 J）			J0009	50×50×900	J0012	50×50×1 200	J0015	50×50×1 500

（一）钢模板

钢模板包括平面模板、阴角模板、阳角模板和连接角模，如图 6-2 所示。此外，还有一些异型模板。

钢模板采用模数制设计，宽度模数以 50 mm 进级，长度为 150 mm 进级，可以适应横竖拼装，拼接成以 50 mm 进级的任何尺寸的模板。如拼装时出现不足模数的空缺，则用镶嵌木条补缺，用钉子或螺栓将木条与钢模板边框上的孔洞连接。为了便于板块之间的连接，钢模板边框上连接孔孔距均为 150 mm，端部孔距边肋为 75 mm。

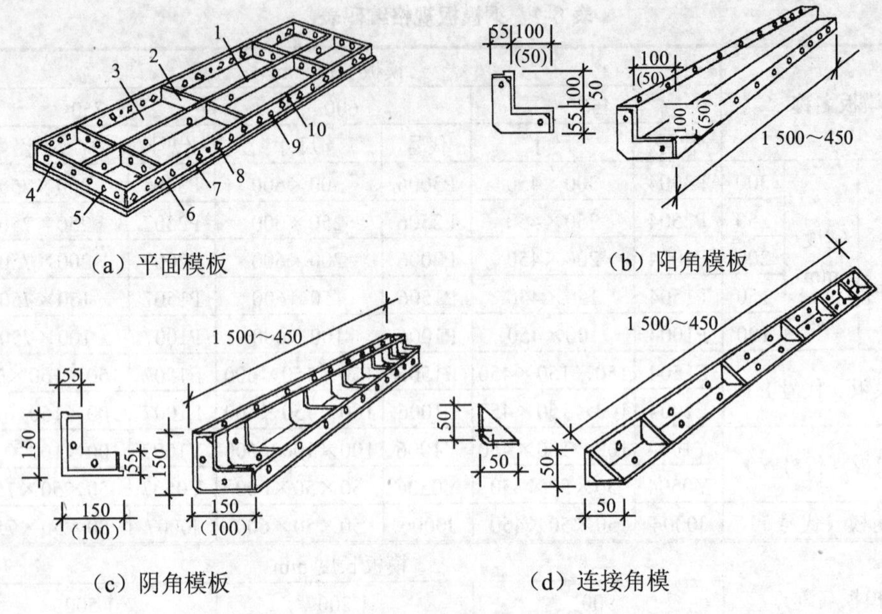

（a）平面模板 （b）阳角模板

（c）阴角模板 （d）连接角模

1．中纵肋 2．中横肋 3．面板 4．横肋 5．插销孔
6．纵肋 7．凸棱 8．凸鼓 9．U 形卡孔 10．钉子孔

图 6-2 钢模板类型

（二）连接件

定型组合钢模板的连接件包括 U 形卡、L 形插销、钩头螺栓、紧固螺栓、对拉螺栓和扣件等。

1．U 形卡

如图 6-3（a）所示，用于相邻模板的拼接。其安装的距离不大于 300 mm，即每隔 1 孔卡插 1 个，安装方向一顺一倒相互交错，以抵消因打紧 U 形卡可能产生的位移。

2．L 形插销

如图 6-3（b）所示，用于插入钢模板端部横肋的插孔内，以加强两相邻模板接头处的刚度和保证接头处板面平整。

3．钩头螺栓

钩头螺栓用于钢模板与内外钢楞的加固。安装间距一般不大于 600 mm，长度应与采用的钢楞尺寸相适应，如图 6-3（c）所示。

4．紧固螺栓

紧固螺栓用于紧固内外钢楞，长度应与采用的钢楞尺寸相适应，如图 6-3（d）所示。

5．对拉螺栓

对拉螺栓用于连接墙壁两侧模板，保持模板与模板之间的设计厚度，并承受混凝土侧压力及水平荷载，使模板不致变形，如图 6-3（e）所示。

6．扣件

扣件用于钢楞与钢楞或钢楞与钢模板之间的扣紧。按钢楞的不同形状，分别采用蝶形扣件和“3”形扣件，如图 6-3（c）中的 2、5 所示。

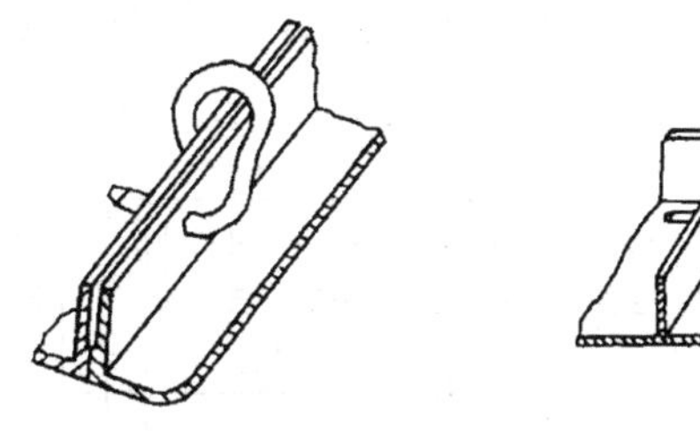

（a）U 形卡连接

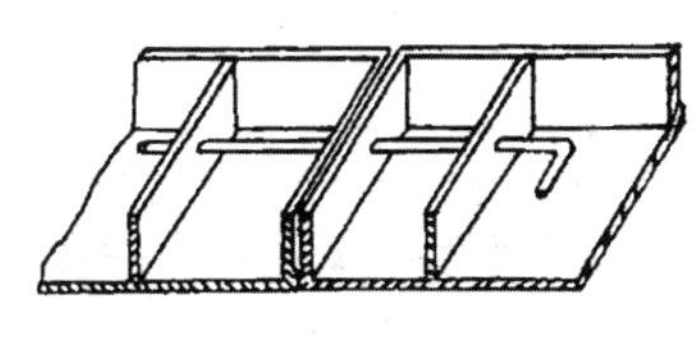

（b）L 形插销连接

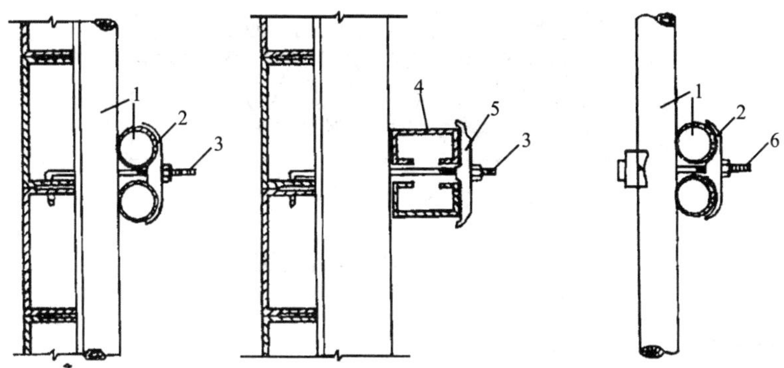

（c）钩头螺栓连接　　（d）紧固螺栓连接

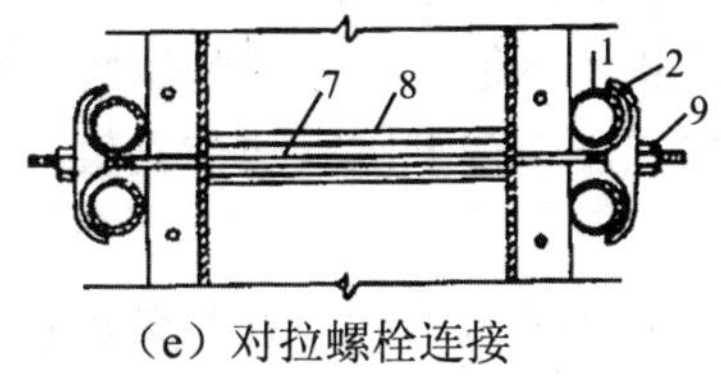

（e）对拉螺栓连接

1．圆钢管钢楞　2．“3”形扣件　3．钩头螺栓　4．内卷边槽钢钢楞
5．蝶形扣件　6．紧固螺栓　7．对拉螺栓　8．塑料套管　9．螺母

图 6-3　钢模板连接件

（三）支承件

定型组合钢模板的连接件包括柱箍、钢楞、支架、斜撑、钢桁架等。

1．钢桁架

如图 6-4 所示，其两端可支承在钢筋托具、墙和梁侧模板的横档以及柱顶梁底横档上，以支承梁或板的模板。图 6-4（a）所示为整榀式，一个桁架的承载能力约为 30 kN（均匀放置）；图 6-4（b）所示为组合式桁架，可调范围为 2.5～3.5 m，一榀桁架的承载能力约为 20 kN（均匀放置）。

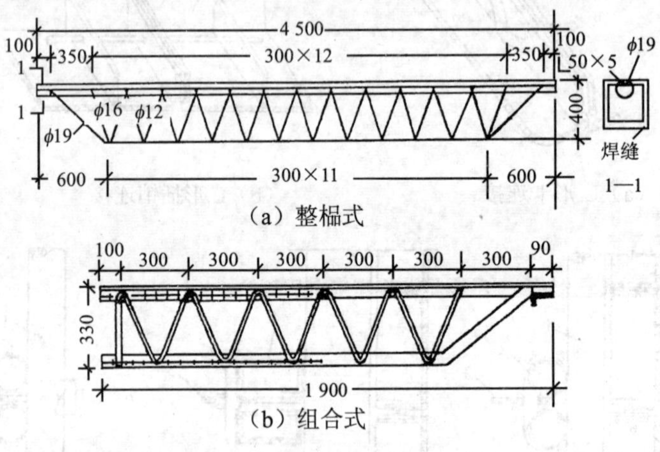

图 6-4　钢桁架示意图

2．钢支架

常用钢管支架如图 6-5（a）所示，它由内外两节钢管制成，其高低调节距模数为 100 mm，支架底部除垫板外，均用木模调整，以利于拆除。另一种钢管支架本身装有调节螺杆，能调节一个孔距的高度，使用方便，但成本较高，如图 6-5（b）所示。当荷载较大单根支架承载力不足时，可用组合钢支架或钢管井架，如图 6-5（c）所示，还可用扣件式钢管脚手架、门型脚手架作支架，如图 6-5（d）所示。

3．斜撑

由组合钢模板拼成的整片墙模或柱模，在吊装就位后，应用斜撑调整和固定其垂直位置。斜撑构造如图 6-6 所示。

4．钢楞

钢楞即模板的横档和竖档，分内钢楞和外钢楞。内钢楞配置方向一般应与钢模板垂直，直接承受钢模板传来的荷载，其间距一般为 700～900 mm。外钢楞承受内钢楞传来的荷载，或用来加强模板结构的整体刚度和调整平直度。

钢楞一般用圆钢管、矩形钢管、槽钢或内卷边槽钢制作，而以钢管用得较多。

5．梁卡具

梁卡具又称梁托架，用于固定矩形梁、圈梁等模板的侧模板，可节约斜撑等材料，也可用于侧模板上口的卡固定。其构造如图 6-7 所示。

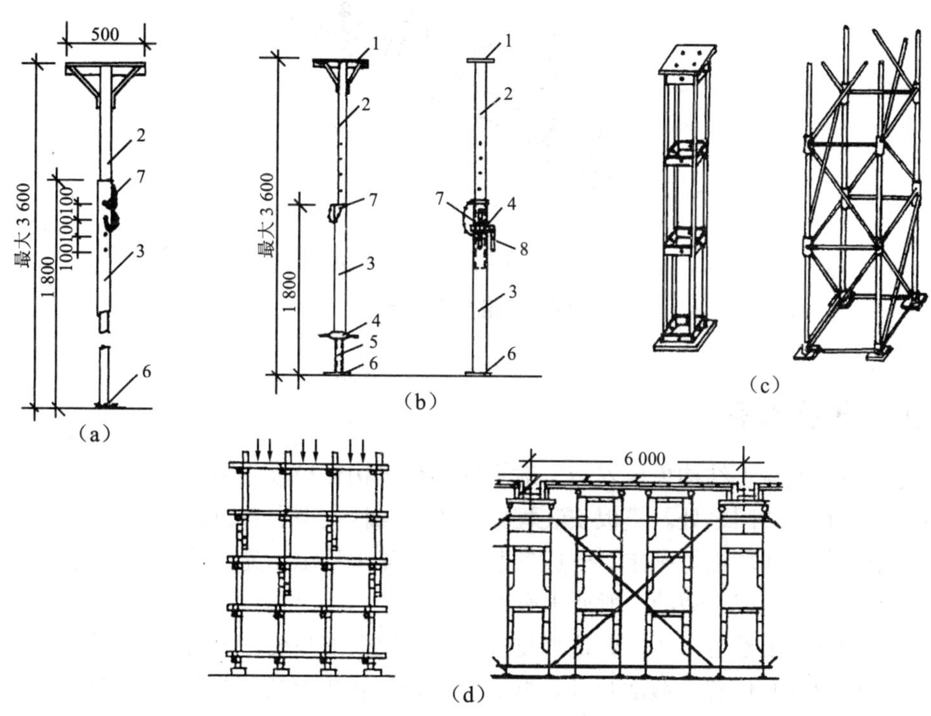

（a）钢管支架　（b）调节螺杆钢管支架

（c）组合钢支架和钢管井架　（d）扣件式钢管和门型脚手架支架

1．顶板　2．插管　3．套管　4．转盘　5．螺杆　6．底板　7．插销　8．转动手柄钢

图 6-5　钢支架

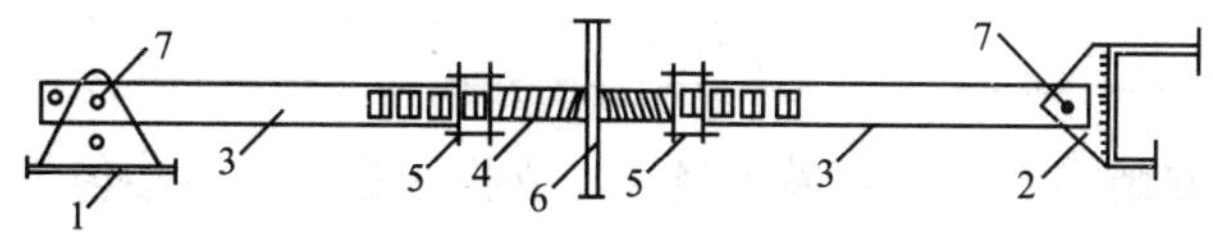

1．底座　2．顶撑　3．钢管斜撑　4．花篮螺丝　5．螺母　6．旋杆　7．销钉

图 6-6　斜撑

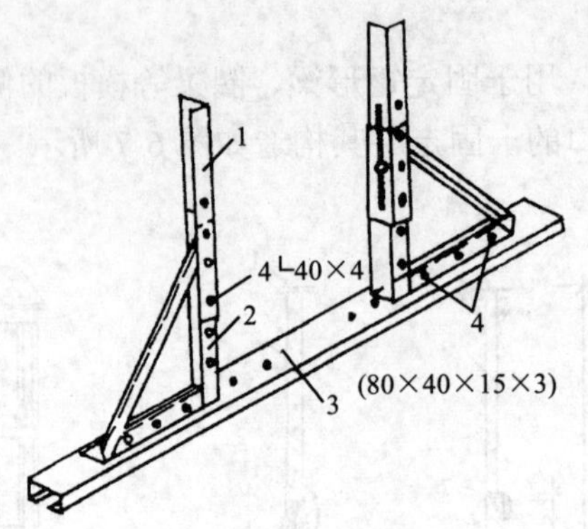

1．调节杆　2．三角架　3．底座　4．螺栓

图 6-7　组合梁卡具

五、模板安装

现浇钢筋混凝土结构模板安装，对不同的结构构件模板安装程序及要求，既有所不同，又有其共同之处。模板安装程序应根据构件类型和特点、施工方法和机械选用、施工条件和环境等确定。一般安装程序：先下后上，先内后外，先支模，后支撑，再紧固。模板安装的一般要求有：

（1）做好施工准备工作，并认真复查所弹的模板中心线、边线皮标高位置。

（2）模板安装位置、截面尺寸、标高、预埋件和预留孔洞位置等，要符合设计要求（表 6-2）。

表 6-2　模板安装的允许偏差

项次	项目	允许偏差/mm
1	轴线偏移	5
2	标高	+5
3	截面尺寸	+4　−5
4	垂直度	3
5	表面平整度	5

（3）模板要安装牢固，做到横平竖直，支撑平稳，受力均匀。

（4）要便于模板拆除，模板内侧应刷涂隔离剂。

（5）要与相关工种密切配合。

六、拆模的操作要点

模板的拆除日期取决于混凝土的强度、各模板的用途、结构的性质、混凝土硬化时的气温等。及时拆模，可提高模板的周转率，也可以为其他工作创造条件。但过早拆模，混凝土会因强度不足以承担本身自重，或受到外力作用而变形甚至断裂，造成重大的质量事故。

1．拆模的程序

一般是先支的后拆，后支的先拆；先拆非承重部位，后拆承重部位。肋形楼盖应先拆柱模板，再拆楼板底模、梁侧模板，最后拆梁底模板。拆除跨度较大的梁上支柱时，应先从跨中开始，分别拆向两端。侧立模的拆除按自上而下的原则进行。工具式支木模，逐段抽出底模板和横挡木，最后取下桁架、支柱、托具。

2．拆模的注意事项

（1）拆除模板应注意安全，不得站在正拆除模板的下方或正拆除的模板上。

（2）模板拆除应讲究技巧，不要硬撬或用力过猛，避免损伤结构和模板。

（3）已拆下的模板要及时起钉、修理，按规格分类堆放。钢模板要及时清除黏结的灰浆，修理、校正变形和损坏的模板及构件，板面应刷防锈油，背面补涂防锈漆。

（4）已拆除的结构，应在混凝土达到设计的标号后，才允许承受全部的计算荷重。

侧模板拆除期限可参考表 6-3；拆除底模的时间参考表 6-4；承重模板拆除期限参考表 6-5；预制构件模板拆模应达到设计强度的百分率参考表 6-6。

表 6-3　侧模板拆除期限

水泥品种	水泥标号	混凝土标号	混凝土的平均硬化温度/℃					
			5	10	15	20	25	30
			混凝土强度达到 25 kg/m² 所需天数/d					
普通水泥	≥225	100	3	4	3	2	1.5	1
	≥275	150	4.5	3	2.5	2	1.5	1
	≥325	≥200	3	2.5	2	1.5	1	1
矿渣水泥	≥225	100	8	6	4.5	3.5	2.5	2
火山灰质水泥	≥225	150	6	4.5	3.5	2.5	2	1.5

表 6-4　拆除底模的参考时间

水泥的标号及品种	混凝土达到设计强度标准值的百分率/%	硬化时昼夜平均温度/℃					
		5	10	15	20	25	30
		拆除底模所需天数/d					
325 号普通水泥	50	12	8	6	4	3	2
	75	26	18	14	9	7	6
	100	55	45	35	28	21	18
425 号普通水泥	50	10	7	6	5	4	3
	75	20	14	11	8	7	6
	100	50	40	30	28	20	18

表 6-5 承重模板拆除期限

结构类别	混凝土拆模需要强度（以设计强度的百分比计）	水泥品种	水泥标号	硬化时昼夜的平均温度/℃					
				5	10	15	20	25	30
				模板拆除期限/d					
跨度在 2 m 及 2 m 以下的板及拱的模板	50	普通水泥	325	12	8	6	4	3	3
			425	10	7	6	5	4	3
		火山灰质及矿渣水泥	325	18	12	10	8	7	6
			425	16	11	9	8	7	6
跨度在 2～8 m 的板及拱；跨度在 8 m 及以下的梁底模；跨度在 2 m 及以下的悬臂梁和板	70	普通水泥	325	28	20	14	10	8	7
			425	20	14	11	8	7	6
		火山灰质及矿渣水泥	325	32	25	17	14	12	10
			325	30	20	15	13	12	10
跨度在 8 m 以上的承重结构模板；跨度在 2 m 以上的悬臂梁和板	100	普通水泥	325	55	45	35	28	21	18
			425	50	40	30	28	20	18
		火山灰质及矿渣水泥	325	60	50	40	28	24	20
			425	60	50	40	28	24	20

注：1. 本表系指在（20±3）℃的温度下经过 28 d 的硬化后达到设计强度的混凝土；

2. 如需要提前拆模时，可提供混凝土实际强度与当时的荷重，经过计算确定。

表 6-6 预制构件模板拆模应达到设计强度的百分率

预制构件类别	达到设计强度的百分比/%	
	拆侧模	拆底模
普通矩形、梯形梁，跨度在 4 m 及 4 m 以下	25	50
普通薄腹梁、吊车梁、T 形梁、F 形梁、柱，跨度在 4 m 以上	40	70
翻转脱模中、小型构件	随时	50（翻身）；70（起吊）
预应力先张法屋架、屋面板、吊车梁等	50	按设计规定
预应力先张法各类薄型板重叠浇灌	25	按设计规定
预应力后张法块体竖立浇灌	40	70

表 6-7 混凝土最大水灰比和最小水泥用量

项次	混凝土所处的环境条件	最大水灰比	最小水泥用量/（kg/m³）			
			普能混凝土		轻骨料混凝土	
			配筋	无筋	配筋	无筋
1	不受雨雪影响的混凝土	不作规定	225	200	250	225
2	①受雨雪影响的露天混凝土 ②位于水中及水位升降范围内的混凝土 ③在潮湿环境中的混凝土	0.7	250	225	275	250
3	①寒冷地区水位升降范围内的混凝土 ②受水压作用的混凝土	0.65	275	250	300	275
4	严寒地区水位升降范围内的混凝土	0.6	300	275	325	300

注：1. 表中最小水泥用量（普通混凝土包括外掺混合材料，轻骨料混凝土不包括外掺混合材料）当用人工捣实时应增加 25 kg/m³；当掺用外加剂且能有效地改善混凝土和易性时，水泥用量 25 kg/m³。

2. 标号小于或等于 100 号的混凝土，其最大水灰比和最小水泥用量可不受本表限制。

3. 寒冷地区系指最冷月份的月平均气温在–15～–5℃，严寒地区则指最冷月份的月平均气温低于–15℃。

表 6-8 混凝土质量的允许偏差

项次	项目		允许偏差/mm
1	轴线位移		5
2	标高	层高	±5
		全高	±30
3	柱、梁截面尺寸		+5 –5
4	表面平整度		5
5	柱垂直度	层高	*H*/1 000 或＞30
		全高	

第二节 钢筋工程

一、钢筋的品种和性能

（一）钢筋的品种

（1）按生产工艺可分为：热轧钢筋、冷拉钢筋、冷拔钢丝、热处理钢筋，以及碳素钢丝、刻痕钢丝和钢绞线等。

（2）按化学成分可分为：碳素钢钢筋和普通低合金钢钢筋。碳素钢钢筋按含碳量多少，又可分为：低碳钢钢筋（含碳量低于 0.28%，如 3 号钢钢筋）、中碳钢钢筋（含碳量 0.25%～0.70%，如 5 号钢钢筋）和高碳钢钢筋（含碳量 0.7%～1.4%，如碳素钢丝）。普通低合金钢钢筋是在低碳钢和中碳钢的成分中加入少量合金元素，获得强度高和综合性能好的钢种，而且还具有耐腐蚀、耐磨、易加工和焊接性能好等特点，其主要品种有：20 锰硅、25 锰硅、40 硅 2 锰钒、45 硅锰钒、45 硅 2 锰钛等。

（3）按机械性能可分为：Ⅰ级钢筋（235/380 级，即屈服点为 235 N/mm^2、抗拉强度为 380 kg/mm^2 的钢筋）、Ⅱ级钢筋（335/520 级）、Ⅲ级钢筋（380/580 级）、Ⅳ级钢筋（550/850 级）及Ⅴ级钢筋（1350/1500 级）等。其中Ⅰ～Ⅳ级为热轧钢筋，Ⅴ级为热处理钢筋。

（4）按轧制外形可分为：光面圆钢筋、螺纹钢筋（螺旋纹、人字纹）及精轧螺旋钢筋、冷轧带肋钢筋等。

（5）按强度高低分为 HPB235 级（Φ）、HRB335 级（Φ）、HRB400 级（Φ）和 RRB400 级（Φ^R）等。

（6）按供应形式可分为：盘圆钢筋（直径 6～10 mm）和直条钢筋长度 6～12 m。

（7）按直径大小可分为：钢丝（直径 3～5 mm）、细钢筋（直径 6～10 mm）、中粗钢筋（直径 12～20 mm）和粗钢筋（直径大于 20 mm）。

（8）按使用用途分为：普通钢筋、预应力钢筋。

（二）钢筋的性能

钢筋的力学性能指标有屈服强度、抗拉强度、伸长率及冷弯性能。

1．强度指标

屈服强度：是钢筋强度的设计依据，因为钢筋屈服后将发生很大的塑性变形，且卸载时这部分变形不可恢复，这会使钢筋混凝土构件产生很大的变形和不可闭合的裂缝。屈服上限与加载速度有关，不太稳定，一般是取屈服下限作为屈服强度。

抗拉强度：是金属由均匀塑性变形向局部集中塑性变形过渡的临界值，也是金属在静拉伸条件下的最大承载能力。

屈服强度通常用符号 f_y 表示，抗拉强度通常用符号 f_u 表示。

屈强比：反映钢筋的强度储备，$f_y/f_u=0.6\sim0.7$。

冲击韧性：是对于钢结构使用钢材的特殊要求，是检验钢材对于冲击荷载的承受能力。

2．塑性性能

伸长率：钢材拉断后的塑性变形量较钢材原始尺度的变化率，是衡量钢材变形能力的重要指标。伸长率越大，钢筋延性或塑性越好。

冷弯性能：是检验钢材冷加工性能的指标，对于钢筋与钢板，其冷弯指标是指在常温下被检验材料对于某一相对半径（相对板材厚度与钢筋直径）的弯曲角度。

二、钢筋的冷加工

钢筋的加工包括钢筋的冷加工、焊接、调直、除锈、下料、切断、弯曲成型等（图 6-8）。

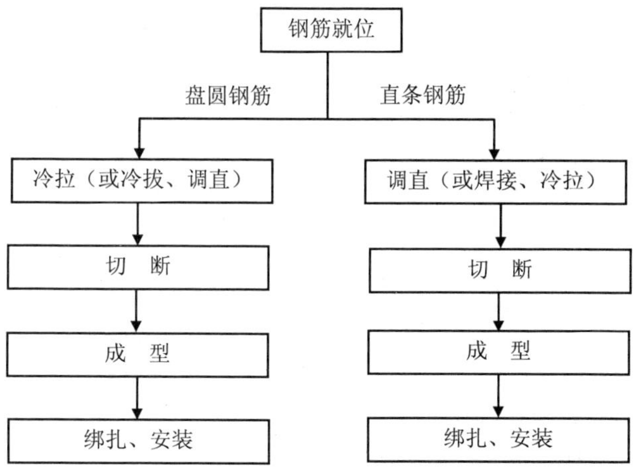

图 6-8　钢筋加工过程

1．冷拉

钢筋冷拉是将Ⅰ～Ⅳ级热轧钢筋在常温下强力拉伸，使拉应力超过屈服点，以提高屈服强度，节约钢材（图 6-9）。冷拉Ⅰ级钢筋适用于钢筋混凝土结构中的受拉钢筋，冷拉Ⅱ、Ⅲ、Ⅳ级钢筋可用做预应力混凝土结构的钢筋。冷拉钢筋的机械性能应符合表 6-9 的规定。冷拉时，钢筋被拉直，表面锈渣自动剥脱，因此冷拉不仅能提高钢筋强度，还可同时完成调直、除锈工作。

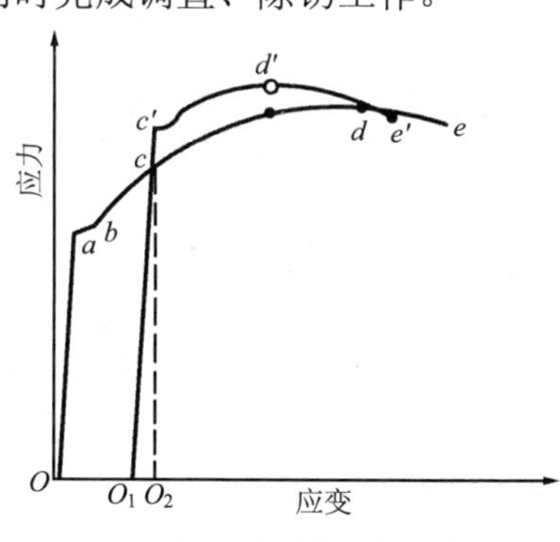

图 6-9　钢筋拉伸曲线

（1）冷拉控制。钢筋的冷拉控制可采用控制应力和控制冷拉率两种方法。控制应力法质量高，常用于制作预应力筋。控制冷拉率法施工效率高，设备简单。同时控制冷拉应力和控制冷拉率称为双控。

用做预应力钢筋混凝土结构的预应力筋采用控制应力的方法。不能分清炉批的热轧钢筋，不应采用控制冷拉率的方法。

表 6-9 热轧钢筋与冷拉钢筋的机械性能

级别	钢号		符号	直径/mm	屈服点σ_a/(N/mm^2)	抗拉强度σ_b/(N/mm^2)	伸长率/%		冷弯		钢筋外形	涂色标记
	牌号	代号			不小于		δ_5	δ_{10}	弯心直径	弯曲角度		
Ⅰ	3号钢	A_3，AJ_3，AD_3	ϕ	6～40	235	380	25	21	1 *d*	180°	圆	红
Ⅱ	20锰硅	20MnSi	ϕ̲	8～25 28～40	335 320	520 500	16		3 *d*	180°	人字纹	—
Ⅲ	25锰硅	25 MnSi	Φ̲	8～40	380	580	14		3 *d*	90°	人字纹	白
Ⅳ	40硅2锰钒 45硅锰钒 45硅2锰钛	$40Si_2MnV$ $45Si_2MnV$ $45Si_2MnTi$	Φ̳	10～28	550	850	10	8	5 *d*	90°	螺旋纹	黄
	5号钢	A_5，AJ_5，AD_5	Φ	10～40	280	500	19	15	3 *d*	180°	人字纹	绿
	35硅2锰钒 35硅锰钒 35硅2锰钛	$35Si_2MnV$ $35Si_2MnV$ $35Si_2MnTi$		10～28	500	750	12	10	4 *d*	90°	螺旋纹	蓝
	冷拉Ⅰ级钢筋		ϕ′	6～12	280	380	—	11	3 *d*	180°		
	冷拉Ⅱ级钢筋		ϕ̲′	8～25 28～40	450	520 500	—	10	3 *d*	90°		
	冷拉Ⅲ级钢筋		Φ̲′	8～24	530	580	—	8	5 *d*	90°		
	冷拉Ⅳ级钢筋		Φ̳′	10～28	750	850	—	6	5 *d*	90°		
	冷拉5号钢钢筋		Φ′	10～40	450	500	—	9	3 *d*	90°		

注：1. 本表热轧钢筋的数据，系摘自中华人民共和国国家标准“热轧钢筋”GB 1499—79，冷拉钢筋的数据，系摘自“钢筋混凝土工程施工及验收规范”GBJ 10－65（修订本）。

2. 冷弯试验栏中的“*d*”为钢筋计算直径，直径大于 25 mm 的钢筋做冷弯试验时，弯心直径增加 1 *d*。

控制应力法是以控制冷拉应力为主，采用控制应力方法冷拉钢筋时，其冷拉控制应力及最大冷拉率，应符合表 6-10 的规定。如果钢筋已达到规定的冷拉控制应力，而冷拉率未超过表 6-10 规定的最大冷拉率，则认为合格。

冷拉力 N，可按下式计算，即：

$$N=\sigma_{\mathrm{con}}\ A_S \tag{6-1}$$

式中：σ_{con}——钢筋冷拉的控制应力，N/mm^2；

A_S——钢筋冷拉前的截面面积，mm^2。

钢筋冷拉采用控制冷拉率方法时，即先确定冷拉率，然后计算出拉长值，冷拉时钢筋的拉长值达到计算拉长值，冷拉完毕。冷拉率必须由试验确定（测定冷拉率时钢筋冷拉应力见表 6-11）。如钢筋强度偏高，平均冷拉率低于 1%时，仍按 1%进行冷拉。冷拉伸长值可按下式计算，即：

$$\Delta L=\delta L \tag{6-2}$$

式中：δ——冷拉率（由试验确定）；

L——钢筋冷拉前的长度。

表 6-10　冷拉控制应力及最大冷拉率

项目	钢筋级别	冷拉控制应力/（N/mm^2）	最大冷拉率/%
1	Ⅰ级	280	10
2	Ⅱ级	450	5.5
3	Ⅲ级	500	5
4	Ⅳ级	700	4

注：钢筋直径大于 25 mm 的冷拉Ⅲ、Ⅳ级钢筋，冷弯试验的弯曲直径应增加 $1d_0$，冷弯后不得有裂纹、裂断或起层现象。

表 6-11　测定冷拉率时钢筋冷拉应力

<table>
<tr><th>项次</th><th colspan="2">钢筋级别</th><th>冷拉应力/（N/mm^2）</th></tr>
<tr><td>1</td><td colspan="2">Ⅰ级</td><td>320</td></tr>
<tr><td rowspan="2">2</td><td rowspan="4">Ⅱ级</td><td>$d\leqslant 25$ mm</td><td>480</td></tr>
<tr><td>d=28～40 mm</td><td>460</td></tr>
<tr><td>3</td><td>Ⅲ级</td><td>530</td></tr>
<tr><td>4</td><td>Ⅳ级</td><td>730</td></tr>
</table>

（2）冷拉设备。冷拉设备由拉力主设备、承力结构、测量装置和钢筋夹具等组成（钢筋冷拉的夹具见图 6-10）。

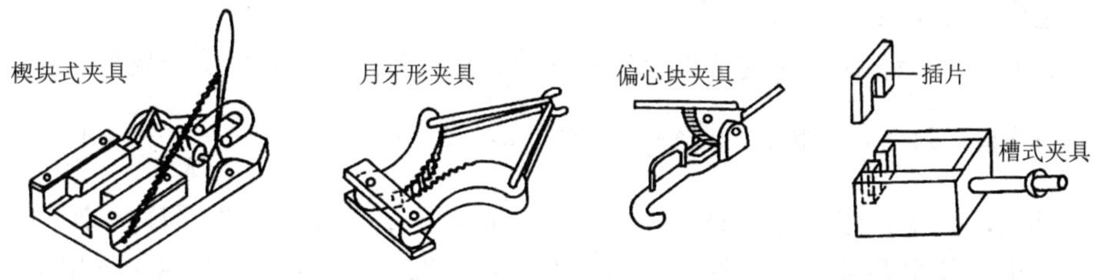

图 6-10　钢筋冷拉的夹具

钢筋冷拉时速度不宜过快，一般以每秒拉长 5 mm 或每秒增加 5 N/mm^2 为宜。当拉到控制值时，停车 2～3 min 后，再行放松，使钢筋晶体组织变形基本完成，以减少钢筋的弹性回缩值。为了安全，钢筋应防止斜拉，并缓缓放松，冷拉时正对钢筋的端头位置不许站人或跨越钢筋。

2．钢筋冷拔

钢筋冷拔是使直径 6～10 mm 的Ⅰ级光圆钢筋在常温下通过特制的钨合金拔丝模进行多次强力冷拔。钢筋通过拔丝模时，受到拉伸与压缩兼有的综合力作用，使钢筋内部晶格变形而产生塑性变形，以改变其物理力学性能，从而提高抗拉强度，塑性降低，呈硬钢性质。使用冷拔低碳钢丝（简称冷拔丝），可以大量节约钢材。

冷拔低碳钢丝分为甲、乙两级。甲级钢丝主要用做预应力筋，乙级钢丝用作焊接网、焊接骨架、箍筋和构造钢筋。

（1）冷拔钢筋的工艺过程是轧头、剥壳、通过润滑剂进入拔丝模拔丝。如钢筋需连接则应冷拔对焊连接（拔丝模构造与装法见图 6-11）。

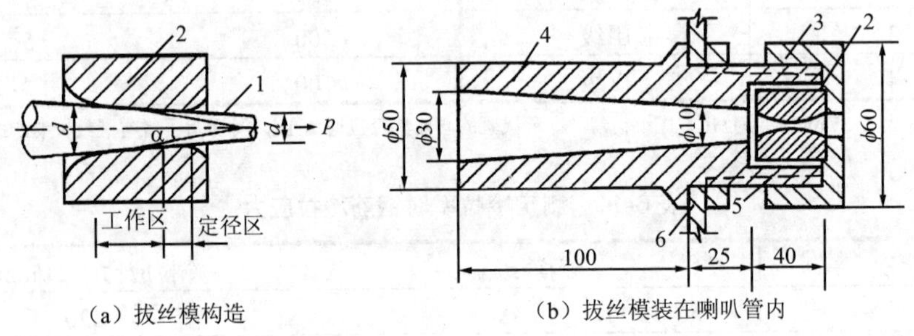

（a）拔丝模构造　　（b）拔丝模装在喇叭管内

1．钢筋　2．拔丝模　3．螺母　4．喇叭管　5．排渣孔　6．存放润滑剂的箱壁

图 6-11　拔丝模构造与装法

钢筋表面常有一硬渣层，易损坏拔丝模，并使钢筋表面产生沟纹，因而冷拔前要进行剥壳，方法是使钢筋通过 3～6 个上下排列的辊子以剥除渣壳。润滑剂常用石灰、动植物油、肥皂、白蜡和水，按一定配合比制成。也可以先使用旧拔丝模先拔一次，达到剥除渣壳的目的。

（2）冷拔总压缩率（β）是光圆钢筋拔成冷拔钢丝时的横截面积总缩减率。若原材料光圆钢筋直径为 d_0，冷拔后成品钢丝直径为 d，则总压缩率 $\beta = \dfrac{d_0^2 - d^2}{d_0^2} \times 100\%$。总压缩率越大，则抗拉强度提高越多，而塑性降低越多。为了保证甲级冷拔钢丝的强度和塑性满足使用要求，必须控制总压缩率。在一般情况下，$\phi 5$ 的钢丝宜用 $\phi 8$ 盘条拔制，$\phi 4$ 钢丝宜用 $\phi 6.5$ 盘条拔制。

（3）冷拔次数不宜过多，一是影响生产效率，二是钢丝要发脆，对伸长率有影响；但冷拔次数过少，每次压缩量过大，也易发生断丝和设备损坏事故。根据经验，一般前道钢丝直径和后道钢丝直径之比以 1.15∶1 为宜。如 $\phi 8$ 拔至 $\phi 5$，冷拔过程可为：$\phi 8 \to \phi 7 \to \phi 6.3 \to \phi 5.7 \to \phi 5$。

3. 冷轧

钢筋冷轧是用普通低碳钢或低合金钢热轧圆盘为母材，采用被动辊冷轧或冷拔减径后在其表面冷轧成具有三面月牙形横肋的钢筋，或采用主动辊冷轧成具有两面月牙形横肋的钢筋，称之为冷轧带肋钢筋。冷轧扭钢筋是一种是由普通热轧圆盘钢筋在常温下经过轧扁扭转而成，横截面为矩形，而钢筋的外表面为连续的螺旋面，呈麻花状。适用于承受静荷载的受弯构件，对于直接承受动力荷载用的结构构件，必须通过试验后方可使用。

三、钢筋的连接

钢筋接头连接方法有绑扎连接、焊接和机械连接。绑扎连接由于需要较长的搭接长度，浪费钢筋，且连接不可靠，故宜限制使用。焊接方法较多，成本较低，质量可靠，宜优先选用。机械连接为无明火作业，设备简单，节约能源，不受气候条件影响，可全天候施工，连接可靠，技术易于掌握，适用范围广，尤其适用现场焊接有困难的场合。施工规范规定，受力钢筋的接头应优先采用焊接或机械连接。对有抗震要求的受力钢筋接头宜优先采用焊接或机械连接。

纵向受力钢筋的连接方式应符合设计要求。机械连接接头和焊接连接接头的类型及质量应符合国家现行标准的规定。

（一）焊接

1. 闪光对焊

闪光对焊广泛用于钢筋接长及预应力钢筋与螺丝端杆的焊接。热轧钢筋的接长宜优先用闪光对焊，不能实施闪光对焊时才用电弧焊。

钢筋闪光对焊工艺可分为：连续闪光焊、预热闪光焊、闪光—预热—闪光焊三种。对Ⅳ级钢筋有时在焊接后进行通电热处理。

2. 电弧焊

电弧焊是利用弧焊机使焊条与焊件之间产生高温电弧，把焊条和电弧燃烧范围内的焊件熔化，待其凝固，便形成焊缝或接头。电弧焊广泛用于钢筋接头、钢筋骨架、装配式结构接头、钢筋与钢板的焊接及各种钢结构焊接。钢筋电弧焊的接头形式有搭接接头（单面焊缝或双面焊缝）、帮条接头（单面焊缝或双面焊缝）、坡口接头（平焊或立焊）和熔槽帮条焊四种。

3. 电渣压力焊

近年来采用了电渣压力焊技术，用于现场粗钢筋连接，在提高焊接质量、缩短施焊周期方面有一定效果。它具有节约钢材、接头性能可靠、易于操作等优点。

焊接原理：借助被焊接钢筋端部结合处所置的钢丝球，在通电后形成的电弧熔化焊剂获高温渣池，将被电焊的钢筋端头熔化，再经挤压形成焊接接头。在焊接过程中，钢筋的上提和下压靠人工控制，电源接通和焊接时间则靠自动（电渣压力焊见图 6-12）。

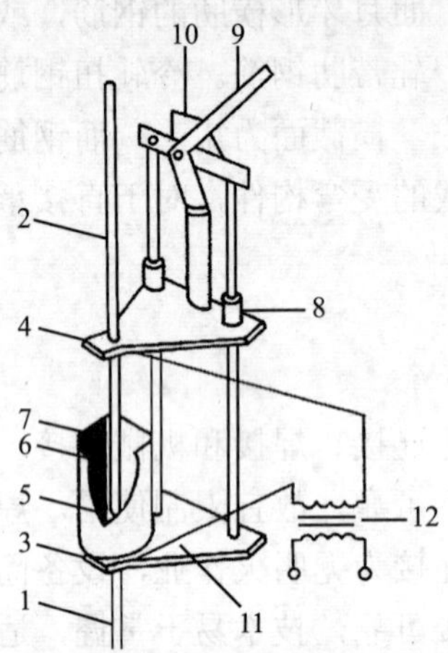

1，2．钢筋 3．固定电极 4．滑动电极 5．焊剂盒 6．导电剂 7．焊剂 8．滑动架 9．操纵杆 10．标尺 11．固定架 12．变压器

图 6-12 电渣压力焊示意图

4．气压焊连接技术

适用于气压焊的钢筋为ϕ16～ϕ36 mm 的Ⅰ、Ⅱ级热轧钢筋。如采用其他品种的钢筋或两种不同品种的钢筋焊接时，应首先进行可焊性试验，试验合格后，方可使用。凡是经过冷加工的钢筋，不得用做气压焊钢筋。两根直径不同的钢筋焊接时钢筋直径之差不得大于 5 mm（气压焊见图 6-13）。

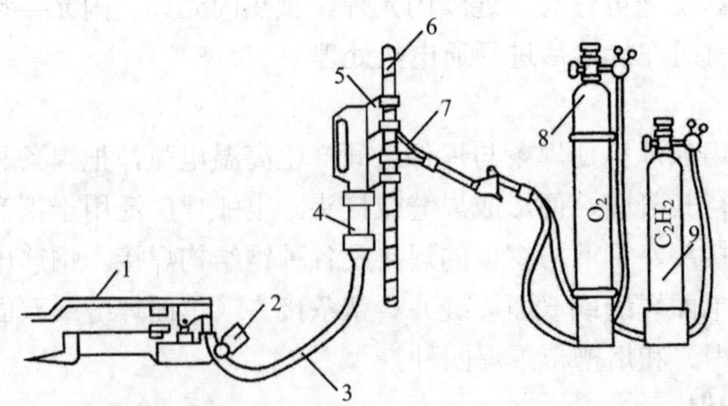

1．脚踏液压泵 2．压力表 3．液压胶管 4．活动油缸 5．钢筋卡具 6．钢筋 7．焊枪 8．氧气瓶 9．乙炔瓶

图 6-13 气压焊设备示意图

（二）机械连接

（1）钢筋冷压连接是一项新型钢筋连接工艺，它改变了电弧焊、电渣焊、闪光焊、气压焊等传统焊接工艺的热操作方法，在常温下采用钢筋连接机，将钢套筒和两根待接钢筋压接成一体，使套筒塑性变形后与钢筋上的横肋纹紧密地咬合在一起，从而达到连接效果的一种机械接头方式。冷压接头具有性能可靠、操作简便、施工速度快、施工不受气候影响、省电等优点。

（2）钢筋的机械连接主要有套筒挤压连接和套筒螺纹连接。套筒螺纹连接又分锥套筒连接和直套筒连接两种。钢筋的机械连接应符合《钢筋机械连接通用技术规程》（JGJ 107—2006）的要求。螺纹连接锥套筒是在工厂专用机床上加工制成，钢筋套丝的加工在钢筋套丝机上进行。钢筋螺纹连接速度快，对中性好，工期短，连接质量好，不受气候影响，适应性强。

四、钢筋配料

钢筋配料是根据构件配筋图，先绘出各种形状和规格的单根钢筋简图并加以编号，然后分别计算钢筋下料长度和根数、数量，按画出的大样图加工。

（1）钢筋长度。结构施工图中所指钢筋长度是钢筋外缘至外缘的长度，即外包尺寸。

（2）混凝土保护层厚度。钢筋混凝土保护层厚度是指受力钢筋外缘至混凝土构件表面的距离，其作用是保护钢筋在混凝土结构中不受锈蚀。

（3）钢筋下料长度的计算：

◆ 两端无弯钩的直钢筋：L＝构件长度－两端保护层厚度

◆ 分布钢筋：L＝构件长度－两端保护层厚度+弯钩增加长度

◆ 有弯钩的直钢筋：L＝构件长度－两端保护层厚度+弯钩增加长度

◆ 箍筋：

$$\text{根数}=\frac{\text{直筋有效长度}}{\text{箍筋间距}}+1$$

注：直筋有效长度＝构件长－两端保护层厚

$$L=\text{箍筋周长}+\text{箍筋调整值}$$

◆ 弯起钢筋：L＝直段长度+斜段长度－弯折量度差值+弯钩增加长度

（4）钢筋下料计算注意事项：

◆ 在设计图纸中，钢筋配置的细节问题没有注明时，一般按构造要求处理。

◆ 配料计算时，要考虑钢筋的形状和尺寸，在满足设计要求的前提下，要有利于加工。

◆ 配料时，还要考虑施工需要和规范要求的附加钢筋。

五、钢筋绑扎与安装

（一）钢筋绑扎要求

钢筋搭接的原则是：钢筋绑扎连接少设接头，接头应设置在受力较小处，同一根钢筋上应尽量少设接头，钢筋的交叉点应用铁丝扎牢。

同一构件中相邻纵向受力钢筋的绑扎搭接接头宜相互错开，绑扎网和绑扎骨架外形尺寸的允许偏差应符合规范的规定（表 6-12）。

表 6-12　钢筋绑扎允许偏差　（单位：mm）

项次	项　目		允许偏差
1	受力钢筋	间距	±5
		排距	±10
2	钢筋弯起点位移		±20
3	箍筋横向钢筋间距	绑扎骨架	±20
		焊接骨架	±10
4	焊接预埋件		±5
5	受力钢筋保护层	梁、柱	±5
		板	±5

（二）钢筋配置

绑扎或焊接的钢筋网和钢筋骨架，不得有变形、松脱和起焊。绑扎钢筋网与钢筋骨架应根据结构配筋特点及起重运输能力来分段，为防止钢筋网和钢筋骨架在运输和安装过程中发生变形，应采取临时加固措施。钢筋网与钢筋骨架的吊装点根据其尺寸、质量、刚度而定。

钢筋安装完毕后应进行检查验收，在浇筑混凝土之前进行验收并作好隐藏工程记录。

影响钢筋与混凝土黏结强度的因素有很多，如混凝土强度、钢筋在混凝土中的位置等。钢筋的黏结强度均随混凝土强度的提高而提高。黏结和锚固是钢筋和混凝土形成整体、共同工作的基础。

保证黏结的构造措施：

（1）对不同等级的混凝土和钢筋，要保证最小搭接长度和锚固长度；钢筋在支座处的锚固长度 l_a 见《工程施工与验收规范》第 9.3.1 条规定。

（2）为了保证混凝土与钢筋之间有足够的黏结，必须满足钢筋最小净距和混凝土保护层最小厚度的要求（表 6-13）；一般用水泥砂浆垫块、塑料卡垫或金属支架在钢筋与模板之间来控制保护层的厚度。

（3）因钢筋供货条件的限制，钢筋常需要连接，搭接要有一定的长度才能传递黏结力，搭接长度的要求见表 6-14。

（4）为了保证足够的黏结，在钢筋（特别是光面钢筋）端部应设置弯钩。

（5）一般情况下，钢筋混凝土结构构件宜优先选用小直径的变形钢筋（增加局部黏结作用，减小裂缝宽度）。

（6）在钢筋的搭接区和锚固区设置附加的横向钢筋，横向钢筋限制了纵向裂缝的发展，如箍筋加密等，提高了混凝土的黏结强度。

表 6-13　混凝土保护层厚度　（单位：mm）

环境与条件	构件名称	混凝土强度等级		
		低于 C25	C25 及 C30	高于 C30
室内正常环境	板、墙、壳 梁和柱	15 25		
露天或室内高温度环境	板、墙、壳 梁和柱	35 45	25 35	15 25
有垫层	基础	35		
无垫层	基础	70		

表 6-14　受拉钢筋绑扎接头的搭接长度

项次	钢筋类型	混凝土强度等级		
		C20	C25	≥C30
1	Ⅰ级钢筋	35 *d*	30 *d*	25 *d*
2	Ⅱ级钢筋	45 *d*	40 *d*	35 *d*
3	Ⅲ级钢筋	55 *d*	50 *d*	45 *d*
4	低碳冷拔钢丝	300 mm		

注：1. 当Ⅱ、Ⅲ级钢筋直径 d>25 mm 时，其受拉钢筋的搭接长度应按表中数值增加 5 d 采用。
2. 当螺纹钢筋直径 d≤25 mm 时，其受拉钢筋的搭接长度应按表中数值减少 5 d 采用。
3. 当混凝土在凝固过程中易受扰动时（如滑模施工），受力钢筋的搭接长度宜适当增加。
4. 在任何情况下，纵向受拉钢筋的搭接长度不应小于 300 mm，受压钢筋的搭接长度不应小于 200 mm。
5. 轻骨料混凝土的钢筋绑扎接头搭接长度应按普通混凝土中的钢筋搭接长度增加 5 d（低碳冷拔钢丝增加 50 mm）。
6. 当混凝土强度等级低于 C20 时，对Ⅰ、Ⅱ级钢筋最小搭接长度应按表中 C20 的相应数值增加 10 d。
7. 有抗震要求的框架梁的纵向钢筋，其搭接长度应相应增加，对Ⅰ级抗震等级相应增加 10 d；对Ⅱ级抗震等级相应增加 5 d。
8. 直径不同的钢筋搭接接头，以细钢筋的直径为准。

六、钢筋代换

在施工中钢筋的级别、钢号和直径应按设计要求采用。如遇钢筋级别、钢号和直径与设计要求不符而需要代换时，应征得设计单位的同意并遵守《混凝土结构工程施工及验收规范》的有关规定。代换时必须遵守代换的原则，以满足原结构设计的要求。

（1）等强度代换。当构件配筋受强度控制时，钢筋可按后强度相等原则进行代换，称作“等强度代换”。如设计图中所用的钢筋设计强度为 f_{y_1}，钢筋总截面积为 AS_1，代换后的钢筋设计强度为 f_{y_2}，钢筋总截面积为 AS_2，则应使：$f_{y_1}\times AS_1=f_{y_2}\times AS_2$（式中：$f_y$ 表示钢筋屈服强度，S 表示钢筋截面积）。

（2）等面积代换。当构件按最小配筋率配筋时，钢筋可按面积相等原则进行代换；对相同种类和级别相同的钢筋，应按等面积原则进行代换。

（3）当构件受裂缝度或抗裂性要求控制时，代换后应进行裂缝或抗裂性验算。钢筋代换后，还应满足构造方面的要求（如钢筋间距、最小直径、最小根数、锚固长度、对称性等）及设计中提出的特殊要求（如冲击韧性、抗腐蚀性等）。如梁中的弯起钢筋与纵向受力筋，应分别进行代换，以保证弯起钢筋的截面面积不被削弱，且满足支座处的剪力要求。同一截面的受力钢筋直径，一般相差 2～3 个等级为宜。

第三节　混凝土工程

混凝土是由胶凝材料、粗细骨料和水，按适当比例配合而成，有时按需要掺入一定的化学外加剂或掺和剂，经均匀搅拌、硬化而成的一种人造石料。由于其成分不同，性质各异，产生出很多不同种类的混凝土。混凝土工程包括配料、搅拌、运输、浇筑、养护等施工过程，如图 6-14 所示。各个施工过程紧密联系又相互影响，任一施工过程处理不当，都会影响混凝土的最终质量。

混凝土的强度等级：混凝土的强度等级是用立方体抗压强度来划分的，即边长为 150 mm 的混凝土立方体试件，在标准条件下（温度为 20℃±3℃，湿度≥90%）养护 28 d，用标准试验方法[加载速度 0.15～0.3 N/（mm^2·s），两端不涂润滑剂]测得的具有 95%保证率的抗压强度，用符号 C 表示。《工程施工与验收规范》根据强度范围，从 C15～C80 共划分为 14 个强度等级，级差为 5 N/mm^2。

对混凝土的基本性能要求：①混凝土拌和物的和易性；②强度、变形性能；③耐久性；④经济性。

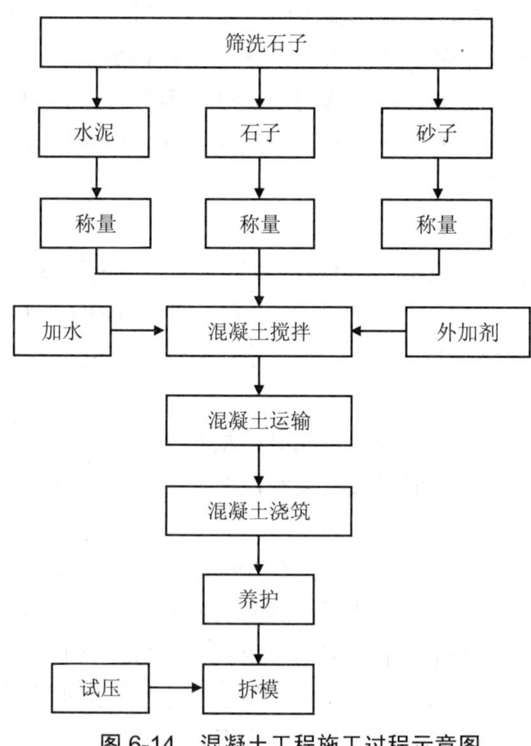

图 6-14 混凝土工程施工过程示意图

混凝土工程一般是建筑物的承重部分，因此，确保混凝土工程质量非常重要。要求混凝土构件不但要有正确的外形，而且要获得良好的强度、密实性和整体性。混凝土的分类十分复杂，一般可按其所用胶结料及集料的品种和混凝土的用途及施工工艺进行分类，还可按混凝土的性能将其分为高强混凝土、早强混凝土、无收缩混凝土、膨胀混凝土等；通过胶结料和外加剂的选择及特殊的工艺处理等进行分类，可分为防水混凝土、防辐射混凝土、耐热混凝土、耐酸混凝土、纤维混凝土、聚合物混凝土、再生混凝土、干硬性混凝土、碾压混凝土、大流动性混凝土、喷射混凝土等。

一、施工配料

施工配料是保证混凝土质量的重要环节之一，必须严格控制。施工配料是影响混凝土质量的主要因素，一是称量不准，二是未按砂、石骨料实际含水率的变化进行施工配合比的换算，这样必然会改变原理论配合比的水灰比、砂石比（含砂率）。当水灰比增大时，混凝土黏聚性、保水性差，而且硬化后多余的水分残留在混凝土中形成水泡，或水分蒸发留下气孔，使混凝土密实性差，强度低。若水灰比减少，则混凝土流动性差，甚至影响成型后的密实度，造成了混凝土结构内部松散，表面产生蜂窝、麻面现象。同样，含砂率减少时，则砂浆量不足，不仅会降低混凝土流动性，更严重的是影响其黏聚性及保水性，产生粗骨料离析、水泥浆流失，甚至溃散等不良现象。为保证混凝土获得足够的密实度和耐久性，混凝土的最大水灰比和最小水泥用量应符合表 6-7 的要求。混凝土所用水泥、骨料、水及外加剂的质量标准均应符合国家规范规定。

1．施工配合比的确定

为严格控制混凝土的配合比，原材料的数量应采用质量计算，必须准确。其质量偏差不得超过以下规定：水泥、混合材料±2%；粗、细骨料±3%；水、外加剂溶液±2%。各种衡器应定期校验，始终保持准确。骨料含水量应经常测定，雨天施工时，应增加测定次数。

求出每立方米混凝土材料用量后，还必须根据工地现有搅拌机出料容量确定每次需要的水泥用量（视其整袋水泥或散装水泥），然后按水泥用量来计算砂石的每次拌用量。

设计的配合比称为实验室配合比（或理论配合比），它是以干燥的原材料为基础进行设计计算的，而实际工程中使用的砂石材料都含有一定的水分，故试验室配合比还不能在工地施工时直接使用。现场各材料的实际用量应按工地砂石的实际含水量进行修正。修正后的配合比叫作施工配合比。工地存放砂石的含水量常有变化，应按变化情况随时测定加以修正。施工配合比计算方法：

实验室提供的每 1 m^3 混凝土材料用量：水为 W（kg），水泥为 C（kg），砂为 S（kg），石子为 G（kg）。工地测得砂子含水率为 $a\%$，石子含水率为 $b\%$。则换算为施工配合比，其各材料用量为：

水泥：$C'=C$（kg）

砂子：$S'=S(1+a\%)$（kg）

石子：$G'=G(1+b\%)$（kg）

水：$W'=W-S\times a\%-G\times b\%$（kg）

施工配合比：$(W'/C):1:(S'/C):(G'/C)$

例 设混凝土实验室配合比为：1∶2.56∶5.5，水灰比为 0.64，每立方米混凝土的水泥用量为 251.4 kg，测得砂子含水量为 4%，石子含水量为 2%，则施工配合比为：

1∶2.56（1+4%）∶5.5（1+2%）＝1∶2.66∶5.61

每立方米混凝土材料用量为：

水泥：251.4 kg

砂子：251.4×2.66＝668.7 kg

石子：251.4×5.61＝1 410.4 kg

水：251.4×0.64－251.4×2.56×4%－251.4×5.5×2%＝107.5 kg

2．混凝土主要技术性质

（1）和易性

和易性是保证混凝土质量和便于施工的重要条件，和易性好，则在施工中不发生离析现象，并能获得质量均匀、成型密实的混凝土性能。

和易性是一项综合技术性质，包括流动性、黏聚性和保水性三方面的含义。

① 流动性指拌和物在自重或机械振捣作用下，能产生流动并均匀密实的填满模板的性能。流动性的大小，反映混凝土拌和物的稀稠，直接影响着浇捣施工的难易和混凝土的质量。

② 黏聚性是指拌和物各组分间有一定的黏聚力，使骨料均匀分布，在运输和浇注过程中不致发生分层离析现象，使混凝土保持整体均匀的性能。

③ 保水性是指拌和物在施工过程中，具有保持一定水分的能力，在施工过程中不致产生严重的泌水现象。保水性差的混凝土拌和物，在施工过程中，一部分水易从内部析出至表面，在混凝土内部形成泌水通道，使混凝土的密实性变差，降低混凝土的强度和耐久性。它反映混凝土拌和物的稳定性。

目前还没有一种简单易行、迅速准确而又能全面反映和易性的指标及测定方法。一般认为，坍落度法比较合适。

（2）收缩和徐变

收缩是混凝土在空气中硬化、体积减小的现象，收缩是混凝土在不受外力情况下体积变化产生的变形。当这种自发的变形受到外部（支座）或内部（钢筋）的约束时，将使混凝土中产生拉应力，甚至引起混凝土的开裂。混凝土收缩会使预应力混凝土构件产生预应力损失。

徐变是混凝土在长期荷载作用下随时间而增长的变形。徐变对混凝土结构和构件的工作性能有很大影响。由于混凝土的徐变，会使构件的变形增加，在钢筋混凝土截面中引起应力重分布，在预应力混凝土结构中会造成预应力的损失。

3．掺和外加剂和混合料

目前，由于建筑业的不断发展，出现了许多新技术、新工艺，如滑模、大模板、压入成型和真空吸水混凝土、泵送混凝土及喷射混凝土等先进技术。在混凝土的供应方式上出现了商品混凝土、集中搅拌等新方法。在结构上出现了高层、超高层、大跨度薄壳、框架轻板体系等构件形式。在高温炎热或严寒低温气候条件下的施工等，都对混凝土的技术性能提出了更高的要求。在混凝土结构中，主要是利用它的抗压强度，因此，抗压强度是混凝土力学性能中最主要和最基本的指标。

（1）外加剂

为改善混凝土的性能，在拌制混凝土的过程中，掺入不超过水泥质量5%的微量物质，这些微量物质称之为混凝土外加剂。

混凝土中掺用外加剂的质量及应用技术应符合现行国家标准《混凝土外加剂》

（GB 8076）、《混凝土外加剂应用技术规范》（GB 50119—2006）等和有关环境保护的规定。混凝土中掺用矿物掺和料的质量应符合现行国家标准《用于水泥和混凝土中的粉煤灰》（GB 1596）等的规定。

混凝土外加剂有：改善新拌混凝土流动性能的外加剂，包括减水剂和引气剂；调节混凝土凝结时间和硬化性能的外加剂，包括早强剂（早强剂是能加速混凝土早期强度发展的外加剂，多用于冬季施工或紧急抢修工程。常用的早强剂有：氯盐类、硫酸盐类、有机胺类）、缓凝剂和促凝剂等；改善混凝土耐久性的外加剂，包括引气剂、防水剂和阻锈剂等；为混凝土提供其他特殊性能的外加剂，包括加气剂、减水剂、发泡剂、膨胀剂、胶粘剂、消泡剂、抗冻剂和着色剂等。

（2）混合料

为了节约水泥、改善混凝土的性能，在混凝土拌制时掺入的掺量大于水泥质量5%的矿物质粉末，称为混凝土掺和料。如粉煤灰、硅粉、粒化高炉矿渣粉、粒化高炉矿渣粉超细矿渣可用于高强混凝土、高性能混凝土等。其他掺和料有天然火山灰质材料和某些工业副产品，如火山灰、凝灰岩、钢渣、凝矿渣等。

由于外加剂或混合料的形态不同，使用方法也不相同，因此，在混凝土配料中要采用合理的掺和方法，保证掺和均匀，掺量准确，才能达到预期的效果。混凝土中掺用外加剂，应符合下列规定：

①外加剂的品种及掺量，必须根据对混凝土性能的要求、施工及气候条件确定。

②混凝土所采用的原材料及配合比等因素经试验确定。

③蒸汽养护的混凝土和预应力混凝土中，不宜掺用引气剂或引气减水剂。

④掺用含氯盐的外加剂时，对素混凝土，氯盐掺量不得大于水泥用量的3%。

二、混凝土搅拌

混凝土搅拌，就是将水、水泥和粗细骨料进行均匀拌和及混合的过程，同时，通过一定时间使材料起到塑化、强化的作用。

1．搅拌方法

混凝土有人工拌和和机械搅拌两种。人工拌和质量差，水泥耗量多，只有在工程量小时采用。人工拌和一般用“三干三湿”法，即先将水泥加入砂中干拌两遍，再加入石子翻动，边缓慢地加水，边反复湿拌至少三遍。

2．搅拌机械

混凝土搅拌机械按其搅拌原理分为自落式搅拌机和强制式搅拌机两类。根据其构造不同，又分为若干种。

3．混凝土搅拌要求

（1）严格按混凝土重量配合比搅拌，在搅拌机后台设磅秤计量，并挂配合比牌，每班搅拌第一罐时，考虑到筒壁上的砂浆损失，石子用量应按规定配合比减半。

（2）混凝土在搅拌机中延续搅拌时间为90～120 s，掺外加剂的混凝土按规定适当延长搅拌时间，混凝土应搅拌至各种组成材料混合均匀、颜色一致，见表6-15。

表6-15　混凝土最少搅拌时间　　（单位：s）

混凝土坍落度/cm	搅拌机机型	搅拌机容积/m^3		
		＜0.4	0.4～1.0	＞1.0
≤3	自落式	90	120	150
	强制式	60	90	120
＞3	自落式	90	90	120
	强制式	60	60	90

三、混凝土运输要求

（1）混凝土运输道路要短、直、平坦，混凝土应以最少的转运次数、最短的时间，保证混凝土能在初凝前浇筑完毕。

（2）混凝土运输中，应保持其匀质性，做到不离析，不分层（泌水），不漏浆，运到灌筑地点时应具有规定的坍落度。如发现离析或初凝现象时，必须在灌注前进行二次搅拌均匀后方可入模。

（3）保证混凝土浇筑工作持续进行，满足浇筑量。

（4）运输容器严密，不漏浆。在风、雨和炎热的气候中，车辆表面应遮盖。

四、混凝土的浇筑成型

混凝土在浇筑地点及拌制地点都应检查坍落度，每一工作班至少两次，坍落度应符合规范规定，如超出规定应检查配合比情况，如有离析现象必须进行二次搅拌。

检查混凝土自高处倾落的自由高度，一般不应超过 2 m；当浇筑高度超过 3 m时，应采用串筒或溜槽等方法下落。超过 8 m 时，串筒上每隔 2～3 节管安装 1 台振动器。

浇筑混凝土应连续进行，如必须间歇时，其间歇时间应缩短（表 6-16），间歇最长时间由水泥终凝时间决定，如间歇时间超过水泥终凝时间应留置施工缝。

表6-16　混凝土浇筑中的最大间歇时间　　（单位：min）

混凝土强度等级	气温		混凝土强度等级	气温	
	低于25℃	不低于25℃		低于25℃	不低于25℃
低于及等于C30	210	180	高于C30	180	150

注：1. 本表数值包括混凝土的运输和浇筑时间。

2. 当混凝土中掺有促凝或缓凝型外加剂时，浇筑中的最大间歇时间，应根据试验结果确定。

（一）混凝土施工缝留设与处理

浇灌混凝土应连续进行，如需间歇时，应在前层混凝土凝结以前将次层混凝土浇灌完，如超过混凝土凝结时间，应留置混凝土施工缝。混凝土施工缝的位置应留在结构受剪力较小且便于施工的部位。柱应留水平缝，梁、墙应留垂直缝。

1．施工缝留置位置

（1）基础：一般适宜留在基础退台台阶的顶面。

（2）柱：柱子施工缝位置如图 6-15 所示。柱子的施工缝可留置在基础的顶面。

（3）梁板：以一个台阶为一个浇灌段，如梁的下面、吊车梁牛腿的上面和无梁楼板柱帽面。

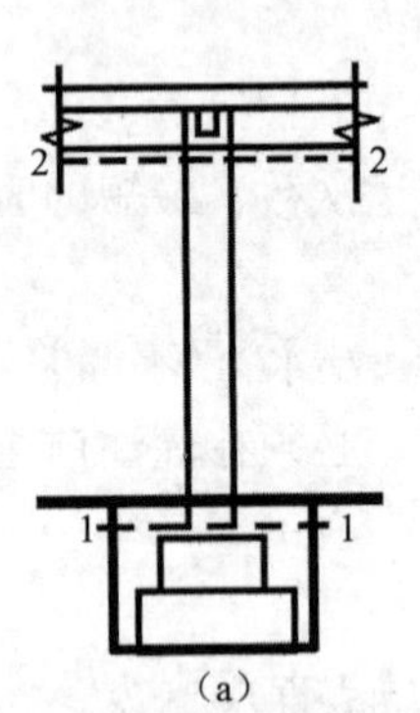

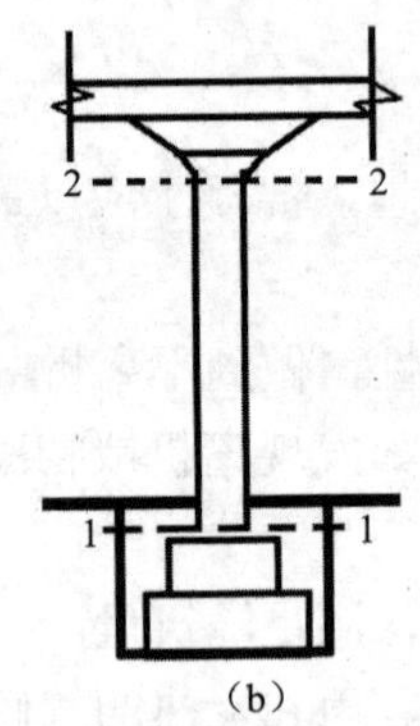

图 6-15 柱子施工缝位置

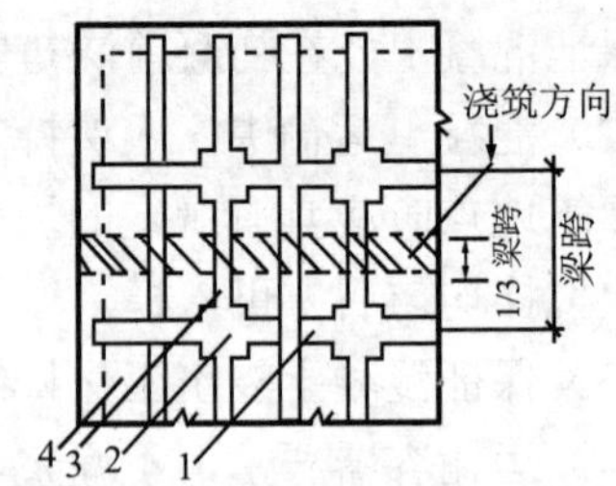

1．柱 2．主梁 3．次梁 4．楼板

图 6-16 肋形楼盖施工缝位置

◆ 单向板：留置在平行于板的短边的任何位置。

◆ 浇筑和板连成整体的大断面梁，可留置在板底面以下 20～30 mm 处，当板下有梁托时留在梁托下部。

◆ 有主次梁的楼板，宜顺着次梁方向浇灌，施工缝应留置在次梁跨度的中间 1/3 范围内。

肋形楼盖施工缝位置如图 6-16 所示。

（4）其他：双向受力楼板、厚大结构、拱、薄壳、蓄水池、斗仓、多层钢架及其他结构复杂的工程，混凝土施工缝的位置应与设计单位协商确定。

2．施工缝处继续浇灌混凝土的规定

（1）已浇灌的混凝土，其抗压强度应不小于 1.2 N/mm^2（温度 5～10℃时，36 h；10～20℃时，24 h）。

（2）在已硬化的混凝土表面上，应清除水泥薄膜和松动石子或软弱混凝土层，必要时还得在混凝土表面凿毛（不可不振捣留施工缝的表面），并充分湿润和冲洗干净，混凝土表面不得积水。

（3）在浇灌前，施工缝处宜先铺 10～15 mm 与混凝土内砂浆成分相同的水泥砂浆。

（二）混凝土捣实

机械振捣混凝土振动机械，按其工作方式分为内部振动器、外部振动器、表面振动器和振动台等（图 6-17）。

内部振动器（又称插入式振动器）常用以振实梁、柱、墙等构件和大体积混凝土。当振捣大体积混凝土时，还可将几个振动器组成束进行强力振动（图 6-18）。表面振动器（又称平板振捣器）适用于振实楼板、地面、板形构件和薄壳构件。

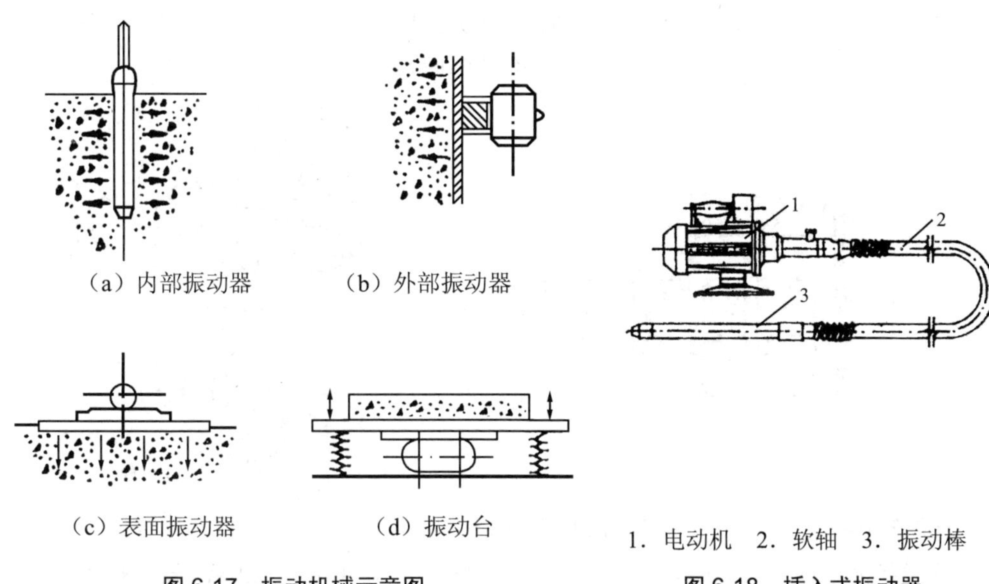

（a）内部振动器　（b）外部振动器

（c）表面振动器　（d）振动台

图 6-17　振动机械示意图

1．电动机　2．软轴　3．振动棒

图 6-18　插入式振动器

混凝土捣实要做到不漏捣，不过捣，里实外光，为达到此要求，振捣要掌握好“四度”。

1．厚度

混凝土一次浇筑太厚，必将因捣固不透而产生蜂窝、鼠洞和狗洞等漏捣现象，而影响混凝土的强度（表 6-17）。混凝土应分层浇捣，适宜的灌层厚度不得大于：

（1）插入式振捣：振动器作用部分长度的 1.25 倍，一般为 25～30 cm。

（2）人工捣固时：

◆ 基础、无筋混凝土或配筋稀疏的结构中为 25 cm；

◆ 墙板、柱结构中为 20 cm；

◆ 在配筋密集结构中为 15 cm。

表 6-17　混凝土浇筑层厚度

项次	捣实混凝土的方法		浇筑层的厚度/mm
1	插入式振捣		振捣器作用部分长度的 1.25 倍
2	表面振动		200
3	人工捣固	在基础、无筋混凝土或配筋稀疏的结构中	250
		在梁、墙板、柱结构中	200
		在配筋密集的结构中	150
4	轻骨料混凝土	插入式振捣器	300
		表面振动（振动时需加荷）	200

2．深度

为使上下层混凝土结合成整体并插入下层已捣实的混凝土中 3～5 cm，振捣上层混凝土时应在下层混凝土初凝前进行（图 6-19）。

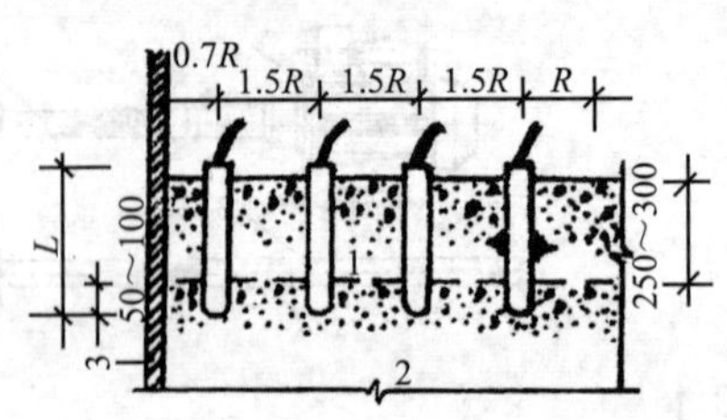

1．新浇筑的混凝土　2．下层已振捣但尚未初凝的混凝土　3．模板R——有效作用半径　4．L——振动棒长度

图 6-19　插入式振动器插入深度

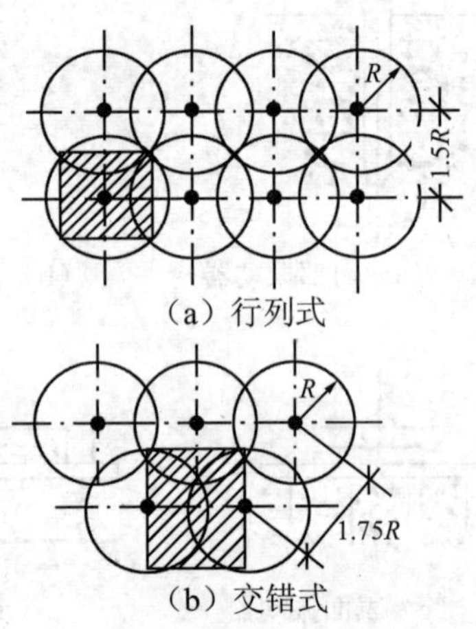

（a）行列式

（b）交错式

图 6-20　振捣点布置 R-振动棒有效作用半径

3．密度

振捣器插点间距太密，混凝土容易过捣，间距太疏，混凝土容易产生漏捣。振捣器插点要均匀分布排列，插入式振捣器移动路线应按“行列式”或“梅花式”进行，插点间距前者为 1.5 R，后者为 1.75 R（R 为振捣棒作用半径），一般为 20～30 cm，平板振捣器移动时应成排依次前进，应能保证振动器平板覆盖已振实部分边缘或前后重叠 5～10 cm（图 6-20）。

4．程度

指混凝土振捣密实程度，主要是掌握好振捣时间。看见石子不再沉落，互相滑动排列紧密，石子间空隙被流动性很大的砂浆填满；气泡充分排出；混凝土表面比较平整，已成水平面，表面出现浮浆；混凝土已向四面流动填满模板内的空间时，就认为振捣好了。

振捣时间：使用振捣棒一般用时为 20～30 s，平板振捣器一般为 25～40 s，插入振捣器要“快插慢拔”以防发生分层或形成孔洞。

五、混凝土的养护

混凝土浇筑完毕后，应采用自然养护、洒水养护、喷洒塑料薄膜养生液养护、或采用蒸汽养护、蒸压养护。养护的目的是使混凝土达到设计强度，防止混凝土在龄期内产生裂缝、爆皮等，影响混凝土的整体性和耐久性。混凝土浇水养护时间见表 6-18，用普通水泥和矿渣水泥搅拌的混凝土不得小于 7 昼夜，掺用缓凝外加剂或有抗渗性要求的混凝土不得少于 14 昼夜。浇水次数应能保持混凝土具有足够的湿润状态；平均气温低于 5℃时不得浇水养护，已浇筑的混凝土强度达到 12 kg/cm^2 以后，才准在其上来往人员和安装模板及支撑，且不得冲击混凝土。

表 6-18 混凝土养护时间

分类		浇水养护时间/d
拌制混凝土的水泥品种	硅酸盐水泥；普通硅酸盐水泥；矿渣硅酸盐水泥	不小于 7
高渗混凝土	混凝土中掺用缓凝型外掺剂	不小于 14

注：采用其他品种水泥时，混凝土的养护，应根据水泥技术性能确定；如平均气温低于 5℃，不得浇水。

六、混凝土强度检验

1．混凝土的外观质量

混凝土应振捣密实，不应有露筋和较多的蜂窝、麻面、孔洞、烂根、接槎不良等缺陷。

2．结构构件的允许偏差

轴线位置、每层层高、全高、截面尺寸、表面平整度、垂直度、预埋件、预留孔位置都要符合设计和规范规定（表 6-19）。

3．强度代表值

混凝土试件抗压强度代表值，以每组 3 个试件中的抗压强度的算术平均值作为该组试件的抗压强度值；3 个试件中，强度最大值或强度最小值，与中间值之差超过中间值的 15%时，应同时舍去最大最小值，取中间值作为该组试件的抗压强度值；若 3 个试件中，强度最大值和最小值，与中间值之差均超过中间值的 15%时，则该组试件试验结果无效，不应作为评定的依据。如试验结果相差悬殊时，也可采用回弹仪、硬度仪等直接检验结构的强度。

表 6-19 混凝土分项工程允许偏差值

项目		允许偏差/mm			
		单层、多层	高层框架	多层大模	高层大模
轴线位置	独立基础	10	10	10	10
	其他基础	15	15	15	15
	柱、墙、梁	8	5	8	5
标高	层高	±10	±15	±10	±10
	全高	±30	±30	±30	±30
截面尺寸	基础	+15 −10	+15 −10	+15 −10	+15 −10
	柱、墙、梁	+8 −5	±5	+5 −2	+5 −2
柱、墙垂直度	每层	5	5	5	5
	全高	H/1 000 且≤20	H/1 000 且≤30	H/1 000 且≤20	H/1 000 且≤30
表面平整度		8	8	4	4
预埋钢板中心线位置偏移		10	10	10	10
预埋管、预留孔中心线位置偏移		5	5	5	5
预埋螺栓中心线位置偏移		5	5	5	5
预留洞中心线位置偏移		15	15	15	15
电梯井	井筒长、宽对中心线	+25 −0	+25 −0	+25 −0	+25 −0
	井筒全高垂直度	H/1 000	H/1 000 且≤30	H/1 000 且≤30	H/1 000 且≤30

注：H 为墙、柱全高；有正负要求的值均以“+”“–”表示。

七、混凝土强度评定

混凝土强度的评定应按下列要求进行：混凝土强度应分批进行验收。同一验收批的混凝土应由强度等级相同、生产工艺和配合比基本相同的混凝土组成，对现浇混凝土结构构件，尚应按单位工程的验收项目划分验收批，每个验收项目应按现行国家标准《建筑安装工程质量检验评定统一标准》确定。

对同一验收批的混凝土强度，应以同批内标准试件的全部强度代表值来评定。评定方法如表 6-20 所示的几种情况。

表 6-20　混凝土强度合格评定方法

<table>
<tr><th>合格评定方法</th><th>合格评定条件</th><th>备　注</th></tr>
<tr><td>统计方法（一）</td><td>1．$m_{fcu} \geqslant f_{cu,k}+0.7\sigma_0$
2．$f_{cu,\min u} \geqslant f_{cu,k}-0.7\sigma_0$
且当强度等级≤C20 时
$f_{cu,\min u} \geqslant 0.85 f_{cu,k}$
当强度等级＞C20 时
$f_{cu,\min u} \geqslant 0.9 f_{cu,k}$
式中：m_{fcu}——同批三组试件抗压强度平均值，N/mm^2；
$f_{cu,\min}$——同批三组试件抗压强度中的最小值，N/mm^2；
$f_{cu,k}$——混凝土立方体抗压强度标准值，N/mm^2；
σ_0——验收批的混凝土强度标准差（N/mm^2），可依据前一个检验期的同类混凝土试件强度数据确定</td><td>验收批混凝土强度标准差按下式确定：
$$\sigma_0=\frac{0.59}{m}\sum_{i=1}^{m}\Delta f_{cu,i}$$
式中：$\Delta f_{cu,i}$——第 i 批混凝土试件强度中最大值与最小值之差；
m——用以确定该验收批混凝土强度标准差σ_0的数据总批数。
[注]在确定混凝土强度标准差（σ_0）时，其检验期限不应超过三个月，且在该期间内验收批总数不得少于 15 批</td></tr>
<tr><td>统计方法（二）</td><td>1．m_{fcu}——$\lambda_1 S_{fcu} \geqslant 0.9 f_{cu,k}$
2．$f_{cu,\min u}$——$\lambda_2 f_{cu,k}$
式中：m_{fcu}——n 组混凝土试件强度的平均值，N/mm^2；
$f_{cu,\min u}$——n 组混凝土试件强度的最小值，N/mm^2；
λ_1，λ_2——合格判定系数，按右表取用；
S_{fcu}——n 组混凝土试件强度标准差（N/mm^2）；当计算值 $S_{fcu}<0.06 f_{cu,k}$ 时，取 $S_{fcu}=0.06 f_{cu,k}$</td><td>一个验收批混凝土试件组数 $n\geqslant 10$ 组，混凝土试件强度标准差（S_{fcu}）按下式计算：
$$S_{fcu}=\sqrt{\frac{\sum_{i=1}^{n} f_{cu,i}^2-nm_{fcu}^2}{n-1}}$$
式中：$f_{cu,i}$——第 i 组混凝土试件强度

混凝土强度的合格判定系数（λ_1，λ_2）表
<table><tr><td>n</td><td>10～14</td><td>15～24</td><td>≥25</td></tr><tr><td>λ_1</td><td>1.70</td><td>1.65</td><td>1.60</td></tr><tr><td>λ_2</td><td>0.9</td><td>0.85</td><td></td></tr></table></td></tr>
<tr><td>非统计方法</td><td>1．$m_{fcu} \geqslant 1.15 f_{cu,k}$
2．$f_{cu,\min} \geqslant 0.095 f_{cu,k}$</td><td>一个验收批的试件组件 n=2～9 组时，用非统计方法；当一个验收批的混凝土试件仅有一组时，该组试件强度应不低于强度标准值的 15%</td></tr>
</table>

第四节　混凝土质量缺陷与处理

一、混凝土质量缺陷产生的原因

（1）麻面。麻面是结构构件表面上呈现无数的小凹点，而无钢筋暴露现象。这类缺陷一般是由于模板润湿不够、不严密，捣固时发生漏浆，或振捣不足，气泡未排出，以及捣固后没有很好养护而产生。

（2）露筋。露筋是钢筋暴露在混凝土外面。产生的原因主要是浇筑时垫块位移，钢筋紧贴模板，以致混凝土保护层厚度不够所造成。有时也因保护层的混凝土振捣不密实或模板湿润不够、吸水过多造成掉角而露筋。

（3）蜂窝。蜂窝是结构构件中形成有蜂窝状的窟窿，骨料间有空隙存在。这种现象主要是由于材料配合比不准确（浆少、石子多），或搅拌不均，造成砂浆与石子分离，或浇筑方法不当，或捣固不足以及模板严重漏浆等原因。

（4）孔洞。孔洞是指混凝土结构内存在着空隙，局部或全部没有混凝土。这种现象主要是由于混凝土捣空，砂浆严重分离，石子成堆，砂子和水泥分离而产生。另外，钢筋密集处、混凝土受冻、泥块杂物掺入等，都会形成孔洞事故。

（5）混凝土强度不足。产生混凝土强度不足的原因是多方面的，主要是由混凝土配合比设计、搅拌、现场浇捣和养护四个方面造成的。

（6）混凝土裂缝。产生混凝土裂缝的原因是多方面的：如使用收缩率较大的水泥，水泥用量过多，或混凝土水灰比过大；模板、垫层过于干燥，吸水大；结构、构件下面的地基软硬不均，或局部存在松软土；表面温度裂缝多是由于温差较大造成的；深进的和贯穿的温度裂缝多是由于结构降温较大引起的。

二、混凝土质量缺陷的处理

1．表面抹浆修补

（1）对于数量不多的小蜂窝、麻面、露筋、露石的混凝土表面，主要是保护钢筋和混凝土不受侵蚀，可用 1∶2.5～1∶2 水泥砂浆抹面修整。在抹砂浆前，须用钢丝刷刷净或加压力的水冲洗润湿需修补处，抹浆初凝后要加强养护工作。

（2）对结构构件承载能力无影响的细小裂缝，可将裂缝加以冲洗，用水泥浆抹补。如果裂缝较大较深时，应将裂缝附近的混凝土表面凿毛，或沿裂缝方向凿成深为 15～20 mm、宽 100～200 mm 的 V 形凹槽，扫净洒水湿润，先刷水泥浆一道，然后用 1∶2.5～1∶2 水泥砂浆分 2～3 层涂抹，总厚度控制在 10～20 mm，并压实抹光。

2．细石混凝土填补

（1）当蜂窝比较严重或露筋较深时，应除掉附近不密实的混凝土和突出的骨料颗粒，用清水洗刷干净并充分润湿后，再用比原强度等级高一级的细石混凝土填补并仔细捣实。

（2）对孔洞事故的补强，可在旧混凝土表面采用处理施工缝的方法处理。将孔洞处疏松的混凝土和突出的石子剔凿掉，孔洞顶部要凿成斜面，避免形成死角，然后用水刷洗干净，保持湿润 72 h 后，用比原混凝土强度等级高一级的细石混凝土捣实。混凝土的水灰比宜控制在 0.5 以内，并掺水泥用量万分之一的铝料，分层捣实，以免新旧混凝土接触面上出现裂缝。

3．水泥灌浆与化学灌浆

对于影响结构承载力或防水、防渗性能的裂缝，为恢复结构的整体性和抗渗性，应根据裂缝的宽度、性质和施工条件等，采用水泥灌浆或化学灌浆的方法予以修补。一般对宽度大于 0.5 mm 的裂缝，可采用水泥灌浆；宽度小于 0.5 mm 的裂缝，宜采用化学灌浆。化学灌浆所用的灌浆材料，应根据裂缝性质、缝宽和干燥情况选用。

4．裂缝处理常用方法

（1）合理选择原材料和配合比，选用低热或中热水泥，采用级配良好的石子，严格控制砂、石含泥量，降低水灰比，也可掺入适量的粉煤灰，降低水化热。

（2）大体积混凝土在设计允许的情况下，可掺入不大于混凝土体积 25%的块石，以吸收热量，节省混凝土；浇筑大体积混凝土时应避开炎热天气，如必须在炎热天气浇筑时，应采用冰水，对骨料设遮阳装置，以降低混凝土搅拌和浇筑的温度；大体积混凝土应分层浇筑，每层厚度不大于 300 mm，以加快热量的散发，同时便于振捣密实，提高弹性模量；大体积混凝土内部适当预留一些孔道，在内部循环冷水降温；混凝土本身内外温差应控制在 20℃以内。

第五节　水池土建施工

储水池是污水治理工程中通用性的构筑物，它的作用不仅是提供污水处理工艺流程中所必需的储水池空间，而且还具有调节水质的作用。根据工艺要求，这类构筑物大多要储存水体埋于地下或半地下，一般要求承受较大的水压和土压，因此除了在构造上满足强度外，同时要求它还应有良好的抗渗性和耐久性，以保证构筑物长期正常使用。通常储水池或水处理构筑物宜采用钢筋混凝土结构，当容量较小时，也可采用砖石结构。

一、水池类型

污水处理厂中各类储水池按不同工艺处理过程来分类，有调节池、沉淀池、初沉池、二沉池、污泥浓缩池、气浮池、滤池、曝气池、集水井等；按池体的外形分类，有矩形池、圆柱锥底形池、多边形池、单室池、多室池、有盖板的池及敞口池等；按池体所采用的材料不同，可分为钢筋混凝土池、砖砌体池（当容量较小时）、钢板池（多建在地面以上）、塑料板池等；按池体与地面相对位置不同，可分为地下式储水池、半地下室式储水池及地面储水池等；按池体结构构造的不同，可分为现浇钢筋混凝土矩形储水池与圆形储水池、装配式钢筋混凝土矩形池、装配式预应力钢筋混凝土圆形水池、无黏结预应力钢筋混凝土水池等。但无论何种材料、何种结构、何种外形，所有储水池一般均由垫层、池底板、池壁、池顶板组成，如图 6-21 所示。

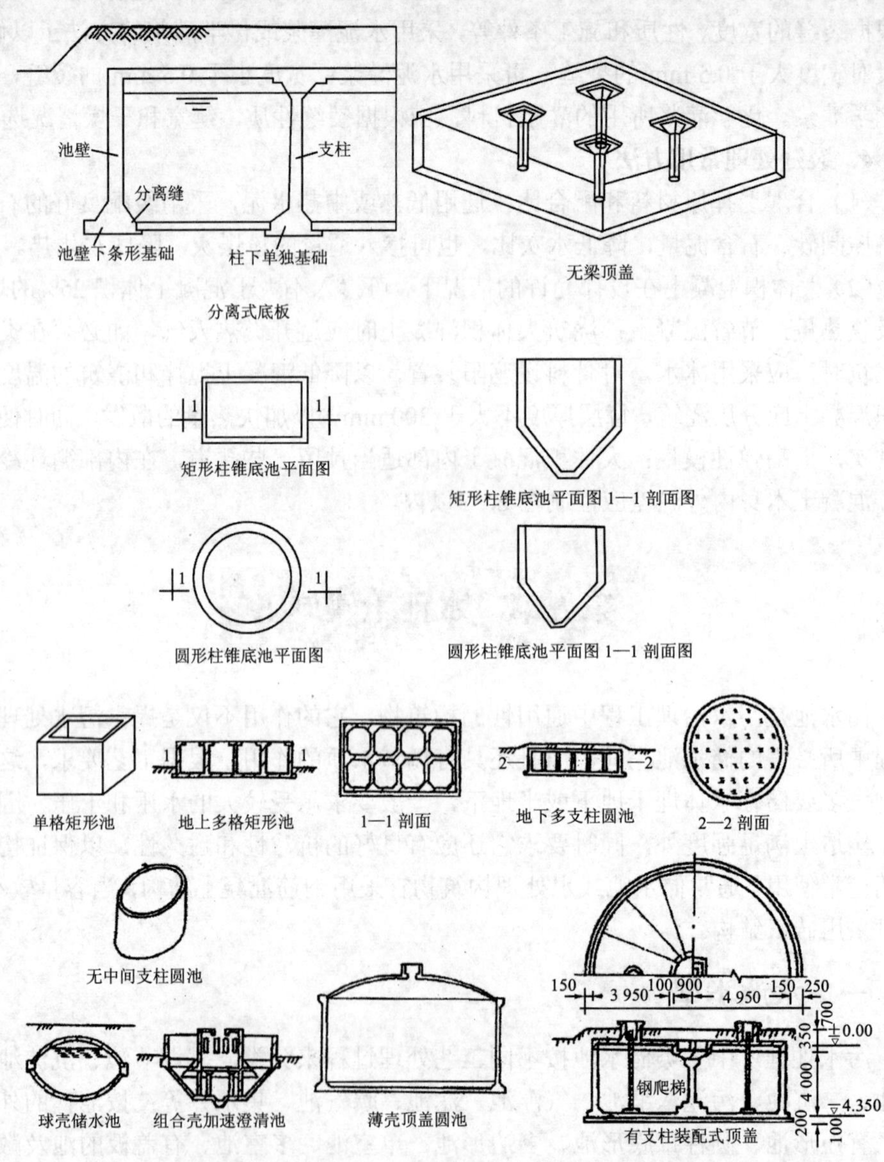
池壁
支柱
分离缝
池壁下条形基础
柱下单独基础
分离式底板
无梁顶盖
矩形柱锥底池平面图
矩形柱锥底池平面图 1—1 剖面图
圆形柱锥底池平面图
圆形柱锥底池平面图 1—1 剖面图
单格矩形池
地上多格矩形池
1—1 剖面
地下多支柱圆池
2—2 剖面
无中间支柱圆池
球壳储水池
组合壳加速澄清池
薄壳顶盖圆池
150
3 950
100 900
4 950
150
250
700
350
±0.00
钢爬梯
4 000
200
100
-4.350
有支柱装配式顶盖

图 6-21　储水池类型

二、水池构造

（一）现浇钢筋混凝土水池

对于现浇钢筋混凝土储水池，当宽度大于 10 m 时，其内部设支柱、池壁加设壁柱，或在内部设纵横隔墙，将池子分为多室（图 6-22 所示为某工厂污水处理调节沉淀池），池子顶盖多为肋形盖板或无梁顶板，池壁厚为 300～500 mm，池高一般为 3.0～6.0 m。为保证池壁与池顶板的刚性连接，通常在池体角部设立支托加强，并设加强筋。对于无顶盖池子，一般在上部设大头或挑台板，以阻止裂缝开展，敞口水池子的上部顶端宜配置水平向加强钢筋或设置圈梁。水平向加强钢筋的直径，不应小于池壁的竖向受力钢筋，且不应小于ϕ 12 mm。在池底板混凝土垫层以上及池外壁还需做防护层，以防地下水的侵蚀和渗漏，因为池体多半位于地下或半地下。其防护层构造通常采用外抹水泥砂浆，涂刷冷底子油和 2 度沥青玛瑞脂，或喷涂 40 mm 厚 1∶2 水泥砂浆（或掺水泥用量 5%的防水剂）后涂刷乳化沥青或石油沥青；池顶板面上铺钢丝网，浇注 35～40 mm 厚的 C20 细石混凝土做刚性防水层或仅用于做找平层，再加铺柔性防水层。池体内壁抹 1∶2 水泥防水砂浆（当液体对混凝土无侵蚀性时）或做防腐防渗处理（当液体对混凝土有侵蚀性时）。

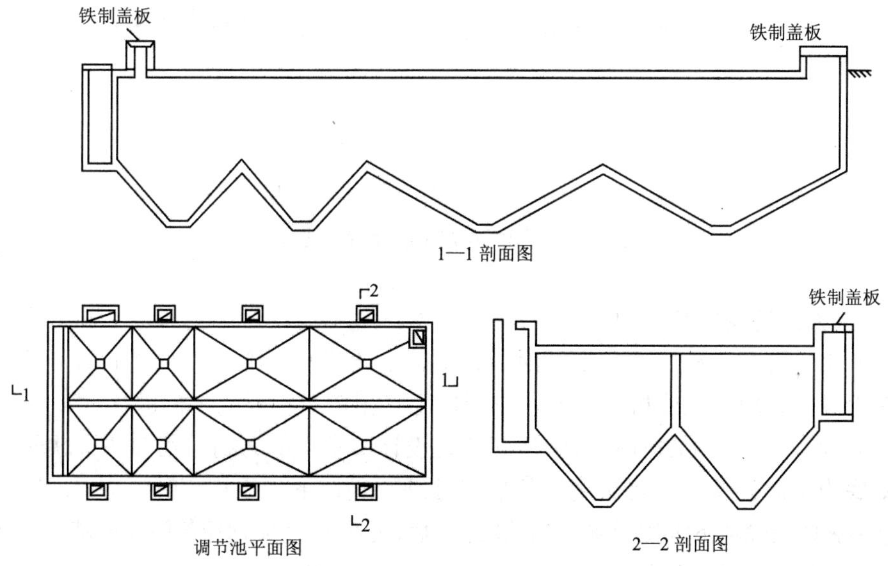

1．垫层　2．底板　3．池壁　4．顶板　1．垫层　2．底板　3．池壁　4．柱　5．肋形顶板

图 6-22　某污水厂污水处理调节沉淀池示意图

（二）现浇钢筋混凝土水池施工

现浇钢筋混凝土储水池施工（图 6-23）与其他现浇钢筋混凝土构筑物施工相似，其施工程序是：场地平整—测量定位放线—基坑开挖及地基处理—倒混凝土垫层—池底板绑扎钢筋—浇筑底板—池壁钢筋绑扎—支设池壁模板—浇筑池壁—池顶板支模绑扎浇筑—试水—池外壁抹砂浆做防渗处理—池内壁与池底板抹防水砂浆—安装池子进出水管道—土方回填—交工验收。具体施工操作方法如下。

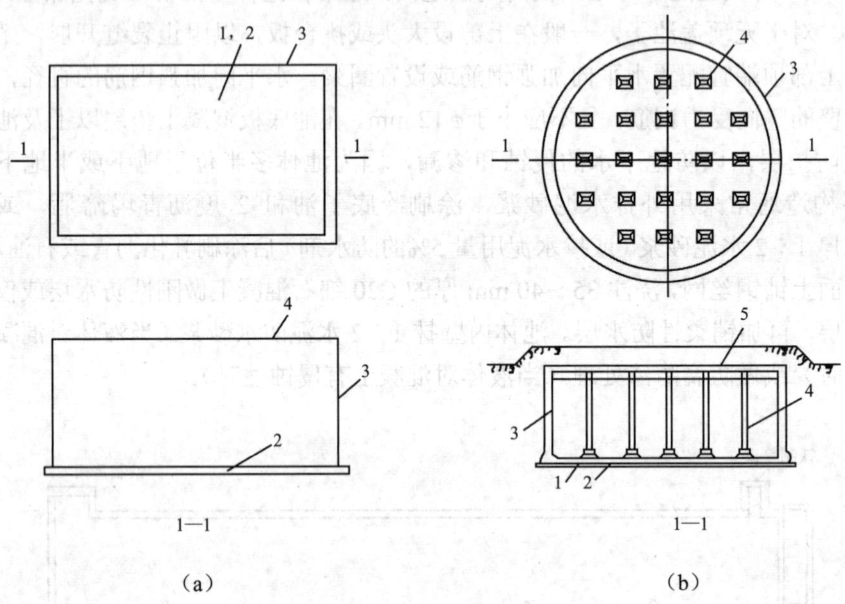

1．垫层 2．底板 3．池壁 4．顶板　　1．垫层 2．底板 3．池壁 4．柱 5．肋形顶板

图 6-23　现浇钢筋混凝土储水池

1．土方开挖及地基处理

（1）土方开挖工程。通常根据池体大小、土质情况、施工条件及工期要求来选择开挖手段。采用人工或机械挖土，机械挖土多用铲运机或挖土机进行。

（2）地基处理。池底板基底土质应符合设计要求。如遇到基底部分有软弱土层或遇基底为湿陷性黄土，可采用换垫层法处理。当地下水位较高时，应采取降低地下水位措施以消除地下水的影响。开挖工序完后，必须经地质勘探部门对地基土质情况进行检查，验收合格后，方可进行下一道工序池底板施工。

2．池底板施工

首先做池底混凝土垫层，通常采用 100 mm 厚 C10～C15 混凝土，之后在垫层上涂刷沥青冷底子油及沥青玛瑞脂或铺二毡三油防水隔离层。当池底部是锥体形时，池底部上层钢筋网的绑扎采用垫层内插入钢筋头，上端与底板上部平齐，先布中心区域的筋再布环向筋，最后布放射筋，绑扎成整体。池底板混凝土浇筑一次性连续浇筑完成，不留施工缝。通常底板中心向池周边或由池内端向池中心（当池底面积较小时）顺次进行，浇筑顺序从排水沟、集水坑等较低部位开始，依次向上浇筑，避免出现冷缝。

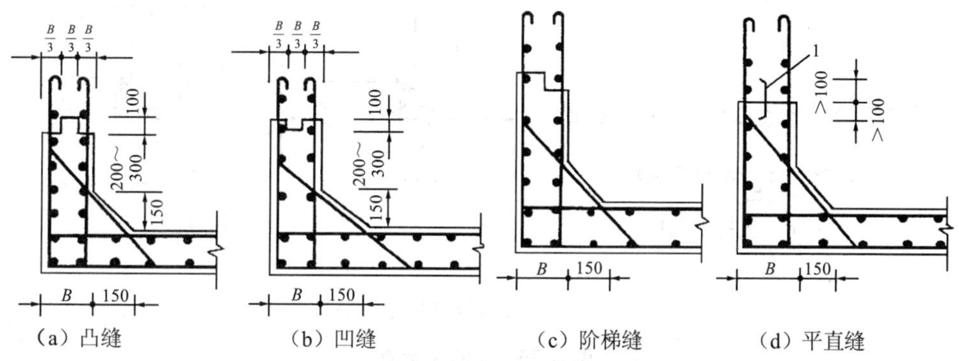

1．金属止水带

图 6-24　池外壁与池顶板施工缝留设的形式与构造

3．池壁施工

池壁施工时，模板的拼装不能妨碍钢筋的绑扎、混凝土的浇筑和养护。模板支设按储水池施工缝的留设而分段进行。池底板与池壁的施工缝设在离池底板上表面350～500 mm 处，施工缝形式及构造如图 6-24、图 6-25 所示。池壁钢筋在内模（或外模）支好后一次性绑扎完，内外钢筋之间用连接筋固定，竖向筋采用对焊，水平筋采用搭接，浇筑混凝土时从中心部位向两侧对称进行，浇筑高度每层 20～30 cm，振捣棒插入间距不大于 45 cm，振动时间在 20～30 s，浇筑环形池壁混凝土，也是对称分层均匀浇筑。

4．池顶板施工

池顶盖模板是在池底板混凝土工序完后支设。池壁、池顶板浇筑有一次支设浇筑和二次浇筑两种方法。一次浇筑是将池壁、池柱、池顶盖模板一次支好，绑扎钢筋、浇筑混凝土。而二次浇筑是先支池壁、池柱模板至顶盖下 3～5 cm，绑扎壁柱钢筋，浇筑混凝土，之后再支池顶盖板的模板，绑扎顶盖板钢筋，最后浇筑盖板混凝土。池顶盖板混凝土浇筑顺序与池底相似，由中间向两端进行或由一端向另一端进行。浇筑拱形池顶盖板时，采用干硬性混凝土由下部四周向顶部进行，以防滑落、倾泻。

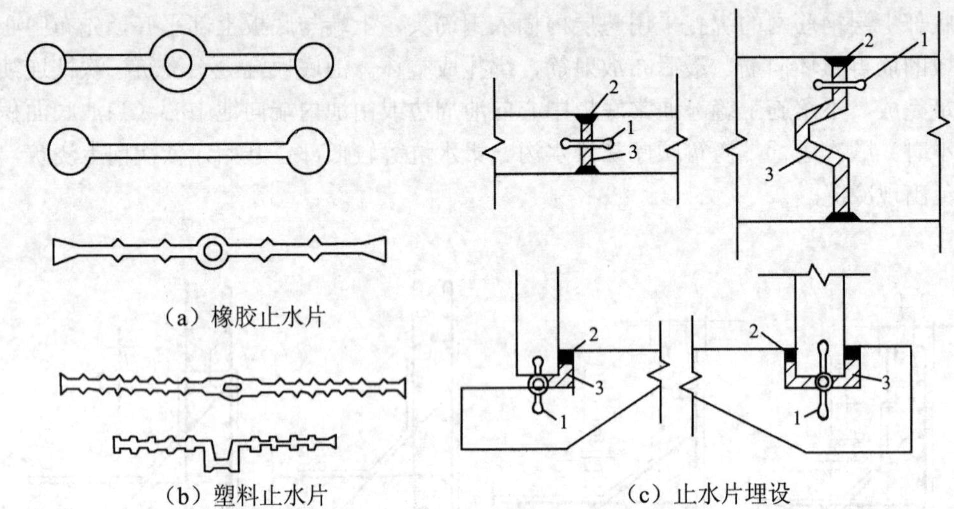

（a）橡胶止水片

（b）塑料止水片

（c）止水片埋设

1．止水带　2．封缝料　3．填料

图 6-25　止水带装置

由于混凝土在硬化初期的收缩及地基可能产生的不均匀沉降以及混凝土在后期的温度收缩影响，会使池体混凝土出现裂缝而引起渗漏。为减少或避免裂缝的发生，可采取对池体分块浇筑的方法，这里说的分块浇筑并非前述的池底、池壁、池顶盖板三个单元体。分块浇筑方法是根据储水池长度大小、池底地基约束情况以及施工流水作业分段要求，将整个池体分为若干单体（块），各单体间留设 0.6～1.0 m 宽的后浇混凝土缝带。储水池钢筋仍按施工图纸一次绑扎好，且在缝带处不切断钢筋，每块支模、绑钢筋、浇筑混凝土后养护 28 d，待块体基本水化收缩完成后，再用比储水池高一个强度等级的普通防水混凝土或补偿收缩混凝土灌注连成整体。施工时应把后浇混凝土缝带设置在结构受力薄弱部位或分段施工缝部位，要支模浇筑，后浇缝带一次全部浇筑完毕，间隔 30 min，再重复振捣一次，以消除混凝土中部与两侧沉陷不一致的现象。

三、池体防渗检验与处理

储水池主体工程完工，池体达到设计强度后还应做防渗检验。首先通过混凝土试块的抗渗试验，检验其是否满足抗渗标号；其次对池体构筑物进行试水，测定其漏水量，通过试水可直接查出构筑物有无渗漏情况、结构的安全度，并可预压地基。试水前，应先封闭池子进出水管或管道阀门，由池顶孔放水入池，一般分为 3～6 次进水。根据储水高度和供水情况确定每次进水高度，充水速度不宜过快，以 40～60 t/h 较合适。从四周上下进行外观检查，每次观测 1 d，做好记录，如无异常情况，可继续灌水到设计储水标高，同时做好沉降观测。灌水到设计标高后停 1 d 进行外观检查，并做好水面高度标记，连续观测 7 d，池体外表面无渗漏现象，昼夜漏水量＜2 L/m^2，无明显降渗水，进行沉降观测试水量，并设专人连续观测。对开口板块式水池，在池壁外侧设置千分表等，注水时应灌水至工作水位，经 3 d 后，观测 1 d 内水位的渗漏量。如 1 d 内水池每平方米渗漏量（除去蒸发量）不超过 3 *L*，且伸缩缝处无漏水现象，即认为合格。如局部出现渗漏可在渗漏部位凿毛洗净，在表面加做 5 层水泥砂浆抹灰防水层，池体渗漏处理完毕检验合格后，进入下一工序——池体抹灰施工。

四、池体抹灰施工

为提高储水池的抗渗防水性，在储水池的底板内壁常设有 1 道抹灰层，作为结构防水以外的又一道重要抗渗漏防线。储水池常用的抹灰防水层有以下两种。

（1）防水砂浆抹灰防水层。抹灰前，将底板、池壁表面凿毛、铲平，并用水冲洗干净，抹灰时先在墙面刷 1 道薄水泥净浆，以增加黏结力。抹灰方法可采用机械喷涂或人工涂抹。

（2）多层水泥砂浆抹灰防水层。利用不同配合比的水泥砂浆和水泥浆，相互交替抹压均匀密实，构成 1 个多层的整体防水层。一般迎水面采用“五层抹面法”，背水面采用“四层抹面法”。

抹面顺序：先顶板（顶板不抹灰，无此工序），后池壁，最后底板。

遇穿墙管、螺栓等部位，应在周围嵌水泥浆再做防水层；施工养护温度不应低于 5℃，及时洒水养护不少于 14 d。如需提高防水性，加速凝固，可再在水泥浆及水泥砂浆中掺入水泥质量 1%的防水剂。

五、砖石砌筑的储水池

砖石储水池由现浇钢筋混凝土底板、砖砌体池壁及现浇或预制混凝土盖板组成。砖砌体采用不低于 MU7.5 强度的普通黏土机制砖，石料标号不低于 200 号，砂浆要求采用水泥砂浆。由砖石砌体建成的储水构筑物，只适用于容量较小的储水池，如集水井、化粪池等。

习题

1. 试述模板的作用与要求。
2. 试述基础、柱、梁、楼板和楼梯模板的安装和要求。
3. 跨度在 4 m 及 4 m 以上的梁模板为什么需要起拱？起拱多少？
4. 定型组台模板由哪几部分组成？各部分起什么作用？
5. 如何确定模板拆除的时间？模板拆除时应注意哪些问题？
6. 钢筋冷拉后为什么能节约钢材？

7. 试述钢筋的冷拉控制方法和冷拉的设备。
8. 试述卷扬机冷拉的工艺及其注意事项。
9. 冷拉和冷拔有何区别？试述冷拉的工艺过程。
10. 试述钢筋闪光对焊的常用工艺和适用范围。
11. 试述钢筋电弧焊接头型式和适用范围。
12. 什么是钢筋长度？如何计算钢筋的下料长度？如何编制钢筋配料单？
13. 如何进行钢筋的代换？钢筋代换应注意哪些问题？
14. 如何进行钢筋的绑扎和安装？
15. 如何进行混凝土的配料？如何根据沙、石的含水量换算施工配合比？
16. 使用混凝土搅拌机有哪些注意事项？
17. 搅拌时间对混凝土质量有何影响？
18. 搅拌混凝土时的投料顺序有几种？它们对混凝土质量有何影响？

第七章 防水工程

本章重点

本章主要介绍防水材料，防水层的构造及施工，防水堵漏技术、操作步骤。要求掌握分格缝和变形缝、施工缝、水池、穿墙套管等处的防水施工及堵漏方法。

第一节 防水工程概述

防水技术是保证工程结构不受水侵蚀的一项专门技术，在环境工程施工中占有重要地位。防水工程质量好坏，直接影响到建筑物和构筑物的寿命，影响到生产活动和人民生活能否正常进行。因此，防水工程的施工必须严格遵守有关规程，切实保证工程质量。

防水工程按其部位分为屋面防水、卫生间防水、外墙板防水和地下防水等。

屋面漏雨，水池、厕所卫生间漏水，装配式大墙板建筑板缝漏水以及地下室、水池渗漏已成为目前工程防水中常见的“四漏”质量通病。

防水工程应遵循“防排结合、刚柔并用、多道设防、综合治理”的原则。防水工程施工工艺要求严格细致，在施工工期安排上应避开雨季或冬季施工。防水工程应根据建筑物的性质、重要程度、使用功能要求、建筑结构特点以及防水耐用年限等确定设防标准。屋面防水等级和设防要求见表 7-1，地下工程防水等级见表 7-2。

一、防水工程处理对象

防水工程按其构造做法可分为结构自防水和防水层防水两大类。结构自防水主要是依靠建筑物构件材料自身的密实性及其某些构造措施（坡度、埋设止水带等），使结构构件起到防水作用；防水层防水是在建筑物构件的迎水面或背水面以及接缝处，附加防水材料做成防水层，以起到防水作用，如卷材防水、涂膜防水、刚性防水等。防水工程又可分为柔性防水（如卷材防水）和刚性防水（如细石防水混凝土等）。

表 7-1　屋面防水等级和设防要求

项目	屋面防水等级			
	Ⅰ	Ⅱ	Ⅲ	Ⅳ
建筑物类别	特别重要的民用建筑和对防水有特殊要求的工业建筑	重要的工业与民用建筑、高层建筑	一般的工业与民用建筑	非永久性的建筑
防水耐用年限	25 年以上	15 年以上	10 年以上	5 年以上
选用材料	宜选用合成高分子防水卷材，高聚物改性沥青防水卷材，合成高分子防水涂料、细石防水混凝土等材料	宜选用高聚物改性沥青防水卷材，合成高分子防水卷材，合成高分子防水涂料、高聚物改性沥青防水涂料、细石防水混凝土等材料	宜选用三毡四油沥青防水卷材、高聚物改性沥青防水卷材、合成高分子防水卷材、高聚物改性沥青防水涂料、刚性防水层、平瓦、油毡瓦等材料	可选用二毡三油沥青防水卷材、高聚物改性沥青防水涂料、沥青基防水涂料、波形瓦等材料
设防要求	三道或三道以上防水设施，其中必须有一道合成高分子防水卷材，且只能有一道 2 mm 以上厚的合成高分子涂膜	二道防水设防，其中必须有一道卷材；也可采用压型钢板进行一道设防	一道防水设防或两种防水材料复合使用	一道防水设防

对于没有自流排水条件而处于饱和土层或岩层中的工程，可采用防水混凝土自防水结构，并设置附加防水层措施；对没有自流排水条件或有自流排水条件的而处于饱和或非饱和土层或岩层中的工程，可采用防水混凝土自防水结构、普通混凝土结构或砌体结构，并设置附加防水层措施；对处于侵蚀性介质中的工程，应采用耐侵蚀性的防水砂浆、混凝土、卷材或涂料等防水方案；对受振动作用的工程，应采用柔性防水卷材或涂料等防水方案。具有自流排水条件的工程，应设置自流排水系统，如盲沟排水、渗排水等方法。

二、防水材料

目前建筑物采用的防水材料主要有：高分子片材、沥青油毡卷材、防水涂料、密封材料。

1. 沥青

沥青是一种有机胶凝材料，具有良好的黏结性、塑性、憎水性、不透水性和不导电性，并能抵抗一般酸、碱、盐类的侵蚀，广泛应用于建筑防水、耐腐蚀及道路工程。针入度、延度和软化点三项指标是划分牌号的主要依据。

沥青有石油沥青和焦油沥青两类，性能不同的沥青不得混合使用。

2. 卷材

卷材是成卷的油粘和油纸的统称，防水卷材是建筑工程防水材料的重要品种之一，任何防水卷材，均需具备以下性能：

（1）耐水性：在水的作用下和被水浸润后其性能基本不变。在压力水的作用下，具有不透水性。

（2）温度稳定性：在高温下不流淌、不起泡、不滑动，在低温下不脆裂，即在一定温度下，保持原有性能的能力。常用耐热度表示。

（3）机械强度，延伸率和抗断裂性：用拉力、拉伸和断裂指标表示。

（4）柔韧性：在低温条件下保持柔韧性的性能。低温条件下保证不脆裂，易于施工。常用柔度、低温弯折等指标表示。

（5）大气稳定性：在阳光、热及化学侵蚀介质的作用下，抵抗侵蚀的能力，用耐老化、热老化保持率表示。

几种常用卷材见表 7-3。沥青油毡卷材是传统的防水材料。高聚物改性沥青，如三元乙丙、聚氯乙烯、氯磺化聚乙烯橡胶共混的合成高分子防水卷材，具有优良的抗拉强度、耐热度、柔软性和不透水性，适用于温差较大地区，施工方便，可用于高等级屋面，并可做地下防水等。改性 PVC 胶泥涂料，是在原熔性塑料油膏与 PVC 胶泥的基础上改进的新型防水涂料，改性后的涂料可作为冷施工的厚质涂膜，其防水、耐高温、延伸、弹性和耐候性好，适宜西北等温差较大的地区防水工程选用。耐低温油膏，其性能在 80℃时不流淌，低温−40～−30℃时涂膜不开裂，是北方寒冷地区较适用的耐候性防水涂料。

3. 基层处理剂

基层处理剂是与基层材料性质相近的与各类防水材料配套使用，能使基层更好地黏结的冷用油性黏结剂。冷底子油是用汽油或其他易挥发油类与沥青配制而成的。

4. 沥青胶结材料（玛瑶脂）

为了提高沥青的耐热度、韧性、黏结力和抗老化性能，在沥青中加入填充料如滑石粉、云母粉、石棉粉、粉煤灰等加工而成。适用于黏结防水卷材，涂刷面层卷材及黏结墙面砖和地面砖等。

表 7-2 地下工程防水等级

防水等级	标准
一级	不允许渗水，围护结构无湿渍
二级	不允许漏水，围护结构有少量、偶见的湿渍
三级	有少量漏水点，不得有线流和漏泥沙，每昼夜漏水量＜0.5 L/m^2
四级	有漏水点，不得有线流和漏泥沙，每昼夜漏水量＜2 L/m^2

表 7-3 主要防水卷材分类表

类别		防水卷材名称
沥青基防水卷材		纸胎沥青卷材、玻璃布沥青卷材、玻璃胎沥青卷材、黄麻沥青卷材、铝箔沥青卷材等
改性沥青防水卷材		SRS 改性沥青卷材、APP 改性沥青卷材、SBS-APP 改性沥青卷材、丁苯橡胶改性沥青卷材、胶粉改性沥青卷材、再生胶卷材、PVC 改性煤焦油沥青卷材（砂面卷材）等
高分子防水卷材	硫化型橡胶或橡塑共混卷材	三元乙丙卷材、氯磺化聚乙烯卷材、氯化聚乙烯—橡胶共混卷材等
	非硫化型橡胶或橡塑共混卷材	丁基橡胶卷材、氯丁橡胶卷材、氯化聚乙烯—橡胶共混卷材等
	合成树脂系防水卷材	氯化聚乙烯卷材、PVC 卷材等
特种卷材		热熔卷材、冷自贴卷材、带孔卷材、热反射卷材、沥青瓦等

第二节 卷材防水层施工

一、卷材防水层

（一）施工方法

目前，防水卷材与沥青胶黏结而成的多层防水层仍然是我国建筑防水中普遍采用的形式。防水层常采用沥青防水卷材、高聚物改性沥青防水卷材或合成高分子防水卷材等。

卷材防水层是将卷材铺贴在混凝土或钢筋混凝土结构上或整体水泥砂浆找平层上。

冷底子油涂刷于基层表面，涂刷要薄而均匀，不得有空白、麻点、气泡。对表面较粗糙的基层可涂两道冷底子油。大面积可采用喷涂方法。涂刷宜在铺油毡前 1～2 h 进行，使油层干燥而不沾灰尘。

沥青胶可用浇油法或涂刷法施工，浇涂的宽度要略大于柔毡宽度，厚度控制在1～1.5 mm。为使柔毡不致歪斜，可先弹出墨线，按墨线推滚柔毡。柔毡一定要铺平压实，黏结紧密，赶出气泡后将边缘封严；如果发现气泡、空鼓，应当场割开放气，补胶修理。压贴油毡时沥青胶应挤出，并随时刮去。

1．冷粘法施工

冷粘法施工是利用毛刷将胶粘剂涂刷在基层或卷材上，然后直接铺贴卷材，使卷材与基层、卷材与卷材黏结，不需要加热施工。

冷粘法施工要求：胶粘剂涂刷应均匀、不漏底、不堆积；厚度约为 0.5 mm。排汽屋面采用空铺法、条粘法、点粘法，应按规定位置与面积涂刷；铺贴卷材时，根据胶粘剂的性能，应控制胶粘剂与卷材铺贴的间隔时间；确保卷材下无空气，铺贴卷材时应平整顺直，搭接尺寸准确，不得扭曲、皱褶；接缝口应用密封材料封严，可用溢出的胶粘剂随刮平封口，也可采用热熔法接缝，宽度不小于 10 mm。并辊压粘贴牢固。

2．热熔法施工

是利用火焰加热器熔化热熔型防水卷材底层的热熔胶进行粘贴的方法。火焰加热器可采用汽油喷灯或煤油焊枪等。

热熔法铺贴卷材时要求：应将卷材沥青膜底面向下，对正粉线，不得过分加热或烧穿卷材；卷材表面热熔后应立即滚铺卷材，滚铺时应排除卷材下面的空气使之展平，不得皱褶，并应辊压黏结牢固；铺贴卷材时应平整顺直，搭接尺寸准确，不得扭曲。

3．自粘法施工

是采用带有自粘胶的防水卷材，不用热施工，也不需涂胶结材料，而进行黏结的方法。自粘法铺贴高聚物改性沥青防水卷材时要求：铺贴卷材前，基层表面应均匀涂刷基层处理剂，干燥后应及时铺贴卷材；铺贴卷材一般三人操作；应按基线的位置，缓缓剥开卷材背面的防粘隔离纸，将卷材直接粘贴于基层上，随撕隔离纸，随即将卷材向前滚铺；卷材搭接部位宜用热风枪加热，加热后粘贴牢固，溢出的自粘胶随即刮平封口；大面积卷材铺贴完毕，所有卷材接缝处应用密封膏封严；铺贴立面、大坡度卷材时，应采取加热后粘贴牢固；采用浅色涂料作保护层时，应待卷材铺贴完成，并经检验合格，清扫干净后涂刷。

4．热风焊接法

是利用热空气焊枪进行防水卷材搭接粘合的方法。焊接前卷材铺放应平整顺直，搭接尺寸准确；焊接缝的结合面应清扫干净；应先焊长边搭接缝，后焊短边搭接缝。用热空气焊枪对准卷材与基层的结合面，同时加热卷材与基层，喷枪距加热面 50～100 mm，当烘烤到沥青熔化，卷材表面熔融至光亮黑色时，应立即滚铺卷材，并用胶皮压辊辊压密实，排除卷材下的空气，粘贴牢固。

（二）卷材防水屋面

屋面防水工程根据建筑物的性质、重要程度、使用功能及防水层耐用年限要求等，分为四个等级。

防水屋面的种类包括卷材防水屋面、涂膜防水屋面、刚性防水屋面及瓦屋面等。

卷材防水屋面属于柔性防水工程，防水层常用胶结剂或热熔法逐层粘贴卷材而成。屋面卷材本身有一定的韧性，可以适应一定程度的涨缩和变形，不易开裂。其一般构造层次如图 7-1 所示，施工时以设计要求为施工依据。

此种屋面从下往上的组成层次是：

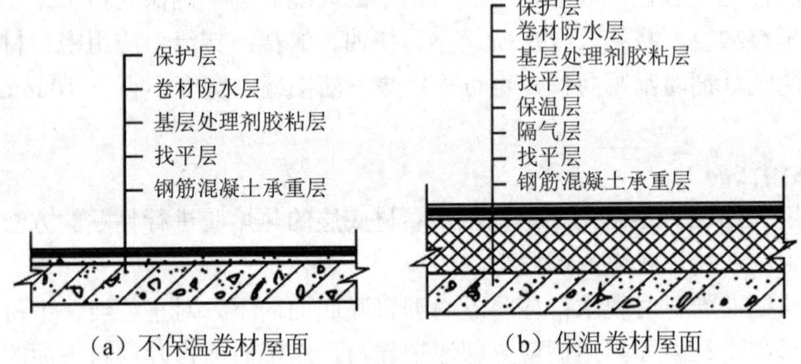

（a）不保温卷材屋面　（b）保温卷材屋面

图 7-1　卷材屋面构造层次示意图

结构层（钢筋混凝土承重层）——起承重作用，一般为钢筋混凝土整体式屋面板或装配式屋面板；

找平层——按排水坡度的要求找平结构层或保温层的作用，便于铺设卷材；

隔气层——能阻止室内水蒸气进入保温层，以免影响保温效果，一般涂沥青冷底子油一道和沥青胶两道；

保温层——起隔热保温作用；

防水层——防止雨水向屋面渗透；

保护层——保护防水层免受外界因素影响而遭到破坏。

工艺流程：清理基层→涂布基层处理剂→增强层处理→涂布黏结剂→铺设卷材→卷材接缝黏结→卷材密封处理→淋（蓄）水试验→保护层施工。

卷材防水屋面工程的施工主要包括下列施工工艺和要求：基层的处理，单层防水构造做法的施工，复合防水构造做法的施工以及施工注意事项。

防水屋面对基层（结构层）的要求十分严格，当基层整体刚度不足产生沉降、变形或处理不妥时，将导致整个屋面防水失败。

1．基层施工要求

（1）找平层应用水泥砂浆抹平压光，可用 2 m 直尺检查，找平层与直尺间的最大空隙不应超过 5 mm，如果是预制板接头部位高低不齐或有凹坑时，可以用掺水泥重量的 15%107 胶的 1∶2.5～1∶3 的水泥砂浆找平。

（2）基层与女儿墙、变形缝、天窗、管道、烟囱等突出屋面的结构相连接的阴角，应抹成均匀光滑的直角，基层与排水口、檐口、天沟、屋脊等相连接的转角处应抹成半径为 100～200 mm 光滑的圆弧形。女儿墙与排水口中心相距在 200 mm 以上。

（3）基层必须干燥，含水率在 9%以下，要求干净，对阴阳角、管道根部、排水口等部位更应认真清理，如有污垢则应用砂纸、钢丝刷或溶剂清除。

（4）平屋顶基层的坡度应符合设计要求。

2．卷材铺贴的一般要求

（1）卷材防水层施工应在屋面其他工程全部完工后进行。

（2）铺贴多跨和有高低跨的房屋时，应按先高后低、先远后近的顺序进行。

（3）在一个单跨房屋铺贴时，先铺贴排水比较集中的部位，按标高由低到高铺贴，斜坡与立面的卷材应由下向上铺贴，使卷材按流水方向搭接。

（4）铺贴方向一般视屋面坡度而定，当坡度在 3%以内时，卷材宜平行于屋脊方向铺贴；坡度在 3%～15%时，卷材可根据当地情况决定平行或垂直于屋脊方向铺贴，以免卷材溜滑。坡度超过 25%的拱形屋面和天窗下的坡面上，应尽量避免短边搭接，如必须短边搭接时，搭接处应采取防止卷材下滑的措施。防水卷材在立面或大坡面铺贴时，应采用满粘法。

（5）卷材平行于屋脊方向铺贴时，长边搭接不小于 70 mm；平屋面上短边搭接不应小于 100 mm，坡屋面不小于 150 mm，相邻两幅卷材短边接缝应错开不小于 500 mm（图 7-2）。

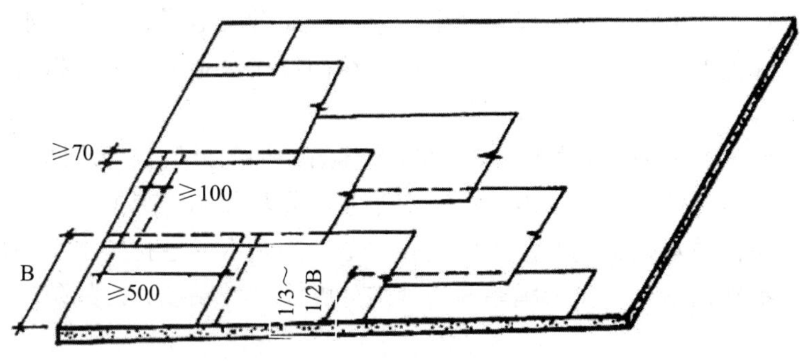

图 7-2　卷材搭接方法

（6）平行于屋脊的搭接缝，应顺流水方向搭接；垂直屋脊的搭接缝应顺主导风向搭接。

（三）保护层、隔热层施工

保护层的作用：及时保护防水层免受损伤，保护层的施工质量对延长防水层使用年限有很大影响。保护层有多种类型如绿豆砂保护层、细砂保护层、云母保护层及蛭石保护层；涂膜保护层；水泥砂浆保护层、预制板块保护层、细石混凝土保护层、板块保护隔热层等，应因地制宜选用。

（1）如果绿豆砂保护层用在沥青卷材防水屋面上，不仅价格低廉，而且对沥青卷材有一定的保护和降低辐射热的作用。在卷材表面涂刷最后一道沥青玛琋脂时，趁热撒铺一层粒径为 3～5 mm 的绿豆砂（或人工砂）。事先经过筛洗，使用时应在铁板上预热干燥。降雨量较大地区宜采用粒径为 6～10 mm 的小豆石，效果较好。

（2）架空隔热层的高度应按照屋面宽度或坡度大小的变化确定，一般为 100～900 mm。架空隔热制品支座底面的卷材、涂膜防水层上应采取加强措施，操作时不得损坏已经完工的防水层。

（3）隔离层、隔气层施工。

隔离层是为了减小结构变形对防水层的不利影响，可将防水层和结构层完全脱离，在结构层和防水层之间增加一层厚度为 10～20 mm 的黏土砂浆，或干铺卷材隔离层。

隔气层作用是防止来自下面的蒸汽上渗，而使保温材料干燥。隔气层必须是整体连续的。一是涂一层沥青胶；二是铺一毡二油。

二、地下工程卷材防水层施工

地下水池属地下防水工程，常年受到承压水、地表水、潜水、上层滞水、毛细管水等的作用，所以防水的处理比屋面防水工程要求更高，防水技术难度更大。

地下工程的防水方案，应根据使用要求，全面考虑地形、地貌、水文地质、工程地质、地震烈度、冻结深度、环境条件、结构形式、施工工艺及材料来源等因素合理确定。

地下防水工程一般把卷材防水层设置在建筑结构的外侧（迎水面），称为外防水。这种防水层的铺贴法可以借助土压力压紧，并与结构一起抵抗有压地下水的渗透和侵蚀作用，防水效果良好，应用比较广泛。外防水的卷材防水层铺贴方法，按其与地下围护结构施工的先后顺序分为外防外贴法（外贴法）与外防内贴法（内贴法）两种施工方法。

1．外贴法

在地下围护结构做好以后，把卷材防水层直接铺贴在立面上，然后砌筑保护墙（图 7-3）。

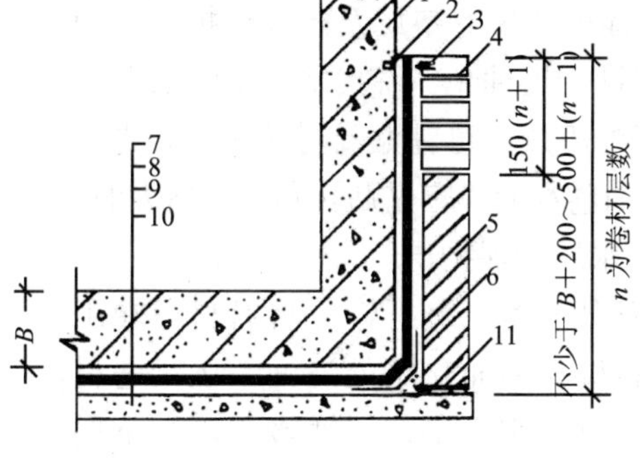

1．围护结构　2．永久性木条　3．临时性木条　4．临时保护墙　5．永久性保护墙
6．卷材附加层　7．保护层　8．卷材防水层　9．找平层　10．混凝土垫层　11．油毡

图 7-3　外贴法

外贴法施工：在铺贴卷材时，应先贴底面，后贴立面，交接处应交叉搭接。施工时，在混凝土底板垫层上砌筑永久性保护墙，墙下铺一层干油毡。在永久性保护墙和垫层上应将卷材防水层黏结牢固；在临时保护墙上应将卷材防水层临时贴附，并分层临时固定在保护墙的最上端。

2．内贴法

在地下围护结构（立面）未做之前，先砌筑保护墙，然后将卷材防水层铺贴在保护墙上，再进行围护结构和底板的施工（图 7-4）。

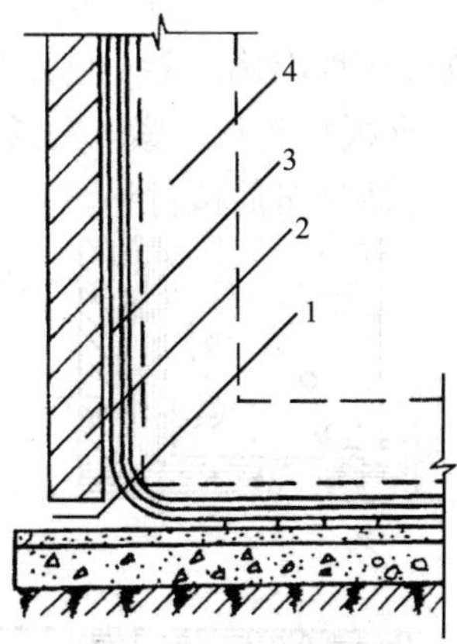

1．平铺油毡层　2．砖保护墙
3．卷材防水层　4．待施工的围护结构

图 7-4　内贴法施工示意图

内贴法施工：在已施工好的混凝土垫层上砌筑永久性保护墙，并以 1∶3 水泥砂浆做好垫层及永久保护墙上的找平层。在保护墙下干铺一层油毡。待找平层干燥后即涂刷冷底子油，待冷底子油干燥方可铺贴卷材防水层，先贴立面，后贴平面。贴立面卷材时，应先贴转角，后贴大面。铺贴完毕，再做卷材防水层的保护层。

在墙面铺贴卷材应自下而上进行，先将卷材下端用沥青胶粘贴牢固，向卷材和墙面交接处浇油，压紧卷材推油向上，用刮板将卷材压实压平，封严接口，上下层卷材的接缝应相互错开 1/3 卷材宽度以上（图 7-5），上下层卷材不得相互垂直铺贴。铺贴的卷材如需接长时，长边搭接不应小于 100 mm，短边搭接不应小于 150 mm，应用错槎形接缝连接，上层卷材盖过下层卷材。

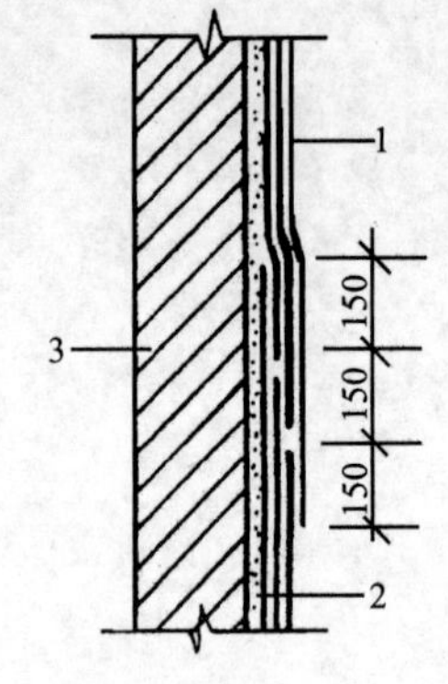

1．卷材防水层　2．找平层　3．墙体结构

图 7-5　阶梯形接缝

三、特殊部位的施工

管道埋设件处、檐口、女儿墙、变形缝、天沟、天窗壁、雨水口、转角部位、管道及板缝等部位是防水层的薄弱部位，应加强防水处理。要精工细作、刚柔并用，多道设防。有关节点及特殊部位的构造和防水施工处理可参照下文。

如在地下建筑的泵房、操作室和大型水池工程中穿墙套管及管道埋设件处漏水，管道埋设件处防水处理：管道埋设件与卷材防水层连接处施工如图 7-6 所示。为了避免因结构沉降造成管道折断，应在管道穿过结构部位埋设套管，套管上附有法兰盘，应于浇筑结构时按设计位置预埋准确。卷材防水层应粘贴在套管的法兰盘上，粘贴宽度至少为 100 mm，并用夹板将卷材压紧。夹紧卷材的夹板下面，应用软金属片、石棉纸板、无胎油毡或沥青玻璃布油毡衬垫。

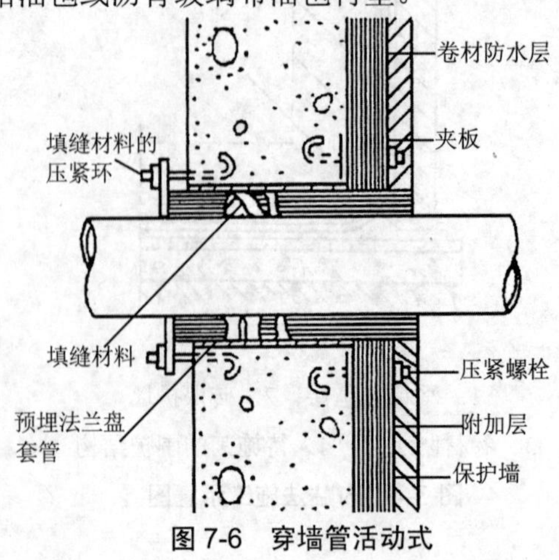

图 7-6　穿墙管活动式

混凝土檐口防水层做法，如图 7-7 所示。

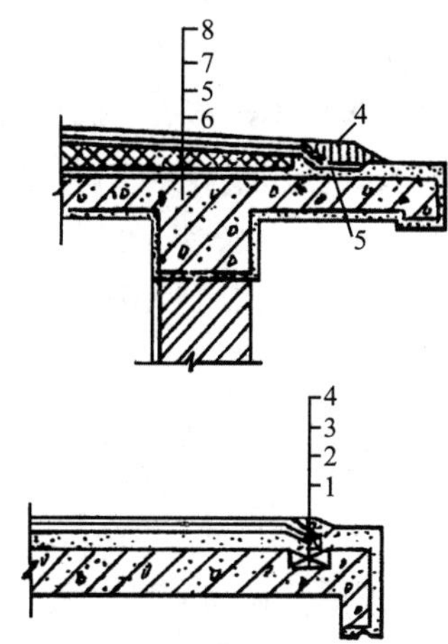

1．防腐木砖 2．防腐木条 3．20×0.5 薄铁条 4．胶泥或油膏嵌缝
5．细石混凝土或沙浆做成 6．钢筋混凝土基层 7．保温层 8．卷材防水层

图 7-7 混凝土檐口做法

转角部位的加固：平面的交角处，包括阳角、阴角及三面角，是防水层的薄弱部位，应加强防水处理。转角部位找平层应做成圆弧形。在立面与底面的转角处，卷材的接缝应留在底面上，距墙根不小于 600 mm。转角处卷材的铺贴方法如图 7-8 所示。

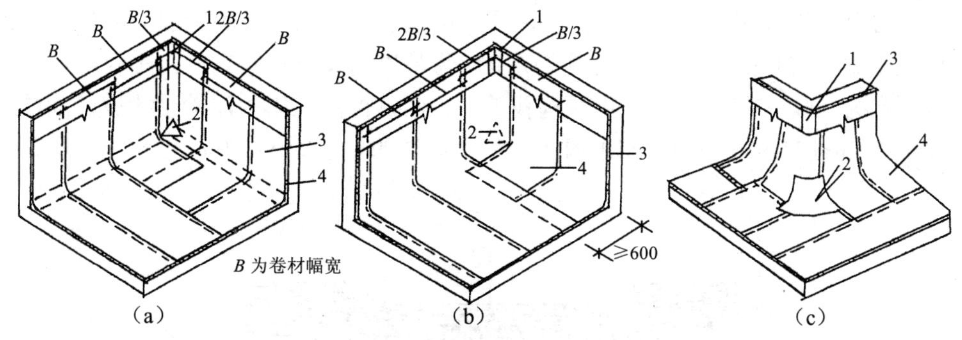

（a）阴角的第一层卷材铺贴法 （b）阴角的第二层卷材铺贴法 （c）阳角的第一层卷材铺贴法
1．转折处卷材附加层 2．角部附加层 3．找平层 4．卷材

图 7-8 转角的卷材铺贴法

变形缝的防水处理：地下混凝土结构的变形缝防水处理方法，与地下结构是否

承受地下水压有关。地下建筑物或构筑物的变形缝处，在不受水压作用时，应用防腐填料如用沥青浸过的毛毡、麻丝或纤维板填塞严密，并用防水性能优良的油膏封缝。在受水压作用时，变形缝除填塞防水材料外，还应装入止水带，以保证结构变形时保持良好的变形能力，止水带有紫铜板、不锈钢板金属止水带和橡胶止水带、塑料制成的止水带等。金属止水带如要接长，应用电焊或气焊，焊缝应严密平整，橡胶塑料止水带如要接长，按专门方法焊接。金属止水带转角处应做成圆弧形，采用螺栓安装；橡胶、塑料止水带采用埋入式安装，止水带中央圆圈对准变形缝的中心。

第三节　刚性防水层施工

凡是应用刚性材料构成的防水层，称为刚性防水。如利用钢筋混凝土结构的自防水、在基层上浇筑配有钢筋的整体细石混凝土屋面、在基层上抹防水砂浆等。

这些刚性防水层具有就地取材、冷作业、操作简单、维修方便、造价较低等优点。但由于混凝土及防水砂浆均为刚性材料，延伸率极低，当室外气温变化、基层变形时，防水层易开裂，不能保持整体不透水性膜层，渗水现象难以避免。

一、刚性防水屋面

1. 构造要求

刚性防水屋面的结构层宜为整体现浇的钢筋混凝土。当屋面结构层采用装配式钢筋混凝土板时，应用强度等级不小于 C20 的细石混凝土灌缝，灌缝的细石混凝土宜掺膨胀剂。当屋面板板缝宽度大于 40 mm 或上窄下宽时，板缝内必须设置构造钢筋，板端缝应进行密封处理。刚性防水层与山墙、女儿墙以及突出屋面结构的交接处均应做柔性密封处理。细石混凝土防水屋与基层间宜设置隔离层。刚性防水屋面的坡度宜为 2%～3%，并应采用结构找坡。天沟、檐沟应用水泥砂浆找坡，找坡厚度大于 20 mm 时，宜采用细石混凝土找坡。天沟的做法如图 7-9 所示。

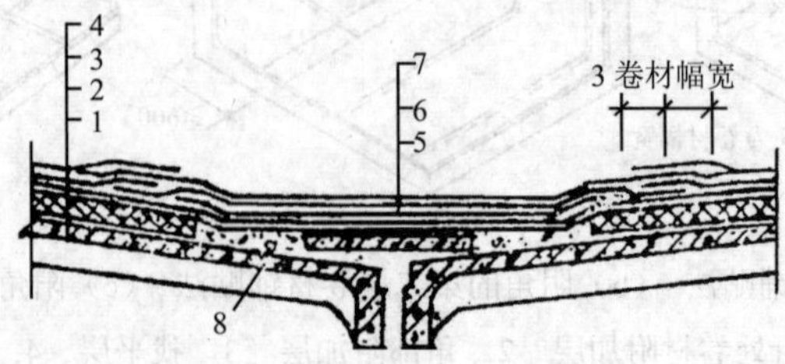

1．屋面板　2．保温层　3．找平层　4．卷材防水层　5．预制薄板
6．天沟卷材附加层　7．天沟卷材防水层　8．天沟部分轻质混凝土

图 7-9　天沟的做法

细石混凝土防水层的厚度不应小于 40 mm，并配置ϕ6 mm 间距为 100～200 mm 的双向钢筋网片，钢筋网片在分格缝处应断开，其保护层厚度不应小于 10 mm。

2．刚性防水层施工

细石混凝土防水层中的钢筋网片，施工时应设置在混凝土内的上部，刚性防水层应设置分格缝，普通细石混凝土和补偿混凝土防水层的分格缝纵横间距不宜大于 6 m，分格缝内必须嵌填密封材料。每个分格板块的混凝土必须一次浇筑完成，严禁留施工缝。抹压时严禁在表面洒水、加水泥浆或撒干水泥。混凝土收水后应进行二次压光。细石混凝土防水层施工气温宜在 5～35℃，应避免在高温或烈日暴晒下施工。

二、地下室防水工程

1．防水混凝土自防水结构施工

结构自防水技术是把承重结构和防水结构合为一体的技术。目前，主要是指外加剂防水混凝土和补偿收缩混凝土。防水混凝土自防水结构是以调整混凝土配合比或掺外加剂等方法，来提高混凝土本身的密实性和抗渗性，使其具有一定防水能力（能满足抗渗等级要求）的整体式混凝土结构，同时它还能承重。

外加剂防水混凝土是以普通水泥为基材，掺入三氯化铁铝粉、氯化铝、三乙醇胺有机硅等防水剂，通过这些防水剂形成某种胶体络合物，堵塞混凝土中的毛细孔缝，提高其抗渗能力。或者掺入引气剂，形成微小不连通的气泡，割断毛细孔缝的通道。或者掺入减水剂以减少孔隙率。虽然外加剂防水混凝土能提高混凝土的抗渗能力，但不能解决因混凝土收缩而产生的裂缝，有裂便有渗，因此外加剂防水混凝土不能满意地解决渗漏问题。

近年来，我国以微膨胀水泥为基材，做成补偿收缩混凝土，由于它在硬化过程中能适度膨胀，从而较好地解决了刚性材料收缩开裂问题，使刚性防水技术向前跨进了一步。

但由于国内微膨胀水泥产量有限，出现了在水泥中掺入膨胀剂替代微膨胀水泥的新趋向，原因是膨胀剂使用方便灵活，价格较低。还可用明矾石膨胀水泥来制备补偿收缩混凝土。

此外，钢纤维混凝土、预应力混凝土、块体刚性防水等经多年使用实践证明，也有较好的效果。

2．地下防水工程施工

防水混凝土结构工程施工过程中的各主要环节，如混凝土搅拌、运输、浇筑、振捣、养护等，均应严格遵循施工及验收规范和操作规程的规定，精心施工。严格把好施工中每一个环节的质量关，使大面积防水混凝土以及每一细部节点均不渗不漏。

做好基坑排水和降水的工作，要防止地面水流入基坑，要保持地下水位在施工底面最低标高以下不少于 500 mm，以避免在带水或带泥的情况下施工防水混凝土结构。

三、涂膜防水层施工

涂膜防水层：在混凝土结构或砂浆基层上涂布防水涂料，形成涂膜防水。

1．涂膜防水层的材料要求

根据防水涂料成膜物质的主要成分，涂料可分为沥青基防水涂料、高聚物改性沥青防水涂料和合成高分子防水涂料三类。根据防水涂料形成液态的方式，可分为溶剂型、反应型和水乳型三类，主要防水涂料分类见表 7-4。

表 7-4　主要防水涂料

类别	涂料名称	
沥青基防水涂料	乳化沥青、水性石棉沥青涂料、膨润土沥青涂料、石灰乳化沥青涂料等	
改性沥青防水涂料	溶剂型	再生橡胶沥青涂料、氯丁橡胶沥青涂料等
	乳液型	再生橡胶沥青涂料、丁苯胶乳沥青涂料、氯丁胶乳沥青涂料、PVC 焦油防水涂料等
高分子防水涂料	乳液型	硅橡胶涂料、丙烯酸酯涂料、AAS 隔热涂料等
	反应型	聚氨酯涂料、环氧树脂防水涂料等

2．地下工程涂膜防水施工

建筑防水涂料有良好的黏结、延伸、抗渗、耐热、耐寒等性能，与传统的沥青胶结材料相比，它具有冷作业、无毒、不燃、操作简便、安全、工效高、造价低、较卷材轻等优点。加衬合成纤维可提高防水层的抗裂性，适用于一般工业与民用建筑的水池、地下室防水、防潮工程。

地下工程涂膜防水层，在潮湿基面上应选用湿固性涂料、含有吸水组分的涂料、水性涂料；抗震结构应选用延伸性好的涂料；处于侵蚀性介质中的结构应选用耐侵蚀涂料。常用的有聚氨酯防水涂料、硅橡胶防水涂料等。

涂膜防水层的基面必须清洁、无浮浆、无水珠、不渗水，使用油溶性或非湿固性等涂料，基面应保持干燥。

涂膜防水层施工，可用涂刷法和喷涂法，不得少于二遍，涂喷后一层的涂料必须待前一层涂料结膜后方可进行，涂刷和喷涂必须均匀。第二层的涂刷方向应与第一层垂直，凡遇到平面与立面连接的阴阳角均需铺设一层合成纤维附加层，大面积防水层为增强防水效果，也可加铺二层附加层。当平面部位最后一层涂膜完全固化，经检查验收合格后，可虚铺一层石油沥青纸胎油毡作保护隔离层。铺设时可用少许胶结剂点粘固定，以防在浇筑细石混凝土时发生位移。平面部位防水层尚应在隔离层上做 40～50 mm 厚细石混凝土保护层。立面部位在围护结构上涂布最后一道防水层后，可随即直接粘贴 5～6 mm 厚的聚乙烯泡沫塑料片材作软保护层，也可根据实际情况做水泥砂浆或细石混凝土保护层。

第四节　密封接缝防水施工

密封材料在建筑物和构筑物中已使用多年，不仅与防水涂料一起用于油膏嵌缝涂料屋面以及卷材防水屋面，而且随着高层建筑和新结构体系建筑的发展，在建筑的墙板缝、密封门、铝合金门、窗、玻璃幕墙部位，在卷材的接缝、板缝、分格缝及各种需要进行防水的接缝处进行密封处理，并得到了普遍的应用。密封材料已成为现代建筑防水和密封节能技术中不可缺少的材料。密封材料种类甚多，有密封膏、密封带、密封垫、止水带等。其中密封膏占主要地位。

一、密封膏分类、性能要求

密封材料应具有弹塑性、黏结性、施工性、耐候性、水密性、气密性和拉伸—压缩循环性能。密封膏品种很多，常按照接缝允许形变位移值划分为三大类，每一类中又有各种品种，见表 7-5。

表 7-5　主要密封防水材料的分类

类别	材料名称
改性沥青密封材料	沥青鱼油油膏、马牌建筑油膏、聚氯乙烯油膏（胶泥）、桐油沥青防水油膏、沥青再生橡胶油膏等
高分子密封材料	聚氨酯密封膏、有机硅橡胶密封膏、聚硫密封膏、水乳型丙烯酸密封膏、氯磺化聚乙烯密封膏等

第一类：适用于 5%接缝形变位移的干性油、沥青基，使用期 5 年以上，属低档。

第二类：适用于 5%～12%接缝形变位移的弹塑性丙烯酸酯、聚氯乙烯等密封膏，使用期 10 年以上，属中档。

第三类：适用于 25%接缝变形位移的高弹性聚硫、聚氨酯、有机硅、氯磺化聚乙烯等密封膏，使用期 20 年以上，属高档。

二、接缝密封防水施工

密封防水施工前应进行接缝尺寸检查，符合设计要求后，方可进行下道工序施工。嵌填密封材料前，基层应干净、干燥。接缝部位基层必须牢固，表面平整、密实，不得有蜂窝、麻面、起皮、起砂现象。屋面密封防水的接缝宽度不应大于 40 mm，且不应小于 20 mm，接缝深度可取接缝宽度的 0.5～0.7 倍。连接部位的基层应涂刷基层处理剂，基层处理剂应选用与密封材料化学结构及极性相近的材料。接缝处的密封材料底部宜设置背衬材料，为控制密封材料的嵌填深度，防止密封材料和接缝底部黏结，在接缝底部与密封材料之间设置可变形的材料，背衬材料应选择与密封材料不黏结或黏结力弱的材料。待基层处理剂表干后，应立即嵌填密封材料。

改性沥青密封材料防水层施工可采用以下两种方法：

1．热灌法

密封材料先加热熬制，并按不同的材料要求严格控制熬制和浇灌温度。板缝灌完后，宜做卷材、玻璃丝布或水泥砂浆保护层，宽度不应小于100 mm，以保护密封材料。

2．冷嵌法

嵌缝操作可采用特制的气压式密封材料挤压枪，枪嘴要伸入缝内，使挤压出的密封材料紧密挤满全缝，后用腻子刀进行修整。嵌填时，密封材料与缝壁不得留有空隙，并防止裹入空气。嵌缝后做保护层封闭。

合成高分子密封材料一般采用冷嵌法施工。单组分密封材料可直接使用，多组分密封材料必须根据规定的比例准确计量，拌和均匀。每次拌和量、拌和时间、拌和温度应按所用密封材料的规定进行。嵌缝的密封材料表干后方可进行保护层施工。

密封材料在雨天、雪天严禁施工；在五级风以上不得施工；改性沥青密封材料和溶剂型合成高分子密封材料施工环境温度宜为 0～35℃，水乳型合成高分子密封材料施工环境温度宜为 5～35℃。

第五节　堵漏技术

一、渗漏水产生的部位及检查方法

渗漏水通常产生在施工缝、裂缝、蜂窝、麻面及变形缝、穿墙管孔、预埋件等部位，如卫生间渗漏表现在楼面漏水、墙面渗水、上下水立管、暖气立管处向下淌水，以及大便器和排水管向下滴水等。

防水工程渗漏水情况归纳起来有孔洞漏水和裂缝漏水两种。从渗水现象来分，一般可分为慢渗、快渗、急渗和高压急渗等四种。

出现渗漏后，影响正常的使用和建筑物的寿命，应找出主要原因，关键是找出漏水点的准确位置，分析渗漏根源后再确定方案，及时有效地进行修补。

除较严重的漏水部位可直接查出外，一般慢渗漏水部位的检查方法有：

在基层表面均匀地撒上干水泥粉，若发现湿点或湿线，即为漏水孔、缝；如果发现湿一片现象，用上法不易发现漏水的位置时，可用水泥浆在基层表面均匀涂一薄层，再撒干水泥粉一层，干水泥粉的湿点或湿线处即为漏水孔、缝。

确定其位置，弄清水压大小，根据不同情况采取不同措施。堵漏的原则是先把大漏变小漏、缝漏变点漏、片漏变孔漏，然后堵住漏水。堵漏的方法和材料较多，常用的堵漏方法有堵漏法、堵塞法、堆缝法、贴缝法、灌浆法。

二、孔洞漏水

1．直接堵塞法

一般在水压不大、孔洞较小的情况下，根据渗漏水量大小，以漏点为圆心剔成凹槽（直径×深度为 1 cm×2 cm、2 cm×3 cm、3 cm×5 cm），凹槽壁尽量与基层垂直，并用水将凹槽冲洗干净。用配合比为 1∶0.6 的水泥胶浆捻成与凹槽直径相接近的圆锥体，待胶浆开始凝固时，迅速将胶浆用力堵塞于凹槽内，并向槽壁挤压严实，使胶浆立即与槽壁紧密接合，堵塞持续半分钟即可；随即按漏水检查方法进行检查，确认无渗漏后，再在胶浆表面抹素灰和水泥砂浆一层，最后进行防水层施工。

2．下管堵漏法

水压较大，漏水孔洞也较大，可按下管堵漏法处理，如图 7-10 所示，先将漏水处剔成孔洞，深度视漏水情况决定，在孔洞底部铺碎石，碎石上面盖一层与孔洞面积大小相同的油毡（或铁片），用一胶管穿透油毡到碎石中。若是地面孔洞漏水，则在漏水处四周砌筑挡水墙，用胶管将水引出墙外。然后用促凝剂水泥胶浆把胶管四周孔洞一次灌满。待胶浆开始凝固时，用力在孔洞四周压实，使胶浆表面低于地面约 10 mm。表面撒干水泥粉检查无漏水时，拔出胶管，再用直接堵塞法将管孔堵塞。最后拆除挡水墙、表面刷洗干净，再按防水要求进行防水层施工。

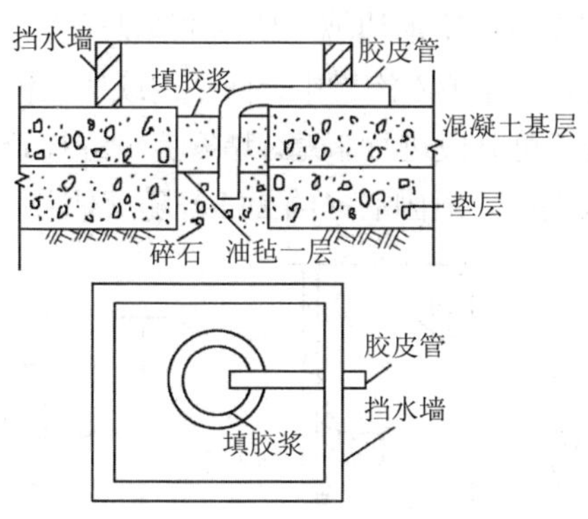

图 7-10　下管堵漏法

3．预制套盒堵漏法

在水压较大、漏水严重和孔洞较大时，可采用预制套盒堵漏法处理。将漏水处剔成圆形孔洞，在孔洞四周筑挡水墙。根据孔洞大小制作混凝土套盒，套盒外半径比孔洞半径小 30 mm，套盒壁上留有数个进水孔及出水孔。套盒外壁做好防水层，表面做成麻面。在孔洞底部铺碎石及芦席，将套盒反扣在孔洞内。在套盒与孔壁的空隙中填入碎石及胶浆，并用胶管插入套盒的出水孔，将水引到挡水墙外。在套盒顶面抹好素灰、砂浆层，并将砂浆表面扫成毛纹。待砂浆凝固后拔出胶管，按“直接堵塞法”的要求将孔眼堵塞，最后随同其他部位按要求做防水层，如图 7-11 所示。

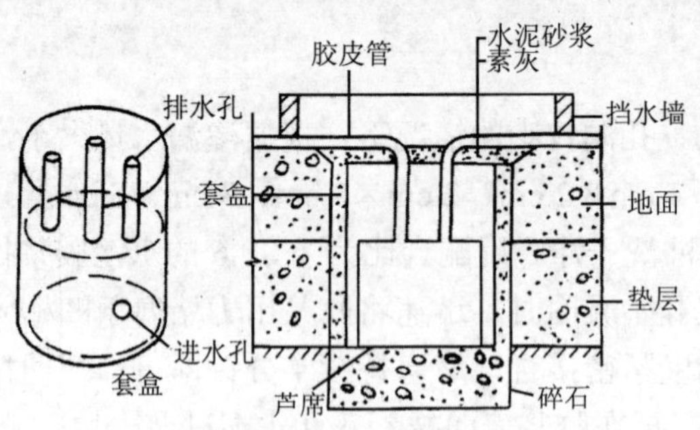

图 7-11　预制套盒堵漏法

三、裂缝渗漏水的处理

收缩裂缝渗漏水和结构变形造成的裂缝渗漏水，均属于裂缝漏水范围。裂缝漏水的修堵，也应根据水压大小采取不同的处理方法。

1. 直接堵塞法

水压力较小的裂缝慢渗、快渗或急流漏水可采用直接堵塞法处理，如图 7-12 所示。先以裂缝为中心沿缝方向剔成八字形边坡沟槽，并清洗干净，把拌和好的水泥胶浆捻成条形，待胶浆快要凝固时，迅速填入沟槽中，向槽内或槽两侧用力挤压密实，使胶浆与槽壁紧密接合，若裂缝过长可分段进行堵塞。堵塞完毕经检查无渗水现象，用素灰和水泥砂浆把沟槽抹平并扫成毛面，凝固后（约 24 h）随其他部位一起做好防水层。

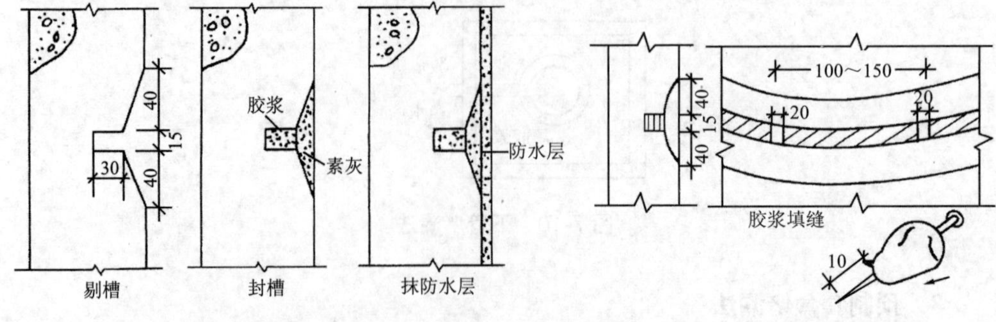

图 7-12　裂缝漏水直接堵漏法　　图 7-13　下线堵漏法与下钉法

2. 下线堵漏法

适用于水压较大的慢渗或快渗的裂缝漏水处理，如图 7-13 所示。先按裂缝漏水直接堵塞法剔好沟槽，在沟槽底部沿裂缝放置一根小绳（直径视漏水量确定），长度为 200～300 mm，将胶浆和绳子填塞于沟槽中，并迅速向两侧压密实。填塞后，立即把小绳抽出，使水顺绳孔流出。裂缝较长时可分段逐次堵塞，每段间留 20 mm 的空隙。根据漏水量大小，在空隙处采用“下钉法”或“下管法”以缩小孔洞。下钉法是把胶浆包在钉杆上，插于空隙中，迅速把胶浆往空隙四周压实，同时转动钉杆立即拔出，使水顺钉孔流出。漏水处缩小成绳孔或钉孔后，经检查除钉眼处其他无渗水现象时，沿沟槽抹素灰、水泥砂浆各一层，待凝固后，再按“孔洞漏水直接堵塞法”将钉眼堵塞。随后可进行防水层施工。

3．下半圆铁片堵漏法

水压较大的急流漏水裂缝，可采用下半圆铁片堵漏法处理，如图 7-14 所示。处理前，把漏水处剔成八字形边坡沟槽，尺寸可视漏水量而定。将 100～150 mm 长的铁皮沿宽度方向弯成半圆形，弯曲后宽度与沟槽宽相等，有的铁片上要开圆孔。将半圆铁片连续排放于槽内，使其正好卡于槽底，每隔 500～1 000 mm 放一个带圆孔的铁片。然后用胶浆分段堵塞，仅在圆孔处留一空隙。把胶管插入铁片中，并用胶浆把管子稳固住，使水顺胶管流出。经检查无漏水现象时，再沿槽的胶浆上抹素灰和水泥砂浆各一层加以保护。待砂浆凝固后，拔出胶管，按孔洞漏水直接堵塞法将管眼堵好，最后随同其他部位一道做好防水层即可。

4．墙角压铁片堵漏法

墙根阴角漏水，可根据水压大小，分别按上述三种办法处理。如混凝土结构较薄或工作面小，无法剔槽时，可采用墙角压铁片堵漏法处理。这种做法不用剔槽，可将墙角漏水处清刷干净，把长 300～1 000 mm、宽 30～50 mm 的铁片斜放在墙角处，用胶浆逐段将铁片稳牢，胶浆表面呈圆弧形。在裂缝尽头，把胶管插入铁片下部的空隙中，并用胶浆稳牢。胶浆上按抹面防水层要求抹一层素灰和一层水泥砂浆，经养护具有一定强度后，再把胶管拔出，按孔洞漏水直接堵塞法将管孔堵好，随同其他部位一起做好防水层，如图 7-15 所示。

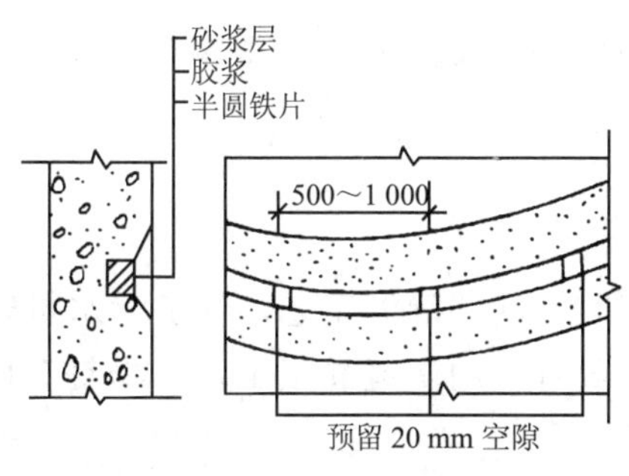

图 7-14　下半圆铁片堵漏法

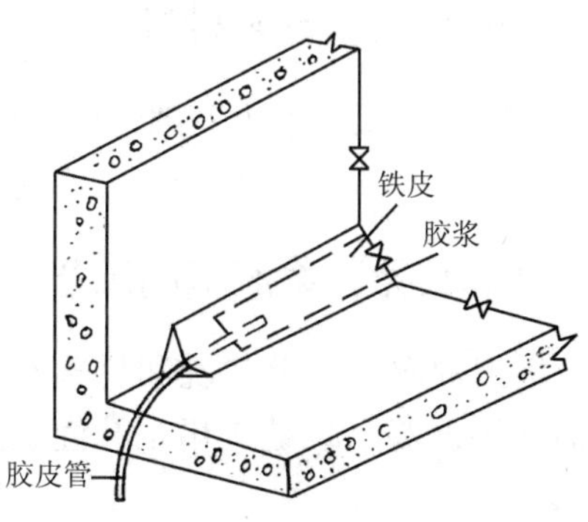

图 7-15　墙角压铁片堵漏法

四、其他渗漏水的处理

1. 抹面防水工程修堵渗漏水

常使用以水玻璃为主要材料的促凝剂掺入水泥中，促使水泥快硬，将渗漏水堵住。

常见的灰浆有：① 促凝剂水泥浆；② 促凝剂水泥砂浆，这种砂浆凝固快，应随拌随用，不能多拌，以免硬化失效；③ 水泥胶浆，直接用促凝剂和水泥拌制而成，待胶浆凝固后，按要求做好防水层。

2. 砖墙割缝堵漏法

砖墙因密集的小孔洞漏水，在水压较小时可采用割缝堵漏法处理，如图 7-16 所示。这种漏水部位一般在砖体灰缝处。堵漏前，先将不漏水部位抹上一层水泥砂浆，间隔一天，然后再堵漏水处。堵漏时，先用钢丝刷刷墙面，把灰缝清理干净，检查出漏水点部位，将漏水处抹上促凝剂水泥砂浆一层；抹后迅速在漏水点用铁抹子割开一道缝隙，使水顺缝流出，待砂浆凝固后，将缝隙用胶浆堵塞。最后再按要求全部抹好防水层。

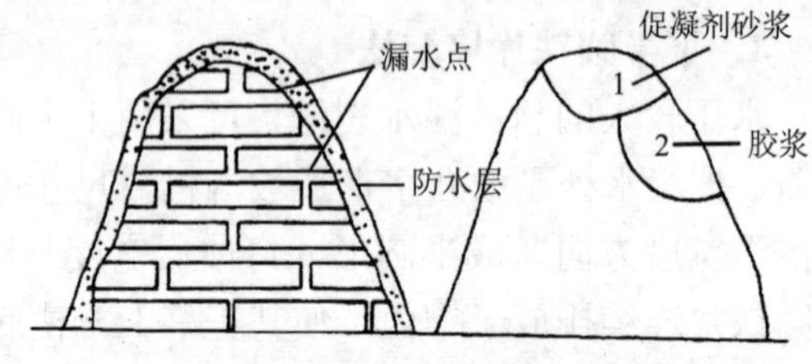

图 7-16　砖墙割缝堵漏法

第六节　灌浆堵漏法

一、氰凝堵漏技术

（一）氰凝灌浆材料

氰凝是以聚氨酯为基础的化学灌浆材料，即由多异氰酸酯和聚醚树脂制成的主剂（预聚体），与一些添加剂组成的化学灌浆剂。

（二）氰凝浆液堵漏工艺

根据混凝土裂缝状况和位置不同，需要采取不同的灌浆工艺。除了漏水量较大的深层混凝土裂缝采用钻孔灌浆工艺外，一般可采用凿缝灌浆工艺，如图 7-17 所示。

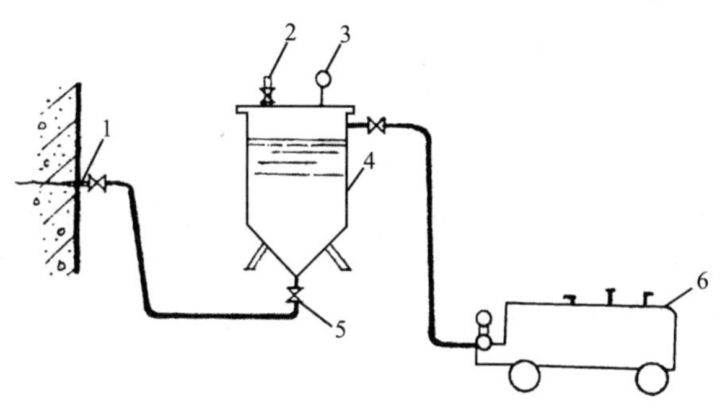

1．注浆嘴　2．加料口　3．压力表　4．风压罐
5．阀门（出浆口）　6．空气压缩机

图 7-17　灌浆系统示意图

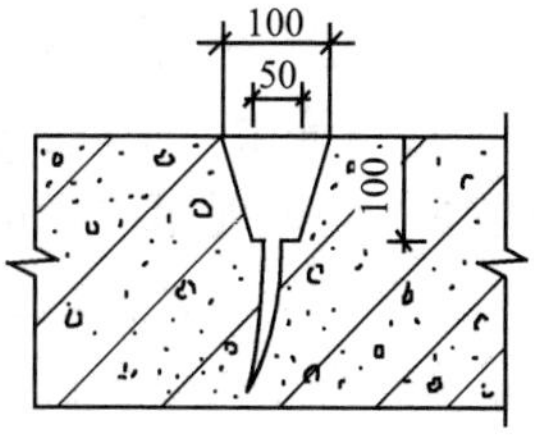

图 7-18　裂缝表面处理

1．混凝土裂缝表面处理

裂缝表面处理同前述直接堵漏法的处理方式，如图 7-18 所示。但其深度不应穿透结构物，应留 100～200 mm 长度为安全距离。双层结构以穿透内壁为宜。

2．埋注浆管

注浆管由短管、阀门和鱼尾嘴组成。短管一般选用直径为 6.35～12.7 mm，长度为 10～15 cm 的钢管。其一端插入薄铁皮内，另一端与阀门、鱼尾嘴连接，对裂缝做封闭处理，如图 7-19 所示。

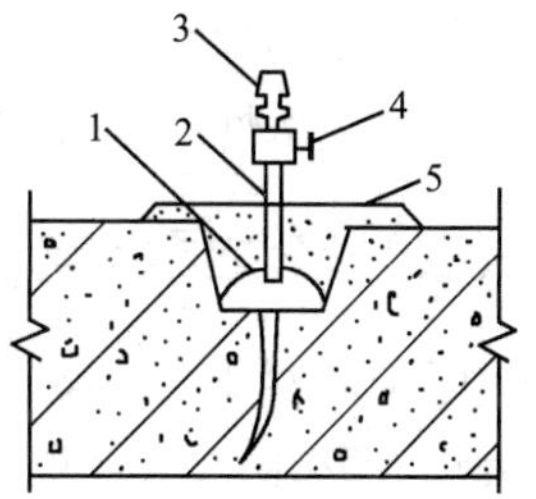

1．铁皮或油毡　2．注浆管
3．鱼尾嘴　4．阀门　5．水泥砂浆

图 7-19　裂缝封闭处理

注浆管要布置在水源处，即漏水量很大的部位。同时在下列位置要布注浆管：水平裂缝的端点处；纵横交错的裂缝，在交叉处及端点处；纵向环形缝的最低处和最高处，其两侧要做到错位布管。注浆管之间的距离应根据裂缝大小、结构形状而定，一般为 1～1.5 m。一般情况下，水平裂缝宜沿缝由下向上造斜孔，垂直裂缝宜正对缝隙造直孔。埋设的注浆管应不少于两个，即一管注浆，另一管排水（气）。如单孔漏水，也可顺水仅设一个注浆管。

3．封闭

封闭前，如缝内漏水量较大，必须先行引水，使缝内水位降低，然后再进行封闭。并需沿缝铺设通长油毡或薄铁皮等，再将备好的注浆管插入薄铁皮内，然后用快干水泥或水泥玻璃浆封闭。封闭要细致，如接合不好，则会由于浆液水反应、发气、膨胀，内部压力增高，使大量浆液外逸，以致不能渗入裂缝深部。

4．试水

封闭后，待水泥砂浆有足够的强度时，用带颜色的水进行压水试验。压水试验是灌浆成功的关键之一，要仔细观察并做好记录。

5．灌浆

灌浆包括配浆和灌浆两道工序。

（1）配浆。灌浆准备工作就绪后，根据配方和估算的浆液用量，进行配浆。

（2）灌浆。灌浆前检查灌浆设备及管路、阀门等是否干燥，以防浆液遇水凝胶而堵塞，特别是试水后的灌浆设备要除水。待浆液凝固后，拆除注浆管，并用水泥砂浆封闭孔门。灌浆后，设备及管路要及时清洗，一般常用价格低廉的有机溶剂，少量多次洗刷，以备再用。

二、堵漏灵的技术性能和特点

（一）堵漏灵技术性能

它是由专用原料 HU847 和水泥等辅料经特殊工艺处理而成的粉状多功能防水材料，各项技术性能指标均达到或超过国际同类产品 COPROX 的水平。

（二）堵漏灵特点

适用于混凝土、砂浆、砖石等结构地下水池、地下仓库、地铁坑道、人防工事、水库大坝、蓄水池、水渠、游泳池、水族建筑和密封污水处理系统等的防水堵漏和抗渗防潮，可用于地面、屋顶的防水层，各种工业及民用建筑的内外墙装饰和厨房、卫生间等防水，铸铁管件堵漏，以及黏结瓷片、面砖、马赛克、大理石、花岗岩等。

管道根部、墙与地面交界处堵漏如图 7-20 与图 7-21 所示。

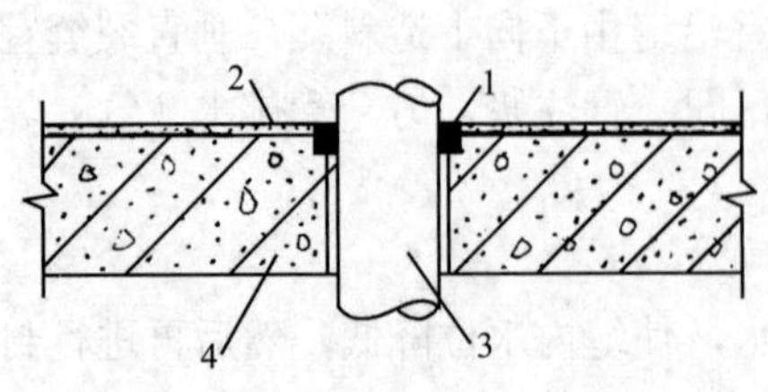

1．03 型堵漏灵　2．抹灰面层　3．管子（上下水管、暖气管、地漏）　4．混凝土楼板

图 7-20　管道根部堵漏

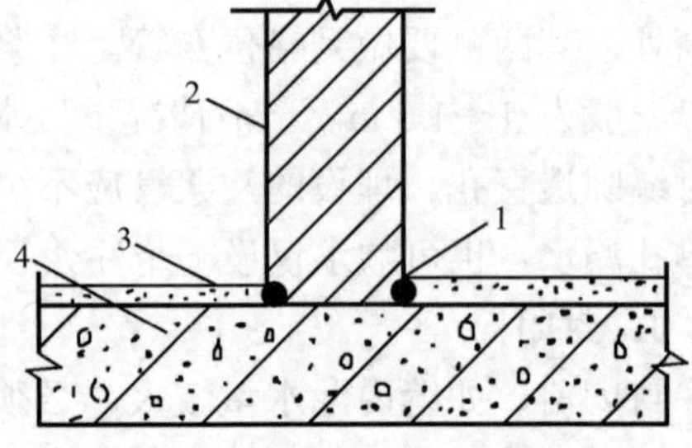

1．03 型堵漏灵　2．强身　3．抹灰面层　4．混凝土底板

图 7-21　墙与地面交界处堵漏

（1）耐盐碱，抗高低温，耐候性强。

（2）涂膜不变色，不起泡，不剥离，不脱落，不粘污，无裂纹。

（3）具有优异的耐腐蚀耐老化性能。

（4）抗折、抗压强度高，黏结力强，能与混凝土、砂浆、砖、石整体黏结。

（5）在潮湿面（包括迎水面及背水面）上施工可收到相同的防水堵漏效果。

（6）施工方法简单易行，操作简便，用水调和即可使用。

（7）无毒无味，不污染环境，不损害施工人员身体健康。

（8）在潮湿面上施工及带水堵漏，可立刻止漏（流）。

第七节　RG强力堵漏剂堵漏技术

该堵漏剂为粉状强力堵漏剂，分R型及G型。R型为柔性防水涂料，G型为刚性防水涂料。这种材料可在较高水压和漏水、渗水情况下堵漏止渗，操作简便。用水调和即可使用，特别适用于地下室堵漏止渗。新材料、新技术、新工艺日新月异的发展，这里不一一赘述。

习题

1. 试述刚性防水屋面各层的构造。
2. 卷材防水屋面如何施工?
3. 试述卷材防水屋面的质量要求。
4. 卷材防水屋面常见的质量通病有哪些?如何防止和处理?
5. 绿豆砂保护层如何施工?
6. 试述刚性防水屋面的质量要求。
7. 常用的防水涂料有哪些?
8. 试述防水涂料施工要点。
9. 防水混凝土结构的穿墙螺栓应如何处理?
10. 试述地下刚性多层防水的施工步骤。
11. 试述地下防水工程卷材外贴法施工的步骤。
12. 试述下管堵漏法和下线堵漏法的原理。
13. 如何预防刚性防水屋面的开裂?
14. 试述防水工程的补漏技术。
15. 试述屋面及地下防水工程的质量要求。

第八章 防腐蚀工程

本章重点

了解腐蚀机理，消除腐蚀根源，对于不同环境下的管道、设备、建（构）筑物等采取不同的防治措施。

第一节　金属腐蚀的防护

腐蚀可能造成巨大的资源和能源浪费，造成严重的经济损失或引发灾难性事故，造成环境污染（跑、冒、滴、漏），阻碍新技术的发展。

腐蚀问题无处不在。防腐工程是整个建筑施工，特别是环境治理工程重要的施工项目，防腐的作用是保护建筑物的结构部分免受各种侵蚀，延长建筑物（构筑物）的寿命。

一、腐蚀机理

腐蚀是材料与其所处环境介质之间发生作用而引起的材料的变质和破坏。金属材料因受管内输送介质和管外环境（大气或土壤）的化学作用、电化学作用和细菌作用，对金属表面所产生的破坏，称为金属腐蚀。

二、腐蚀种类

（一）材料腐蚀分类

按材料类型分为金属材料腐蚀、非金属材料腐蚀；按腐蚀环境分为高温腐蚀、常温腐蚀；按腐蚀机理分为化学腐蚀、电化学腐蚀。

（二）金属材料腐蚀分类

金属材料腐蚀主要有化学腐蚀、电化学腐蚀、物理腐蚀和微生物腐蚀。化学腐蚀是金属在干燥的气体、蒸汽或非电解质溶液中的腐蚀，是化学反应的结果；电化学腐蚀是由于金属和电解质溶液间的电位差，使金属转入到溶液中或产生相反的过程而产生的腐蚀，在腐蚀过程中有电子移动，是电化学反应的结果；物理腐蚀是金属表面产生物理溶解现象的结果；由于介质中存在着某些微生物而使金属的腐蚀过程加速的现象，称之为微生物腐蚀，简称为细菌腐蚀。

金属材料腐蚀依据腐蚀的环境状态分为自然环境腐蚀和工业环境腐蚀。自然环境腐蚀包括：大气腐蚀、土壤腐蚀、淡水腐蚀、海水腐蚀、微生物腐蚀；工业环境腐蚀包括：酸性溶液腐蚀、碱性溶液腐蚀、盐类溶液腐蚀、工业水中液态金属腐蚀。

（三）金属腐蚀破坏的形态

金属腐蚀破坏的形态有多种（全面腐蚀、局部腐蚀、力与环境因素共同作用下的腐蚀），根据材料的不同和腐蚀机理的不同，有不同的腐蚀外观（图 8-1）。

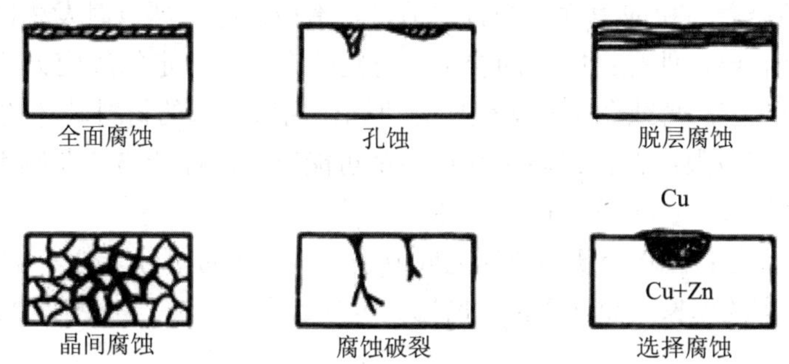

图 8-1 腐蚀的不同形态

1. 全面腐蚀

特征是腐蚀分布在整个金属表面，腐蚀深度基本一致；结果使金属构件截面尺寸减小，直至完全破坏。

2. 局部腐蚀

腐蚀集中在金属表面的局部地区，表面腐蚀深度不一致，呈斑点状态；而其他大部分表面几乎不腐蚀，称为局部腐蚀。

（1）点腐蚀：金属表面局部出现向深处发展的腐蚀小孔，其余地区不被腐蚀或者只有轻微腐蚀，也称孔蚀或点蚀。孔蚀的敏感性与合金的成分、组织以及冶金质量和状况、介质的组成、合金的成分和组织有密切的关系。

（2）缝隙腐蚀：腐蚀发生在缝隙内，缝隙腐蚀发生和发展的机理与孔蚀很相似，存在缝隙是表面缺陷，缝隙内是缺氧区，成为阳极而迅速被腐蚀。

（3）选择性腐蚀：多元合金在电解质溶液中由于组元之间化学性质的不均匀，构成腐蚀电池。含有不同成分的金属材料，在一定的条件下，其中一部分元素被腐蚀浸出，只剩下其余组分构成的海绵状物质，强度和延性丧失，称为选择性腐蚀。例如黄铜在腐蚀介质中被锌浸出、灰口铸铁脱铁等。

（4）电偶腐蚀：电偶腐蚀是两种金属在同一介质中接触，腐蚀电位不相等，便有电偶电流流动。电位较低的金属（阳极）溶解速度增加，电位较高的金属，溶解速度减小，此亦称接触腐蚀或双金属腐蚀。

（5）间腐蚀：金属材料在特定的腐蚀介质中沿着材料的晶粒边界或在晶界附近发生腐蚀，使晶粒之间丧失结合力的一种局部破坏的腐蚀现象。腐蚀从表面沿着晶界深入内部，外表看不出腐蚀迹象，可用金相显微镜看出呈网状腐蚀，失去强度。

3．应力作用下的腐蚀

（1）应力腐蚀开裂：腐蚀和拉应力同时作用下使金属产生破裂，称为应力腐蚀。大致过程为：金属表面生成的保护膜在拉应力作用下产生局部腐蚀，产生孔蚀或缝隙腐蚀，腐蚀沿着与拉应力垂直的方向前进，造成裂缝，严重时发生断裂。发生应力腐蚀的 3 个必要条件是：敏感的合金、特定的介质和一定的静应力。

（2）腐蚀疲劳：腐蚀介质和交变应力协同作用所引起的材料破坏的现象。特点：没有真实的疲劳极限；在任何腐蚀介质中都可能发生；性能与载荷频率、应力以及载荷波形有密切关系；裂纹往往是多源的。

（3）磨损腐蚀：流体介质与金属之间或金属零件间的相对运动，引起金属局部区域加速腐蚀破坏的现象，简称磨蚀。磨蚀又可分为湍流腐蚀、空泡腐蚀和摩振腐蚀。

三、防腐材料

（一）材料选取的基本原则

材料的耐蚀性能要满足要求；材料的物理、机械和加工工艺性能要满足要求；要力求最好的经济效益。防腐蚀材质要求具有耐地下水侵蚀、抗微生物和电化学腐蚀的能力。

对于机器设备和管道的外表面、构件和建筑物，最常用的防锈方法是利用油漆、涂料卷材等覆盖层。常用的耐蚀材料有：各种环氧树脂漆、过氯乙烯漆、乙烯漆、酚醛树脂防腐漆、有机硅耐热漆、铝粉漆、聚氨酯漆、沥青防腐漆、乙烯树脂防腐漆、橡胶防腐漆、有机硅耐热防腐漆、富锌防腐漆、塑料防腐漆等。金属镀层用得较多的是钢管和部件镀锌、镉和铬。

（二）选材时应考虑的因素

选材时应考虑设备或构件的工作环境；参考已有的腐蚀数据资料；从事故调查的分析记录中吸取经验教训。

（三）设备腐蚀防护技术

设备和管件的渗漏一般是指设备和管件由于腐蚀、内应力或其他原因形成微小漏孔所发生的渗漏现象。这些漏孔很小，特别是不锈钢材料形成的漏孔更小，有时肉眼不能直接觉察，需要通过一定的试验才能发现。如均化池和隔油池钢制集油槽、进污水管端、斜管支架、沉淀池内刮泥机械及曝气机浸入污水中的部件都会在短期内发生锈蚀，设备渗漏的原因主要是发酵液中腐蚀性物质对设备的腐蚀。

磨蚀：发酵液中固体物料因搅拌桨的搅动与冷却管摩擦而引起管外壁磨损；冷却介质和加热时蒸汽的冲击，引起管内壁的磨损；设备加工不良造成的磨蚀，如弯管时弯头处管壁变薄、焊接不良等。

盘管渗漏的防止：放罐后要认真清洗发酵罐，控制冷却水质量，降低其中氯离子含量，对盘管定期检查、试漏，以及时发现漏隙。可用气压试验和水压试验方法检测。

管件的渗漏：与发酵罐相连接的管路很多，有空气、蒸汽、水、物料、排气、排污等管路，相应的管件和阀门也多。管道的连接方式、安装方法以及选用的阀门形式与防止渗漏有很大的关系。所以，与发酵有关的管路不能同一般化工厂的化工管路完全一样，而有其特殊的要求。

1．防蚀结构设计原则

（1）构件形状尽量简单。合理简单的结构件易于采取防腐措施、排除故障，便于维修、保养和检查。

（2）避免残留液和沉积物造成腐蚀。力求将容器、设备内部的液体排净，避免滞留的液体、沉积物遗留在出口管及底部造成浓差腐蚀或沉积物腐蚀。

（3）防止电偶腐蚀。做到材料相同；电偶序相近；大阳极小阴极有利结合，避免大阴极小阳极的危险连接。

（4）止缝隙腐蚀。设备、管线连接除焊接外还有铆接、销钉连接、螺栓连接、法兰连接等。为了防止缝隙腐蚀，改善铆接状况，在铆缝中可填入一层不吸潮的垫片。最好以焊接代替铆接；法兰连接处垫片不宜过长，尽量采用不吸湿的材料作垫片。加料口应尽量接近容器内的液面，避免加料时溶液飞溅到器壁，引起沉积物下的缝隙腐蚀。

（5）止液体的湍流腐蚀。设计时应注意避免过度的湍流、涡流。避免外形和形状的突变，以免引起超流速与湍流的发生。管线的弯曲半径应尽可能大，避免直角弯曲。在高流速接头部位，不要采用 T 形分叉结构，应采用曲线逐渐过渡结构。

（6）避免应力过分集中。尖角以圆角过渡；施焊时把焊口加工成相同的厚度。减少聚集的、交叉的和闭合的焊缝；施焊时保证被焊接金属结构能自由伸缩。内孔焊接法比涨管法好，既能减少缝隙，又能减小应力腐蚀破裂。

（7）设备和构筑物的位置要合理。设备装置的布置应尽量避免相互之间可能产生的不利或有害影响，如贮液设备、液体输送设备或排泄设备应与电控设备留有一定的安全距离。

（8）电气控制等设备应尽可能避开具有腐蚀性的环境，如在含有或可能泄漏 Cl_2、HCl、H_2S 等腐蚀性和有毒性气体的局部环境中，要尽量避免布置电气设备或未做防腐处理的其他设备。容器底部不要直接与多孔基础（如土壤）接触，要用支座等与之隔离开。

2．防蚀强度设计

主要考虑材料的腐蚀裕量、局部腐蚀强度和材料腐蚀强度变化。

（1）腐蚀裕量的选择：根据材料腐蚀速度取恰当裕量。

（2）局部腐蚀的强度设计：对于晶间腐蚀、孔蚀、缝隙腐蚀等，应正确选材或控制环境介质，注意结构设计等。

（3）材料耐蚀强度特性的变化。在加工及施工处理时，可能会引起材料耐蚀强度特性的变化，如某些不锈钢在焊接时，由于敏化温度影响而造成晶间腐蚀，使材料强度下降，由此可能会在使用中造成断裂事故。

3．采用电镀、化学镀、化学转化膜防护防腐措施

（1）电镀是使电解液中的金属离子在直流电作用下，于阴极（待镀零件）表面沉积出金属而成为镀层的工艺过程。

（2）化学镀是利用一种合适的还原剂，使溶液中的金属离子还原并沉积在基体表面的过程，也被称为自催化镀或无电电镀。优点：不需要通以直流电，将镀件直接浸入化学镀液；在金属、半导体、非导体材料上直接进行；表面上可以获得均匀镀层；镀层孔隙少、致密，具有很好的耐磨性和很高的硬度。缺点：镀液的维护要求较高、需加热设备、成本高、镀层有较大脆性。

（3）化学转化膜。转化膜为金属表面的原子层与某些特定介质的阴离子反应后，在金属表面生成的膜层。转化膜可分为电化学转化膜和化学转化膜。电化学转化膜是将待处理的金属作为阳极，在酸性或碱性电解液中采用控制阳极电流或电压的方法进行阳极氧化获得的膜层。化学转化膜是将待处理的金属在适宜的金属盐溶液中，通过简单的浸渍，在金属表面生成的膜层。

（4）浸镀、渗镀、包镀及热喷涂防护。浸镀是把金属制件浸入熔融金属液中形成镀层。渗镀是将一种或几种元素从表面扩散到基体金属中去，形成渗层，以改变表面层的化学成分及组织，从而改善金属材料的表面性能。包镀是将被保护金属坯料放在保护金属板中间，加以热轧，靠机械力、热扩散使保护金属与被保护金属黏合在一起。热喷涂是利用高温热源，通过特殊设备——喷枪，将涂层材料加热至熔融或接近熔融状态，高速喷至工件表面，并形成防护层的过程。

第二节　防腐施工的基本要求

对于机器设备、构件和管道的外表面，最常用的防腐方法是做防腐覆盖层。由各种防腐材料组成的防腐层应与金属有良好的黏结性，并能保持连续完整；电绝缘性好，有足够的耐击穿电压和电阻率；具有良好的防水性和化学稳定性。表 8-1 为沥青防腐层结构。

表 8-1　沥青防腐层结构

防腐等级		普通级	加强级	特加强级
防腐层总厚度/mm		≥6	≥8	≥10
防腐结构		三油三布	四油四布	五油五布
防腐层数	1	底漆一层	底漆一层	底漆一层
	2	沥青 2 mm	沥青 2 mm	沥青 2 mm
	3	玻璃布一层	玻璃布一层	玻璃布一层
	4	沥青 2 mm	沥青 2 mm	沥青 2 mm
	5	玻璃布一层	玻璃布一层	玻璃布一层
	6	沥青 2 mm	沥青 2 mm	沥青 2 mm
	7	聚氯乙烯薄膜一层	玻璃布一层	玻璃布一层
	8		沥青 2 mm	沥青 2 mm
	9		聚氯乙烯薄膜一层	玻璃布一层
	10			沥青 2 mm
	11			聚氯乙烯薄膜一层

防腐层构造做法各不相同，常用的有柔毡防腐层、涂膜防腐层、喷涂、粘贴面层。

在温度较低时，可使用硅涂料或含铝粉的硅涂料。使用温度较高时，用等离子喷涂方法将耐热的氧化物、碳化物、硼化物等熔化，喷涂在金属部件表面，形成覆盖层。

（1）管道内壁涂料（油漆）的涂装施工：可通过手工刷涂或机械喷涂等方法，在设备的内外表面上黏合一层有机涂料覆盖层，从而将腐蚀介质与基体表面隔离开来的一种防护技术。视具体情况可采用灌涂、喷涂及硫化床等涂装方法。对于直径较大的管道，可采用喷涂方法；直径较小的管道，可采用灌涂方法，即将漆液灌入管道内，将两端堵死，经多次滚动管道后，最后倒出余漆，待干燥后再进行下次涂装，直至达到要求厚度为止。

(2)管道外壁涂料的涂装施工：① 防腐涂料的涂刷工作宜在适宜的环境下进行；室内涂刷的温度为 20～25℃，相对湿度在 65%以下；室外涂刷应无风沙和降水，涂刷温度为 5～40℃，相对湿度在 85%以下，施工现场应采取防火、防雨、防冻等措施。冷底子油不得有空白、凝块和滴落等缺陷，沥青胶结材料各层间不得有气孔、裂纹、凸瘤和落入杂物等缺陷，加强包扎层应全部与沥青胶结材料紧密接合，不得形成空泡和皱褶。② 对管道进行严格的表面处理，清除铁锈、焊渣、毛刺、油、水等污物，必要时还要进行酸洗、磷化等表面处理。③ 控制各涂料的涂刷间隔时间，掌握涂层之间的重涂适应性，必须达到要求的涂层厚度，一般以 150～200 μm 为宜。④ 涂层质量应符合以下要求：涂层均匀、颜色一致，涂层附着牢固、无剥落、皱纹、气泡、针孔等缺陷；涂层完整、无损坏、无漏涂现象。⑤ 操作区域应通风良好，必要时安装通风或除尘设备，以防止中毒事故发生。⑥ 维修后的管道及设备，涂刷前必须将旧涂层清除干净；并经重新除锈或表面清理后，必须在 3 h 内涂第一层底漆才能重涂各类涂料。⑦ 根据涂料的物理性质，按规定的安全技术规程进行施工，并应定期检查，及时修补。防腐层所有缺陷和在检查中破坏的部位，应在回填前彻底修补好。

（3）结构层上做防腐层。结构层上的防腐层常采用柔毡防腐层、涂膜防腐层、防水砂浆做防潮层或用防水砂浆砌防潮层、贴面砖等。

（4）墙身防潮的施工方法：①用 1∶2.5～1∶3 水泥砂浆另加占水泥重量 5%的防水粉拌制成防水砂浆，在基础顶面抹 30 mm 厚面层，形成一道与地下水的隔断层。由于防水粉是一种颗粒微小而又不易溶于水的材料，因而可以堵塞水泥砂浆中的孔隙。②在基础找平层上用防水砂浆砌筑砖墙，高度应在室内地坪以上 60 mm，但以 3～5 皮为宜，采用与砌体同标号砂浆加 5%防水粉拌制。砌筑必须砂浆饱满，并在室内侧砖表面抹防水砂浆厚不小于 20 mm，施工操作简单、效果明显。

一、金属在某些环境中的腐蚀与防护

设备、管道不论是敷设在地上还是地下，都要受到管内外输送介质、外界水、空气或其他腐蚀因素的作用。土壤中的有害物质、地下水侵蚀、防护绝缘层损坏都会在外壁上形成充气电池，并有一直流电从管道漏泄到土壤中，这种直流漏泄电就造成了管道的电化学腐蚀，这是金属管道腐蚀破坏最基本的腐蚀原理。

在腐蚀机理中最常见的腐蚀是电化学腐蚀，金属置于电解质溶液中，由于金属表面上形成的水膜并不是纯净的水，而是某种意义上的电解质溶液。由于水分子的极性作用，某些金属正离子脱离金属进入电解质溶液，从而使金属带负电，而紧靠金属表面的溶液层带正电，形成“双电层”。金属—溶液界面上双电层的建立，使金属与溶液间产生电位差，这种电位差称为该金属在该溶液中的电极电位。金属电极电位的排列顺序称做电动序，在金属的电动序中，氢的标准电极电位为零，比氢的标准电极电位低的金属称为负电性金属，否则为正电性金属。图 8-2 为双电层的示意图。

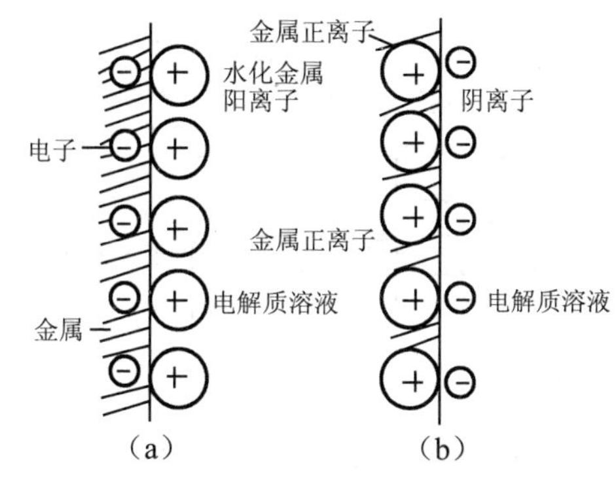

图 8-2 双电层示意

负电性越强的金属，越易腐蚀；正电性越强的金属，越耐腐蚀。

电化学保护是根据金属的电化学腐蚀原理对金属设备进行保护的一种有效方法。阴极保护的原理就是向被保护的金属通入阴极电流，使被保护的金属设备发生阴极极化以减小或防止阳极的溶解速度，使腐蚀电流降为零，从而保护金属免遭电化学腐蚀。

按照作用原理不同，分为外加电流的阴极保护和牺牲阳极的阴极保护。

（1）外加电流的阴极保护（简称阴极保护）。将被保护管道与外加的直流电源的负极相连，把另一辅助阳极接到电源的正极，外加电流在管道和辅助阳极间建立了较大的电位差，如图 8-3 所示。凡是能产生直流电的电源都可以作为阴极保护的电源，如蓄电池、直流发电机、整流器、恒电位仪、太阳能电池、风力发电等。但在实际运行中，金属管道的电极电位往往受土壤温度、含水量、含盐量、高压输电线路干扰等因素的影响，使管道自然电位发生变化；为了使管道电极电位不变或变化甚小，必须采用恒电位仪对不断变化的电源电压进行自动控制，以调节电压。如海水下的钢闸门保护（图 8-4）。优点：可用在要求大保护电流的条件下，保护距离长，当使用不溶性阳极时，其装置耐用，便于调节电流和电压，适用范围广；主要用于防止土壤、海水及水中金属设备的腐蚀。缺点：须经常维护、检修，要配备直流电源设备；附近有其他金属设备时还可能产生干扰腐蚀，需要经常的操作费，成本高、工艺复杂。

（2）牺牲阳极的阴极保护（简称阳极保护）。即在待保护的金属管道上，连接一种电位更低的金属或合金，从而形成一个新的腐蚀电池。如图 8-5 所示，让被保护金属做正极，不反应，起到保护作用；而活泼金属反应，受到腐蚀。如用牺牲镁块的方法来防止地下钢铁管道的腐蚀。优点：不用外加电流；施工简单，管理方便，对附近设备没有干扰，适用于安装电源困难、需要局部保护的场合。缺点：只适于需要小保护电流的场合，且电流调节困难，阳极消耗大，需定期更换。

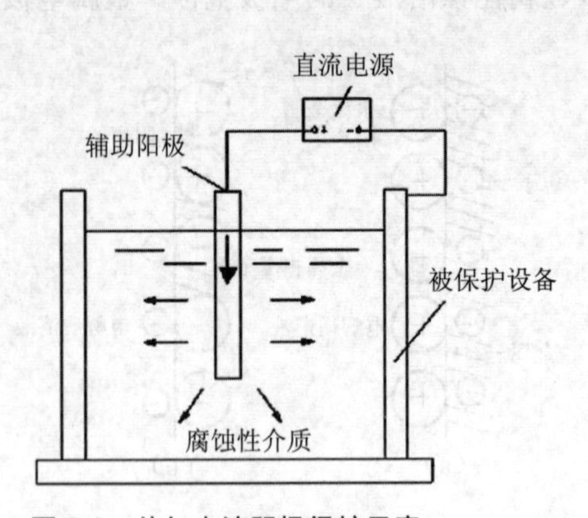

图 8-3　外加电流阴极保护示意
（箭头表示电流方向）

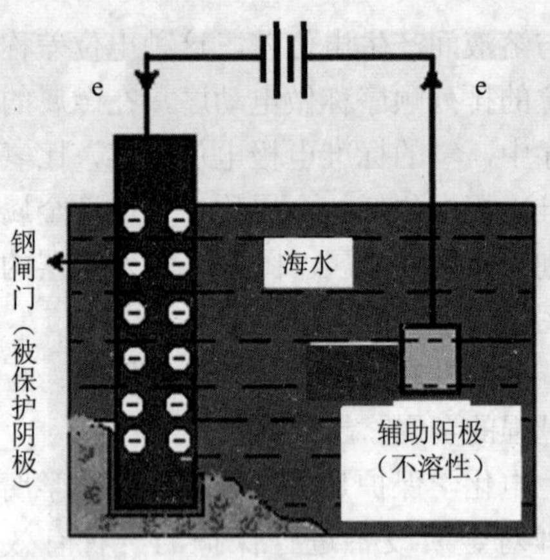

图 8-4　海水下的钢闸门保护示意

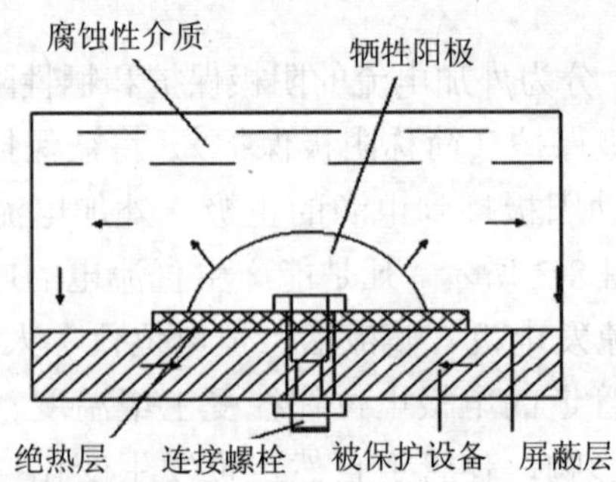

图 8-5　牺牲阳极保护示意（箭头表示电流方向）

无论是采用哪种保护方法，都是依靠消除管道的阳极区，使产生的电流大到足以克服和抵消腐蚀电流，即腐蚀电流等于零，从而停止了金属腐蚀。在恶劣条件下采用电化学保护是有效的方法。

二、埋地管道腐蚀的原因及防腐途径

土壤是一种腐蚀性电解质，金属在土壤中的腐蚀属于电化学腐蚀。土壤是多相结构，含有多种无机和有机物质，这些物质的种类和含量既影响土壤的酸碱性，又影响土壤的导电性。土壤是不均匀的，因而长距离地下管道和大尺寸地下设施，其各个部位接触的土壤的结构和性质变化大。还有大量微生物，对金属腐蚀起加速作用。土壤对钢管的腐蚀程度可用土壤电阻率、含盐量、含水量、极化电流密度的大小来衡量，参见表 8-2。

表 8-2 土壤腐蚀性等级及防腐等级

项目	土壤腐蚀性等级				
	特高	高	较高	中高	低
土壤电阻率/（Ω·m）	＜5	5～10	10～20	20～100	＞100
含盐量/%	＞0.75	0.1～0.75	0.05～0.1	0.01～0.05	＜0.01
在 ΔV=500 mV 时极化电流密度/（mA/cm^2）	0.3	0.08～0.3	0.025～0.08	0.001～0.025	＜0.001
防腐等级	特加强	加 强	加 强	普 通	普 通

埋地管道腐蚀的主要原因是外部腐蚀，影响土壤腐蚀性的主要因素如下：

（1）环境腐蚀介质的含量：腐蚀介质含量越高，金属越易腐蚀；含水量既影响土壤导电性又影响含氧量。氧的含量对金属的土壤腐蚀有很大影响。土壤的腐蚀性越大，金属越易腐蚀；土壤越干燥，含盐量越少，土壤电阻率越大；土壤越潮湿，含盐量越多，土壤电阻率就越小，随电阻率减小，土壤腐蚀性增强。pH 值越低，土壤腐蚀性越强。

（2）杂散电流是指直流电源设备漏电进入土壤产生的电流，可对地下管道、贮罐、电缆等金属设施造成严重的腐蚀破坏（图 8-6）。埋地管道的杂散电流越强，管道的腐蚀性越强。

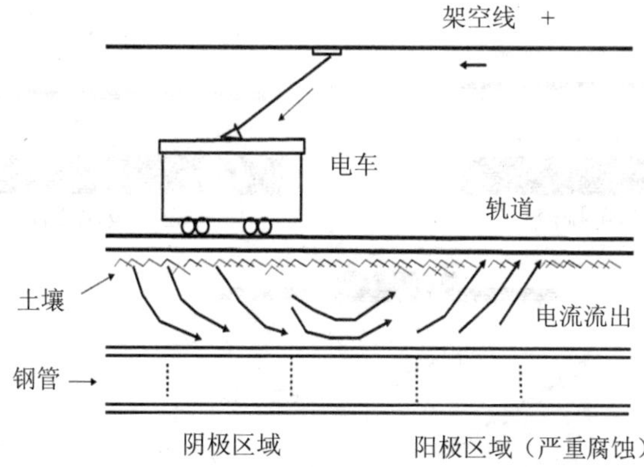

图 8-6 电车轨道漏出的杂散电流对土壤中钢铁管道的腐蚀作用

（3）较长且直径大的钢管由于自重大，造成管线下部与石块等硬物接触部位的防腐层破损；进池套管柔性接口拉松及弯头处防腐层损伤；回填土时还易使被埋钢管自身下沉；或是回填土中含有大量石块、砖块及小铁件，使防腐层破损，个别大石块穿透防腐层将管外壁砸成坑，造成防腐层破坏。

为消除腐蚀根源应采取一些防治措施：

（1）根据输送介质腐蚀性的大小，正确地选用管材，有色金属较黑色金属耐蚀，不锈钢较有色金属耐蚀，非金属管较金属管耐腐蚀；腐蚀性大时，宜选用耐腐蚀的管材，如不锈钢管、塑料管、陶瓷管等。

（2）覆盖层保护。对于主要防护管子外壁腐蚀时，常用防水性和耐蚀性好的防腐绝缘层，如石油沥青层有良好的防水性和耐蚀性。环氧煤焦沥青耐蚀性很好，但毒性大。塑料黏结带适宜长距离管道的现场机械化施工，但费用较高。常用防腐层还有：聚乙烯粘带、塑料（简称黄、绿夹克）环氧粉末、聚氨酯泡沫塑料等防腐层。石油沥青防腐层结构如表 8-1 所示。埋地钢管的涂料以 H06-13 环氧沥青底漆和 H04-1 环氧沥青面漆为主。

（3）减小土壤的腐蚀性。加强排水，保持土壤干燥。在酸性土壤地段，可以在钢管周围填充石灰石碎块。在埋置管道时用腐蚀性较小的土壤回填。

（4）地下管道的阴极保护可采用牺牲阳极保护法，也可以采用外加电流保护法。

（5）控制杂散电流的方法（图 8-7）。① 直流电源要加强绝缘，不使电流进入土壤。② 改善管道绝缘质量。③ 将受干扰的管道与被保护管道连接起来，共同保护。在多管道地区，最好采用多个阳极站，每个站的保护电流较小，以缩小保护电流范围。④ 用深井阳极。⑤ 取排流措施。

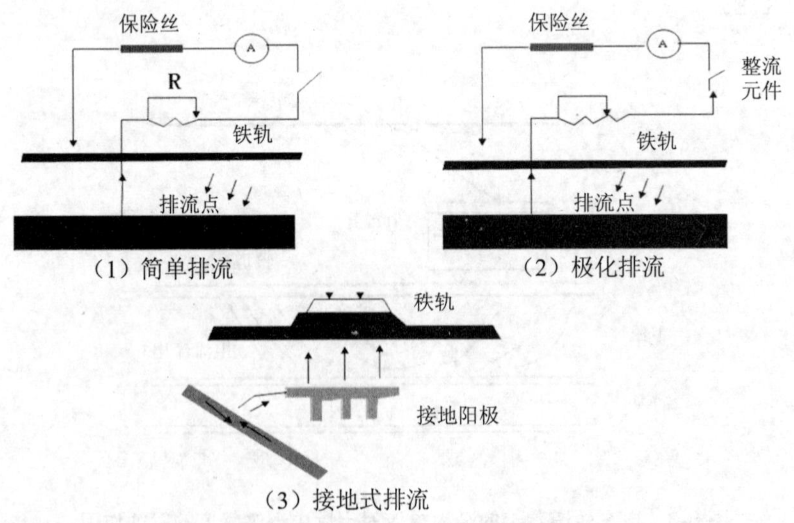

图 8-7　防止杂散电流腐蚀的排流保护法

实践证明：在强腐蚀性环境中的管线，单一的防腐措施有时会因种种原因而失效，而两种以上防腐方法的结合效果较好。阴极保护和涂料联合是保护地下钢铁管道最经济有效的方法。

三、输送酸、碱、盐类流体的防腐

对于各种管道来说，外部防腐蚀是保证质量的关键，对有酸碱介质的容器和管道，内部防腐蚀的质量更为重要。管道的内部腐蚀，主要是在输送的油、气、水中存在的大量腐蚀介质（如二氧化碳、硫化氢、氧、水及酸、碱等）在管道表面冲刷接触所造成。在低洼多水处埋设管道，则应采取内外双涂防腐蚀措施，以防止泄漏和减少维修次数。

对于既承受压力、输送介质的腐蚀性又很大时，宜选用内衬耐腐蚀衬里的复合钢管，通常在管道内壁衬铅、橡胶、搪瓷、聚四氟乙烯等衬里。对大口径钢管内壁多采用水泥砂浆内衬。管道连接处可采用柔性卡箍以代替焊接，这样单根管道内涂比较容易进行。

（1）玻璃钢衬里。利用玻璃纤维的增强、黏合树脂的耐蚀作用；增加涂层厚度、增加涂层机械性能。具有较高的机械强度和整体性、耐蚀性高。

（2）橡胶衬里。有良好的物理、机械、耐蚀和耐磨性能；黏附力强、施工容易、检修方便、衬后设备增重少等特点。常用丁苯橡胶、氯丁橡胶、丁腈橡胶、丁基橡胶和磺化聚乙烯橡胶等合成橡胶。

（3）用缓蚀剂防止管道内壁腐蚀。缓蚀剂是一种在很低的浓度下，能阻止或减缓金属在腐蚀性介质中腐蚀速度的化学物质或复合物。缓蚀剂的缓蚀原理有：①吸附理论：极性基团定向吸附排列在金属的表面，形成连续吸附层，使金属与腐蚀介质隔离，起到缓蚀作用。②成膜理论：分子与金属或腐蚀性介质的离子发生化学作用，在金属表面生成具有保护作用的、不溶或难溶的化合物膜层，起到缓蚀的作用。③电极过程抑制理论：抑制金属在介质中形成腐蚀电池的阳极过程、阴极过程或同时抑制这两个过程，使腐蚀速度减慢，起到缓蚀的作用。缓蚀剂种类有：水溶性缓蚀剂，可作为酸、碱、盐及中性水溶液介质的缓蚀剂；油溶性缓蚀剂，溶解在油、脂中制成各种防锈油、防锈脂；气相缓蚀剂，用作密闭包装中的缓蚀剂。影响缓蚀作用的因素是缓蚀剂浓度、温度、介质流速、pH 值等。缓蚀剂的应用必须具备的条件应为缓蚀剂用量极少、防蚀效果好、不改变介质的其他化学性质。

（4）室外管道长期输水后，水管内壁产生锈蚀和细菌腐蚀，不仅污染水质，而且增加粗糙度，从而影响输水量，通常宜在室外给水钢管内壁均匀地涂抹一层水泥砂浆（或聚合物水泥砂浆涂料）进行防腐，大口径管子用离心法涂衬，小口径管子用挤压法涂衬。

（5）增加均质池，使污水在池中停留时间延长，管线进出排水时间减少；一些污水需自流进池，均采取地下增大坡度的措施，使管内流速加快；大直径管线下增设支墩，减少自重的影响；加大防腐层的设计厚度，由原一般防腐改为特强级防腐。

四、大气腐蚀与防护

空气相对湿度对金属的大气腐蚀也有重要影响，空气中氧的含量约 23%，是大量的也是主要的腐蚀剂，直接参与金属的腐蚀反应。大气腐蚀属于电化学腐蚀范畴。架空管道的腐蚀主要是大气腐蚀。

1．大气腐蚀的影响因素

（1）气候条件：湿度、降水量、温度、日照量。

（2）大气污染物质：① SO_2，能强烈促进钢铁的大气腐蚀；② 盐粒，溶解于金属表面水膜，增加吸湿性和导电性，氯离子还具有强腐蚀性；③ 烟尘，落在金属表面，能吸附腐蚀性物质，或者在金属表面上形成缝隙，增加水汽凝聚。

2．防腐措施

（1）根据不同使用环境、条件等因素来选择涂料及管道涂层可采用的涂料品种。

（2）室外架空管道、半通行或不通行地沟内明设管道以及室内的冷水管道，应选用具有防潮耐水性能的涂料，其底漆可用红丹油性防锈漆，面漆可用各色酚醛磁漆、各色醇酚磁漆或沥青漆；输油管道应选用耐油性较好的各色醇酸磁漆。

五、水下管道和海洋设施的防腐

自然界几乎不存在纯水，特别是海水中含有多种盐类，是电解质溶液，由于海水导电性好，腐蚀电池的电阻很小，因此异金属接触能造成阳极性金属发生显著的电偶腐蚀破坏。海水中含大量氯离子，容易造成金属钝态局部破坏。另外还含有生物、溶解的气体及有机物等，海洋上空大气温度高并含有盐雾，其腐蚀要比内陆严重。

为保护水下管道特别是海水下的管道，在选材、设计和施工中要避免造成电偶腐蚀和缝隙腐蚀。与高流速海水接触的设备（泵、推进器、海水冷却器等）要避免湍流腐蚀和空泡腐蚀。

防腐应选用耐蚀性强、价格又适当的管材，如涂塑钢管、铝及铝合金管、钛及钛合金管等。如采用钢质管道，外表面应做适应于高盐、高碱等严酷环境中的防腐层，如环氧粉末防腐层。根据阴极保护的原理，钢质管道可采用阴极保护方法控制管道的腐蚀。

阴极保护与涂料联合应用是最有效的防护方法。现在海洋船舶、军舶普遍采用这种防护方法。

六、高温气体腐蚀及防护

金属设备和部件在高温气体介质中发生的腐蚀叫作高温气体腐蚀。加热炉炉管和锅炉炉管，氨合成塔内件，石油裂解和加氢装置，以及轧钢，工件热处理都会发生高温气体腐蚀。

金属不仅在氧气和空气中可以发生高温氧化，在氧化性气体 CO_2、水蒸气、SO_2 中也可以发生高温氧化。如高温蒸汽及供暖管道。这种腐蚀主要是由水中溶解氧、氯离子及溶解盐类引起的腐蚀。

防腐措施：

（1）合金化。提高抗高温氧化性能，在碳钢中加入铬、铝和硅。减少脱碳倾向，碳钢中加入钼和钨。防止氢腐蚀，降低钢中含碳量（如微碳纯铁在氨合成塔中有良好耐蚀性）。

（2）覆盖层（表 8-3）。

渗镀：有渗铝、渗铬、渗硅，以及铬铝硅三元共渗。

非金属覆盖层：在温度较低时，可使用硅涂料或含铝粉的硅涂料。使用温度较高时，用等离子喷涂方法将耐热的氧化物、碳化物、硼化物等熔化，喷涂在金属部件表面，形成耐高温的陶瓷覆盖层，可达到抗高温氧化的目的。

表 8-3　抗高温氧化的保护层

覆盖层	最高使用温度/℃
涂料	300
含铝粉硅涂料	500
$Ae\text{-}Al_2O_3$	900
$Ni\text{-}Al_2O_3$	1 800
Ni-MgO	1 800
SiO_2	1 710
Cr_2O_3	1 900
Al_2O_3	2 000
ZrO_2	2 700

（3）控制气体组成。降低烟道气中的过剩氧含量，使 CO_2、CO、H_2O、H_2S、O_2、H_2S 保持一定比例，烟气呈近中性。采用保护性气氛（钢材热处理），常用保护气体有氩、氮、氢、一氧化碳、甲烷等。氩是惰性气体，作保护气体十分理想。

第三节　循环冷却水的腐蚀和水质稳定技术

一、循环冷却水的特点

（1）腐蚀性：在流经冷却塔时受到剧烈搅动，使水中溶解的空气大量增加，循环冷却水为氧所饱和。增加了循环冷却水的腐蚀性。图 8-8 为循环冷却水腐蚀、结垢和污泥的后果。

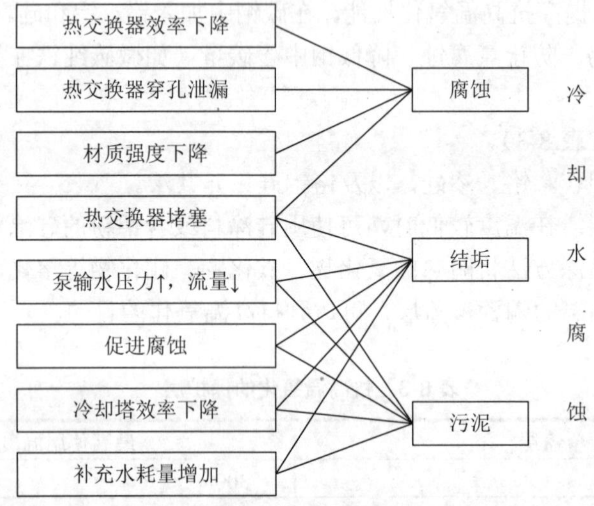

图 8-8　循环冷却水腐蚀、结垢和污泥

（2）结垢：循环冷却水多次重复使用，水中含盐量增高，导电性增大；难溶盐类如碳酸钙、硫酸钙等的浓度增大，容易在传热面上结垢。

（3）微生物危害：循环冷却水的温度在 30～40℃，加上日光和水中高浓度的营养成分（氮、磷、钾），有利于微生物的滋生繁殖——微生物危害。

由于水的多次循环使用，水中无机盐类逐渐浓缩，造成管道内壁腐蚀、结垢等。在循环水和锅炉给水等中性介质中，腐蚀基本是由水中溶解氧和游离二氧化碳引起的，常在系统中加入氧化型或沉淀型缓蚀剂，使管道内壁形成致密的氧化膜（钝化剂），或具有防腐的沉淀膜，以达到防腐目的。

二、水质稳定技术

要使水质稳定首先要解决腐蚀、结垢和微生物危害这三方面的问题。

金属材料在循环冷却水中主要发生吸氧腐蚀。水垢和污泥是祸根。

水垢是指水中无机盐在金属表面沉积所形成的垢层，如碳酸钙、硫酸钙、磷酸钙、氢氧化镁、硅垢等。污泥是水中悬浮物质发生沉积所形成的垢层。污泥是表面很滑的黏胶状物体，不含污泥的水垢一般比较硬、厚且致密，但污泥中总会含有各种无机盐沉淀和微生物。

稳定水质应针对腐蚀、结垢和微生物危害这三个方面的问题对循环冷却水进行综合处理。

三、水质稳定工艺

（1）清洗，目的是除去设备表面的油污、锈皮，使表面清洁，为预膜做好准备。

（2）预膜，按预膜配方投入缓蚀剂，循环一定时间，作用是迅速形成一层均匀而致密的保护性薄膜。成膜后即可采用常规计量操作。

（3）常规处理，常规剂量加入缓蚀剂、阻垢剂和杀菌剂。

另外防腐措施可采用离子交换法或加脱氧剂等进行除氧、除垢。如在管道和锅炉的酸洗除垢中，常在酸溶液中加入吸附型缓蚀剂，此过程属酸性介质的防腐。

第四节　建筑物和构筑物的防护

非金属材料的腐蚀有物理腐蚀、化学腐蚀、微生物腐蚀、应力腐蚀。近年来一些给排水科研、设计和涂料生产单位根据污水处理工艺和腐蚀特点，研制生产的涂料在品种质量、应用范围方面，基本上解决了污水处理中钢制产品的防腐蚀问题。人们对一些工矿装置的废气、废液、废渣和某些工业产品对混凝土的侵蚀有比较清楚的认识，并采取防腐措施，而对于非金属材料的腐蚀如混凝土工程，尤其是地下同地表面交接处混凝土基础工程的腐蚀破坏往往没有引起足够的重视。如某地炼油厂修建的循环塔钢筋混凝土框架在使用较短年限内平台及梁柱混凝土脱落露筋，地面上 500 mm 高范围内框架柱严重腐蚀，钢筋外露危及上部结构；大量混凝土电杆地面以上 500 mm 范围内腐蚀严重，而一些惯用的防腐方法并不适用于砖及混凝土等非金属材料的腐蚀防护。

一、钢筋混凝土的腐蚀原因

钢筋混凝土框架、塔基、容器、柱高出地面以上部分，均受气相、液相和冻融循环介质的作用，外露混凝土极易被侵蚀而松散脱落；梁、顶板及顶棚主要受气相介质的侵蚀，在介质、外界温度及湿度等因素影响下，介质附着物通过裂缝和微孔浸入至钢筋表面，降低了构件承载力；各类地面及平台主要受液相腐蚀介质作用，在介质与环境潮湿条件下多次冻胀松脱损坏。

最主要的腐蚀介质是酸、碱、盐类等，侵蚀原理和方式各有不同。酸介质首先破坏混凝土保护层进而破坏钢筋钝化膜使钢筋腐蚀；在干湿交替环境中因含有盐类介质的水浸入混凝土内部产生结晶而体积膨胀，在内部产生应力，使混凝土逐渐剥落，钢筋外露造成腐蚀；各种有害介质对钢筋混凝土的腐蚀，主要表现在对结构混凝土和钢筋的腐蚀破坏。

由于金属表面不均相的化学状态，电化作用使金属表面结构遭到破坏，造成钢筋及金属表面锈蚀，这种锈蚀和干电池外壳的腐蚀状况是一样的。混凝土虽然自身有较强的碱性，对钢筋有一定保护作用，但外部较多的碱介质逐渐侵入后，尤其在潮湿环境中由于交替作用混凝土易遭破坏。酸、碱、盐介质的腐蚀过程不尽相同，但其破坏的最终结果是相似的，都是通过构件表面的微小细孔和裂缝向内渗透并发生作用而生成结晶盐，或使混凝土产生内应力进而使钢筋生锈膨胀、酥松、开裂、降低强度，使结构丧失和承载力遭受破坏。国家现行的《工业建筑防腐蚀设计规范》（GB J46—8z）规定了对钢筋混凝土结构设计防腐蚀措施。实际上腐蚀介质对具体结构设防是十分复杂的，很难完全针对构件受侵蚀状况提供准确的限制措施。钢筋混凝土结构耐久性的关键是如何预防腐蚀。首先应针对结构的腐蚀特征进行预防，然后就结构自身形式采取具体处理措施。

二、腐蚀防治措施

（一）提高混凝土自身耐腐蚀性能

增强构件本身的耐腐蚀能力是不容忽视的保证措施。

（1）提高混凝土的密实度，施工结构的密实度与混凝土的强度等级、水灰比大小关系密切。强度高、空隙小，则混凝土中性化速度缓慢；防腐混凝土强度等级一般不应低于 C30。水灰比小，则混凝土的密实性好；处于水位变化，多次干湿交替或冻融的结构，宜采用抗硫酸盐水泥、矿渣水泥或矾土水泥，或采用铝酸三钙含量小于 6%的 425 号以上硅酸盐或普通硅酸盐水泥，以提高结构设计强度等级。

（2）适当加大保护层厚度、在干湿交替环境中保护层厚度应增加 5～10 mm；对处于特殊介质环境中的结构，宜将厚度增加至 15～25 mm，并应在表面涂刷保护层以阻止介质的直接侵蚀并减缓腐蚀速度。在设计施工时加大保护层厚度不能采用降低原构件断面高度的方式，否则会降低构件刚度而加速裂缝开裂。

（3）限制裂缝宽度。混凝土结构的各种裂缝是难以避免的，但采取措施限制表面裂缝宽度或采用无裂缝结构形式（预应力混凝土等）对防止侵蚀的作用重大。

（4）提高混凝土中的 pH 值。实验证明，当 pH≥12 时，钢筋不会锈蚀；当 pH≤11.5 时，钢筋开始锈蚀。

（5）适当加入复合外加剂，互相发挥作用，减少锈蚀。针对氯离子破坏钢筋，可掺入适量的阻锈剂，如亚硝酸盐或重铬酸盐等。

（6）钢筋表面防腐蚀和选用不同钢材有关。选用合金材料或在金属表面覆盖保护层，如油漆、油脂等，电镀 Zn、Cr 等易氧化物质以形成致密的氧化物薄膜作保护层。

（二）结构外部采取涂刷包裹防腐

（1）涂层防腐：在混凝土结构表面涂刷各种耐腐蚀涂料。常用的如氯磺化聚乙烯防酸盐碱涂料、沥青漆、环氧涂层煤焦油等防腐涂刷材料。

（2）板块材贴面防腐：在混凝土结构的防腐蚀部位用耐腐蚀胶泥贴一层耐腐板块。常用的板块材有耐酸陶瓷板、花岗岩板、铸石板、耐酸缸砖等；常用粘贴材料有沥青胶泥、沥青砂浆、硫黄胶泥、砂浆及水玻璃胶泥等。

（3）卷材贴面防腐：一般基础采用一毡二油或二毡三油防腐，重要工程的外露部位贴 2～3 层玻璃钢，利用卷材把结构同外部腐蚀土壤或地下水隔离。

（4）抹面防腐：在普通混凝土结构表面抹一层耐腐蚀胶泥或砂浆，常用的材料是环氧煤焦油胶泥、树脂胶泥或砂浆等。

除此之外，还要加强清除骨料中的有害杂质，特别是骨料中的可溶盐类结晶体等。在施工方法和养护方法上也要加强管理，保证其耐腐蚀质量。

三、砖砌体腐蚀原因及防治措施

（一）勒脚腐蚀原因及防治措施

地处土壤盐碱干旱和地下水位较高的场所，砖砌体无论是清水还是混水墙体，腐蚀和粉化的情况都比较严重，粉化脱落多发生在墙基以上的勒脚部位，最高为 600 mm。被粉化的砖墙呈层层松散状态，而抹面墙皮即胀挠起壳，内存很厚的粉末，稍有振动触及粉末即大量脱落。腐蚀较轻的建筑交付使用几年，墙体被粉化得凸凹不平，有的竣工后几个月就掉皮脱落，严重的则危及建筑物的使用寿命和安全。

（二）砖墙表面腐蚀原因

砖墙腐蚀的主要原因是砖内水泥及水中含有较多的可溶性碱盐类，水分的蒸发将这些碱类溶解并析出，但如果是干燥的墙面则不会腐蚀粉化。砖墙腐蚀多见于以下情况：由于地下水位较高或地表水、室内水池渗漏管线破裂造成地面积水且未及时排除；室内地面高于室外，冲洗地面使回填土内水分饱和；墙基防潮措施设置不合理或因没有采取措施而使地下水、雨水、地表水及雨雪融化的水不断湿润勒脚处，长时间后沿砖墙内毛细孔渗透到墙身内，使地面 1 m 以内墙体受潮。

防腐措施常用防水砂浆作防潮层；用防水砂浆砌防潮层；柔毡防潮层、贴面砖等。防腐先防水，采用刚性、柔性或刚柔结合的防水层即可达到防腐目的。

第五节 采用防腐蚀新工艺新技术

随着科研成果的不断涌现，防腐蚀工艺也将随之改进。只要按质量标准施工，采取严格的防腐措施，大胆采用防腐蚀新工艺、新材料、新技术，危害建（构）筑物、管线安全运行的腐蚀破坏就可以降低到最低限度。

习　题

1. 涂料防腐的作用及施工特点是什么？
2. 埋地管道的防腐层主要有几种？施工时有哪些具体要求？
3. 试述埋地管道腐蚀的主要原因和防腐途径。
4. 有害介质对钢筋混凝土腐蚀的主要表现是什么？
5. 对管道内部污水腐蚀的防治措施有哪些？
6. 钢铁腐蚀的条件是什么？钢铁在哪些场所易被腐蚀？钢铁的阻锈方法有哪些？
7. 简述砖砌体腐蚀原因。
8. 简述阴极保护防腐方法。
9. 钢铁易腐蚀，为什么比 Fe 更活泼的金属如 Al、Zn 不易被腐蚀？

第九章 管道及阀门设备的安装

本章重点

根据压力流或重力流的不同要求选择，包括对管材与阀门种类的选择，管件种类及材料的选择，各种形式的接口和管道施工方法及验收方法等。

第一节 管材阀门的性能与选用

一、管材的性能和选用

工程管道所用管材、管件种类很多，按制造材料可分为黑色金属管、有色金属管、塑料管、水泥管等。

（一）金属管材

1. 黑色金属管

钢管的优点是耐高温、高压，机械强度大，韧性好。缺点是加工要求高，施工难度较大。常用钢管有无缝钢管和有缝钢管。管材用钢的性能见表 9-1。

（1）无缝钢管有普通无缝钢管和不锈钢无缝钢管之分。普通无缝钢管是用普通碳素钢、优质碳素钢、低合金钢或合金结构钢轧制而成。品种规格多、强度高，广泛用于压力较高的管道。例如热力管道、制冷管道、压缩空气管道、氧气管道、乙炔管道，以及除强腐蚀性介质以外的各种工程管道。无缝钢管用外径乘壁厚表示，如 $D108\times4$ 表示无缝钢管外径为 108 mm，壁厚 4 mm。

不锈钢无缝钢管价格昂贵，主要用于有特殊要求的化工管道。有热轧和冷轧（冷拔）管两种，按添加金属元素的不同分为铬不锈钢、铬镍不锈钢和铬锰氮系不锈钢；按耐腐蚀性能分为耐大气腐蚀、耐酸碱腐蚀和耐高温等不锈钢；按不锈钢大金属组成分为马氏体、铁素体、奥氏体加铁素体等。

表 9-1　管材用钢的性能

钢种	钢号	焊接性能		适用温度/℃	加工性能	用途
		预热	焊后处理			
普通碳钢	Q215A	好		≤350	好	用于制作管子、螺栓、螺母、法兰、阀门及容器、支吊架等
	Q235A	好		≤350	好	
优质碳钢	08，10	极好		≤450	好	用于制作管子、容器
	15	好		≤450	好	用于制作管子、螺母、容器
	20	好		≤450	可锻，可表面硬化	用于制作管子、螺母、法兰、容器
普通低合金钢	16Mn	好				用于制作管子、容器
	16MnCu	好				用于制作管子、容器
	08Mn2Si	良好		300～475		用于制作管子及高压容器
	08MnCuPTi	良好				用于制作管子、容器
	14MnV	好		-40～450		用于制作管子及高压容器
合金结构钢	16Mo	250～300℃	700℃	-40～450		用于制作管子、法兰及容器
	12CrMo	150～300℃	670～710℃回火	-48～450		用于制作管子、螺母、法兰及容器
	15CrMo	250～350℃	680～720℃回火	-40～450		用于制作管子、法兰及容器
	12CrMoV	同 12CrMo		-40～450		用于制作耐热管子
	12Cr1MoV	预热	正火、回火	＞580		用于制作耐热 540℃、压力 10 MPa 的管子
	18Cr3MoWVA	预热	670～700℃回火	＞580		用于制作合成氨、高压加氢用管材
	30CrMnSiA	板厚 δ＜3 mm 150℃	尽可能进行			用于制作管子、螺栓及螺母
	20MnV	良好		450～475		用于制作高压管子、阀门、容器
	20CrMo	预热	视情况而定	＜520		用于管子和锻件
	20CrMn					用于制作管子和螺母
	30CrMo	170℃	板厚 δ＞8 mm，需处理	-70～550		用于制作管子、高压螺栓、高压螺母及法兰
不锈耐酸钢	2Cr13	较高温	需处理	-48～540	加工前退火冷加工易裂	用于制作管子、阀门、螺栓、螺母
	OCr17Ti			-196～600		用于制作管子
	OCr19Ni9	焊接性能良好，焊后快冷		＜450		用于制作管子、法兰、阀门
	1Cr8Ni9	1 080～1 150℃	水淬	-196～600		用于制作管子、法兰、阀门
	1Cr18Ni9Ti	焊接性能良好，焊后不需处理		最高＜800		用于制作管子、法兰、阀门
	Cr18Ni12Mo2Ti	焊接性能良好，焊后不需处理		-196～700		用于制作管子、容器
	Cr18Ni12Mo3Ti	焊接性能良好，焊后不需处理		-196～600		用于制作管子、容器

钢种	钢号	焊接性能		适用温度/℃	加工性能	用途
		预热	焊后处理			
耐热钢	Cr5Mo	350～400℃	740～760℃回火	−40～550 最高 650		用于制作管子及阀门
	Cr22Ni4N	300℃	不需处理	1 200		用于制作耐热管子
	Cr20Mn9Ni	300℃		1 100		用于制作耐热管子
	2Si2N	焊接性能良好	不需处理	650～840		用作转化炉管
	Cr25Ni2O					
	25Cr18Mn	焊接性能良好	不需处理	950～1 100		用作转化炉管
	11Si2N					
	ZGCr15Ni35	可焊性好		1 050		用作转化炉管
超低碳不锈钢	00Cr18Ni10	良好	不需	<500		用于制作管子
	00Cr13Ni12Mo2	良好	不需			用于制作管子
	00Cr17Ni14Mo3	良好	不需			用于制作管子
节镍不锈钢	Cr18Mn8Ni5N	良好				用于制作管子、容器
	Cr18Mn10Ni5Mo3N	良好				用于制作管子、容器

（2）有缝钢管又称焊接钢管，分为低压流体输送钢管与卷焊接钢管。低压流体输送管钢分为不镀锌钢管（黑铁管）和镀锌钢管（白铁管），用作小直径的低压管道，如给水管道、煤气管道、热水管道、蒸汽管道、碱液及废气管道、压缩空气管道。卷焊接钢管是由钢板卷制，采用直缝或螺旋缝焊制而成，主要用做大直径低压管道，一般用于热力管网或煤气管网。有缝钢管用公称直径表示，如 *DN*80 表示有缝钢管内径为 80 mm。

2．有色金属管

（1）铝及铝合金管材的性能及应用

铝及铝合金管材一般用拉制和挤压方法生产，铝管多用 L2、L3、L4、L5 牌号的工业铝制造；铝合金管根据不同的需要可以用 LF2、LF3、LF5、LF6、LF21、LY11 及 LY12 等牌号铝合金制造。

铝具有良好的导电性和导热性，无磁性，可焊性基本良好。在冷态和热态时均有良好的塑性，因此铝可以在冷态中轧制，也可在热态中挤压、轧制。但铝的强度和硬度较低，铸造性和切削性较差。在铝中加入其他元素，如镁、锰、锌等，就可大大提高铝的强度和硬度。

铝是活泼金属，在许多介质中其表面会生成一层致密的氧化膜，因此有较高的化学稳定性，是良好的耐腐蚀材料，其纯度越高耐腐蚀性越强，但铝合金一般不耐碱液腐蚀，能被氨破坏。铝合金在硝酸铵、硫酸铵、硫酸钠、氧化钙等盐溶液中会引起局部腐蚀。

在工程中常用铝及铝合金管来输送腐蚀性介质（如浓硝酸、尿素、磷酸等）和不允许有铁离子污染的介质。由于铝及铝合金管不易污染产品，所以在食品工业中得到广泛应用。铝及铝合金管有良好的导热性，常用来制造换热设备。其反射辐射热性能好，可用来输送易挥发的介质。

（2）铜及铜合金管材的性能及应用

铜管分为紫铜管、黄铜管。紫铜管和黄铜管按制造方法分为拉制管、轧制管、挤制管。一般中、低压管道采用拉制管。紫铜管的常用材料牌号为 T2、T3、T4、TUP，其材料状态分软、硬两种。黄铜管常用材料牌号为 H68、H62、HPb59-1，其材料状态有硬、半硬、软三种。

铜具有良好的导电性、导热性、低温力学性能，但铜的线膨胀系数较大，可焊性较差，熔化状态易溶解氢，氧化性酸（硝酸和铬酸）对铜有强烈腐蚀作用，不能用于输送氧化性酸。苛性碱、盐类的中性溶液对铜无腐蚀作用，只有在溶液中溶解有氧或其他氧化剂时，铜才会被强烈腐蚀。在潮湿环境中，酸性气体对铜有腐蚀作用。

紫铜管和黄铜管常用来制造热交换设备、深冷管路和化工管路，也常用于仪表测压管线和液压传输管线。铜和锌的合金叫黄铜，添加锡、锰、铅等合金，可改善黄铜的氧化性能、力学性能、加工性能、防腐性能。挤制铝青铜管用 QAL10-3-1 及 QAL-4-4 牌号的青铜制成，用于机械和航空工业，制造耐磨耐蚀和高强度的管件。锡青铜管系由 QSn4-3 等牌号的锡青铜制成，适用于制造压力表的弹簧管及耐磨管件。

（3）铅及铅合金管

常用铅管分为软铅管和硬铅管两种。

铅管在 10%以下的盐酸、亚硫酸、砷酸、磷酸、氢氟酸、铬酸以及海水中都是稳定的。但铅管在常温的干燥氟、氯、溴等气体中会有轻微的腐蚀。铅管主要在化工中用来输送 150℃、70%～80%的硫酸以及 10%以下的盐酸等腐蚀介质。

铅管的硬度小，密度大，熔点低，可塑性好，电阻率高，线膨胀系数大。铅管有良好的可焊性和耐蚀性，且阻止各种射线透射的能力强大。

由于铅管的强度和熔点较低，因此铅管的使用温度一般不能超过 140℃。又因铅管的硬度较低，不耐磨，因此铅管不宜输送有固体颗粒悬浮液的介质。由于铅有毒，因此铅管不能输送食品和生活用水。

（4）钛的性能及其应用

钛是一种轻金属，也是难熔金属。钛的耐腐蚀性能很高，因为它的表面生成一层致密的氧化膜，钛在海水及大气中具有良好的耐腐蚀性。

钛的化学活动性随温度的升高而且显著增加，当 300℃时，钛吸收氢的速度极高，而 600℃以上能开始同氧发生作用，700℃则与氮发生作用。氢可以经真空退火除去，但氧和氮则不能去除，这些气体杂质可使钛的力学性能变差。

（5）铸铁管

按制造材质不同，分为铸铁浇铸的铸铁管和球墨铸铁管。按制造方法又可分为砂型离心铸铁直管和连续铸铁直管。由于出厂时管壁内外均涂有沥青，因此，铸铁管比钢管耐腐蚀，故常用于埋地的给水和煤气等压力流体的输送管道。

（二）塑料管材

塑料管材均由合成树脂并附加一些辅助性稳定性原料，经过一定的工艺过程，如注塑、挤压、焊接等制造而成，具有内壁光滑、流体阻力小、不易结垢、不易堵塞、施工便捷等优点，特别是具有总量轻、耐腐蚀性能好的特点，使塑料管道广泛应用于市政及农业给排水、化工管道、电线保护管、燃气管等领域。其共同特点为：

①密度较小，在 1.0～1.6 g/cm^3，比金属管材轻得多，安装方便。

②具有一定的机械强度，能承受一定的拉力和压力。但耐热性差，当温度升高时，易软化，机械强度也随之下降。

③塑料管道是电的不良导体，具有绝缘性，常用做电线、电缆保护套管。

④由于塑料具有热塑性，可多次反复加热仍具有可塑性，因而特别适用于热熔接、焊接。

⑤塑料管道具有较大的线膨胀性。在管道工程中，需要对直线管道的热膨胀进行补偿。

⑥耐腐蚀性能良好，塑料管道不易被氧化，常温下很稳定。除某些强氧化剂如硝酸等外，几乎不与任何酸、碱、盐溶液发生反应，在大多数有机溶剂中也不溶解。

1．硬聚氯乙烯（UPVC）管

硬聚氯乙烯管在 20 世纪 30 年代起源于德国，具有化学稳定性高、重量轻、耐腐蚀、安全方便的特点；但强度低、线膨胀系数大、耐久性差，当温度高于 80℃时开始软化，130℃时呈柔软状态，到 180℃后开始呈现流动状态。另外此种管材的稳定剂中含有氧化铅，易渗析出微量重金属，不宜作为输送生活饮用水的管道。

目前硬聚氯乙烯管在化工、石油、制药、冶金等工业部门管道中得到了广泛应用，以此代替不锈钢、铅、铜、铝、橡胶等重要工业管材。硬聚氯乙烯管的化学稳定性很好，除 100%的丙酮、苯、溴水、氟化氢，96%以上的硫酸等不适用外，其余输送介质在一定温度下均可适用。一般作为输送 0.6～1.0MPa 和−15～60℃的酸、碱、纸浆等介质，民用建筑排水、煤气和非饮用的工业用水及锅炉水处理管也大量采用。

2．复合发泡硬聚氯乙烯管

20 世纪 80 年代初法国首先开发、应用复合发泡硬聚氯乙烯管，是普通硬聚氯乙烯管的升级产品。由两种聚氯乙烯配方三层共挤而成，通过改性聚氯乙烯内外皮层和蜂巢状结构芯层，使复合发泡硬聚氯乙烯管不仅具有传统聚氯乙烯实壁管优于铸铁、铜管的特性，更有较传统聚氯乙烯实壁管、铸铁管和钢管更加优异的特点：

产品具有重量轻、成本低、流体阻力小、耐酸碱、使用寿命长、机械强度高、隔音性能好、电气绝缘性强、施工简单、耐热耐寒、化学稳定性好、不污染水质等特点。

复合发泡硬聚氯乙烯管适用于工业和住宅建筑中的低压力给排水管、"三废"排污管、室内空调与通风管、排气管、电线电缆护套管、冷热流体输送管和化学与医药等工业用管。

3．高密度聚乙烯（HCPE）管

高密度聚乙烯管材寿命长、无毒、韧性好，有较好的疲劳强度和抗冲击性能，脆化温度可达−70℃。连接方式采用热熔对接，施工安装极为方便。高密度聚乙烯管适用于输送温度不高于60℃的介质，主要用于市政供水系统、建筑给水系统、纯净水、化工、医药、造纸、农业排灌工程用管及电线电缆导管。

聚乙烯双壁波纹管以高密度聚乙烯树脂为原料，配以一定量的助剂，经塑化、挤出而成。具有质轻、耐腐蚀、耐老化、强度大、弯曲性能好和施工安装方便等特点。适用于电缆套管、地下电缆管、农业灌溉管、通风管、地埋输水管等。

4．聚丙烯（PP-R）管

聚丙烯管是用挤压法生产的无缝管，熔点为170～176℃，软化温度是由其熔点决定的。在没有外力作用下，95℃左右仍能保持形状不变，具有良好的耐热性及较高的强度。因此，可输送低负荷的温度达110～120℃的介质。聚丙烯的低温性能较差，5℃以下时呈现低温脆性，抗冲击性能也显著降低。

聚丙烯管的颜色有白色、灰色、绿色和咖喱色。按《冷热水用聚丙烯管道系统》（JB/T 18742—2002）的规定，常温下标准管材使用压力不超过 0.6 MPa，重型管材使用压力不超过 1.0 MPa。其规格为：轻型管材公称直径为15～200 mm；重型管为8～65 mm。主要用于建筑物的冷热水系统，纯净水供水系统，输送化工腐蚀介质、农用灌溉等。

聚丙烯管具有如下优点：

（1）无毒、卫生。从原料生产，制品加工到使用均不会对人体及环境造成污染，该管材可用于冷、热水系统、采暖系统、空调冷凝管系统及纯净水系统。

（2）耐热保温性能好。PP-R 管最高使用温度95℃，瞬间温度可达110℃，长期使用温度为70℃，可作热水供应系统管材，其导热系数为0.21W/（m·℃），仅为钢管的1/200，具有较好的保温性能。

（3）是非极性材料，耐腐蚀性能强于PVC管，与水中的所有离子和建筑物的化学物质均不起化学作用，是不会生锈和腐蚀、不结垢、不渗漏的绿色高级给水管材。

（4）管道连接安装简便、可靠。由于PP-R管材、管件均采用同一原料加工而成，一体化热熔连接管材、管件，经过热熔，连接部位配件和管材融为一个整体，其强度大于管材本身强度，可永久消除漏水隐患。热熔连接采用专用工具，数秒钟即可完成一个接头，操作方便、使用安全可靠。

（5）原料可回收。生产及施工中废品可回收利用，直接用于再生产管材、管件。

此外，聚丙烯管也可用聚酯玻璃钢为外增强层制造复合管，这种管材使用温度范围比普通聚丙烯管材大，无负荷时为－20～140℃，强度和刚度都有所增加。

5．ABS 工程塑料管

ABS 工程塑料管是由丙烯腈—丁二烯—苯已烯组成的三元共聚物，因而具有三种特性：耐化学腐蚀性、具有良好机械强度和较高的冲击韧性。它的密度为 1.03～1.07 g/cm^3，抗拉强度为 40～50MPa，冲击强度高达 3 900 $N\cdot cm/cm^2$。

ABS 工程塑料管的线膨胀系数较大，一般为 $10.0\times10^5K^{-1}$，管道安装中同样要处理好管子热伸长的补偿问题。ABS 工程塑料的热变形温度为 65～124℃（不同品种其变形温度也不同），其热成形温度为 149℃或再高一些。ABS 工程塑料还有良好的耐磨性。ABS 工程塑料的抗老化性也较差，当暴露在阳光下使用时，应采取防护措施。

ABS 工程塑料能耐弱酸、弱碱和中等浓度的强酸、强碱的腐蚀，在酮、醛、脂类以及有氯化烃中会溶解或形成乳浊液，而不溶于大部分醇类和烃类溶剂，但与烃类长期接触后，会软化和溶胀，不耐硫酸、氢氟酸、冰醋酸的腐蚀。

ABS 工程塑料管除了用于化工、制革、医药等行业输送腐蚀介质外，还用来输送摩擦性大的黏稠性液体，在食品工业中输送各种饮料，以发挥它的耐磨和无毒的特性。

6．玻璃钢管

环氧玻璃钢管和环氧聚酯玻璃钢管，耐压 1.5MPa，使用温度不超过 110℃，适用于腐蚀性废水输送管、深井水管、锅炉输水管等强度高的管道系统。

聚酯玻璃钢管耐压 1.5MPa，使用温度不超过 90℃，适用于强腐蚀性废水输送管道系统，并且有防蛀性能。

酚醛玻璃钢管耐压 1.0MPa，使用温度不超过 120℃，适用于石油、化工、染料、制药、化肥、电器等工业生产系统管道。

呋喃玻璃钢管耐压 1.0MPa，使用温度不超过 180℃，适用于输送石油、化工等严重腐蚀介质的管道系统，尤其是高温下酸、碱交替的介质输送。

7．玻璃钢—塑料耐腐蚀复合管

玻璃钢—塑料耐腐蚀复合管材系以环氧玻璃钢为外套，聚氯乙烯为内衬制成。它既具有硬聚氯乙烯管耐腐蚀、阻力小、重量轻等优点，又具有玻璃钢管耐老化、耐高压、耐热、耐冲击性能好等优点，它可以部分代替不锈钢，用于温度在 85℃以下，工作压力 0.6～1.0MPa，耐腐蚀的酸、碱、盐、有机药剂溶液及腐蚀性较强的工业废水的输送管道。

玻璃钢—塑料耐腐蚀复合管常用规格有 15～250 mm，每根管长度一般为 4 m。

8．铝塑复合管

铝塑复合管是以金属铝管为中间增强材料，通过黏合剂与内外层的聚乙烯或交联聚乙烯管等 5 层材料，通过高温、高压融合成一体，具有良好的物理化学性能及经济性、实用性和先进的管道系统兼容性，兼备金属管材的钢性和塑料管的柔性的优点，是替代镀锌钢管的最佳管材。目前，此种管材是重点推广使用的产品。

铝塑复合管的特性有：

- ◆ 耐温范围广，耐压强度高；
- ◆ 耐腐蚀，不结垢，无水锤噪声；
- ◆ 使用寿命可达 50 年；
- ◆ 洁净卫生，不孳生微生物，不透气；
- ◆ 抗静电，难燃；
- ◆ 抗冻，抗震；
- ◆ 可弯曲，不反弹；
- ◆ 自重轻，搬运、储藏容易；
- ◆ 接头少，减少渗漏概率；
- ◆ 安装简易，造价低，用途广泛。

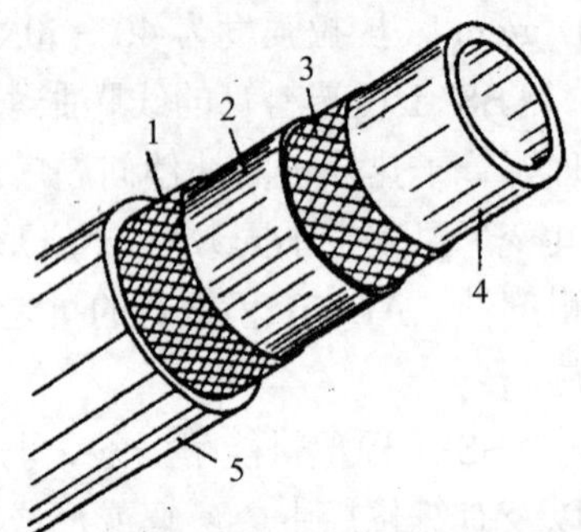

1．胶合层　2．铝管　3．胶合层
4．塑胶内层　5．塑胶外层

图 9-1　铝塑复合管管体结构

铝塑复合管适用范围为：工矿企业、写字楼、宾馆、公寓住宅；室内及室外冷热水、燃气、采暖、压缩空气管道；化工、石油、食品工业的特殊液体（酸、碱、盐）输送管道；通信、电信、输供电用屏蔽电气导管和绝缘电气导管等。铝塑复合管管体结构如图 9-1 所示。

（三）水泥管材

1．水泥压力管

水泥压力管包括自应力钢筋混凝土输水管和预应力钢筋混凝土输水管，其优点是强度高，抗渗、抗裂和防锈、防腐性能好，维护简单，施工方便。缺点是管材重，运输不方便。自应力钢筋混凝土输水管每根长 3～4 m，有公称直径 100～800 mm 各种规格，允许输送水介质的工作压力为 0.4～1.2MPa。预应力钢筋混凝土输水管有公称直径 400～2 000 mm 各种规格，每根长度 5 160 mm，允许输送水介质的工作压力为 0.4～1.2MPa。

2．石棉水泥压力管

目前有公称直径 75～500 mm 各种规格，按压力指标分类，其工作压力有 0.4MPa、0.75MPa、1.0MPa 三种。每根长 3～5 m。其优点是重量轻，抗腐蚀性能好，加工方便，管壁光滑。缺点是质脆，抗冲击性能差，容易损坏，一般常用于排水管道。

3．混凝土及钢筋混凝土排水管

（1）混凝土排水管有公称直径 150～1 500 mm 各种规格，每根管长度 800～2 000 mm，适用于室外排水使用。

（2）轻型钢筋混凝土排水管有公称直径 150～1 800 mm 各种规格，其强度和承载力高于混凝土管，适用于室外排水使用。

（3）重型钢筋混凝土排水管有公称直径 150～1 500 mm 各种规格，每根长度一般为 2 m，其强度和承载力高于轻型管，适合于埋深较深、承载力较大的外部排水工程。

二、阀门

（一）阀门的型号

通过改变管道通路断面以控制管道内流体流动的装置，均称为阀门或阀件。阀门在管路中主要起到的作用是：接通或截断介质；防止介质倒流；调节介质的压力、流量等参数；分离、混合或分配介质；防止介质压力超过规定数值，以保证管路或容器、设备的安全。

阀门在管道工程上有着广泛的应用，由于使用目的不同，阀门的类型多种多样，特别是近年来阀门的新结构、新材料、新用途不断发展。为了统一制造标准、正确选用和识别阀门，也为了便于生产、安装和更换，阀门的品种规格正向标准化、通用化、系列化方向发展。

阀门型号表示方法（JB/T 308—2004）如下：

1．阀门的型号编制方法

阀门型号由阀门类型、驱动方式、连接形式、结构形式、密封面材料或衬里材料类型、压力代号或工作温度下的工作压力、阀体材料七部分组成。

编制的顺序按：阀门类型、驱动方式、连接形式、结构形式、密封面材料或衬里材料类型、公称压力代号或工作温度下的工作压力代号、阀体材料。

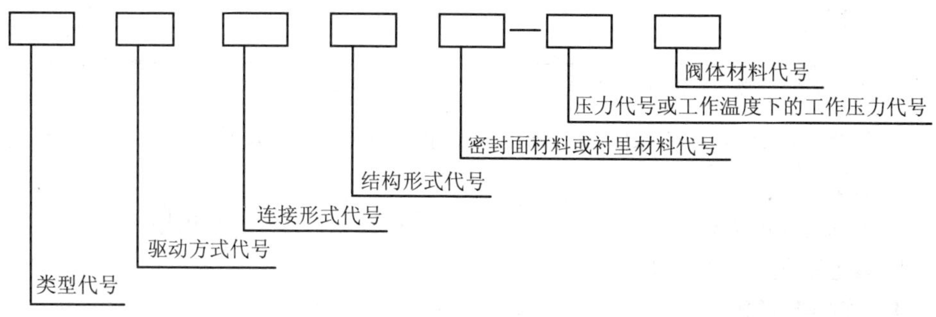

2．阀门类型代号

阀门类型代号用汉语拼音字母表示，按表 9-2 的规定表示。

表 9-2　阀门类型代号

阀门类型	代号	阀门类型	代号
弹簧载荷安全阀	A	排污阀	P
蝶阀	D	球阀	Q
隔膜阀	G	蒸汽疏水阀	S
杠杆式安全阀	GA	柱塞阀	U
止回阀和底阀	H	旋塞阀	X
截止阀	J	减压阀	Y
节流阀	L	闸阀	Z

当阀门还具有其他功能作用或带有其他特异结构时，在阀门类型代号前再加注一个汉语拼音字母，按表 9-3 的规定。

表 9-3　具有其他功能作用或带有其他特异结构的阀门表示代号

第二功能作用名称	代号	第二功能作用名称	代号
保温型	B	排渣型	P
低温型	D[a]	快速型	Q
防火型	F	（阀杆密封）波纹管型	W
缓闭型	H	—	—

a 低温型指允许使用温度低于–46℃以下的阀门。

3．驱动方式代号

驱动方式代号用阿拉伯数字表示，按表 9-4 的规定。

表 9-4　阀门驱动方式代号

驱动方式	代号	驱动方式	代号
电磁动	0	锥齿轮	5
电磁—液动	1	气动	6
电—液动	2	液动	7
蜗轮	3	气—液动	8
正齿轮	4	电动	9

注：代号 1、代号 2 及代号 8 是用在阀门启闭时，需有两种动力源同时对阀门进行操作。

安全阀、减压阀、疏水阀、手轮直接连接阀杆操作结构形式的阀门，本代号省略，不表示。

对于气动或液动机构操作的阀门：常开式用 6K、7K 表示；常闭式用 6B、7B 表示。

防爆电动装置的阀门用 9B 表示。

4．连接形式代号

连接形式代号用阿拉伯数字表示，按表 9-5 规定的。

各种连接形式的具体结构、采用标准或方式（如：法兰面形式及密封方式、焊接形式、螺纹形式及标准等)，不在连接代号后加符号表示，应在产品的图样、说明书或订货合同等文件中予以详细说明。

表 9-5　阀门连接端连接形式代号

连接形式	代号	连接形式	代号
内螺纹	1	对夹	7
外螺纹	2	卡箍	8
法兰式	4	卡套	9
焊接式	6	—	—

5．阀门结构形式代号

阀门结构形式用阿拉伯数字表示，按表 9-6～表 9-16 规定。

表 9-6　闸阀结构形式代号

结构形式				代号
阀杆升降式(明杆)	楔式闸板	弹性闸板		0
		刚性闸板	单闸板	1
			双闸板	2
	平行式闸板		单闸板	3
			双闸板	4
阀杆非升降式(暗杆)	楔式闸板		单闸板	5
			双闸板	6
	平行式闸板		单闸板	7
			双闸板	8

表 9-7　截止阀、节流阀和柱塞阀结构形式代号

结构形式		代号	结构形式		代号
阀瓣非平衡式	直通流道	1	阀瓣平衡式	直通流道	6
	Z 形流道	2		角式流道	7
	三通流道	3		—	—
	角式流道	4		—	—
	直流流道	5		—	—

表 9-8　球阀结构形式代号

结构形式		代号	结构形式		代号
浮动球	直通流道	1	固定球	直通流道	7
	Y 形三通流道	2		四通流道	6
	L 形三通流道	4		T 形三通流道	8
	T 形三通流道	5		L 形三通流道	9
	—	—		半球直通	0

表 9-9　蝶阀结构形式代号

结构形式		代号	结构形式		代号
密封型	单偏心	0	非密封型	单偏心	5
	中心垂直板	1		中心垂直板	6
	双偏心	2		双偏心	7
	三偏心	3		三偏心	8
	连杆机构	4		连杆机构	9

表 9-10　隔膜阀结构形式代号

结构形式	代号	结构形式	代号
屋脊流道	1	直通流道	6
直流流道	5	Y 形角式流道	8

表 9-11　旋塞阀结构形式代号

结构形式		代号	结构形式		代号
填料密封	直通流道	3	油密封	直通流道	7
	T 形三通流道	4		T 形三通流道	8
	四通流道	5		—	—

表 9-12　止回阀结构形式代号

结构形式		代号	结构形式		代号
升降式阀瓣	直通流道	1	旋启式阀瓣	单瓣结构	4
	立式结构	2		多瓣结构	5
	角式流道	3		双瓣结构	6
—			蝶形止回式		7

表 9-13　安全阀结构形式代号

结构形式		代号	结构形式		代号
弹簧载荷弹簧密封结构	带散热片全启式	0	弹簧载荷弹簧不封闭且带扳手结构	微启式、双联阀	3
	微启式	1		微启式	7
	全启式	2		全启式	8
	带扳手全启式	4		—	—
杠杆式	单杠杆	2	带控制机构全启式	—	6
	双杠杆	4	脉冲式	—	9

表 9-14　减压阀结构形式代号

结构形式	代号	结构形式	代号
薄膜式	1	波纹管式	4
弹簧薄膜式	2	杠杆式	5
活塞式	3	—	—

表 9-15　蒸汽疏水阀结构形式代号

结构形式	代号	结构形式	代号
浮球式	1	蒸汽压力式或膜盒式	6
浮桶式	3	双金属片式	7
液体或固体膨胀式	4	脉冲式	8
钟形浮子式	5	圆盘热动力式	9

表 9-16　排污阀结构形式代号

结构形式		代号	结构形式		代号
液面连接排放	截止型直通式	1	液底间断排放	截止型直流式	5
	截止型角式	2		截止型直通式	6
	—	—		截止型角式	7
	—	—		浮动闸板型直通式	8

6. 密封面或衬里材料代号

除隔膜阀外，当密封面材料不同时，以硬度低的材料表示。阀座密封面或衬里材料代号按表 9-17 规定的字母表示。

表 9-17　密封面或衬里材料代号

密封面或衬里材料	代号	密封面或衬里材料	代号
锡基轴承合金（巴氏合金）	B	尼龙塑料	N
搪瓷	C	渗硼钢	P
渗氮钢	D	衬铅	Q
氟塑料	F	奥氏体不锈钢	R
陶瓷	G	塑料	S
Cr13 系不锈钢	H	铜合金	T
衬胶	J	橡胶	X
蒙乃尔合金	M	硬质合金	Y

隔膜阀以阀体表面材料代号表示。

阀门密封副材料均为阀门的本体材料时，密封面材料代号用“W”表示。

7. 压力代号

阀门使用的压力级符合 GB/T 1048 的规定时，采用 GB/T 1048 标准 10 倍的兆帕单位（MPa）数值表示。

当介质最高温度超过 425℃时，标注最高工作温度下的工作压力代号。

压力等级采用磅级（lb）或 K 级单位的阀门，在型号编制时，应在压力代号栏后有 lb 或 K 的单位符号。

公称压力小于等于 1.6MPa 的灰铸铁阀门的阀体材料代号在型号编制时予以省略。

公称压力大于等于 2.5MPa 的碳素钢阀门的阀体材料代号在型号编制时予以省略。

8．阀体材料代号

阀体材料代号用表 9-18 的规定字母表示。

表 9-18　阀体材料代号

阀体材料	代号	阀体材料	代号
碳钢	C	铬镍钼系不锈钢	R
Cr13 系不锈钢	H	塑料	S
铬钼系钢	I	铜及铜合金	T
可锻铸铁	K	钛及钛合金	Ti
铝合金	L	铬钼钒钢	V
铬镍系不锈钢	P	灰铸铁	Z
球墨铸铁	Q	—	—

注：CF3、CF8、CF3M、CF8M 等材料牌号可直接标在阀体上。

9．命名

对于连接形式为“法兰”、结构形式为：闸阀的“明杆”“弹性”“刚性”“单闸板”，截止阀、节流阀的“直通式”，球阀的“浮动球”“固定球”“直通式”，蝶阀的“垂直板式”，隔膜阀的“屋脊式”，旋塞阀的“填料”“直通式”，止回阀的“直通式”“单瓣式”，安全阀的“不封闭式”“阀座密封面材料”在命名中均予省略。

10．型号和名称编制方法示例

（1）电动、法兰连接、明杆楔式双闸板，阀座密封面材料由阀体直接加工，公称压力 *PN*0.1MPa、阀体材料为灰铸铁的闸阀：Z942W-1 电动楔式双闸板闸阀。

（2）手动、外螺纹连接、浮动直通式阀座密封面材料为氟塑料、公称压力 *PN*4.0MPa、阀体材料为 1Crl8Ni9Ti 的球阀：Q21F-40P 外螺纹球阀。

（3）气动常开式、法兰连接、屋脊式结构并衬胶、公称压力 *PN*0.6MPa、阀体材料为灰铸铁的隔膜阀：$G6_K41J-6$ 气动常开式衬胶隔膜阀。

（4）液动、法兰连接、垂直板式、阀座密封材料为铸铜、阀瓣密封面材料为橡胶、公称压力 PN0.25MPa、阀体材料为灰铸铁的蝶阀：D741X-2.5 液动蝶阀。

（5）电动驱动对接焊连接、直通式、阀座密封面材料为堆焊硬质合金、工作温度 540℃时工作压力 17.0MPa、阀体材料铬钼钒钢的截止阀：J961Y-P_{54}170V 电动焊接截止阀。

（二）阀门的分类

阀门的种类繁多，可按以下方法分类。

1．按用途分类

（1）截断阀，主要用于接通或截断管路中的介质流。包括闸阀、截止阀、旋塞阀、球阀、蝶阀和隔膜阀等。

（2）止回阀，主要用于防止管路中的介质倒流。水泵吸水管的底阀也属于止回阀类。

（3）安全阀，用于管路或装置中的介质超压保护，从而达到安全的目的。

（4）调节阀，主要作用于调节介质的压力、流量等。包括调节阀、节流阀、减压阀、蝶阀、球阀、平衡阀。

（5）分流阀，用于分配、分离或混合管路中的介质。包括各种分配阀、三通或四通旋塞阀、三通或四通球阀等，见图 9-2。

（6）特殊用途阀门，如蒸汽（空气）疏水阀、排污（排渣）阀、放空阀。

2．按公称压力分类

（1）真空阀，指工作压力低于标准大气压的阀门。

（2）低压阀，指公称压力 *PN*≤1.6MPa 的阀门。

（3）中压阀，指公称压力 *PN* 为 2.5MPa、4.0MPa、6.4MPa 的阀门。

（4）高压阀，指公称压力 *PN* 为 10～80MPa 的阀门。

（5）超高压阀，指公称压力 *PN*≥100MPa 的阀门。

T 型三通球阀、旋塞阀流向图

方案一

方案三

L 型三通球阀流向图

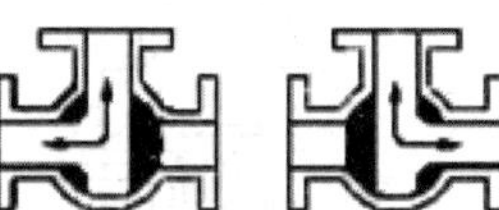

方案二

方案四

图 9-2　三通球阀、旋塞阀分流图

3．按工作温度分类

（1）超低温阀，指用于介质工作温度 *t*＜–100℃的阀门。

（2）低温阀，指用于介质工作温度–100℃≤*t*≤–40℃的阀门。

（3）常温阀，指用于介质工作温度–40℃≤*t*≤120℃的阀门。

（4）中温阀，指用于介质工作温度 120℃＜*t*≤450℃的阀门。

（5）高温阀，指用于介质工作温度 *t*＞450℃的阀门。

4．按驱动方法分类

（1）自动阀，指依靠介质本身的能量而自行动作的阀门。如安全阀、减压阀、止回阀、调节阀、疏水阀等。

（2）驱动阀，指借助气动、液动、电动或其他电气装置等动力源驱动的阀门。

（3）手动阀，指借助手轮、手柄、杠杆、链轮，由人力来操控的阀门。当阀门启闭力矩较大时，可设置齿轮或蜗轮蜗杆减速装置。

5．按公称通径分类

（1）小口径阀门，公称通径 *DN*≤40 mm 的阀门。

（2）中口径阀门，公称通径 *DN* 为 50～300 mm 的阀门。

（3）大口径阀门，公称通径 *DN* 为 350～1 200 mm 的阀门。

（4）特大径口阀门，公称通径 *DN*≥1 400 mm 的阀门。

6．按结构特征分类

（1）截门型阀，启闭件（阀瓣）由阀杆带动沿着阀座中心线移动，见图 9-3。

（2）闸门型阀，启闭件（闸板）由阀杆带动沿着垂直于阀座的中心线移动，见图 9-4。

（3）旋塞型阀，启闭件（锥塞或球）围绕自身中心线旋转，见图 9-5。

（4）旋启型阀，启闭件（阀瓣）围绕阀座外的轴旋转，见图 9-6。

（5）蝶型阀，启闭件（圆盘）围绕阀座内的固定轴旋转，见图 9-7。

（6）滑阀，启闭件在垂直于通道的方向滑动，见图 9-8。

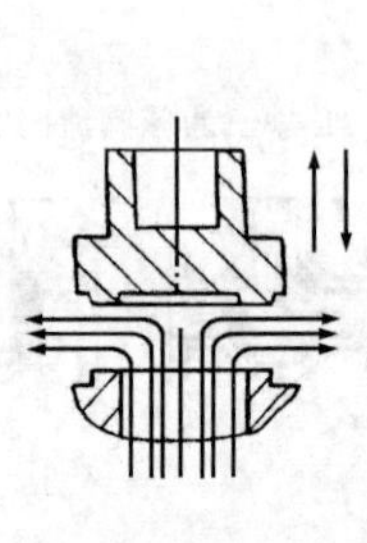

图 9-3　截门型阀

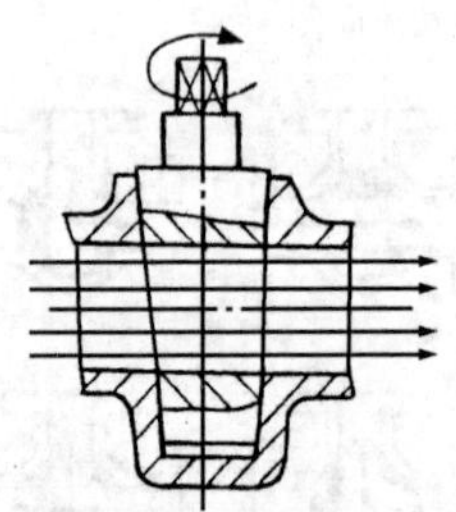

图 9-4　闸门型阀

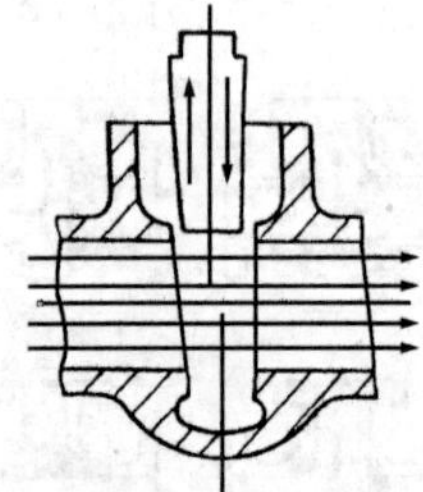

图 9-5　旋塞型阀

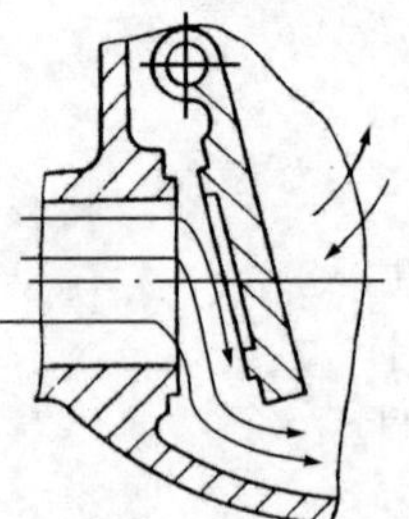

图 9-6　旋启型阀

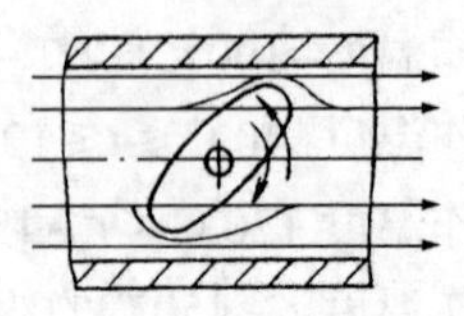

图 9-7　蝶型阀

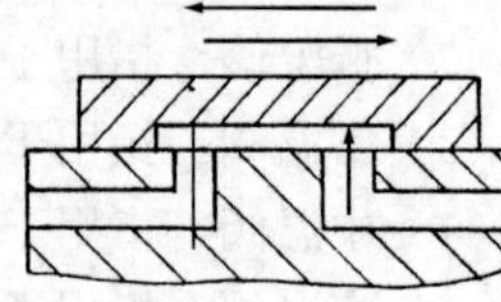

图 9-8　滑阀

7．按连接方法分类

（1）螺纹连接阀门，阀体带有内螺纹或外螺纹，与管道螺纹连接。

（2）法兰连接阀门，阀体带有法兰，与管道法兰连接。

（3）焊接连接阀门，阀体带有焊接坡口，与管道焊接连接。

（4）卡箍连接阀门，阀体带有夹口，与管道夹箍连接。

（5）卡套连接阀门，与管道采用卡套连接。

（6）对夹连接阀门，用螺纹直接将阀门及两头管道穿夹在一起的连接形式。

8．按阀体材料分类

（1）金属材料阀门，如铸铁阀、碳钢阀、铸钢阀、不锈钢阀、高合金钢阀、铜合金阀、铝合金阀、铅合金阀、钛合金阀、蒙尔合金阀等。

（2）非金属材料阀门，如塑料阀、陶瓷阀、玻璃钢阀等。

（3）金属阀体衬里阀门，阀体外部为金属，内部与介质接触的表面均为衬里，如衬胶阀、衬塑料阀、衬搪瓷阀、衬塑料阀、衬陶瓷阀等。

（三）阀门的选用原则

选用阀门首先要掌握介质的性能、流量特征，以及温度、压力、流速、流量等性能，然后结合工艺、操作、安全诸因素，选用相应类型、结构形式、型号规格的阀门。

1．根据流量特性选用阀门

阀门启闭件及阀门的通道形状使阀门具有一定的流量特征。在选用阀门时，必须考虑到这一点。

（1）接通和截断介质用阀门。通常选用流阻较小，通道为直通的阀门。这类阀门有闸阀、截止阀、柱塞阀。向下闭合式阀门通道曲折，流阻比其他阀门高，故较少选用。但是，在允许有较高流阻的场合也可选用闭合式阀门。

（2）控制流量用的阀门。通常选用易于调节流量的阀门，如调节阀、节流阀、柱塞阀。因为它的阀座尺寸与启闭件的行程成正比例关系。旋转式（如旋塞阀、球阀、蝶阀）和挠曲阀体式（夹管阀、隔膜阀）阀门也可用于节流控制，但通常仅在有限的阀门口径范围内适用。

（3）换向分流用阀门。根据换向分流需要，这种阀可有三个或四个的通道，适宜选用旋塞阀和球阀。在某种情况下，其他类型的阀门用两只或更多只适当地相互连接起来，也可做介质的换向分流。

（4）带有悬浮颗粒的介质用阀门。如果介质带有悬浮颗粒，最适于采用其启闭件沿密封面的滑动带有擦拭作用的阀门，如平板闸阀。

2．根据连接形式选用阀门

阀门与管路的连接形式有多种，其中最主要的有螺纹、法兰及焊接连接。

（1）螺纹连接阀门。这种连接通常是将阀门进出口端部加工成锥管或直管螺纹，可使其连接到锥管螺纹接头或管道上。由于这种连接可能出现较大的泄漏沟道，故可用密封剂、密封胶带或填料来堵塞这些沟道。如果阀体的材料是可以焊接的，则螺纹连接后可进行密封焊。如果连接部件的材料允许焊接，但膨胀系数差异很大，或者工作温度的变化幅度较大，则螺纹连接部必须进行密封焊。

螺纹连接的阀门主要是公称通径在 50 mm 以下的阀门。如果通径尺寸过大，则连接部的安装和密封十分困难。

为了便于安装和拆卸螺纹连接的阀门，在管路系统的适当位置上可用管接头。公称通径在 50 mm 以下的阀门可使用管套节作为管接头，管套节的螺纹将连接的两部分连在一起。

（2）法兰连接阀门。法兰连接的阀门，其安装和拆卸都比较方便。但是比螺纹连接的阀门笨重，相应价格也较高。故它适用于各种通径和压力的管道连接。但是，当温度超过 350℃时，由于螺栓、垫片和法兰蠕变松弛，会明显地降低螺栓的负荷，受力很大的法兰连接可能产生泄漏。

（3）焊接连接阀门。这种连接适用于各种压力和温度，在较苛刻的条件下使用时，比法兰连接更为可靠，但是焊接连接阀门的拆卸和重新安装都比较困难，所以它的使用限于通常能长期可靠运行，或使用条件苛刻、温度较高的场合。如火力发电站、核能工程、乙烯工程的管道上。

公称通径在 50 mm 以下的焊接阀门通常具有焊接插来承接带平面端的管道。由于承插焊接在插口与管道间形成缝隙，因此有可能使缝隙受到某些介质的腐蚀；同时管道的震动会使连接部位疲劳，因此承插焊接的使用受到一定的限制。

在公称直径较大，使用条件苛刻、温度较高的场合，阀体常采用坡口对焊连接，同时对焊缝有严格要求，必须选用技术过硬的焊工完成此项工作。

3．根据流量、流速确定阀门通径

阀门的流量与流速主要取决于阀门的通径，也与阀门的结构形式对介质的流体阻力有关，同时与阀门的公称压力、介质温度及介质的浓度等诸因素有着一定的内在联系。

阀门的通道截面积与流速、流量有着直接关系，而介质流速与介质流量是相互依存的两个量。当介质流量一定时，介质流速大，通道截面积可小些；介质流速小，通道截面积可大些。反之，阀门截面积大，其介质流速小，阀门通道截面积小，其介质流速大。介质流速大，阀门通径可以小些但流体阻力损失大，阀门在使用过程中容易损坏。介质流速大，对易燃易爆介质会产生静电效应，造成危险或发生事故；介质流速太小，使用效率低，不经济。对黏度大和易燃的介质，应取较小的介质流速。油及黏度大的液体应随黏度的大小选择介质流速，一般取 0.1～2 m/s。

一般情况下，介质的流量是已知的，流速可由经验确定。各种介质的流速的设定无规定时，可参考表 9-19 选用。通过介质的流量和介质的流速可以计算出阀门的公称通径。

表 9-19　常用液体和气体介质流速表

流体名称	使用条件	流速/（m/s）
饱和蒸汽	*DN*＞200	30～40
	DN=100～200	25～35
	DN＜100	15～30
过热蒸汽	*DN*＞200	40～60
	DN=100～200	30～50
	DN＜100	20～40
低压蒸汽	*P*＜1.0（绝压）	15～20
中压蒸汽	*P*=1.0～4.0（绝压）	20～40
高压蒸汽	*P*=4.0～12.0（绝压）	40～60
压缩空气	真空	5～10
	P≤0.3（表压）	8～12
	P=0.3～0.6（表压）	10～20
	P=0.6～1.0（表压）	10～15
	P=1.0～2.0（表压）	8～12
	P=2.0～3.0（表压）	3～6
	P=3.0～30.0（表压）	0.5～3
氧气	*P*=0～0.05（表压）	5～10
	P=0.05～0.6（表压）	7～8
	P=0.6～1.0（表压）	4～6
	P=1.0～2.0（表压）	4～5
	P=2.0～3.0（表压）	3～4
煤气		2.5～15
半水煤气	*P*=0.1～0.15（表压）	10～15
天然气		30
氮气	*P*=5～10（绝压）	2～5
氨气	真空	15～25
	P＜0.3（表压）	8～15
	P＜0.6（表压）	10～20
	P≤2（表压）	3～8
乙烯气	*P*=22（表压）	30
	P=150（表压）	5～6

流体名称	使用条件	流速/（m/s）
乙炔气	*P*＜0.01（绝压）	3～4
	P＜0.15（绝压）	4～8
	P＜2.5（绝压）	5
氯	气体	10～25
	液体	1.5
氯化氢	气体	20
	液体	1.5
液氨	真空	0.05～0.3
	P≤0.6（表压）	0.3～0.8
	P≤2.0（表压）	0.8～1.5
氢氧化钠	浓度 0～30%	2
	浓度 30%～50%	1.5
	浓度 50%～73%	1.2
硫酸	浓度 88%～93%	1.2
	浓度 93%～100%	1.2
盐酸		1.5
水及黏度相似液体	*P*=0.1～0.3（表压）	0.5～2
	P≤1.0（表压）	0.5～3
	P≤8.0（表压）	2～3
	P≤20～30（表压）	2～3.5
	热网循环水、冷却水	0.5～1
	压力回水	0.5～2
	无压回水	0.5～1.2
自来水	主管 *P*=0.3（表压）	1.5～3.5
	支管 *P*=0.3（表压）	1～1.5
锅炉给水	*P*＞0.8（表压）	＞3
蒸汽冷凝水		0.5～1.5
冷凝水	自流	0.2～0.5
过热水		2
海水、微碱水	*P*＜0.6（表压）	1.5～2.5

注：*DN* 值的单位为 mm；*P* 值单位为 MPa。

按预先确定的介质流速计算阀门通径时，可参考下列公式确定：

$$d=18.8\ (W/u\rho)^{\frac{1}{2}} \quad 或 \quad d=18.8\ (Q/u)^{\frac{1}{2}}$$

式中：d——阀门的通径，mm;

W——介质质量流量，kg/h;

Q——介质容量流量，m^3/h;

ρ——介质密度，kg/m^3;

u——介质平均流速，m/s。

阀门通径相同，其结构形式不同，流体的阻力系数也不一样。在相同条件下，阀门的流体阻力系数越大，流体通过阀门的介质流速、介质流量下降越多；阀门流体阻力系数越小，流体通过阀门的介质流速、介质流量下降越少。

截止阀的流体阻力系数比闸阀流体阻力系数大得多，一般在 4～7。Y 形截止阀（直流式）流体阻力系数最小，在 1.5～2。锻钢截止阀的流体阻力系数最大，最高甚至达 8。

闸阀的流体阻力系数小，仅为 0.1～1.5；大口径的闸阀流体阻力系数为 0.1～0.5；缩口闸阀流体阻力系数大一些。

止回阀的流体阻力系数视结构形式而定：旋启式止回阀通常为 0.8～2，其中多瓣旋启式止回阀的流体阻力系数较大；升级式止回阀的流体阻力系数最大，高达 12。

旋塞阀的流体阻力系数小，通常为 0.4～1.2。

隔膜阀的流体阻力系数一般在 2.3 左右。

蝶阀的流体阻力系数小，一般在 0.5 以内。

球阀的流体阻力系数最小，一般在 0.1 左右。

以上介绍的阀门流体阻力系数是在阀门全开状态下的数据。

阀门直径的选用，应考虑到阀门的加工精度和尺寸偏差，以及其他有关因素的影响。阀门直径应留一定的富裕量，一般为 15%。在实际工作中，阀门直径应随工艺管道的公称直径而定。

4．根据工况条件和工艺操作综合确定阀门的结构形式

（1）工艺要求。在介质中含有氨的工艺流程中，不能选用铜材料制作的阀门，因为氨对铜有腐蚀作用。所以，介质中含有氨的工艺管道应选用特制的专用截止阀。

介质双向流动的管道应选用无方向性的阀门，因为介质进行反方向流入时，特别容易冲蚀截止阀的密封面。应选用闸阀为佳。

对于某些有析晶或含有沉淀物的介质，不宜选用截止阀和闸阀，因为它们的密封面容易被析晶和沉淀物磨损。选用球阀或旋塞阀较合适，也可以选用平板闸阀，但最好采用夹管阀。

在闸阀的选型上，明杆式闸阀适用于腐蚀性介质及室内管道，暗杆式闸阀适用于非腐蚀性介质及安装操作位置受限制的地方；单闸板闸阀适用于黏度大的介质。

需要准确地调节小流量时，不宜选用截止阀，应采用针形阀或节流阀。在需要保持阀后的压力稳定时，应采用减压阀。

（2）经济合理性。对腐蚀性介质，如果温度和压力不高，应尽量采用非金属材料阀门；如果温度和压力较高，可用衬里阀门，以节约贵重金属。在选用非金属材料阀门时，仍应考虑经济合理性。例如，在能够用聚氯乙聚的情况下就不用聚四氟乙烯，因为聚四氟乙烯比聚氯乙聚的价格要高得多。

对温度较高、压力较大的场合，应根据温压表数值，若普通碳素钢阀门能满足使用要求就不宜采用合金钢阀门，因为合金钢阀门价格要高得多。

对于黏度大的介质，要求有较小的流阻，应采用 Y 型直流式截止阀、闸阀、球阀、旋塞阀等流阻小的阀门。流阻小的阀门，能源消耗小。

对低压力、大流量的水、空气等介质，选用大口径闸阀和蝶阀比较合理。蝶阀可做截断用，又能做节流阀。

（3）安全可靠性。一般水、蒸汽管道上可采用球墨铸铁阀门和铸钢阀门。但在室外蒸汽管道上，若停止供汽，水易结冰而使阀门破裂，特别是在我国寒冷的北方地区。因此，宜采用铸钢或锻钢阀门，同时要做好阀门的防冻保温工作。

乙炔类易燃易爆的介质，对密封性要求高。压力在 0.6MPa 以下时，应采用隔膜阀，但不宜用在真空设备的管道上。

对危害性很大的放射性介质和剧毒介质，应采用波纹管结构的阀门，以防介质从填料函中泄漏。

对于带有驱动装置（电动、液动、气动）的阀门，除要求驱动装置安全可靠外，还要根据工况条件的不同，选用相应的驱动装置。例如，在需要防火的工况条件下，应选用液动、气动装置的阀门；必须选用电动装置的阀门时，其电动装置应为防爆型，以避免电弧引起火灾。

（4）操作和维修方便。对于大型阀门和处于高空、高温、高压、危险、远距离操作的阀门，应选用齿轮传动、链条传动或带有电动装置、气动装置、液动装置的阀门。

在操作空间受到限制的场合，最好是采用蝶阀。污水处理中基本都是低压工况，介质温度不高，有弱酸弱碱，常选用衬胶中线型蝶阀。

对于需要快开、快关的阀门，应选用球阀、旋塞阀、蝶阀、快开阀等。

闸阀和截止阀是阀门中使用量最大的两类阀门。选用时，应综合考虑。闸阀流阻小，输送介质的能耗少，但维修困难；截止阀结构简单，维修方便，但流阻较大。水和蒸汽在截止阀中压力降不大，因而截止阀在水、汽之类介质管道上得到普遍的使用。

三、管道附件

管道工程中使用的主要管道附件有三通、45°弯头、90°弯头、直通、变径管通、活接、法兰、承口短管、法兰插口短管、伸缩节、支架、吊架等。

鉴于生产工艺的要求，考虑到制造、运输、安装、检修的方便，容器和管道常采用可拆的结构，如法兰连接、螺纹连接、插套连接等。在可拆的结构中，低压中小管径（*DN*15～*DN*50）无腐蚀性介质输送以螺纹连接较为普遍，中高压或较大管径以法兰连接最普遍，因为法兰连接不仅有较好的强度和密封性，而且适用范围较广，不论在设备上还是在管道上都可应用。但法兰连接也有一些不足之处，如装拆较费时，制造要求与成本较高。

压力容器法兰和管道法兰均已制订出系列标准，在很大的公称直径与公称压力范围内都可以直接选用，也有极少量的非标准法兰。

法兰连接是由一对法兰，数个螺栓、螺母及一个垫片组成的。本教材主要介绍管道法兰等管道附件。

（一）法兰的结构与种类

标准管法兰的种类很多，基本型式有平焊法兰、对焊法兰、活动法兰和螺纹法兰等。

（1）平焊法兰。这是中、低管道上最常见的法兰型式，该型式的法兰结构简单，加工方便，如图 9-9 所示。但其刚性较差，受力后法兰面容易变形。故它只宜在压力、温度都不高的情况下使用。

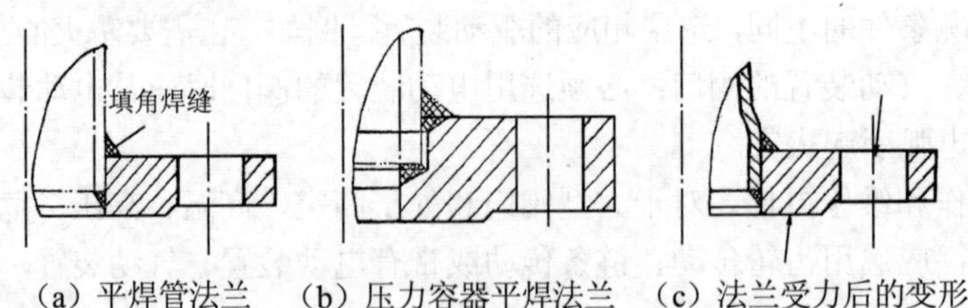

（a）平焊管法兰　（b）压力容器平焊法兰　（c）法兰受力后的变形

图 9-9　平焊法兰

（2）对焊法兰。这种型式的法兰带有一个锥形截面的长颈，故又称为长颈对焊法兰或长颈法兰，如图 9-10 所示。长颈的存在提高了法兰的连接刚度，而它与筒体（或封头）的对接焊缝也比平焊法兰或筒体的填角焊缝有更高的强度。因此对焊法兰可用于压力、温度较高，以及容器（设备）直径较大的场合。

（3）活动法兰。这种型式的法兰不直接与管壁（或器壁）连成整体，而是松套在管翻边、焊环或凸缘上，所以法兰受力后，不会在管壁（或器壁）上产生附加弯曲应力，如图 9-11 所示。

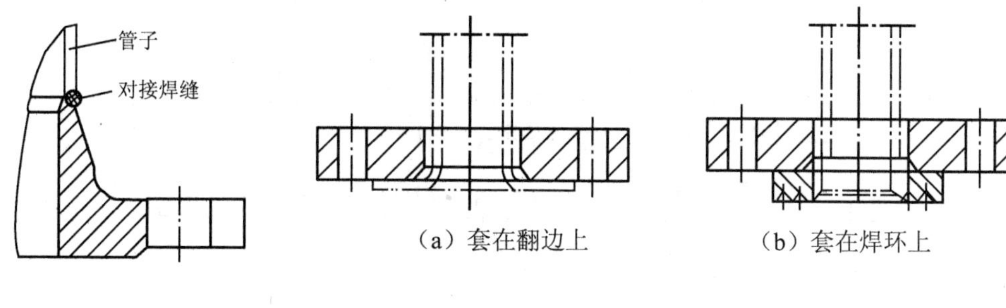

图 9-10　对焊法兰　　　　图 9-11　活动法兰

（4）螺纹法兰。这种型式的法兰只在管道上应用，它与管壁通过螺纹相连接，如图 9-12 所示。这时，法兰与管壁既有一定的连接，又不完全形成一个整体，所以法兰受力后对管壁产生的附加弯曲应力较少。目前，螺纹法兰多用于高压管道上，这种情况下的法兰造价昂贵，安装要求也较高。

法兰按形状分类有圆形、方形、长腰形等法兰数种，如图 9-13 所示。圆形法兰加工容易，应用广泛；方形法兰和长腰形法兰主要用于管道上；当需要将多根管子紧凑地排列在一起时，可用方形法兰；长腰形法兰常用在阀门、旋塞、高压（或低温）设备上。

法兰标准图、表在各种管工书和五金工具书中均有介绍，本教材不再叙述。

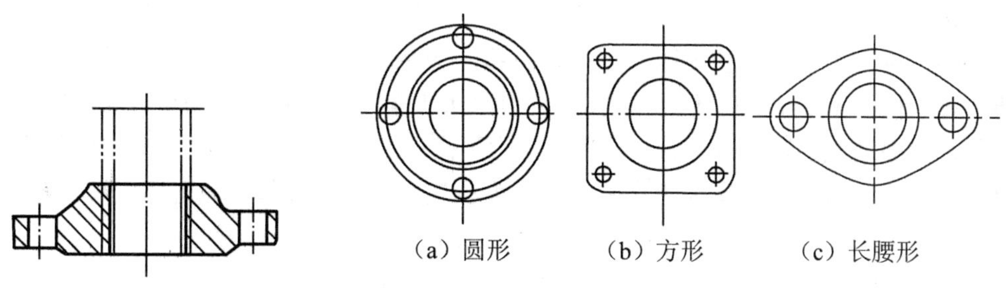

图 9-12　螺纹法兰　　　　图 9-13　法兰的形状

（二）法兰密封面型式与垫片选用

法兰连接的密封性能与法兰压紧垫片的密封面型式以及垫片材料的性能有直接的关系。为降低成本，一般希望密封面的加工精度、光洁度都不要过高；另外，压紧垫片的螺栓力也不要过大。密封面型式的选择既要考虑垫片的形状和材料，也要考虑工作介质的性质、工作压力的高低以及设备尺寸的大小。在中、低压压力容器

（设备）和管道上常用的密封面型式有以下三种：平面型、凹凸型和榫槽型，如图9-14所示。

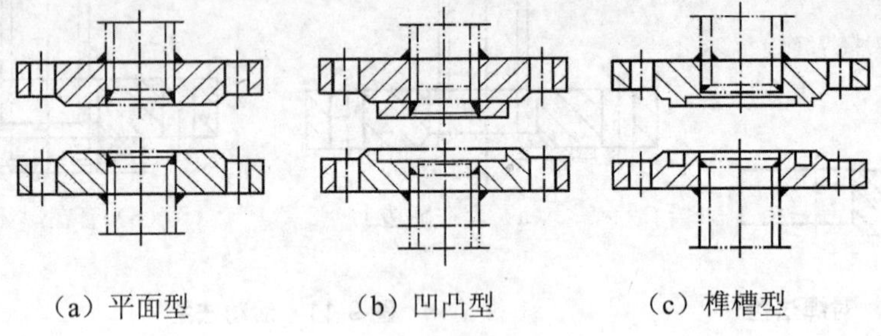

（a）平面型　　（b）凹凸型　　（c）榫槽型

图 9-14　法兰密封面型式

（1）平面型密封面。这种密封表面是一个光滑的平面，如图 9-14（a）所示。有时也在平面上车 2～3 条沟槽。这种密封面型式结构简单，加工方便，也易于进行防腐衬里。其不足在于螺母拧紧时，垫片材料容易往内、外两侧伸展，因而较难严密，否则需要施加较大的螺栓力。所以平面型密封面只适用于压力不高且介质无毒性的场合。如平焊管法兰的使用公称压力在 245×10^{-2}MPa 以内；光滑密封面甲型压力容器法兰，其使用公称压力在 157×10^{-2}MPa 以下。

（2）凹凸型密封面。它由一个凸面和一个凹面所组成，如图 9-14（b）所示。垫片被放置在凹面上。压紧时，由于凹面的外侧置有突台，垫片不会被向外挤出，所以适用的压力也较高。如 $D_g\leqslant800$ mm 时，长颈对焊凹凸密封面容器法兰，公称压力可达 627×10^{-2}MPa。

（3）榫槽型。这种密封面由一个榫面和一个槽面所组成，如图 9-14（c）所示。垫片置于槽面上，压紧时不会产生挤动。由于垫片较窄，因而螺栓力可以相应减小。这种密封面型式的密封性能好，适用于压力更高以及介质易燃、易爆、有毒的场合。但其结构、制造都较复杂，更换垫片的难度也较大。为防止榫面被碰坏，在运输和装拆中需倍加小心。

（三）法兰的垫片选用

1．垫片材料的特性

“密封”是法兰连接的核心问题。要使法兰连接紧密不漏，必须使垫片受压变形并填满法兰密封面上的凹隙。螺栓预紧时加于垫片上的压应力，称做预紧密封比压力（也称垫片的比压力），以 y 表示。比压力值与垫片的材料有关，如石棉橡胶板的比压力值为 15～20MPa。为保证工作时不使介质泄漏而在法兰密封面与垫片之间所必须保留的最低比压，称为工作密封比压。工作时，垫片上的压应力必须大于工作密封比压。实验表明：在一定的压力范围内，工作密封比压与介质的压力成正比，两者的比值称为垫片系数，用 m 表示。影响垫片系数的因素很多，诸如介质种类、压力、温度、垫片种类、垫片宽度、密封面型式和所允许的泄漏量等。工程上将上述因素经一定限制后，亦将 m 看作是由垫片材料与形状决定的常数，如石棉橡胶板的垫片系数 m 为 2～2.75。

垫片的比压力 y 和垫片系数 m 是法兰连接密封性设计的重要参数，需要时可查阅《化工设计手册》中的“法兰设计”一章。

2．垫片的类型和选用

中、低压法兰的密封，常用非金属垫片和组合式垫片，如图 9-15 所示。前者用各种非金属板制成，如石棉橡胶板、耐酸石棉橡胶板、纸质板、聚乙烯板、聚四氟乙烯板等。非金属垫片应用最广泛。组合式垫片有两种：缠绕式垫片和金属包垫片。缠绕式垫片是用薄钢带（低碳钢或合金钢制）与石棉一起绕制成的；金属包垫片是用薄金属板（白铁片、$^{0}Cr^{18}Ni^{9}Ti$ 等）将石棉等非金属材料包裹起来做成的。组合式垫片有较好的强度和耐热性，其中缠绕式垫片弹性好，还具有多道密封作用，可将它做成直径较大而没有接口的垫片，在温度、压力有较大波动的场合，更显见它的良好特性。缠绕式垫片中带定位圈的用于榫槽型和凹凸型密封面，不带定位圈的用于平面型密封面。

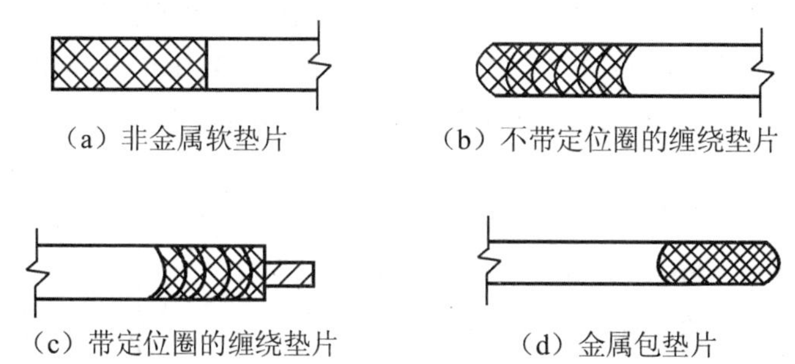
（a）非金属软垫片　（b）不带定位圈的缠绕垫片
（c）带定位圈的缠绕垫片　（d）金属包垫片

图 9-15　中、低压法兰的密封垫片类型

在高温高压或高真空深冷条件下的法兰密封，可采用金属制垫片，材料有软铝、铜、软钢、蒙乃尔合金、铬钢、18-8 不锈钢等。

垫片的选用应根据操作温度、压力及介质的腐蚀性等条件。需要时可查阅《化工设计手册》中的“法兰设计”一章。

（四）其他管道附件

1．焊接钢管管件

焊接钢管所用的管件有镀锌和不镀锌两种，适用于公称压力 1.6MPa、温度 $t \leqslant$ 175℃的热水采暖、低压蒸汽采暖、室内给水管道和热水管道的连接。通常采用

KT38-8 可锻铸铁制造，管件上的螺纹除锁紧螺母及通丝外接头必须采用圆柱管螺纹外，一般都采用圆锥管螺纹。要求较高时可以采用钢制的管件。

焊接钢管的管件有管接头（外丝）、内接头（内丝）、三通、四通、弯头、补心、异径接头、锁母、活接头、丝堵、管帽等。

钢制管接头（管束结）可以焊接，主要用于焊接设备，也可以用来连接两根公称直径相同的管子。可用在工作压力为 2～2.6MPa 的管道上，可用圆钢或无缝钢管车制。

2．无缝钢管管件

无缝钢管管件多数是在现场制作。目前使用的成型产品主要有压制弯头、异径管头（又称大小头）和三通。

冲压弯头是管道工程中大量使用的管件，有冲压无缝弯头、冲压焊接弯头。

冲压无缝弯头是用优质碳素钢（$10^{\#}$、$20^{\#}$）或不锈耐酸钢无缝管，在特制模具内压制成型的。它分为 90° 和 45° 两种，其中最常用的是 90° 弯头。公称压力有 4MPa、6.4MPa、10MPa 三种。弯曲半径有 1*DN*、1.5*DN*、2*DN* 三种。其使用温度 $t\leqslant200$℃。

冲压焊接弯头是用优质碳素钢（$10^{\#}$、$20^{\#}$）的两块瓦冲压成型后焊接制成。它分为 90° 和 45° 两种。用于公称压力≤4MPa，温度≤200℃的管道上。

冲压异径管有同心和偏心两种，按公称压力分为 4MPa、6.4MPa、10MPa 三种。最小规格为 *DN*25×15，最大规格为 *DN*400mm×350mm。冲压异径管用在 *PN*＜10MPa 的管道上。

冲压三通由无缝钢管加工而成，分等径三通和异径三通两种。冲压异径三通的最大规格为 *DN*350mm×300mm，冲压三通适用于公称压力为 1.6～10MPa 的管道。

3.特殊管接头

（1）可曲挠性橡胶管接头。可曲挠性橡胶管接头是用耐热橡胶、尼龙帘布做内衬，硬质钢丝做骨架制成的。它分为单球形和双球形两种。K-XT 型可曲挠单球形橡胶管接头的工作压力有 0.8MPa、1.2MPa、2.0MPa 三种；K-ST 型可曲挠双球形橡胶管接头的工作压力为 1.0MPa。它们的适用温度为 −20～115℃。橡胶管接头的最大允许偏转角度为：单球形的为 $a_1+a_2\leqslant15°$，双球形的为 $a_1+a_2\leqslant45°$，如图 9-16 所示。

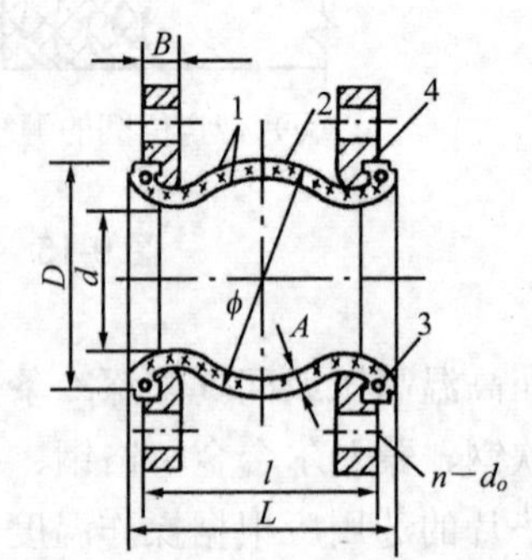

1．主体（极性橡胶） 2．尼龙帘内衬
3．硬钢丝骨架 4．法兰（软钢）

图 9-16 K-XT 型可曲挠单球形橡胶管接头

这种橡胶管接头具有许多优点：刚性大，弹性好，可承受较高的压力；由于金属法兰和橡胶有机地装配，因而可做 360° 旋转；它适应大的伸缩变形，安装灵活方便，能连接不在同一轴心的管子，能补偿因温度差而引起的伸缩，还能防止因构筑物不均匀下沉引起的对管道和机器设备的损害；吸振能力好，能降低噪声；耐老化，耐腐蚀，使用寿命长。这种橡胶管接头是一种广泛应用的软性管道接头，适用做压缩空气、水、热水、海水、弱酸水溶液等介质输送管道的振动、沉降、曲挠、伸缩接口。如在设备的进口管道上安装橡胶管接头，其缓冲、减振、消声效果非常显著。

（2）球形管接头。它的主体材料是碳素钢，密封材料是金属塑料密封圈。最大工作压力：当工作温度≤300℃时最大工作压力≤1.3MPa；当工作温度≤120℃时为 2.5MPa。金属折角≤30°，轴向扭转角为 360°。球形管接头主要用于热力管道上的热胀冷缩补偿装置，也可在压力供水管道上做伸缩和扭转补偿接头。

（3）球形伸缩接头。球形伸缩接头的材质为灰口铸铁，最大规格为 *DN*600，工作压力为≤0.7MPa。它主要用于压力供水管道的直线段上温度引起的伸缩补偿，也用于抗振、扭转补偿，其允许扭转角一般为 3°～4°。

（4）金属波纹管。金属波纹管可用于压力测量敏感元件、导管的密闭性挠性连接、两种介质的隔离器、液体膨胀补充等方面。此种管件一般用黄铜、锡磷青铜、铁青铜、不锈钢等材质制作，单层金属波纹管主要用于高层建筑压力供水管在建筑物沉降处的密闭性挠性连接，如图 9-17 所示。其规格有（外径×壁厚）22 mm×7.5 mm～200 mm×51 mm 各种规格。

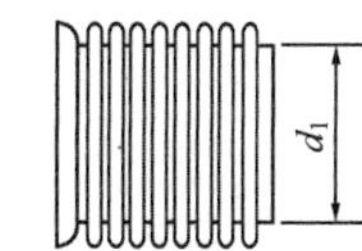

图 9-17　环形金属波纹管

（5）伸缩法兰接头。伸缩法兰接头当管道有位移时，能让管道自由伸缩。它常用于水下敷设直管有位移的接口。结构与形状与单向填料函式补偿器相似。

（6）卡套螺纹接头。卡套螺纹接头的主要结构如图 9-18 所示。它由螺纹接头体、卡套和活动接头螺母构成。接管组装时，直接将管子插入整个螺纹管接头体内。然后拧紧螺母，此时卡套前端由于被接头体的斜面压缩，其端部刃口棱边吃进管子，将管子牢固地卡住，因而接头体的斜面与管子表面完全被金属密封。同时，卡套的后部也被螺母的斜面压缩而变形，能吸收振动。这种管接头密封性好，拆装方便，表面美观，适用于钢管、铜管、铝塑管、尼龙管等的连接。这是我国近年来引进工程中（如日本、丹麦等国）应用的一种不用焊接、螺纹等加工的新型管接头。

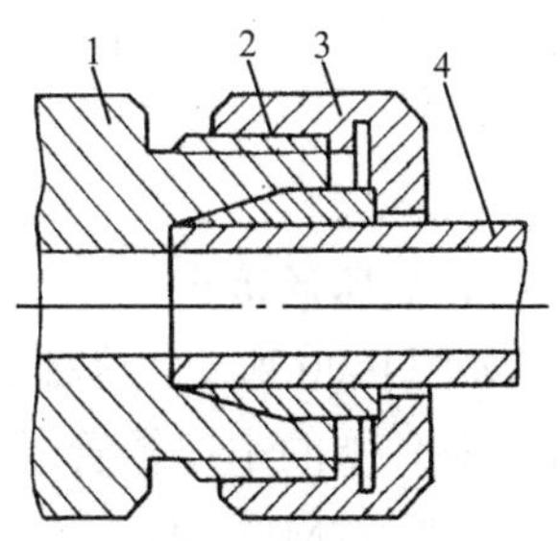

1. 螺纹接头体　2. 卡套
3. 活动接头螺母　4. 管子
图 9-18　卡套螺纹管接头

4．高压管件

高压管件有三通、弯头、异径管等，如图 9-19 所示。根据高强耐压、高强耐热、高强耐蚀等特殊要求，高压管件的结构形式采用能承受高压和热变形反复作用的加强结构，应用高压管子专门锻制、焊制、弯制和缩制而成，主要用于合成氨、甲醇、尿素、石油加氢裂化以及乙烯生产等工程。公称压力分为 32 MPa 和 22 MPa 两种等级，而 *PN*16MPa 的管件在选用时与 *PN*22MPa 相同。公称压力下介质的温度等级为：Ⅰ级−50～200℃；Ⅱ级 201～400℃。

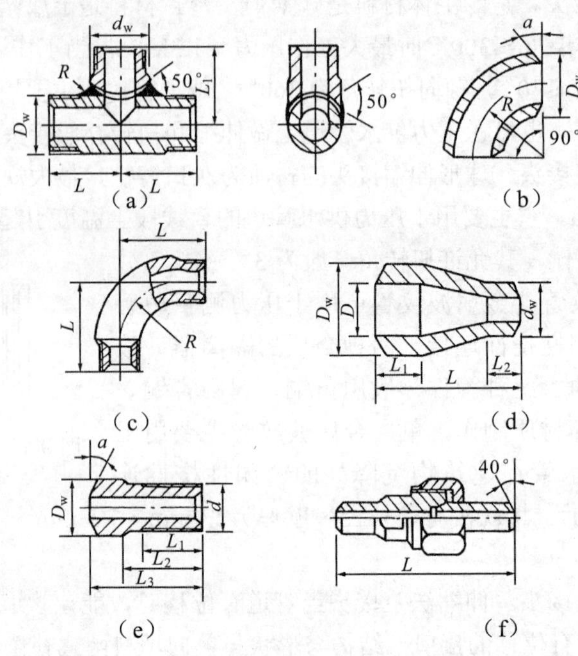

（a）焊接三通　（b）不带直边弯头　（c）带直边弯头

（d）异径管　（e）高压螺纹管丝头　（f）活接头

图 9-19　高压管件

5．高压活接头

如图 9-20 所示，这种活接头结构紧凑，拆卸方便，但只适用于工作温度在−40～200℃条件下的小口径管子连接，即适用于当 *PN*32MPa 时，公称直径 *DN*≤15 mm 和当 *PN*≤22MPa 时，公称直径 *DN*≤25 mm 的场合。

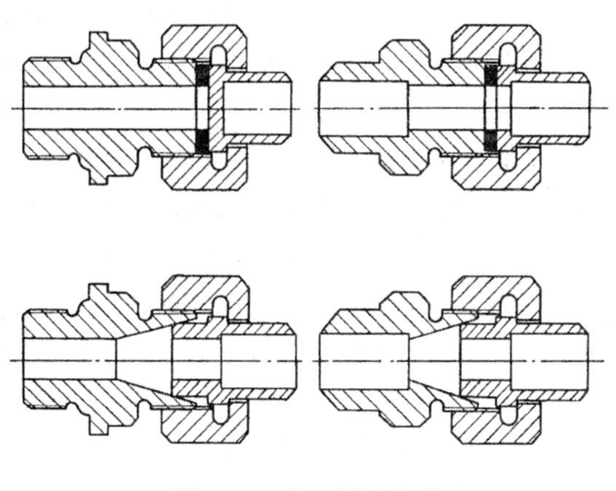

图 9-20 高压管活接头

第二节 管道测绘与预制

一、管线测量的基本方法

管道工配管时的管线测量就是通常讲的量尺寸。由于工程的实际尺寸、设备定位尺寸与设计尺寸存在偏差，因此，必须通过量尺寸来检查管道图样上的设计标高和尺寸是否与实际相符或偏差是多少，预埋件及预留孔洞的位置尺寸是否正确，是否满足管道、设备、仪表安装的需求等。

管道测量的基本原理是利用三角形的边角关系和空间三轴坐标来确定管道的位置、尺寸和方向。测量时首先要确定基准，根据基准进行测量。管道工程一般都要求横平、竖直、眼正（法兰螺栓孔正）、口正（法兰面正）。因此，基准的选择离不开水平线、水平面、垂直线、垂直面。测量时，应根据施工图样和施工现场的具体情况进行选择。

管线测量时常用的工具一般有钢卷尺、扁钢角尺、铁水平尺、量角器、线锤、细蜡线等。此外还用水平仪和经纬仪等仪器。

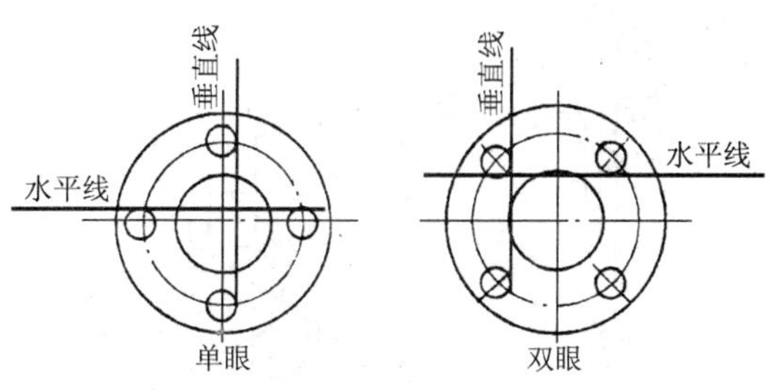

图 9-21 法兰单眼和双眼

管路中法兰的安装位置，一般情况下是平眼（双眼），个别情况也有立眼（单眼），这两种情况都称为眼正，如图 9-21 所示。测量时，可以法兰眼水平或垂直线为准，用水平尺或吊垂线方法来检查法兰眼是否正。

法兰密封面与管子的轴线相互垂直时，称为口正。当法兰口不正时称为偏口，测量方法是用 90° 角尺检查。

测量长度用钢卷尺。管道转弯处应测量到转弯的中心点。测量时，可在管道转弯处两边的中心线上各拉一条延长中心线的细蜡线，两条线的交叉点就是管道转弯处的中心点测量标高一般用水准仪，也可以从已知的标高用钢卷尺测量。

测量角度可用经纬仪。但一般方法是在管道转弯处两边的中心线上各拉一条细蜡线，用量角器或活动角尺测量两条线的夹角，也就是弯管的角度。

在施工过程中，首先应根据图样的要求定出主立管各转弯点的位置。在水平管段先测出一端的标高，并根据管段的长度和坡度，定出另一端的标高。两点的标高确定后，就可以定出管道中心线的位置。再在主管中心线上定出分支管的位置，标出分支管的中心线。然后把管路上各个管件、阀门、管架的位置定出，并标注在测绘草图上。

二、测量举例

1．短管测量

如图 9-22 所示，其测量方法如下：

（1）用吊垂线或水平测量两端法兰螺栓孔是否正。

（2）用两个 90° 角尺测量两端法兰是否正。

（3）用钢卷尺测出长度 *a*，用 *a* 减去一片法兰的厚度再减去 2 片垫片的厚度就是短管的实际长度。

2．水平来回弯测量

水平来回弯用于在同一平面内，但不在同一中心线上的两个法兰口的连接。测量方法如图 9-23 所示。

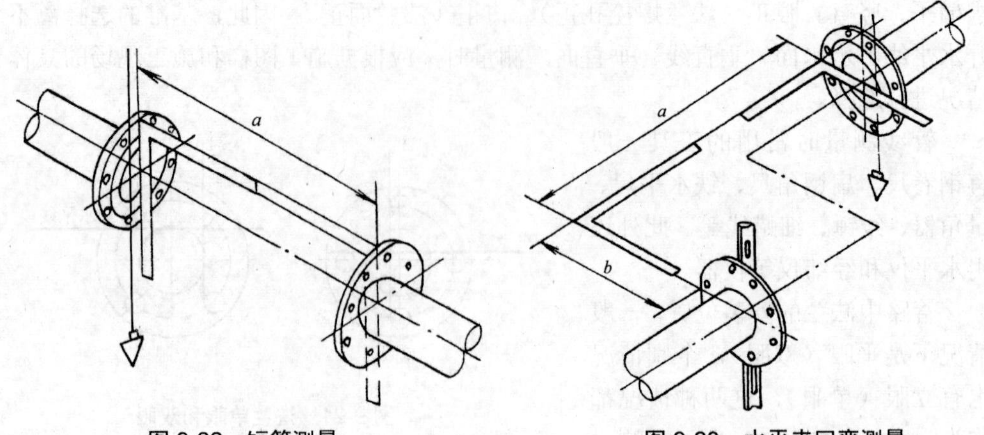

图 9-22　短管测量　　图 9-23　水平来回弯测量

（1）用吊垂线或水平尺测量两端法兰孔和法兰口是否正。

（2）用两个 90° 度角尺与钢卷尺测量来回弯管长度 *a* 和间距 *b*。

3．摇头弯测量

摇头弯也称摆头弯，用于在空间相互交错的两个法兰口的连接，测量方法如图 9-24 所示。

（1）用吊垂线或水平测量两端法兰螺栓孔是否正。

（2）用吊垂线或弯尺测量 *a*、*b* 长，并测量两端法兰螺栓孔是否正，用水平尺和吊垂线测量上下方向是否正。

（3）用水平尺和吊垂线测量摇头高 *h*。

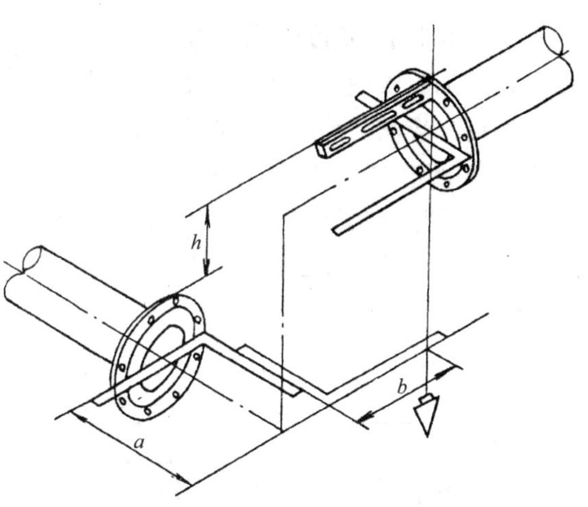

图 9-24　摇头弯管测量

三、加工长度的确定

1．一般概念

（1）构造长度。管件（或阀门）中心线之间的长度为构造长度，如图 9-25 所示。

（2）安装长度。管路中管子、管件、阀门、仪表元件等的有效长度称为安装长度。

（3）预制加工长度。两管件（附件）与设备口间所装配的管子的下料长度称为预制加工长度。

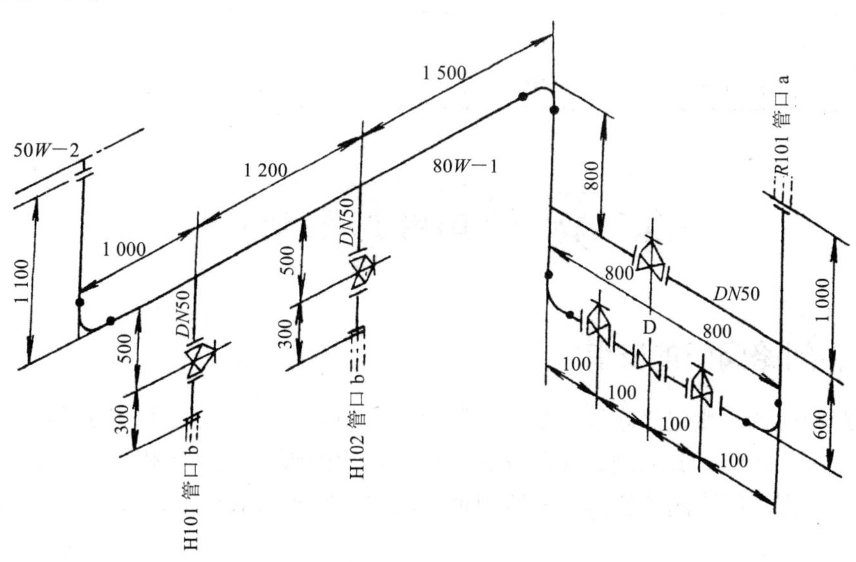

图 9-25　管道的构件长度

2．预制加工长度的确定方法

预制加工长度应根据安装长度来计算，它与管道的连接方式和加工工艺有关。

当用平焊法兰连接时，则管子的下料长度等于其安装长度减去[2×（1.3～1.5）]S（S 为管子的壁厚），如图 9-26（a）所示，其他形式的法兰连接可按类似的方法进行计算。如采用螺纹连接时，则管子的预制长度等于其安装长度加上拧入零件内螺纹部分的长度，如图 9-26（b）所示。

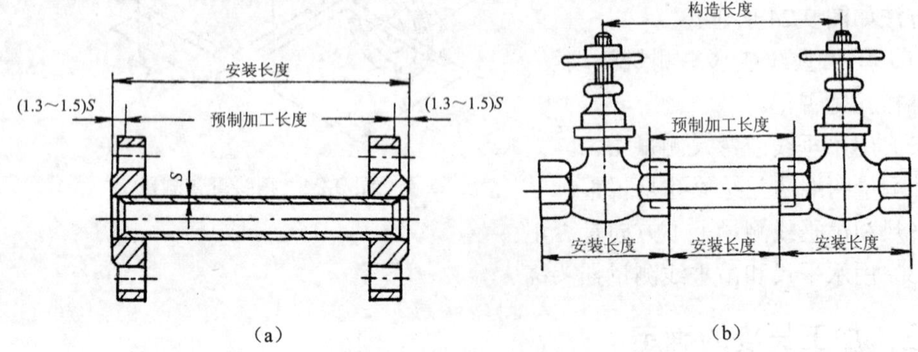

图 9-26　管道的加工（下料）长度

拧入零件内螺纹部分的长度见表 9-20。

表 9-20　管螺纹的拧入深度

公称直径/mm	15	20	25	32	40	50	65	80
拧入深度/mm	10	12	13	15	17	19	22	25

第三节　管道阀门安装施工

一、闭路阀门的安装

闭路阀门就一般定义来说，是指在管道工程中起开启和关闭作用的阀门，如闸阀、截止阀、蝶阀、旋塞阀、隔膜阀、节流阀、止回阀等就归于闭路阀之类。在环保水处理工程中闭路阀类的阀门中应用最广泛的是闸阀、截止阀和蝶阀。

（一）阀门安装的一般规定

搬运阀门时不允许随手抛掷，以免损坏和变形。堆放时，碳钢阀门同不锈钢阀门及有色金属阀门应分开。阀门吊装时，钢丝绳索应拴在阀体与阀盖的连接法兰处，切勿拴在阀杆或手轮上，以免损坏阀杆和手轮。

阀门安装位置不应该妨碍设备、管道及阀门本身的拆装、维修和操作。安装高度应方便操作、维修，一般以阀门操作柄距地面 1～1.2 m 为宜。操作较多的阀门，当必须安装在距操作面 1.8 m 以上时，应设置固定的操作平台；当必须安装在操作面以上或以下时，应设置伸长杆或将阀杆水平安装，同时再装一个带有传动装置的手轮或远距离操作装置。阀门传动装置轴线的夹角不应大于 30°，其接头应转动灵活，操作时灵便好用，指示准确。有热位移的阀门，传动装置应具有补偿措施。

水平管道最好将阀门垂直向上或将阀杆安装在上半圆范围内，但不得将阀杆朝下安装。垂直管道上的阀门阀杆、手轮必须顺着操作巡回线方向安装。有条件时，阀门应尽可能集中安装，以便于操作。地面 4 m 以上的塔区管道上的阀门，均不应设置在平台以外，以便于安装和操作。

对于有方向性的阀门，安装时应根据管道的介质流向确定其安装方向。如安装截止阀时，应使介质自阀盘下面流向上面，俗称低进高出。安装旋塞、闸板阀时，允许介质从任一端流出。安装止回阀时，必须特别注意介质的流向，才能保证阀盘能自动开启，重要的场合还要在阀体外明显地标注箭头，指示介质流动方向。对于旋启式止回阀，应保证其插板的旋转枢轴装在水平位置。对于升降式止回阀，应保证阀盘中心线与水平面垂直。

管道上安装螺纹连接的阀门时，在阀门附近一定要安装活接头，以便拆装。

辅助系统管道进入车间应设置切断阀，当车间停车检修时，可与总管道切断。这些阀门的安装高度一般较高，应尽可能布置在一起，以便设置固定操作平台。

安装高压阀门前，必须复核产品合格证和实验记录。高压阀门多为角阀，使用时常为两只串联，开启时启动力大，必须设置阀架以支撑阀门和减少启动应力，其安装高度以 0.6～1.2 m 为宜。

机泵、换热器、塔或容器上的管接口不应承受阀门和管道的重量，公称直径 DN＞80 mm 的阀门应架设支架。

衬里、喷涂及非金属材质阀门本身质量大，强度较低，除考虑工艺要求外，应尽可能做到集中布置，便于阀架设计。即便是单独一个阀门也应固定在阀架上。水平管道上安装重型阀门时，要考虑在阀门的两侧加设支架。

安装法兰连接的阀门，要保证与之连接的两个法兰端面与阀门法兰平行并同轴线。尤其是安装铸铁等材质较脆的阀门时，更应避免因安装位置不正确和受力不均匀造成阀门损坏。拧紧法兰螺栓时，应采用对称或十字交叉的方法，分几次逐渐拧紧。

安装螺纹连接的阀门时应保证螺纹完整无缺，要根据工作条件选用填料，拧紧到位时阀杆的位置应符合安装要求。拧紧时，必须用扳手咬牢拧入管子一端的阀门六方体上，以保证阀体不致拧变形和损坏。法兰或螺纹连接的阀门应在关闭状态下安装。

并排管线上的阀门，其手轮间净距不得小于 100 mm，为了减少管道间距，并排布置的阀门最好错开布置。

（二）阀门的安装位置

为了便于开关阀门，手够不到的地方不能配置阀门。应安装在用手开关不产生困难的位置。

凡有可能以不安全姿态操作阀门的位置，或者有危险的地方，都不能配置阀门。应安装在能以安全的姿态操作阀门的位置。因为阀门容易成为碰头、踢脚的障碍物，故在主要通道、检查通道、不当心有撞到头上或绊倒的危险的地方，特别是在特殊场合下操作的阀门和开关，其安全退让通道绝对不能配置阀门。阀门应安装在不妨碍操作人员操作的位置。对于有压力表、流量计等表示调整情况的装置，一般应把阀门设置得能看到压力表、流量计的位置，使操作人员一面检查确认，一面能方便地操作、维修阀门。如从操作阀门的地方不易看见表指示的结果，就不能正确及时地开闭阀门，显得非常不便。

在流量计测点的管内产生偏流，会影响流量计的可靠性，故装在流量计前面的阀门一定要离开流量计有一定的距离。因靠近流量计的前后装阀，容易引起流体的偏流。

（三）阀门安装前的检查

阀门安装前，应仔细核对所用阀门的型号规格是否与设计相符，或者按前述的选用原则能否满足使用要求。根据阀门的型号和出厂说明书，检查、对照阀门可否在所要求的条件下应用，检查阀门开启是否灵活，有无卡涩和歪斜现象。待这些工作检查合格后，应根据管道工程国家验收规范的规定，从每批低压阀门（同一制造厂，同规格，同型号，同到货）中抽查 10%（至少一个），进行强度和严密性试验。试验后若有不合格者，再抽查 20%，如仍有不合格者则需逐个检查。高、中压和有毒、剧毒及甲、乙类火灾危险介质的阀门，应逐个进行强度和严密性试验。阀门的强度和严密性试验，应在专门的阀门试验台上进行。阀门强度试验的标准如下：

（1）公称压力小于或等于 32MPa 的阀门，其试验压力为 1.5*PN*。

（2）公称压力大于 32MPa 的阀门，其试验压力按表 9-21 中的数据执行。

表 9-21　阀门的强度试验

公称压力/MPa	40	50	64	80	100
试验压力/MPa	56	70	90	110	130

（3）试压过程的技术要求：

◆ 往阀门内充水时，应将阀门内的空气排净后再升压；

◆ 阀门进行水压强度试验时，应使阀门处于开启状态；

◆ 压力应缓慢升至试验压力；

◆ 当压力达到试验压力后，应保持不少于 5 min 的时间，压力保持不变，壳体、填料无渗漏为合格。

（4）下列用途的阀门应进行严密性试验：

◆ 用于输送汽油、煤油、石油液化气、氯气的管道阀门；

◆ 汽机的主气阀，特殊要求的高压蒸汽阀；

◆ 各种有腐蚀性介质，有毒、剧毒，甲、乙类火灾危险物质的阀门。

对于 PN＜1MPa 且 DN≥600 mm 的闸阀可用色印法检查。

（5）其他阀门可采取煤油加压试验法。试验要求如下：

◆ 严密性试验压力应等于阀门的公称压力；

◆ 试验前将阀门关闭，介质从阀的一端输入，阀门另一端应露出，以便检查漏油情况，试验时阀门应处于水平状态，煤油按介质流入方向输入；

◆ 直角式旋塞阀在检查前，应将旋塞处于全关闭位置，压力油从一端引入，在另一端进行检查泄漏情况，然后将旋塞的旋子旋转 180° 重复进行试验，无渗漏为合格。

◆ 止回阀进行试验时，压力油应从止回阀介质出口端引入，从入口端进行泄漏情况检查。

（四）闭路阀门的安装

安装阀门时，应仔细核对阀门的型号与规格是否符合设计要求。阀体上标示的箭头，应与介质流动方向一致。安装应确保安全，有利于操作、维修和拆装。

用手轮、手柄操作的阀门，宜直立安装，阀门的操作机构离操作地面宜在 1.2 m 左右。当阀门的中心和手轮离地面超过 1.8 m 时，应对操作频繁的阀门设置操作平台。阀门较多的管道，阀门尽量集中安装在平台上，便于操作。

高度超过 1.8 m 并且不经常操作的单个阀门，可采取用链轮、延伸杆、活动平台以及活动梯等设施。当阀门安装在操作地面以下时，应设置伸长杆或阀门井，阀门井应加井盖。

水平管道上的阀门，其阀杆最好垂直向上，必要时，也可向上倾斜一定的角度，但不允许将阀杆朝下安装。阀杆朝下安装不仅操作、维修不便，阀门还容易腐蚀。落地阀门安装位置倾斜，也会使操作不便。如果装在难以接近的地方或者较高的地方，为了操作方便，可以将阀杆水平安装。

并排安装在管道上的阀门，应有操作、维修、拆装的空间位置，其手轮之间的净距不得小于 100 mm；如间距较窄，应将阀门交错排列。

各种阀门安装一定要满足阀门的特性要求，如升降式止回阀导向装置一定要铅垂，旋转式止回阀的销轴一定要水平。

对开启力距大、强度低、脆性和重量较大的阀门，应设置阀架，以便支撑阀门；并应减少支管道上的阀门，尽量将阀门安装在靠近总管道的位置上。

承插式钢阀门安装时管子不应插足承口，应留有 1～2 mm 的间隙，否则管子热胀时会产生过大的热应力，损坏阀门。

阀门的传动或电动装置，动作要灵活，指示要准确。电动阀门的电机转向要正确。若阀门开启或关闭到位后电机仍继续运转，应检修好行程开关以后才可投入运行。

不许用杠杆或其他工具强行启、闭阀门。

二、管道连接安装

管道连接由于生产工艺的要求、管道材质、施工情况等多种因素的不同而有各种方式。目前国内采用的连接方式有螺纹连接、法兰连接、焊接连接、承插连接、黏合连接、胀接连接、卡套连接等。

（一）螺纹连接

螺纹连接也称丝扣连接，它是应用管件螺纹、管子端外螺纹进行连接的。螺纹连接法在管道工程中得到较为广泛的应用。它适用于焊接钢管 150 mm 以下管径的管件以及带螺纹的阀类和设备接管的连接，适宜于工作压力在 1.6MPa 内的给水、热水、低压蒸汽、燃气、压缩空气、燃油、碱液等介质。

1．管螺纹与管件连接方式

用于管子连接的螺纹有圆锥形和圆柱形两种。连接的方式有圆柱形管螺纹与圆柱形管件内螺纹的连接，圆锥形管螺纹与圆柱形管件内螺纹的连接，圆锥形管螺纹与圆锥形管件内螺纹的连接三种。由于圆柱形管螺纹连接不易形成严密的密封线，且安装施工也不方便，故用得较少，其中后两种方式的密封性能较好，在施工中普遍使用。

圆柱形管螺纹与圆柱形管件内螺纹的连接。当管子的长螺纹是用车床车制时，多加工成圆柱形，在与通丝管箍、根母等圆柱形内螺纹管件（锅炉液位计、压力表、软管接头等）连接时，在连接的内外螺纹之间存在着平行而均匀的间隙，这一间隙是靠填料或垫片的压紧而获得一定的严密性，如图 9-27（a）所示。

圆锥形管螺纹与圆柱形管件内螺纹的连接。当有的管件（如通丝管箍、根母等）内螺纹加工成圆柱形并与管子的圆锥形管螺纹连接时，其连接长度的 2 / 3 部分有较好的严密性，整个螺纹连接的间隙明显偏大，尤其应注意用填料方可达到要求的密封性，如图 9-27（b）所示。

圆锥形管螺纹与圆锥形管件内螺纹的连接。在实际安装中，由于管螺纹多为圆锥形，管件又采用圆锥形内螺纹（按 GB 3287—82 标准加工），故这种连接方式应用最多。这种连接内外螺纹面能紧密接触，连接的严密度最高，如图 9-27（c）所示。

2．连接方法

管螺纹连接时，先在管子外螺纹上缠抹适量的填料。管子输送介质（如给水、热水、低压蒸汽等）温度如在 120℃以内可用油麻丝和铅油作填料。操作时，一般是将油麻丝从管螺纹第 1、2 扣丝开始沿螺纹顺时针缠绕。缠好后再在麻丝表面均匀地涂抹一层铅油，然后用手拧上管件，再用管钳或链钳将其拧紧。当输送温度较高的介质时，最好使用聚四氟乙烯作密封填料，方法与麻丝基本相同。

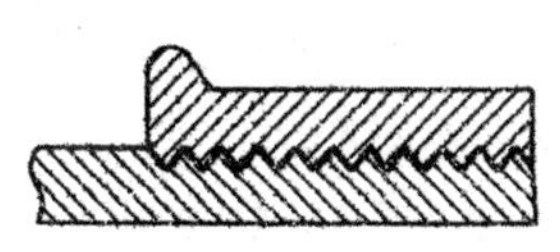
（a）圆柱形接圆柱形

（b）圆锥形接圆柱形

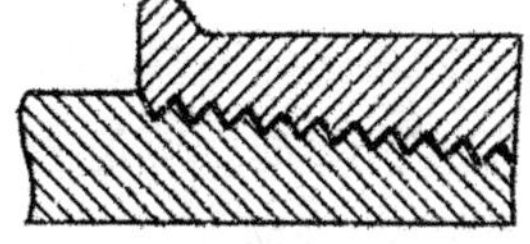
（c）圆锥形接圆锥形

图 9-27　螺纹连接的三种情况

聚四氟乙烯生料带，可用于–180～250℃的液体和气体介质及耐腐蚀性管道（如燃气、压缩空气、燃油、碱液、冷冻等管道）和其他无特殊要求的一般性管道。生料带使用方法简便，将其薄膜紧紧地缠在螺纹上便可装配管件。

以上各种填料在螺纹连接中只能使用一次。若螺纹拆卸，应更换新的填料，否则管路处将会出现渗漏现象。

管螺纹连接时，要选择合适的管钳，用小管钳紧大管径达不到拧紧的目的，用大管钳拧小管径，会因用力控制不当而使管件破裂。

3．螺纹连接的质量要求

螺纹连接的强度和严密性，取决于螺纹的加工质量、填料及拧紧力的适宜程度。

管螺纹加工的长度、锥度、表面粗糙度、椭圆度必须符合要求，一切丝扣不圆整、烂牙、丝扣局部损伤、细丝、偏丝等缺陷应在加工过程中予以消除；填料应按要求装配好；拧紧力应适度，操作正规化，禁止用套管套在管钳上施力，禁止脚踏施力。拧紧后剩余丝扣过多（超过 2 扣标准）影响连接的强度，丝扣全部拧入（不剩余丝扣，俗称绝丝）影响严密度，都是不允许的（规范要求外露丝扣 2～3 扣）。当螺纹拧紧后，将多余的麻丝用旧锯条锯除，并用棉纱擦净，以使接口清洁。

（二）法兰连接

法兰连接是通过连接件法兰及紧固件螺栓、螺母，压紧法兰中间的垫片而使管道连接起来的一种方法。它的优点很多，在设计要求上可以满足高温、高压、高强度的需要。并且法兰的制作生产已达到标准化，在生产、检修中可以方便拆卸，这是法兰连接的最大优点。

1．法兰、螺栓及垫片的选择

法兰规格、承受的压力、工作温度、法兰与管端的焊接形式，在设计图纸中均要作出明确规定。如果设计图纸未作出明确规定，可按 GB 4216.2—84 灰铸铁管法兰及法兰盖国家标准，GB 9112～9125 钢制管法兰及法兰盖国家标准，GB 12380～12384—90Q 球墨铸铁法兰及法兰盖国家标准及 HGJ45～65—91 钢制管法兰化工行业标准进行选用。

2．法兰紧固件的选用

当公称压力 $PN \leqslant 2.5$MPa 及工作温度 $t \leqslant 350$℃时，可选用 GB 5780—86 规定的粗制六角螺栓及 BG 41—76 规定的粗制六角螺母；当 4MPa$\leqslant PN \leqslant$20MPa 及工作温度 $t > 350$℃时，应选用 GB 901—67 规定给出的精制等长双头螺栓和 A 型精制六角螺母；当 16MPa$\leqslant PN \leqslant$32MPa 时，应根据 JB 2770—79 中的有关规定来选用法兰、螺栓与螺母。

法兰连接时，无论使用哪种方法，都必须在法兰盘与法兰盘之间垫以适合输送介质的垫圈，而达到密封的目的。

法兰垫圈应符合要求，不允许使用斜垫圈或双层垫圈。平面法兰所用垫圈要加工成带把的形状，以便于安装或拆卸。垫圈的内径不得小于管子的直径，外径不得遮挡法兰盘上的螺栓孔。安装时要注意与管子同心，必要时可根据需要在垫圈上涂以石墨粉、石墨机油、二硫化钼油脂等涂剂。软钢、紫铜金属制垫圈安装前应进行退火处理。

法兰垫圈分软垫和硬垫两大类。常用垫圈有以下几种：

（1）橡胶垫圈。用橡胶板制成，其作用是借助安装时的预紧力和工作时工作介质的压力差，使其产生回弹变形来达到密封的目的。其适用范围如表 9-22 所示。

（2）橡胶石棉垫圈。橡胶石棉是橡胶与石棉的混合制品。此垫圈在用于水和压缩空气管道法兰时应涂以鱼油和石墨粉的拌和物；用于蒸汽管道法兰时，应涂以机油与石墨粉的拌和物。其适用范围如表 9-23 所示。

表 9-22 橡胶垫圈的适用范围

橡胶名称	介质	温度/℃	橡胶名称	介质	温度/℃
普通橡胶	水、压缩空气、惰性气体	<60	耐热橡胶	水和压缩空气	<120
耐油橡胶	润滑油、燃料油、液压油等	<80	耐酸碱橡胶	浓度≤20%硫酸、盐酸、氢氧化钠等	<60

表 9-23 橡胶石棉板垫圈的适用范围

名称	介质	温度/℃	压力/MPa
橡胶石棉板（低）	水、蒸汽、压缩空气、煤气、惰性气体等	200	1.6
橡胶石棉板（中）	水、蒸汽、压缩空气、煤气、惰性气体等	350	4.0
橡胶石棉板（高）	蒸汽、压缩空气、煤气、惰性气体等	450	10.0
耐油橡胶石棉板	油品、液化气、溶剂、催化剂等	350	4.0

（3）金属垫圈。由于非金属垫圈在高压下会失去弹性，所以不能用在高压介质的管道上，当工作压力≥6.4MPa 时，则应考虑使用金属制垫圈。

常用的金属制垫圈截面有齿形、椭圆形和八角形等数种。选用时注意垫圈材质应与管道材质一致。

3．法兰连接的一般规定

管道安装时，应对法兰密封面及垫圈进行外观检查，不得有影响密封性能的缺陷存在，如不得有砂眼、裂纹、斑点、毛刺等能降低法兰强度和连接的可靠性的缺陷。当管子的法兰焊接时，要求法兰端面和管子中心垂直，其垂直度可用角尺来检查，公称直径小于或等于 300 mm 的管子垂直度为±1 mm；公称直径大于 300 mm 时垂直度为±2 mm。管子插入法兰内距离密封面一般应为法兰厚度的一半，最多不应超过法兰厚度的 2/3，这样便于内口焊接，由于平焊法兰承受了机械应力和热应力，在断裂时是整副法兰突然断裂，因此平焊法兰的内外两面都必须与管子焊接。

法兰连接时，要注意两片法兰的螺栓孔对准，连接法兰的螺栓应用同一规格，全部螺母应位于法兰的某一侧。如与阀件连接，螺母一般应放在阀件一侧，要使用合适的扳手，分 2～3 次拧紧，不得一次拧紧。紧固螺栓应按次序对称、均匀地进行，松紧要适当。大口径法兰最好是两人在对称的位置上同时进行。其螺栓、螺母应涂以二硫化钼油脂、石墨机油或石墨粉，法兰螺栓拧紧后，两片法兰密封应平行，其偏差不大于法兰外径的 1.5/1 000，且不大于 2 mm。不得用强紧螺栓的方法消除歪斜。

法兰不得埋入地下，埋地管道或不通行地沟内管道的法兰应设置检查井。法兰不能安装在楼板、墙壁或套管内。为了便于拆装，法兰位置与固定建筑物或支架边缘的距离一般不应小于 200 mm。

4．法兰连接的方法

（1）铸铁螺纹法兰连接。这种连接方法多用于低压管道，它是用带有内螺纹的法兰与套有同样公称直径螺纹的钢管连接。连接时，在螺纹管端缠上麻丝，涂抹一层铅油涂料。把两个螺栓穿入法兰的螺孔内，作为拧紧法兰的着力点，然后将法兰拧紧在管端上。连接时要注意法兰一定要拧紧，成对法兰的螺栓孔要对应。

（2）钢法兰平焊连接。平焊钢法兰通常用 Q235、Q275 和 $20^{\#}$钢加工而成，与管子装配时，可用手工电弧焊进行焊接。焊接时，先将管子垫起来，用水平尺找正，将法兰按规定套在管子上，用角尺或线坠找平，对正后进行点焊。然后检查法兰平面与管子轴线是否垂直，再进行焊接。焊接时，为了防止法兰变形，应按对称方向分段焊接。

（3）翻边松套法兰连接。翻边松套法兰，一般在塑料管、铜管、铅管等连接时常采用。翻边要求平直，不得有裂纹或起皱等损伤。翻边时要根据管子的不同材质选择不同的操作方法，如聚氯乙烯管翻边是将翻边部分加热到 130～140℃（5～10 min）后，将管子用胎具扩大成喇叭口后再翻边压平，冷却后即可成型。

铜管翻边的将经过退火处理的管端划出翻边的长度，套上法兰，用小锤均匀敲打，即可制成。铅管很软，翻边更容易，操作时应使用木锤进行，方法与铜管相同。

（三）焊接连接

管道工程中，焊接是管子与管件最常采用的连接方式。施工中，焊接技术对管道安装是非常重要的，管工要配合焊工完成管子与管件的焊接工作。如点焊固定管子与管件，法兰焊接前的拼装与定位，弯管，敲制大小头的氧—乙炔焰加热管子等。

焊接的主要优点是：接口牢固耐久，不易渗漏，接口强度和严密性高；不需要接头配件，成本低；使用后不需要经常管理。缺点是：其接口是一种不可拆连接，拆卸时必须把管子切断；接口操作工艺复杂，需用焊接设备来进行。

1．管子的对口要求

管子焊接前，应将管端 50 mm 范围内的杂物、毛刺、氧化渣清理干净。如发现管口表面有裂纹、夹层或不圆，不得直接焊接，应进行重新修整。管子对口时允许偏差±1 mm/m，存在偏差随时调整。

对口间隙应符合要求。对口时不得用强力对正，以免引起附加应力。如间隙过大，不允许用加热管子的方法来缩小间隙，也不允许用加偏垫或多层垫等方法来消除接口端面的间隙、偏差、错口或不同心等缺陷。

2．管子的焊接

由于电焊焊缝的强度比气焊焊缝强度高，并且比气焊经济。因此，应优先采用电焊焊接。Ⅰ级、Ⅱ级焊缝的坡口，应使用坡口机、车床等机械进行冷加工，也可以采用气割及等离子切割等热加工方法。Ⅲ级、Ⅳ级焊缝的坡口，可以采用热加工方法，然后打磨掉坡口的氧化层，并使坡口按规定尺寸成型。

组对好的管子，可先用点焊定位。点焊应不少于 3 处并有足够的强度。经检查调直后无偏差再进行焊接。管子在焊接时应垫牢，不得搬动，凡能转动的管子应采用转动焊接，以提高焊接速度和保证焊接质量。

固定焊接因现场施工中条件或技术要求等因素，往往在实际施工中普遍采用，一般有水平固定管焊接、垂直固定管焊接和倾斜 45° 固定管焊接。

3．焊接质量检查

在管道焊接过程中，施焊人员虽精心操作，但仍然不能排除存在质量问题，这需要对焊缝进行认真检查，发现问题及时处理。

（1）外观检查。对焊缝进行外观检查，既可以用肉眼直接观察，也可以用低倍放大镜进行检查。通常外观检查主要检查焊缝是否存在表面裂纹、表面气孔、表面夹渣、表面残缺、咬边、表面凹陷、未焊透、焊瘤、焊缝过高等。

（2）强度和严密性试验。强度试验是以该管道的工作压力增加一个数值，来检查管道接口的机械性能。检查方法是在规定的时间内，如压力表的指示值不下降，说明管道接口未发生破坏，可认定该管段的强度试验合格。严密性试验是将试验压力保持在工作压力或小于工作压力的范围内，较长时间地观察和检查焊接口是否有渗漏情况，同时也观察压力表指示值的下降情况。

（3）无损探伤检验。无损探伤检验可采用射线探伤和超声波探伤两种方法（应由探伤专业人员负责检验）。管道各级焊缝的探伤数量，当设计无规定时，应按 GB 50236—98 规定执行。

（四）承插连接

在管道工程中，铸铁管、陶瓷管、混凝土管、塑料管等管材常采用承插连接，它主要用于给水、排水、化工、燃气等工程。

1．施工前管材检查和管口清理

管材在运输和装拆时最容易将管子碰出裂纹，或者在铸造中就带有缺陷，因此在安装前应进行仔细检查，以免在试压过程中或投入运行后才发现问题，造成返工和影响用户使用等一系列问题。

（1）管材裂纹的检查方法。将管子一端支起，用手锤轻敲听音，若发出清脆声音，证明管子没有裂纹；若发出的是破裂声音，则管子有裂纹；当发现有裂纹的端头时，可将裂纹的端头截断，完好部分可继续使用。对于管件也同样采取敲打方法检查。

（2）铸造缺陷检查。主要检查内容是铸造缩口、砂眼、结疤等缺陷。对于管壁厚度及部件的厚度同样仔细抽查，检查是否超过铸造公差，如有超过允许范围，则不应采用同一批管材与管件。

（3）管口清理。对铸铁管的承口端、插口端的沥青均应除掉，不然难以保证接口质量。用喷灯烧沥青的方法效率较低，常采用氧—乙炔焰将沥青烧掉，但要注意铸铁管温度不可过高。之后用钢丝刷清除承插口杂物，以保证填充材料与承插口的良好结合。

2．接口方法

承插连接根据使用的填料不同，可分为青铅接口、石棉水泥接口、膨胀水泥接口、三合一水泥接口和普通水泥接口等。

（1）青铅接口。青铅接口是一种流传很久的工艺。但由于其造价昂贵，操作工期又长，捻铅口劳动十分繁重，使用范围逐渐减少。

（2）石棉水泥接口。石棉水泥接口有较好的抗震和抗弯强度，密实度也较好。石棉水泥接口是以石棉绒和水泥的混合物作填料进行接口。其配合比（按质量比）为 3∶7，用水量根据施工时的气候干湿情况而定。一般拌和后的石棉水泥，以用手捏成团后可用手指轻轻拨散的程度为恰到好处。

捻口时，先将浸泡好的油麻丝拧成麻股，用捻凿将其塞入承口内，塞入量为打实后占承口深度的 1/3（表面加些白麻丝，有利于水泥与麻丝结合），然后将石棉水泥由下而上塞满承插口内，用捻凿和手锤将填料捣实。当锤击有强烈弹性时，为捣实填料要分 4～6 层填入，每层厚度约 10 mm，每层至少捻凿两遍，深浅一致，使石棉水泥呈现水湿现象为好。应注意每个接口要一次打完，不得间断。

养护是一项重要工作，操作再好，如养护不好，也会使接口漏水。当接口完毕后，可用黏湿泥涂在接口外面，也可用湿草绳或湿草袋包盖在接口上，春秋季节每日浇水 2 次，夏季每日 4 次，养护时间为 72 h；冬季施工还应注意保温处理。

（3）膨胀水泥接口。为了解决石棉水泥在硬化过程中收缩和接口操作时劳动强度大的问题，可采用膨胀水泥砂浆接口。膨胀水泥又称应力水泥，是利用膨胀水泥的膨胀性，使水泥砂浆与管壁牢固结合。一般适用于工作压力不超过 1.2MPa 的管道。

膨胀水泥是由硅酸盐水泥和石膏及矾土水泥组成膨胀剂混合而成。硅酸盐水泥为强度组分，矾土水泥和石膏为膨胀剂，配比为 425 号硅酸盐水泥∶400 号矾土水泥∶冰石膏＝36∶7∶7 或 1∶0.2∶0.2（质量比）。用于接口的膨胀水泥砂浆是以砂∶水泥∶水＝1∶1∶0.28～0.32（质量比）的膨胀水泥和清洁晒干的细黄砂及水拌和而成。

捻口操作与石棉水泥接口工作相似。浇水养护要在 2 h 后定时进行，始终保持湿润状态，夏季养护不少于 48 h，冬季不少于 72 h。

膨胀水泥接口不但操作简单，施工迅速，减轻了劳动强度，而且节省了大量的油麻和石棉绒，降低了工程成本，但与石棉水泥接口相比，抗震性能要差一些。

（4）三合一水泥接口。同属于膨胀水泥性质接口的一种。这种接口的填料可用于压力不大于 1.0MPa 的管道，填料的抗拉强度稍差一些。因为可以现用现配，避免了膨胀水泥易受潮变质带来的受存放时间限制的问题，因而有利于施工。这种填料中的石膏是膨胀剂，氯化钙是一种快凝剂，因而它是一种快速凝结管道接口的填充剂。

三合一水泥填充料是以 500 号硅酸盐水泥、石膏粉和固体氯化钙为原材料，按质量比 100∶10∶5 用水拌和而成。搅拌顺序要求：先将水泥和石膏粉均匀搅拌，另将氯化钙溶解于水中调和好；再将氯化钙溶剂倒入水泥和石膏粉中搅拌，搅拌成发面状，马上用手塞入接口管中填充，要填实填满；在填充填料之前，管内同样要打好油麻丝封底。拌和的填料在 7 min 内用完，不然填料会由于初凝而失效，从而丧失黏结作用。因此填料一次不宜拌和过多，要现用现拌。一次拌和一个接口的用量即可。因此，目前施工中并不多用。承插口填充料完成后，用湿泥土覆盖接口，当湿泥土发干时应及时浇水养护，超过 10 h 可进行水压试验。

（五）黏合连接

黏合剂胶黏连接是通过黏合剂在胶黏的两个物体表面产生黏合力的作用，将两个相同或不相同材质的管材管件牢固地黏结在一起。胶黏连接可部分代替焊接、铆接、过盈连接和螺栓连接。

采用黏合剂胶黏连接的方法，与法兰、焊接等方式相比，具有剪切强度大，应力分布均匀，可以黏接任何不同材料，施工简便，价格低廉，自重轻以及兼有耐腐蚀、密封等优点，一般适用于塑料管、玻璃管、石墨管和玻璃钢管等耐腐蚀非金属管道及金属管道上。

1. 黏接的一般过程

在黏接之前，先要对被粘物表面进行适当的处理，通常用砂布将插口外壁承口内壁磨毛，进行活化处理，再做好清洁工作，称表面处理技术。然后将准备好的胶黏剂均匀地涂敷于被粘物表面，接着胶黏剂扩散、流变、渗透、合拢后，在一定条件下进行固化。当胶黏剂的大分子与被粘物表面的距离小于 0.5 mm 时，则会彼此相互吸引，产生范德华力或形成氢键、配位键、离子键等，加上渗入孔隙中的胶黏剂固化后生成无数的“小胶钩子”，从而完成了黏接过程。一般来说，黏接过程包括表面处理、涂胶、合拢和固化，每一环节都十分重要。

2. 黏接连接的方法

黏接方法有冷态黏接和热态黏接。

冷态黏接方法是将开好口的管端、承口内表面的油污、杂物擦干净，并用砂布磨毛，进行清洁处理后在管端外表面和承口内表面涂抹厚 0.2～0.3 mm 的胶黏剂，接着将管端插入承口内，即完成了黏接程序。

热态黏接是将承口端加热至软化后，再把事先处理过的插口迅速插入承口内；插入之前，必须在插口外表面和承口内表面涂抹胶黏剂；插入找正后浇水冷却，将被挤出的胶黏剂擦干净即可。

黏接面涂抹胶黏剂，一般涂刷一层胶液，若黏接面间隙较大，则允许在第一次胶层干燥后，再涂刷一层胶液，涂层厚度应均匀无气泡，然后插入合拢。为使胶黏剂均匀分布，可将管子迅速转动半圈，但必须注意要在 5～15 s 内使黏接面叠合，然后在室温静止状态下固化，固化时间随使用胶黏剂牌号的不同以及环境温度的变化而不尽相同，一般在 24 h 以后即可达到使用强度。

胶黏剂使用应根据管材品种不同，分别进行选择。使用时应随用随调，若是使用成品黏合剂，要遵照说明书上的要求。施工环境应保持干燥，不宜在雨天或潮湿的环境中作业；所用的毛刷、棉布等工具应清洁，无油脂等污物；操作者须戴好防护手套和口罩。

（六）胀接连接

胀接又称辗接，是指胀管器把管子扩大，消灭管子与管孔的间隙。管子壁减薄而发生塑性形变，管孔产生弹性形变。胀管器取出后，因管孔是弹性形变，试图恢复原状而向管子产生挤压力，而管壁是塑性变形，无法恢复原状，从而使管壁与管孔紧密结合在一起。主要用于水管锅炉的沸水管与锅筒的连接，还有热力站的加热器、空调机的冷凝器，采用胀接可避免焊接变形，同时也便于维修时更换损坏的管子。

（七）卡套连接

目前在国内外均已采用一种结构比较先进的管道连接方式，即卡套式管接头连接方法。卡套式连接的类型很多，如挤压式、撑胀式、自撑式、噬合式等。卡套式连接属于挤压和噬合式，其结构由接头、卡套及螺母 3 个零件组成。其中的关键零件是卡套——一个带有割刃口的金属环（室内热水采暖用的卡套为橡胶卡套）。

1. 卡套式接管接头的连接特点

卡套式接管接头的连接特点是依靠卡套的切割刃口，紧紧地咬住钢管管壁，使管内的高压流体得到完全密封。这种接头还具有防松的结构特点，耐冲击、耐振动。噬合式长套管接头适用于小管径的高压系统。挤压式卡套管接头适用于中、低压管道，如目前采用铝塑管道连接的室内热水采暖、给水、热水、燃气管道连接即为挤压式卡套管接头连接。由于该工艺改善了劳动强度，降低了工程造价，又无需专用工具及动火焊接，在易燃、易爆区及高空场所的管道尤其适用。

2．卡套管接头的密封原理

噬合式长套连接密封原理是在接头装配过程中，卡套在外力作用下，被推入接头的 24° 锥孔中，卡套刃口端受锥孔约束产生径向收缩，使卡套刃口切入管子外壁（切入深度 t=0.25～0.5 mm），从而形成图 9-28 所示的环形凹槽 a，以确保管子与卡套之间的密封和连接。同时卡套刃口端的 26° 外锥与接头体间完全紧密贴合，形成图 9-28 所示的一道可靠的外密封带 b，保证了卡套与接头体间的密封。另外在螺母拧紧时产生的压缩力作用下，卡套中部拱起，呈鼓形弹簧状，可避免因振动而使螺母松动、脱落的现象；卡套尾部与钢管紧密抱紧，可起到防止钢管振动传递到卡套刃口端的作用。其密封原理见图 9-29。这种连接结构具有良好的耐冲击和抗振动的性能。

挤压式卡套管接头采用的是开口刃口和橡胶卡套，其密封原理和装配形式与上述基本相同。

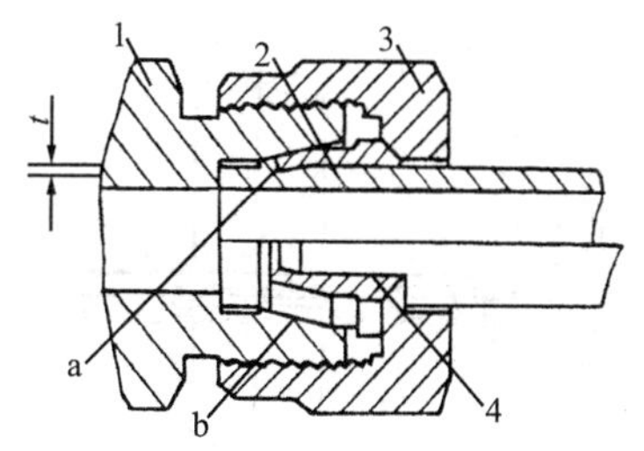

1．接头体　2．钢管　3．螺母　4．卡套

图 9-28　卡套式管接头结构图

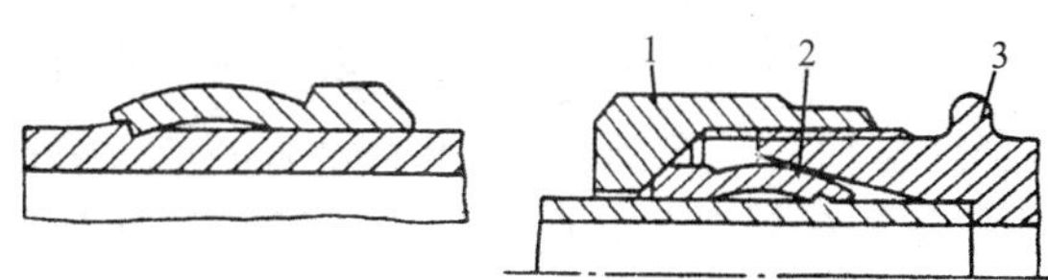

1．压紧螺母　2．双刃卡套　3．接头体

图 9-29　卡套式管件连接密封原理

3．卡套式连接的装配方法

卡套式连接必须进行预装，首先按要求的长度进行管子的切割，使管端与中心线呈垂直状态，管端周边必须进行认真清理。按先后顺序将螺母、卡套先套在管子上，再将管子插入接头体内锥孔，放在卡套，用手或扳手拧紧螺母，同时转动管子（铝塑管连接不需转动管子）直到管子不动为止。然后再拧紧螺母 1 圈，使卡套刃口切入管子。合格标准为卡套在管子上能稍有转动但不能轴向滑动；不合格的卡套在管子上有轴向窜动，表面刃口切入管子深度不够，需要继续拧紧螺母。

进行卡套式连接正式装配，即将已预装了螺母和卡套的钢管插入接头体，用扳手拧紧螺母，直至拧紧力矩突然上升（达到力矩激增点），再将螺母拧紧 1/4 圈（不要多拧），装配完成。

进行管道拆卸，只要把螺母松开即可拆开管道，再装配时应保证使螺母从力矩激增点起再拧紧 1/4 圈。

三、管道支吊架

支撑管道保持空间位置的物体就是管道的支、吊架。由于管道系统本身有许多特殊之处，所以就产生了形式不同的支、吊架。支、吊架都是承重或防止管道下挠的作用。支、吊架制作、安装是管道安装的重要工序，是首要的安装环节。

(一) 管道支、吊架的类别

管道支架按其结构形式分为支托架、吊架和卡架；按其作用分为固定支架、活动支架、导向支架和减振支架；按支架的安装位置可分为地沟支架和架空支架。这里介绍固定支架和活动支架。

1. 固定支架

固定支架除了承受管道的重量外，还均应分段控制着分配管道的热胀冷缩，是为防止管道因受过大的热应力而引起管道破坏与过大的变形而设置的。如果管子不保温，可用卡环式支架，它是由U形螺栓和弧形板组成的固定支架，如图9-30所示。对于需保温的管子，应装管托。管托同管子焊牢，管托同支架之间用挡板加以固定。挡板分单面挡板和双面挡板两种，单面挡板固定支架如图9-31所示。卡环式固定支架由承横梁、卡箍（U形管卡）、弧形挡板及紧固螺母组成。卡环式支架适用于DN20～50管子的固定；弧形挡板卡环式支架适用于DN65～150管子的固定。

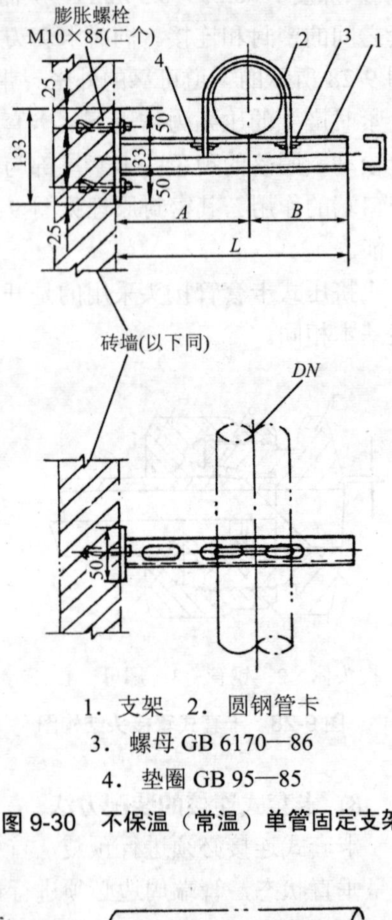

膨胀螺栓 M10×85(二个)

砖墙(以下同)

1．支架　2．圆钢管卡
3．螺母 GB 6170—86
4．垫圈 GB 95—85

图 9-30　不保温（常温）单管固定支架

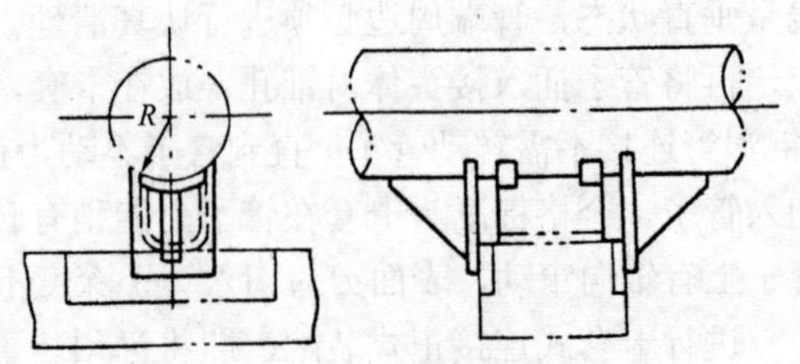

图 9-31　单面挡板固定支架

2. 活动支架

活动支架有滑动支架、导向支架、滚动支架和吊架。

滑动支架分低滑动支架和高滑动支架两种。滑动支架是让管道在其上两规定范围内自由滑动的支架，在管道工程中使用最广泛，适合于一般情况下的管道（除埋地管道外），尤其是横向位移的管道。低滑动支架适用于室内不保温管道；高滑动支架适用于室内保温管道，如图 9-32 所示。

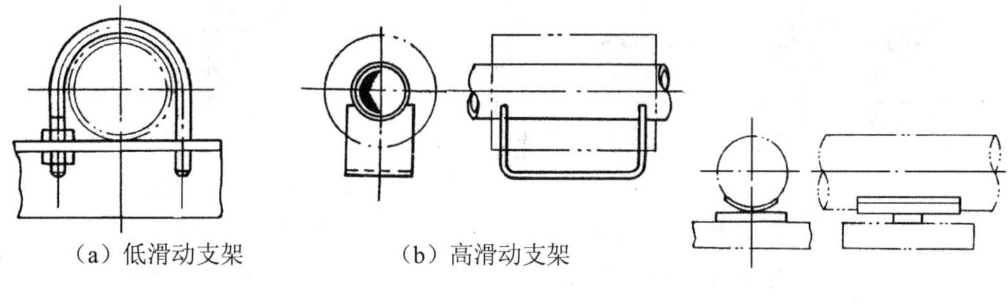

图 9-32　滑动支架　　**图 9-33　弧形板低滑动支架**

弧形板滑动支架是在管子下面焊接弧形板，其目的是防止管子在热胀冷缩的滑动中与支架承梁直接发生摩擦，使管壁减薄，如图 9-33 所示。曲面槽高滑动支架适用于室外保温管道。管托的高度应超过保温层的厚度，如图 9-33 所示。

导向支架是滑动支架中的一种。导向支架是在角钢制成的导向板范围内自由伸缩，如图 9-34 所示。一般在填料函式补偿器、铸铁阀门等附件两侧设置，以免管道附件受弯矩作用而引起故障。垂直管段上设置的导向支架除限制管道位移方向外，还能减小管道的振动，但在导向支架处不能承受管道的重量。

滚动支架分为滚珠支架和滚柱支架两种，主要用于管径较大且无横向位移的管道。两者相比滚珠支架可承受较高温度的介质，如图 9-35 所示。

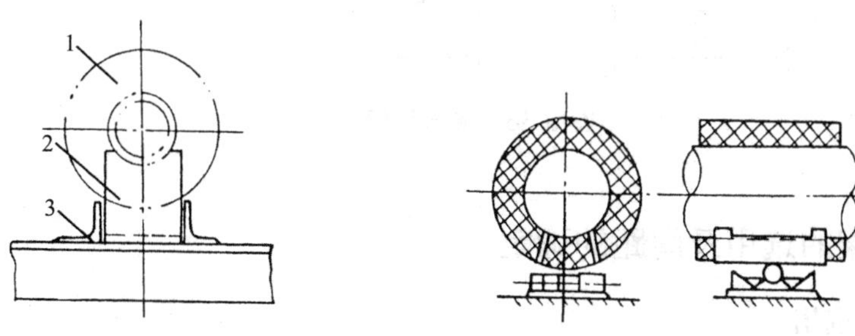

1．保温层　2．管子托架　3．导向板　　（a）滚珠支架　　（b）滚柱支架

图 9-34　导向支架　　**图 9-35　滚动支架**

吊架分普通吊架和弹簧吊架两种。普通吊架由卡箍、吊杆和支承结构组成，如图 9-36 所示。一般用于口径较小、伸缩性极小的管路。

弹簧吊架由卡箍、吊杆、弹簧和支承结构组成，如图 9-37 所示。弹簧吊架用于有伸缩性及振动较大的管道。吊杆长度应大于管道水平伸缩量的数倍，并能自由调节。管道具有垂直位移的地方应安装弹簧支架。管道有振动的地方，应设减振吊架，如图 9-38 所示。

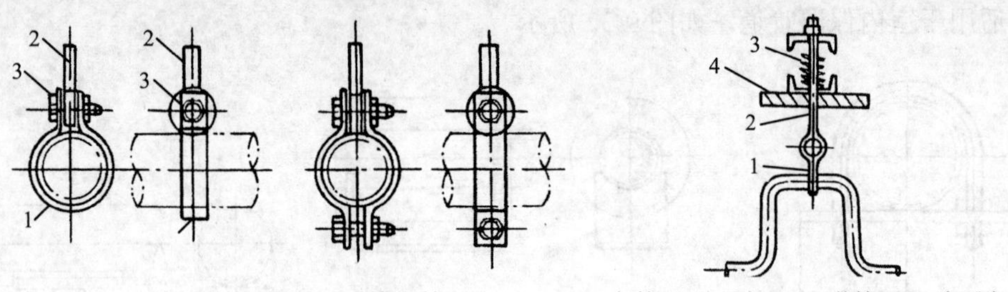

1. 卡箍　2. 吊杆　3. 联接螺栓

图 9-36　管道吊架

1. 卡箍　2. 吊架　3. 弹簧　4. 支承架

图 9-37　弹簧吊架

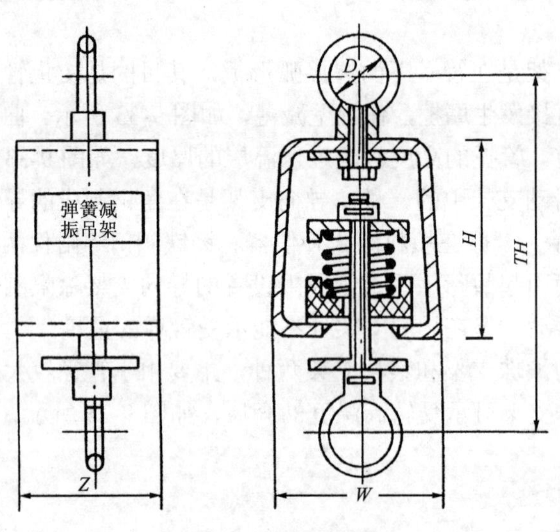

图 9-38　减振吊架

（二）支架的选用及间距的确定

1．支架的选用

在管道施工中，管道支架是管道工程上必用的，有一部分由设计确定，但大多数由施工人员在施工现场自行决定。在选用各种管架时，应根据支架的功能和受力情况进行正确的选择、计算和合理设置，以保证管道安全经济运行。对于支架的选择要遵循下列基本原则。

（1）支架的选型和设置应符合设计文件的规定，应能正确地支承管道，并能满足管道的强度和刚度、管道的介质工作压力和工作温度、管道运行时的位移和补偿、管道安装的实际位置等各方面的综合要求。

（2）支架应能承受管道在安装状态、工作状态及预计工作状态中的一些偶然外荷载的作用。

（3）支架应尽量选择型号相同的标准支架，以便于成批生产和加快施工速度。

（4）选用制作简单、施工方便、应用较多的焊接支架。

（5）在直管段上的两个补偿器之间，或无补偿装置、有热位移的直管段上只允许设置一个固定支架。

（6）水平安装的方形补偿器或弯管附近，应采用滑动支架，以便管道在温度变化而引起伸缩时能够自由地轴向和横向移动。

（7）在管道上无垂直位移或垂直位移很小的地方，可设置活动支架或刚性吊架。活动支架形式应根据管道对摩擦作用的不同来选择：

- 对由于摩擦而产生的作用无严格限制时，可采用滑动支架；
- 当要求减小管道轴向摩擦作用力时，可选用滚动支架；
- 当要求减小管道水平位移的摩擦作用力时，可选用滚珠支架。

（8）在填料函式补偿器和波形补偿器两侧，应设置 1～2 个导向支架，以使管道运行时不至于偏离中心线。在铸铁阀件两侧宜设置 1～2 个导向支架，使铸铁阀件少受弯矩作用。

（9）在管道具有垂直位移之处，应设弹簧吊架；当不便设弹簧吊架时，亦可设弹簧支架；当同时具有水平位移时，应采用滚珠弹簧支架。但管道吊架现场装配工作量大，耗费钢材多，且不利于管道的稳定及消振。所以除架空管道不便装设滑动支架时装设吊架外，应尽量少采用吊架。

（10）在同一管道上不宜连续使用过多的吊架，应在适当位置设置型钢支架，以防管道摆动。

2．支架间距的确定

管道支架的间距应符合设计文件的规定。当设计文件无规定时，钢管道支架的间距可参考表 9-24 或表 9-25 确定。铜及铜合金管道的支架间距可按钢管道支架间距的 80%确定；铝和铝合金管道的支架间距可按钢管道支架间距的 65%～57%确定；铝合金管道和塑料管的支架间距可按 1～2 m 确定。水平 90° 弯管两端支架间的管段展开长度，不应大于水平直管段上支架最大允许间距的 0.75 倍。

确定支架间距时，应考虑管子、管子附件、保温结构及管道内介质重量对管子造成的应力和应变不得超过允许的范围。在较重的管道附件旁应设支架，以承受其荷重。

实际应用中，管子的最大允许间距已由表 9-26 或表 9-27 给出，作为推荐值。

（1）固定支架安装位置的确定。固定支架安装位置由设计人员根据需要在图纸上予以确定。一般是考虑热力管道自然补偿、补偿器的需要。同时固定支架安装位置的确定应不超过表 9-8 规定的间距值。

表 9-24 无保温层管道支架最大间距

介质参数及管道类别	管子规格 $\phi\times\delta$/mm	管子自重/（kg/m）	管道自重/g（充满水）	最大允许间距 L_{max}/m		
				按强度条件计算	按钢度条件计算	推荐值
无保温的碳钢管道	32×3.5	2.46	2.9	4.93	3.24	3.2
	38×3.5	2.98	3.63	5.37	3.68	3.7
	45×3.5	3.58	4.53	6.2	3.86	3.9
	57×3.5	4.62	6.63	6.24	4.9	4.9
	73×4	6.81	10.22	7.2	6.07	6.0
	89×4	8.38	13.86	7.45	6.7	6.7
	108×4	10.26	18.33	8.98	7.66	7.6
	113×4	12.73	25.13	9.56	8.8	8.8
	159×4.5	17.15	34.82	10.4	9.8	9.8
	219×6	31.52	65.17	12.13	9.93	9.9
	273×7	45.92	100.25	12.8	14.7	12.8
	325×7	54.90	157.50	13.1	16.6	13.0
	377×7	63.87	159.67	14.3	17.0	14.3
	426×7	72.33	193.23	14.8	18.8	14.8
	478×7	81.31	242.31	15.6	19.2	15.6
	529×7	90.11	291.01	16.0	20.4	16.0
	630×7	107.5	405.50	16.4	21.0	16.4

表 9-25 蒸汽管道支架最大间距

介质参数及管道类别	管子规格 $\phi\times\delta$/mm	保温厚度/mm	管子自重/（kg/m）	保温结构重量/（kg/m）	管道单位重量/（kg/m）		最大允许间距 L_{max}/m		
					充满水	无水	按强度条件计算	按钢度条件计算	推荐值
蒸汽管道 P=1MPa t=175℃	32×3.5	60	2.46	14.79	17.69	17.25	2.09	1.86	1.8
	38×3.5	70	2.98	18.91	22.54	21.89	2.32	1.88	1.9
	45×3.5	80	3.58	23.81	28.34	27.39	2.62	2.08	2.1
	57×3.5	90	4.62	30.15	36.79	34.77	2.80	2.50	2.5
	73×4	100	6.81	33.55	43.83	40.36	3.66	3.4	3.4
	89×4	100	8.38	40.97	54.26	49.35	3.91	3.7	3.7
	108×4	100	10.26	80.92	68.25	61.18	4.65	4.18	4.2
	133×4	100	12.37	56.28	80.07	69.01	5.55	5.01	5.0
	159×4.5	110	17.15	68.79	103.61	85.94	6.31	5.80	5.8
	219×6	110	31.52	82.55	147.72	114.07	8.71	8.01	8.0
	273×7	120	45.92	103.85	190.71	148.77	9.85	9.6	9.6
	325×7	120	54.90	116.63	244.40	171.53	10.7	11.2	10.7
	377×7	130	63.87	140.39	304.10	204.26	11.2	11.7	11.2
	426×7	130	72.38	153.15	354.38	225.48	12.8	12.9	12.8
	478×7	130	81.31	166.75	413.01	248.06	13.2	13.8	13.2
	529×7	130	90.11	179.91	570.00	270.10	14.9	15.9	14.9

表 9-26 固定支架的最大间距 （单位：m）

公称直径/mm		15	20	25	32	40	50	65	80	100	125	150	200	250	300
方形补偿器		—	—	30	35	45	50	55	60	65	70	80	90	100	115
套筒补偿器		—	—	—	—	—	—	—	—	45	50	55	60	70	80
L 形	长臂最大长度	15	18	20	24	24	30	30	30	30					
	短臂最小长度	2	2.5	3	3.5	4	5	5.5	6	6					

注：对室外管网，建议在距各用户建筑物外墙 1 m 处，宜设固定支架。

（2）活动支架安装位置的确定。根据实践经验，用“墙不作架、托稳转角、中间等分、不超最大”的原则确定活动支架的安装位置和数量，可以消除安装缺陷。

表 9-27 活动支架的最大间距 （单位：m）

公称直径/mm	15	20	25	32	40	50	65	80	100	125	150	200	250	300
保温管	1.5	2.0	2.0	2.5	3.0	3.0	4.0	4.0	4.5	5.0	6.0	7.0	8.0	8.5
不保温管	2.5	3.0	3.5	4.0	4.5	5.0	6.0	6.0	6.5	7.0	8.0	9.5	11.0	12.0

（3）室内立、支管管卡安装位置的确定。立管安装时，应在每层设一单、双立管卡，安装高度以距地坪 1.5 m 为宜。横支管、支管超过 1.5 m 时，均应设托钩使钢管固定。排水横管的支架安装间距应不大于 2 m。

（三）管道支架安装

1．管道支架安装要求

（1）管道支架的安装位置和标高应符合设计文件的规定，其偏差不得影响管道的安装尺寸。

（2）核查有坡度的管道，根据坡度大小的高度差，画出每个支架的位置。室外支架允许偏差±10 mm，室内允许偏差±5 mm，同一管道上的支架标高允许误差应一致。

（3）固定支架应严格按设计文件要求安装在牢固的结构物上。

（4）在梁、屋架或其他金属构件上安装支架，必须经设计部门同意，但不得在钢筋混凝土梁和屋架上打洞或钻孔。

（5）铸铁、铅、铝管道及大口径管道上的阀门，应设有专用支架，不得以管道承重。

2．管道支架的安装

支架安装包括支架构件的预制加工、现场安装两部分工序。支架的现场安装是很复杂多变的操作，必须根据管道走向中的各方面实际情况确定。其安装方法有以下几种。

（1）地沟内混凝土支座及其支架的现场安装。在支座上以预埋件（板）的中心为准，画出管道中线与地沟的管线相重合，允许偏差不大于 5 mm，同时使支座的横向中心与沟边的定位线相符，前后位移不大于 5 mm。

在预定位的位置上铺满水泥砂浆，以保证支座的稳实，并保证支座的标高、坡度与管道安装要求一致，后将预制好的支架安放在支座上，两纵向中心线应重合。

（2）地沟内的钢支架梁均支撑在地沟壁上。地沟内竖向的钢支架都要生根。一种是在地沟底板上打洞或预留洞，用混凝土灌注钢支架，其安装方法与地沟壁安装支架相同。另一种是在地沟底板上预埋钢埋件，表面是一块钢板，安装竖向钢柱时，将支柱焊接在预埋钢板上。为保证支架的整体作用，将竖向钢柱与横向支架的定位和立柱与预埋钢板的定位同时进行，初步调整好各方面的平直关系后点焊，核准后再牢固焊接。

地沟内吊架的安装一般是将吊钩先挂在支架梁上，调整标高和坡度，再在管子上套管卡，分段抬起管道，在吊杆和管卡中穿上合适的螺栓、螺母。对热膨胀量较大的管道，应留出与管道热膨胀相反方向的偏移量。

地沟内固定支架的固定板或卡件必须在安装定位后经检查再进行焊固。焊前检查应确保预加工的固定角板或卡件在固定支架上的受力面平直，并垂直于管道中心线，角板的竖向中心应通过管子的圆心，角板末端距管道的横向焊缝应不小于 50 mm，且不得焊在管道的纵向焊缝上，测试合格后再进行牢固焊接。

（3）单管托架管道支架应用广泛，以下有几种安装方法。

栽埋法。用水泥砂浆或细石混凝土将直型横梁在墙上栽埋固定，如图 9-39 所示。安装的施工步骤是：放坡、支架安装位置划线、挂线、打洞、栽埋横梁。横梁栽埋前，横梁上的 U 型螺栓孔、防滑板、加固梁等，均应在预制加工时制作完成。

抱柱法。管道沿柱安装时，可以采用抱柱式支架，结构如图 9-40 所示。这种方法适用于在没有预留洞孔和没有预埋钢板的独立柱子上安装支架。注意在混凝土和木结构梁柱上安装支架时，不得钻孔或打洞。

预埋件焊接头。钢筋混泥土构件上的支架，在土建浇注时，在各支架的位置预埋钢板。之后用手工电弧焊将支承横梁焊接在预埋钢板上。单管支架预埋钢板的厚度为 S=4～6 mm，对于 DN15～80 的单管，钢板规格为 150 mm×90 mm×4 mm；DN100～150 的单管，预埋钢板规格为 230 mm×140 mm×6 mm。钢板的埋入面可焊接 2～4 根圆钢弯钩，也可以焊接直圆钢再与混凝土主筋焊在一起，如图 9-41 所示。

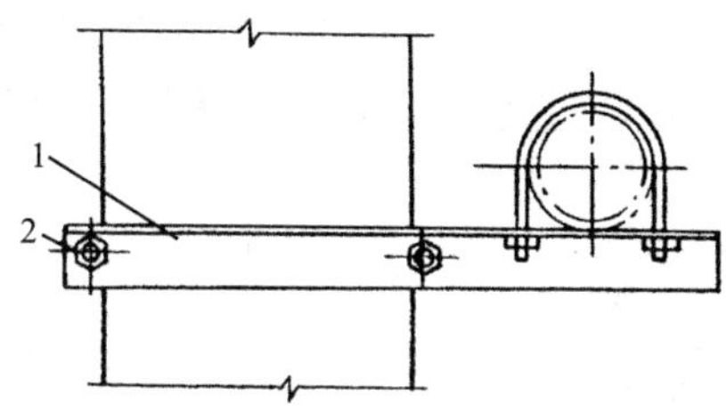

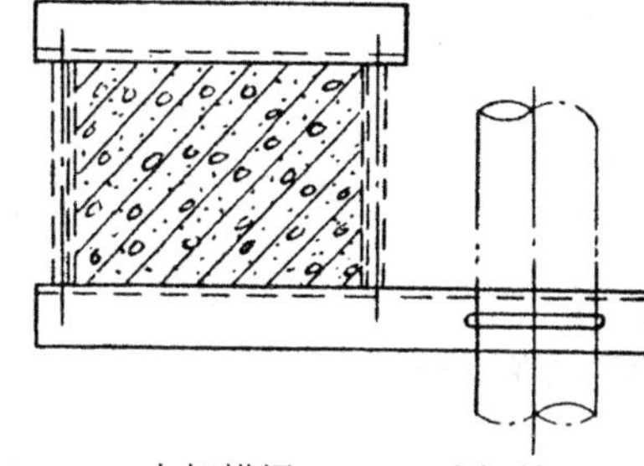

1．支架横梁 2．双头螺栓

图 9-40 抱柱式固定支架

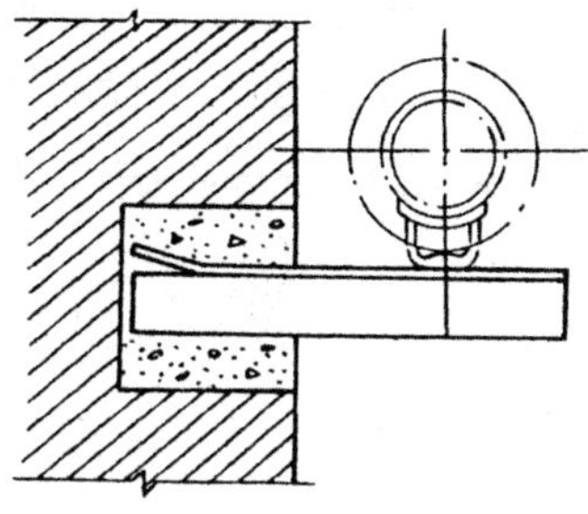

图 9-39 栽埋法固定支架

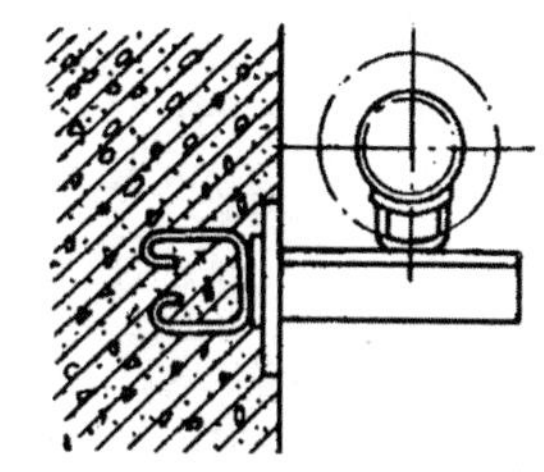

图 9-41 预埋钢板焊接固定支架

膨胀螺栓及射钉锚固法。这种方法适用于在没有预留孔洞的砖石结构及没有预埋钢板的混凝土、钢筋混凝土结构上安装支架。但有振动的环境不宜采用。这种支架安装方法适用于角型托架横梁的安装，目前，其安装尺寸见表 9-28、表 9-29。

表 9-28 膨胀螺栓的选用

管道公称直径	70	80～100	125	150
膨胀螺栓规格	M8	M10	M12	M14
钻头直径	10.5	13.5	17	19

表 9-29 膨胀螺栓拉力及钻头选用

膨胀螺栓	M6	M8	M10	M12	M14	M16
承受最大拉力/N	500～600	600～800	1 000～1 200	1 200～1 400	1 200～1 400	1 400～1 600
所配钻头直径/mm	8.0	10.5	13.5	17.5	19.0	22.0

支架安装时，先挂线确定横梁的安装位置及标高后，用已加工好的角型横梁比量，并在墙上画出膨胀螺栓的钻孔位置。用装有合金钻头的冲击电钻或电锤钻孔，轻轻打入膨胀螺栓，套入横梁底部孔眼，将横梁用膨胀螺栓的螺母紧固，如图 9-42 所示。

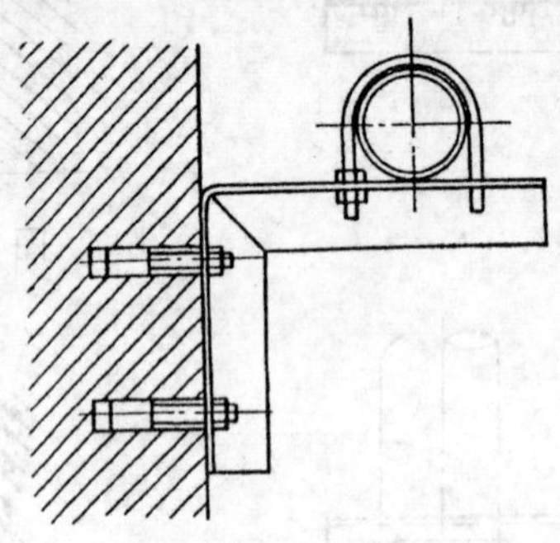

图 9-42　用膨胀螺栓安装的支架

第十章 环保机械设备安装

本章重点

环境工程常用设备安装，环保机械设备、材料、设备的现场加工技术。

第一节 机械设备安装基础

一、机械设备安装

随着环保技术日新月异的发展，环保设备安装的产品繁多，工序变化大，在环境工程项目中的复杂程度大有提高，这就要求设备安装在技术上、管理上也要跟随提高。

（一）机械设备安装的类型

环保设备大体可分为机械设备和静置设备。

机械设备（如转碟曝气机、罗茨鼓风机、水泵等）安装施工是这类机械产品最后一道工序，即将这些散装的零、部件组装成完整的产品，并进行性能测试和试运转（包括冷态和热态的）。

静置设备（如吸附塔、罐等容器设备）可分为静置整体安装、静置设备的组成及安装和静置设备现场制作安装三种情况。

（二）机械设备安装的一般工序

尽管环保设备的种类繁多，其结构、性能各有不同，但安装工序基本上是一样的，即设备开箱检查与验收、起重与搬运、基础验收放线和设备划线、设备就位、找平找正、设备固定、拆卸、清洗、装配、联运运转和交工验收等。

（三）机械设备安装的准备工作

1．组织准备

在进行一项大型设备的安装前，应根据当时的情况，结合具体条件成立适当的组织机构。例如：在施工的管理上，成立联合办公室、质量检查组等；在安装工作上，成立材料组、吊运组、安装组等，以使安装工作有计划有步骤地进行，并且分工明确、紧密协作。

2．技术准备

（1）准备好所用的技术资料，如施工图、设备图、说明书、工艺卡和操作规程等。

（2）熟悉技术资料，领悟设计意图，发现图样中的错误和不合理之处要及时提出并加以解决。

（3）了解设备的结构、特点和与其他设备之间的关系，确定安装步骤和操作方法。

3．工具、材料准备

（1）工具准备。根据图样和设备的安装要求，便可知道需要什么样的特殊工具，其精度和规格如何；一般工具需要量；还需要哪些起重运输工具、检验和测量工具等。

（2）材料准备。安装时所用的材料（如垫铁、棉纱、布头、煤油、润滑油等）也要事先准备好。

4．设备的开箱、清点和保管

（1）开箱。设备开箱时应注意使用合适的工具，不能用力过猛，以避免损伤设备及伤及他人。对于装小件的箱，可只拆去箱盖，等清点零件完毕后，仍将零件放回箱内，以便于保管；对于装大件的箱，可将箱盖和箱侧壁拆去，设备仍置于箱底，这样可防止设备受震并起保护作用。

（2）清点。安装前，要和供货方一起进行设备的清点和检查。清点后应做好记录，应填写好《设备开箱检查记录单》，并且要双方人员签字。设备的清查工作主要有以下几点：

- ◆ 设备表面及包装情况。
- ◆ 设备装箱单、出厂合格证等技术文件。
- ◆ 根据装箱单清点时，首先应核实设备的名称、型号和规格，必要时应对照设备图样进行检查。
- ◆ 清点设备的零件、部件、随机附件、备件、附属材料工具是否齐全。
- ◆ 检查设备外观质量，如有缺陷、损伤和锈蚀等情况，应填入记录单中，并进行研究处理。

（3）保管。安装单位在设备开箱检查后，应对设备及其零件妥善保管，应做到以下几点：

- ◆ 设备开箱后，进行编号、分类，一般不得露天放置，以免设备损伤和受雨、灰、沙的侵害。

◆ 暂时不安装的设备和零件，应把已检查过的精加工面重新涂油，以免锈蚀；并采取保护措施，以防擦伤和损坏。

◆ 设备及零部件，不应直接放置在地面上，应在地上垫纸或布，最好置于木板架上。

◆ 零部件的堆放应按照安装顺序进行堆放，先安装的应放在外面或上面，后安装的应放在里面或下面。

◆ 设备上的易碎、易丢失的小零件、贵重仪表和材料均应单独收藏和保管，但要注意编号，以免混淆和丢失。

（四）设备基础的检查和处理

机械设备都需要一个坚固的基础。设备的基础一般由土建单位施工，基础质量的好坏，对设备的安装、运转和使用有很大的影响。所以，在设备安装之前，必须对基础进行严格的检验，发现问题及时进行处理。

1．中心标板和基准点的埋设

（1）中心标板。中心标板是在浇灌基础时，在设备两端的基础表面中心线上埋设的两块一定长度（为150～200 mm）的型钢，并标上中心线点。中心板埋设形式有（图10-1）：

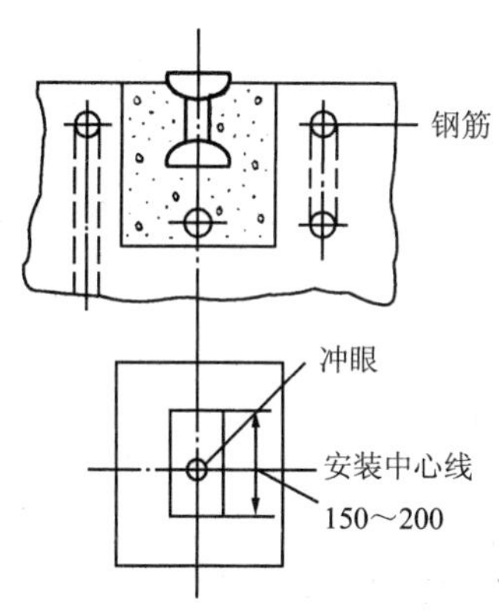

（a）基础表面埋设

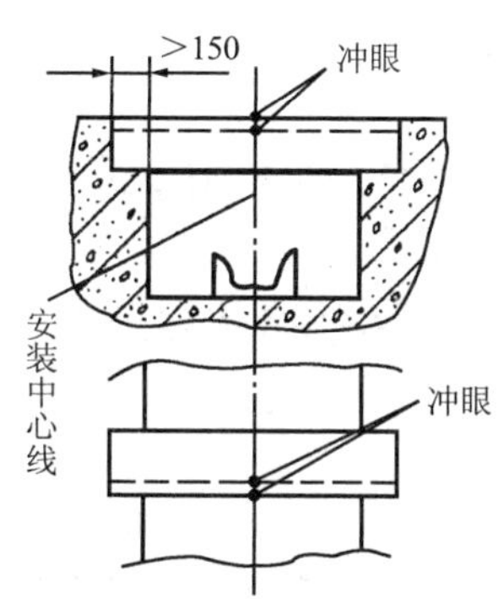

（b）跨越沟道埋设

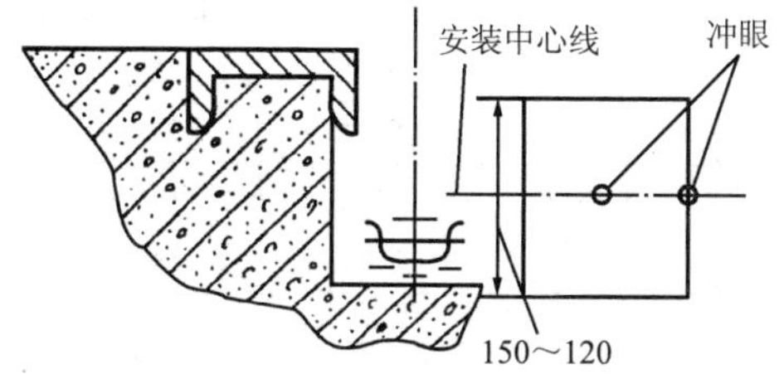

（c）基础边缘埋设

图10-1　中心标板埋设

（a）在基础表面埋设；

（b）在跨越沟道的凹下处埋设；

（c）在基础边缘埋设。

（2）基准点。在新安装设备的基础上埋设坚固的金属件（通常用 50～60 mm 长的铆钉），并根据现场的标准点测出它的标高，以作为安装设备时测量标高的依据。

常用的基准点及埋设形式分别如图 10-2 所示。

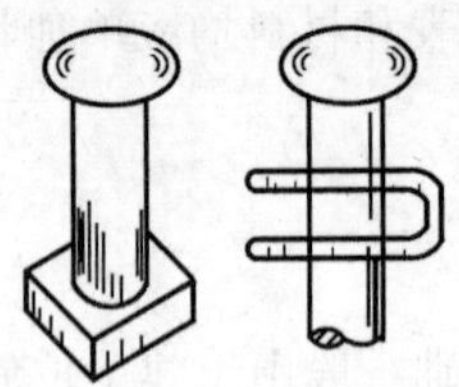

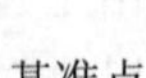

基准点

基准点埋设方法

图 10-2　基准点及埋设方法

2．基础的检验和处理

（1）基础的检验。

对设备基础强度的检验。

- ◆ 小型设备的基础可用钢球撞痕法进行测定，混凝土强度和撞痕直径关系见表 10-1。
- ◆ 大型设备的基础需要进行预压实验（压力实验），由土建部门实施，安装单位协助。
- ◆ 设备一般应等到混凝土强度达到 60%以上时安装；但设备的精平调整则须等基础达到设计强度并拧紧地脚螺栓后方可进行。

表 10-1　混凝土强度和撞痕直径的关系

钢球直径/mm	落距/mm	混凝土强度/MPa				
		4	6	8	11	14
		钢球撞痕直径/cm				
50.8	2	1.4	1.3	1.2	1.10	1.02
（2″）	1.5	1.25	1.17	1.10	1.0	0.92
38.1	2	1.08	0.96	0.90	0.80	0.74
（1.5″）	1.5	0.96	0.88	0.83	0.75	0.71

对设备基础各部分尺寸和位置的质量要求，见表 10-2。

表 10-2 设备基础的极限偏差

项次	偏差名称	极限偏差值/mm
1	基础坐标位置（纵、横）	±20
2	基础各平面的标高	0 −20
3	基础上平面外形尺寸 凸台上平面外形尺寸 凹穴尺寸	±20 −20 +20
4	基础上平面的水平度（包括地坪上需安装设备的部分）：每米 全长	5 10
5	竖向偏差：每米 全高	5 20
6	预埋地脚螺栓 标高 中心距（在跟部和顶部两处测量）	+20 0 ±20
7	预埋地脚螺栓孔 中心位置 深度 孔壁的垂直度	±10 +20 0 10
8	预埋活动地脚螺栓锚板 标高 中心位置 水平度（带槽的锚板） 水平度（带螺纹孔的锚板）	+20 0 ±5 5 2

（2）基础的处理。

①当基础标高层过高时，可用錾子铲低；过低时，可用錾子将原基础表面铲成麻面，用水冲洗后，再补灌原标号的混凝土。

②当基础中心偏差过大时，可通过改变地脚螺栓的位置来补救。

③预埋的地脚螺栓，如果是一次灌浆，并且偏差很小时，可把螺栓用气焊烧红后敲移到正确的位置上；偏差过大时，对小的地脚螺栓可挖出来进行二次灌浆，对较大的螺栓可在其周围凿到一定深度后割断，中间夹上钢板（其宽度等于偏差的距离尺寸）焊牢。二次灌浆的基础螺栓孔偏差过大时，可扩大预留螺栓孔。

（五）机械设备的安装方法

1. 设备的定位

设备定位的基本原则就是要满足环保工艺的需要，并在此基础上考虑维护、修理、技术安全、工序间的相互配合及运输方便等。

设备在现场的安装位置、排列、标高以及立体、平面间的相互距离等，应符合设备平面布置图和安装施工图的规定。需要调整时，应视运行方式的不同，考虑：

◆ 符合处理对象特点及环保工艺过程的要求。

◆ 设备排列整齐、美观，相互间距离符合设计资料的规定。

◆ 符合技术安全要求，并需有过道、运输通道，以便顺利运送材料、工件及安装和拆卸设备。

◆ 操作、修理、维护方便，并留有一定的空间，以便堆放材料、工件和工具箱等。

◆ 检测设备与运行设备之间的距离，一定要以不影响检测精度为原则。

◆ 工艺设备、辅助设备、运输设备、通风设备、管道系统等相互之间应密切配合；辅助设备、运输设备等要服从主要设备。

（1）设备定位的基准线，要以现场的纵横中心线或墙的垂直面为基准。纵横中心线的偏差为±10 mm。

（2）设备在平面上的位置对基准线的距离及其相互位置的极限偏差应符合表10-3 的规定。

（3）设备安装标高的极限偏差应符合设计图样或设备说明书中的规定；若无规定，可按表 10-4 的规定。

表 10-3　设备安装位置的极限偏差

安装设备的性质		极限偏差/mm
对基准线距离极限偏差	1．与其他设备没有任何联系的设备	±10
	2．与其他设备有联系的设备	±2
	3．动力设备（如泵、压缩机、煤气发生炉、通风机、鼓风机等）	±5
	4．作角度排列的设备，其角度偏斜偏差每米为	10
	在 5 m 以上不得大于	50
	5．设备安装在单独基础上时，设备纵横中心线必须落在基础中心线上，即设备重心应与基础重心在同一位置上，如有偏差不得超过	±20
相对位置极限偏差	1．无任何联系的设备	±20
	2．与金属切削机床同属一组的其他设备或装置	±2
	3．与锻压设备同属一组的设备或装置	±10
	4．与锻造设备同属一组的设备或装置	±5
	5．与热处理设备同属一组的设备或装置	±5
	6．与金属熔化设备同属一组的设备或装置	±10
	7．与动力设备同属一组的设备或装置	±5
	8．互相衔接的连续运输机械及其辅助装置	±5
	9．互相衔接的带式输送带沿主中心线方向为	±20
	垂直于主中心线方向为	±10

表 10-4　设备安装标高的极限偏差

安装设备的性质	极限偏差/mm
1．与其他设备没有任何强制工艺及动力上联系的单独设备	±20
2．与其他设备有强制工艺上的联系，其工件的移动是靠工件自重作用来实现的，用输送槽或辊道等相联系的设备	−10 ±5
3．由输送带或其他具有强制移动工件的装置联系起来的设备	±1
4．在同一工艺过程里联合起来的机床或联合机床（自动机床加工线）	±0.2

（4）设备定位的测量起点，若施工图或平面图有明确规定，应按图上规定执行；若只有轮廓形状，应以设备真实形状的最外点算起。

（5）设备纵横排列的规定如下：

◆ 同类设备纵横向排列或成角排列时，必须对齐，倾斜角要一致，如图 10-3（a）和（b）所示。

◆ 不同类型设备纵、横向或直线、角度排列时，其正面操作位置必须排列整齐，如图 10-3（c）和（d）所示。

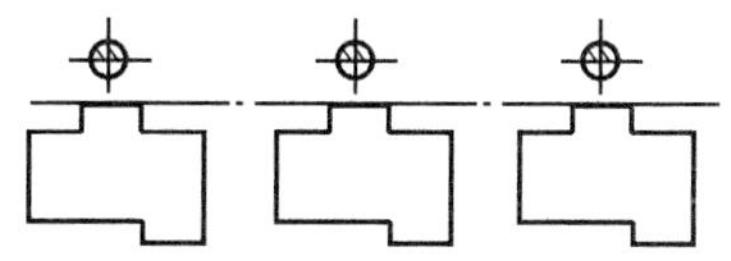

（a）同类设备作直线排列

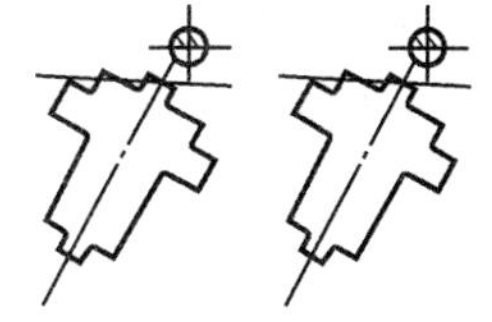

（b）同类设备作角度排列

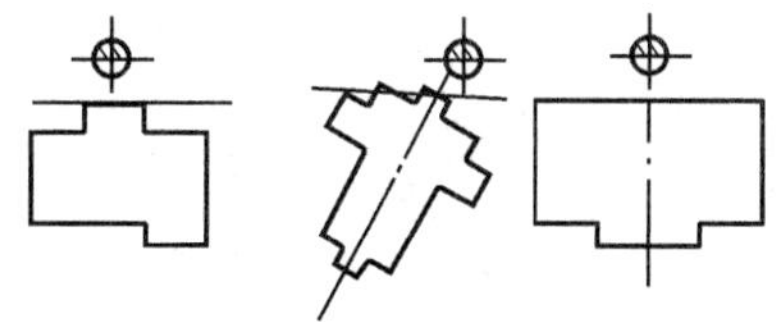

（c）不同类设备作直线及角度排列

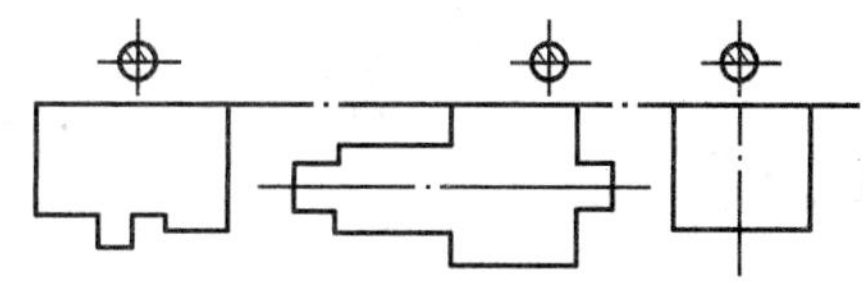

（d）不同类设备作直线排列

图 10-3 设备纵横排列的规定

（6）设备与墙、柱、池间的距离，两设备背面的距离，设备纵向及横向排列时两设备之间的距离，原则上都应按照平面布置图的规定，但必要时允许根据车间具体情况及下述规定做适当的调整：

①设备与墙、柱、池间的最小距离：

◆ 小型设备（外部尺寸小于 500 mm×1 000 mm）间的距离应在 500 mm 以上，与墙、柱、池间的距离为 100～200 mm。

◆ 中型设备与墙、柱、池间的距离为 500～700 mm。

◆ 大型设备与墙、柱、池间的距离为 800～1 000 mm。

②设备背面间的最小距离：

◆ 卧式旋转设备距离为 500 mm。

◆ 立式旋转设备距离为 200～400 mm。

◆ 卧式设备距离为 400 mm。

◆ 立式设备距离为 600 mm。

③纵向排列的两设备间的最小距离：

◆ 立式（大、中型）设备距离为 600～700 mm。

◆ 卧式设备距离为 400～700 mm（大型设备采用较大尺寸）。

（7）带式运输机、辊道、传送链等运输机械，在安装中应保证相互之间及辅助设备间能正确衔接。

2. 地脚螺栓的安装与处理

地脚螺栓一般可分为两类，即死地脚螺栓和活地脚螺栓。

死地脚螺栓有长短两种：长地脚螺栓的长度为 500～2 500 mm，它用来在基础上固定工作时有冲击和震动较大的机器；短地脚螺栓的长度为 100～400 mm，它用于固定工作时载荷较平稳、无冲击和震动小的机器。

死地脚螺栓的端部形状如图 10-4 所示。

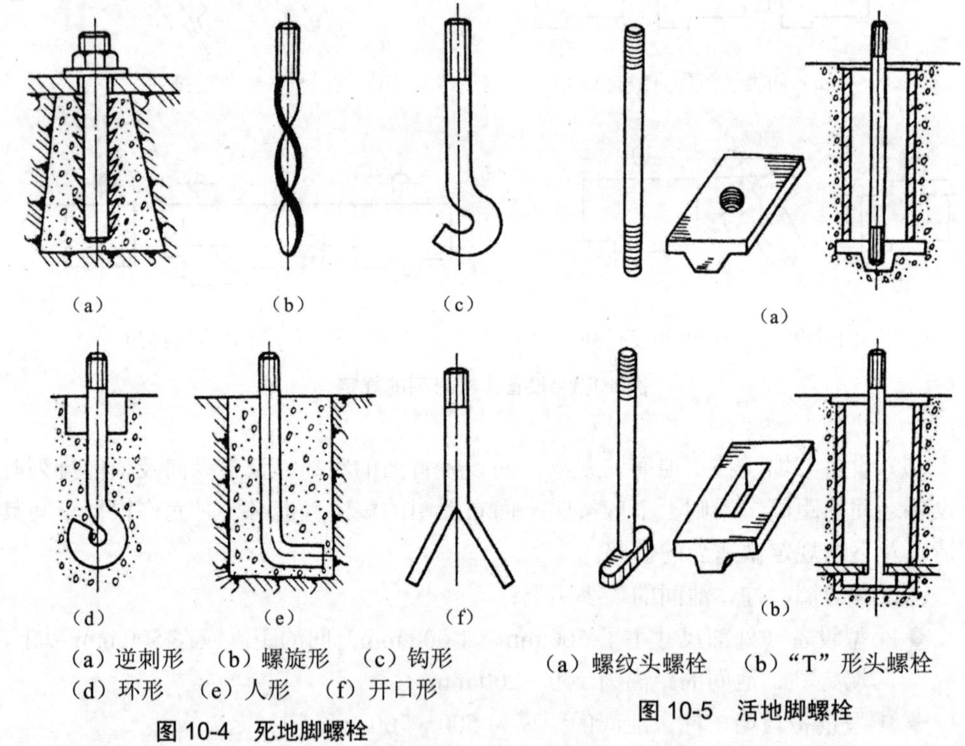

（a）逆刺形 （b）螺旋形 （c）钩形
（d）环形 （e）人形 （f）开口形

图 10-4 死地脚螺栓

（a）螺纹头螺栓 （b）"T" 形头螺栓

图 10-5 活地脚螺栓

活地脚螺栓也有两种：一种是两端带有螺纹及螺母的螺栓，如图 10-5（a）所示；另一种是下端为"T"字形螺栓，有一地脚板浇灌在地基内，板内有长方口，将螺栓下端"T"字形的长方头安入后，拧转 90°与板上的长方口成正交，便不能拿出，如图 10-5（b）所示。

地脚螺栓的长度，为埋入基础内的深度（一般是直径的 12～25 倍）与外露部分长度之和，其规格见表 10-5。

活地脚螺栓及其锚板的规格见表 10-6 和表 10-7。

安装地脚螺栓时应准备的主要工具见表10-8。

表10-5 地脚螺栓规格（单位：mm）

螺纹规格			M6	M8	M10	M12	M16	M20	M24	M30	M36	M42	M48
b	max		27	31	36	40	50	58	68	80	94	106	118
	min		24	28	32	36	44	52	60	72	84	96	108
D			10	10	15	20	20	30	30	45	60	60	70
h			41	26	65	82	93	127	139	192	244	261	302
l_1			l+37	l+37	l+53	l+72	l+72	l+110	l+110	l+165	l+217	l+217	l+255
x_{max}			2.5	3.2	3.8	4.2	5.0	6.3	7.5	8.8	10.0	11.3	12.5
l			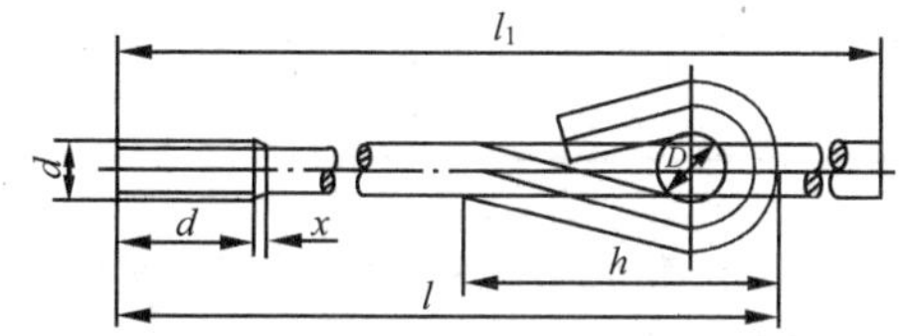										
公称	min	max											
80	72	88											
120	112	128											
160	152	168											
220	212	228			商								
300	292	308				品							
400	392	408											
500	488	512						规					
600	618	642							格				
800	788	812											
1 000	988	912										范	
1 250	1 238	1 262											围
1 500	1 488	1 512											

表10-6 活地脚螺栓的规格

图 示	d	h	b	l_0	c
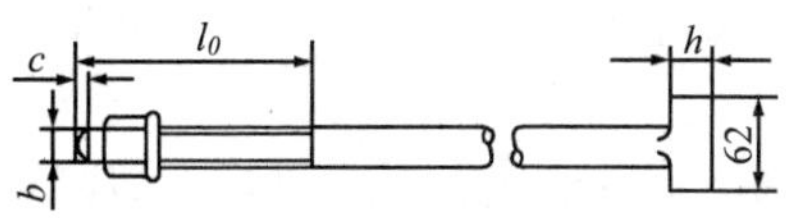	M30	20	30	90	4
	M36	22	36	110	4.5
	M42	28	42	120	5
	M48	32	48	130	6
	M56	38	56	140	7

注：地脚螺栓长度L决定于锚板的深度W的尺寸，锚板深度按计算安装。

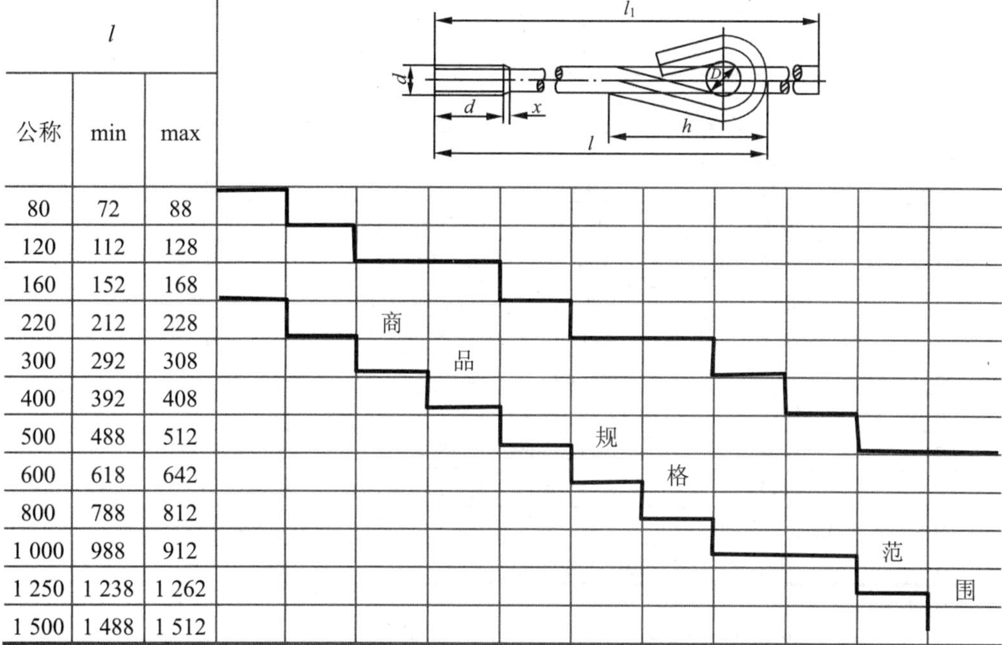

表 10-7　活地脚螺栓锚板的规格　（单位：mm）

W	a	e	c	g	c_1	g_1	l	m	h	f	f_1	p	p_1	r	z	地脚螺栓的直径	理论重量/kg
90	210	50	68	37	70	40	165	22	11	10	13	92	98	10	32	M30	7.3
110	240	60	82	44	84	46	180	24	12	11	14	100	116	15	34	M36	10.9
120	270	68	94	50	94	54	205	26	13	11	14	121	128	15	36	M42	14.8
130	300	75	102	56	102	60	225	28	14	12	15	132	140	15	38	M48	19.8
140	330	82	112	62	112	68	250	32	16	13	17	145	154	15	40	M56	26.7

表 10-8　安装地脚螺栓时常用的主要工具

编号	名称	规格	每组需用量	主要用途
1	钢丝	20#～30#	视工作量而定	用于找中心线和挂重锤
2	线坠	小	6～8 个	找中心和垂直度
3	钢圈尺	25 m，2 m	长、短各 2 个	找位置与标高，打试样
4	铸铁平尺	400 mm	2 个	找垂直度与水平度
5	钢直尺	600 mm	2 根	打试样
6	锤子	0.5 kg，0.8 kg	各 1 把	找正用
7	扁錾	125～160 mm	8 把	錾削用
8	铁丝	22#～24#	视工作量而定	挂螺栓用
9	划针，样冲		备用	划线，打印
10	圆规	150～200 mm	3 把	划线用

（1）一次灌浆地脚螺栓的安装方法：

① 准备好中心线调整架（图 10-6）、螺栓找直仪（框式水平仪）（图 10-7）。

② 检查固定架和地脚螺栓。固定架应事先在基础上建立好，不准有松动现象；固定螺栓用横梁配置及标高应与图样相符，并应保持水平，可用测量仪检查。

地脚螺栓应进行清洗，螺栓顶上应钻好中心孔，并检查螺栓是否正直完好。不直的要矫正，螺母均应试拧。

③ 焊螺栓固定架。按图纸在钢板上划出地脚螺栓固定板位置尺寸线（以螺栓中心线为准）；把角钢和固定板焊在一起，然后进行尺寸检查，如图 10-8 所示。

④ 安装线架。在安装地脚螺栓时，为了找准中心位置、高低和与地面的垂直度，通常挂一根钢丝作中心线，利用线坠和钢板尺等来找正。钢丝两端挂在线架上，末端吊上重锤使线拉直，如图 10-9 所示。

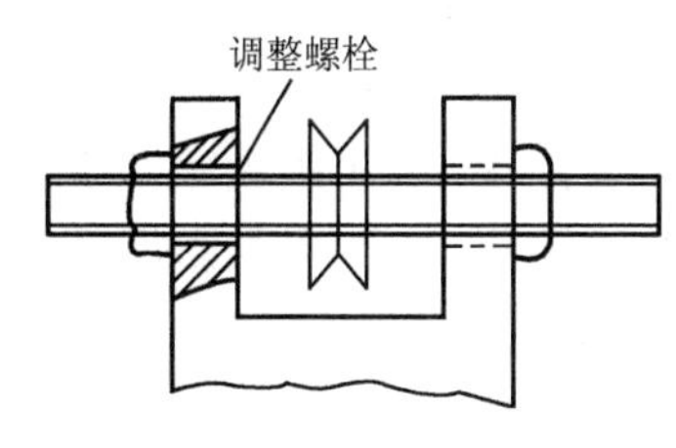

图 10-6 中心线调整架

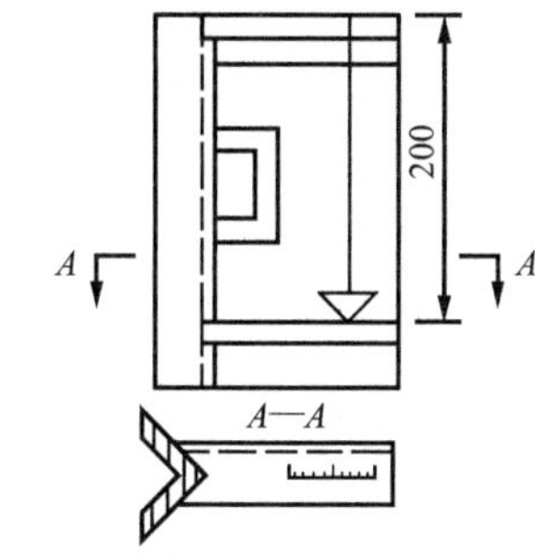

图 10-7 螺栓找直仪

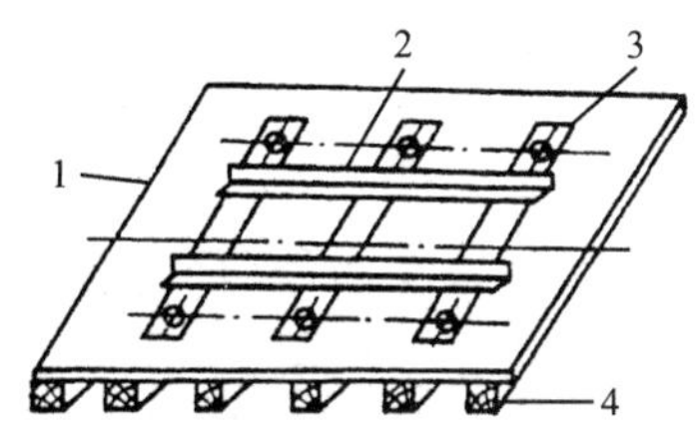

1．钢板 2．角钢 3．固定架 4．枕木

图 10-8 焊螺栓固定架

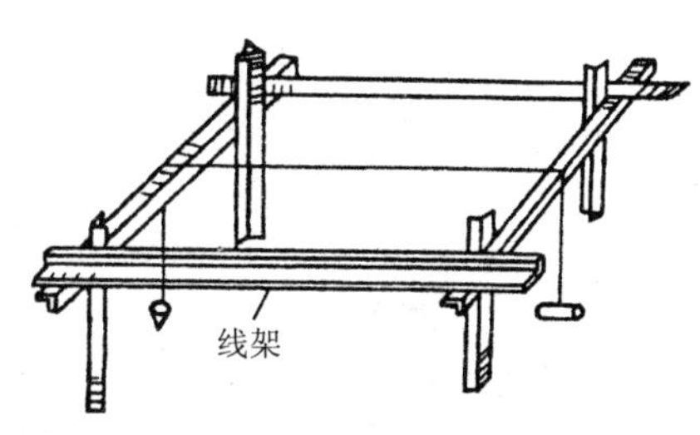

图 10-9 将钢丝安置于线架上

⑤ 挂中心线（钢丝线）。中心线是各螺栓中心实际代表线，每个螺栓的安装位置必须根据它的中心线来确定。因而每一项安装工程或一台设备基础都要根据生产的特点和重要性确定设置一根或几根主要中心线（纵向或横向）；安装前根据螺栓的需要，再确定几根附属中心线，这些中心线都以主要中心线为标准来挂设。挂设方法和步骤如下：

- 挂线前，把已焊好的固定板全部安放在基础固定架上，根据固定板的编号按施工作业图排列。
- 在线架上作出主要中心线及距离较长的附属中心线，并标记好。
- 用 20#～30#钢丝拉直挂在线架上，两端吊以重锤，将钢丝拉直，钢丝吊挂在线架上或直接嵌入刻缝内，用中心线调整器进行调整。

⑥ 找正螺栓固定板。挂上中心线后，便可进行螺栓固定板的找平找正。步骤如下：

- 检查螺栓固定板的高度是否符合设计图纸的要求。
- 将螺栓固定板的中心线与钢丝中心线对准（用线坠），并点焊定位。
- 再检查一次，若无移动，就可将螺栓固定板全部焊在固定架上。

⑦ 串地脚螺栓。为了使每一地脚螺栓都达到质量标准，必须按照下列规程进行操作：

- 在串螺栓前，把该基础的螺栓和调整螺栓位置用的模板灰盒子清点整理，按规定位置分别堆放在固定板附近，并标记上标示牌。

◆ 按施工图上标出的螺栓规格和标高，把螺栓串到固定板上。

◆ 串螺栓时应把灰盒子一起串上，并把螺栓高度旋到接近标高处，以便找正。

⑧ 地脚螺栓的找正，如图 10-10 所示。

◆ 在找正成行且标高相同的螺栓前，在两线架间拉上 1 根钢丝（或在两头的固定板上各焊一根ϕ12～16 mm 的小铁棍，在两铁棍之间拉上1 根钢丝），钢丝的高度由测量确定，应高出螺栓标高 40 mm。

◆ 同一行螺栓标高都按照这根钢丝往下调 40 mm，但螺栓标高应从有效扣算起，如图 10-11 所示。

◆ 螺栓标高拉好后，由测量人员逐个检查，用铅油作好测点标记，此后不准再拧，如图 10-12 所示。

◆ 标高确定后，找正螺栓中心。

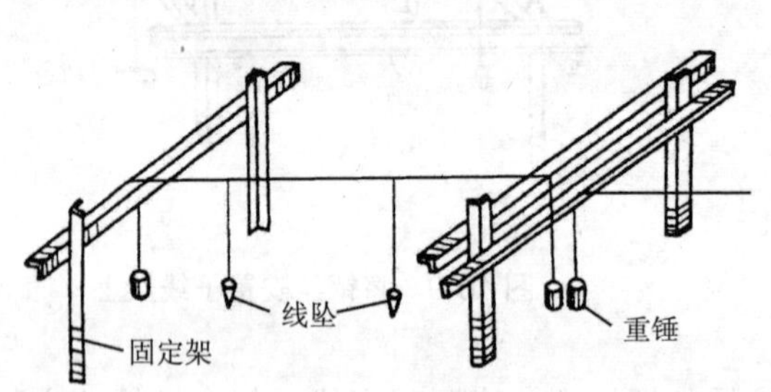

图 10-10　分段线架找正螺栓

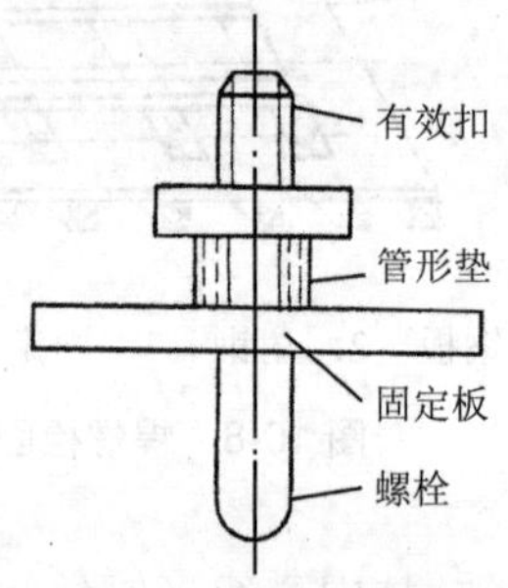

图 10-11　地脚螺栓的有效扣

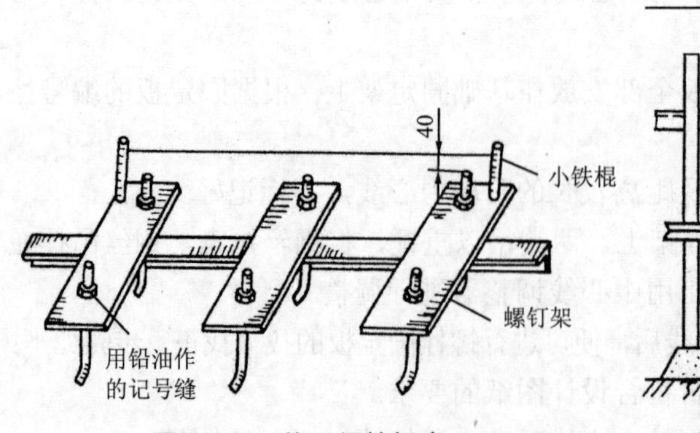

图 10-12　找正螺栓标高

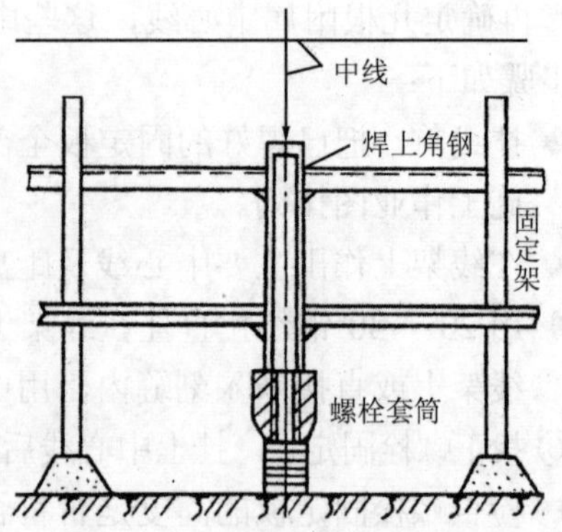

图 10-13　地脚螺栓的安装

⑨ 地脚螺栓的固定。

◆ 找正中、小螺栓中心和垂直度后，把螺母点焊在固定板上；并上下检查一遍，然后在下部螺杆上焊上 4～6 根圆钢，应分成几个方向焊在固定架上。

◆ 安装大螺栓时只安装螺栓套管，根据套管侧壁和顶盖上的中心孔进行找正。因此设法在下部支持，同时要用 7～8 根角钢焊在固定架上，如图 10-13 所示。

◆ 中、小螺栓有灰盒子，应与螺栓同时串上，并用铁丝挂在固定架上。螺栓焊死后，再用细铁丝拴在螺栓上。

（2）预留孔地脚螺栓的安放。

◆ 弯钩式地脚螺栓的安放，如图 10-14 和图 10-15（a）所示。

◆ 锚定式活地脚螺栓的安放，如图 10-15（b）所示。

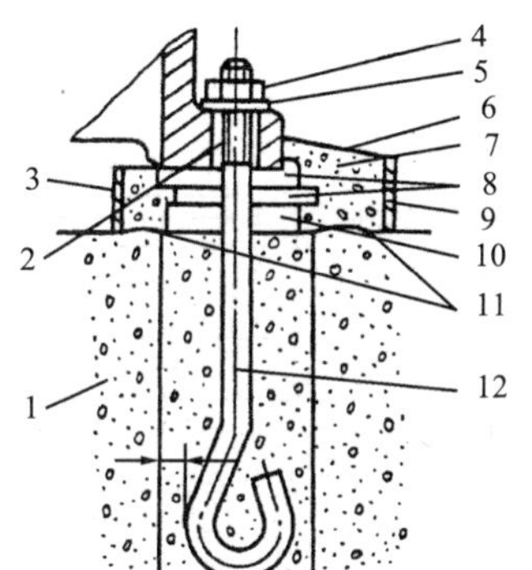

1．地坪或基础　2．设备底座底面
3．内模板　4．螺母　5．垫圈
6．灌浆层斜面　7．灌浆层
8．钩头成对斜垫块　9．外模板
10．平垫铁　11．麻面　12．地脚螺栓

图 10-14　地脚螺栓、垫螺栓、垫铁、灌浆部分示意图

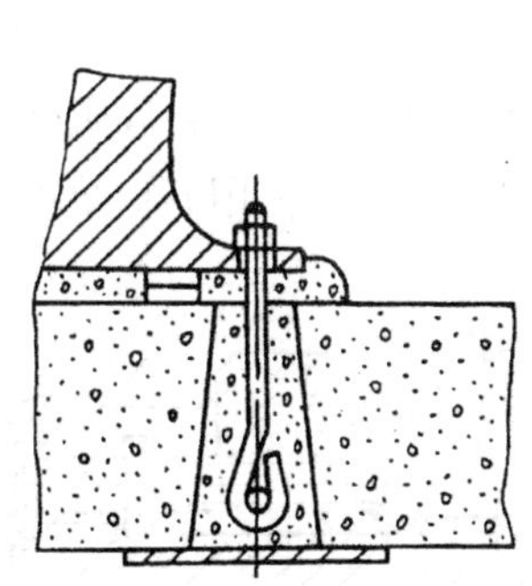

（a）弯钩式地脚螺栓的安放

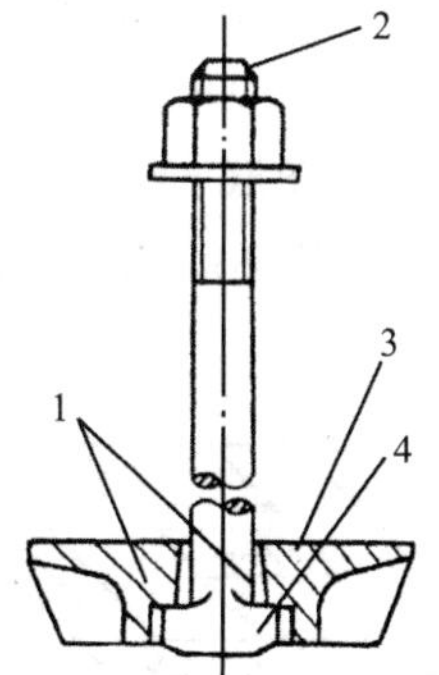

1．锚板上容纳螺栓矩形头的凹槽
2．螺栓末端的端面
3．锚板
4．螺栓矩形头

（b）锚定式活地脚螺栓的安放

图 10-15　预留孔地脚螺栓的安放

（3）拧紧地脚螺栓螺母应注意的事项。

◆ 地脚螺栓的螺母下应加垫圈；起重运输设备的地脚螺栓须用锁紧装置锁紧。

◆ 在地脚螺栓拧上螺母以前，应用机油或黄油润滑，以防日后锈蚀而使拆卸困难。

◆ 在混凝土达到设计强度的 75%以后，方准拧紧地脚螺栓。

◆ 拧紧地脚螺栓应从设备的中间开始，然后往两头交错对角进行拧紧。拧紧力要均匀。严禁紧完一边再紧一边。紧完螺母后，要用框式水平仪复查一下地脚螺栓的垂直度。

3．垫铁安放

（1）垫铁的种类、规格和应用：

平垫铁（又称矩形垫铁），常用于一般设备上，其规格见表 10-9。

表 10-9　平垫铁与斜垫铁的规格

序号	平垫铁/mm				斜垫铁/mm						图示
	代号	*l*	*b*	材料	代号	*l*	*b*	*c*	*a*	材料	
1	平 1	90	60	铸铁或普通碳素钢	斜 1	100	50	3	4	普通碳素钢	平垫铁　斜垫铁
2	平 2	110	70		斜 2	120	60	4	6		
3	平 3	125	85		斜 3	140	70	4	8		

注：1. 厚度 *h* 可按实际需要和材料决定；斜垫斜度为 1/10～1/20。

2. 斜垫铁应与同号平垫铁配合使用，即“斜 1”配“平 1”，“斜 2”配“平 2”，“斜 3”配“平 3”。

3. 如有特殊要求，可采用其他加工精度和规格的垫铁。

斜垫铁（又称斜杆式垫铁），大多用于震动大、构件精密的设备上。一般斜垫铁下要有平垫铁，规格见表 10-9。如卧式水泵安装需用斜垫铁找平。

开口垫铁。用于安装设在金属结构上的设备及由两个以上面积都很小的底脚支持的设备。这种垫铁形状如图 10-16（a）所示，其尺寸为：开口宽度 *D* 应比地脚螺栓直径大 1～5 mm；宽度 *W* 和设备底脚的宽度相等，当需要焊接固定时应较底脚的宽度大。长度 *L* 应比设备底脚长度略长 20～40 mm。如卧式水泵电机安装需用开口垫铁找平。

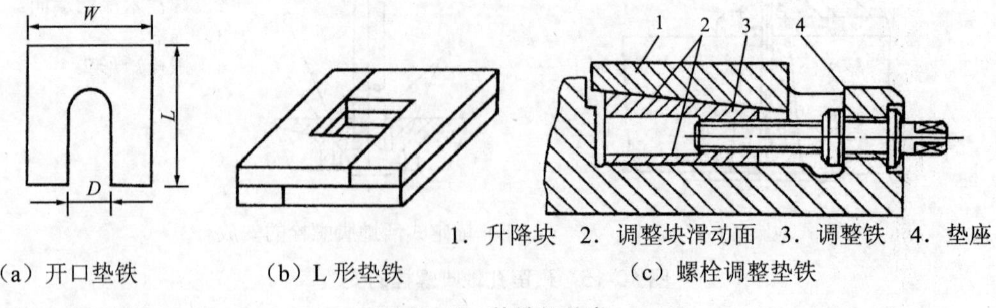

1．升降块　2．调整块滑动面　3．调整铁　4．垫座

（a）开口垫铁　（b）L 形垫铁　（c）螺栓调整垫铁

图 10-16　垫铁的种类

L 形垫铁。当以上几种垫铁不能放置时采用，如图 10-16（b）所示。其中留出的孔就是地脚螺栓的位置。

螺栓调整垫铁。如图 10-16（c）所示。

减震橡胶垫。用于设备降噪减震的橡胶垫。

（2）垫铁的布置法。

标准垫法是将垫铁放在地脚螺栓的两侧，如图 10-17（a）所示。这也是放置垫铁的基本原则，如卧式水泵安装。

十字垫法是当设备底座小、地脚螺栓间距较小时采用的方法，如图 10-17（b）所示。

筋底垫法是设备底座下部有筋时，一定要把垫铁垫在筋底下，如卧式电机安装。

辅助垫法是当地脚螺栓间距太大时，中间要加一辅助垫铁。一般垫铁间允许的最大间距是 500～1 000 mm，如图 10-17（c）所示。

混合垫法是根据设备底座的形状和地脚螺栓间距的大小来放置。

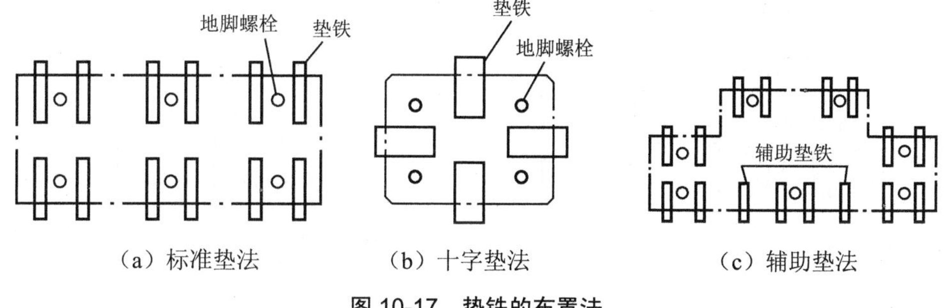

（a）标准垫法　（b）十字垫法　（c）辅助垫法

图 10-17　垫铁的布置法

（3）放垫铁的注意事项。

◆ 垫铁与基础面必须紧密贴合。

◆ 每组垫铁的块数不多于 3 块，厚的放上面，薄的放下面。垫铁组的高度应在 30～100 mm 以内。

◆ 设备找平后，平垫铁应露出设备底座外缘 10～30 mm，斜垫铁应露出 10～50 mm，以便于调整。而垫铁与地脚螺栓的间距应为 50～150 mm，以便于螺孔灌浆。

◆ 设备找平后，一定要把每组钢制垫铁都以点焊的方法焊接在一起。

4．设备的找正

设备的找正包括三个方面：找正设备中心、找正设备标高和找正设备的水平度。

（1）找正设备中心。设备放在基础上，就可以根据中心标板挂中心线来对准设备的中心线，以确定设备的正确位置。

挂中心线。挂中心线可采用线架，大设备使用固定线架，小设备使用活动线架。以下是注意事项：

◆ 挂中心线要用直径 0.5～0.8 mm 的钢丝，长度不超过 40 m。

◆ 利用线坠的尖对准设备基础表面上的中心点，可在同一中心线上挂 2 个线坠，前后 2 个线坠的尖应相互对准，如图 10-18 所示。

◆ 对准中心标板的线坠要大些而对准设备中心的线坠则要小些，以减小钢丝挠度。

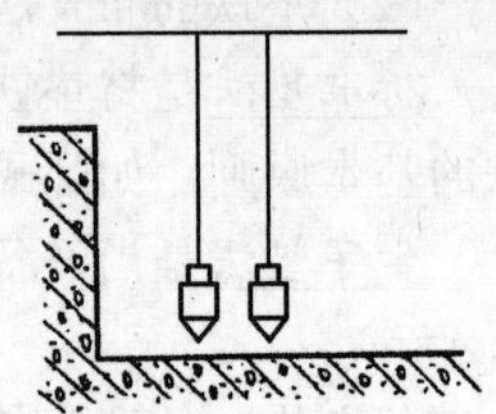

图 10-18　挂中心线

设备中心（图 10-19）。

◆ 根据加工的圆孔找设备中心。

◆ 根据轴的端面找设备中心。

◆ 根据侧加工面找设备中心。

◆ 根据轴瓦瓦口找设备中心。

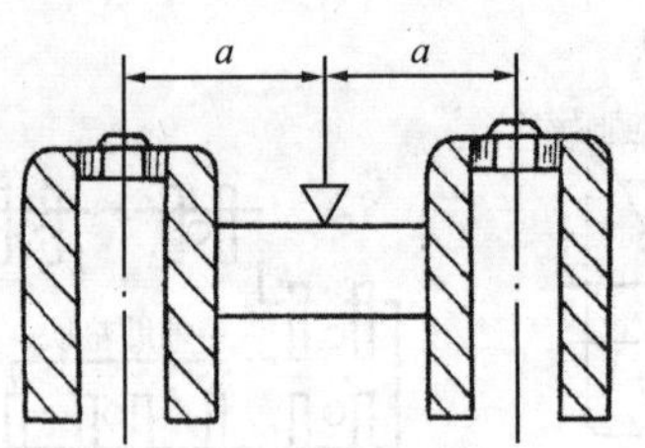

（a）加工圆孔找中心

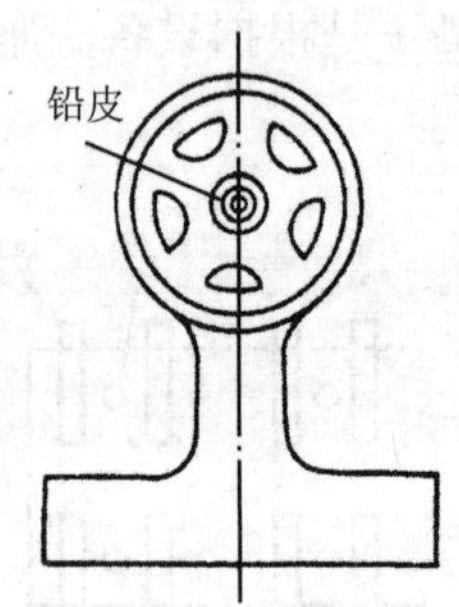

（b）轴的端面找中心

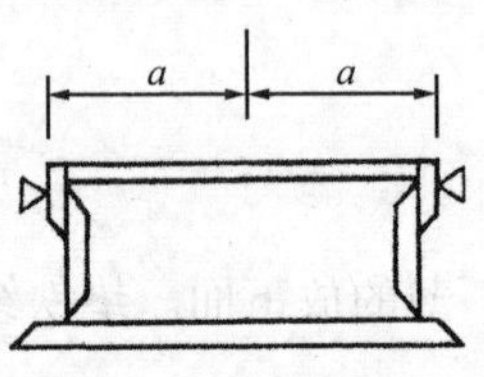

（c）侧加工面找中心

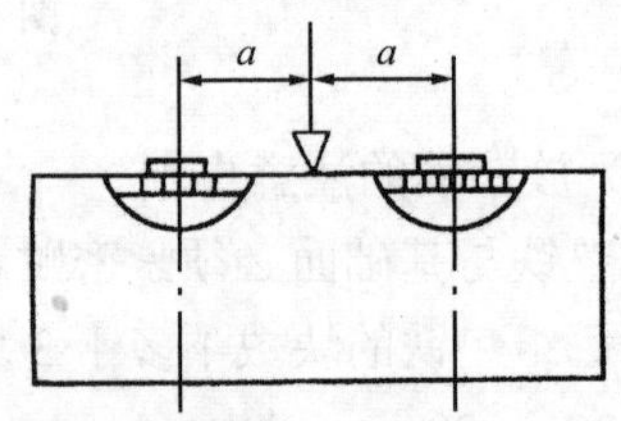

（d）轴瓦瓦口找中心

图 10-19　设备中心

设备拨正。挂好中心线、找出中心点，就可看出设备是否位于正确位置。如果位置不正确，则必须拨正。常见的设备拨正方法如下：

◆ 一般小型设备可用锤子打，也可用撬棍撬，如图 10-20（a）所示。

◆ 较重的设备可在基础上放上垫铁，打入斜铁，使之移动，如图 10-20（b）所示。

◆ 利用千斤顶拨正时，在千斤顶的两端加上垫铁或木块，以免碰坏设备表面或基础表面，如图 10-20（c）所示。

◆ 有些设备可用拨正器来拨正，如图 10-20（d）所示。

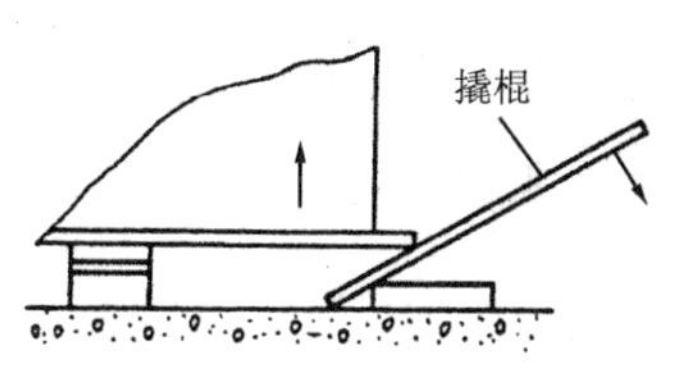

（a）用撬棍拨正

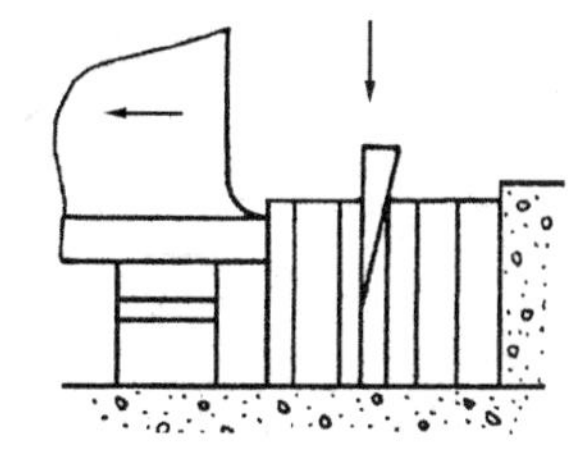

（b）打入斜铁拨正

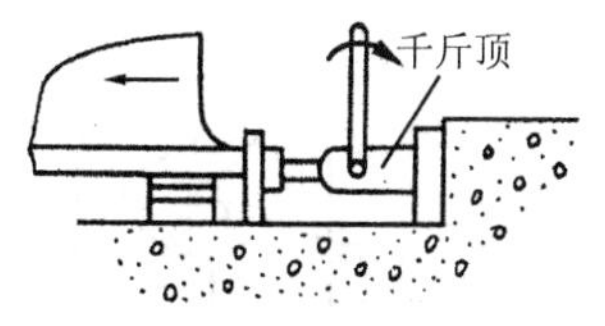

（c）用油压千斤顶拨正

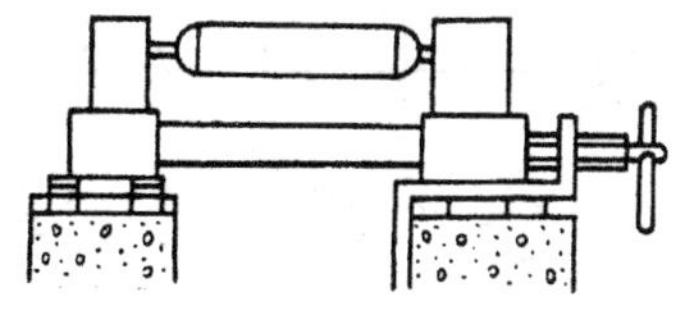

（d）用拨正器拨正

图 10-20　设备拨正

（2）找正设备标高。找正设备标高的方法如下（图 10-21）：

◆ 按加工平面找标高。

◆ 根据斜面找标高。

◆ 按曲面找标高。

◆ 用样板找标高。

◆ 利用水准仪找标高。

（3）找正设备的水平度。找平，就是将设备调整到水平状态。找平工作是设备安装中最重要而且要求严格的工作。任何设备都必须进行找水平。找平的主要工具是水平仪。找水平的关键，在于要正确选择找水平的基准面。

找水平的基本方法：

◆ 精加工平面上找水平。这是最普通的找平方法。

◆ 在精加工立面上找垂直度。有些设备除找水平外，还应找立面的垂直度。

◆ 在床面导轨上找平。这是机床设备的一般找平方法。

◆ 轴承座的找平。当轴未装入轴承座时，可在轴承中找平。

◆ 利用样板找平。

设备水平的 3 点调整法。该法是一种快速找标高和水平的方法，它与设备接触的只有 3 点，恰好组成一个平面，调整起来既方便又精确。

调整时，首先在设备底座下选择适当的位置，放入三组斜垫铁（可调垫铁更好）用以调整设备的标高、水平。调整时可使设备标高略高于设计标高 1～2 mm；然后将永久垫铁放入预先安排的位置，各组永久垫铁的松紧度应一致。之后撤出调整垫铁，使设备落在永久垫铁上。

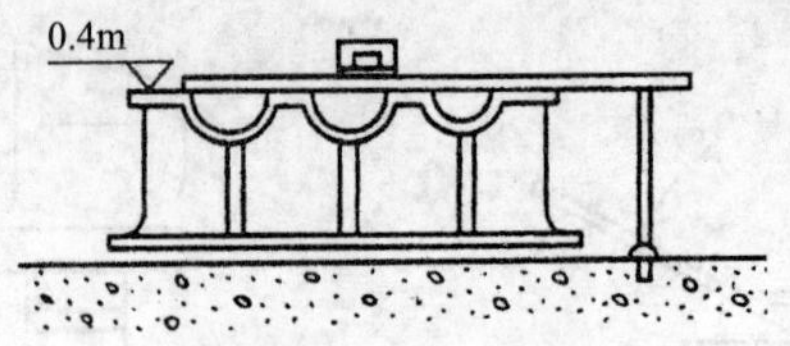

（a）按加工平面找标高

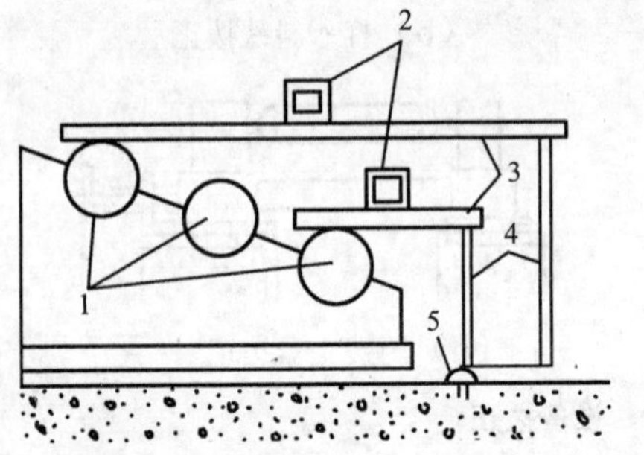

1．轴承外套　2．框式水平仪
3．铸铁平尺　4．量棍　5．基准点

（b）根据斜面找标高

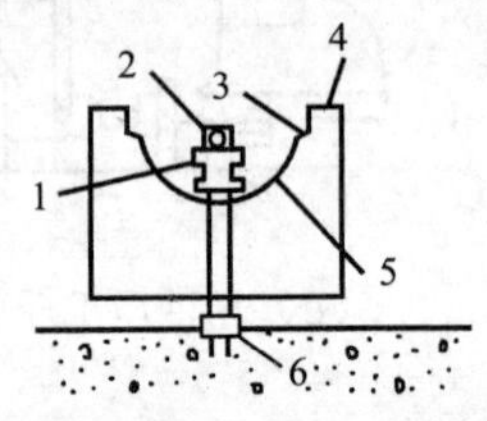

1．铸铁平尺　2．框式水平仪　3．平面
4．结合面　5．弧面　6．基准点

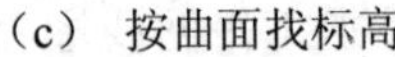

（c）按曲面找标高

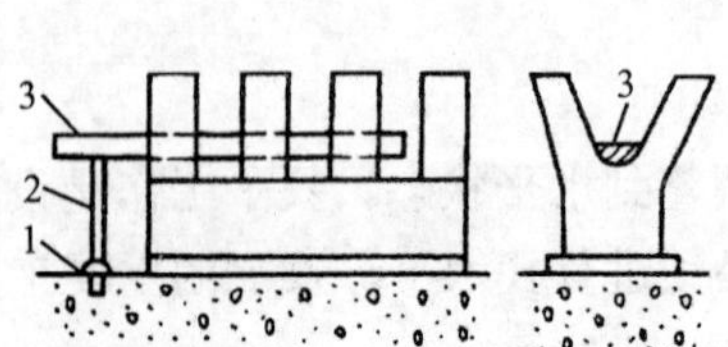

1．基准点　2．量棍　3．样板

（d）用样板找标高

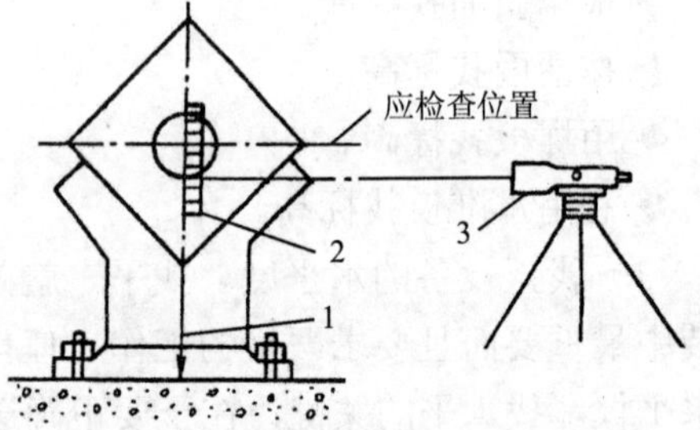

1．线坠　2．标尺　3．水准仪

（e）利用水准仪找标高

图 10-21　找正设备标高的方法

设备找水平时的注意事项：

◆ 在较小的测定面上直接用水平仪检查；大的测定面上应先放平尺，然后用水平仪检查。

◆ 使用水平仪，应正反（旋转 180°）各测一次以修正其本身的误差。

◆ 测定面如有接头时，在接头处一定要检查水平度。

找水平的复查。设备水平复查时，可采用设备中心、标高、水平联合找法。设备的中心、标高、水平是决定设备安装位置的三个基本条件，三者必须同时达到要求。采用分别进行、互相照顾、渐近达到的方法。一种是先找中心，再找标高，最后找水平；如此周而复始，循序进行，直到中心、标高、水平三者达到要求。另一种是先找标高，再找水平，最后找中心；同样周而复始，循序进行，直至达到要求。

5．浇灌沙浆

每台设备安放完毕，通过严格检查符合安装技术标准，并经有关单位审查合格后，即可进行二次灌浆。

所谓二次灌浆，就是将设备底座与基础表面的空隙及地脚螺栓孔用混凝土或沙浆灌满。其作用之一是固定垫铁（可调垫铁的活动部分不能浇固），另一作用是可以承受设备的负荷，有减震要求的设备不与沙浆面接触。

（1）二次灌浆的操作要点。

① 灌浆前，要把灌浆处用水冲洗干净，以保证新浇混凝土或沙浆与原混凝土结合牢固。

② 灌浆一般采用细石混凝土或水泥砂浆，其标号至少应比原混凝土标号高一级。

③ 灌浆时，应放一圈外模板，其边缘距设备底座边缘一般不小于 60 mm；如果设备底座下的整个面积不必全部灌浆，而且灌浆层需承受设备负荷时，还要放内模板，以保证灌浆层的质量。内模板到设备底座外缘的距离应大于 100 mm，同时也不能小于底座面边宽。灌浆层的高度，在底座外面应高于底座的底面。灌浆层的上表面应略有坡度，以防油、水流入设备底座。

④ 灌浆工作要连续进行，不能中断，要一次灌完。混凝土或沙浆要分层捣实。

⑤ 灌浆后，要洒水保养，养护日期不少于一周。待混凝土护养达到其强度的 75%以上时，才允许拧紧地脚螺栓。

（2）压浆法。为了使垫铁和设备底座底面、灌浆层接触更好，可采用压浆法。其操作方法如下：

① 先在地脚螺栓上电焊一根小圆钢，如图 10-22 所示，作为支承垫铁的托架。点焊的强度以保证压浆时能胀脱为度。

② 将焊有小圆钢的地脚螺栓串入设备底座的螺栓孔。

③ 设备用临时垫铁组初步找正。

④ 将调整垫铁的升降块调至最低位置，并将垫铁放在小圆钢上，将地脚螺栓的螺母稍稍拧紧，使垫铁与设备底座紧密接触，暂时固定在正确位置上。

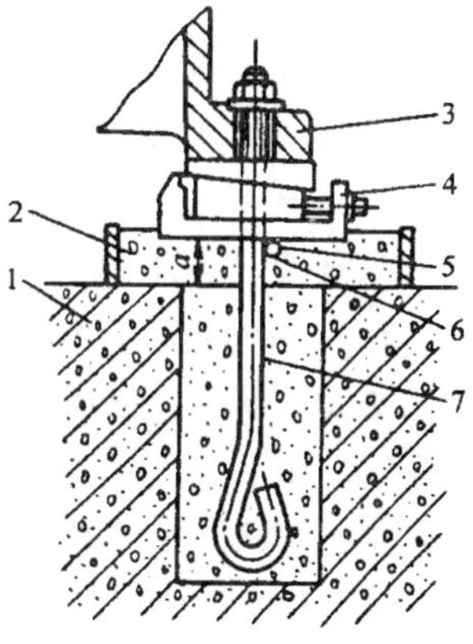

1．基础或地坪　2．压浆层
3．设备底座　4．调整垫铁
5．小圆钢　6．点焊位置
7．地脚螺栓

图 10-22　压浆法示意图

⑤ 灌浆时，一般应先灌满地脚螺栓孔，待混凝土达到规定强度的 75%后，再灌垫铁下面的压浆层，压浆层的厚度一般为 30～50 mm。

⑥ 压浆层达到初凝后期（手指压，还能略有凹印）时，调整升降块，胀脱小圆钢，将压浆层压紧。

⑦ 压浆层达到规定强度的 75%后，拆除临时垫铁组，进行设备最后的找正。

⑧ 当不能利用地脚螺栓支承调整垫铁时，可采用螺钉或斜垫支承调整垫铁。待压浆层达到初凝后期时，松开调整螺钉或拆除斜垫铁，调整升降块，将压浆层压紧。

6. 设备的几种安装方法

（1）整体安装法。某些设备可采用整体安装法。整体安装法的优点是：可以减少不必要的拆装作业，提高工作效率，缩短安装周期。整体安装法的适用范围很广，对于高空设备、小型单动设备的安装以及各种槽、罐、塔等的安装都有很好的效果。

（2）座浆安装法。该法是在混凝土基础放置设备垫铁的位置上凿一个锅底形的凹坑，然后浇灌无收缩混凝土或水泥砂浆，并在其上放置垫铁，用水准仪和水平仪调好标高和水平度，养护 1～3 天后进行设备安装的一种新工艺。

（3）无垫铁安装法。该法是一种新的施工方法，由于它和有垫铁安装相比具有许多优点，所以在机械设备安装中得到了推广。采用这种方法，不仅可以提高安装质量和效率，而且可以节约劳动力和钢材。

种类：根据拆除斜铁和垫铁的早晚，无垫铁安装法可分为以下两种：

◆ 混凝土早期强度承压法。它是当二次灌浆层凝固后，即将斜铁和垫铁拆去，待混凝土达到一定强度后，才把地脚螺栓拧紧。

◆ 混凝土强度后期承压法。它是当二次灌浆层养护期满后，才拆去斜铁和垫铁并拧紧地脚螺栓。这种方法由于养护期较长，混凝土强度较高，其弹性模量较大，在压力作用下，其变形较小。这种方法一般适用于对水平度要求不太严格的设备安装。

安装过程：无垫铁安装法和有垫铁安装法大致一样。所不同的是无垫铁安装法的找正、找平、找标高的调整工作是利用斜铁和垫铁进行的；而当调整工作做完后拧紧地脚螺栓，即进行二次灌浆；当二次灌浆层达到要求强度后，便把斜铁和垫铁（只作调整的）拆去；再将其空出的位置灌以水泥砂浆，并再次拧紧地脚螺栓，同时复查标高、水平度和中心线。

安装注意事项。

◆ 无垫铁安装法必须根据安装人员技术的熟练程度和设备的具体情况认真考虑后选用，并且还要得到土建部门的密切配合。

◆ 无垫铁安装法所用的找平工具为斜铁和平垫铁。

◆ 安装前，设备的基础应经过验收，垫斜铁处应铲平，平垫铁厚度根据标高而定。

◆ 设备底座为空心者，应设法在安装前灌满浆，或在二次灌浆时采用压力灌浆法。

◆ 设备找正、找平后，用力拧紧地脚螺栓的螺母，将斜铁压紧。

◆ 安装完到二次灌浆的时间间隔，不应超过24 h；如果超过，在灌浆前应重新检查。

◆ 灌浆前在斜铁周围要支上木模箱，以便以后取出斜铁。

◆ 灌浆时，应用力捣实水泥砂浆。

◆ 等到二次灌浆层达到要求强度后，才允许抽出斜铁。

二、自控系统安装

（1）设备现场开箱检查需要业主、监理、施工单位及有关方面人员一起进行，严格按照施工图纸及有关合同对产品的型号、规格、铭牌参数、厂家、数量及产品合格证书作好检查记录。

（2）安装前认真消化施工图和设备的技术资料，对每台设备进行单体校验和性能检查，如耐压、绝缘、尺寸偏差等。

（一）电缆的敷设

（1）电缆敷设前必须进行绝缘电阻测试，并将测试结果记录保存。

（2）按施工图及相关规范，将动力和信号电缆分开敷设，保持安全距离，防止电磁干扰。铠装、屏蔽电缆的敷设要保证铠装、屏蔽层不受损坏，铠装、屏蔽层单端接地良好。

（3）电缆敷设中的隐蔽工程，必须有完整的记录。电缆两端必须挂电缆标牌。

（4）应注意电缆通路及电缆保护管的密封。电缆敷设及接线时应留有余量（20～50 cm），接线时芯线上应套有号码管，多芯电缆备用芯线应接地。

（5）电缆敷设不得交叉打扭，电缆必须固定牢靠。

（6）电缆沟两头，转弯及每隔40 m处均设电缆标志桩，标明电缆编号、型号及走向。

（7）自控电缆敷设应执行输入、输出分开，数字信号、模拟信号分开的配线和敷设原则。

（二）电气设备的安装

（1）在土建施工过程中应加强协调，确保预留、预埋、平面位置、标高及各项土建尺寸达到要求。

（2）与当地供电部门取得联系，了解有关规定和要求，并征得其对电气设备安装方案的确认。

（3）清理好设备安装现场及搬运线路。搬运及安装过程中，应有防震、防潮、防柜体受损的保护措施。

（4）基础槽钢与基础预埋件要焊接牢固。基础槽钢的水平度和弯曲度均不大于1 mm/m。

（5）将屏柜按图纸排列就位，调整柜、屏的柜顶平直度和柜面平直度（不大于5 mm）及柜缝。屏柜与基础槽钢间用地脚螺丝牢固固定，并可靠接地。

（6）所有二次接线必须照图施工、接线正确、牢固可靠，所配导线的端部应标明回路编号。配线工艺规范、美观、绑扎牢固，绝缘性好，无损伤现象。

（7）电缆接头工艺规范、美观，铠装电缆的钢带不应进入盘、柜、箱内，铠装钢带的切断处应绑扎，并做好接地。电缆头上应绑扎电缆标牌。

（8）柜、盘、箱的电缆穿线孔洞应封堵严实。

（9）按设计图及接地装置安装施工规范的要求，做好接地的安装和接地电阻的测试及记录。

（三）自控设备的安装

（1）自控设备的安装一般在工艺设备安装量完成80%后开始进行。

（2）严格按照施工图、产品说明书及有关的技术标准进行设备的安装调试。进场后首先开展的工作应该是取源部件的安装，特别是工艺管道上的取源部件的安置，如取源接头、取压接头及流量测量元件等。取源点、取压点及流量检测元件的安装位置应该满足设计要求，不影响工艺管道、设备的吹扫、冲洗及试压工作。

（3）自控系统安装要求高，仪表属于精密贵重的测量设备，因此应该注意仪表设备（含传感、变送器）的保护。在仪表设备整体的安装前应首先做好准备工作，如配电缆保护管、制作安装仪表支架、安装仪表保护箱等工作。

（4）在工艺设备、土建专业的安装工作基本结束后，在现场比较有序的情况下，在仪表控制系统或工艺系统联调前进行仪表设备本体的安装。

（5）隐蔽工程，接地工程应认真做好施工及测试记录，接地线埋设深度和接地电阻值必须严格遵从设计要求，接地线连接紧密、焊缝平整、防腐良好。隐蔽工程隐蔽前，应及时通知监理工程师进行检查，验收合格后方可进行隐蔽。

（6）计算机和PLC的安装，原则上由专业技术人员实施，采取防电措施，严格执行操作规程。

（7）PLC模块安装后，首先离线检查所有电源是否正常。

（8）离线检查PLC程序，逐一检查模块功能及通信总线、站号设定及其他控制功能。

（9）检查DI、DO、AI、AO接口，检查各路各类信号是否正确传输，应特别注意高电压的窜入（如220V交流信号），以免损坏模块。

（10）上位机安装到位后，检查网络连接情况、上下位机之间的通信情况、网络总线的安装及保护情况。

（11）每个单项工程完工之后，均按有关标准自检，及时做好施工测试、自检记录。

（四）关键设备的安装与调试

1．电磁流量计安装与调试

流量计是污水厂主要工艺参数，是工艺系统的关键调节参数，电磁流量计是根据法拉第电磁感应定律测量封闭管道中导电介质流量的仪表，目前已广泛应用于污水厂的生产工艺中。

（1）首先根据仪表安装说明书、施工图及有关施工标准，测量确定流量计安装位置，保证前后直管段长度分别为5*D*和3*D*（*D*为工艺管道的直径）。

（2）在流量计井内，气割截下短管，其长度就为本体长度、柔口、短管、法兰尺寸及调整尺寸之和。

（3）将上游工艺管口排圆，套上法兰（该法兰依据流量计法兰尺寸配套定做）焊接、内外满焊，注意焊接中的变形作用，由点及面，同时焊好下游柔口护筋。

（4）将流量计运到流量计井边，先在井底流量计位置铺好枕木，枕木标高与工艺管底部平齐，安装时起支撑作用；再将流量计吊进井内，缓缓落在枕木上，靠近上游法兰并套好螺栓，初步固定好。安装流量计时应特别注意介质流向与流量计方向应一致。

（5）再将带法兰短管吊到流量计井内，先与流量计法兰边接好，然后调整好流量计。使短管与工艺管道基本在同一轴线，再初步收紧柔口。

（6）从上游到下游依次收紧法兰垫片和柔口，使流量计与管道同轴度达到最佳。

（7）将流量计法兰与工艺管道法兰用导线相连并与变送器接地端一起并入专用接地体上，并要保证测得的接地电阻小于1Ω，这样使被测介质、传感器与工艺管道为等电位体，符合测量电路和设计要求，使仪表能可靠稳定地工作，提高测量精度，不受外界寄生电势的干扰。施工中，将信号电缆与动力电缆分开，提高仪表系统的抗干扰能力。

（8）传感器连接时，要做好电缆入口密封，防止雨水进入接线盒而导致短路等事故的发生，信号电缆不能有中间接头，屏蔽线应进行单端接地。

（9）进行静态调校时，在认真阅读理解仪表资料基础上，参照出厂测试报告和标定值，进行零点检验，检验输入输出对应情况，根据工艺参数设定测量范围及输出信号等参数。

（10）动态调试时，全厂投入试运行，此时应检查传感器和变送器的输出和显示信号，调整零点和增益。

2．水质仪表安装

（1）表传感器要尽可能靠近取样点或最能灵敏反映介质真实成分的地方，取样管采用小口径管，尽量缩短从取样流到传感器的滞后时间。采样管是检测仪表专用管，尽量不分叉和转弯，以保障水压稳定，有利检测显示值稳定。

（2）仪表安装环境要保证良好的采光、通风。避免阳光的直接照射，不应受异常震动和冲击，要排除受到水、油、化学物质溅射或热源辐射的可能性。

（3）水质仪表传感器的进水口和出水口要用软管连接，不要用钢管硬性连接以免损坏探头且不利于日常维护。

（4）安装过程要轻拿轻放，严禁碰撞探头。

（5）传感器至变送器应用与仪表配套的专用电缆连接，中间不能有接头。

（6）外方供应仪表安装调试要接受外方指导。

3．溶解氧测定仪的安装和调试

在溶解氧测定仪的安装、调试中，必须遵守下述各项基本规则。

（1）落放探头时避免剧烈震动，否则，将引起损坏，如热敏电阻元件将可能破裂。

（2）不允许将探头放于容器上或将探头与其他物品捆绑一起，否则，将引起摩擦或电极的损坏。

（3）严禁让探头干运转。

（4）安装时，至少 50 cm 的探头部分应插入活性污泥或水中。S-14 探头成套配有 4 cm 长的电缆和防水型插头。一般安装情况下，该插头能够与现场安装的 DO-94V 站上的配对插座直接连用，且电缆长度够用。如果不能与现场站直接连接，则应提供一现场安装的防水型插座。

（5）安装一旦完成，则立即给探头通电，并暂时将探头移离液体，以检验烧杯容器是否正确工作。如果探头以前放置时间较长，则需要花 2 h 达到稳定读数。

（6）在那些没有预过滤和初沉池的污水处理厂，应提供保护功能，防止圆筒受到化纤和较大颗粒物质的损坏。

（五）控制系统的调试

（1）计算机控制系统调试前，必须会同其他有关专业技术人员共同制定详细的联调大纲，并报业主及监督工程师批准。

（2）调试前仔细检查安装接线是否正确，电源是否符合要求。对所有检测参数和控制回路要以图纸为依据，结合生产工艺实际要求，现场一一核对，认真调试，特别是对有关的控制逻辑关系、联锁保护等将给予格外重视，注重检测信号或对象是否与其控制命令相对应。调试时要充分应用中断控制技术，对某一设备发出控制指令时，及时检测其反馈信号，如等待数秒钟后仍收不到反馈信号，则立即发出报警信号，且使控制指令复位，保护设备，确保生产过程按预定方式正常进行。

（3）在各仪表回路调试和各个电气控制回路调试（包括模拟调试）完毕的基础上，进行工段调试。完毕后再进行仪表自控系统联调。系统联调是整个工程中最关键、最重要的一个环节，联调成功是整个环保工程投入正常运行的重要标志。在联调过程中，将启动系统相关程序，逐一检查各回路、状态及控制是否与现场实际工况一致。根据现场反馈信号，及时检查现场仪表的运行状况，调整控制参数。特别是对于模拟量回路调试，其信号的稳定与准确至关重要，直接影响控制效果，因此，对该类信号，要重点检查其安装、接线、运行条件、工艺条件等方面情况，保证各环节各回路正确无误，并提高抗干扰能力。为防止产生静电感应而破坏模板，安装调试时需带腕式静电抑制器进行操作，并将模板及人体上的静电完全放掉，确保模板安全可靠地运行。

（4）应对电气操作或马达控制中心（MCC）的原理及柜内接线充分熟悉和了解，掌握电气控制（就地）与 PLC 控制（程控）之间的联系和区别，确保所有控制模式均能顺利实现。此时，设备工程师和工艺工程师应相互支持和配合。

（5）通过上位机监控系统，观察其各种动态画面和报警是否正确，报表打印功能是否正常，各工艺参数、设备状况等数据是否正确显示，控制命令、修改参数命令及各种工况的报警和联锁保护是否正常，能否按生产实际要求打印各种管理报表。检查模拟屏所显示内容是否与现场工况相一致，确定模拟屏工作是否稳定可靠。

（6）检查是否实现了所有的设计软件功能，如趋势图、报警一览表、运行工艺流程图（包括全程和各分段工艺流程图）、棒（柱）状图和自动键控切换等方面是否正常。

（7）通过系统联调，发现问题，修正程序。必要时将扩展或完善原设计的程序控制功能，达到自控系统功能均能满足设计要求，并使仪表自控系统能正常连续运行的目的。

调试期间按业主和监理工程师的书面指令要求和相关建议进行，并将完整的调试记录移交给业主，便于环保工程今后的日常维护。

三、塔类设备安装

（一）塔类设备（如槽、罐、釜）安装的工作内容

（1）把重量大、筒体高的设备安全地放到基础上。

（2）根据设计要求，将塔体及其内部装置找平、找正，最后固定到基础上。

（二）塔类设备的吊装工艺

塔类设备多采用双桅杆整体、滑移吊装法，具体工艺如下：

1．吊装前的检查

正式吊装前，应仔细地检查各项准备工作。对起重机具再次检查。检查合格后才可起吊。

2．试吊

开动卷扬机，直到钢丝绳拉紧为止，然后仔细检查吊索连接是否牢靠。待一切正常，再次开动卷扬机，把塔体的前部吊起。当距地面 0.5 m 左右时，再停止卷扬机，检查塔体有无变形或发生其他不良现象。

3．正式起吊

正式起吊时，两桅杆上的吊具利用两台卷扬机同时牵引，要注意互相协调，速

度应保持一致。塔体底部的制动滑轮组也用一台卷扬机拉住，以防止塔体前移速度过快，造成塔体与基础碰撞。有时由于摩擦力过大，塔体不能顺利前进，这时，则可以利用卷扬机，牵引拴住塔体拖运架前方的一根牵引索，辅助塔体前移。

4．起吊过程中的注意事项

◆ 塔体应平稳上升，不得出现跳动、摇摆及滑轮卡住、钢丝绳扭转等。

◆ 应在塔体顶端两侧拴好控制绳以防止塔体左右摇晃。

◆ 起吊过程中应检查桅杆、缆绳和锚桩等的受力情况，严防松动。

◆ 桅杆底部转向滑轮不能因起重钢丝绳的水平拉力作用而牵动桅杆底部前移。

◆ 当塔体将要升到垂直位置时，应控制住拴在塔底的制动滑车组，防止塔底离开拖排的瞬间向前猛冲而碰坏基础或地脚螺栓。

◆ 当塔体吊到稍高于地脚螺栓时应停止吊升，准备就位。

◆ 起吊工作应统一指挥、连续进行，中间不应停歇或让塔体悬空。

5．设备就位

使塔类设备底座上的地脚螺栓孔，对准基础上的地脚螺栓，将塔体安放在基础表面的垫铁上。如螺孔不能对准，可用链式起重机使塔体做小的转动或用撬杠撬动，或用气割法将螺孔稍加扩大，使塔体便于就位。

设备就位后，其中心线位置偏差不得大于±10 mm，方位允许偏差沿底座环圆周测量，不得超过 15 mm。

（三）塔类设备的安装找正

1．塔类设备的找正与调整

（1）标高检查。用水准仪测量塔类设备的底座标高，其极限偏差为±10 mm，如超差，则可用千斤顶或滑车组将塔体稍稍悬空然后用垫铁进行调整。

（2）垂直度的检查。

◆ 由塔顶互成垂直的 0°和 90°两个方向上各挂一根铅垂线到塔底，然后在塔体上下部 A、B 两测点上，用直尺或钢卷尺进行测量，其垂直度极限偏差值应不大于 1/1 000，塔顶外倾的最大偏差量不超过 30 mm。

◆ 经纬仪法。在吊装前，先在塔体的上下部做好测点标记 A、B。待塔体吊装就位后用经纬仪测量塔体上下部的两测点。

2．塔内构件的安装

塔盘在安装前，应清点零部件的数量，清除其表面上的油污、铁锈等，并标注序号。填料塔的填料，凡是规则排列的，需要进入塔内人工排列。不规则排列的，高塔采用湿法，以减少填料破碎量，并在加填料的过程中，逐渐将水排出；低塔可使用干法，但破碎的填料必须拣出。

第二节 通用环保机械设备制作加工技术

一、制作技术（冷作技术）

金属冷作是机械设备制作加工和安装的基础，有材料矫正、放样、预加工成型和装配连接等技术。

（一）钢材的矫正方法

钢材下料前的极限偏差，见表 10-10。

表 10-10 钢材下料前的极限偏差

偏差名称	允许值
钢板、扁钢的局部挠度/mm	$T<14$，$f\leqslant1.5$ $t\geqslant14$，$f\leqslant1$
角钢、槽钢、工字钢管子的不直度	f 1/1 000 不大于 5
角钢两边的不垂直度	$\Delta\leqslant b/100$
工字钢、槽钢翼缘的倾斜度	$\Delta\leqslant b/80$

注：T 表示钢材挠曲的初端点 A 至末端点 C 的轴向长度；t 表示钢材挠曲的初端点 B 至末端点 C 的轴向长度；f 表示挠度；b 表示角钢边宽度、工字钢和槽钢的翼缘。

1. 冷矫正

只能在常温状态下（不低于 10℃）适用于塑性较好的钢材。冷矫正分为手工矫正和机械矫正。

- ◆ 手工矫正。用手锤、大锤、千斤顶、型锤、模具等进行。
- ◆ 机械矫正。用滚板机、压力机和专用矫正机等进行板料、型材的矫正。

2. 热矫正

用高温加热矫正件以增加钢材的塑性，降低刚度，利用外力或冷却收缩使之变形的矫正过程。它适用于：

- ◆ 由于工件变形严重，冷矫正时会产生折断或裂纹；
- ◆ 由于工件材质很脆，冷矫正时很可能突然崩断；
- ◆ 由于设备能力不足，冷矫正时克服不了工件的刚性，无法超过屈服强度而采用热矫正。

热矫正常采用火焰矫正法，火焰的加热位置应在金属较长的部位，即材料弯曲部位的外侧。加热热量越大、速度越快，矫正变形量越大、矫正能力越强。

低碳钢和普通低合金钢火焰矫正时的温度，常在 600～800℃。一般加热温度不宜超过 850℃，以免金属过热影响机械性能。加热中，钢材的颜色与温度的关系见表 10-11。

表 10-11 钢材表面颜色及相应温度

颜色	温度/℃	颜色	温度/℃
深褐红色	500～580	亮樱红色	830～900
褐红色	580～650	橘黄色	900～1 050
暗樱红色	650～730	暗黄色	1 050～1 150
深樱红色	730～770	亮黄色	1 150～1 250
樱红色	770～800	白黄色	1 250～1 300
淡樱红色	800～830	—	—

（二）放样和号料

放样与号料是制造金属构件的第一道工序，可直接影响产品的质量、生产工期和原材料的消耗量。

1．放样与号料时常用的量具、工具

放样与号料时常用的量具、工具有回折木尺，八折木尺，500 mm 或 1 m 钢板尺，1 m、2 m、3.5 m、20 m、50 m 钢卷尺，直角尺，内外卡钳，游标高度尺，划规，粉线，钢丝，线锤，座弯尺等。

2．实用几何作图

（1）过线的端点做垂线，如图 10-23 所示。

（2）利用卷尺和粉线做垂线，如图 10-24 所示。

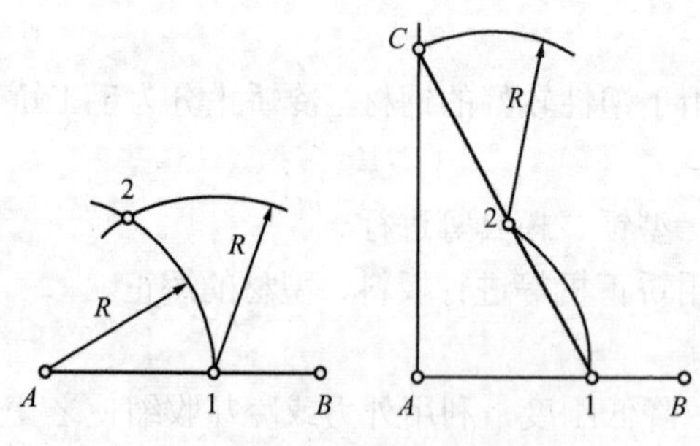

图 10-23 过线段的端点做垂线

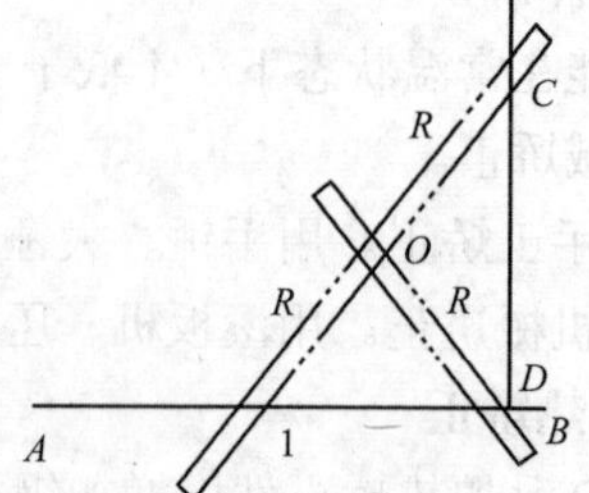

图 10-24 利用卷尺和粉线做直角

（3）做已知直线定距离的平行线，如图 10-25 所示。

（4）过已知直线外一点做已知线的平行线。

（5）做一角等于已知角，如图 10-26 所示。

（6）椭圆画法。已知长轴 *AB*，短轴 *CD*。以半长轴、半短轴为半径画同心圆，做若干直径同时等分两圆，一外圆等分点做短轴平行线，内圆等分点做长轴平行线，两平行线交点即为椭圆上点，用曲线光滑连接即为椭圆。

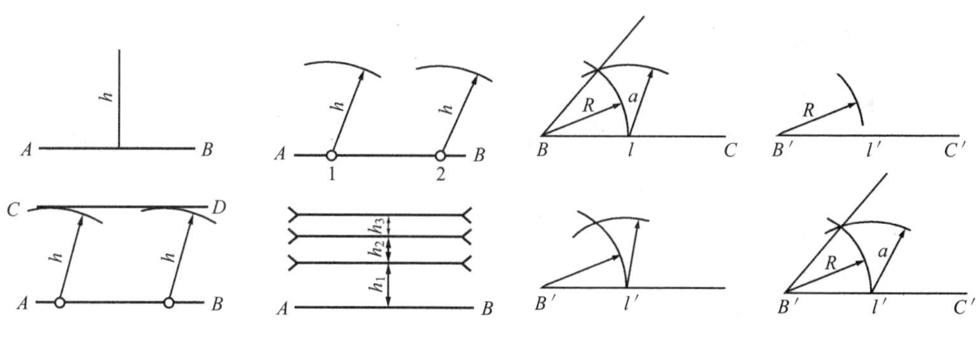

图 10-25 作已知直线定距离的平行线　　图 10-26 做一角等于已知角

3．放样

就是在施工图基础上，根据设备的结构特点、施工需要等条件，按一定比例（通常取 1∶1），准确绘制结构的全部或部分投影图，进行结构的工艺性处理，有时还要进行展开和必要的计算，最后获得施工所需要的数据、样板、样杆和草图。

（1）实尺放样。即采用 1∶1 比例进行放样。

线型放样。即根据施工需要，绘制构件整体或局部轮廓的投影基本线型。

结构放样。在线型放样基础上，依施工要求进行工艺性处理的过程。

- ◆ 确定各结合位置及连接形式并根据材料、加工限制，将原设计的整体分为几部分加工、组合，并确定结合部位的位置及连接形式。
- ◆ 根据加工工艺及工厂实际生产能力对结构中的某些部位或部件给予必要改动。
- ◆ 计算或量取零件料长及平面零件的实际形状，制出号料样板、样杆等。

展开放样。在结构放样基础上，对不反映实形或需要展开之部件，进行展开以求得实形。其内容包括：① 板厚处理；② 展开作图；③ 根据做出的构件展开图制作号料样板。

（2）常用放样允许误差值见表 10-12。

表 10-12 常用放样允许误差值　　（单位：mm）

序号	名称	允许误差	序号	名称	允许误差
1	十字线	±0.5	6	两孔之间	±0.5
2	平行线和准线	±0.5～1	7	样板、样条	±1
3	轮廓线	±0.5～1	8	度板和地板	±10
4	结构线	±1	9	加工样板	±1～2
5	样板和地样	±1	10	装配样杆样条	±1

4．号料

利用样板、样杆、号料草图及放样得出的数据，在板料或型钢上画出零件真实轮廓和孔口的真实形状，与之连接的构件位置线、加工线等，并注出加工符号。

（三）展开放样

1．板料弯曲中性次层位置的确定

$$R = r + Kt \quad (10\text{-}1)$$

式中：R—— 中性层半径，mm；

r—— 弯板内弧半径，mm；

t—— 钢板厚度，mm；

K—— 中性层系数，见表 10-13。

表 10-13　中性层位置系数 K、K_1 值

r/t	≤0.1	0.2	0.25	0.3	0.4	0.5	0.8	1.0	1.5	2.0	3.0	4.0	5.0	≥6.5
K	0.23	0.28	0.3	0.31	0.32	0.33	0.34	0.35	0.37	0.4	0.43	0.45	0.48	0.5
K_1	0.3	0.33	0.35	0.35	0.35	0.36	0.38	0.4	0.42	0.44	0.47	0.475	0.48	0.5

注：K——适于有压料情况的 V 形或 U 形压弯；

K_1——适于无压料情况的 V 形压弯。

2．钢材弯曲长（L）的计算

（1）钢材弯曲长计算。

$$L=\pi\alpha (R+Kr) /180° \quad (10\text{-}2)$$

式中：r—— 弯曲弧内半径，mm；

R—— 板厚，mm；

K—— 中性层系数，查表 10-13；

α—— 弯曲角度，(°)。

（2）角钢弯曲长计算。

等边角钢内（外）弯任意角度料长计算：

$$L=\pi\alpha (R-Z_0) /180° \quad (10\text{-}3)$$

式中：L—— 角钢直边长，mm；

R—— 角钢外弧半径，mm；

α—— 弯曲角度，(°)；

Z_0—— 角钢重心距，mm。

不等边角钢外弯任意角度料长计算：

$$L=\pi\alpha (R+X_0) /180° \quad (10\text{-}4)$$

式中：X_0—— 角钢长边重心距，mm；R、α 同上。

不等边角钢内弯任意角度料长计算：

$$L=\pi\alpha (R-Y_0) /180° \quad (10\text{-}5)$$

式中：Y_0—— 角钢短边重心距，mm；R、α 同上。

等边角钢外弯钢圈的料长计算：

经验公式 $L=\pi(D+2Z_0)$ $L=\pi D+1.5b$ （10-6）

式中：D—— 角钢圈内径，mm；

b—— 角钢圈边宽，mm；

Z_0—— 角钢重心距，mm。

（3）槽钢弯曲长计算。

槽钢平弯任意角料长计算：

$$L=\pi\alpha(R+h/2)/180^\circ \quad (10\text{-}7)$$

式中：R—— 内径半径，mm；

h—— 槽钢面宽，mm；

α—— 弯曲角度，(°)。

槽钢外弯任意角度料长计算：

$$L=\pi\alpha(R+Z_0)/180^\circ \quad (10\text{-}8)$$

式中：Z_0—— 槽钢重心距离，mm；R、α 同上。

（四）下料

将零件或毛坯从原料上分离下来的工序。下料的方法有剪切（包括机械剪切、手工剪切）、冲裁、锯切、气割等。

下料应遵循基本原则，确定材料规格、型号后，尽可能套裁。即先大件后小件、先长料后短料、先主件后辅件，尽可能节约材料。

（五）零件的预加工

为进一步拼接、焊接、铆接以及为装配做准备而在零件上进行的钻孔、车螺纹、锉削、凿削、刨边、开坡口等工作。

孔的加工、攻螺纹与套螺纹、开坡口与所用材料的种类、厚度、产品的机械性能因素有关。

（六）弯曲变形

由于设备制作需要而将毛坯、型材弯成一定曲率。弯曲成形可在常温下，亦可在材料加热后进行。

1．压弯

在压力机上用弯曲模进行压弯成型。

2．滚弯

用滚板机滚弯曲时，板头可用厚板做预弯坯料，以减少滚弯料头的损失。当板材需滚成锥面时，应分段进行扇形滚制。对型钢则应加工模套，以防滚制中侧弯或变形。

3．拉弯

通常在拉弯机上进行。拉弯时的拉弯力（P）和坯料长度（L）的计算公式如下：

(1) 拉弯力：$P=(1.1-1.2)f\sigma_s$ (10-9)

式中：f—— 拉弯坯料的截面积，mm^2；

σ_s—— 拉弯坯料的屈服点，N/mm^2；

(2) 拉弯坯长：$L=L'+2\beta$ (10-10)

式中：L'—— 拉弯工件的展开长度；

β—— 每段的夹固余量，mm。

4．手工弯曲

用手动机械或工具弯曲工件。板材弯制折角，常在虎钳上敲制；板材弯制柱面，则用压弧锤（型锤）或在简单胎具上敲制。弯制锥面或天圆地方等亦用型锤按射线敲制。

5．火焰加热弯板

火焰加热变形后用风（或水）冷却收缩变形，使材料弯曲。

（1）水冷。加热受形后喷水。

（2）风冷。加热受形后自然冷却。

风冷变形小，速度慢，应力小；水冷变形量大，速度快，应力大。

（七）连接

金属结构件连接方式有铆钉连接、螺纹连接、焊接连接等。

1．铆钉连接

在型钢上铆钉间距的确定，凡面宽 $b<120$ mm 时，可用一排铆钉；面宽 $b\geq150$ mm 时，并列式布置两排或两排以上的铆钉，但排距应小于铆钉直径的 3 倍。

2．螺纹连接

用螺栓、螺钉、螺柱连接等几种形式将钢结构组合在一起。连接时，对非振动件，垫圈用一个平垫；当被连接件为振动体时，则要使用防松垫圈。防松垫圈及常见形状如图 10-27 所示。

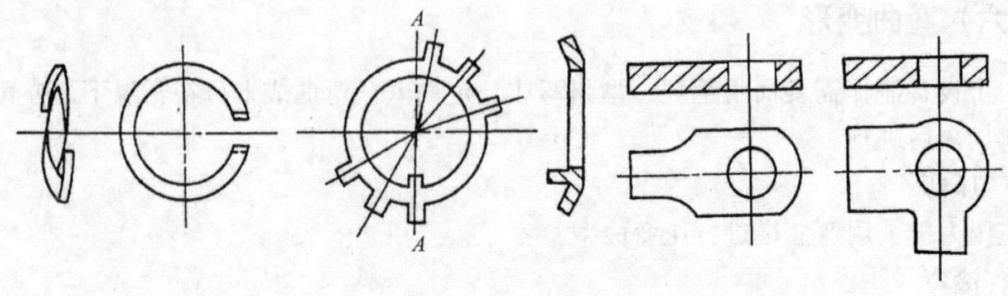

（a）弹簧垫圈　（b）圆螺母止退垫圈　（c）单耳止动垫圈　（d）双耳止动垫圈

图 10-27　防松垫圈

3．焊接连接

焊接连接大体分为熔焊和接触焊两大类。

（1）熔焊。是指电弧焊、氩弧焊、气焊。

（2）接触焊。是指借强电流通过焊件接触处所产生的电阻热，将该处金属迅速热到塑性状态或熔化状态，并在压力下形成接头的焊接方法。按焊头形式分为点焊、滚焊、对焊三种。

（八）装配

装配是将组成结构的各个零件按照一定的位置、尺寸关系和精度要求组合起来的过程，一般占整个工程工作量的30%～40%，并且装配工作质量直接影响设备的最终质量。

1．装配的基本条件

（1）定位。确定零件在空间的位置或零件间的相对位置。它在工作台上靠挡板、垫铁、零件自身尺寸以及组合的相对位置定位。

（2）夹紧。借助夹具的外力使零件准确定位。常见的夹具有拉紧器、压紧器、推撑器、楔条夹具、偏心夹具等。

2．装配的基本方法

（1）装配前的准备。熟悉产品图样和工艺规程；划分部件；装配现场的设置，工具、量具、夹具和吊具的准备；零部件预检和防锈；安全措施确定。

（2）装配方法。

- ◆ 地样装配法。它将构件的装配图样按 1∶1 比例尺直接绘制到要装配的平台上，然后根据零件间接合的位置进行装配。
- ◆ 仿形复制装配法。该法用于对称结构件，用装配零件按实形装配出实形的一半做仿形样板进行复制装配。
- ◆ 胎型装配法。将工作装配所用的各种定位元件、夹具和装配胎架，三者组合放在相应位置后进行连接即可。

3．装配的质量检验

质量检验包括装配过程中的检验和完工产品的检验，主要内容如下：

（1）按图样检查产品各零部件间的装配位置和主要尺寸是否正确，并达到规定的精度要求。

（2）检查各连接部位的连接形成是否正确，并根据技术条件、规范和图样来检查焊缝间隙的公差、边棱坡口的公差和接口处平板的公差。

（3）检查产品结构上为连接、加固各零部件所做的定位焊的布置是否正确，需使这种布置能保证结构焊接后不产生内应力。

（4）检查产品结构连接部位焊缝处的金属表面，不允许焊缝处的金属表面上有污垢、铁锈和潮湿，以防造成焊接缺陷。

（5）检查产品的表面质量，以便找出钢材上的裂缝、起层、沙眼、凹陷以及焊疤等缺陷，并根据技术要求进行处理。

运用测量技术以及各种量具、仪器进行装配质量的检验。有些检测项目如表面质量，也常采用外观检查的方法。

二、焊接技术

焊接是通过加热或加压，或两者并用，并且用（或不用）填充材料，使焊件达到原子结合的一种加工方法。

根据金属所处的状态不同，焊接方法可分为熔焊、压焊和钎焊三类。下面主要介绍熔焊。

（一）手工电弧焊

由焊接电源供给的，具有一定电压的两电极间或电极与焊件间，在气体介质中产生的强烈而持久的放电现象，称焊接电弧。焊接电弧燃烧过程的实质，就是把电能转化为热能和光能的过程，产生的热能熔化被焊金属，从而达到焊接的目的。

1．电弧的组成及特性

焊接电弧的构造可划分三个区域：阴极区、阳极区、弧柱。

（1）电弧的静特性。电弧电压是电弧两端之间的电压降，一般情况下，在有效的电弧长度内，电弧长度增加，则电弧电压增大。在弧长一定、电弧稳定燃烧时，焊接电流与电弧电压变化的关系称为电弧静特性。

手工电弧焊有直流电焊接，也有交流电焊接。

直流电焊接又有两种接法：正接法和反接法。

正接法是指将工件接电焊机的正极，焊条接电焊机负极的接线方法；反之，将工件接负极，焊条接正极，称反接。

使用碱性焊条时，必须采用直流反接法才能使电弧稳定；焊薄板时，为防止烧穿，可采用直流反接法。

（2）影响电弧稳定性的因素。影响电弧稳定性的因素包括：焊接电源、焊条药皮、焊接区清洁度和气流的影响，磁偏吹的影响。

（3）焊接工艺。手工电弧焊的焊接工艺参数包括：

◆ 焊条选择。焊条的选择应根据焊条的牌号和焊条的直径来选择。根据焊件厚度、焊缝位置、焊接层数及接头形式来选择焊条的直径。

◆ 焊接电流。根据焊条直径、焊缝位置、焊条类型选择焊接电流。

◆ 电弧电压。手工电弧焊的电弧电压主要由电弧长度来决定。

◆ 焊接速度。单位时间内完成的焊缝长度称为焊接速度。

◆ 焊接层数（n）：

$$n=\delta/md \tag{10-11}$$

式中：δ——焊件厚度，mm；

m——经验系数，一般取 $m=0.8\sim1.2$；

d——焊条直径，mm。

2．电焊条

（1）焊条的组成。焊条由焊芯和药皮组成，焊芯直径ϕ1.6～6 mm，共分 7 种规格，常用的焊条直径有：ϕ2.5 mm、ϕ3.2 mm、ϕ4 mm、ϕ5 mm。

焊接的专用钢丝可分为碳素结构钢、合金结构钢和不锈钢 3 类。

焊条药皮在焊接中的作用主要有：机械保护作用、冶金处理掺合金作用、改善焊接工艺性能。

总之，药皮的作用是保护焊缝金属具有合乎要求的化学成分和机械性能，并使焊条具有良好的焊接工艺性能。

（2）焊条的分类。

◆ 按用途分为低碳钢和低合金高强度钢焊条、钼和铬钼耐热钢焊条、不锈钢焊条、堆焊焊条、低温钢焊条、铸铁焊条、镍及镍合金焊条、铜及铜焊条、铝及铝焊条。

◆ 按药皮熔化后的熔渣特性分为酸性焊条和碱性焊条。

（3）焊条型号的编制方法。

① 碳钢焊条型号的编制方法。

字母“E”表示焊条。

前两位数字表示熔敷金属抗拉强度的最小值，单位为：×10MPa。

第三位数字表示焊条的焊接位置。

第三位数字和第四位数字组合时表示焊接电流种类及药皮类型，如 E5015。

② 低合金钢焊条型号的编制方法。

低合金钢焊条型号的编制方法与碳钢焊条相同。焊条型号后面有“-”与前面数字分开，后缀字母为熔敷金属的化学成分分类代号，如 E5018-A1。

③ 不锈钢焊条型号的编制方法。

字母“E”表示焊条。

熔敷金属含碳量用“E”后的一位或两位数字表示。“00”表示含碳量不大于 0.04%；“0”表示含碳量不大于 0.10%；“1”表示含碳量不大于 0.15%；“2”表示含碳量不大于 0.20%；“3”表示含碳量不大于 0.45%。

熔敷金属含铬量（质量分数）以近似值的百分之几表示，用“-”与表示含碳量的数字分开。

熔敷金属含镍量（质量分数）以近似值的百分之几表示，用“-”与表示含铬量的数字分开。

若熔敷金属中含有其他重要合金元素，当元素平均含量（质量分数）低于 1.5%时，型号中只标明元素符号，而不标注具体含量；当元素平均含量等于或大于 1.5%、2.5%、3.5%……时，一般在元素符号后面相应标注 2、3、4 等数字。

焊条药皮类型及焊接电流种类在焊条型号后面附加如下代号：后缀 15 表示焊条为碱性药皮，适用于直流反接焊接；后缀 16 表示焊条为酸性药皮或其他类型的药皮，适用于交流或直流反接焊接，如 E1-23-13Mo2-15。

3．手工电弧焊机

（1）交流弧焊机。交流弧焊机也称弧焊变压器，是以交流电形式向焊接电弧输送电能的设备。常用弧焊变压器型号有：动圈式 BX3-500、动铁式 BX1-300、抽头式 BX6-120、同体式 BX-500、多站式 BP-3×500。

（2）直流弧焊机。直流弧焊机也称直流发电机，由直流发电机和原动机两部分组成，所以称弧焊发电机组。直流弧焊机的常用型号有：差复机式 AX1-165、裂极式 AX-320、换向极式 AX3-300、他复激式 AP-1000。

（3）整流式弧焊机。整流式弧焊机是一种直流电弧焊电源，用交流电经过变压、整流后而获得直流电。弧焊整流器有硅弧焊整流器、可控硅焊整流器及晶体管式弧焊整流器 3 种。弧焊整流器常用的有 ZXG 型，即下降特性硅弧焊整流器。

整流式弧焊机常用型号有：动圈式 ZXG1-160、抽头式 ZPG-250、磁放大器式 ZXG1-500。

（4）弧焊逆变焊机。弧焊逆变焊机常见型号有：ZX7-400、PS-500（英国）、PSS3000（芬兰）、WSM-250D、EUROTRANS50（德国）、ACCUTIG300P（日本）、LHL315（瑞典）、TIG304（德国）。

（5）手工电弧焊机的选择。

◆ 类型选择。用直流或交流弧焊机进行焊接，焊接质量和生产率并没有多大差别，一般情况下，要尽量选用交流焊机；但用低氢型焊条时，应选用直流焊机。

◆ 焊机容量选择。根据所焊工件厚度确定需用的电流范围，并对照焊机的额定电流值进行选取。

4．手工电弧焊接头型式和坡口型式

（1）圈边接头：只适用于焊 1～2 mm 薄板金属。

（2）对接接头。

不开坡口的对接接头：一般适用于焊厚度小于 6 mm 的钢板的对接。

开坡口的对接接头：V 形坡口：适用于板厚 7～40 mm。

X 形坡口：适用于板厚 12～60 mm。

U 形坡口：适用于板厚 20～60 mm。

双 U 形坡口：适用于板厚 40～60 mm。

（3）T 型接头。作为一般的联系焊缝，钢板厚度在 2～30 mm 时，可不开坡口；若承受载荷，则根据板厚和对结构强度的要求，分别选用单边 V 形、K 形或双 U 形坡口。

（4）角接接头。一般用于不重要的焊接结构中。

（5）搭接接头。一般用于 12 mm 以下钢板，重叠部分为 3～5 倍板厚，并采用双面焊接。

坡口制备：剪切、氧气切割、刨边、车削、铲削、碳弧气刨。

5．几种焊缝的焊接技术

（1）定位焊缝。定位焊缝的起头和结尾应圆滑，所选用的焊接电流比正式焊缝焊接时大 20～30 A，定位焊缝的参考尺寸见表 10-14。

表 10-14　定位焊缝的参考尺寸　（单位：mm）

焊接厚度	定位焊长度	焊缝长度	间距
＜4	＜4	5～10	50～100
4～12	4～6	10～20	100～200
＞12	约 6	15～30	100～300

（2）薄板的焊接。厚度在 2 mm 以下的薄钢板焊接时，用小电流、小直径焊条焊接，一般焊条选 1.6～2.5 mm，对焊的间隙越小越好。

（3）长缝的焊接。

◆ 焊缝长度小于 0.5 m 时，可采用直通焊。

◆ 焊缝长度为 0.5～5 m 时，采用中间向两端的直通焊。

◆ 焊缝长度在 5 m 以上时，采用对称分段退焊法，或分段跳焊法。

（4）管子的焊接。

水平固定管对焊。焊前根据管壁厚度开好 V 形坡口（对薄壁管可不开坡口），组对时管子轴线必须对准，上部坡口间隙比下部坡口间隙稍大些，焊接时从下往上焊接，管径大时可适当增加定位焊数量。

水平转动管对焊。把管子放在支架上，使焊接位置处在立焊位置，也可选在斜立焊位置。

垂直固定管对焊。与一般横焊相似。

6．减小焊接变形的方法及变形的矫正

（1）减小焊接变形的方法：

◆ 反变形法。

◆ 利用装配和焊接顺序来控制变形。

◆ 刚性固定法。

（2）焊接变形的矫正：

◆ 机械矫正法。

◆ 火焰矫正法。火焰矫正法的加热部位是已变形的伸长部位。

7．各种金属材料的焊接

（1）低碳钢的焊接。低碳钢几乎可选用所有的焊接方法进行焊接，并能保证焊接接头的良好质量。

（2）中碳钢的焊接。尽量选用碱性焊条，焊前预热，焊后缓冷或进行焊后热处理。

（3）普通低合金钢的焊接。对于要求焊缝金属与焊件等强度的焊接，应选用碱性焊条；对于不要求焊缝金属与焊件等强度的焊件，可选用相应强度的酸性焊条。

（4）铬钼耐热钢的焊接。

◆ 预热。预热温度一般在 150～300℃。

◆ 保温焊和连续焊。整个焊接过程中，使焊件保持足够的温度，焊接过程最好不要中断。

◆ 短道焊。

◆ 自由状态下焊接。

◆ 焊后缓冷。焊后立即用石棉布覆盖焊缝及近焊区。

◆ 焊后热处理。

◆ 选用焊条的合金量应与焊件相当或略高一些，手工焊时，也可选用奥氏体不锈钢焊条。

（5）不锈钢的焊接。

手工电弧焊。

◆ 焊前准备。对板厚超过 3 mm 的需开坡口，在焊前将焊缝两侧 20～30 mm 范围内用丙酮擦净，并涂上白垩粉。

◆ 焊条选用。低氢型不锈钢焊条抗裂性高，但抗腐蚀性差，钛钙型焊条的成型较好，具有良好的工艺性能，生产中用得较广。

氩弧焊。不锈钢的焊接主要采用氩弧焊，其中手工钨极氩弧焊使用较广泛。

（6）灰口铸铁的焊接。

◆ 白口组织的防止方法。减慢焊缝冷却速度；改变焊缝化学成分，如在焊丝中加入 C、Si 等。

◆ 裂纹的防止方法。焊前预热，焊后缓冷，采用电弧冷焊以减小应力。

（7）铝及铝合金的焊接。

焊前清理，对厚度超过 5 mm 的焊件预热到 100～300℃。

◆ 气焊。选用与焊件金属化学成分相同的焊丝或切条，气焊熔剂选“气剂 401”。

◆ 手工电弧焊。板厚在 4 mm 以上的铝板才采用，使用 TAl、YAlSi、TAlMn 焊条。

◆ 氩弧焊。钨极氩弧焊适用于薄板焊接，使用交流电源，熔化极氩弧焊适用于焊接厚度大于 8 mm 的铝板。

（8）纯铜焊接。

◆ 气焊。使用特制丝 201 或丝 202，焊粉可选用气剂 301，对中小焊件的预热温度为400～500℃，厚大件预热温度为600～700℃。

◆ 手工电弧焊。焊丝选用TCu或TCuSnB。

◆ 钨极氩弧焊。采用直流正接。

8．焊接检验

（1）外观检验。

（2）致密性检验。

◆ 气密性试验。在密闭容器中，通入远低于容器工作压力的压缩空气，在焊缝外侧涂上肥皂水。如果焊接接头有穿透性缺陷时，由于容器内外的压力差，肥皂水就有气泡出现。

◆ 氨气试验。对被试容器通入1%（体积分数，在常压下）的氨气的混合气体，并在容器的外壁焊缝表面贴上一条比焊缝略宽，用5%（质量分数）硝酸汞水溶液浸过的纸带，加压至所需压力时，如焊缝有不致密的地方，就会在外面的纸带上呈现出黑色斑纹。

◆ 煤油试验。在焊缝表面（包括热影响区部分）涂上石灰水溶液，待干燥后便呈现一白色带状，再在焊缝的另一面涂上煤油。如焊缝有缺陷，煤油便会透过缺陷使石灰水一面显示明显的油斑点或带条状油迹。

◆ 水压试验。试验压力一般为产品工作压力的1.25～1.5倍。

◆ 气压试验。将气压加至产品技术条件的规定值，停止加压，用肥皂水涂在焊缝上，检查焊缝是否漏气，或检查工作压力表数值是否有下降。进行气压试验要注意安全，要采取有效的隔离措施。

（3）无损探伤。

◆ 荧光检验。将被检验焊件先浸入煤油中数分钟，待表面干燥后，在焊缝处撒上氧化镁粉末，并将氧化镁粉末清除干净。在暗室中用水银石英灯发出的紫外线进行照射，如有缺陷，残留在表面缺陷内的氧化镁粉就会发光。这是用来发现表面缺陷的一种方法。

◆ 着色检验。将焊件浸入着色剂中，随后取出将表面擦净并涂以显现粉，如有缺陷，浸入缺陷的着色剂遇到显现粉，便会显现出缺陷的位置和形状。灵敏度一般为0.01 mm，深度不小于0.03 mm。

◆ 磁粉检验是利用在强磁场中，铁磁性材料表层缺陷产生的漏磁场吸附磁粉的现象而进行检验的。这是用来探测焊缝表面微裂纹的一种检验方法。

◆ 超声波检验。

◆ 射线检验。

（4）力学性能试验。

① 拉伸试验；② 弯曲试验；③ 硬度试验；④ 冲击试验；⑤ 断裂韧性试验；⑥ 疲劳试验。

（5）化学分析及腐蚀试验。

① 化学分析；② 腐蚀试验。

（6）金相检验。

① 宏观金相检验；② 微观金相检验。

（二）气焊与气割

（1）气焊。

焊丝选用应根据焊件材料的力学性能或成分选择焊丝。

焊丝直径根据板厚选择。焊接 5 mm 以下的板材时，焊丝直径应与焊件厚度相近，一般选用 1～3 mm 焊丝。

焊接有色金属及不锈钢、耐热钢、铸铁时，必须使用气焊熔剂。

在焊接过程中，焊丝与焊件表面的倾斜角一般为 30°～40°。

焊接方向分为右向焊接法和左向焊接法，左向焊接法使用较广。

（2）气割。

气割的实质是铁在纯氧中的燃烧过程。

割嘴型号应根据板厚选择，气割时，割嘴沿割线方向倾斜 5°～10°。

机械化切割：

◆ 半自动气割机常用设备是 CG1-30；

◆ 仿形切割机常用设备是 CG2-150。

气割新技术：

◆ 光电跟线气割；

◆ 光电跟踪气割。

（三）气体保护焊

1．二氧化碳气体保护焊

（1）焊接用二氧化碳的纯度应大于 99.5%，含水量、含氮量不超过 0.1%。

（2）焊丝常用 H08Mn2SiA。

（3）CO_2 气体保护焊设备有半自动焊和自动焊设备。

常用的 CO_2 半自动焊设备主要由焊接电源、焊枪及送丝机构、CO_2 供气装置、控制系统等部分组成。

常用的焊机型号主要有：NBC-200 型、BNC1-300 型、NBC1-500 型。

2．氩弧焊

（1）钨极氩弧焊。

① 常用焊板厚小于 4 mm 的薄板。

焊接除铝镁采用交流钨极氩弧外，其余常采用直流钨极氩弧焊。

② 常用设备。手工钨极氩弧焊设备包括主电路系统，焊枪，供气系统，冷却系统和控制系统等部分。

主要设备型号：直流的有 NSA-300 型，交流的有 NSA4-300 型、NSA-500 型，交直流两用的有 NSA2-300 型。

（2）熔化极氩弧焊。

① 适用于中等或大厚度的板件焊接。

② 常用设备：熔化极半自动氩弧机焊常用型号有 NBA-180 型、NBA2-200 型和 NBA5-500 型。

熔化极自动氩弧焊机常用型号有 NZA-1000 型、NZA19-500 型和 NZA20-200 型等。

三、测量技术

（一）安装测量常用量具和量仪

1．量具

钢尺。有钢直尺、钢圈尺、钢角尺之分。

量块。俗称块规。常见的有 83 块、46 块、38 块套的 3 种规格，其规格见表 10-15。

表 10-15　成套量块尺寸表

总块数	级别	公称尺寸/mm	间隔/mm	块数
83	0	0.5	—	1
		1	—	1
	1	1.05	—	1
		1.01，1.02，1.03，…，1.49	0.01	49
	3	1.5，1.6，1.7，1.8，1.9	0.1	5
		2.0，2.5，3.0，…，9.5	0.5	16
	4	10，20，30，40，…，100	10	10
46	0	1		1
		1.001，1.002，…，1.009	0.001	9
	1	1.01，1.02，…，1.09	0.01	9
		1.1，1.2，1.3，…，1.9	0.1	9
		2，3，4，…，9	1	8
		10，20，30，…，100	10	10
38	1	1	—	1
		1.005	—	1
	2	1.01，1.02，1.03，…，0.09	0.01	9
		1.1，1.2，1.3，…，1.9	0.1	9
	3	2，3，4，…，9	1	8
		10，20，30，…，100	10	10

(1) 量规。

◆ 线规。用来测量金属丝直径。

◆ 塞尺。用以检测两个结合面的间隙大小。

◆ 正弦规。它与百分表配合测零件斜度、角度。

◆ 游标量具。有深度游标卡尺、高度游标卡尺和长度游标卡尺等。

◆ 螺旋测微量具。

2．机械式量仪

(1) 百分表。亦叫千分表，分度值为 0.01 mm，主要度量指标见表 10-16。

表 10-16　百分表的主要度量指标

精度范围	在整个测量范围内			在任何测量段上 1 mm 范围内	示值变化
	测量范围/mm				
	0～2 和 0～3	0～5	0～10		
	示值误差/μm				
0	10	12	15	10	3
1	15	13	22	12	3

(2) 杠杆百分表。分度值 0.01 mm，测量范围 0～0.8 mm。

◆ 杠杆齿轮比较仪。其分度值为 0.001 mm，标尺的示值范围为±0.1 mm。

◆ 扭簧比较仪。主要指标见表 10-17。

表 10-17　扭簧比较仪的主要度量指标　（单位：mm）

分度值	0.001	0.000 5	0.000 2	0.000 1
标尺示值范围	±0.030	±0.015	±0.006	±0.003
示值误差	≤0.5 分度值			

3．水平仪

条形水平仪。只测量水平偏差，其规格有 150 mm、200 mm、300 mm、500 mm 等。

框式水平仪。可测水平、垂直偏差和直线度。规格有 150 mm×150 mm、200 mm×200 mm、250 mm×250 mm 和 300 mm×300 mm 四种。

水平仪的主要指标见表 10-18。

表 10-18　水平仪的主要度量指标

精度等级	Ⅰ	Ⅱ	Ⅲ	Ⅳ
分度值 mm/m	0.02～0.05	0.06～0.1	0.12～0.2	0.25～0.30
倾斜角度	4″～10″	10″～20″	24″～40″	50″～60″

（二）工业设备安装中常见的测量方法

在安装中常用的测量方法的精度范围见表 10-19。

表 10-19　常用的测量方法的精度范围

<table>
<tr><th>测量项目</th><th colspan="2">测量方法及工具</th><th colspan="2">测量精度范围/mm</th><th>备注</th></tr>
<tr><td rowspan="4">直线度</td><td rowspan="3">拉钢丝</td><td>钢板尺测量</td><td colspan="2">0.05</td><td>—</td></tr>
<tr><td>内径千分尺导电测量</td><td>水平面</td><td>0.03</td><td>使用距离<8 m</td></tr>
<tr><td>读数显微镜测量</td><td>垂直面</td><td>0.05</td><td>钢线直筋<0.3 m</td></tr>
<tr><td colspan="2">水平仪</td><td colspan="2">0.01m</td><td>若用合像水平仪，还可提高</td></tr>
<tr><td rowspan="5">平面度、等高度、水平偏差</td><td rowspan="2">平尺</td><td>钢尺测量</td><td colspan="2">0.50</td><td rowspan="2">垂直面内测量，距离<8 m</td></tr>
<tr><td>内径千分尺或百分表</td><td colspan="2">0.03</td></tr>
<tr><td colspan="2">水平仪</td><td colspan="2">0.01m</td><td>平面较大时，水平仪可置于平尺上测量</td></tr>
<tr><td rowspan="2">液体连通器</td><td>钢尺测量</td><td colspan="2">0.50</td><td rowspan="2">注意液体蒸发</td></tr>
<tr><td>深度千分尺测量</td><td colspan="2">0.02</td></tr>
<tr><td rowspan="3">平行度</td><td colspan="2">平尺、钢板尺</td><td colspan="2">0.50</td><td>—</td></tr>
<tr><td colspan="2">水平仪、平尺</td><td colspan="2">同直线度</td><td>同直线度</td></tr>
<tr><td colspan="2">百分表</td><td colspan="2">0.02</td><td>—</td></tr>
<tr><td rowspan="5">垂直度</td><td colspan="2">角尺、塞尺</td><td colspan="2">0.05m</td><td>漏光检查可达 0.02 m</td></tr>
<tr><td colspan="2">吊垂线、钢板尺测量</td><td colspan="2">0.05</td><td>金属线和非金属线皆可</td></tr>
<tr><td colspan="2">吊钢丝、内径千分尺导电测量</td><td colspan="2">0.05</td><td>—</td></tr>
<tr><td colspan="2">水平仪</td><td colspan="2">同直线度</td><td>同直线度</td></tr>
<tr><td colspan="2">百分表</td><td colspan="2">0.02</td><td>深色检查或百分表</td></tr>
<tr><td rowspan="5">同轴度、对称度</td><td colspan="2">平尺、塞尺</td><td colspan="2">0.05</td><td>测量距离<1.5 m，可直接读出偏心值</td></tr>
<tr><td colspan="2">拉钢丝、内径千分尺导电测量</td><td colspan="2">0.03</td><td>测量距离<16 m</td></tr>
<tr><td colspan="2">检棒</td><td colspan="2">0.01</td><td>测量长度<1 m，误差不能直接测出</td></tr>
<tr><td colspan="2">工艺轴、百分表</td><td colspan="2">0.02</td><td>工艺轴长度一般<6 m</td></tr>
<tr><td colspan="2">专用测量工具，百分表或塞尺</td><td colspan="2">0.02</td><td>用于联轴器校正的复核</td></tr>
</table>

1．钢丝法

即用拉钢丝作为测量基准，钢丝直径一般在 0.2～1 mm。当精度要求高或跨距小于 20 m 时，取 0.2～0.5 mm；当跨度超过 20 m 或精度要求低时，取 0.5～1 mm；检测同轴度钢丝直径多用 0.2～0.5 mm 琴钢丝。钢丝的拉紧配重（G）经验公式如下：

$$G=77.16d^2 \qquad (10\text{-}12)$$

式中：d—— 钢丝直径，mm；

钢丝水平和倾斜使用时，其挠度的确定可用计算法和查表法。

（1）计算法。

◆ 水平放置　$y=qX(L-X)/2G$　（10-13）

◆ 倾斜放置　$y=qX(L-X)/2G\cos^2\alpha$　（10-14）

式中：y—— 钢丝挠度，mm；

q—— 钢丝单位长度重量，kg/mm；

L—— 钢丝跨度，mm；

X—— 测点距左端距离，mm；

G—— 钢丝拉紧配重，kg；

α—— 斜拉钢丝与水平方向夹角，(°)。

（2）查表法。

线架间长度与钢丝挠度的关系见表 10-20。

测量方法示意图如图 10-28 所示。

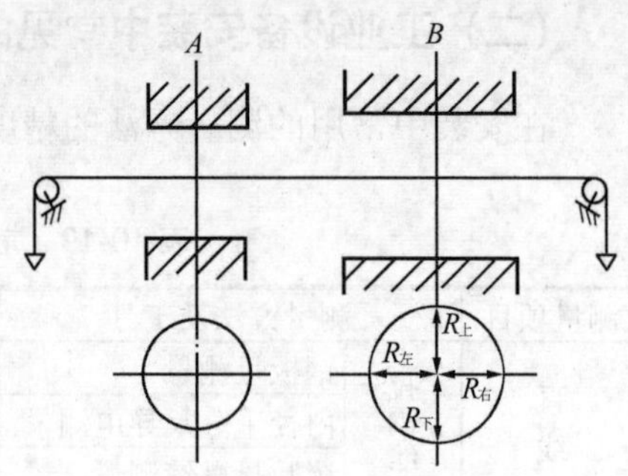

图 10-28　同轴度测量

水平式倾斜使用时：$R_{左}=R_{右}=(D-d)/2$

$$R_{上}=R_{下}=2y \tag{10-15}$$

式中：$R_{上}$，$R_{下}$，$R_{左}$，$R_{右}$—— 钢丝表面到被测孔上、下、左、右方向的距离，mm。

D—— 被测孔直径，mm；

d—— 钢丝直径，mm；

y—— 挠度，mm。

测量时，为提高读数精度，可采用的方法有：① 放大镜法——放大镜观察千分尺接触情况；② 光电法；③ 电流法；④ 耳机法——用读数显微镜测距离；⑤ 液面法——用以测水平度、高差、直线度、平行度等，与深度千分尺配合使用（图 10-29）。

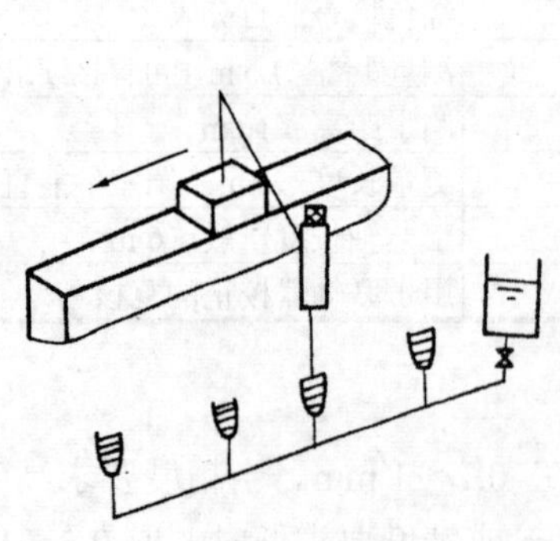

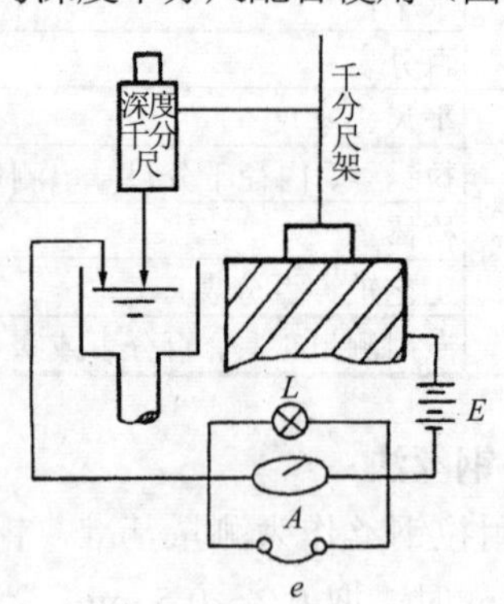

图 10-29　液面法测量

2．水平测直线度

分段。把被测面沿测量方向分段。

用水平仪或水准仪分测各段两端高差。

求直线度误差可用图解法或数解法。

表 10-20 线架间长度与钢丝自重度的关系

（单位：1/100 mm）

从测点到拉近线架间的距离/m	两线架间的距离																								
	4	4.5	5	5.5	6	6.5	7	7.5	8	8.5	9	9.5	10	10.5	11	11.5	12	12.5	13	13.5	14	14.5	15	15.5	16
0.5	4	5.5	7	8.5	10	11	12	13	14	14.5	15	15.5	16	16.5	17	18	19	19.5	20	21	22	23	24	25	26
0.6	4.6	6.4	8.2	10	11.8	13	14.2	15.3	16.4	17	17.6	18.2	18.6	19.5	20.2	21.3	22.4	23	23.6	24.7	25.8	26.9	28	29.3	30.6
0.7	5.2	7.3	9.4	11.5	13.6	15	16.4	17.6	18.8	19.5	20.2	20.9	21.6	2.5	23.4	24.6	25.8	26.5	27.2	28.4	29.6	30.8	32	33.6	35.2
0.8	5.8	8.2	10.6	13	15.4	17	18.6	19.9	21.2	22	22.8	23.6	24.4	25.5	26.6	27.9	29.2	30	30.8	32.1	33.4	34.7	36	37.9	39.8
0.9	6.4	9.1	11.8	14.5	17.2	19	20.8	22.2	23.6	24.5	25.4	26.3	27.2	28.5	29.8	31.2	32.6	33.5	34.4	35.8	37.2	38.6	40	42.2	44.4
1.0	7	10	13	16	19	21	23	24.5	26	27	28	29	30	31.5	33	34.5	36	37	38	39.5	41	42.5	44	46.5	49
1.1	7.4	10.8	14.2	17.3	20.4	22.5	24.6	26.3	28	29.2	30.4	31.5	32.6	34.1	35.6	37.2	38.8	40	41.2	42	44.4	46.1	47.8	50.2	52.6
1.2	7.8	11.6	15.4	18.6	21.8	24	26.2	28.1	30	31.4	32.8	34	35.2	36.7	38.2	39.9	41.6	43	44.4	46.1	47.8	49.7	51.6	53.9	56.2
1.3	8.2	12.4	16.6	19.9	23.2	25.5	27.8	29.9	32	33.6	35.2	36.5	37.8	39.3	40.8	42.6	44.4	46	47.6	49.4	51.2	53.3	55.4	57.6	59.8
1.4	8.6	13.2	17.8	21.2	24.6	27	29.4	31.7	34	35.8	37.6	39	40.4	41.9	43.4	45.3	47.2	49	50.8	52.7	54.6	56.9	59.2	61.3	63.4
1.5	9	14	19	22.5	26	28.5	31	33.5	36	38	40	41.5	43	44.5	46	48	50	52	54	56	58	60.5	63	65	67
1.6	9.2	14.5	19.8	23.6	27.4	30.1	32.8	35.4	38	41.1	42.2	43.8	45.4	47	48.6	50.7	52.8	54.9	57	59.2	61.4	63.9	66.4	68.5	70.6
1.7	9.4	15	20.6	24.7	28.8	31.7	34.6	37.3	40	42.2	44.4	46.1	47.8	49.5	51.2	53.4	55.6	57.8	60	62.4	64.8	67.3	69.8	72	74.2
1.8	9.6	15.5	21.4	25.8	30.2	33.3	36.4	39.2	42	44.3	46.6	48.4	50.2	52	53.8	56.1	58.4	60.7	63	65.6	68.2	70.7	73.2	75.5	77.8
1.9	9.8	16	22.2	26.9	31.6	34.9	38.2	41.1	44	46.4	48.8	50.7	52.6	54.5	56.4	58.8	61.2	63.6	66	60	71.6	74.1	76.6	79	81.4
2.0	10	16.5	23	28	33	36.5	40	43	46	48.5	51	53	55	57	59	61.5	64	66.5	69	72	75	77.5	80	82.5	85
2.1			23.2	28.6	34	37.7	41.4	44.5	47.6	50.3	53	55.1	57.2	59.3	61.4	64	66.6	69.2	71.8	74.8	77.8	80.4	83	85.5	88
2.2			23.4	29.2	35	38.9	42.8	46	49.2	52.1	55	57.2	59.4	61.6	63.8	66.5	69.2	71.9	74.6	77.6	80.6	83.3	86	88.5	91
2.3			23.6	29.8	36	40.1	44.2	47.5	50.8	53.9	57	59.3	61.6	63.9	66.2	69	71.8	74.6	77.4	80.4	83.4	86.2	89	91.5	94
2.4			23.8	30.4	37	41.3	45.6	49	52.4	55.7	59	61.4	63.8	66.2	68.6	71.5	74.4	77.3	80.2	83.2	86.2	89.1	92	94.5	97
2.5			24	31	38	12.5	47	50.5	54	57.5	61	63.5	66	68.5	71	74	77	80	83	86	89	92	95	97.5	100
2.6					38.4	13.3	48.2	51.9	55.6	59.2	62.8	65.4	68	70.7	73.4	76.4	79.4	82.5	85.6	88.7	91.8	94.8	97.8	100.4	103
2.7					38.8	14.1	49.4	53.3	57.2	60.9	64.6	67.3	70	72.9	75.8	78.8	81.8	85	88.2	91.4	94.6	97.6	100.6	103.3	106
2.8					39.2	14.9	50.6	54.7	58.8	62.6	66.4	69.2	72	75.1	78.2	81.2	84.2	87.5	90.8	94.1	97.4	100.4	103.4	106.2	109
2.9					39.6	15.7	51.8	56.1	60.4	64.3	68.2	71.1	74	77.3	80.6	83.6	86.6	90	93.4	96	100.2	103.2	106.2	109.1	112
3.0					40	16.5	53	57.5	62	66	70	73	76	79.5	83	86	89	92.5	96	99.5	103	106	109	112	115

从测点到拉近线架间的距离/m	两线架间的距离																								
	4	4.5	5	5.5	6	6.5	7	7.5	8	8.5	9	9.5	10	10.5	11	11.5	12	12.5	13	13.5	14	14.5	15	15.5	16
3.1							53.4	58.3	63.2	67.3	71.4	74.6	77.8	81.5	85.2	88.3	91.4	94.9	98.4	102	105.6	108.8	112	114.9	117.8
3.2							53.8	59.1	64.4	68.6	72.8	76.2	79.6	83.5	87.4	90.6	93.8	97.3	100.8	104.5	108.2	111.6	115	117.8	120.6
3.3							54.2	59.9	65.6	69.9	74.2	77.8	81.4	85.5	89.6	92.9	96.2	99.1	103.2	107	110.8	114.4	118	120.7	123.4
3.4							54.6	60.7	66.8	71.2	75.6	79.4	83.2	87.5	91.8	95.2	98.6	102.1	105.6	109.5	113.4	117.2	121	123.6	126.2
3.5							55	61.5	68	72.5	77.2	81	85	89.8	94	97.5	101	104.5	108	112	116	120	124	126.5	129
3.6									68.4	73.3	78.2	82.4	86.6	91.1	95.6	99.3	103	106.5	110	114.2	118.4	122.2	126	128.6	131.2
3.7									68.8	74.1	79.4	83.8	88.2	92.7	97.2	101.1	105	108.5	112	116.4	120.8	124.4	128	130.7	133.4
3.8									69.2	74.9	80.6	85.2	89.8	94.3	98.8	102.9	107	110.5	114	118.6	123.2	126.6	130	132.8	135.6
3.9									69.6	75.7	81.8	86.6	91.4	95.9	100.4	104.12	109	112.5	116	120.8	125.6	128.8	132	134.9	137.8
4									70	76.5	83	88	93	97.5	102	106.5	111	114.5	118	123	128	131	134	137	140
4.1											83.6	88.8	94	98.7	103.4	108.1	112.8	116.5	120.2	124.9	129.6	132.8	136	139	142
4.2											84.2	89.6	95	99.9	104.8	109.7	114.6	118.5	120.4	126.8	131.2	134.6	138	141	144
4.3											84.8	90.4	96	101.1	106.2	111.3	116.4	120.5	124.6	128.7	132.8	136.4	140	143	146
4.4											85.4	91.2	97	102.3	107.6	112.9	118.2	122.5	126.8	130.6	134.4	138.2	142	145	148
4.5											86	92	98	103.5	109	114.5	120	124.5	129	132.5	136	140	144	147	150
4.6													98.4	104.2	110	115.6	121.2	125.8	130.4	134.1	137.8	141.8	145.8	148.7	151.6
4.7													98.8	104.9	111	116.7	122.4	127.1	131.8	135.7	139.6	143.6	147.6	150.4	153.2
4.8													99.2	105.6	112	117.8	123.6	128.4	133.2	137.3	141.4	145.4	149.4	152.1	154.8
4.9													99.6	106.3	113	118.9	124.8	129.7	134.6	138.9	143.2	147.2	151.2	153.8	156.4
5													100	107	114	120	126	131	136	140.5	145	149	153	155.5	158
5.1															114.4	120.6	126.8	132	137.2	141.8	146.4	150.3	154.2	157	159.8
5.2															114.8	121.2	127.6	133	138.4	143.1	147.8	151.6	155.4	158.5	161.6
5.3															115.2	121.8	128.4	134	139.6	144.4	149.2	152.9	156.6	160	163.4
5.4															115.6	122.4	129.2	135	140.8	145.7	150.6	154.2	157.8	161.5	165.2
5.5															116	123	130	136	142	147	152	155.5	159	163	167
5.6																	130.4	136.5	142.6	147.8	153	156.6	160.2	164.3	168.4
5.7																	130.8	137	143.2	140.6	154	157.7	161.4	165.6	169.8
5.8																	131.2	137.5	143.8	149.4	155	158.8	162.6	166.9	171.2

从测点到拉近线架间的距离/m	两线架间的距离																								
	4	4.5	5	5.5	6	6.5	7	7.5	8	8.5	9	9.5	10	10.5	11	11.5	12	12.5	13	13.5	14	14.5	15	15.5	16
5.9																	131.6	138	144.4	150.2	156	159.9	163.8	168.2	172.6
6																	132	138.5	145	151	157	161	165	169.5	174
6.1																			145.2	151.4	157.6	161.8	166	170.7	175.4
6.2																			145.4	151.8	158.2	162.6	167	171.9	176.8
6.3																			145.6	152.2	158.8	163.4	168	173.1	170.2
6.4																			145.8	153	159.4	164.2	169	174.3	179.6
6.5																			146		160	165	170	175.5	181
6.6																					160.2	165.5	170.8	176.3	181.8
6.7																					160.4	166	171.6	177.1	182.6
6.8																					160.6	166.5	172.4	177.9	183.4
6.9																					160.8	167	173.2	178.7	184.2
7.0																					161	167.5	174	179.5	185
7.1																							174.4	180.1	185.8
7.2																							174.8	180.7	186.6
7.3																							175.2	181.3	187.4
7.4																							175.5	181.9	188.2
7.5																							176	182.5	189
7.6																									189.2
7.7																									189.4
7.8																									189.6
7.9																									189.8
8																									190

第三节　典型环保机械设备安装、调试、运行与维护

一、设备的选择及注意事项

（一）设备的选择

水处理设备的选择除了应根据水处理设备自身特点及一般选用原则外，还应根据水处理的工艺特点及处理量来选择。具体地讲，应从以下几个主要技术经济指标选择水处理设备。

1．工艺指标

工艺指标是指设备的处理能力与效率，该指标是选择设备的首要指标。即只有在达到工艺处理能力与效率的前提下，才可以进一步考核其他指标，否则该设备应排除在选择范围之外，因此工艺指标是水处理设备选型的前提与基础。

2．耗费指标

耗费指标是设备的投资总额、运行费用、有效运行时间以及使用寿命的总称。在水处理设备选型中，除了应满足工艺要求外，耗费指标也是选型的重要指标之一。一般选用设备时，总是尽可能选择耗费指标低的设备，即设备投资总额少（包括设备购买与安装费用、建筑费用、管理费用等），运行费用低（如能耗、药剂费用等），有效运行时间与使用寿命应长。

3．操作管理指标

操作管理指标主要指设备操作与使用的简便性。在水处理设备选型中，应尽可能选择操作简单、维修方便的设备。根据自身经济承受能力，也可选用自动化程度较高的设备。

上述各项指标相互间往往是有矛盾的，比如自动化程度高的设备，操作管理指标比较好，但耗费指标相对较差一些。即使同一指标内，也不可能同时满足，如运行费用低的设备，可能投资较大一些。因此在选择设备时，必须根据水处理设备使用的实际情况，全面分析综合考虑，寻求各项指标的最佳交叉点或最佳重合区域。

4．注意事项

（1）设备的选型和处理能力及处理工艺紧密相关。应根据设备自身特点和处理工艺与能力的要求，对各项指标进行综合分析，寻求一个最佳的设备。

（2）在设备选用时，除了考虑前面几个技术经济指标外，还应结合企业自身的经济承受能力以及管理水平等因素。有时这些因素可能成为设备选型的主要因素，因此在设备选型时，还应注意使用者的情况。

（3）应考虑企业的发展状态。比如有些处在发展中的企业，往往当前产污量不多，但经若干年产污量会大大增加，则在水处理设备选择时就应注意以后的规模，使设备有较大的富余量或具有增加的预流量。

（二）设备的安装及注意事项

水处理设备的安装，必须严格按该设备安装工艺及要求进行，否则将影响整个水处理工艺，严重时可使整个处理系统瘫痪。曝气设备安装时，如曝气头或穿孔管安装不水平，在同一水池中会出现有的地方充氧过多而有的地方充氧不足，影响生化处理效果；又如填料的安装，填料安装过稀或过密均不符合工艺要求。

设备安装的一般要求如下。

（1）开箱。根据安装要求，开箱逐台检查设备的外观，按照装箱单清点零件、部件、工具、附件、合格证和其他技术文件，检查是否有因运输途中受到震动而损坏、脱落、受潮等情况，并作出记录。

（2）清洗。设备上需要装配的零、部件应根据装配顺序清洗洁净，并涂以适当的润滑脂。加工面上如有锈蚀或防锈漆，应进行除锈及清洗。各种管路也应清洗洁净并使之畅通。

（3）装配。

过盈配合零件装配。装配前应测量孔和轴配合部分两端和中间的直径。每处在同一径向平面上互成90°位置上各测1次，得平均实测过盈值。压装前，在配件表面均需加合适的润滑剂。压装时与相关限位轴肩等靠紧，不准有串动的可能。实心轴与不通孔压装时，允许在配合轴颈表面上磨制深度不大于0.5 mm的弧排气槽。

螺纹与销连接装配。螺纹连接件装配时，螺栓头、螺母与连接件接触紧密后，螺栓应露出螺母2～4螺距。不锈钢螺纹部分应加涂润滑剂。用双螺母且不使用黏结剂防松时，应将薄螺母装在厚螺母下。设备上装配的定位销，销与销孔间的接触面积不应小于65%，销装入孔的深度符合规定，并能顺利取出。销装入后，不应使销受剪力。

滑动轴承装配。同一转动中心上所有轴承中心应在一条直线上，即具有同轴性。轴承座必须紧密牢靠地固定在机体上，当机械运转时，轴承座不得与机体发生相对位移。轴瓦合缝处放置的垫片不应与轴接触，离轴瓦内径边缘一般不宜超过1 mm。

滚动轴承装配。滚动轴承安装在对开式轴承座内时，轴承座和轴承的接合面间应无空隙，但轴承外圈两侧的瓦口处应留出一定的间隙。凡稀油润滑的轴承，不准加润滑脂；采用润滑脂润滑的轴承，装配后的轴承空腔内注入相当于65%～80%空腔容积的清洁润滑脂。滚动轴承允许采用机油加热进行热装，油的温度不得超过100℃。

联轴器装配。各类联轴器的装配要求应符合有关联轴器标准的规定。各类联轴器的轴向（Δx）、径向（Δy）、角向（Δa）许用补偿量见表10-21。

表 10-21　联轴器的许用补偿量

形式	许用补偿量/mm		
	Δx	Δy	Δa
锥销套筒联轴器		≤0.05	
刚性联轴器		≤0.03	
齿轮联轴器		0.4～6.3	≤30′
弹性联轴器		≤0.2	≤40′
柱销联轴器	0.5～3	≤0.2	30′
NZ 挠性爪型联轴器		0.01（轴径+0.25）	≤40′

传动皮带、链条和齿轮装配。每对皮带轮或链轮装配时两轴的平行度不应大于 0.5/1 000；两轮的轮宽中央平面应在同一平面上（指两轴平行），其偏移三角皮带轮或链轮不应超过 1mm，平皮带不应超过 1.5 mm。

链轮必须牢固地装在轴上，并且轴肩与链轮端面的间隙不大于 0.10 mm。链条与链轮啮合时，工作边必须拉紧。当链条与水平线夹角≤45°时，从动边的驰垂度应为两链轮中心距离的 2%；＞45°时，驰垂度应为两链轮中心距离的 1%～1.5%。主链轮和被动链轮中心线应重合，其偏移误差不得大于两链轮中心距的 2/1 000。

安装好的齿轮和蜗杆传动的啮合间隙应符合相应的标准或设备技术文件规定。可逆传动的齿轮，两面均应检查。

密封件装配。各种密封毡圈、毡垫、石棉绳子等密封件装配前必须浸透油。钢板纸用热水泡软。O 型橡胶密封圈，用于固定密封，预压量为橡胶圆条直径的 25%；用于运动密封，预压量为橡胶圆直径的 15%。装配 V 型，Y 型，U 型密封圈，其唇边应对着介质的压力方向。压装油浸石棉盘根，第一圈和最后一圈宜压装干石棉盘根，防止油渗出。盘根的切口宜切成小于 45°的剖口，相邻两圈的剖口应错开 90°以上。

润滑和液压管路装配。各种管路应清洗洁净并畅通。并列或交叉的压力管路，其管子之间应有适当的间距，防止振动干扰。弯管的弯曲半径应大于 3 倍管子外径。吸油管应尽量短，减少弯曲。吸油高度应根据泵的类型决定，一般不超过 500 mm；回油管水平坡度为 0.003～0.005，管口宜为斜口伸到油下面，并朝向箱壁，使回油平稳。液压系统管路装配后，应进行试压，试验压力应符合“管子和管路附件的公称压力和试验压力”的规定。

二、主要水处理设备的安装

（一）卧式水泵的安装

（1）水泵泵体与电动机、进出口法兰安装的允许偏差见表 10-22。

表 10-22 水泵泵体与电动机进出口法兰安装的允许偏差

项目	允许偏差				
	水平度/（mm/m）	垂直度/（mm/m）	中心线偏差/（mm/m）	径向间隙/（mm/m）	同轴度/（mm/m）
水泵与电动机	＜0.1	＜0.1			
泵体出口法兰与出水管			＜5		
泵体出口法兰与进水管			＜5		
叶片外缘与壳体				半径方向＜规定的 40%两侧间隙之和＜规定最大值	
泵轴与传动轴					＜0.03

（2）泵的安装高度必须低于允许值，以免出现“气蚀”现象或吸不上液体。

（3）泵座、进水口、导叶座、出水口、弯管和过墙管等法兰连接部件的相互连接应紧密无隙。

（4）填料函与泵轴间的间隙在圆周方向应均匀，并压入按产品说明书规定类型和尺寸的填料。

（5）油箱内应注入规定的润滑油到标定油位。

（6）调整和试运转：

◆ 查阅安装质量记录，各项技术指标符合质量要求。

◆ 开车连续运转 2 小时，必须达到表 10-23 所列的要求。

表 10-23 水泵调整试运转要求

项目	检查结果
各法兰连接处	无渗漏，无螺栓松动
填料函压盖处	松紧适当，应有少量水滴出，温度不应过高（卧式水泵）
电动机电流值	不超过额定值
运转状况	无异常声音，平稳，无较大振动
轴承温度	滚动轴承＜70℃，滑动轴承＜60℃，运转温升＜35℃

各种类型的立式管道增压泵、潜污泵的安装可参考生产商提供的安装与使用说明书。

（二）风机的安装

1. 离心风机

离心风机的安装允许偏差见表 10-24。

表 10-24 离心风机的安装允许偏差

项目	允许偏差			
	接触间隙/mm	水平度/（mm/m）	中心线重合度/mm	轴向间隙/mm
轴承座与底座	＜0.1			
轴承座纵、横方向		＜0.2		
机壳与转子			＜2	
叶轮进风口与机壳进风口接管				$<D_{叶轮}/100$
主轴与轴瓦顶				d轴（1.5/1 000～2.5/1 000）

2．轴流式风机

轴流式风机的安装允许偏差见表 10-25。

表 10-25 轴流式风机的安装允许偏差

项目	允许偏差		
	水平度/mm	轴向间隙/mm	接触间隙
机身纵、横方向	＜0.2		
轴承与周颈、叶轮与主体风筒口		符合设备技术文件规定	
主体上部，前后风筒与扩散的连接法兰			严密

3．罗茨式和叶氏鼓风机

罗茨式和叶氏鼓风机的安装允许偏差见表 10-26。

表 10-26 罗茨式和叶氏鼓风机的安装允许偏差

项目	允许偏差	
	水平度/mm	轴向间隙/mm
机身纵向、横方向	＜0.2	
转子与转子间、转子同机壳间		符合设备技术文件规定

4．调整和试运转

离心式和轴流式通风机连续运转不得小于 2 h，罗茨式和叶氏鼓风机连续运转不得少于 4 h。正常运转后调整至公称压力下，电动机的电流不得超过额定值。如无异常现象，将风机调整到最小负荷（罗茨式和叶氏除外）继续运转到规定时间为止，试运转时必须达到下列要求。

（1）运转平稳，转子与机壳无摩擦声音。

（2）径向振幅。如技术文件无具体规定，可按表 10-27 规定执行。

表 10-27 离心和轴流风机的径向振幅

转速/（r/min）	≤375	>375～500	>500～600	>600～750	>750～1 000	1 000～1 450	>1 450～3 000	>3 000
振幅/mm	0.20	0.18	0.16	0.13	0.10	0.08	0.05	0.03

（3）轴承温度油路和水路的运转要求见表 10-28。

表 10-28 轴承温度油路和水路的运转要求

项目	检查结果
油路和水路	无漏油、漏水现象
轴承温度	滑动轴承：最高温升<35℃，最高温度<70℃
	滚动轴承：最高温升<40℃，最高温度<80℃

（三）格栅的安装

（1）格栅安装时的定位允许偏差见表 10-29。

表 10-29 格栅安装定位允许偏差

项目	允许偏差		
格栅安装后位置与设计要求	平面位置偏差/mm	标高偏差/mm	安装要求
格栅安装在混凝土支架	≤20	≤30	连接牢固，垫块数<3 块
格栅安装在工字钢支架		<5	两工字钢平行度<2 mm，焊接牢固

（2）机械格栅的轨道重合度，轨距和倾斜度等技术要求的允许偏差见表 10-30。

表 10-30 机械格栅安装允许偏差

序号	项目	允许偏差	序号	项目	允许偏差
1	轨道实际中心线与安装基线的重合度	≤3 mm	3	轨道纵向倾斜度	1/1 000
			4	两根轨道的相对标高	≤5 mm
2	轨距	±2 mm	5	行车轨道与格栅片平面的平行度	0.5/1 000

（3）格栅安装允许偏差见表 10-31。

表 10-31　格栅安装允许偏差

项目	允许偏差					
	角度偏差/（°）	错落偏差/mm	中心线平行度	水平度	不直度	平行度
格栅与格栅井	符合设计要求		＜1/1 000			
格栅、栅片组合		＜4				
机架				＜1/1 000		
导轨					0.5/1 000	两导轨间≤3
导轨与栅片组合						≤3

（4）调整和试运转。

格栅调整和试运转要求见表 10-32。

表 10-32　格栅调整和试运转要求

项目	检查结果
左右两侧钢丝绳或链条与齿耙动作	同步动作，齿耙运行时水平，齿耙与格栅片啮合脱开与差动机构动作协调
齿耙与格栅片	啮合时齿耙与格栅片间隙均匀，保持 3～5 mm，齿耙与格栅水平，不得碰撞
各限位开关	动作及时，安全可靠，不得有卡住现象
导轨与二侧抢攀	间隙 5 mm 左右，运行时不应有导轨抖动现象
滚轮与导向滑槽	两侧滚轮应同时滚动，至少保持有 2 只滚轮在滚动
机械格栅的进退机构（小车）	应与齿耙动作协调
钢丝绳	在绳轮中位置正确，不应有缠绕跳槽现象
链轮	主、从动链轮中心面应在同一平面上，不重合度不大于两轮中心距的 2/1 000
试运行	用手动或自动操作，全程动作准确无误，无抖动、卡阻现象

（四）搅拌设备的安装

（1）搅拌轴安装的允许偏差见表 10-33。

表 10-33　搅拌轴安装的允许偏差

搅拌器型式	转数/（r/min）	下端摆动量/mm	桨叶对轴线垂直度/mm
桨式、框式和提升叶轮搅拌器	≤32	≤1.50	为桨板长度的 4/1 000 且不超 5
推进式和圆盘平直叶	＞32	≤1.00	
涡轮式搅拌器	100～400	≤0.75	

（2）介质为有腐蚀性溶液时，轴及桨板宜采用环氧树脂 3 度、丙纶布 2 层包涂，以防腐蚀。

（3）搅拌设备安装后，必须用水作介质进行试运行和用工作介质试运行。这两种试运行都必须在容器内装满 2/3 以上容积的容量。试运转中设备应运行平稳，无异常振动和噪声。以水作介质的试运转时间不得少于 2 h；用工作介质的试运转对小型搅拌机为 4 h，其余不少于 24 h。

（五）刮泥机安装

（1）刮泥耙刮板下缘与池底距离为 50 mm，其偏差为±25 mm。

（2）当销轮直径小于 5 m 时，销轮节圆直径偏差为 $^{0.0}_{-2.0}$ mm；销轮端面跳动偏差为 5mm；销轮与齿轮中心距偏差为 $^{+5.0}_{+2.5}$ mm。

（3）调整和试运转：试运行时设备运行平稳，无异常啮合杂音。试运行时间不得少于 2 h，带负荷试运行时，其转速、功率应符合有关技术条件。

（六）曝气机的安装

（1）立式曝气机安装允许偏差见表 10-34。

表 10-34　立式曝气机安装允许偏差

项目	允许偏差		
	水平度	径向跳动	上下跳动
机座	1/1 000		
叶轮与上、下罩进水圈		1～5	
导流锥顶		4～8	
整体		3～6	3～8

（2）水平式曝气机安装允许偏差见表 10-35。

表 10-35　水平式曝气机安装允许偏差

项目	允许偏差		
	水平度	前后偏移	同轴度
两端轴承座	5/1 000	5/1 000	
两端轴承中心与减速机输出轴中心同心线			5/1 000

三、设备运行维护及注意事项

设备选型、安装完毕后，即投入运行维护阶段。设备的运行维护好坏直接影响到水处理设备的效率和使用寿命，如沉淀池刮泥运行不当则影响沉淀效果；又如在腐蚀性废水中，设备维护不当则直接加重设备的老化腐蚀，缩短设备使用寿命。因此在水处理系统中，如何用好设备、维护好设备是整个水处理设备或整个水处理系统正常运转的重要环节之一。由于水处理设备种类很多，对所有水处理设备的运行与维护作详细说明，可参考设备随机的样本说明书。

设备运行维护一般要求如下：

（1）每次启动设备前，作常规的清扫、检查。

（2）及时清扫各构筑物的杂物，防止有害物质进入设备而损坏设备。

（3）严格按水处理设备的操作说明书进行操作运转，严禁设备空载或超负荷运行。

（4）风机、水泵等动力设备在启动前必须确认其相应管道畅通，旋转方向正确。

（5）定期做好设备的检修并及时更换润滑油及易损零部件等。

（6）药剂储存器应及时放空清洗。

（7）根据工艺需求，及时调整设备的运行参数。

（8）做好防锈防腐工作。

（9）做好设备台账和运行维修记录台账。

（10）做好易损零部件的配备工作。

四、电除尘器的安装、调试与验收

（一）电除尘器的安装

1．电除尘器的安装要求

电除尘器安装时除了遵照一般机械设备的安装要求外，要特别注意下列三点：

（1）应有良好的密闭性。除尘器密闭性能不好是造成除尘器漏风的主要原因，尤其是除尘器处于大负压下工作时更为严重，它将严重地影响除尘器的性能和使用寿命。为了保证其密闭性，壳体的所有焊接应采用连续焊缝，且应采用煤油渗透法检查其密闭性。

（2）除去所有飞边、毛刺。除尘器在安装、焊接过程中产生的飞边、毛刺往往是使操作电压不能升高的原因，所以，电场内的焊缝均需用手提式砂轮打光。

（3）两极间距的精确度直接关系到除尘器的工作电压。为此，安装过程必须仔细调整，对规格在 40 m^2 的电除尘器，其偏差应小于±10 mm。

2．电除尘器的安装程序

见图 10-30。

3．电除尘器的进、出口处应安装温度计

安装温度计的目的在于随时反映进入除尘器的烟气温度及除尘器的散热情况，如果除尘器某处有严重漏风（如排灰装置漏风），则出口处的温度将大大降低。在任何情况下，烟气温度均应高于烟露点温度（20～30℃），否则将造成内部构件的严重腐蚀。

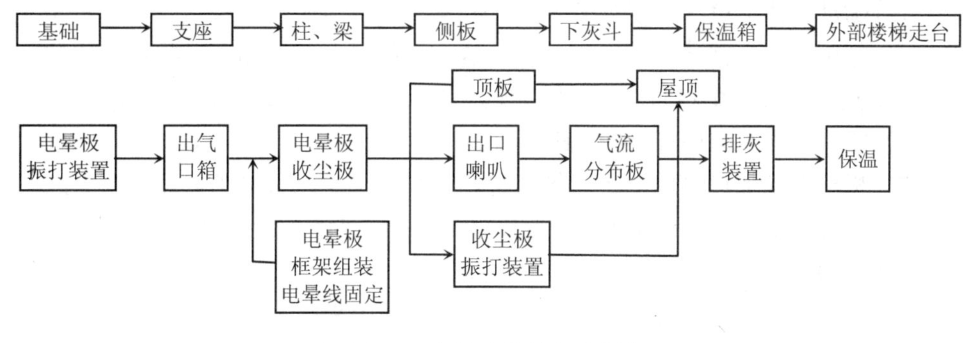

图 10-30　电除尘器的安装程序

4．电除尘器应装设一氧化碳检测装置

当烟气中含有一氧化碳时（例如水泥回转窑尾气），在除尘器的入口处应装设一氧化碳检测装置，以防除尘器的燃烧和爆炸。水泥回转窑窑尾电除器产生燃烧、爆炸的原因是回转窑操作不正确，喷入过量的煤粉，大量煤粉和一氧化碳流入除尘器所致。实践表明，流入电除尘器的煤粉和一氧化碳是伴随发生的。所以，只要控制进入电除尘器的一氧化碳含量，它随之也相应地控制进入电除尘器的煤粉量，防止除尘器的燃烧、爆炸的事故发生。

（二）电除尘器的验收

电除尘器在安装完毕之后，由运行管理单位和安装单位对电除尘器的安装质量及构件性能、电气设备状况进行检查验收。其内容主要有以下方面：

1．设备本体

（1）设备安装：安装是否与图纸相符，相应的管道、检查门、测试孔等是否完善，飞边、毛刺是否打掉，杂物是否清除，如有则做相应的处理。

（2）测定进出口气体量：关闭除尘器各检查门，对除尘器通以气体，测定其进出口气体量。计算除尘器的漏风率，若漏风率小于 7%，则应仔细检查除尘器的焊缝和连接处。

（3）气体分布装置的检查：对除尘器通以空气，检查装置布气的均匀性。通气时在第一电场的前端测定气流沿电场断面分布的均匀性。其断面各点的风速应符合图纸设计要求，如不符合要求应进行适当调整。

（4）振打装置的检查：启动两极振打装置，使其运行 8 h，测定除尘器的振打周期；检查振打装置轴的转向、电机运转、锤头敲击砧子的位置，其轴向偏差应不大于 2 mm，其竖直方向偏差应不大于 5 mm；检查各连接螺栓是否紧固，发现松动可用点焊固定。

（5）保温箱电加热器的检查：接通保温箱内的电加热器，检查升温速度与温控范围是否满足设计要求，必要时适当调节恒温控制器。

（6）排风装置和锁风装置：启动除尘器下部的排灰装置和锁风装置，使其运行4 h，检查运转状况和电机状况。对链式输送机，要注意链条是否跑偏和轻松，连接销轴是否脱落，如有则进行相应处理。

（7）极板振动加速度的测定：每个电场至少应测定三排集尘板面上若干点的振动加速度，若个别振动加速度偏小，可对极板主撞击杆的连接进行加固。

2．电源装置

（1）高压硅整流器及附属设备安装是否与图纸要求相符。

（2）各处接线是否完好、可靠。

（3）各熔断器是否良好，有无松动。

（4）各印刷板插件是否插紧，器件有无脱落。

（5）电除尘器外壳和高压变压器正极均应良好接地。

（6）高压电缆头、高压硅整流器均无漏油现象。

（7）三点式（或四点式）开头操作机构灵活，位置正确。

（8）用1 000 VM欧姆表检查振打装置电动机、排灰装置电动机的绝缘情况，绝缘电阻不应低于0.5 MΩ。

（9）用2 500 V摇表检查整流器高压端对地（反向时）及低压端对地的绝缘电阻值。整流变压器高压端对地电阻应大于1 000 MΩ，低压端对地电阻值应大于300 MΩ。

3．电除尘器的调试

经验收的电除尘器本体安装合格，结构部件及电器、测定仪器均处于正常状态时，可通入生产烟气进行调试工作。通过调试制订出切实可行的操作规程，以保证除尘效率。

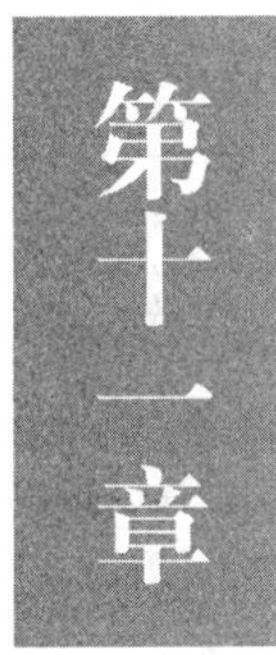

环境工程建设项目的招投标

本章重点

本章要求掌握环境工程建设程序、招标和投标、环境工程项目划分及环境工程造价构成等相关内容。

第一节 环境工程建设的基本知识

环境工程是指为了达到治理环境污染、改善项目所在地环境质量的预期目标，而进行的规划、勘察、设计、施工、竣工验收等各项技术工作和完成的新建、改建或扩建的工程实体。按环境要素分，环境工程主要包括水污染防治工程、大气污染治理工程、噪声污染治理工程、固体废物处理与处置工程和生态保护建设工程等。

一、环境工程建设程序及投资控制过程

工程建设程序是人们对建设项目从酝酿、规划到建成投产所经历的整个过程中各项工作开展的先后顺序的规定，它反映了工程建设各阶段之间的逻辑关系。工程项目的建设过程往往周期长，影响因素多。按照基本建设程序，纳入城市市政公用工程建设的环境工程建设程序及投资控制过程如图 11-1 所示。

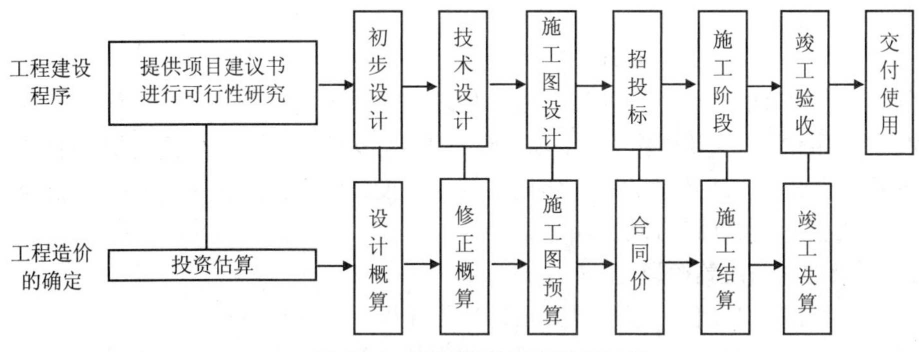

图 11-1 工程建设投资控制过程

（一）环境工程建设程序

环境工程建设项目作为基本建设项目中的一类，其建设程序遵循国家基本建设程序。按照工程建设项目发展的内在规律，投资建设一个工程项目都要经过投资决策和建设实施两个时期。这两个时期又可分为若干个阶段，它们之间存在着严格的先后次序，可以进行合理的交叉，但不能任意颠倒次序。通常拟建项目按设想、论证、评估、决策、设计、施工、验收、投入生产或交付使用的先后顺序进行建设。这个先后顺序反映了建设工作的客观规律，是建设项目科学决策和顺利进行的重要保证。

1．前期论证准备阶段

环境工程项目前期论证准备阶段的工作，包括成立项目、项目评估与决策。在环境工程立项阶段，政府主管部门将根据国家对污染物控制的目标、城市远期与近期发展规划、当前国民经济发展状况和污染物排放现状，提出建设环境工程的设想，安排环保部门和市政管理部门负责组织编制项目建议书和项目可行性研究报告，同时委托环境评价单位编制项目环境影响评价报告。

环保类的工程建设项目的项目建议书的主要内容包括：项目建设的目的、意义和依据；建设规模；治理方法、工艺流程；资源情况、建设条件等的初步分析；环境保护及“三废”治理的设想；工厂组织和劳动定员，资金来源和投资估算；工厂建设地点、占地面积和建设进度安排；投资经济效果、社会效益和环境效益、投资回收年限的初步估计等。

项目建议书经有关部门批准后方可开始项目建设的可行性研究。可行性研究是在投资决策前，对拟建项目在技术要求、经济建设环境等方面进行大量调查研究，在拥有充分材料基础上，提出拟建项目的必要性，并对项目的建设规模、生产能力、产品方案及市场竞争能力，资源、原材料的供需情况，项目建设的条件如厂址选择、水文地质状况、交通运输条件等进行分析，详细说明生产工艺的选用及主要设备的选型，并对投资估算和资金筹措、经济效益、社会效益进行估计。从而为项目投资决策提供可靠依据。

一般来说，一个大型新建环境工程项目的可行性研究报告应包括以下几个方面的内容：建设的目的和依据；建设规模；处理方法或工艺原则；自然资源、工程地质和水文地质条件；主要协作条件；资源综合利用、环境保护、“三废”治理的要求；建设地区或地点，占地数量估算；建设工期；总投资估算；劳动定员及企业组织；要求达到的经济效益及投资回收期等。

2．项目评估与决策阶段

项目评估是指对项目可行性研究报告进行评价、审查与核实。

评价工作可以由项目专家组或由具有相应资质的咨询机构进行。评估须经技术经济分析比较与论证，以求得建设项目最优投资方案，最佳质量目标和最短的建设周期。

项目决策应根据国民经济发展的中长期计划和资源条件，正确处理局部与整体、近期与远期、社会效益与经济效益之间的关系，对项目进行全面分析、搞好综合平衡，合理地控制投资规模与速度。

3．投资建设实施阶段

拟建项目在可行性研究报告经评估并做出投资决策后，即可委托勘察设计单位进行勘察设计，投资项目即进入实施阶段。

（1）勘察设计阶段

环境工程勘察，是指根据环境工程的要求，查明、分析、评价建设场地的地质地理环境特征和岩土工程条件，编制工程勘察文件的活动。设计是指根据环境工程的要求，对建设工程所需的技术、经济、资源、环境等条件进行综合分析、论证、编制工程设计文件的活动。环境工程应坚持先勘察、后设计、再施工的原则。

设计单位依据设计招标书，或设计邀请书参加设计竞标，中标后进行设计或依据直接委托书进行设计。建设项目的设计工作是分阶段进行的。一般大中型项目采用两阶段设计，即初步设计和施工图设计。对于技术复杂、工艺新颖的重大项目，可根据行业特点和要求，采用三阶段设计，即初步设计、技术设计和施工图设计。对于一些小型项目也可直接进行施工图设计。环境工程中有些中小型项目或工艺技术不很复杂的项目，一般采用两阶段设计，即初步设计和施工图设计。其中初步设计一般要求对建筑物主要尺寸经过详细计算，工艺方法确定，设备材料有明细清单；而施工图设计是在初步设计或技术设计基础上的深化设计。施工图应能满足施工和制造的要求，建筑物与构筑物应有平面图、剖面图、土建工程和安装工程的局部详图，非标设备加工制作详图，文字说明，设备的型号、规格、材料、质量要求，材料明细表，工序施工质量等。

（2）施工阶段

环境工程施工阶段按工作程序可分为申请批准工程项目建设、施工准备、组织施工和试运行四个步骤。

项目施工前准备工作，主要包括征地、拆迁、平整场地、通水、通电、通路，编制招标文件，组织施工招标，选择施工单位，签订承包合同，报批开工报告，办理施工许可证，委托施工监理单位。同时，落实设备采购计划，施工单位进行施工。建设单位成立工程部、施工环境协调部，委派甲方项目负责人和驻工地代表等。在施工过程中，督促施工单位严格按照设计要求和施工规范及操作规程施工，与此同时，建设单位还要加强施工阶段的经济核算和技术管理，控制投资，确保工程质量。

4．竣工验收和交付使用阶段

竣工验收是项目建设的最后阶段，它是全面考核项目建设成果，检验设计和施工质量、实施建设过程事后控制的重要步骤，是项目建设过程结束的标志，同时也是确认建设项目能否交付使用的关键步骤。一般情况下，施工单位完成施工内容后，首先进行自检，然后要由质检部门、监理单位、设计单位、施工单位和建设单位共同对工程进行竣工验收。

《建设项目环境保护设施竣工验收管理规定》要求：为加强建设项目竣工验收阶段的环境保护管理，防治环境污染和生态破坏，确保建设项目环境保护设施与主体工程同时投产或使用，国务院环境保护行政主管部门可直接组织建设项目环境保护设施的竣工验收，也可委托下一级环境保护行政主管部门组织验收。建设项目试生产前，建设单位应会同施工单位、设计单位检查其环境保护设施是否符合“三同时”要求，并将检查结果和建设项目准备试生产的开始时间报告当地地市级、省级环境保护行政主管部门和国务院环境保护行政主管部门、行业主管部门，经当地地市级环境保护行政主管部门检查同意后，建设项目方可进行试生产。建设单位要确保建设项目的环境保护设施和主体工程同时投入试运行。试运行期间，建设单位应当委托环境保护行政主管部门所属的地、市级以上（含地、市级）环境保护监测站，对建设项目排污情况及清洁生产工艺和环保设施运转效果进行监测。建设项目在正式投入生产或使用之前，建设单位必须向国务院环境保护行政主管部门提出环境保护设施竣工验收申请。

国务院环境保护行政主管部门自接到《验收申请报告》之日起，一个月内组织审查验收。单独进行环境保护设施竣工验收时，由国务院环境保护行政主管部门组织地方各级环境保护行政主管部门、行业或企业主管部门等成立验收委员会或验收小组提出验收意见，作为批准《验收申请报告》的依据。建设单位、设计单位、施工单位、环境影响报告书（表）编制单位应参加验收。若（1）建设项目建设前期环境保护审查、审批手续完备，技术资料齐全，环境保护设施按批准的环境影响报告书（表）和设计要求建成；（2）环境保护设施安装质量符合国家和有关部门颁发的专业工程验收规范、规程和检验评定标准；（3）环境保护设施与主体工程建成后经负荷试车合格，其防治污染能力适应主体工程的需要；（4）外排污染物符合经批准的设计文件和环境影响报告书（表）中提出的要求；（5）建设过程中受到破坏并且可恢复的环境已经得到修整；（6）环境保护设施能正常运转，符合交付使用的要求，并具备正常运行的条件，包括经培训的环境保护设施岗位操作人员的到位、管理制度的建立、原材料和动力的落实等；（7）环境保护管理和监测机构，包括人员、监测仪器、设备、监测制度、管理制度等符合环境影响报告书（表）和有关规定的要求，验收合格，国务院环境保护行政主管部门批准由建设单位提交的《验收申请报告》。各省、自治区、直辖市环境保护行政主管部门负责审批环境影响报告书（表）的建设项目的环境保护设施竣工验收，可参照上述规定执行。未经验收或验收不合格的工程不能交付使用。

（二）环境工程建设项目投资控制过程

依照工程建设程序，整个建设过程一般分成多个阶段，按阶段逐步投入资金。为了提高建设项目的投资效益，减少投资风险，在建设过程中应该合理地、科学地投入资金，对工程项目的建设全过程进行投资控制。投资控制的有效手段是对工程项目建设的各个阶段预先设定一个投资控制目标，在实施过程中，分阶段按既定投资控制目标进行控制。建设项目投资控制过程如图 11-1 所示，主要包括如下几部分：

1．投资估算

在编制项目建议书、进行可行性研究阶段，一般可按规定的投资估算指标、类似工程的造价资料、现行的设备材料价格，并结合工程实际情况进行估算。投资估算是在项目的可行性研究阶段为工程造价控制设定的一个大致目标，是项目评估决策的重要依据，是设计方案选择和进行初步设计时项目投资的控制目标。由于投资估算是在设计文件编制前进行，编制依据不十分具体与详细，因而只能是粗线条的估算。

2．设计概算

在初步设计阶段，工程项目建设的设想第一次具体化，投资控制目标逐渐清晰，人们可在初步设计基础上按照有关规定编制并审批初步设计概算，作为技术设计或施工图设计时项目投资的控制目标。设计概算是由设计单位编制的，确定一个建设项目或一个工程项目从筹建到竣工结束所发生的全部建设费用的文件。它依据初步设计图纸、概算定额或概算指标、设备预算价格、有关收费标准、市场价格信息和建设地点的自然、技术经济条件等资料进行计算，比投资估算略为准确。

3．修正概算

对于大型项目或技术复杂、涉及面广、不可预见因素多的工程项目，设计单位需要在初步设计与施工图设计之间增加技术设计环节，技术设计的成果使得初步设计进一步深入、细化，必然使设计规模、建（构）筑物结构性质、工艺流程、设备型号等与初步设计对比有出入。为此，设计单位根据技术设计图纸、概算指标或概算定额、取费标准、材料设备价格等资料，对初步设计概算进行修正，形成技术设计的修正概算。修正概算的作用与设计概算基本相同。一般情况下，修正概算不能超过原批准的设计概算投资额。

4．施工图预算与工程量清单计价

施工图预算与工程量清单计价是两个不同的概念，但都是反映工程造价的结果，都属于施工图设计阶段的预算。

施工图预算是在施工图设计完成之后，由设计单位或施工单位的预算人员以施工图为依据，根据预算定额、取费标准以及工程所在地区人工、材料、机械台班的预算价格编制的确定建筑安装工程预算造价的文件。施工图预算经过建设单位或有关部门的审查批准，就正式确定了该工程的预算价值。所以，施工图预算是工程施工阶段项目投资的控制目标。同时也是建设单位与施工承包单位签订工程施工承包合同的依据，也是银行贷款的主要依据。

工程量清单计价也是单位工程预算的一种，对于采用招投标制的建设项目，可由建设单位或受建设单位委托的有资质的咨询机构按照施工图纸及有关规定，编制工程项目的工程量清单，作为招标文件的一部分，招标单位可据此计算招标标底；投标单位根据工程量清单，考虑企业自身的技术经济条件、施工组织设计，按照企业定额及企业投标策略等进行工程投标报价。工程量清单计价是国际工程承包市场中一种通用的计价模式。

施工图预算和工程量清单计价都是反映和确定工程预算造价的技术经济文件，均产生于施工图设计阶段。是签订建筑安装工程施工合同、实行工程预算包干、银行拨付工程款、进行竣工结算和竣工决算以及合同管理与索赔的重要依据，是施工企业加强经营管理，搞好企业内部经济核算的重要依据。

5．合同价

在签订建设项目或工程项目总承包合同，建筑安装工程承包合同和设备、材料采购合同时，通过招标投标，由工程发包方和承包方共同确定一个双方都愿接受的价格，作为双方结算的基础。合同价按付款方式可划分为：总价合同、单价合同、成本加酬金合同等多种类型。合同价是指按合同规定或协议条款约定的各种取费标准计算的用以支付给承包方按照合同要求完成工程内容的价款总额。

6．施工结算

施工结算是指一项工程的局部或全部完成之后，经建设单位及有关部门验收或验收点交之后，施工单位根据施工过程中现场实际情况的记录、设计变更通知书、现场工程更改签证、预算定额、材料和设备的预算价格和各项费用标准以及承包合同等资料，按规定编制的向建设单位办理结算工程价款、取得收入、用以补偿施工过程中的资金耗费的经济行为。竣工结算是工程结算中最终的一次性结算。

施工结算价反映了建筑安装工程的全部造价。

7．竣工决算

建设单位的竣工决算是建设项目完工后，由建设单位编制的建设项目从筹建到建成投产使用全过程的费用文件，包括建筑工程费用，安装工程费用，设备、工器具购置费用和其他费用。竣工决算造价是建设工程的实际造价。

建设项目投资控制目标是随着工程建设的实施程序不断深入细化而分阶段设置的。相应地，计价过程各环节之间相互衔接，前者约束后者，后者补充前者。从投资估算、设计概算、施工图预算到招投标合同价，再到结算价和最后在结算价基础上编制的竣工决算，整个计价过程是一个由粗到细、由浅到深、最后确定工程实际造价的过程。

（三）环境工程造价管理

1．环境工程造价管理的目标和任务

（1）造价管理的目标。利用科学管理方法和先进管理手段，合理地确定造价和有效地控制造价，以提高投资效益和环境工程企业的经营效果。

（2）造价管理的任务。加强工程造价的全过程动态管理，强化约束机制，维护相关各方面的经济利益，规范价格行为，合理地确立工程概预算。

2．环境工程造价管理的基本内容

环境工程造价管理的基本内容是合理确定和有效控制环境工程造价。

（1）合理确定工程造价。工程造价的合理确定，就是在建设程序的各个阶段中，合理确定投资估算、概算造价、预算造价、承包合同价、结算价、竣工决算价等。

（2）有效控制工程造价。造价的有效控制，就是在优化建设方案、设计方案的基础上，在建设程序的各个阶段，采用一定的方法和措施把造价控制在合理的范围和核定的造价限额内。具体的就是用投资估算价控制设计方案选择的初步设计概算造价，用概算造价控制技术设计和修正概算造价，用修正概算造价控制施工图设计和预算造价，从而合理使用人力、物力和财力，控制好环境工程项目的投资。

有效控制工程造价应体现以设计阶段为重点的建设全过程造价控制的原则。工程造价控制的关键在于施工前的投资决策和设计阶段的设计质量控制。据有关数据统计，一般情况下，设计费只相当于建设工程全寿命费用的1%以下，但正是这少于1%的费用对工程造价的影响程度达75%以上，设计质量对整个工程建设的效益至关重要。而施工阶段对施工图预算的审核、建设工程的决算价款审核也很重要。实践证明：技术与经济相结合控制工程造价是最有效的手段。要有效地控制工程造价，应从组织、技术、经济等多方面采取措施。从组织上采取的措施，包括明确项目组织结构，明确造价控制者及其任务，明确管理职能分工；从技术上采取措施，包括重视设计多方案选择，严格审查初步设计、技术设计、施工图设计、施工组织设计，深入技术领域，研究节约投资的策略；从经济上采取措施，包括动态地比较造价的计划值和实际值，严格审核各项费用支出，最大可能地降低造价。其具体的工作要素归纳为以下几种：

1）可行性研究阶段对环境工程建设方案认真优选，编好、定好投资估算，考虑风险，打足投资。

2）从优选择建设项目的承建单位、监理单位、设计单位，搞好相应的招投标。

3）贯彻国家的建设方针，合理选定和执行建设标准、设计标准。

4）按估算对初步设计、施工组织设计推行量财设计，积极、合理地采用新技术、新工艺、新材料，优化设计方案，编好、定好概算。

5）对设备、主材进行择优采购，抓好相应的招标工作。

6）针对环境工程的特点择优选定建筑安装施工单位，搞好招标工作。

7）认真控制施工图设计，推行“限额设计”，尽可能采用环境工程的定型图。

8）协调好与各有关方面的关系，合理处理好环境工程和配套工作（包括征地、拆迁、城建等）中的经济关系。

9）严格按概算对造价实行控制。

10）用好、管理好建设资金，保证资金的合理有效使用。

11）严格合理管理，做好工程索赔价款结算。

12）各造价管理部门要强化服务意识，强化基础工作（定额、指标、价格指数、工程量计算规则、造价信息等资料）的建设，为合理确定工程造价提供可靠依据。

环境工程投资估算、设计概算及施工图预算与不同建设阶段相对应，具体内容将在第 12 章逐一介绍。

（四）环境工程造价的编制依据

环境工程造价的计算在不同设计阶段，依据不同定额及有关设计图纸等资料确定。定额是最重要的工程造价依据之一。因此，在研究工程造价依据时，必须首先对定额和工程建设定额的基本原理有一个基本认识。

1. 工程定额的作用

定额是一种规定的额度，广义地说，也是一种标准，是指在一定生产条件下，生产质量合格的单位产品所需消耗的人工、材料、机械台班和资金的数量标准。定额是管理科学的基础，也是现代化管理科学中的重要内容和基本环节。它是节约社会劳动、提高劳动生产率的重要手段，是组织和协调社会化大生产的工具，也是宏观调控的依据。在社会主义市场经济条件下工程建设定额具有以下重要的作用：

（1）定额是施工单位加强企业经营管理、组织施工、计算工程造价、贯彻按劳分配原则，实行经营核算的依据，是衡量劳动生产率的尺度，具有节约社会劳动和提高生产效率的作用。一方面，企业以定额作为促进工人节约社会劳动（工作时间、原材料）和提高劳动效率、加快工作进度的手段，以增加市场竞争力，获取更多的利润；另一方面，作为工程造价计算依据的各类定额又促进企业加强管理，把社会劳动的消耗控制在合理的限度内。

（2）定额是设计单位估算工程造价，对设计方案进行技术经济评价的依据。

（3）定额是建设单位编制投资计划，与施工单位进行工程结算的依据。对于投资者来说，他可以利用定额权衡自己的财务状况和支付能力，预测资金投入的预期回报，还可以充分利用固有定额的大量信息，有效地提高环境工程项目决策的科学性，优化其投资行为。

（4）定额是建设主管部门作为计划管理、宏观调控工程造价的重要手段。

2．定额分类

（1）按定额内容分。

建筑工程定额的种类很多，按定额反映的物质消耗内容分类，可以把工程建设定额分为劳动消耗定额、机械消耗定额和材料消耗定额三种。

劳动消耗定额：简称劳动定额，又称人工定额，是指在合理的劳动组织和施工技术条件下，完成一定数量的合格产品所必须消耗的工作时间（称时间定额）或在一定劳动时间内所生产的合格产品数量（称产量定额）的数量标准。劳动定额大多采用工作时间消耗量来计算劳动消耗的数量。时间定额的计量单位一般以完成单位产品所消耗的工日表示，如工日/m^3、工日/m^2 等。产量定额的计量单位，一般以单位时间内完成的产品数量表示，如 m^3/工日、m^2/工日等。例如：人工土方工程中三类土挖土方的时间定额为 0.272 工日/m^3，产量定额为 3.68 m^3/工日，即时间定额＝1/3.68＝0.272（工日/m^3），产量定额＝1/0.272＝3.68（m^3/工日）。时间定额与产量定额互为倒数关系。

劳动定额用于施工企业考核劳动生产率，编制施工作业计划，签发施工任务书，定额计件承包等；劳动定额是编制预算、概算定额及施工定额的基本资料。

机械消耗定额：机械消耗定额是以一台机械一个工作班为计量单位，所以又称为台班定额。机械消耗定额是指在合理的劳动组织和正常施工条件下，规定完成单位合格产品所必须消耗的机械台班的数量标准（时间定额），或该机械设备在单位时间内所生产的合格产品数量（产量定额）的标准。机械消耗定额的时间定额与机械产量定额互为倒数关系。

施工机械台班定额用于施工企业考核施工机械设备生产效率，编制施工作业计划，按定额实行承包等。也是编制预算、概算定额及施工定额的基本资料。

材料消耗定额：简称材料定额，是指在正常施工条件和合理使用材料的条件下，生产单位合格产品所需消耗的一定规格材料的数量标准。包括材料的净用量和必要的施工操作损耗量。

材料是工程建设中使用的原材料、成品、半成品、构配件、燃料及水、电等动力资源的统称。材料作为劳动对象构成工程实体，需用数量很大，种类繁多。所以，材料消耗多少，消耗是否合理，不仅关系到资源的有效利用，对市场供求状况的影响，而且对建设工程的项目投资、建设产品的成本控制都起着决定性影响。

材料消耗量＝材料净用量×（1＋损耗率）。

（2）按定额的作用分。

按照定额在造价控制中的作用来分类，可以把工程建设定额分为施工定额、预算定额、概算定额、概算指标、投资估算指标五种。

施工定额：是施工企业（建筑安装企业）组织生产和加强管理，在企业内部使用的一种定额。它属于企业生产定额的性质，由劳动定额、机械定额和材料定额三个相对独立的部分组成。为了适应组织生产和管理的需要，施工定额的项目划分很细，是工程建设定额中分项最细、定额子目最多的一种定额，也是建设定额中的基础性定额。在预算定额的编制过程中，施工定额的劳动、机械、材料消耗的数量标准，是计算预算定额中劳动、机械、材料消耗数量标准的重要依据。

目前，全国尚无一套现行的统一施工定额，各省、市、自治区多以全国统一劳动定额为基础，结合现行的质量标准、规范和规程及本地区、本部门的技术组织条件，参照历史资料编制自己的施工定额。

预算定额：是在编制施工图预算时，计算工程造价和计算工程中劳动、机械台班、材料需要量使用的一种定额。预算定额是确定消耗在分部分项工程上的人工、材料和机械台班的数量及相应的价格标准，它是以施工定额为基础，以各个分部分项工程为测定对象，内容也包括人工、材料和机械台班三个基本部分，经过计价后编制成为单位估价表（或单位基价表）。

建筑工程预算定额根据执行范围分成全国统一定额（如《全国统一建筑工程基础定额》《全国统一建筑工程预算工程量计算规则》《全国统一施工机械台班使用定额》《全国统一市政工程预算定额》）和地区单位估价（基价）表（如《湖南省统一安装工程基价表》《湖南省市政工程单位估价表》《湖南省建筑工程单位估价表》等）。

预算定额是一种计价性的定额，在工程建设定额中占有很重要的地位。是编制施工图预算，确定工程预算造价的依据；是招投标工作中确定标底和投标报价的依据；是设计方案、新结构、新技术、新工艺经济评价的依据；是施工企业编制施工组织计划，确定人工、材料、机械台班的依据，可作为施工企业管理及经济核算的依据；是编制概算定额和概算指标的基础数据。

概算定额：概算定额是一种介于预算定额和概算指标之间的定额。按专业性质划分，概算定额分为建筑工程概算定额和安装工程概算定额两大类。建筑工程概算定额包括土建工程概算定额，给水排水、采暖通风工程概算定额，电器照明概算定额等。安装工程概算定额包括机械设备安装工程概算定额和电气设备安装工程概算定额等。

建筑工程概算定额又被称为扩大结构定额，它是规定建筑安装企业为完成完整的结构构件或扩大的结构构件所需人工、材料和机械消耗和费用的数量标准。

概算定额是编制扩大初步设计概算和技术设计阶段编制修正概算时，计算和确定工程概算造价，计算劳动、机械台班、材料需要量所使用的定额。它的项目划分粗细与扩大初步设计的深度相适应。它一般是预算定额的综合扩大。如人工挖地槽、砌砖基础、基础防潮、回填土、余土外运等工程内容，在预算定额中分别列项，共五个分项定额，在概算定额中合并为一个项目——砖基础定额。又如砌砖墙、钢筋混凝土过梁、圈梁、墙内加固钢筋、砖砌垃圾道等工程内容在预算定额中分别列项，在概算定额中以砖墙列项，分内外墙、分厚度列项。

表 11-1 为砖砌带形基础概算定额表，由表可知概算定额表中主要内容包括定额编号、项目名称、基价及人工工资、材料费、机械费等指标，表中还列出了该概算项目所包含的预算子目内容。

表 11-1 概算定额表 （单位：m^3）

概算定额编号					2-12		2-13	
项目名称			单价	单位	砖砌带形基础			
					24×11.5×5.3 cm		24×11.5×9 cm	
					M2.5/5 混合砂浆砌		M2.5/5 混合砂浆砌	
					数量	合价	数量	合价
基价				元	48.83/50.40		48.76/50.06	
其中	人工工资			元	7.65		7.36	
	材料费			元	40.94/42.51		41.19/42.49	
	机械费			元	0.24		0.21	
预算定额编号	1-2-1	挖土槽	1.12	m^3	2.76	3.09	2.76	3.09
	1-2-5	回填土	0.70	m^3	1.76	1.23	1.76	1.23
	1-2-8	人工打夯	0.06	m^3	—		—	
	1-4-1	人工运余土运距 50m	0.58	m^3	1.00	0.58	1.00	0.58
	2-3-1	M2.5/5 混合砂浆砌砖基础	40.80/42.37	m^3	1.00	40.80/42.37	—	
	2-3-2	M2.5/5 混合砂浆砌砖基础	40.73/42.03	m^3			1.00	40.73/42.03
	2-2-3	1∶2 水泥砂浆防潮层	48.78/53.11	m^3	1.30	3.13	1.30	3.13

概算指标：建筑工程的概算指标常以每 100 m^2 建筑面积或 100 m^3 建筑体积（容积）为计算单位，构筑物以座为计算单位，安装工程以成套设备或装置的台、组、套、吨为计算单位。是初步设计阶段用以确定某一建筑物、构筑物的建设或设备、生产装置的购置和安装所需人工、材料、机械消耗量或资金需要量的参考性指标。这种定额的设定和初步设计的深度相适应。

概算指标一般是在概算定额和预算定额的基础上编制的，比概算定额更加综合扩大。概算指标是编制初步设计或扩大初步设计概算书，确定工程概算造价的依据；是对设计进行技术经济分析，衡量设计水平，考核基本投资效果的依据；是编制基本建设投资计划的参考资料；是编制施工组织总设计，确定主要施工方案和资源需求计划的依据。概算指标通常有综合指标和单项指标两种表现形式。综合指标是按工业与民用建筑或结构类型分类的一种概括性较大的指标。单项指标是以典型的建筑物或构筑物为分析对象的概算指标。单项指标附有工程结构内容介绍，使用时如在建项目与结构指标内容基本相符，计算结果比较准确。

如钢混结构高 25 m，容积为 200 t 的水塔，其概算经济指标有：每座水塔单方造价合计 148 097 元，其中土建 128 088 元，水暖 12 256 元，电照 7 753 元。水塔构造内容及工程量指标有：土建中基础采用钢筋混凝土基础，深 3.5 m，工程量为 54.50 m^3，占土建造价的 14.73%；塔身钢筋混凝土结构，高 25m，工程量为 69.50 m^3，占土建造价的 29.86%；塔顶钢筋混凝土结构，带通风井，工程量为 25 m^3，占土建造价的 10.74%；水箱钢筋混凝土结构，高 5.63 m，内径 7 m，工程量为 11.10 m^3，占土建造价的 20%；脚手架，占土建造价的 8.25%；其他，占土建造价的 16.42%。

投资估算指标：投资估算指标是在项目建议书和可行性研究阶段编制投资估算、计算投资需要量时使用的一种定额。它非常概略，往往以独立的单项工程或完整的工程项目为计算对象，概略程度与可行性研究阶段相适应。投资估算指标比其他计价定额更具综合性和概括性。投资估算指标往往根据历史的预决算资料和价格变动等资料编制，但其编制基础仍然离不开预算定额、概算定额。

依据投资估算指标的综合程度，投资估算指标分为：建设项目综合指标和单项工程指标两种形式。单项指标一般以生产能力为计算单位，列出直接费投资，包括土建工程，设备购置、配管及安装工程的费用。

（3）按专业分类。

建筑工程包括土建工程和设备安装工程两大部分，所以建筑工程定额是土建工程定额和设备安装工程定额的总称。按其专业分类可分为：建筑工程定额、安装工程定额、市政工程定额、公路工程定额等。

建筑安装工程定额在纵向上划分为三个层次：第一层次，基础定额和预算定额；第二层次，概算定额；第三层次，概算指标或估算指标。前一层次是后一层次的基础，后一层次是前一层次的综合和扩大。

（4）消耗量定额和企业定额

我国工程造价的确定，长期以来一直实行的是“量”“价”合一的定额模式。这种计价模式是一种相当固定的静态模式，适用于工、料、机价格比较稳定的计划经济时期，随着我国对内搞活、对外开放政策的实施，以及社会主义市场经济体制的建立和发展，工程建设招标投标承建制的实施，建筑市场竞争的存在，国家建设主管部门提出了“控制量、指导价、竞争费”的改革措施，使工程造价的管理由原来的静态模式转变为动态管理模式。这一改革模式的核心，主要是将工程预算定额中的人工、材料、机械的消耗量和相应的单价分离。但由于控制的量实质仍是社会平均水平，因此不能准确地反映各施工企业的实际消耗量，不利于施工企业管理水平和劳动生产率的提高，也不能充分体现市场公平竞争。据此，2003 年国家工程造价主管部门提出实行工程量清单计价，工程造价计算时多采用企业定额。

消耗量定额：由建设行政主管部门根据合理的施工组织设计，按照正常施工条件制定的，生产一定计量单位工程合格产品所需人工、材料、机械台班的社会平均消耗量标准。

消耗量定额与传统概念的预算定额的主要区别：消耗量定额反映的是人工、材料和机械台班的消耗量标准，适用于市场经济条件下建筑安装工程计价，体现了工程计价“量价分离”的原则，是仅有“量”而无“价”的一种定额；而传统的预算定额是计划经济的产物，“量价合一”，不利于新形势下工程造价的形成。

消耗量定额可分为：劳动消耗量定额、材料消耗量定额和机械台班消耗量定额。

企业定额：在不同的历史时期有着不同的概念。在计划经济时期，“企业定额”被称作“临时定额”，是国家统一定额或地方定额中缺项定额的补充，它仅限于企业内部临时使用。在社会主义市场经济条件下，“企业定额”有着新的概念，它是参与市场竞争，自主报价的依据。《建筑工程施工发包与承包计价管理办法》（中华人民共和国建设部令第 107 号）第七条第二款规定：“投标报价应当依据企业定额和市场价格信息，并按照国务院和省、自治区、直辖市人民政府建设行政主管部门发布的工程造价计价办法进行编制。”

企业定额，是指建筑安装企业根据本企业的技术水平和管理水平，并结合有关工程造价资料编制完成单位合格产品所必需的人工、材料和施工机械台班的消耗量，以及其他生产经营要素消耗的数量标准。企业定额反映企业的施工生产和生产消费之间的数量关系，是施工企业生产力水平的体现，每个企业均应拥有反映自己企业能力的企业定额。企业的技术和管理水平不同，企业定额的定额水平也就不同。因此，企业定额是施工企业进行施工管理和投标报价的基础和依据。从一定意义上讲，企业定额是企业的商业秘密，是企业参与市场竞争的核心竞争能力的具体表现。

目前大部分施工企业是以国家或行业制定的预算定额作为进行施工管理、工料分析和计算施工成本的依据。随着市场化改革的不断深入和发展，施工企业可以预算定额和基础定额为参照，逐步建立起反映企业自身施工管理水平和技术装备程度的企业定额。

企业定额按其功能作用的不同，一般来说主要有劳动消耗量定额、材料消耗量定额和施工机械台班使用定额和这几种定额的单位估价表等。

企业定额是仅供一个建筑安装企业内部经营管理使用的定额。企业定额是根据本企业的现有条件和可能挖掘的潜力、建筑市场的需求和竞争环境，根据国家有关法律、法规和规范、政策，自行编制的适用于本企业实际情况的定额。因此，可以说企业定额是适应社会主义市场经济竞争和市场竞争形成建筑产品价格，并具有突出个性特点的定额。

企业定额个性特点主要表现在以下几个方面：其各项平均消耗水平比社会平均

水平低，与同类企业和同一地区的企业相比存在着突出的先进性；在某些方面突出表现了企业的装备优势、技术优势和经营管理优势；所有匹配的单价都是动态的，具有突出的市场性；与施工方案能全面接轨。

（5）建筑安装工程费用定额。

一般包括以下三部分内容：①其他直接费用定额：是指预算定额分项内容以外，而与建筑安装施工生产直接有关的各项费用开支标准。②现场经费定额：是指与现场施工直接有关，且施工准备、组织施工生产和管理所需的费用定额。③间接费定额：是指与建筑安装施工生产、个别产品无关，而为企业生产全部产品所必需，为维持企业的经营管理活动所必需发生的各项费用开支的标准。

（6）工程建设其他费用定额。

是独立于建筑安装工程、设备和工器具购置之外的其他费用开支标准。工程建设的其他费用的发生和整个项目的建设密切相关。它一般要占项目总投资的 10%左右。

3. 工程建设定额的特点

（1）科学性

工程建设定额的科学性包括两重含义。一重含义是指工程建设定额和生产力发展水平相适应，反映出工程建设中生产消费的客观规律。另一重含义是指工程建设定额在理论、方法和手段上适应现代科学技术和信息社会发展的需要。

（2）系统性

工程建设定额是相对独立的系统，是由多种定额结合而成的有机的整体。它的结构复杂，有鲜明的层次，有明确的目标。

（3）统一性

工程建设定额主要是由国家对经济发展的有计划的宏观调控职能决定的。为了使国民经济按照既定的目标发展，就需要借助于某些标准、定额、参数等，对工程建设进行规划、组织、调节、控制。

（4）权威性

工程建设定额的基础是定额的科学性，只有科学的定额，才具有权威。这种权威性在一些情况下具有经济法规性质。

（5）稳定性和时效性

工程建设定额中的任何一种都是一定时期技术发展和管理水平的反映，因而在一段时间内都表现出稳定的状态。但稳定性是相对的，当生产力向前发展了，定额就会与已经发展了的生产力不相适应。这样，它原有的作用就会逐步减弱乃至消失。

二、环境工程造价的构成

（一）工程建设项目划分

环境工程预算造价，必须根据设计图纸、预算定额、取费标准等资料，按照建筑产品价格构成因素分别计算并按照一定的步骤和表格汇总起来才能求得。

在整个工程建设造价中，设备、工具和器具的预算值的确定比较简单，设备可以依据设计人员编制的设备清单，按照机电产品现行价格或订货价格，再加上必要的有关费用（如运杂费等），逐台计算；工器具的品种、类型、数量较多，但在建筑项目中所占比重很小，一般可按占设备费的百分比计算，工程建设“其他费”属于单纯的费用支出，如培训费、建设单位管理费等，可以根据各地各部门的规定进行计算，也比较容易。但对工程造价的重要组成部分——建筑及设备安装工程费用的计算，却是一件十分复杂的工作。

建筑及设备安装工程的施工建造是一项“兴工动料”的生产活动，既是物化劳动价值转移的过程又是活劳动创造价值的过程。一个建设项目是由许多部分组成的庞大综合体，因此，将庞大复杂的建筑及安装工程按构成性质、组织形式、用途、作用等，分门别类地、由大到小地分解为许多简单的、便于计算的基本组成部分，然后分别计算出其价值，再经过由小到大、由单个到综合、由局部到总体，逐项综合，层层汇总，最后可计算出一个建设项目（如一个污水处理厂、一个垃圾填埋场、或一栋监测楼）的预算造价。

一个完整的新建工程可逐步分解到概预算的基本单元。项目分解见图 1-2。

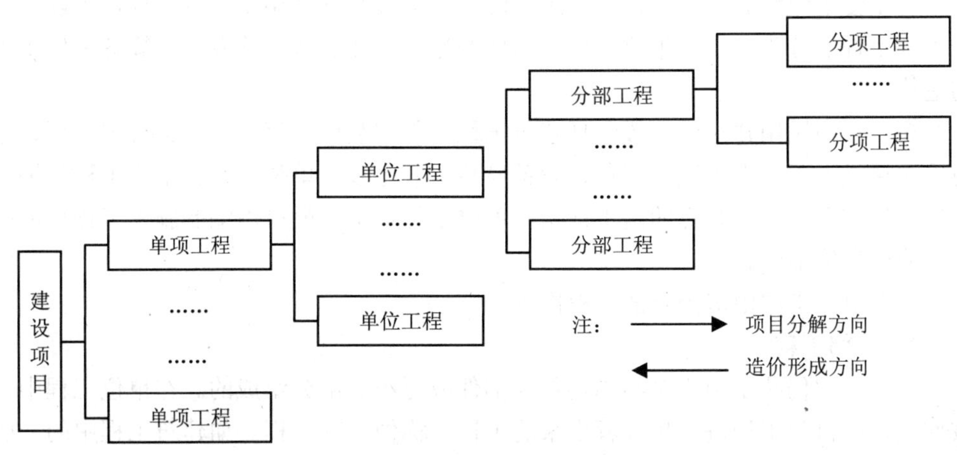

图 11-2　项目分解示意图

1. 建设项目

建设项目是指经过有关部门批准的立项文件和设计任务书，按一个总体设计组织施工、经济上实行独立核算、管理上具有独立组织形式的基本建设单位。通常包括在厂区总图布置上表示的所有拟建工程；也包括与厂区外各协作点相连接的所有相关工程，如输电线路、给水排水工程、通信线路；还包括与生产相配套的厂外生活区内的一切工程。如一座工厂、一所学校、一个垃圾填埋场或是一个污水处理厂等均为一个建设项目。

建设项目的名称一般是以建设单位的名称来命名的，一个建设单位就是一个建设项目。如××污水处理厂、××水泥厂、××学校、××医院等均为建设项目。

一个建设项目由多个单项工程构成，有的建设项目如改扩建项目也可能由一个单项工程构成。

2. 单项工程

具有独立的设计文件，竣工后可以独立发挥生产能力、使用效益的工程，叫作单项工程，也称作工程项目。单项工程是建设项目的组成部分，如工业建设中一个工厂的各种生产车间、仓库、各种构筑物等；民用建设中的综合办公楼、住宅楼、学校的教学楼、实验楼等；工业建设项目配套的污废水处理工程、废气治理工程等，都是能够发挥设计规定效益的单项工程。

单项工程是具有独立存在意义的一个完整工程，也是一个极为复杂的综合组成体，一般都是由多个单位工程所构成。

3. 单位工程

可以独立设计，可以单独组织施工，但竣工后不能独立发挥效益的工程，称为单位工程。

为了便于组织施工，通常根据工程的具体情况和独立施工的可能性，可以把一个单项工程划分为若干个单位工程。这样的划分，便于按设计专业计算各单位工程的造价。

在工业与民用建筑中一般包括建筑工程、装饰装修工程、室内给排水工程、室内采暖通风工程、电气照明工程、设备安装工程等多个单位工程。单位工程是编制单项工程综合概（预）算的基本依据。单位工程造价一般可由编制施工图预算或工程量清单计价确定。

一个单位工程由多个分部工程构成。

4. 分部工程

单位工程仍然是由许多结构构件、部件或更小的部分组成的。在单位工程中，按部位、材料和工种进一步分解出来的工程，称做分部工程。如建筑工程中的一般土建工程，按照部位、材料结构和工种的不同，大体可划分为：土石方工程、桩基工程、砌筑工程、混凝土及钢筋混凝土工程、金属结构工程、门窗及木结构工程、楼地面工程、天棚工程、防腐、保温、隔热工程等，其中的每一部分，均称为一个分部工程。

分部工程是由许许多多的分项工程构成的。

5．分项工程

在每一分部工程中，影响工料消耗大小的因素仍然很多。例如，同样都是“砌砖”工程，由于所处的部位不同——砖基础、砖墙；厚度不同——半砖、一砖、一砖半厚等，则每一单位“砌砖”工程所消耗的砂浆、砖、人工、机械等数量有较大的差别。因此，还必须把分部工程按照不同的施工方法（如土方工程中的人工或机械施工）、不同的构造（如实砌墙或空斗墙）、不同的规格（半砖、一砖、一砖半）等，加以更细致的分解，划分为通过简单的施工过程就能生产出来，并且可以用适当的计量单位计算工料消耗的基本构造要素，如条形基础、独立基础、满堂基础、设备基础等，则称为分项工程。

分项工程是分部工程的组成部分。分项工程没有独立存在的意义，它只是为了便于计算工程造价而分解出来的假定“产品”。在不同的建筑物与构筑物工程中，完成相同计量单位的分项工程，所需要的人工、材料和机械等的消耗量，基本上是相同的。因此，分项工程是工程量计算的基本元素，是工程项目划分的基本单位，也是工程造价计算的基本单位。

需要注意的是：按照工程量清单计价方式中的清单分项工程与传统的定额计价中的分项工程是不同的两个概念。以砖基础分项为例，预算定额中的砖基础分项，其工作内容只包括砂浆制作、材料运输、砌砖；而工程量清单计价中的砖基础清单分项，其工作内容应包括砂浆制作、运输、砌砖，还包括铺设垫层、铺设防潮层。因此不能将两者混淆。

将庞大复杂的建筑及安装工程由大到小地分解为许多简单的、便于计算的分项工程，然后分别计算出其价值，再经过由小到大、由单个到综合、由局部到总体，逐项综合，层层汇总，最后可计算出一个建设项目的预算造价。

（二）环境工程造价的构成

1．环境工程造价的特点

环境工程造价是指为建成一项工程，预计或实际在土地市场、设备市场、技术劳务市场以及承发包市场等交易活动中所形成的建筑安装工程价格和建设工程总价格，即：建筑安装工程造价+设备、工器具造价+其他造价+建设期贷款利息+铺底流动资金等。“其他造价”是指土地使用费、勘察设计费、研究试验费、工程保险费、工程建设监理费、总承包管理费、引进技术和进口设备其他费等。是以社会主义商品经济和市场经济为前提的，通过招标或承发包等交易方式，在进行多次估价的基础上，最终由竞争形成的市场价格，它具有以下几个特点（图 11-3）：

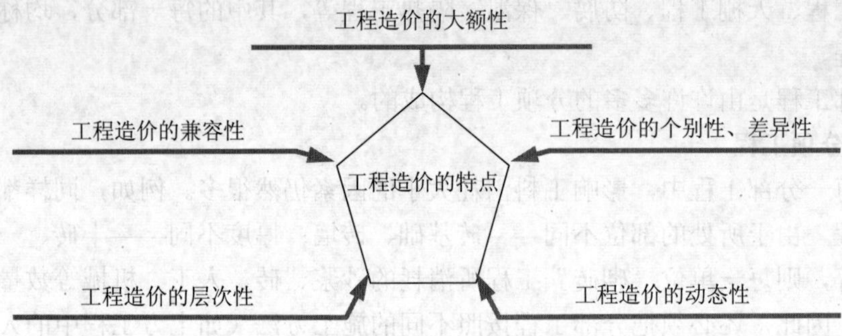

图 11-3　工程造价的特点

（1）造价的大额性

土木建筑工程表现为结构复杂、工程庞大，需要投入众多的人力、物力和财力，而且施工周期长，因而造价高昂，动辄几十万、几百万、几千万甚至几亿。

（2）造价的个别性和差异性

环境工程建设都有特定的规模、用途和功能。对每一项工程的结构、工艺设计、设备配置等都有具体的要求，因而使工程内容和实物形态都具有个别性和差异性。工程的差异性决定了工程造价的个别性。同时，由于每一项工程所处地区、地段及地理环境的不同，使得这一特点更加突出。

（3）造价的动态性

任何一项建设工程从立项到竣工交付使用，都有一个较长的建设周期，在这一期间内，可能会出现许多影响工程造价的因素，诸如设计变更、设备材料价格、人工工资标准、机械台班单价、利率、汇率的变化等。这些变化必然会影响到工程造价的变动。所以工程造价在整个建设期内一般来说都是处于不确定状态，直至项目竣工结（决）算后，才能最终确定它的实际造价。

（4）工程造价的层次性

工程造价的层次性取决于工程的层次性。一个工程项目往往含有多项能够独立发挥设计效能的单项工程（车间、写字楼、住宅楼等）。一个单项工程又是由能够各自发挥专业效能的多个单位工程（土建工程、电气安装工程等）组成。与此相适应，工程造价有 3 个层次：建设项目总造价、单项工程造价和单位工程造价。如果专业分工更细，单位工程的组成部分——分部分项工程也可以成为造价对象，如大型土方工程、基础工程等，这样工程造价的层次就增加分部工程和分项工程而成为 5 个层次。即使从造价的计算和工程管理的角度看，工程造价的层次性也是非常突出的。

（5）工程造价的兼容性

工程造价的兼容性首先表现在它具有两种含义。第一种含义：工程造价是指建设一项工程预期开支或实际开支的全部固定资产投资费用。第二种含义：工程造价是指工程价格。即为建成一项工程，预计或实际在土地市场、设备市场、技术劳务市场，以及承包市场等交易活动中所形成的建筑安装工程的价格和建设工程总价格。前者是从投资者——业主的角度来定义的，涵盖了形成全部固定资产投资的费用。后者是从市场交易的角度来定义的，涵盖了全部工程价格或建筑安装工程价格。当两种含义是指工程全部时，反映的价值量相同，即两种含义的同一性；当第二种含义是部分工程价格时，两种含义反映的价值量不同。

其次工程造价的兼容性表现在工程造价构成因素的广泛性和复杂性。在工程造价中，成本因素非常复杂。其中为获得建设工程用地支出的费用、项目可行性研究和规划设计费用、与政府一定时期政策（特别是产业政策和税收政策）相关的费用占有相当的份额。再次，盈利的构成也较为复杂，资金成本较大。

2．建筑工程费构成

一项新建工程项目，按国家规定，其建设支出按经济性质划分为项目前期费用、征地费、建筑工程费、安装工程费、设备等购置费及其他各种费用等。其中建筑工程费是指构成建筑产品实体的土建工程、建筑物附属设施安装工程和装饰装修工程的支出。

（1）土建工程费用

指反映各种房屋、各种构筑物的结构工程、设备基础工程、矿井工程、桥梁工程、隧道工程等发生的费用。

（2）建筑物附属设施安装工程费

指反映建筑物附属的卫生、给排水、采暖、通风及空调、消防、电气照明、信息网络等安装工程发生的费用。

（3）装饰装修工程费用

指反映各种房屋、各种构筑物装饰发生的费用。

3．建筑工程预算造价构成

根据中华人民共和国原建设部、财政部建标[2003]206号文件规定，建筑工程预算造价由直接费、间接费、利润和税金四部分内容构成，见表11-2。

表11-2　建筑工程预算造价的组成

序号	项目		内容
1	直接费	直接工程费	直接工程费是指土木建筑工程施工建造过程中耗费的构成工程实体的各项费用，包括人工费、材料费、施工机械使用费三项内容。 （1）人工费。指直接从事建筑安装工程施工的生产工人开支的各项费用，包括： ①基本工资。指发放给生产工人的基本工资。 ②工资性补贴。指按规定标准发放的物价补贴，煤、燃气补贴，交通补贴，住房补贴，流动施工津贴等。

序号	项目		内容
1	直接费	直接工程费	③生产工人辅助工资。指生产工人年有效施工天数以外非作业天数的工资，包括职工学习、培训期间的工资，调动工作、探亲、休假期间的工资，因气候影响的停工工资，女工哺乳期间的工资，病假在六个月以内的工资及产、婚、丧假期的工资。 ④职工福利费。指按规定标准计提的职工福利费。 ⑤生产工人劳动保护费。指按规定发放的劳动保护用品的购置及修理费，徒工服装补贴，防暑降温费，在有碍身体健康环境中施工的保健费用等。 （2）材料费。指施工过程中耗费的构成工程实体的原材料、辅助材料、构配件、零件、半成品的费用。包括： ①材料原价（或供应价格）。 ②材料运杂费。指材料自来源地运至工地仓库或指定堆放地点所发生的全部费用。 ③运输损耗费。指材料在运输过程中不可避免的损耗。 ④采购及保管费。指为组织采购、供应和保管材料过程中所需要的各项费用。包括采购费、仓储费、工地保管费、仓储损耗。 ⑤检验试验费。指对建筑材料、构件和建筑安装物进行一般鉴定、检查所发生的费用，包括自设试验室进行试验所耗用的材料和化学药品等费用。不包括新结构、新材料的试验费和建设单位对具有出厂合格证明的材料进行检验，对构件做破坏性试验及其他特殊要求检验试验的费用。 （3）施工机械使用费。施工机械使用费指施工机械作业所发生的机械使用费以及机械安拆费和场外运费。施工机械台班单价应由下列七项费用组成： ①折旧费。指施工机械在规定的使用年限内，陆续收回其原值及购置资金的时间价值。 ②大修理费。指施工机械按规定的大修理间隔台班进行必要的大修理，以恢复正常功能所需的费用。 ③经常修理费。指施工机械除大修理以外的各项保养和临时故障排除所需的费用。包括为保障机械正常运转所需替换设备与随机配备工具（附具）的摊销和维护费用，机械运转中日常保养所需润滑与擦拭的材料费用及机械停滞期间的维护和保养费用等。 ④安拆费用及场外运费。安拆费指施工机械在现场进行安装与拆卸所需的人工、材料、机械和试运转费用以及机械辅助设施的折旧、搭设、拆除等费用；场外运输指施工机械整体或分体自停放地点运至施工现场或由一施工地点运至另一施工地点的运输、装卸、辅助材料及架线等费用。 ⑤人工费。指机上司机（司炉）和其他操作人员的工作日人工费及上述人员在施工机械规定的年工作台班以外的人工费。 ⑥燃料动力费。指施工机械在运转作业中所消耗的固体燃料（煤、木柴）、液体燃料（汽油、柴油）及水、电等。 ⑦养路费及车船使用税。指施工机械按照国家规定和有关部门规定应缴纳的养路费、车船使用税、保险费及年检费等。 上述施工机械使用费中的①～④项费用通常称为不变费用；⑤～⑦项费用称为可变费用。

序号	项目		内容
1	直接费	措施费	措施费指为完成工程项目施工，发生于该工程施工前和施工过程中非工程实体项目的费用。包括内容： （1）环境保护费。指施工现场为达到环境保护部门要求所需要的各项费用。 （2）文明施工费。指施工现场文明施工所需要的各项费用。 （3）安全施工费。指施工现场安全施工所需要的各项费用。 （4）临时设施费。指施工企业为进行建筑工程施工所必须搭设的生活和生产用的临时建筑物、构筑物和其他临时设施费用等。 临时设施包括：临时宿舍、文化福利及公用事业房屋与构筑物，仓库，办公室，加工厂以及规定范围内道路、水、电、管线等临时设施和小型临时设施。 临时设施费用包括：临时设施的搭设、维修、拆除费或摊销费。 （5）夜间施工费。指因夜间施工所发生的夜班补助费、夜间施工降效、夜间施工照明设备摊销及照明用电等费用。 （6）二次搬运费。指因施工场地狭小等特殊情况发生的二次搬运费用。 （7）大型机械设备进出场及安拆费。指机械整体或分体自停放场地运至施工现场或由一个施工地点运至另一个施工地点，所发生的机械进出场运输及转移费用及机械在施工现场进行安装、拆卸所需的人工费、材料费、机械费、试运转费和安装所需的辅助设施费用。 （8）混凝土、钢筋混凝土模板及支架费。指混凝土施工过程中需要的各种钢模板、木模板、支架等的支、拆、运输费用及模板、支架的摊销（或租赁）费用。 （9）脚手架费。指施工需要的各种脚手架的搭、拆、运输费用及脚手架的摊销（或租赁）费用。 （10）已完工程及设备保护费。指竣工验收前，对已完工程及设备进行保护所需的费用。 （11）施工排水、降水费。指为确保工程在正常条件下施工，采取各种排水、降水措施所发生的各种费用。 为了适应工程计价改革的需要和适应建筑安装工程招标投标竞争定价的需要，国家在总结《关于调整建筑安装工程费用项目组成的若干规定》执行情况的基础上，将原其他直接费和临时设施费等合并为措施费。因此，措施费用项目实际是“建标[1993]894 号”文件中“其他直接费”项目的调整和补充。
2	间接费	规费	规费指政府和有关权力部门规定必须缴纳的费用。 （1）工程排污费。指施工现场按规定缴纳的工程排污费。 （2）工程定额测定费。指按规定支付工程造价（定额）管理部门的定额测定费。 （3）社会保障费： ①养老保险费。指企业按规定标准为职工缴纳的基本养老保险费。 ②失业保险费。指企业按照国家规定标准为职工缴纳的失业保险费。 ③医疗保险费。指企业按规定标准为职工缴纳的基本医疗保险费。 ④住房公积金。指企业按规定标准为职工缴纳的住房公积金。 ⑤危险作业意外伤害保险。指按照建筑法规定，企业为从事危险作业的建筑安装施工人员支付的意外伤害保险费。

序号	项目		内容
2	间接费	企业管理费	指建筑安装企业组织施工生产和经营管理所需费用。 （1）管理人员工资。指管理人员的基本工资、工资性补贴、职工福利费、劳动保护费等。 （2）办公费。指企业管理办公用的文具、纸张、账表、印刷、邮电、书报、会议、水电、烧水和集体取暖（包括现场临时宿舍取暖）用煤等费用。 （3）差旅交通费。指职工因公出差、调动工作的差旅费，住勤补助费，市内交通费和误餐补助费，职工探亲路费，劳动力招募费，职工离退休、退职一次性路费，工伤人员就医路费，工地转移费以及管理部门使用的交通工具的油料、燃料、养路费及牌照费。 （4）固定资产使用费。指管理和试验部门及附属生产单位使用的属于固定资产的房屋、设备仪器等的折旧、大修、维修或租赁费。 （5）工具用具使用费。指管理使用的不属于固定资产的生产工具、器具、家具、交通工具和检验、试验、测绘、消防用具等的购置、维修和摊销费。 （6）劳动保险费。指由企业支付离退休职工的易地安家补助费、职工退职金、六个月以上的病假人员工资、职工死亡丧葬补助费、抚恤费、按规定支付给离休干部的各项经费。 （7）工会经费。指企业按职工工资总额计提的工会经费。 （8）职工教育经费。指企业为职工学习先进技术和提高文化水平，按职工工资总额计提的费用。 （9）财产保险费。指施工管理用财产和车辆的保险费用。 （10）财务费。指企业为筹集资金而发生的各种费用。如企业经营期间发生的短期贷款利息支出、汇兑净损失、调剂外汇手续费、金融机构手续费，以及企业筹集资金发生的其他财务费用等。 （11）税金。指企业按规定缴纳的房产税、车船使用税、土地使用税、印花税等。 （12）其他。包括技术转让费、技术开发费、业务招待费、绿化费、广告费、公证费、法律顾问费、审计费、咨询费等。
3	利润		利润是指施工企业完成所承包工程获得的盈利。
4	税金		税金是指国家税法规定的应计入建筑安装工程造价内的营业税、城市维护建设税及教育费附加等。

按照《建设工程工程量清单计价规范》（GB 50500—2008）的有关规定，实行工程量清单计价的建筑安装工程造价则由分部分项工程费、措施项目费、其他项目费、税金组成。《计价规范》清单项目计价的建筑安装工程造价组成内容，见表11-3。

表 11-3 清单项目计价的建筑安装工程造价组成

序号	项目	内容
1	分部分项工程费	分部分项工程费是工程实体的费用，指为完成设计图纸所要求的工程所需的费用。主要包括：人工费、材料费、机械使用费；以综合单价计价还包括管理费和利润，并适当考虑风险因素。
2	措施项目费	措施项目是为完成工程项目施工，发生于该工程施工前和施工过程中技术、生活、安全等方面所需的非工程实体项目费。包括安全文明施工费、夜间施工费、二次搬运费、冬雨季施工费、大型机械设备进出场及安拆费、施工排水费、施工降水费、地上地下设施、建筑物的临时保护设施费、已完工程及设备保护费、各专业工程的措施项目费。
3	其他项目费	暂列金额、暂估价、计日工、总承包服务费及其他（索赔、现场签证）。
4	规费	规费是指国家及地方政府规定必须交纳的费用。包括工程排污费、工程定额测定费、社会保障费、住房公积金、危险作业意外伤害保险等。
5	税金	国家税法规定的应计入建筑安装工程造价内的营业税、城市维护建设税及教育费附加。

第二节 环境工程招投标

一、环境工程招投标概述

我国在改革开放大潮中，自 1984 年起推行招标承包制，它是在社会主义市场经济条件下，采用招标投标方式以实现建设承包的一种经营管理制度。招标承包制的建立和实行，是对计划经济条件下单纯用行政办法分配建设任务的一项重大改革措施，是保护竞争、反对垄断、发展市场经济的一个重要标志。它是建立在现代科学管理基础上的新型的承发包制。

《中华人民共和国招标投标法》规定：在中华人民共和国境内进行下列工程建设项目包括项目的勘察、设计、施工、监理以及与工程建设有关的重要设备、材料等的采购，必须进行招标：①大型基础设施、公用事业等关系社会公共利益、公众安全的项目；②全部或者部分使用国有资金投资或国家融资的项目；③使用国际组织或者外国政府贷款、援助资金的项目。

《工程建设项目招标范围和规模标准》规定：污水排放及处理、垃圾处理等城市设施项目和生态环境保护项目必须进行招标。项目的勘察、设计、施工、监理以及与工程建设有关的重要设备、材料等的采购，达到下列标准之一的，必须进行招标：①施工单项合同估算价在 200 万元人民币以上的；②重要设备、材料等货物的采购，单项合同估算价在 100 万元人民币以上的；③勘察、设计、监理等服务的采购，单项合同估算价在50万元人民币以上的；④单项合同估算价低于①、②、③项规定的标准，但项目总投资额在3 000万元人民币以上的。

环境工程建设项目的招标承包含有招标发包和投标承包两方面的内容：一是由建设单位按规定的招标程序，采用一定的招标方式，择优选定设计或施工单位；二是由设计或施工单位作为该拟建工程的承包者，按相应规定的投标程序和投标方式，自行承揽设计或施工任务。招标承包制的根本原则是，招标投标双方坚持自愿、公平、等价有偿和诚实信用，讲求职业道德的社会主义精神文明。它作为一项制度，受到国家法律的约束和保护。

二、环境工程招标

（一）环境工程招标概述

环境工程招标，是指招标单位（建设单位、项目法人、业主、发包人）开展招标活动的全过程，包括勘察设计、施工、监理、材料设备供应等内容，其中施工招标和设备采购招标最普遍。具备招标资格的招标单位或招标代理单位，就拟建工程编制招标文件和标底，发出招标通知，公开或非公开地邀请投标单位前来投标，经过评标、定标，最终与中标单位签订承包合同后，招标活动结束。

工程招标是一项技术性和政策性很强的经济活动。开展这项活动，必须遵守国家和工程所在地政府颁发的有关法令、条例和政策。其中，国内工程实行国际招标或涉外招标，则必须遵守专门规定的特殊条款。

招标单位除具备招标资格外，进行工程施工招标还必须具备下列条件：

①初步设计及概算已经审批通过，至少有能估价的设计文件或工程量清单。

②工程项目已正式列入国家、地区、部门的固定资产投资计划，资金、主要建筑材料、设备的来源已基本落实。

③建设用地的征购及拆迁工作已基本完成，并取得所在地规划部门批准的建设许可证。

④招标申请报告已经上级或招标管理部门审查获准。

根据规定，工程招标投标活动，一般由招标单位向当地公证机关申请公证。

（二）环境工程的招标方式

环境工程招标是选择工程实施单位的手段，通常采用的招标方式有公开招标和邀请招标。

1. 公开招标

公开招标是指招标人以招标公告的方式邀请不特定的法人或者其他组织投标。采用公开招标方式进行环境工程招标的，招标单位应当发布招标公告，邀请不特定的法人或者其他组织投标。依法必须招标的环境工程，必须在国家指定的媒介如《中国日报》《中国建设报》《中国经济导报》以及中国采购与招标网等，发布招标公告。省级人民政府依照审批权限审批的依法必须招标的环境工程，可在省级发展和改革委员会指定的媒介发布招标公告。

招标公告应当表明招标人的名称和地址、工程招标内容（工程名称、规模、结构类型、建设地点、招标范围、资金来源和落实情况等）、投标申请人条件、投标截止日期以及获取招标文件的办法等事项。

通过公开招标，业主可以在较广的范围内选择承包单位，有利于业主将工程的建设任务委托给合适的承包人实施，并获得有竞争性的投标报价；有助于开展竞争，打破垄断，促进承包人努力提高工程质量，缩短工期和降低成本。

2．邀请招标

邀请招标是指招标人以投标邀请书的方式邀请特定的法人或者其他组织投标。招标人采用邀请招标方式的，应当向三个以上具备承担招标项目的能力、资信良好的特定的法人或者其他组织发出投标邀请书。环境工程的施工如存在下列情形之一的，经批准可以进行邀请招标：①项目技术复杂或有特殊要求，只有少量几家潜在投标人可供选择的；②受自然地域环境限制的；③涉及国家安全、国家秘密或者抢险救灾，适宜招标但不宜公开招标的；④拟公开招标的费用与项目的价值相比，不值得的；⑤法律、法规规定不宜公开招标的。

邀请招标时投标邀请书的内容包括：招标人的名称和地址；招标项目的内容、规模、资金来源；招标项目的实施地点和工期；获取招标文件或者资格预审文件的地点和时间；对招标文件或者资格预审文件收取的费用；对招标人的资质等级要求等。

（三）环境工程招标的条件

环境工程不同阶段的招标条件有所不同，其中施工招标应具备的条件包括：①项目概算已经批准，招标范围内所需资金已经落实；②工程已经正式列入国家、部门或地方年度固定资产投资计划；③已经依法取得建设用地的使用权；④招标所需设计图纸和技术资料已经编制完成，并经过批准；⑤建设资金、主要建筑材料和设备的来源已经落实；⑥施工准备工作基本完成，具备施工单位进入现场施工的条件；⑦建设用地占用基本农田的工程，已经落实基本农田补偿方案并取得工程所在地农业主管部门的批文；⑧环境工程的环境影响评价文件已经法律规定的审批部门审查批准；⑨涉及水土保持的环境工程，必须有经水行政主管部门审查同意的水土保护方案；⑩其他条件。

（四）环境工程招标的形式

1．自主招标

环境工程的立项批准文件或者投资计划下达后，按照《工程建设项目报建管理办法》规定具备条件的，须向建设行政主管部门报建备案。建设行政主管部门会审查建设单位的资质为：①是法人或依法成立的其他组织；②有与招标工程相适应的经济、技术管理人员；③有组织编制招标文件的能力；④有审查投标单位资质的能力；有组织开标、评标、定标的能力。

招标人具有编制招标文件和组织评标能力的，可以自行办理招标事宜。任何单位和个人不得强制其委托招标代理机构办理招标事宜。

2．代理招标

如建设单位不具备上述第 2～5 项条件的，须委托具有相应资质的中介机构代理招标，建设单位与中介机构签订委托代理招标的协议后，报招标管理机构备案。任何单位和个人不得以任何方式为招标人指定招标代理机构。

（五）环境工程招标承包范围

根据工程招标范围，环境工程招标可分为总承包招标、分包招标和单项工作内容招标三大类。

1．总承包招标

总承包是总承包企业受业主委托，按照合同约定对工程建设项目的设计、采购、施工、试运行等实行全过程或若干阶段的承包。发包人将工程建设的全部任务发包给一个具备相应的总承包资质条件的承包人，由该承包者对工程建设的全过程向发包人负责，直至工程竣工。

该招标模式可以有效地加强项目的整体管理，缩短工期，降低总体项目成本，提高投资效益。

2．分包招标

分包是指承包人将其所承包的建设工程施工中的专业工程或者劳务作业依法发包给其他承包人完成的活动，分为专业工程分包和劳务作业分包。专业工程分包是指总承包人将其所承包工程中的专业工程发包给具有相应专业承包资质的承包人完成的活动。劳务作业分包是指总承包企业或者专业承包企业将其承包工程中的劳务作业发包给具有相应资质的劳务作业分包人完成的活动。

3．单项工作内容招标

单项工作内容招标是指工程规模大或工作内容复杂的工程，业主对不同阶段的工作、单项工程或不同专业工程分别单独招标，将分解的工作内容直接发包给各种不同性质的单位实施。如勘察设计招标、物资采购招标、土建工程招标、安装工程招标等。

（六）招标文件与标底文件

1．招标文件

由招标单位或委托招标单位编制并发布的纲领性、实施性文件。在该文件中提出的各项要求，各投标单位以及选中的中标单位必须遵守。招标文件对招标单位或委托招标单位自身，同样具有法律约束力。

环境工程施工招标文件，应包括如下各项内容：

（1）工程概况（包括招标工程范围及其中的单项、单位工程名称，建筑面积，长度，结构类型，层数，檐高和附属管线工程，庭院工程，绿化工程等说明），设计要求，工程地质情况的说明，对工程质量、装修标准和照明采用新技术、新工艺、新材料的要求。总工期天数，计划开竣工日期。

（2）招标方式及对分包单位的要求。

（3）钢材、水泥、木材等主要材料（包括特殊材料）与设备的供应方式，材料价差处理办法。其中由建设单位供应现货的，应写明品种、规格和供货时间等。

（4）工程款项支付方式及预付款项的百分比。

（5）对现行合同文本内容需修改和增加的条款。

（6）投标须知。一般应包括下列内容：投标企业编制、密封、投送投标书应注意的问题；无效投标书的有关规定；有关竣工结算调价系数的时限规定；评标办法及中标优先条件；对投标企业参加开标会议人员的要求及名额限制；场地勘察、答疑；投标书送达和开、决标时间，地点的安排；对中标企业签订承包合同的时间要求及未中标企业退还招标文件的要求；投标企业询问有关问题的方式和时间；其他应注意的问题。

（7）建设单位认为必须向投标企业明确的问题。

（8）招标文件附件的内容：招标工程范围内的设计图纸；招标工程范围内的单项、单位工程分部、分项实物量清单；所有定额项目中已注明是“参考价”、“暂定价”的材料项目，应在招标文件材料项目清单中相应注明其名称、单位、“参考价”、“暂定价”；建设单位自行采购的材料、设备清单；委托施工企业采购的材料、设备、家具，包括进口材料、设备清单及其暂定价。

招标文件的内容必须符合国家有关法律、法规和有关规定，做到内容齐全，要求明确、准确。招标文件一经招标投标办事机构批准，一般不得修改；必须修改和补充的，须经招投标办事机构批准，并应在规定的投标截止日期前若干天，以正式函件送达各投标企业。

2．标底文件

所谓“标底文件”，通常称作“标底”，亦称底标，是招标前由建设单位根据工程设计图纸、有关定额与取费标准等计算的投资总额，并经当地工程招标投标主管部门审核后所确定的发包工程价格，用以作为审核投标报价的依据和评标、定标的尺度。在我国，现行条例明确规定，招标单位或委托招标单位必须编制标底。

编制标底的原则是：①标底编制应遵守国家有关法律、法规、标准和环保行业规章，兼顾国家、招标人和投标人的利益；②标底应符合市场经济环境，反映社会平均先进工效和管理水平；③标底应体现工期要求，反映承包人为提前工期而采取施工措施时增加的人员、材料和设备的投入；④标底应体现招标人的质量要求，体现优质优价；⑤标底应体现招标人对材料采购方式的要求，考虑材料市场价格变化因素；⑥标底应体现工程自然地理条件和施工条件因素；⑦标底应体现工程量大小因素；⑧标底编制必须在初步设计批复后进行，原则上标底不应突破批准的初步设计概算或修正概算；⑨一个招标项目只准确定一个标底。除实行“明标”招标外，标底一旦确定即应严格保密，直至公布。

采用“暗标”方式招标的项目，标底宜在开标时公布；也可与国际承包市场惯常做法一样，不予公布。但公布与否，应在招标文件中预先申明。

根据有关条例规定，为确保招投标双方经济利益，标底应经工程所在地政府的预算合同或定额管理机构审查通过，方为有效。

标底文件中最核心的内容是“标底价”。标底价是经过审查通过的标底中确定下来的标的物的造价（或费用）的金额数。它可以标的物的单价或总价分别表示。其中工程施工招标的标底价（标底价格或底标价格），一般以总金额数表示。

在施工招标的标底价编制中，应分别按总价合同或单价合同，以及按全部包工包料、部分包工包料或包工不包料的不同要求，并一律按现行概预算的费用项目和取费标准，结合工程所在地的实际条件进行。同时，物资设备、主要建筑材料的价格上涨幅度以及概预算定额的水平调整系数和建筑企业承包的风险系数等，均应适当地考虑并计入标底价中。

由招标单位或委托招标单位编制的标底，原则上应在发布招标公告或招标邀请之前，报请工程所在当地政府的招标管理部门审查。标底审查的具体工作，一般由当地政府主管部门的预算合同或定额管理机构，或由当地建设银行等单位负责进行。未经上述有关机构审查通过的标底，应视为无效。

（七）标底文件的编制

标底文件由招标单位编制。标底的作用，一是使建设单位在工程概算的基础上，进一步明确在拟建工程上应该承担的投资数据；二是给上级主管部门（或投资各方）核实建设规模的依据；三是作为衡量投标企业标价的准绳，也就是评标的主要尺度之一。

1．标底的编制依据

（1）经上级主管部门（或有关方面）审批的初步设计和概算投资等文件。

（2）全部设计图纸（包括符合设计深度的施工图或扩初设计图以及配套的各种标准或通用图集）和有关的设计说明。

（3）已经批准的招标文件。

（4）当地现行的建筑安装工程预（概）算定额及其相配套的材料预算价格和设备价格。

（5）当地的现行各项收费标准及其他有关规定。

（6）建设部颁发的现行建筑安装工程工期定额及当地的补充定额或实施细则等规定。

（7）根据工程技术复杂程度、施工现场条件和提前工期等要求而必须采取的技术措施。

2．标底文件内容

（1）招标工程综合说明。包括招标工程名称、建筑总面积、招标工程的设计概算或修正概算总金额、工程施工质量要求、定额工期、计划工期天数、计划开竣工日期等。

（2）招标工程一览表。包括单项工程名称、建筑面积、结构类型、建筑物层数、檐高、室外管线工程及庭院绿化工程等。

（3）标底价格。包括工程总造价、单方造价、钢材、水泥、木材总用量及其单方用量。

（4）招标工程总造价中所含各项费用的说明。包括包干系数或不可预见费用和工程特殊技术措施费等的说明。

3．标底的编制方法

计算标底前必须对编制标底的依据进行充分的分析研究，特别是对主要材料、设备的市场价格变化要做到心中有数，以提高计算标底的可靠度。国内标底的计算编制方法，基本上同预算或概算的编制方法，所不同的是，它比预算或概算要求更为具体和确切。应根据拟建工程的特点和市场条件等，在所编制的概（预）算基础上，进行必要的调整。其调整主要体现在以下几个方面：

（1）要根据不同的承包方式，考虑不同的包干系数。

（2）要根据现场的具体情况，考虑必要的工程特殊措施费。

（3）要根据不同的材料、设备的供应方式和差价的处理办法，提供各种不同的材料、设备的数量和价格清单，并考虑各种差价及其计算条件。

（4）工程设计的实际钢材用量，凡有条件者应在标底中，在定额综合平均量的基础上加以调整等。

以上这些，在编制预、概算中一般是不易做到的。与此相反，由于工程规模的不同和要求不同，对于总概算、预算中包括的其他费用和不可预见费用（含材料与工程的预调费用），则在标底中往往与承包企业无直接关系（总承包项目例外），一般不予考虑。

当前，国内工程的标底，可分为：以施工图预算为基础的标底、以扩初概算为基础的标底和以平方米造价为基础的标底三种。另外，还有三资（外资、合资、合作）工程的标底。

（1）以施工图预算为基础的标底：是全国采用最为广泛的，它具有计算准确、可靠度高的优点。招标工程的标底是招标单位对工程造价的期望值，是评定投标报价的合法依据。它直接涉及承发包双方的经济利益，所计算的标底必须符合工程特点和施工现场条件，做到公平合理，实事求是。从不同的承包方式来说，又可分为除政策性调价、材料、设备价差及重在洽商增减部分可以调整外，其他一律包死的承包方式和全部一次包死的承包方式两种。这两种承包方式中，又以第一种承包方式最为普遍。

（2）以扩初概算为基础的标底：由于扩初设计深度不够，与施工图设计的内容出入较大，势必导致造价上的过分悬殊，对投资难以控制。但也有其一定的可取之处，主要能争取时间提前开工，施工与施工图设计可以交叉作业；一般是先出基础施工图就能开工，以后主体结构、建筑装修、机电设备安装等设计陆续跟上；使施工能顺利进行，从而可以提前竣工投产，以取得早赢利的目的。这在国际上是早已行之有效的，在国内的三资工程中也大都采用。其前提是要有能满足招标需要的有类似技术设计深度的招标图，以作为定质、定量和定价的依据。

（3）以平方米造价包干为基础的标底：这种方法只适用于一般性工程，或标准（通用）住宅等工程。这种工程的平方米造价包干标准是由地区建设主管部门对具体工程或工程体系的平方米造价进行了测算、分析，并征求了一些建设单位和施工企业的意见后确定的。这种办法，对简化编制施工图预算和竣工结算，对提高建设速度和经济效益，都起了很好的作用，也为简化制定标底和招标方式，缩短招标周期带来不少好处，受到建设单位和施工企业的欢迎。

（4）三资工程的标底（以北京市规定为例）：由北京市当地设计及制定招标文件，无工程量清单的三资工程，以“关于三资企业的建设工程概算编制办法”的规定等为准进行标底编制，其余参照以施工图预算为基础的标底编制方法。

4．标底文件的核准

标底文件必须由招标单位先报送合同预算审查部门确认，密封后再报送招投标管理单位核准方能生效；经核准后的标底文件及其标底总价，由招投标管理单位负责向招标单位进行交底，密封后，由招标单位取回保管。核准后的标底总价为招标工程的最终标底价，未经招投标管理单位同意，任何人无权再变更标底总价。标底文件及其标底总价，自编制之日起至公布之日止应严格保密，不得泄露。

5．标底文件实例

×××办公楼工程标底（内容）

编制说明

1．编制依据：

（1）××市建筑设计研究院设计的本工程施工图纸（工程号92-106）。

（2）本工程招标文件。

（3）××市：1992年概算定额；1994年建设工程其他直接费补充定额；1994年建设工程企业经营费及其他费用定额和有关文件规定。

2．根据招标文件中招标范围的规定，Ⅰ、Ⅱ段全部按图施工外，Ⅲ段土建及安装工程只做地下室及一层，但不作屋面及防雷（其中通廊部分全部施工到顶）。

对于尚未设计的电梯、变配电、电话总机、电气中的消防工程和Ⅰ段计算机房的消防等安装以暂估价列入招标范围，由承包单位承包。在标底中也单独列入此项暂估工程680万元的造价。

3．关于工程做法及套用定额的说明：

（1）结构工程

① 凡设计中不够明确的混凝土标号及是否抗渗均参照相邻构件确定。

② Ⅰ段人防土方按设计图纸计算，未考虑外扩尺寸及挖到沙层及需要回填灰土等不定因素。

③ Ⅱ段桩基按设计直径及深度到-9.3 m为准，未按扩孔考虑；护城桩只计算超过7 m深度的两侧，端头未予考虑；柱子高度从底板面起算；柱的八字（高350 mm）处增加的体积并入底板工程量计算；管沟墙厚以结构图为准（250 mm）。

④ Ⅰ、Ⅲ段柱的八字处（高随地下室层高）增加的体积并入有关内外墙以不同墙厚折合 m^2 计算。

⑤ 地下室外墙及窗井上有挑出的部件均已摊入相应的墙体内计算。

（2）建筑工程

① 陶粒混凝土空心砌块外墙套用加气混凝土框架间墙定额；内墙30%套框架间墙定额，70%套加气混凝土砌块墙定额，其单价均予换算。

② 外墙保温按聚苯板计算。

③ 所有窗均按单层考虑；门窗玻璃均按普通玻璃计算。

④ 铝合金隔断面积以轴线×层高计算；铝合金内门面积以门宽×层高计算。

⑤ 地下室防水保护墙厚度240 mm计算。

（3）水暖、空调工程

① 给排水、消防、空调管道算到外墙轴线外2.5 m处为止，2.5 m以外属于室外工程未包括在内。

② 给排水工程包括热水、雨水及地下室天井的地漏排水。

③ Ⅱ段制冷空调工程包括本段的制冷机和工段的冷却水系统。以及Ⅰ、Ⅱ段间的管道。

④ Ⅰ道管道（不包括通廊部分）一般算到标高5 m处，但在5 m楼板下的属于二层卫生器具的排水管道未包括在内。

⑤ 办公室的7套卫生洁具根据设计人员意见按中档标准考虑，每套（3件）暂估价为6 000元（不包括配件）。

⑥凡设计图上平面与系统、平面和剖面的管径等不符者，均以平面为准。

（4）电气工程

① 凡设计图上平面与系统图不符者，均以平面为准。

② 根据上条原则，工段汽车充电室2 kW的照明配电箱和15 kW的动力配电箱，以及传达室的5 kW照明配电箱均未计算。

4．其他费用的说明

（1）包干费按建安工程费扣除设备费后的3%计算，即：（39 405 391元－978 705元）×3%＝1 122 801元。

（2）技术措施费根据现场面积基本够用，交通方便，工期执行定额规定等因素，未予考虑。

5．暂估价与参考价：

（1）暂估价详见附三（略）。

（2）参考价：土建工程中的参考价执行1992年概算定额中的范围。安装工程中的参考价在标底中注有“*”者均是。

附一：三材用量 （略）

附二：设备费汇总表

1）给排水工程 10 400元

2）消防工程　　91 200 元
3）空调、通风工程　　1 727 949 元
4）强电工程　　128 611 元
5）弱电工程　　20 545 元
共计：　　1 978 705 元

标底报审表

标底编制单位：××××工程估算咨询事务所　　主要编制人：×××
编制时间：×××年×月×日　　概预算证书号：×××

招标工程名称	×××办公楼	建筑面积	18 680 m^2
发包范围内的设计概算		工程质量要求	优质工程
定额工期	588 日　历　天	计划总工期	588 日　历　天
计划开工日期	××年 3 月　日	计划竣工日期	××年 10 月　日

招标工程项目一览表

单项工程名　称	建筑面积/m^2	结构类型		层数		檐高/m
		地下	地上	地下	地上	
Ⅰ段	4 030	钢筋混凝土	框架	1 层	4 层	15.2
Ⅱ段	12 721	钢筋混凝土	框架	1 层	9 层	36.3
Ⅲ段（局部施工）	1 929	钢筋混凝土	框架	1 层	1～3 层	5.0～11.8
合计	18 680					

室外管线及庭院工程	不包括		
标底总造价	40 528 192 元	单方造价	2 169.60 元/m^2

主要材料总用量		其中议价材料差价		
材料名称	数量	单位	价差	金额
钢材	1 909.4	t	元/t	元
水泥	6 476	t	元/t	元
木材	583	m^3	元/m^3	元
包干系数（施工图）或不可预见费（扩初图）列入及说明				
技术措施费列入及说明	无			
备注				

注：本表由标底编制人填定，一式二份。

标底汇总表

工程名称：×××办公楼

序号	工项目及费用名称	建筑面积/m^2	概（预）算价值/元	单位指标/（元/m^2）
	（一）Ⅰ段	4 030	7 416 775	1 840.39
1	土建工程	4 030	6 151 849	1 526.51
2	给排水工程	4 030	30 281	7.51
3	消防工程	4 030	146 904	36.45
4	采暖工程	4 030	29 999	7.44
5	空调工程	4 030	644 139	159.83
6	人防通风工程	4 030	30 662	7.61
7	照明工程	4 030	209 124	51.89
8	动力配线工程	4 030	85 914	21.32
9	电话线路工程	4 030	65 285	16.20
10	电视共用天线工程	4 030	16 237	4.03
11	防雷工程	4 030	6 327	1.57
	（二）Ⅱ段	12 721	21 840 092	1 716.85
1	土建工程	12 721	16 896 363	1 328.23
2	给排水工程	12 721	232 863	18.31
3	消防工程	12 721	726 341	57.10
4	采暖工程	12 721	162 679	12.79
5	制冷空调工程	12 721	2 674 200	210.22
6	照明工程	12 721	609 344	47.90
7	动力配线工程	12 721	241 486	18.98
8	电话线路工程	12 721	210 049	16.51
9	电视共用天线工程	12 721	58 980	4.64
10	广播工程	12 721	12 496	0.98
11	防雷工程	12 721	15 291	1.20
	（三）Ⅲ段（地下及底层）	1 929	3 348 524	1 735.89
1	土建工程	1 929	3 103 640	1 608.94
2	给排水工程	1 929	33 943	17.59
3	消防工程	1 929	49 363	25.59
4	采暖工程	1 929	54 985	28.50
5	通风工程	1 929	19 904	10.31
6	照明工程	1 929	42 952	22.27
7	动力配线工程	1 929	20 463	10.61
8	电话线路工程	1 929	14 663	7.60
9	电视共用天线	1 929	8 611	4.46
	Ⅰ、Ⅱ、Ⅲ段合计	18 680	32 605 391	1 745.47
	（四）暂估工程	18 680	6 800 000	364.03
1			1 800 000	
2			1 260 000	
3			1 440 000	
4			1 200 000	
5			1 100 000	
	（约 44 m^2，110 m^3）			
	（五）包干费 3%	18 680	1 122 801	60.11
	总计	18 680	40 528 192	2 169.30

三、环境工程投标

环境工程投标是指投标单位进行投标活动的全过程，包括查阅招标信息、准备资格预审文件、购买招标文件、编制投标文件、报价决策、提交投标文件等过程。当施工单位（或设计单位）获得招标信息或被邀请投标通知后，应首先作出是否参加投标的决策，如决定投标，应立即按一定的投标程序进行准备、申报投标；在投标资格被招标单位确认后，即严格按照招标文件要求编制投标书，其中关键是报价水平的决策；在按规定期限向招标单位提交投标书时，一并提交由开户银行出具的投标保证金证书；经过开标、评标、定标，如中标，即与招标单位谈判，签订承包合同；如未中标，在收到落标通知和退回的投标保证金证书后，投标活动过程就此结束。

邀请招标建立在招标投标双方彼此比较了解、信任的基础上，因而就有可能在有限的几家投标单位中择优确定中标单位。这比公开招标一般要节省人力、物力、财力，而且缩短招标工作周期。

必须注意，对于邀请参加投标的施工单位的数量，世界各国政府或工程所在当地政府，一般都有明确的确定；或 3～5 家，或 3～7 家不等。我国政府在有关条例中规定是：不少于 3 家。因此各招标单位或委托招标单位在进行邀请招标时，除应遵守现行规定外，具体邀请的企业数，可根据工程情况确定。

（一）投标程序

1．投标人

相对于招标单位、招标人、业主，即有投标单位、投标人、承包商等一系列概念与名称。凡持有营业执照和企业资格等级证书的施工企业，均可按资格等级范围参加投标活动。但在参加工程投标活动前，应接受招标单位或委托招标单位的投标资格预审并被确认。施工企业之间或施工企业与勘察设计单位之间可以组成联合企业或集团企业，在其取得法人资格后可进行投标。但在同一工程上，一个联合企业或集团企业，只能投一个标。当投标单位或委托投标单位在其投标资格被确认后，按照招标文件的要求编制投标书，并在规定的日期按规定的方式向招标单位提交投标书。上述投标单位、投标人，亦称承包人，或承包商。

2．投标程序

投标程序是指投标单位或委托投标单位进行投标活动全过程的主要步骤、内容及其操作顺序。投标程序一般包括：

（1）收集招标信息并选择其中拟投标的工程项目。

（2）进行投标人登记并接受投标资格审查通过。

（3）领取或购买招标文件及其所属工程图纸等。

（4）研究招标文件、踏勘现场并做好编制投标书的各项准备工作。

（5）计算或复核工程量。

（6）制定报价原则并收集市场价格信息。

（7）编制工程施工组织设计。

（8）确定工、料、机及各项费用和利税。

（9）计算分部分项单价并进行分包工程询价工作。

（10）标价汇总并进行报价分析，提出优化报价措施和不同报价方案。

（11）报价的调整并确定。

（12）投标书的审定及复制，同时办理保证金证书、信函等。

（13）在招标文件规定的期限内，密封标书并投送到指定地点。

（14）在允许的期限内，对投标报价做必要的调整与附加说明。

（15）开标：中标则与招标单位谈判并进行承包合同签约；未中标则按规定收回投标保证金。

（二）投标文件

1．投标、报价的概念

环境工程投标，是指承包人按照法定的投标程序，通过市场竞争获得工程项目承包权的一系列工作的总称。所谓报价，是投标前根据工程设计图纸、有关定额、取费标准和本单位的生产技术水平、经营管理及资源条件等计算确定的承包工程价格。

2．投标文件内容

投标文件应当对招标文件提出的实质性要求和条件作出响应。投标单位在确定投标之后，即正式着手编制“投标书”。亦即投标单位或委托投标单位根据招标文件的要求而编制的投标文件。

根据现行工程招标投标条例规定，投标书应包括下列各项内容：

（1）综合说明。包括承担工程的名称、范围、建筑面积、结构类型、檐高、层数、报价总金额、施工质量达到的标准以及工程开竣工日期。

（2）单位工程的工程量及其单价、汇总价，其中包括各项费用的取费标准及费率、利税及风险系数等，钢材、水泥、木材等用量。

（3）对招标文件中包括的通用合同条款的确认，以及投标人对投标文件的若干声明。

（4）报价总金额中未包含的内容和要求招标单位配合的条件。

（5）对报价需要说明的问题。

（6）施工组织设计或施工方案。

（7）拟派工程施工的组织机构和主要管理人员名单。

投标书在投标单位法人代表签字盖章后，密封并在招标文件中规定的投标截止日期前送交招标单位。投标书中的核心内容是“投标报价”，即投标单位在向招标单位提交的投标书中，所允诺的对招标标的物（设计或施工，或设备、材料供应等）的承包价格，它具有一定的法律约束力。在投标竞争中，能否中标，报价是关键。报价过高，中标率降低；报价过低，尽管能夺取工程但无利可图，甚至严重亏损。因此，合理报价是投标单位能否在投标竞争中获胜的重要条件。投标单位在严格按照招标文件的要求编制投标书时，根据招标标的物具体内容、范围，并根据企业自身的投标能力和建筑市场的竞争状况，详细地计算承包标的物所需的各项单价和汇总价，其中包括考虑一定的利润、税金和风险系数，经过一定的决策过程，对单价和汇总价进行必要的调整后提出报价。

（三）环境工程投标报价

1．投标报价的依据

（1）当地现行的预（概）算定额、消耗量定额或企业定额。

（2）相配套的地区人工、材料、设备的市场价格。

（3）当地现行的各项取费标准及其他有关规定。

（4）建设部颁发的工期定额及当地的实施细则及补充规定。

（5）招标工程的设计图纸及说明。

（6）经过主管单位批准的招标文件。其中附有工程量清单者，应以此为基础报价。如发现错漏，允许按规定手续进行更正、补充。

（7）施工现场的实际条件等。

在以上这些有关规定和条件的基础上，允许根据本企业的人员配备、技术装备、管理水平和具体措施等的实际情况，对标价进行合理的浮动。

2．工程投标报价的计算步骤和方法

投标报价的计算步骤和方法，与建筑工程概（预）算编制步骤和方法基本相同。建设部令第 107 号《建设工程施工发包与承包计价管理办法》规定：投标报价由成本（直接费、间接费）、利润和税金构成。其编制可以采用工料单价法和综合单价法进行计价。采用工程量清单计价模式招标的，投标计价应采用综合单价计价。

（1）工料单价法

工料单价法是以分部分项工程量乘以单价后的合计为直接工程费，直接工程费以人工、材料、机械的消耗量及其相应价格确定。直接工程费汇总后另加间接费、利润、税金生成工程发承包价。工程报价计算步骤如图 11-4 所示。

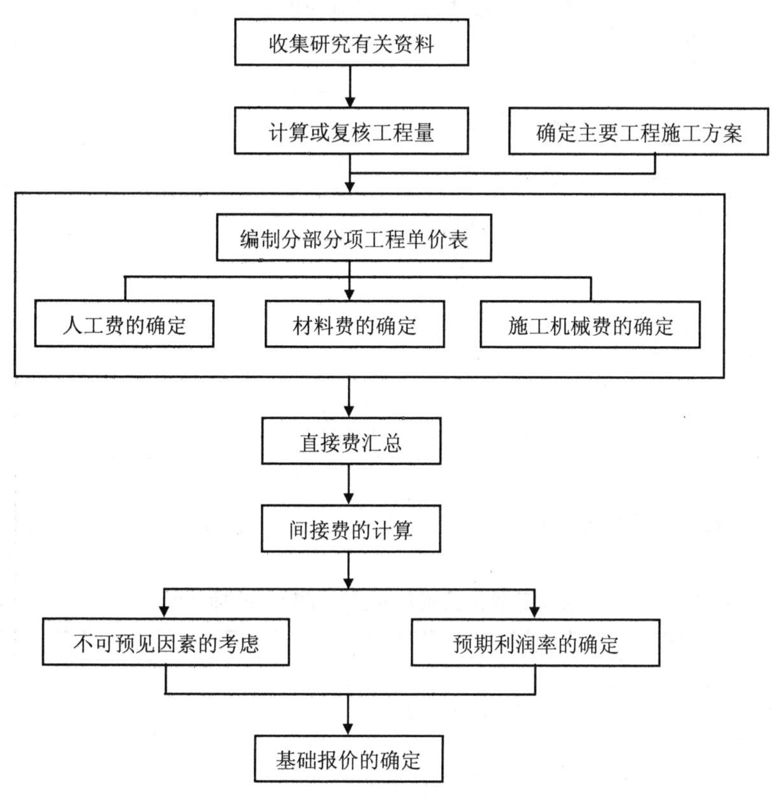

图 11-4　工程报价计算流程

①计算报价之前，一定要充分熟悉招标文件，广泛收集有关资料，掌握建筑市场信息，深入施工现场实地勘察，并在了解竞争对手技术实力、信誉的基础上，经过全面分析、研究，确定计算报价的基本原则和报价策略。

②“知己知彼，百战不殆。”投标者必须在分析对手的基础上，实事求是地分析自己的优势与劣势，对自身的技术、管理水平及资源条件等方面，进行客观的分析，充分挖掘价格成本上的优势，以便确定计算各项报价费用调整的幅度，以质量、技术或价格优势去击败对手。

③报价构成与施工图预算费用构成类同，即由汇总工程直接费、间接费、计划利润和税金等构成工程标价。在确定最终报价方案之前，对其各项直接费与间接费进行综合分析与研究，并选择某些有潜力的直接费和间接费分项，进行工、料、机或取费细目及其有利因素进一步研究，决定其调价幅度，以便采取相应的报价策略。最后确定本企业的报价方案，为赢得工程合同奠定可靠的基础。

以直接费为计算基础的投标计价方式见表 11-4。

表 11-4　以直接费为计算基础的投标计价方式

序号	费用项目	计算方法
1	直接工程费	按预算表
2	措施费	按规定标准计算
3	小计	（1）+（2）
4	间接费	（3）×相应费率
5	利润	[（3）+（4）]×相应利润率
6	合计	（3）+（4）+（5）
7	含税造价	（6）×（1+相应税率）

以人工费和机械费为计算基础的投标计价方式见表 11-5。

表 11-5　以人工费和机械费为计算基础的投标计价方式

序号	费用项目	计算方法
1	直接工程费	按预算表
2	其中人工费和机械费	按预算表
3	措施费	按规定标准计算
4	其中人工费和机械费	按规定标准计算
5	小计	（1）+（3）
6	人工费和机械费小计	（2）+（4）
7	间接费	（6）×相应费率
8	利润	（6）×相应利润率
9	合计	（5）+（7）+（8）
10	含税造价	（9）×（1+相应税率）

以人工费为计算基础的投标计价方式见表 11-6。

表 11-6 以人工费为计算基础的投标计价方式

序号	费用项目	计算方法
1	直接工程费	按预算表
2	其中人工费	按预算表
3	措施费	按规定标准计算
4	其中人工费	按规定标准计算
5	小计	（1）+（3）
6	人工费小计	（2）+（4）
7	间接费	（6）×相应费率
8	利润	（6）×相应利润率
9	合计	（5）+（7）+（8）
10	含税造价	（9）×（1+相应税率）

（2）综合单价法

综合单价综合了人工费、材料费、机械费、管理费、利润，并适当考虑风险。具体计算过程见第十二章中的工程量清单计价。

（四）投标书的制作

1．投标书（格式）

参加投标的单位要在招标单位规定的时间内提交投标书，主要格式如下：

（1）投标书。

投标单位遵守招标文件内容要求的一种书面承诺，并包括投标设备的数量及报价表格式，售前售后服务内容和优惠条件等。

（2）资格证明文件。

主要提供下列资料：① 投标单位的企业法人营业执照；② 与投标相关的生产技术能力及设备状况说明；③ 产品生产许可证、产品鉴定证书和有关检测报告；④ 金融机构出具的资信证明；⑤ 投标单位资格审查表；⑥ 法定代表人授权书；⑦ 生产企业给设备供应部门的授权书；⑧ 招标文件中规定的其他文件。

2．标书的编制

主要包括标价、工期、施工组织设计或施工方案及三材用量等四个方面。

（1）标价。标价可分为国内投资和三资工程两大类，根据当地政府的有关规定，应加以明确的区别。

国内投资工程的标价。计算工程量（或核对招标文件中的工程量清单）、套用定额单价、计取各项费用等都与标底相同，所不同的是在此基础上，应结合本企业自身的条件及管理水平做合理的浮动。标价可以上下浮动，但主要应考虑下浮，以适当提高竞争能力。

三资工程的标价。三资工程又可分为由国内编制招标文件及标底和由国外编制招标文件（含设计图纸）两种区别对待。在编制由国内编制招标文件的工程标价中，除了要遵循当地主管部门的规定外，其他方面基本上同国内投资工程。所不同者，三资工程不执行定额价格及调价系数，合同一般采用一次包死的总价合同。人工、材料、设备均以市场价格计算，机械台班费和其他直接费等也另有调整规定，对于各种包干费用如零星洽商变更包干费、施工技术措施费（含场地狭小增加费、赶工费等）、分包工程管理费以及施工期的预涨风险系数等因素，都应根据实际情况及要求工期加以考虑，列入报价，一次包死。由国外编制招标文件的工程报价：这类工程的特点不少是采用英、美等国和香港地区的法规和技术规范，一般都列有统一的工程量清单和执行合同条件等。这些内容不同于国内惯例，因此，必须首先了解和熟悉这些法规，才能正确作出标价。

（2）工期。

不论国内投资工程或三资工程，对工期均有规定，但投标时如能再考虑缩短工期，而不增加或少增加费用，则对建设单位有很大的吸引力，外资方则尤为欢迎。因此这是一种很好的投标策略和技巧。但必须建立在可靠的施工组织设计或施工方案的基础上，才真正可靠而有保证。

（3）施工组织设计或施工方案。

由于工程投标只能一家中标，有些投标单位往往不重视施工组织设计或施工方案的制订，而采取应付的态度，实际上这是评标的一个重要方面。因此，要认真地作为已经得标在手的工程看待，切实地制订各项具体方案或措施，其中尤其对于关键性的环节或新材料、新施工工艺方面更应编制令人信服的计划和具体措施。

（4）三材用量。

三材用量是考核施工企业实力和影响中标条件的一个因素。三材用量要如实计算。如规定三材用量以中标标书所报用量为准，在评标时它与标价要一并审核，对三材量偏高偏低者，即使标价合理，也会影响中标的机会，更会影响到竣工的结算。

3．标书的投送

标书的投送应按各地及招标文件的规定执行。对于投标书的封印、投送方法、时间均不应出现差错，以免造成废标。标书发出后，如发现有错漏，一般允许在规定的时间内以正式函件补送。标书中单项（位）工程总价不等于投标报价总金额或不等于单项工程总价构成之和时，一律以报价总金额为准，无论属于计算错误或笔误，均不得调整。

四、环境工程招投标实例

一、工程概况

1．项目介绍

（1）项目名标：××市污水处理厂工程。

（2）业主名称：××市污水处理厂。

（3）总承包商（以下称招标人）：××工程公司

（4）工程地点：××省××市。

2．现场条件

（1）“三通一平”条件基本具备。

（2）工程建（构）筑物抗震设防烈度为 6 度。

（3）工程地质情况：由棕红色黏土、黄色沙土和粉沙土组成。地下水位随季节变化，无不良土质。

3．气象条件

（1）降水量：年平均降水量 803.4 mm，年最高降水量 1 465.9 mm，年最小降水量 470.2 mm。

（2）气温：最高温度 40.1℃，最低温度−20.6℃，多年平均气温 14.5℃。

（3）风向：夏季主导风向：偏南；冬季主导风向：偏北；全年主导风向：东南风。

4．资金来源

国债、银行贷款、业主自筹。

二、招标范围、质量、工期要求

1．招标范围

本次招标为《技术说明书》（附件三）中的生物曝气池及二沉池（称甲标段）。

2．质量要求

鉴于本工程为××省示范工程，建筑工程必须达省优工程。采用的技术标准、规范目录见附件一。

3．工期要求

建筑工程必须在 180 日内完成，要求 2000 年×月××日开工至 2001 年×月××日竣工，报价应包括为实现工期目标而支出的各项措施费用。

三、招标程序及招标文件

招标方式：邀请招标

（一）招标程序

1．组建招标工作小组。

2．申请招标、批复。

3．编制招标文件，提出评委方案，制定评标定标办法，报审，批复（或备案）。

4．申请公证，发投标邀请书。

5．投标人报名，填写资质预审表。

6．投标人资格预审，确定入围名单。

7．发布招标文件。

8．组织现场考察。

9．投标前答疑会。

10．投标人编投标书，招标人组织编标底。

11．投标人递送标书。

12．标底报审、批复。

13．开标。

（1）招标人将于截止递交投标文件的当天举行开标会议，投标单位代表应签名报到，验明证件以证明其出席开标会议的资格。

（2）开标会议在招标管理机构监督下，由招标人组织并主持。由公证人对投标文件进行检查，确定它们是否完整，是否按要求提供了投标保证金，文件签署是否正确，以及是否按规定编制。按规定提交合格撤回通知的投标文件不予开封。

（3）投标单位法定代表人或授权代表未参加开标会议的视为自动弃权。投标文件不符合要求者将视为无效文件。

（4）招标人当众宣布开标结果，并宣读有效投标的投标单位名称、投标报价、工期、质量、投标保证金以及招标单位认为适当的其他内容。

14．评标

（1）评标内容的保密。

a．公开开标后，直到宣布授予中标单位合同为止，凡属正在审查、澄清、评价的所有资料，有关授予合同的信息，都不应向投标单位或与评标无关的其他人泄露。

b．在投标文件的审查、澄清、评价以及授予合同的过程中，投标单位对招标单位和评标委员会或评标小组成员施加影响的任何行为，都将导致取消其投标资格。

（2）投标文件的澄清。

为了有助于对投标文件的审查、评价和比较，评标委员会或评标小组可以个别地要求投标单位澄清其投标文件。有关澄清的要求与答复，应以书面形式进行，但不允许更改投标报价的实质性内容。

（3）投标文件的符合性鉴定。

a．在详细评标之前，评标委员会或评标小组将首先审定每份投标文件是否实质上响应了招标文件的要求。

b．实质上响应要求的投标文件，应该与招标文件的所有规定、条件、条款和规范相符，无显著差异。所谓显著差异是指对工程的发包范围、质量标准及运用产生实质性影响；或者对合同中规定的招标单位的权力及投标单位的责任造成实质性限制；而且纠正这种差异，将会对其他投标单位的竞争地位产生不公正的影响。

c．如果投标文件实质上不响应招标文件的要求，招标单位将予以拒绝，并且不允许通过修正或撤销其不符合要求的差异而使之成为具有响应性的投标。

（4）投标文件的评价与比较在评价与比较时应根据评标、定标办法（见附件四）规定，通过对投标单位的投标报价、工期、质量标准、主要材料用量、施工方案或施工组织设计、优惠条件、社会信誉及以往业绩等综合评分。

15．合同的授予和签署。

（1）中标通知书。

a．确定中标单位后，在投标有效期截止前，招标单位将以书面形式通知中标单位。在该通知书中给出中标标价，以及工期、质量和有关合同签订的日期、地点。

b．中标通知书为合同的组成部分。

c．在中标单位按规定提供了履约担保后，招标单位应及时将未中标的结果通知其他投标单位。

（2）合同协议书的签署。

中标单位应按中标通知书规定的日期、时间和地点，由法定代表人或授权代表前往与招标人进行合同签订。

（3）履约担保。

a．中标单位应在收到中标通知书 14 日内向建设单位提交履约担保。履约担保由招标人认可的银行出具银行保函，银行保函为合同价格的 10%；投标单位应使用招标文件中提供的履约保函格式。

b．如果中标单位不按规定签署合同或不按规定办理履约担保，招标单位将取消其中标资格，并不返还其投标保证金。

（二）招标文件的澄清、修正和发售

1．招标文件的内容

（1）招标文件目录中所列文件、图纸、资料、附件。

（2）在招标过程中形成的具有法律效力的书面资料。

2．招标文件的澄清

要求对招标文件进行澄清的投标人，应以书面（“书面”包括手写、打印、印刷，也包括电传和传真）形式按规定的地址通知招标人。对在投标截止期三天前收到的要求澄清的问题予以答复。答复将发给所有投标人，并作为招标文件的组成部分。

3．招标文件的修正

（1）在投标截止期之前，招标人可以用补遗书的方式修改招标文件。

（2）据此发出的补遗书将构成招标文件的一部分。该补遗书将以书面方式发给所有购买本招标文件的投标人。投标人应以书面方式通知招标人确认收到每一份补遗书。

4．招标文件的发售

（1）招标文件在规定的时间、地点发售。每套收费人民币××元整。图纸押金××元（图纸随投标书送达接收人后，押金退回）。联系人及地址见附表。

（2）本招标文件售后不退。

（三）招标文件的签收

投标人在收到本招标文件后办理签收手续或通过传真通知招标人确认已收到招标文件。

（四）投标书的编制和投标须知

1．投标书的语言

与投标有关的所有文件均应使用中文。

2．投标书的组成

（1）投标书。

（2）投标保证金。

（3）工程报价表。

（4）施工组织设计（附件二）。

（5）资格审查资料和有关文件。

（6）法人代表资格证明书、授权委托书、代理人身份证。

（7）本招标文件要求投标人填写和提交的其他资料。

3．工程报价表

（1）报价方式：本工程采用包工包料、合同价格固定方式报价。除工程变更，不可抗力另计追加合同款外，其他情况如出现政策、市场变化等引起价格费用风险时不调整合同价款。

（2）投标报价应为本次招标范围内全部内容的总价。

（3）投标报价的计价方法：采用施工图预算价格。投标人应根据施工图纸、技术资料，计算工程量、单价、合价及各种费用。

（4）工程报价套用《全国统一建筑工程××省单位估价表》，取费按《××省建筑安装工程费用定额》（2000 年）计取。材料价按××市地方最新信息价。

4．投标和支付使用的货币

（1）投标人应以人民币填报工程报价表中所有分项的价格。

（2）合同实施时亦以人民币支付。

5．投标有效期

（1）投标书在投标截止时间开始生效，并在随后五十六天内保持有效。

（2）如果出现特殊情况，招标人可要求投标人将投标有效期延长一段时间。招标人的要求和投标人的答复均应以书面方式进行。投标人可以拒绝这种要求而不被没收投标保证金。同意延期的投标人，需要将其投标保证金的有效期延长相同的时间。不允许投标人修改其投标书。

6．投标保证金

（1）投标人应提供一份不少于投标价格 1%的投标保证金（人民币），此保证金是投标书的一个组成部分。

（2）投标保证金可以是经招标人认可的银行所开出的银行保函、承兑支票、银行汇票或现金支票。银行保函的格式应符合本招标文件的要求且银行保函的有效期应超出投标有效期 28 天，投标人可在上述形式中任选一种。

（3）招标人将拒绝接收未能按要求提交投标保证金的投标人递交的投标书。

（4）未中标投标人的投标保证金将尽快退还，最迟不超过投标有效期期满后 28 天（不计利息）。

（5）中标人的投标保证金，在其按要求提交了履约保证金并签署了合同协议书后，予以退还（不计利息）。

（6）如有下列情况，将没收投标保证金：

◆ 投标人在投标有效期内撤回其投标书；

◆ 投标人不接受对其投标价格的修正；

◆ 投标人试图对招标人的评标过程或授标决定施加影响；

◆ 中标人未能在规定的期限内签署合同协议书，或未能按要求提交履约保证金。

7．投标人提出的替代方案

本次招标不接受投标人提出的替代方案。

8．投标书的格式和签署

（1）投标人应按规定的内容编制投标书，投标书必须按技术标书和商务标书两部分分别装订。投标人应提交十二套投标书，其中正本二套，副本十套。正本和副本分别装订并相应标明“正本”或“副本”。

（2）投标书的正本和副本均应使用不能擦去的墨水打印或书写。投标书由投标人委托（提交授权书）的签字人签署，凡有增加或修正处均应由签署人小签证明。

（3）全套投标书应无涂改和行间插字，除非这些改动是根据招标人的指示进行的，或者是为改正投标人造成的必须修改的错误而进行的。但修改处必须由投标签署人小签证明。

9．投标书的递交

投标书的密封与标识：

（1）投标人应将投标书的技术标书和商务标书分别密封在两个内层包封和一个外层包封中，并在内层包封上正确标明“技术标”或“商务标”。

（2）内层和外层包封都应标明单位、地址、收件人。并明确标有“开标时间前不能启封”的字样。

（3）除上述两款要求的标识外，在内层包封上应写明投标人的名称、地址和邮编、联系电话。

（4）投标书封口须加盖投标单位公章和法人代表印章。

（5）如果没有按本须知要求密封和标识，招标人将不承担投标书错放或投标书被提前开封的责任，且招标人有权拒绝接收投标人提交的标书。

（6）投标人应随投标书递交和投标书相一致的软盘 1 份。密封同上。

10．投标截止时间

（1）投标文件应在规定的时间之前，按前列示的单位地址、收件人送达。

（2）招标人如果发出补遗书，则可酌情决定是否延长递交投标书的截止期限，具体截止期由招标人书面通知投标人。

11．迟到的投标书

招标人在规定的截止期以后收到的投标书，在确定了投标人的名称、地址和邮编后，尽快将该投标书退回。

12．投标书的修改与撤回

（1）投标人可以在规定的投标截止期前，以书面通知的形式修改或撤回其投标书。投标截止期前投标人对其投标价格的修改应附有相应的分项工程单价和总价。

（2）投标人对其投标书修改或撤回的通知，均应按本须知的规定进行编制、密封、标识和提交，还在要内层包封上标明“修改”或“撤回”字样。投标人要求将其投标书撤回的通知，还应在外包封上标明“撤回”字样。

（3）在投标截止期后不能修改投标书。

（4）在规定的投标有效期内，投标人撤回投标书的，投标保证金将被没收。

13．投标书的澄清和与招标人的联系

（1）为了有助于对投标书的审查、评价和比较，根据需要，招标人可以要求投标人澄清其投标书。有关澄清的要求与答复均须采用书面形式，必要时可进行当面澄清和说明。但不应试图更改投标价格或实质性内容，按照有关规定对计算错误所做改正除外。

（2）除上款规定外，在评标期间，任何投标人均不得就与投标书有关的问题与招标人发生联系。如果投标人希望提交给招标人其他资料以引起招标人的注意，则应以书面形式提交。

（3）如果投标人试图对招标人的评标过程或合同授予决定施加影响，投标人除承担有关规定的责任外，还将导致投标书被拒绝。

14. 投标人的资格

（1）投标人应有独立的法人地位。同时，应与招标人、业主无任何隶属关系。

（2）投标人应满足下列最低资质标准：

◆ 资质等级要求：工业与民用建筑工程施工一级；

◆ 过去三年每年完成施工投资额不低于 6 000 万元；

◆ 投标人在过去五年中承担过与本工程类似性质和复杂程度的工程，并在期间内获得过“鲁班奖”；

◆ 拟参加本工程实施的主要管理人员在与本工程性质、复杂程度和规模相当的工程方面具有五年以上的工程经验，并具有三年以上相同关键岗位的工作经验。

（3）投标人为说明自己的资格，在递交投标书时应提供下述资料或文件：

◆ 有关投标人的法人地位的文件（法人营业执照）的副本，说明投标人的注册地点和主要经营地点；签署投标书的签字人的书面授权书；投标人施工资质的证书的副本；

◆ 过去五年中完成类似性质、规模和复杂程度的工程（列表说明）。表中所列工程应写明业主单位的地址和联系方法（电话、传真）和联系人；

◆ 拟负责管理和实施本合同项目的主要管理人员和技术人员的资格证明和经历；

◆ 投标人的财务状况报告，过去三年的资产负债表、损益表和审计报告；

◆ 投标人目前及过去三年涉及任何诉讼或仲裁的资料，涉及的各方面当事人及争议的金额，如未发生此类事项应明确写入投标书；

◆ 提交一份为实施本合同项目拟采用的初步实施方案和进度计划建议方案，并附有必要的图表（参考附件二）；

◆ 投标人拟用于实施本合同项目的主要施工机械，提供满足本工程建筑施工所需的施工机械一览表（参考附件二）；

◆ 具有不少于人民币 500 万元的流动资金和（或）信贷额度来实施本合同的证明资料。

15. 投标费用和现场考察

（1）投标人承担其投标书编制、递交及现场考察所涉及的一切费用。

（2）建议投标人对工程现场和其周围环境进行考察，以获取有关编制投标书和签署本分包合同时所需的各项资料。投标人承担现场考察的全部费用、责任和风险。

16. 投标书的审查、响应性的确定和错误的改正

（1）审查在评标前进行，招标人将首先确定每份投标书。

◆ 是否满足本章所规定的合格性标准；

◆ 是否按本招标书要求密封；

◆ 是否正确签署；

◆ 是否按本招标书要求提交了保证金；

◆ 是否实质性响应了本招标书的要求。

（2）响应性确定。

实质性响应投标书，应与本招标文件的所有条款一致、无显著差异。所谓显著差异是指：

◆ 对本次招标的范围、工作内容和质量产生实质性影响；

◆ 偏离了招标文件的要求，而对合同中规定的招标人的权利或投标人的义务造成实质性限制；

◆ 保留这种差异，将会对响应招标文件的投标人的竞争地位产生不公正的影响；

◆ 投标书（包括分项报价表）包括的内容不全，评价时无法与其他投标书进行公平、公正的比较。

（3）如果投标书没有实质性响应招标文件的要求，招标人将予以拒绝，并且不允许投标人通过修改其不符合要求的差异而使之成为具有响应性的投标书。

（4）错误的改正。招标人将对已实质上响应招标文件要求的投标书进行校核，看其是否有计算错误。招标人改正计算错误的原则如下：

◆ 当用数字表示的数额与用文字表示的数额不一致时，以文字为准；

◆ 当单项报价之和与总价不一致时，通常以该行填报的单项报价为准。除非招标人认为单价有明显的小数点错位，此时应以总价为准，并修改单项报价。

（5）招标人将按上述改正错误的原则调整投标书的报价。在投标人同意后，调整后的报价对投标人起约束作用。如果投标人不接受改正后的报价，则其投标书被拒绝且投标人提交的投标保证金也将被没收。

17. 预付款

（1）招标人将按照合同专用条款第 24 条之规定，向中标人提供一笔预付款。

（2）在招标人支付预付款之前，投标人应向招标人提供一份经招标人认可、金额与币种等同于预付款的银行保函。

18. 腐败或欺诈行为

投标人在投标过程或合同实施过程中不得有腐败或欺诈行为，否则其投标书将被拒绝，且该投标人的投标保证金和（或）履约保证金将被没收。

19. 无法从开工日期开始实施的合同

如果是由于招标人无法控制的原因使得无法在本工程开工日期的七天前签署合同，则原订开工日期应做修改。在这种情况下，新的开工日期应定在合同签署日后的五天内。

附件

附件一：标准规范目录（略）
附件二：施工组织设计编制要求（略）
附件三：技术说明书（略）
附件四：生物曝气池及二沉池（称甲标段）评标、定标方法
附件五：图纸及污水处理结构工程总说明（略）
附件六：招标过程中形成的具有法律效力的其他资料（略）

生物曝气池及二沉池（称甲标段）评标、定标方法

前言

为维护和推进建设工程招标、投标的公平竞争，保证评标、定标工作的公平性、公正性和科学性以及评标、定标工作的顺利开展，根据有关行业规定，本工程采取“打分法”进行评定，具体方法如下。

由评委对投标书评分进行评标、定标，评分内容以：① 投标报价；② 投标工期；③ 企业信誉；④ 工程质量；⑤ 投标水平评定；⑥ 项目管理班子配备；⑦ 施工组织设计等因素进行综合评分，择优选定中标单位。

评分因素的分值分配（满分 100 分）

① 投标报价	50 分
② 投标工期	4 分
③ 企业信誉	3 分
④ 工程质量	15 分
⑤ 投标水平评定	2 分
⑥ 项目管理班子配备	6 分
⑦ 施工组织设计	20 分
总计	100 分

一、投标报价评分（本项满分 50 分）

1. 用审定后的标底衡量各投标单位投标价，界定在+3%～−5%内为有效范围（含+3%，−5%），在此范围内的报价定为有效报价。

2. 有效投标单位是指去除废标以外的投标单位，投标单位总数以投标文件递交截止时间之前（含截止时间）收到的投标文件份数计。

3. 本项采用经审定后的标底与各有效标的平均值相加后除以 2 作为评标标准。投标报价在评标标准价下限−2%，得最高分 50 分，具体得分查工程报价得分表。

4. 当各投标单位的报价均超范围，由各投标单位重新进行一次报价，再对各投标单位的重新报价进行评分。

5. 当有效投标单位只剩一家且投标报价分为零分时，不论其总投标价多少，以审核的标底价的 97%作中标价，如投标单位能接受，即确定其为中标单位。

6. 经审核的标底，在开标会上当众启封后即生效。在开标、评标、定标时，标底审核部门不作任何解释。对标底有异议的单位，应在标底公布后 48 小时内以书面形式向市建设行政主管部门提出申请复核，并预交组织复核的费用。经复核，复核结论与标底的差额超过+3%～−5%的应宣布中标无效。然后，以复核后的标底，重新选定确定评标标准价办法组织评标、定标。

二、投标工期评分（本项满分 4 分）

1. 招标单位在招标文件中已对工期有明确具体要求，各投标单位工期必须满足招标文件要求，为赶工期需增加的费用应计入报价。不响应工期的作为废标处理。

2. 招标文件不要求投标单位自报工期。

三、企业信誉评分（本项满分 3 分）

1. 由银行出具的企业资信情况（AAA 级得 2 分，AA 级得 1 分）相关证明材料复印件，最高得 2 分。

2. 企业新技术应用方面，用户满意工程方面获奖情况和荣誉（国家级得 1 分，部省级得 0.5 分），最高得 1 分。

四、工程质量评分（本项满分 15 分）

1. 质量承诺，满分 4 分。

承诺达到招标文件规定的部省级优质工程得满分 4 分。

2. 质量管理，满分 4 分。

项目内部质量保证体系健全，设专职质检员和质检机构者得基本分 3 分。项目不按要求设置质检机构或专职质验员的扣 1 分，全无者扣 2 分。

企业取得国家质量认证机构颁发的质量保证体系认证证书的得 1 分。

3. 材料质保体系，满分 4 分。

项目内部有完善的材料质保体系，有从选择供应商、采购、搬运、储存和使用等方面的明确规定，基本分 2 分，较好的得 3 分，好的得 4 分。

4．奖励，满分 3 分，其中（1）、（2）项任选其一，不可兼报。

（1）1998 年以来企业每获得一个“鲁班奖”，承建得 1 分，参建得 0.5 分，最高得 3 分。

（2）1999 年以来企业每获得一个“省长奖”或相当于“省长奖”的其他奖，承建得 0.5 分，参建不得分，最高得 1.5 分。

五、投标水平评分（本项满分 2 分）

投标水平评定是对投标文件本身编制水平进行综合评定，具体按下列内容逐项评定。

1．投标资质是否齐全，以技术标和商务标及各项证件的复印件（法人证书或法人委托证、企业执照、资质证书、项目经理证书等），齐全的得 1 分，不全的得零分。

2．投标文件资料应装订成本，如出现字迹潦草、涂改、模糊等得零分，满足要求的得 0.5 分，不全的得零分。

3．投标文件资料是否按规定或要求密封，表格填写是否规范，满足要求的得 0.5 分，不全的得零分。

六、项目管理班子评分（本项满分 6 分）

1．项目经理的资质为一级的得 2 分；具有高级职称得 1 分，中级职称得 0.5 分；本科以上学历得 1 分。

2．实行项目经理负责制，组成的项目管理班子机构健全、职责明确、人员齐备、专业配套，能满足工程需要。项目经理应为一级资质证书，其资质和所能承担的业务范围满足本工程的要求，项目经理同时所承担的工程项目数应符合有关规定。其他原则上应持证上岗，如果未取得上岗证，也应配备具有相应专业知识和实践经验的技术人员担任。符合以上要求的得基本分 0.5 分，项目管理班子配备较合理的得 1 分，合理的得 2 分。

七、施工组织设计（本项满分 15 分）

评委根据投标单位的投标书中是否具有 10 项基本内容作出评分。

八、评标，定标

（一）评标委员会组成

1．评标委员会由招标人负责组建。

2．评标委员会由招标人的代表和有关技术、经济等方面的专家组成，成员数为 5 人以上单数，其中技术经济方面的专家不得少于成员总数的 2/3。

3．技术经济方面的专家评委应具备下列条件：

（1）能自觉遵守国家法律、法规、方针政策，具有热心于社会服务工作、热爱建设事业的精神。

（2）能坚持科学的态度和实事求是的原则，具有为人正直、办事公道的高尚情操，并能听取不同意见。

（3）廉洁自律、作风正派、事业心强，能自觉遵守招标工作纪律，服从招标投标监督管理机构的监督管理。

（4）具备高级以上专业技术职称或者是具有同等专业水平，在本专业工作满 8 年以上。

（5）得到国务院有关部门或省建设行政主管部门认证，入选专家名册或专家库的人员。

（二）评标纪律

1．参加评标人员应自觉遵守招标投标管理有关规定。

2．评委委员代表个人，不代表组织。

3．评委应服从预备会的分组安排。

4．评标时应客观公正、实事求是、独立评标，不得相互商量，凡有下列情况之一者，打分表作废。

（1）字迹模糊不清，无法辨认者；

（2）分项计分与合计分明显存在错误者；

（3）评分超出规定的上、下限范围者；

（4）评委之间相互串通商量，有明显倾向者；

（5）未按评标办法（原则）打分者；

（6）其他违反招标管理规定的行为。

5．评标委员会成员在投标单位中有兼职或者有直接经济利益关系者，应回避。

6．评标阶段，评委不得单独与投标人接触。

7．所有评委及有关人员，都有保密的义务。

8．所有评委均对其评标结果的公正性负责。

（三）评标规则（具体见《××省建设工程招标投标评标细则》）

（四）评标报告

评标结束后，应由评标委员会负责出具评标报告，并经全体评委签名后，报招标人定标，并报招标监督管理机构备案。

九、定标

1．定标依据：评标委员会出具的评标报告。

2．定标：依据高分中标原则，由评委推荐得分最高者为中标单位，得分相同时，报价较低者优先。评委应将上述推荐意见写入评标报告，报招标人确认。

3．中标通知书发放：中标人确定后，招标人应在当日内发出《中标通知书》和《未中标通知书》。

习题

1. 建设项目、单项工程、单位工程、分部工程、分项工程的定义及其相互的区别是什么？
2. 试说明工程概预算与基本建设的关系。
3. 现行规定的建筑安装工程费用由哪几部分费用构成？
4. 直接费与其他直接费各包含什么内容？
5. 建筑工程和安装工程在计算取费时是否相同？为什么？
6. 什么是招标？什么是投标？
7. 什么是标底？如何编制标底？
8. 试说明投标的一般程序。
9. 投标书的主要内容有哪些？
10. 投标报价的依据有哪些？怎样才能使报价具有竞争力？

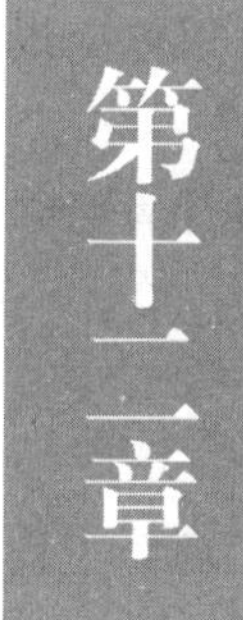

第十二章 环境工程核算

本章重点

本章要求掌握环境工程投资估算、设计概算、施工图预算、工程结算及竣工决算的概念及编制方法。

第一节 环境工程投资估算

一、投资估算概念及作用

（一）投资估算的概念

环境工程投资估算是指建设单位在项目投资决策过程中，依据现有的资料和规定的估算办法，对建设项目投资数额进行估计的文件。

投资估算是一个逐步深化的过程，因为从项目建议书到可行性研究，再到投资决策，不同阶段所掌握的资料和具备的条件不同，因而对建设项目投资估算的准确度不同。后一阶段比前一阶段的投资估算更细、更准确。

（二）投资估算的作用

在项目评估与投资决策的过程中，不同阶段的投资估算具有不同作用。

（1）项目建议书阶段的投资估算，是项目主管部门审批项目建议书的依据之一，并对项目的规划、规模起参考作用。

（2）项目可行性研究阶段的投资估算，是项目投资决策的重要依据。

（3）项目投资估算对工程设计概算起控制作用。一般情况下，设计概算应控制在投资估算以内。

（4）项目投资估算，可作为项目资金筹措、制订建设贷款计划的依据。

（5）项目投资估算是工程设计招标、优选设计单位和设计方案的依据。在进行工程设计招标时，投标单位报送的标书中应包括投资估算和经济性分析，以便衡量设计方案的经济合理性。

（6）项目投资估算是实行限额设计的依据。实行工程限额设计要求设计者必须在一定的投资额内确定设计方案，以便控制项目建设的标准。

二、投资估算的内容

建设项目从其构成来讲，可分为整体性建设项目和单体性建设项目。环境工程项目中城镇污水处理厂项目属全厂性建设项目，而工业企业内的污水处理、废气治理等项目则属单体性建设项目。不同的工程项目，由于工程规模的大小不同，投资估算的内容也会有所差异。

全厂性工业项目投资估算，从项目构成来讲应包括：主体生产项目（如污水处理厂的主体构筑物、泵房等），附属及辅助生产项目（如污水处理厂的配电间、化验室、仓库等），厂内运输系统（如围墙大门、厂区道路），服务性工程项目（如办公楼、食堂、车库等），厂外工程（如专用道路、供电线路、供水管道、排水管渠等）的所需投资额。

环境工程项目的投资估算，从费用构成来讲包括该项目从筹建、施工直至竣工投产所需的全部费用。按国家有关规定，具体应包括：建筑安装工程费、设备和工器具购置费、工程建设其他费用、预备费、建设期贷款利息、固定资产投资方向调节税、企业流动资金等。

三、投资估算的编制依据

（一）编制依据

投资估算的编制依据主要有：①项目建议书或项目可行性研究报告、方案设计；②投资估算指标等相关资料；③类似工程概、预算；④造价指标（包括单项工程和单位工程造价指标）；⑤设计参数（或称设计定额指标），包括建筑面积指标、能源消耗指标等；⑥概、预算定额及其单价；⑦当地材料、设备预算价格及市场价格；⑧当地建筑工程取费标准；⑨现场情况，如地理位置、地质条件、交通、供电条件等；⑩其他经验参考数据。

以上资料越具体、越完备，编制的投资估算就越准确。投资估算通常以独立的单项工程或完整的工程项目为计算对象进行计算。

（二）投资估算指标

投资估算指标有建设项目综合投资估算指标和投资估算单项指标两种。

1．建设项目综合投资估算指标

建设项目综合投资估算指标一般以生产能力为计算单位，列出投资和人工、主要材料的消耗量。如表 12-1、表 12-2 为某省排水工程中污水管道和污水处理厂的部分综合指标。

2．建设项目投资估算单项指标

建设项目投资估算单项指标一般以生产能力为计算单位，列出直接费投资，包括土建工程、设备购置、配管及安装工程的费用。表 12-3 为污水处理厂总平面布置单项指标，本指标包括围墙大门、厂区道路、厂区管道、闸门井及厂区动力线路照明等，但不包括拆迁、征地、绿化等费用，本指标按水量分上下限×××以上、×××，×××以上不包括本身，×××包括本身，在选用指标时，水量小取上限，水量大取下限；本指标所列投资系直接费，应结合当地实际情况，参照调价方法进行调整。表 12-4 为污水泵房系列单项指标。

表 12-1　污水管道综合指标

序号	设计规模/(m^3/d)	投资/元	人工/工日	主要材料				
				钢材/kg	水泥/kg	木材/m^3	金属管/kg	非金属管/kg
污水管道综合指标/[m^3/（d·km^{-1}）]								
1	Ⅰ类（水量 10×10^4 以上）	7～11	0.2～0.3	0.3～0.4	2～2	0.000 3～0.000 4	2～4	12～18
2	（水量 5×10^4～10×10^4）	10～14	0.3～0.4	0.4～0.5	2～3	0.000 4～0.000 5	3～4	17～23
3	Ⅱ类（水量 2×10^4～5×10^4）	13～18	0.4～0.5	0.5～0.7	3～4	0.000 5～0.000 6	4～6	22～30
4	（水量 6×10^3～2×10^4）	17～25	0.5～0.7	0.7～1.0	4～5	0.000 6～0.000 9	5～8	28～42
5	Ⅲ类（水量 2×10^3～6×10^3）	20～30	0.6～0.9	0.8～1.1	4～7	0.000 7～0.001 1	6～10	33～50
6	（水量 2×10^3 以下）	28～40	0.8～1.2	1.1～1.5	6～9	0.001 0～0.001 4	9～13	47～67
污水干管综合指标/[m^3/（d·km^{-1}）]								
1	Ⅰ类（水量 10×10^4 以上）	6～10	0.2～0.3	0.2～0.4	1～2	0.000 2～0.000 4	2～3	10～17
2	（水量 5×10^4～10×10^4）	8～14	0.2～0.4	0.3～0.5	2～3	0.000 3～0.000 5	3～4	13～23
3	Ⅱ类（水量 2×10^4～5×10^4）	14～17	0.4～0.5	0.5～0.6	3～4	0.000 5～0.000 6	4～5	23～28
4	Ⅲ(水量 2×10^4 以下)	17～30	0.5～0.9	0.6～1.1	4～7	0.000 6～0.001 1	5～10	28～50

表 12-2　污水处理厂综合指标

序号	设计规模/(m^3/d)	投资/元	人工/工日	主要材料				
				钢材/kg	水泥/kg	木材/m^3	金属管/kg	非金属管/kg
一级处理综合指标/（m^3/d）								
1	Ⅰ类（水量 10×10^4 以上）	100～130	3～4	9～12	64～83	0.008～0.011	4～6	8～11
2	（水量 5×10^4～10×10^4）	130～150	4～5	12～14	83～96	0.011～0.012	6～6	11～12
3	Ⅱ类（水量 2×10^4～5×10^4）	150～180	5～6	14～17	96～116	0.012～0.015	6～8	12～15
4	（水量 6×10^3～2×10^4）	180～200	6～7	17～18	116～128	0.015～0.016	8～9	15～16
5	Ⅲ类（水量 6×10^3 以下）	200～300	7～9	18～28	128～193	0.016～0.024	9～13	16～25
二级处理综合指标/（m^3/d）（一）								
1	Ⅰ类（水量 10×10^4 以上）	160～190	3～3	17～20	110～131	0.008～0.010	9～11	13～15
2	（水量 5×10^4～10×10^4）	190～220	3～3	19～23	124～152	0.009～0.011	10～13	14～18
3	Ⅱ类（水量 2×10^4～5×10^4）	220～300	3～4	21～26	138～173	0.010～0.013	12～15	16～20
4	（水量 6×10^3～2×10^4）	300～450	4～5	26～32	173～207	0.013～0.016	15～17	20～24
5	Ⅲ类（水量 1×10^3～6×10^3）	450～850	5～6	32～37	207～242	0.016～0.018	17～20	24～28
6	（水量 1×10^3 以下）	850～1 400	6～8	37～53	242～345	0.018～0.026	20～29	28～40
二级处理综合指标/（m^3/d）（二）								
1	Ⅰ类（水量 10×10^4 以上）	200～300	3～4	24～30	139～174	0.014～0.017	12～15	6～8
2	（水量 5×10^4～10×10^4）	300～400	4～5	30～39	174～223	0.017～0.022	15～19	8～10
3	Ⅱ类（水量 2×10^4～5×10^4）	400～600	5～6	36～48	209～279	0.021～0.028	17～23	9～12
4	（水量 6×10^3～2×10^4）	600～750	7～8	52～58	300～334	0.030～0.033	25～28	13～14
5	Ⅲ类（水量 1×10^3～6×10^3）	750～1 000	7～9	54～67	314～383	0.031～0.038	26～32	14～17
6	（水量 1×10^3 以下）	1 000～1 300	8～13	65～97	376～558	0.037～0.055	31～46	16～24

表 12-3 污水处理厂总平面布置单项指标

项目			单位	浅丘地区 单位：厂区面积 100 m^2			
				水量/（m^3/d）			
				500～1 000	1 000～5 000	5 000～10 000	10 000～20 000
投资指标	直接费合计		元	2 700～3 560	2 740～3 010	2 470～2 740	2 190～2 470
	其中	土建	元	2 700～2 920	2 250～2 470	2 030～2 250	1 790～2 030
		配管及安装	元	420～460	360～400	320～360	290～320
		设备	元	170～180	130～140	120～130	110～120
主要工料指标	略						

表 12-4 污水泵房系列单项指标

项目			单位	圆形泵房指标 单位：建筑体积 100 m^3			
				水量/（m^3/d）			
				500～1 000	1 000～5 000	5 000～10 000	10 000～20 000
投资指标	直接费合计		元	17 550～18 200	16 900～17 550	15 600～16 900	14 300～14 950
	其中	土建	元	10 530～10 920	10 140～10 530	10 920～11 830	8 580～8 970
		配管及安装	元	2 640～2 730	2 540～2 640	1 560～1 690	1 430～1 500
		设备	元	4 380～4 550	4 220～4 380	3 120～3 380	4 290～4 480
主要工料指标	略						

四、投资估算的常用编制方法

投资估算的编制方法较多，没有定式。有的适用于整个综合项目的投资估算，有的适合于一个单项工程的投资估算。不同的方法精确度不同，为提高投资估算的科学性和精确性，应根据建设项目的性质、规模以及现有的技术资料、数据和对估算的精度要求选择投资估算方法。常用的投资估算方法有生产能力指数估算法、比例系数估算法、设备费用比例估算法、造价指标估算法等。

（一）生产能力指数估算法

这种方法是根据已建成的性质与拟建项目类似的项目投资额或设备投资额，估算同类型而不同生产能力（生产规模）的项目的投资或设备投资的方法。

其估算式为：

$$x = y\left(\frac{C_2}{C_1}\right)^n \times C_f \tag{12-1}$$

式中：x—— 拟建项目投资额；

y—— 已建同类型项目投资额；

C_1—— 已建同类型项目的生产能力；

C_2—— 拟建项目的生产能力；

C_f—— 增价系数。为不同时期、不同地点定额单价、材料价格、费用变更等的综合调整系数；

n—— 生产规模指数，$0 \leqslant n \leqslant 10$。

该法中“n”值取定有一定要求，若已建同类项目的装置规模与拟建项目的装置规模相差不大，生产能力比值在 0.5～2.0，$n=1$；若已建同类项目装置与拟建项目装置的规模相差不大于 50 倍，且拟建项目的扩大仅靠扩大设备规格来达到时，$n=0.6 \sim 0.7$；若是靠增加相同规格的设备的数量达到时，$n=0.8 \sim 0.9$。

采用生产能力指数法进行投资估算，计算较简便，但要求类似工程的资料要可靠，与拟建项目条件基本相同，否则误差较大。生产能力指数法适合项目申请书（建议书）阶段的投资估算。

例 12-1 已建成的某污水处理工程项目，处理能力为 10 万 m^3/d，固定资产为 8 000 万元。若拟建一个生产能力为 15 万 m^3/d 的同类项目，试估算其固定资产投资为多少？（按增加设备容量考虑 $n=0.6 \sim 0.7$）

解：据题意，已知，$y=8\,000$ 万元，$C_1=10$ 万 m^3/d，$C_2=15$ 万 m^3/d

取 $n=0.6$，增价系数取 $C_f=2.0$，则拟建项目固定资产投资为：

$x=8\,000 \times (15/10)^{0.6} \times 2.0=20\,406.79$（万元）

（二）比例系数估算法

采用比例系数估算法的基本条件是已掌握已有同类工程项目的设备与固定资产相关资料。先求出已有同类项目主要设备投资占全项目固定资产投资的比例，然后再算出拟建项目的主要设备投资，即可按比例求出拟建项目的固定资产投资。其表达式为：

$$I=\frac{1}{K}\sum_{i=1}^{n} Q_i \cdot P_i \tag{12-2}$$

式中：I—— 拟建项目的固定资产投资；

K—— 已有同类项目主要设备投资占固定资产投资的比例，%；

n—— 设备种类数；

Q_i—— 第 i 种设备的数量；

P_i—— 第 i 种设备的单价。

例 12-2 某市准备建一供水工程，经调查研究，其主要设备规格及价格的需求如下表所示。并收集到已有同类项目资料，其主要设备总价为 350 万元，固定资产总投资 4 500 万元。试根据上述条件，估算待建供水工程的固定资产投资。

某供水工程主要设备表

序号	设备名称	单位	数量	单价/万元	合价/万元
1	水泵机组	座	25	4.54	113.5
2	阀门	座	60	1.25	75
3	吸刮泥机	组	4	12.84	51.36
4	加氯机	套	4	11.82	47.28
5	吊车	部	3	10.45	31.35
6	配电设备	套	6	12.40	74.4

解： 1．求 K

K=350/4 500=0.078=7.8%

2．求新建供水工程的固定资产投资

I=（1/0.078）×（113.5＋75＋51.36＋47.28＋31.35＋74.4）=5 037.05（万元）

（三）设备费用比例估算法

该法是将项目的固定资产投资分为设备投资、建筑物投资或构筑物投资、其他投资三部分，先估算设备投资额，然后再按一定比例估算出建筑物与构筑物的投资及其他投资，最后将三部分投资加在一起。

1．设备投资估算

设备投资按其出厂价格加上运杂费、安装费等，其估算公式为：

$$K_1 = \sum_{i=1}^{n} Q_i P_i (1 + L_i) \tag{12-3}$$

式中：K_1—— 设备投资估算值；

Q_i—— 第 i 种设备所需数量；

P_i—— 第 i 种设备的出厂价格；

L_i—— 同类项目同类设备的运杂费、安装费（包括材料费）系数；

n—— 所需设备的种类。

2．建（构）筑物的投资估算

$$K_2 = K_1 \times L_b \tag{12-4}$$

式中：K_2——建（构）筑物投资估算值；

L_b——同类项目建筑物、构筑物投资占设备投资的比例。

3．其他投资估算

$$K_3 = K_1 \times L_w \tag{12-5}$$

式中：K_3——其他投资估算值；

L_w——同类项目其他投资占设备投资的比例。

项目固定资产投资总额的估算值，则为：

$$K=(K_1+K_2+K_3)\times(1+S\%) \tag{12-6}$$

式中：$S\%$——考虑不可预见因素而设定的费用系数，一般为10%～15%。

例12-3 某污水处理厂工程，初步设计提出的主要设备及出厂价格的需求如表所示。根据同类工程资料，设备运杂费系数为15%，安装费系数为45%，建（构）筑物费用系数为6～8，其他费用系数为1.5。试估算该污水处理厂工程的总投资。

某污水处理厂主要设备表

序号	设备名称	单位	数量	单价/万元	合价/万元
1	污水泵	台	8	1.5	12.00
2	曝气机	座	5	8.5	42.50
3	格栅	组	2	2.5	5.00
4	吸刮泥机	套	4	18.00	72.00
5	带式压滤机	台	2	12.00	24.00
6	吊车	台	2	1.5	3.00
7	阀门	套	30	0.50	15.00

解： 1．求K_1 $K_1=(8\times1.5+5\times8.5+2\times2.5+4\times18.0+2\times12.0+2\times1.5+30\times0.5)\times(1+15\%+45\%)=277.60$（万元）

2．求K_2 $K_2=277.60\times7.0=1\,943.20$（万元）（$L_b=7.0$）

3．求K_3 $K_3=277.60\times1.5=416.40$（万元）（$L_w=1.5$）

4．求K（不可预见费用系数取$S=12\%$）

$K=(277.60+1\,943.20+416.40)\times(1+12\%)=2\,953.664$（万元）

（四）造价指标估算法

造价指标估算法是根据各类建设项目或单项工程投资估算指标进行投资估算的方法。造价指标的形式很多，如单位生产能力指标，元/（$m^3\cdot d^{-1}$）；单位建筑面积指标，元/m^2；单位建筑体积指标，元/m^3 等。将这些指标乘以同类工程的规模，就可以求得相应的土建工程、安装工程等各单位工程的投资数额。在此基础上，汇总后得到单项工程的投资数额，再估算工程建设其他费用，即求得建设项目总投资的估算值。

采用造价指标估算法，要注意指标制定时间与工程建设时间的差异，指标包含内容与工程实际包含内容的差异，指标使用地区与工程所在地点的差异，以及施工建设条件的差异等，有时要乘以必要的调整系数。

（1）单位生产能力指标法

当工程所在地、建设时间和工程所包含的内容与造价指标没有很大的差别时：

项目投资额＝单位造价指标×生产能力

当工程所在地、建设时间和工程所包含的内容与造价指标有较大差别时：

项目投资额＝单位造价指标×生产能力×物价调整系数

（2）单项指标估算法

单项工程投资额计算式如下：单项工程投资额＝单项指标×规模×物价调整系数

例 12-4 某市拟建一污水处理厂，处理能力 Q＝60 000 m³/d，二级处理，曝气沉沙池容积为 36 m³，一般标准。试估算曝气沉沙池造价。

解：参照《城市基础设施投资估算指标》曝气沉沙池采用单项指标，水量 40 000～60 000 m³/d，工程直接费指标为 60 750～67 500 元/100m³，取 675 元/m³。其中土建投资 405 元/m³，配管及安装投资 168.8 元/m³，设备投资 101.2 元/m³。

1．计算物价调整系数

根据工程所在地的人工工资标准，材料预算价格、机械台班预算价格，按系列单项指标中的工料消耗量计算物价调整系数，见下表，得 K＝43 212.82/12 910.34＝3.347。

物价调整系数计算表

序号	项目名称	单位	数量	指标价格/元		现行当地价格/元	
				单价	合计	单价	合计
1	土建人工	工日	222.84	2.94	655.15	25	5 571.0
2	安装人工	工日	86	3.05	262.3	28	2 408.0
3	水泥	t	12.96	124.0	1 607.0	320.0	4 147.2
4	钢材	t	4.38	772.4	3 383.11	3 406.0	14 918.28
5	锯材	m³	3.36	452.0	1 518.72	784.0	2 634.24
6	标准砖	千块	1.52	77.94	118.47	189.45	287.96
7	沙	m³	22.68	24.29	550.89	49.50	1 122.66
8	碎（砾）石	m³	35.10	18.62	653.56	45.10	1 583.0
9	块石	m³	56.8	18.25	1 036.6	46.20	2 707.32
10	铸铁管	t	1.07	530.0	567.1	1 480.0	1 694.45
11	铸铁管件	t	0.52	810.0	421.2	1 890.0	982.8
12	钢管及钢管件	t	1.24	1 720.0	2 136.24	4 158.0	5 155.92
	合计				12 910.34		43 212.82

2．计算工程直接费

a．土建工程　405×36×3.347＝48 779.26　（元）

b．配管及安装工程　168.8×36×3.347＝20 339.05　（元）

c．设备　101.2×36×3.347＝12 193.79　（元）

合计　48 779.26＋20 339.05＋12 193.79＝81 312.10　（元）

物价调整系数＝43 212.82÷12 910.34＝3.347

3．曝气沉沙池单项工程造价

根据《城市基础设施投资估算指标》的有关应用说明，曝气沉沙池单项工程造价的组成为：造价＝直接费＋间接费，其中，间接费＝直接费×50%。

则曝气沉沙池造价＝81 312.10×（1＋0.5）＝121 968.15（元）

应该注意的是利用上述方法计算时，如算出的是工程直接费，估算工程造价时还需按工程投资估算的相关规定计算工程建设其他费用，综合汇总成该项目投资估算。工程建设其他费用包括：建设单位管理费、工程建设监理费、征地费、青苗补偿费、拆迁补偿费、人员培训费、评估招标费、设计前期费、环境影响评价费、设计费等费用。同时，一个完整的项目投资估算还需考虑建设期贷款利息、基本预备费及铺底流动资金。

五、投资估算书

（一）投资估算书组成

工程投资估算书通常由封面、编制说明及投资估算表构成。

1．封面

如下所示，封面主要反映建设单位、工程名称、工程地址、编制时间、编制人、审核人，以及编制单位与建设单位的负责人等栏目。

______________________工程

估　算　书

建筑单位：____________________

工程地址：____________________

编制时间：______年______月______日

编制人：________审核人：________

编制单位：　　　　　　　　　　建设单位：

（盖章）　　　　　　　　　　（盖章）

负责人：　　　　　　　　　　　负责人：

2．编制说明

编制说明主要内容包括编制范围、投资估算及工程费用构成、编制依据等。

3．投资估算表

投资估算表包括建筑工程、设备购置、设备安装工程费用及其他费用估算表等。

（二）某市污水处理厂投资估算实例

一、投资估算书封面（略）

二、投资估算编制说明

1．编制范围

××市城市污水处理厂投资估算编制范围包括15万m^3/d污水处理厂1座、污水截流管道及污水提升泵站4座。

2．投资估算

① 建设项目总投资：33 470.22万元

② 静态投资：30 867.72万元

③ 动态投资：2 470.50 万元

④ 铺底流动资金：132.0万元

3．工程费用

工程费用：23 012.49万元　　100%

其中：① 污水处理厂：13 607.60万元　　59%

② 截污管道：　7 945.40万元　　35%

③ 提升泵站：　1 400.80万元　　6%

4．编制依据

（1）工程设计方案

（2）建设部颁“市政工程投资估算指标”“市政工程投资估算编制办法”等

（3）某省现行市政工程、建设工程概预算定额及费用定额及某市现行材料市场价格

（4）工程勘察设计收费标准（2002年修订本）

（5）类似项目概预算指标

（6）建设单位提供的有关资料（考虑部分设备进口）

5．资金筹措

某市自筹8 000万元，其余考虑银行贷款（年息5.76%，建设期三年）。

三、投资估算表

投资估算表

工程或费用名称	估算价值/万元					
	建筑工程	设备购置	安装工程	其他费用	小计	合计
第一部分　工程费用	14 729.40	5 927.79	2 355.30		23 012.49	
……						
第二部分　其他费用				5 049.07	5 049.07	
……						
一、二部分合计						28 061.56
项目建设其他费用				5 408.66		
……						
建设项目总投资						33 470.22

注：第一部分工程费用为直接费，第二部分其他费用包括工程监理费、人员培训费、建设单位管理费等，第三部分其他费用包括征地费、“三通一平”。

第二节　设计概算

一、设计概算的概念及作用

1．设计概算的概念

设计概算是设计文件的重要组成部分，是在投资估算的控制下由设计单位根据初步设计（或技术设计）图纸及说明，概算定额（或概算指标），各项费用定额或取费标准，设备、材料预算价格等资料，编制和确定的建设项目从筹建至施工交付使用所需全部费用的文件。采用两阶段设计的建设项目，初步设计阶段必须编制设计概算；采用三阶段设计的，技术设计阶段还必须编制修正概算。

2．设计概算的作用

①设计概算是编制建设项目投资计划、确定和控制建设项目投资的依据。

②设计概算是签订建设工程合同和贷款合同的依据，也是银行拨款或签订贷款合同的最高限额。

③设计概算是控制施工图设计和施工图预算的依据。经批准的设计概算是建设项目投资的最高限额，设计单位必须按照批准的初步设计和总概算进行施工图设计，施工图预算不得突破设计概算。

④设计概算是衡量设计方案技术经济合理性和选择最佳设计方案的依据。设计概算是设计方案技术经济合理性的综合反映，据此可以用来对不同的设计方案进行技术与经济合理性的比较，以便选择最后的设计方案。

⑤设计概算是考核建设项目投资效果的依据。通过设计概算与竣工决算对比，可以分析和考核投资效果的好坏，同时还可以验证设计概算的准确性，有利于加强设计概算管理和建设项目的造价管理工作。

3．设计概算的分类

设计概算按工程特征可分为建筑工程概算和设备安装工程概算。建筑工程概算又分为土建工程概算、给排水工程概算、采暖通风工程概算、电气照明工程概算。单位工程概算是单项工程综合概算文件的组成部分。工程概算按编制的范围与程序，可分为单位工程概算、单项工程概算、其他工程和费用概算、总概算等。

4．三级概算的相互关系

设计概算通常分为单位工程概算、单项工程综合概算和建设项目总概算三级。各级概算之间的相互关系如图 12-1 所示。

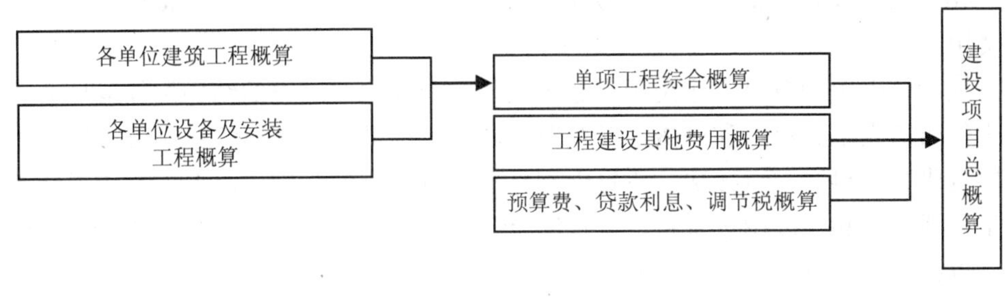

图 12-1　三级概算相互关系

二、设计概算的编制原则、依据及特点

（一）设计概算的编制原则

为提高建设项目设计概算编制质量，科学合理确定建设项目投资，设计概算编制应坚持以下原则：

①严格执行国家建设方针和经济政策。

②要完整、准确地反映设计内容。编制设计概算时，要充分调查研究，掌握第一手资料，认真了解设计意图，根据设计文件、图纸准确计算工程量，避免重算和漏算。设计修改后，要及时修正概算。

③要结合拟建工程的实际，反映工程所在地当时价格水平。为提高设计概算的准确性，要求实事求是地对工程所在地的建设条件、可能影响造价的各种因素，认真进行调查研究。在此基础上正确使用定额、指标、费率和价格等各项编制依据，按照现行的工程造价的构成，根据有关部门发布的价格信息及价格调整指数，考虑建设期的价格变化因素，使概算尽可能地反映设计内容、施工条件和实际价格。

④抓住主要矛盾，突出重点，保证概算编制质量。概算编制时由于受设计深度的制约，局部细节尚不详尽，因此应注重关键项目和主要部分的编制精度，以便更好地控制整个建设项目的概算造价。

（二）设计概算的编制依据

设计概算的编制依据主要有：

（1）批准的可行性研究报告、投资估算书。

（2）初步设计或扩大初步设计图纸、技术文件。

（3）工程所在地人工工资标准、材料预算价格、机械台班价格等资料。

（4）国家或工程所在省、市、自治区现行的建筑工程概算定额或概算指标。

（5）工程所在地区的自然、技术经济条件方面的资料。

（6）国家或省、市、自治区最新颁布的建筑安装工程间接费取费标准和其他有关费用文件。

编制依据中的概算定额是规定建筑安装企业为完成完整的结构构件或扩大的结构构件所需人工、材料和机械消耗及费用的数量标准。利用概算定额可计算人工、机械台班、材料费及直接费。概算定额是在预算定额的基础上，根据有代表性的建筑工程通用图和标准图等资料，进行综合、扩大和合并而成，因此，建筑工程概算定额也称“扩大的结构定额”。由于概算定额综合了若干分项工程的预算定额，因而使概算工程量的计算和概算表的编制，都比编制预算定额简化了很多。

建筑工程的概算指标则常以每 100 m^2 建筑面积或 100 m^3 建筑体积（容积）为计算单位，构筑物以座为计算单位，安装工程以成套设备或装置的台、组、套、吨为计算单位以确定某一建筑物、构筑物的建设或设备、生产装置的购置和安装所需人工、材料、机械消耗量或资金需要量。概算指标通常有综合指标和单项指标两种表现形式。概算指标是编制初步设计概算，确定概算造价的依据；是设计单位进行设计方案的技术经济分析，衡量设计水平，考核基本建设投资效果的依据；概算指标是编制投资估算指标的依据。

概算指标比概算定额更加综合扩大，其主要内容包括 5 部分：

①总说明：说明概算指标的编制依据、适用范围、使用方法等。

②示意图：说明工程的结构形式。工业项目中还应表示出吊车规格等技术参数。

③结构特征：详细说明主要工程的结构形式、层高、层数和建筑面积等。

④经济指标：说明该项目每 100 m^2 建筑面积或 100 m^3 建筑体积或每座构筑物的造价指标，以及其中土建、水暖、电器照明等单位工程的相应造价。

⑤分部分项工程构造内容及工程量指标：说明该工程项目各分部分项工程的构造内容，相应计量单位的工程量指标，以及人工、材料消耗指标。

（三）设计概算编制的特点

概算相对于投资估算与施工图预算而言，起着承上启下的作用。它基于投资估算，又要作为控制施工图预算的依据，要求准确，不得有大的遗漏或高估冒算。概算的编制与施工图预算编制相比，具有以下三个方面的特点：

（1）简略。如概算指标的计量单位是以整个建筑物每 100 m^2 为计量单位，构筑物以“座”为单位计算。

（2）综合。用于编制概算的概算定额或概算指标，与预算定额相比具有很强的综合性。例如，概算定额中砖基础扩大分项工程，是由预算定额中五个关联性较大的分项工程合并而成，它们是以砌砖基础为主要工作内容，包含施工顺序相衔接的人工挖地槽、砌砖基础、铺设防潮层、回填土、余土外运等内容。

（3）快捷。“缩短工期、加快进度”是建设主体各方所共同追求的目标。为使建设工程在不违背基建程序的前提下，力求在时间顺序上能交替展开或重叠进行，就不能等到施工图设计全部完成之后再来进行工程造价分析。为了争主动、抢时间，概算的编制处于初步设计或扩大初步设计阶段。在保证一定精度的前提下，与基于施工图的预算编制相比能充分体现出一个“快”字，从而为工程开工的前期准备赢得充裕的时间。

三、设计概算的编制方法

（一）单位工程概算的编制方法

单位工程是单项工程的组成部分，是指具有单独设计可以独立组织施工，但不能独立发挥生产能力或使用效益的工程。单位工程概算由建筑安装工程中的直接工程费、间接费、计划利润和税金组成。

单位工程概算分建筑工程概算和设备及安装工程概算两大类。建筑工程概算的编制方法有概算定额法、概算指标法、类似工程预算法等；设备及安装工程概算的编制方法有预算单价法、扩大单价法、设备价值百分比法和吨位指标法等。

1．建筑工程概算的编制方法

（1）概算定额法。又叫扩大单价法或扩大结构定额法。它是采用概算定额编制建筑工程概算的方法，类似用预算定额编制建筑工程预算。根据初步设计图纸资料和概算定额的项目划分计算出工程量，然后套用概算定额，计算汇总后，再计取有关费用，便可得出单位工程概算造价。概算定额法要求初步设计达到一定深度、建筑结构上较明确时，才可采用。

（2）概算指标法。是拟建厂房、住宅的建筑面积或体积乘以技术条件相同或基本相同的概算指标编制概算的方法。当初步设计深度不够，不能准确地计算出工程量，但工程设计是采用技术比较成熟而又类似工程概算指标可以利用时，可采用概算指标法。由于拟建工程（设计对象）往往与类似工程概算指标的技术条件不尽相同，而且概算指标编制年份的设备、材料、人工等价格与拟建工程当时当地的价格也不会一样。因此，必须对其进行调整。

（3）类似工程预算法。适用于拟建工程初步设计与已完工程或在建工程的设计相类似又没有可用的概算指标时，但必须对建筑结构差异和价差进行调整。建筑结构差异的调整方法与概算指标法的调整方法相同。类似工程造价的价差调整有两种方法：一是类似工程造价具体的人工、材料、机械台班的用量，可按类似工程造价资料中的主要材料用量、工日数量、机械台班用量乘以拟建工程所在地的相近日期的主要材料预算价格、人工单价、机械台班单价，计算其工程直接费，再乘以当地的综合费率；二是类似工程造价只有人工、材料、机械台班费用和其他直接费、现场经费、间接费时，可按下面公式调整：

$$M=a\%M_1+b\%M_2+c\%M_3+d\%M_4+e\%M_5+f\%M_6 \quad (12-7)$$

式中：M——综合调整系数；

$a\%$，$b\%$，$c\%$，$d\%$，$e\%$，$f\%$——类似工程预算的人工费、材料费、机械费、其他直接费、现场经费、间接费占全部投资价值的百分率；

M_1，M_2，M_3，M_4，M_5，M_6——类似工程预算的人工费、材料费、机械费、其他直接费、现场经费、间接费的调整系数。

2．设备及安装工程概算的编制方法

设备购置费概算由设备原价和运杂费两项组成，标准设备原价可根据设备型号规格、性能、材质、数量及附带的配件，向制造厂家问价或向设备、材料信息部门查询或按主管部门规定的现行价格逐项计算。非标准设备和器具的原价可按主要标准设备原价的百分比计算。百分比指标按主管部门或地区有关规定执行。

设备安装工程概算的编制方法有以下几种：

（1）预算单价法。当初步设计较深，有详细的设备清单时，可直接按安装工程预算定额单价编制设备安装工程概算，概算程序基本同安装工程施工图预算。

（2）扩大单位法。当初步设计深度不够，设备清单不完备，只有主体设备或仅有成套设备质量时，可采用主体设备、成套设备的综合扩大安装单价来编制概算。

（3）设备估价百分比法。又叫安装设备百分比法。当初步设计深度不够，只有设备出厂价而无具体规格、质量时，安装费可按占设备费的百分比计算。其百分比值由主管部门制定或设计单位根据已完工类似工程确定。价格波动不大的定型产品和通用设备产品，应用下式计算设备安装费：

设备安装费＝设备原价×安装费率（%）

（4）综合吨位指标法。当初步设计提供的设备清单有规格和质量时，可采用综合吨位指标编制概算，其综合吨位指标由主管部门或由设计院根据已完类似工程资料确定。

设备安装费＝设备质量（t）×每吨设备安装费指标（元/t）

（二）建设项目总概算的编制方法

建筑项目总概算是设计文件的重要组成部分，是确定整个建设项目从筹建到竣工交付使用所预计花费的全部费用的文件。它是由各单项工程综合概算、工程建设其他费用、预备费、固定资产投资方向调节税和经营性项目的铺底资金，按照主管部门规定的统一表格进行编制而成。

四、设计概算编制步骤

重点介绍三种单位工程设计概算的编制步骤。一是用概算定额编制概算；二是用概算指标编制概算；三是用类似工程预算成果编制概算。

（一）用概算定额编制概算步骤

（1）收集编制概算的基础资料。除前面已经列出的编制依据外，还应获得施工方法和技术规范方面的资料。

（2）熟悉设计图纸和其他设计文件，掌握施工现场情况。充分了解设计意图，掌握工程全貌，明确工程的结构形式和特点；深入施工现场了解建设地点的地形、地貌以及作业环境，并加以核实、分析和修正。

（3）分列工程项目。应根据概算定额手册所列项目及顺序，结合初步设计图纸内容进行划分和列出。

（4）零星工程项目计取。没有包括的零星工程项目，可暂不计算，按占工程概算造价直接费的百分比表示，称不可预见工程费，一般按工程直接费的5%～8%计取。

（5）套用概算定额。必须严格按照概算定额说明中的规定套用。对于定额中未包括的项目（非零星项目）可有两种解决方法：一是按预算定额执行；二是制定补充概算定额项目。

表 12-5 是某建筑工程中基础工程概算表，表 12-6 为主要材料表格式。套用定额计算工程直接费后，再计取各项费用（包括间接费、计划利润、其他费用和税金）。

（6）计算工程概算造价并确定单位造价指标。

工程概算造价＝直接费＋间接费＋计划利润＋其他费用＋税金

单位造价指标＝工程概算造价÷工程建筑面积（元/m^2）

表 12-5　建筑工程概算（工程直接费计算）

序号	定额编号	工程或费用名称	工程量		概算单价/元	
			单位	数量	单价	合价
1	30-9	砖基础	10 m^3	18.41	542.12	9980.43
2	38-62	独立钢筋混凝土基础	10 m^3	0.50	1330.45	665.23
3	40-73	基础梁	10 m^3	6.59	1855.83	12229.92
4	41-76	桩承台	10 m^3	19.30	1328.20	25634.26
5	48-121	钢筋混凝土灌注桩	m^3	270.74	134.88	36571.40
6	51-151	钢筋笼	t	17.50	680.46	11908.05
		小计				96989.29

表 12-6　主要材料表格式

序号	工程项目名称	钢筋	型钢	水泥	木材	……
		t	t	t	m^3	……

（二）用概算指标编制概算步骤

当初步设计深度不够、设计文件不完备、处于方案阶段或不能依据设计文件准确地计算各分部分项工程的工程量时，可采用概算指标编制拟建工程的概算造价。编制步骤如下：

（1）收集概算的原始资料。与采用概算定额编制法所要收集的基础资料相同。

（2）根据初步设计文件和工程量计算规则及方法，计算建筑面积或建筑体积。

（3）计算工程直接费和主要材料消耗量。

直接费的计算方法为：

直接费＝每平方米建筑面积直接费指标×建筑面积

直接费＝每立方米建筑体积直接费指标×建筑体积

主要材料消耗量的计算方法为：

主要材料消耗量＝每平方米建筑面积主要材料消耗量×建筑面积

主要材料消耗量＝每立方米建筑体积主要材料消耗量×建筑体积

（4）计取间接费、计划利润、其他费用和税金，确定工程概算造价及技术经济指标。

采用概算指标编制概算的前提条件是拟建工程项目的结构特征、工程内容要基本相同。如果拟建工程的结构特征、工程内容与概算指标的规定有局部不同时，应先对概算指标进行修正，再用修正后的概算指标计算直接费。

例 12-5 某圆形泵房，外径 14.5 m，±0.000 以上建筑为砖混结构，高 6.0 m，下部为钢筋混凝土结构，深 11.56 m，采用概算指标编制土建单位工程概算。

解：如表所示，某泵房土建概算结果为 3 082 300.2 元。

某泵房土建概算表

序号	编制依据	工程或费用名称	工程量		概算单价/元	
			单位	数量	单价	合价
1		上部建筑	m^2	166	960	159 360
2		下部建筑	m^3	1 920	600	1 152 000
3		金属结构	t	12	4 500	54 000
4		其他及设计预算 5%				68 268
5		直接费小计				1 433 628
6		间接费 15%				215 044.2
7		合计				3 082 300.2

（三）用类似工程预算成果编制概算步骤

这是一种较为方便、快捷的概算编制方法。其前提是应具有可比性，即拟建工程在建筑面积、结构特征等方面与已建或在建工程基本一致。采用类似工程预算成果编制概算应考虑类型差异的调整、时距差异的调整、地域差异的调整等，一般可用综合调整系数表示。拟建工程概算造价计算公式为：

$$拟建工程概算造价 = K \times 类似工程预（决）算价值$$

式中：K——综合调整系数，是考虑拟建工程与类似工程由于建设地点不同、时间不同等多种因素而引起人工费、材料费、施工机械台班费以及其他费用（如利润、税金）的差别所做的调整。

例 12-6 某待建污水处理厂处理能力 $Q=4\ 000\ m^3/d$，二级处理，同类工程调查可知：某同类型污水处理厂决算价值为 2 050 万元。试概算拟建污水处理厂造价。

解：根据工程所在地的人工工资标准，材料预算价格、机械台班预算价格以及其他费用与同类型污水处理厂的差别，综合调整系数取 $K=1.6$。

拟建污水处理厂造价＝2 050×1.6＝3 280（万元）

（四）概算编制中应注意的问题

（1）应按照概算定额（指标）的规定、项目划分与工程量计算规则、设计图纸的深度进行计算，不得任意加大或缩小各部位的尺寸。

（2）对于列项顺序，为避免重复或遗漏，应按一定的层次、部位、轴线编号等一定的规律进行。一个单位工程按一个确定的规则，如按定额（或指标）项目的顺序并在图纸上按逆时针方向计算；或按统筹法，即利用“基数连续计算、一次计算多次使用”的方法进行。

（3）应尽量采用表格形式进行计算，按照各地区统一格式和规定的程序进行，既清晰整洁，又便于审核，能减少重复劳动，提高工作效率；同时还应充分利用图纸中的各种表格，如门窗表、钢筋表、设备清单等。

（4）计量单位应与定额（或指标）所规定的相一致。工程量计算公式中的数字应按相同的次序排列，如长×宽。价与量的精度前后应一致，如统一精确到小数点后两位。

（5）概算指标是一种综合性很强的指标，因此，在选用概算指标时，要特别慎重，使设计对象与所选用的指标在多方面尽量一致或接近。在应用概算指标时，有两种情况：一种情况是直接套用，即拟建工程的结构特征与概算指标吻合；另一种情况是拟建工程与概算指标在建筑特征、结构特征、自然条件和施工条件上不完全一致，此时必须对指标的局部内容进行调整后再套用。

（五）单位工程概算书组成

设计概算文件一般包括封面及目录、编制说明、总概算表、工程建设其他费用概算表、单项工程综合概算表、单位工程概算表、工程量计算表、分年度投资汇总表与分年度资金流量汇总表以及主要材料汇总表与工日数量表等。

1．封面格式

封面与估算书封面基本相同，主要反映建设单位、工程名称、工程地址、编制时间、编制人、审核人，以及编制单位与建设单位的负责人等栏目。

____________________工程

概　算　书

建筑单位：________________

工程地址：________________

编制时间：______年____月____日

编制人：________审核人：________

编制单位：　　　　　　　　建设单位：

（盖章）　　　　　　　　　（盖章）

负责人：　　　　　　　　　负责人：

2．概算造价汇总表

概算造价汇总表包括直接费、间接费、利润、其他费用、税金，以及概算价值总计。概算汇总表格式见表 12-7。

表 12-7　概算造价汇总

序号	费用项目名称	计费基数	费率	概算价值/元		备注
				合计	其中人工费	
1	（一）直接费					
	1．定额直接费					
	2．其他直接费					
2	（二）间接费					
	1．施工管理费					
	2．临时设施费					
	……					
3	（三）利润					
4	（四）其他费用					
	1．远地工程费					
	2．材料价差					
	……					
5	（五）税金					
总计		万　仟　佰　拾　元　角　分				

审核：　　编制：　　　证号：　　编制日期：　年　月　日

3．建筑工程概算表、建筑安装工程概算表以及编制说明

建筑工程概算表格式见表12-8，与建筑工程概算表配合使用的还有建筑材料表（表12-6）。

建筑安装工程概算表与建筑工程概算表相似，只是由于取费计算时以人工费为基数，概算价值中须将人工费单独列出。建筑安装工程概算见表12-8。

表12-8　建筑安装工程概算

序号	定额编号	工程或费用名称	工程量		定额单价/元		概算价值/元	
			单位	数量	合计	其中人工	总价	人工费
1								
2								
3								
		小计						

第三节　施工图预算

一、施工图预算的概念及作用

（一）施工图预算的概念

施工图预算是施工图设计预算的简称，也叫设计预算。是按建筑安装工程的施工图纸计算工程量，由施工组织设计确定施工方案，依据现行预算定额或基价表、取费标准等进行计算和编制的单位工程或单项工程建设费用的经济文件。

（二）施工图预算的作用

（1）施工图预算是设计阶段控制工程造价的重要环节，是控制施工图设计不突破设计概算的重要措施。

（2）施工图预算是编制或调整固定资产投资计划的依据。

（3）对于实行施工招标的工程，施工图预算是编制标底的依据，也是承包企业投标报价的基础。

（4）对于不宜实行招标而采用施工图预算加调整价结算的工程，施工图预算可作为确定合同款的基础或作为审查施工企业提出的施工图预算的依据。

二、施工图预算的编制依据

（一）编制依据

（1）施工图。是计算工程量和套用预算定额的依据，施工图除了施工蓝图外，还包括标准施工图、图纸会审纪要和设计变更等，都是编制施工图预算的重要依据。

（2）施工组织设计或施工方案。是编制施工图预算过程中，计算工程量和套用预算定额时，确定土方类别、基础工作面大小、构件运输距离及运输方式等的依据。

（3）建筑安装工程预算定额、消耗量定额。是各省、市、自治区和各专业部门规定的预算定额及消耗量定额。

（4）地区材料预算价格。是计算材料费和调整材料价的依据。

（5）费用定额和税率。包括措施费、间接费、利润和税金的计算基础和费率、税率的规定。

（6）施工合同。是确定收取哪些费用，控制费用收取的依据。

（二）预算定额

要做好环境工程施工图预算，必须熟悉预算定额的具体内容，特别是定额的说明及有关工程量的计算方法和计算规则，只有在此基础上才能保证施工图预算的准确性。

预算定额是指在正常合理的施工条件下，规定完成一定计量单位的分项工程或结构构件所必需的人工、材料和施工机械台班以及价值的消耗量标准。

预算定额是编制施工图预算，确定工程预算造价的依据；是招投标工作中招标单位确定标底、投标单位投标报价的依据；是设计方案、新结构、新技术、新工艺经济评价的依据；是施工企业编制施工组织计划，确定人工、材料、机械台班的依据，可作为施工企业管理及经济核算的依据；是编制概算定额和概算指标的基础数据。

不同时期、不同专业和不同地区的定额，在内容上虽不完全相同，但其基本内容变化不大，主要包括：总说明、分章（分部工程）说明、分项工程说明、定额项目表、分章附录和总附录。有些预算定额为方便使用，把工程量计算规则编入内容。

在总说明中，主要阐述预算定额的用途，定额编制依据、作用；适用范围；确定人、材、机定额指标的依据、条件和必要说明；工程图纸设计使用的材料、半成品强度等级与定额不符合时，是否允许换算调整；其他直接费的组成内容、计算方法；其他与定额指标有关的说明。

分部说明主要阐述分部工程定额编制依据；适用范围；定额项目的名称、定义、名词解释；不同情况或条件下定额数据的增减或调整系数，调整方法。

另外还有建筑面积计算规则、分部工程量计算规则。

表格部分主要包括：

定额表。表头有工程内容，定额计算单位；表内有定额编号、基价、人材机消耗量；附注（是对定额表中某些问题的进一步说明和补充）（表 12-9），以及供定额换算、编制施工作业计划及队组核算用的附录、附件。

表 12-9　人工挖土方、沟槽、基坑

工程内容：1．挖土、装土、修理底边。

2．沟槽、基坑土方，将土置于槽、坑边 1 m 以外 5 m 以内自然堆放，沟槽、基坑底夯实。

（单位：100 m³）

定额编号				01001	01002	01003	01004
项目				挖土方		挖沟槽、基坑	
				深度 2.0m 以内			
				普通土	坚土	普通土	坚土
名称		单位	单价	数量			
基价		元		459.01	959.39	762.39	1 555.51
其中	人工费	元		459.01	959.39	762.39	1 555.51
	材料费	元		—	—	—	—
	机械费	元		—	—	—	—
综合工日		工日	19.70	23.30	48.70	38.70	78.96

除预算定额外，预算人员经常用到的还有单位估价表和单位估价汇总表。单位估价表，又称地区统一基价表，是全国各个省、市、自治区主管部门根据《全国统一建筑工程基础定额》中的每个项目所制定的综合人工、材料消耗量和机械台班量等定额数量，配合本地区所确定的人工单价、材料取定价和机械台班单价等，而制定出定额各相应项目的基价、人工费、材料费和机械费等的一种价值表。它是现行建筑工程预算定额在某个城市或地区的具体表现形式，是该地区编制施工图预算的直接基础资料。单位估价汇总表则是在单位估价表的基础上编制而成的，汇总表一般不列出分项工程的人工、材料、机械的数量，而只给出单位价值与其中的人工费、材料费、机械费。

三、定额计价的施工图预算的编制方法

施工图预算的编制方法有单价法和实物法。

（一）单价法

单价法是用事先编好的分项工程的单位估价表来编制施工图预算的方法。

单位工程施工图预算的直接费＝∑（分项工程量×预算定额单价）

单位工程施工图预算的间接费＝定额直接费（或人工费）×间接费率

单位工程施工图预算的利润＝（定额直接费＋间接费）（或人工费）×利润率

税金按有关规定计算。

单位工程造价＝直接费＋间接费＋利润＋税金

单价法编制施工图预算的步骤如图 12-2 所示。

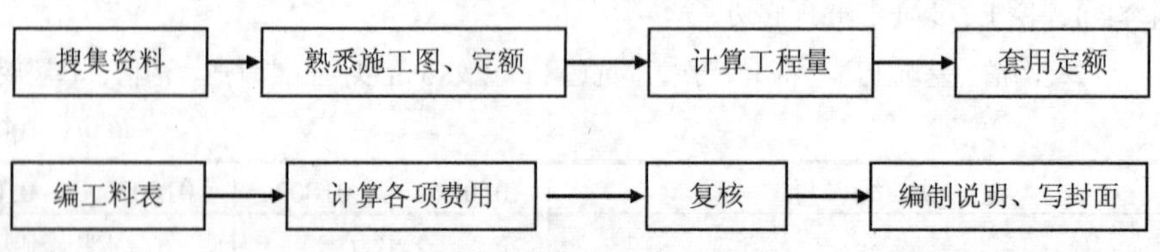

图 12-2　单价法编制施工图预算的步骤

具体步骤：

（1）搜集各种编制依据材料。例如施工图纸、施工组织、现行预算定额、费用定额、工程量计算规则、预算手册和地区材料、人工、机械台班预算价格与调价规定等。

（2）熟悉施工图纸和定额。只有对施工图和定额有全面详细的了解，才能准确计算出工程量，从而合理编制出施工预算造价。

（3）计算工程量。工程量的计算在整个预算过程中是最重要、最繁重的一个环节，影响预算的及时性和预算造价的准确性。因此，必须在工程量计算上狠下工夫，确保预算质量。

（4）套用预算定额单价。工程量计算完毕并核对无误后，把所算出的分部分项工程量乘以单位估价表中相应的定额基价，相乘后相加汇总，求出单位工程的定额直接工程费。

（5）编制工料分析表。由各分部分项工程的实际工程量与相应定额中的项目所列用工工日及材料数量，计算出各分部分项工程所耗人工及材料数量，相加汇总得出该单位工程所需的各类人工及材料数量。

（6）计算其他各项应取费用和汇总造价。按造价构成中规定的费用项目、费率及计算基础，计算出间接费、利润和税金，汇总得单位工程造价。

（7）复核。单位工程预算编制后，有关人员对单位工程预算进行复核，以便及时发现差错，提高预算质量。

（8）编写编制说明，填写封面装订成册。

（二）实物法

用实物法编制施工图预算，首先计算出各分项工程的实物工程量，分别套取预算定额，并按类相加，求出单位工程所需的各种人工、材料、施工机械台班的消耗量，然后分别乘以当地当时的各种人工、材料、机械台班的实际单价，求得人工费、材料费、施工机械使用费，再汇总求和。其他直接费、间接费、利润、税金的计算方法均与单价法相同。

用实物法编制施工图预算的主要公式为：

单位工程施工图预算直接费＝（人工费＋材料费＋机械使用费）×（1＋其他直接费费率）

式中：人工费＝∑工程量×定额人工消耗量×当时当地人工工资单价

材料费＝∑工程量×定额材料消耗量×当时当地材料预算价格

机械使用费＝∑工程量×定额机械台班消耗量×当时当地机械台班单价

四、建筑安装工程费用计算程序

拟定建筑安装工程费用计算程序主要有两个方面的内容：一是拟定费用项目和计算顺序；二是拟定取费基础和各项费率。

（一）建筑安装工程费用项目及计算顺序的拟定

各地区参照国家主管部门规定的建筑安装工程费用项目和取费基础，结合本地区实际情况拟定费用项目和计算顺序，并颁布本地区使用的建筑安装工程费用计算程序。

（二）费用计算基础和费率的拟定

在拟定建筑安装工程费用计算基础时，应遵照国家的有关规定，应遵守确定工程造价的客观经济规律，使工程造价的计算结果能较准确地反映行业的生产力水平。当取费基础和费用项目确定之后，就可以根据有关资料测算出各项费用的费率，以满足计算工程造价的需要。

（三）建筑安装工程费用计算程序表

通常建筑工程定额计价按图12-3所示程序进行，先计算直接费、间接费、利润和税金，最后汇总得到工程造价。

建筑安装工程费用计算程序见表12-10。

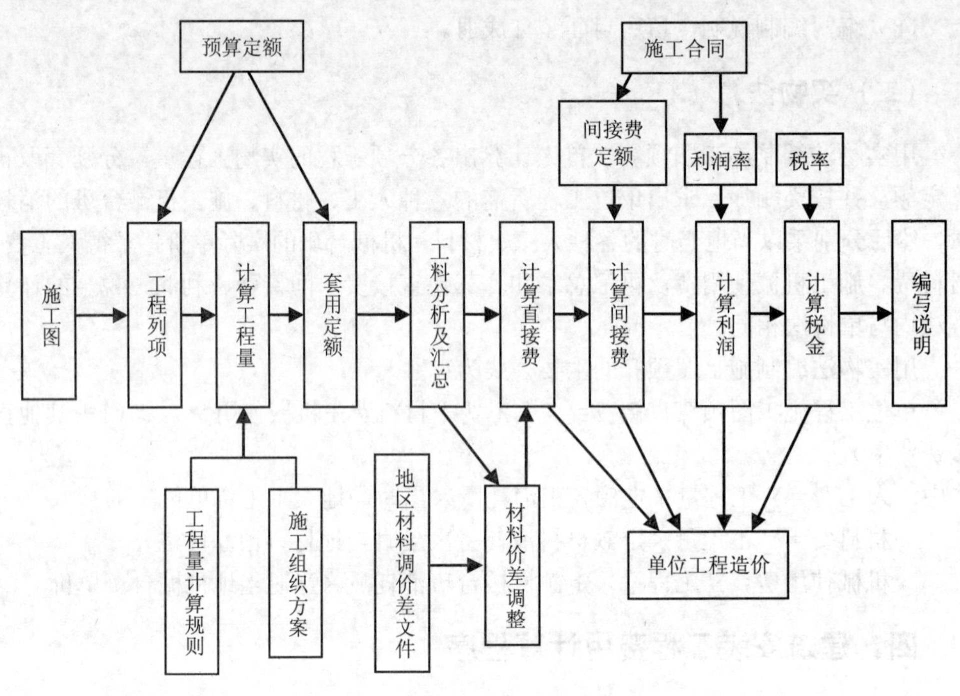

图 12-3　建筑工程定额计价程序

表 12-10　建筑安装工程费用（造价）计算程序

<table>
<tr><th rowspan="2">费用名称</th><th rowspan="2">序号</th><th rowspan="2" colspan="2">费 用 项 目</th><th colspan="2">计　算　式</th></tr>
<tr><th>以定额直接工程费为计算基础</th><th>以定额人工费为计算基础</th></tr>
<tr><td rowspan="15">直接费</td><td>（一）</td><td colspan="2">直接工程费</td><td>∑（分项工程量×定额基价）</td><td>∑（分项工程量×定额基价）</td></tr>
<tr><td>（二）</td><td colspan="2">单项材料价差调整</td><td>∑[单位工程某材料用量×（现行材料单价－定额材料单价）]</td><td>∑[单位工程某材料用量×（现行材料单价－定额材料单价）]</td></tr>
<tr><td>（三）</td><td colspan="2">综合系数调整材料价差</td><td>定额材料费×综合调整系数</td><td>定额材料费×综合调整系数</td></tr>
<tr><td rowspan="12">（四）</td><td rowspan="12">措施费</td><td>环境保护费</td><td>按规定计取</td><td>按规定计取</td></tr>
<tr><td>文明施工费</td><td>（一）×费率</td><td>定额人工费×费率</td></tr>
<tr><td>安全施工费</td><td>（一）×费率</td><td>定额人工费×费率</td></tr>
<tr><td>临时设施费</td><td>（一）×费率</td><td>定额人工费×费率</td></tr>
<tr><td>夜间施工费</td><td>（一）×费率</td><td>定额人工费×费率</td></tr>
<tr><td>二次搬运费</td><td>（一）×费率</td><td>定额人工费×费率</td></tr>
<tr><td>大型机械进出场及安拆费</td><td>按措施项目定额计价</td><td>按措施项目定额计价</td></tr>
<tr><td>混凝土、钢筋混凝土模板及支架费</td><td>按措施项目定额计价</td><td>按措施项目定额计价</td></tr>
<tr><td>脚手架费</td><td>按措施项目定额计价</td><td>按措施项目定额计价</td></tr>
<tr><td>已完工程及设备保护费</td><td>按措施项目定额计价</td><td>按措施项目定额计价</td></tr>
<tr><td>施工排水、降水费</td><td>按措施项目定额计价</td><td>按措施项目定额计价</td></tr>
</table>

费用名称	序号	费用项目		计算式	
				以定额直接工程费为计算基础	以定额人工费为计算基础
间接费	（五）	规费	工程排污费	按规定计取	按规定计取
			工程定额测定费	（一）×费率	定额人工费×费率
			社会保障费	定额人工费×费率	定额人工费×费率
			住房公积金	定额人工费×费率	定额人工费×费率
			危险作业意外伤害保险	定额人工费×费率	定额人工费×费率
	（六）	企业管理费		（一）×企业管理费费率	（一）×企业管理费费率
利润	（七）	利润		（一）×利润率	定额人工费×利润率
税金	（八）	营业税		[（一）～（七）之和]×$\frac{营业税率}{1-营业税率}$	[（一）～（七）之和]×$\frac{营业税率}{1-营业税率}$
	（九）	城市维护建设税		（八）×城市维护建设税率	（八）×城市维护建设税率
	（十）	教育费附加		（八）×教育费附加税率	（八）×教育费附加税率
工程造价		工程造价		（一）～（十）之和	（一）～（十）之和

（四）建筑安装工程费率确定

计算建筑安装工程费用，要根据工程类别和施工企业取费证等级确定各项费率。

1．建设工程类别划分

（1）建筑工程类别划分见表 12-11。

（2）装饰工程类别划分见表 12-12。

表 12-11 建筑工程类别划分

类别	内容
一类工程	跨度 30 m 以上的单层工业厂房；建筑面积 9 000 m^2 以上的多层工业厂房； 单炉蒸发量 10 t/h 以上或蒸发量 30 t/h 以上的锅炉房； 层数 30 层以上的多层建筑； 跨度 30 m 以上的钢网架、悬索、薄壳层盖建筑； 建筑面积 12 000 m^2 以上的公共建筑，20 000 个座位以上的体育场； 高度 100 m 以上的烟囱；高度 60 m 以内或容积 100 m^3 以上的水塔；容积 4 000 m^3 以上的池类
二类工程	跨度 30 m 以内的单层工业厂房；建筑面积 6 000 m^2 以上的多层工业厂房； 单炉蒸发量 6.5 t/h 以上或蒸发量 20 t/h 以上的锅炉房； 层数 16 层以上多层建筑； 跨度 30 m 以内的钢网架、悬索、薄壳层盖建筑； 建筑面积 8 000 m^2 以上的公共建筑，20 000 个座位以内的体育场； 高度 100 m 以内的烟囱；高度 60 m 以内或容积 100 m^3 以内的水塔；容积 3 000 m^3 以上的池类

三类工程	跨度 24 m 以内的单层工业厂房；建筑面积 3 000 m^2 以上的多层工业厂房； 单炉蒸发量 4 t/h 以上或蒸发量 10 t/h 以上的锅炉房； 层数 8 层以上多层建筑； 建筑面积 5 000 m^2 以上的公共建筑； 高度 50 m 以内的烟囱；高度 40 m 以内或容积 50 m^3 以内的水塔；容积 1 500 m^3 以上的池类； 栈桥、混凝土贮仓、料斗
四类工程	跨度 18 m 以内的单层工业厂房；建筑面积 3 000 m^2 以内的多层工业厂房； 单炉蒸发量 4 t/h 以内或蒸发量 10 t/h 以内的锅炉房； 层数 8 层以内多层建筑； 建筑面积 5 000 m^2 以内的公共建筑； 高度 30 m 以内的烟囱；高度 25 m 以内的水塔；容积 1 500 m^3 以内的池类； 运动场、混凝土挡土墙、围墙、砖、石挡土墙

表 12-12　装饰工程类别划分

一类工程	每平方米（装饰建筑面积）定额直接费（含未计价材料费）1 600 元以上的装饰工程； 外墙面各种幕墙、石材干挂工程
二类工程	每平方米（装饰建筑面积）定额直接费（含未计价材料费）1 000 元以上的装饰工程； 外墙面二次块料面层单项装饰工程
三类工程	每平方米（装饰建筑面积）定额直接费（含未计价材料费）500 元以上的装饰工程
四类工程	独立承包的各类单项装饰工程；每平方米（装饰建筑面积）定额直接费（含未计价材料费）500 元以内的装饰工程；家庭装饰工程

注：除一类装饰工程外，有特殊声光要求的装饰工程，其类别按上表规定相应提高一类。

2．施工企业工程取费级别评审条件（表 12-13）

表 12-13　施工企业工程取费级别评审条件

取费级别	评审条件
一级取费	（1）企业具有一级资质证书 （2）企业近五年来承担过两个以上一类工程 （3）企业参加了社会劳保统筹，退（离）休职工人数占在册职工人数 30%以上
二级取费	（1）企业具有二级资质证书 （2）企业近五年来承担过两个以上二类及其以上工程 （3）企业参加了社会劳保统筹，退（离）休职工人数占在册职工人数 20%以上
三级取费	（1）企业具有三级资质证书 （2）企业近五年来承担过两个三类及其以上工程 （3）企业参加了社会劳保统筹，退（离）休职工人数占在册职工人数 10%以上
四级取费	（1）企业具有四级资质证书 （2）企业近五年来承担过两个四类及其以上工程 （3）企业参加了社会劳保统筹，退（离）休职工人数占在册职工人数 10%以下

3．建筑安装工程费用费率实例

（1）措施费标准。某地区建筑工程主要措施费标准见表 12-14。某地区装饰工程主要措施费标准见表 12-15。

表 12-14　建筑工程主要措施费标准　（单位：%）

工程类别	计算基础	文明施工	安全施工	临时设施	夜间施工	二次搬运
一类	定额人工费	1.5	2.0	2.8	0.8	0.6
二类	定额人工费	1.2	1.6	2.6	0.7	0.5
三类	定额人工费	1.0	1.3	2.3	0.6	0.4
四类	定额人工费	0.9	1.0	2.0	0.5	0.3

表 12-15　装饰工程主要措施费标准　（单位：%）

工程类别	计算基础	文明施工	安全施工	临时设施	夜间施工	二次搬运
一类	定额人工费	7.5	10.0	11.2	3.8	3.1
二类	定额人工费	6.0	8.0	10.4	3.4	2.6
三类	定额人工费	5.0	6.5	9.2	2.9	2.2
四类	定额人工费	4.5	5.0	8.1	2.3	1.6

（2）规费取费标准。某地区建筑工程、装饰工程主要规费标准见表 12-16。

表 12-16　建筑工程、装饰工程主要规费标准　（单位：%）

工程类别	计算基础	社会保障费	住房公积金	危险作业意外伤害保险
一类	定额人工费	16	6.0	0.6
二类	定额人工费	16	6.0	0.6
三类	定额人工费	16	6.0	0.6
四类	定额人工费	16	6.0	0.6
工程定额测定费：（一类～四类工程）直接工程费×0.12%				

（3）企业管理费标准。某地区企业管理费标准见表 12-17。

表 12-17　企业管理费标准　（单位：%）

工程类别	建筑工程		装饰工程	
	计算基础	费率	计算基础	费率
一类	定额直接工程费	7.5	定额人工费	38.6
二类	定额直接工程费	6.9	定额人工费	35.2
三类	定额直接工程费	5.9	定额人工费	32.5
四类	定额直接工程费	5.1	定额人工费	27.6

（4）利润标准。某地区利润标准见表 12-18。

表 12-18　利润标准　（单位：%）

取费级别		计算基础	利润	计算基础	利润
一级取费	Ⅰ	定额直接工程费	10	定额人工费	55
	Ⅱ	定额直接工程费	9	定额人工费	50
二级取费	Ⅰ	定额直接工程费	8	定额人工费	44
	Ⅱ	定额直接工程费	7	定额人工费	39
三级取费	Ⅰ	定额直接工程费	6	定额人工费	33
	Ⅱ	定额直接工程费	5	定额人工费	28
四级取费	Ⅰ	定额直接工程费	4	定额人工费	22
	Ⅱ	定额直接工程费	3	定额人工费	17

（5）计取税金标准。某地区计取税金标准见表 12-19。

表 12-19　计取税金标准　（单位：%）

工程所在地	营业税		城市维护建设税		教育费附加	
	计算基础	税率	计算基础	税率	计算基础	税率
在市区	直接费＋间接费＋利润	3.093	营业税	7	营业税	3
在县城、镇	直接费＋间接费＋利润	3.093	营业税	5	营业税	3
不在市区、县城、镇	直接费＋间接费＋利润	3.093	营业税	1	营业税	3

注：综合税率：纳税地点在市区的缴 3.461%；纳税地点在县城镇的缴 3.397%；纳税地点不在市区、县城、镇的缴 3.268%。

（五）环境工程安装工程施工图预算

通常说的设备安装指两个内容：一个指直接生产各种产品的机械设备安装，另一个指与建筑物有直接联系的设备安装。

1．工艺管道工程

（1）工艺管道定额的适用范围。

工艺管道定额主要适用于工业与民用建筑新建和扩建的安装工程项目，不适用于改建和修理工程项目及超高压管道工程。其主要内容和适用范围是：

① 厂区范围内的车间、装置、站类、罐区及其相互之间输送各种生产用介质的管道。

② 厂区范围外距离在 10 km 以内的各种生产用介质输送管道。

③ 场区内第一个连接点以内的生产用、生产和生活共用的给水、排水、蒸汽、煤气输送管道；民用建筑中的锅炉房、泵房、冷冻机房等的工艺管道。给水以第一

个入口水表井为界，排水以厂围墙外第一个污水井为界；蒸汽和煤气以第一个计量表（阀门）为界，锅炉房、泵房、冷冻机房则以墙外 1.5 m 为界。

（2）工艺管道工程量的计算。

工艺管道工程量的计算主要包括：管道安装、管件的连接与制作、阀门安装、法兰安装、板卷管制作、管架、金属构件制作与安装、管道焊缝等内容。

2．给排水工程

（1）给排水工程的组成

由取水、输水、净水和配水管网将符合于生产或生活质量标准的清洁用水送到各个用户的全部过程，称为给水。

将城市及工矿区排出的生活污水、生产废水和雨水集中并输送到适当的地点，经过净化处理后，使之达到环境保护的要求，称为排水。

①工业给水。

◆ 水源地工程，包括取水井、相应配套的水工构筑物、取水管道和取水泵房等；
◆ 净水工程，包括清水池、水处理设备、水分析设备、排污管道等；
◆ 水厂供水管道，由水源地输向水泵房，继续至厂区储水池之间的管道敷设，包括中间泵站；
◆ 全厂供水管网，包括厂区供水泵房及至全厂各车间（装置）的管网敷设；
◆ 循环水工程，包括循环水设备、凉水塔或冷却水池以及循环管道；
◆ 其他，如消防水管道和消火栓等。

②工业排水。

◆ 污水处理，包括分离池、排污泵房和排污池等；
◆ 排污管道，包括排污管道敷设和污水井等。

③民用给排水。包括给水系统设备和管道安装，如水表及水嘴安装、水箱安装、室内卫生设备及其他零星构件安装；排水系统，如排水管道、化粪池和泵设备安装等。

给排水施工图，分为室内给排水和室外给排水两部分。室内部分，表示一幢建筑物的给排水工程，包括平面图、立剖面图和详图。单独的构筑物，如泵房、水塔和水池等，分别设计，按土建和设备安装编制预算。

根据设计和施工习惯，按室内和室外分别编制预算。

室内外给水管道，以建筑物外墙皮或装置区的边界线外 1 m 为分界；室内外排水管道，以建筑物或装置区外的第一个检查井为分界。

给排水常用的材料、设备分为四类：管材、管件、阀门和卫生设备。

（2）给排水工程施工图预算书的编制依据

①施工图纸。经过会审后的给排水工程施工图是计算给排水工程工程量的主要依据，也是编制施工图预算的基础资料之一。

②预算定额。国家颁发的管道安装工程预算定额、机械设备安装工程预算定额、刷油保温防腐蚀工程预算定额等，是编制给排水工程施工图预算的主要依据。它确定了分项工程项目的划分、计量单位，并规定了工程量计算规则等，为计算工程量和编制预算提供了重要依据。

③单位估价表和补充单位估价表。为编制预算提供了各分项工程的单价资料，是计算直接费必不可少的基础资料。

④安装工程费用取费标准。是计算间接费的依据。而直接费、间接费和法定利润，则是计算工程造价的依据。

⑤材料预算价格表。是编制施工图预算、进行材料价格换算的必需资料之一。

（3）给排水工程施工图预算书的编制步骤

给排水工程施工图预算书的编制步骤大体上与土建工程施工图预算书的编制步骤相同。

①熟悉和审核施工图。在编制给排水工程施工图预算时，首先要熟悉施工图纸，了解工程全貌。同时，要深入现场，了解管道沟开挖的断面和沟底工作面的大小、放坡的坡度和土壤类别等实际情况，在编制预算中加以充分考虑，使预算更加切合实际。

②计算工程量。给排水工程工程量计算得是否准确将直接影响到给排水工程施工图预算的质量，因此必须要充分保证工程量计算的准确性。同时，要按预算定额所划分的分项工程项目、计量单位和工程量的计算规则等，并按照一定的顺序，计算和汇总各分项工程的工程量。

③计算直接费。在计算和汇总工程量的基础上，按预算定额中分项工程的排列顺序，依次选套相应的预算单价，并逐项计算出分项工程的价值，将所有的价值加起来便可得出直接费。要充分注意预算定额中的有关规定和说明，避免漏项。工程直接费可根据下式计算：

$$工程直接费=\sum（预算单价\times 分项工程数量）$$

④计算施工管理费、其他间接费和法定利润。在计算出总的直接费和人工工资总额的基础上，根据政府所颁发的间接费取费标准和法定利润等规定，分别计算出间接费和法定利润。同土建间接费和法定利润的计算方法。

施工管理费率、其他间接费取费标准和法定利润率的选取，应根据地区的划分、企业的管理体制和工程的适用范围等因素来加以选取。

⑤计算工程预算造价。计算出总的直接费、间接费和法定利润后，将它们进行加和，便可得出工程预算造价。

为了进行技术经济分析，还应该计算出技术经济指标，如将工程预算造价除以建筑面积，即可求出每平方米建筑面积的给排水工程造价等。

（4）给排水工程施工图预算书的组成

通常情况下由以下几部分组成：编制依据、工程说明、工程量计算表、主要材料明细表、工程预算表。

3．电气安装工程

（1）电气安装工程组成

电气安装工程可以包括整个电力系统或其中的一部分，其主要项目组成如下：

①变配电设备。用来变换电源和分配电能的电气装置。变电所中的用电设备大多数是成套的定型设备，包括变压器、高低压开关设备、保护电器、测量仪表及连接母线等。

②蓄电池及整流装置。工厂内所用蓄电池，可作为厂内的电话通信、开关操作、继电保护、信号控制、事故照明等的支流电源。整流装置是将交流电转换成直流电的电气装置。

③架空线路。电能远距离输送，一般采用架空电力外线。外线工程分高压和低压两种，由电杆和导线组成。

④电缆。将一根或数根绝缘导线综合而成的线芯，裹以相应的绝缘层以后，外面包上密闭的包布的这种导线，称为电缆。电缆分为电力电缆、控制电缆、电话电缆三种。

⑤防雷及接地装置。指建筑物、构筑物的防雷接地、变配电系统接地、车间接地、设备接地以及避雷针接地装置等。包括接地极、避雷针、接地母线、避雷引下线和避雷网等。

⑥照明。包括灯具安装和线路敷设。

⑦配管配线。指把供电线路和控制线路由配电箱接到用电器具上的管线安装，分明配和暗配两种。

⑧动力安装。指高低压电动机及动力配电设备的安装。

⑨起重设备电气装置。指桥式起重机、电动葫芦等起重设备的电气装置的安装。

⑩电气设备试验调整。安装的电气设备在送电运行之前要进行严格的运行试验和调整。一般在安装前进行单体试验，安装后进行系统试验调整。

⑪辅助项目。主要包括自制的非标准盘、箱、板和母线夹具，以及金属支架制作安装。

（2）电气工程施工图预算书的编制依据和步骤

与“给排水工程”施工图预算书的编制依据和步骤大体相同，可参考编制。

（六）环境工程单项工程综合预算

1．概述

（1）综合预算的基本概念

综合预算是确定单项工程全部建设费用的综合性预算文件。它是根据构成该单项工程的各个单位工程预算以及其他工程和费用编制的，因此它包括了单项工程整个建造过程所需要的全部建设费用。

对于编制总概算的建设项目，其单项工程的综合预算不包括其他工程和费用。

（2）综合预算的作用

① 综合预算是确定设计方案经济合理性的依据。根据单项工程综合预算价值所确定的技术经济指标，不仅可以表达新建企业的单位生产能力的投资额大小，而且可以据此表达新建工程的单位服务能力的投资额大小。通过这些技术经济指标，就能够对设计方案进行技术经济评价，比较其合理性、先进性和可行性。

② 综合预算是建设单位编制主要材料申请计划和设备订货的依据。

③ 经过批准的单项工程综合预算是建设银行控制其贷款的依据。

④ 综合预算的准确性直接影响单项工程的投资数额及其经济效果。综合预算是以单项工程为对象编制的，编制准确与否不仅影响该单项工程的建设费用和投资效果，而且对编制总概算的建设项目，还将影响整个建设项目的建设费用和投资效果。

2．综合预算的内容

通常包括编制说明、综合预算表及其所附的单位工程预算表。

对于编制总概算的建设项目，其单项工程综合预算可以不附编制说明。

（1）编制说明

通常列于综合预算表的前面，其内容包括：

① 主管机关的批示和规定、单项工程的设计文件、预算定额、材料预算价格、设备预算价格和有关的费用指标等各项编制依据。

② 主要建筑材料的数量，以及主要机械设备和电气设备的数量。

③ 其他有关问题。

（2）综合预算表

① 民用建设项目的单项工程。

◆ 建筑工程费用。包括一般土建工程、采暖工程、给排水工程、通风工程和电气照明工程。

◆ 工程建设其他费用。包括除了与工业生产项目有关的费用项目以外的一切工程建设其他费用。

◆ 预备费。包括与民用建筑项目有关的一些预备费用。

综合预算表内，所列的单位工程与其他工程和费用项目的多少，取决于工程的建设规模、性质、设计要求和建设的条件等各方面因素。

②工业建设的单项工程

◆ 建筑工程费用。通常一般包括土建工程、采暖工程、给排水工程、通风工程、工业管道工程、电气照明工程和特殊构筑物工程的费用。

◆ 设备及其安装工程费用。包括机械设备及其安装工程、电气设备及其安装工程的费用。

- ◆ 设备购置费用。设备购置费用包括该单项工程所必需的全部机械设备和电气设备的购置费，该项费用通常列入设备及其安装工程费用之中。
- ◆ 工器具及生产家具购置费用。工器具及生产家具购置费是新建项目为保证初期正常生产必须购置的第一套不够固定资产标准的设备、仪器、工卡模具和器具等的费用，不包括备品备件的购置费。
- ◆ 工程建设其他费用。工程建设其他费用包括除建筑安装工程费用和设备、工器具购置费以外的一些费用，如土地、青苗等的补偿费。
- ◆ 预备费。预备费是指在初步设计和概算中，难以预料的工程和费用，其中包括实行按施工图预算加系数包干的预算包干费用，其主要用途为：在进行技术设计、施工设计和施工过程中，在批准的初步设计和概算范围内所增加的工程和费用；由于一般自然灾害所造成的损失和预防自然灾害所采取的措施费用；设备和材料差价；在上级主管部门组织竣工验收时，验收委员会为鉴定工程质量，必须开挖和修复隐蔽工程的费用。

通常，预备费是以“单项工程费用”总计与工程建设其他费用之和，按照规定的预备费率计算；引进技术和进口设备项目，应按国内配套部分费用计算；施工图预算包干系数，以直接费与间接费之和为基础计算。

五、建筑安装工程费用计算步骤

（一）填写单位工程预算表

根据施工图纸及有关标准图，按照工程量计算规则的规定及科学的计算顺序，完成各分部分项工程工程量计算；并按照定额的顺序排序，将各分部分项工程中相同定额子目的工程量合并，整理填入工程量汇总表内，经自我复核和校核人校核无误后，可着手编制单位工程预算书。

1．抄写工程数量

按照定额分部分项工程排列的顺序，把工程量计算表中的各分部分项工程名称、计量单位和工程量抄写到预算表的相应栏内；同时，把相应定额编号填写到预算表的“定额编号”栏内，以便套用定额单价。

2．抄写定额单价

把预算定额或单位估价表中的有关分项或子项工程的定额单价（基价），在抄写定额编号的同时，填写到预算表相应分项工程或子项工程的“单位价值”栏内，并将“三项”单价（人工费、材料费、机械费）也抄入相应栏内。

注意在抄写定额单价时应区分定额中哪些项目的单价可以直接套用，哪些单价必须经过换算后才能套用。如果定额中没有所需单价，也没有相接近的定额可以参照使用时，则应编制补充定额后再填入，并在定额编号栏目中注“补”字。

3．计算合价与小计

计算合价是指把预算表内的各分项工程量乘其预算单价所得积数的过程，并把各分项的计算结果写入本工程子目的“总价值”栏内，同时计算出“三项”费用的积数并填入各自相应栏目内。

（二）计算各分部分项工程合价与小计

把一个分部工程（如土石方工程）各个分项工程的“合价”竖向相加，即可求得该分部工程的“小计”。

（三）计算直接费

1．直接工程费

把各分部工程的小计相加，就可以得出该单位工程的定额项目直接工程费。

2．措施费

按相关规定、费率计算措施费。

（四）计算间接费

1．计算规费

规费＝规定计算基础×相应规定费率

2．计算企业管理费

企业管理费＝直接工程费×相应规定费率

（五）计算利润

利润＝（直接工程费＋管理费）×利润率

（六）计算税金

按相关规定、费率计算。

（七）计算单位工程预算含税造价

将上述 6 项费用计算完毕并将各项数值相加，就可以求出一个单位工程预算含税造价的总值。

（八）计算单位工程主要材料需要表

为了按实物法对一些主要建筑材料（如钢材、木材、水泥、金属门窗等）进行单独调整差价，必须计算单位工程主要材料消耗表。

某种材料耗用量＝分项工程数量×相应材料定额用量

（九）编写单位工程预算编制说明

编制说明没有固定内容，应根据单位工程的实际情况编写。就一般情况来说，主要应说明单位工程的概况、编制依据、建筑面积、主要材料需要数量、单位平方米造价、材料差价处理方法以及应说明的其他有关问题等。

（十）装订、送审、复制、盖章、发送

至此，一份单位工程预算就编制完毕。

六、单位工程施工图定额计价示例

某水泵房由某二级施工企业施工，直接工程费 428 556.97 元，脚手架费 13 963.96 元，模板及支架费 30 391.88 元，根据以上数据和下列有关条件计算该工程的造价。

有关条件如下：

（1）建筑层数及工程类别：一层、四类工程、工程在市区

（2）取费等级：二级Ⅱ档

（3）直接工程费

人工费：113 821.19 元

机械费：30 688.87 元

材料费：284 046.91 元

扣减脚手架费：13 963.96 元

直接费用小计：428 556.97–13 963.96–30 391.88＝384 201.13 元

（4）有关规定

按合同规定收取下列费用：

◆ 环境保护费（某地区规定，按直接工程费的 0.4%收取）

◆ 文明施工费

◆ 安全施工费

◆ 临时设施费

◆ 二次搬运费

◆ 脚手架费

◆ 混凝土及钢筋混凝土模板及支架费

◆ 工程定额测定费

◆ 社会保障费

◆ 住房公积金

◆ 利润税金

（5）根据上述条件和本章相关规定确定各种费率和计算各项费用。

（6）根据费用计算程序以直接工程费为基础计算水泵房工程的工程造价。

表 12-20　某水泵房工程建筑工程造价计算

<table>
<tr><th>序号</th><th colspan="2">费用名称</th><th>计算式</th><th>金额/元</th></tr>
<tr><td>1</td><td colspan="2">直接工程费</td><td>428 556.97−13 963.96−30 391.88</td><td>384 201.13</td></tr>
<tr><td>2</td><td colspan="2">单项材料价差调整</td><td>采用实物金额法不计算此费用</td><td>—</td></tr>
<tr><td>3</td><td colspan="2">综合系数调整材料价差</td><td>采用实物金额法不计算此费用</td><td>—</td></tr>
<tr><td rowspan="12">4</td><td rowspan="12">措施费/元</td><td>环境保护费</td><td>384 201.13×0.4%＝1 536.81</td><td rowspan="12">63 950.09</td></tr>
<tr><td>文明施工费</td><td>384 201.13×0.9%＝3 457.81</td></tr>
<tr><td>安全施工费</td><td>384 201.13×1.0%＝3 842.01</td></tr>
<tr><td>临时设施费</td><td>384 201.13×2.0%＝7 684.02</td></tr>
<tr><td>夜间施工增加费</td><td>384 201.13×0.5%＝1 921.00</td></tr>
<tr><td>二次搬运费</td><td>384 201.13×0.3%＝1 152.60</td></tr>
<tr><td>大型机械进出场及安拆费</td><td>—</td></tr>
<tr><td>脚手架费</td><td>13 963.96</td></tr>
<tr><td>已完工程及设备保护费</td><td>—</td></tr>
<tr><td>混凝土及钢筋混凝土模板及支架费</td><td>30 391.88</td></tr>
<tr><td>施工排水、降水费</td><td>—</td></tr>
<tr></tr>
<tr><td rowspan="5">5</td><td rowspan="5">规费/元</td><td>工程排污费</td><td>—</td><td rowspan="5">25 501.7</td></tr>
<tr><td>工程定额测定费</td><td>384 201.13×0.12%＝461.04</td></tr>
<tr><td>社会保障费</td><td>113 821.19×16%＝18 211.39</td></tr>
<tr><td>住房公积金</td><td>113 821.19×6.0%＝6 829.27</td></tr>
<tr><td>危险作业意外伤害保险</td><td>—</td></tr>
<tr><td>6</td><td colspan="2">企业管理费</td><td>384 201.13×5.1%＝19 594.26 元</td><td>19 594.26</td></tr>
<tr><td>7</td><td colspan="2">利润</td><td>384 201.13×7.0%＝26 894.08 元</td><td>26 894.08</td></tr>
<tr><td>8</td><td colspan="2">营业税</td><td>520 141.26×3.093%＝16 087.97 元</td><td>16 087.97</td></tr>
<tr><td>9</td><td colspan="2">城市维护建设费</td><td>16 087.97×7%＝1 126.16 元</td><td>1 126.16</td></tr>
<tr><td>10</td><td colspan="2">教育费附加</td><td>16 087.97×3%＝482.64 元</td><td>482.64</td></tr>
<tr><td colspan="3">工程造价</td><td>1～10 之和</td><td>537 838.03</td></tr>
</table>

第四节　工程量清单计价

一、工程量清单计价规范

（一）《计价规范》的概念

所谓“计价规范”，就是应用于规范建设工程计价行为的国家标准。具体地讲，就是工程造价计价人员，对确定建筑产品价格的分部分项工程名称、工程特征、工程内容、项目编码、工程量计算规则、计量单位、费用项目组成与划分、费用项目计算方法与程序等做出的全国统一规定标准。

2008 年 7 月 9 日，由国家住房和城乡建设部以公告第 63 号发布的、2008 年 12 月 1 日起实施的《建筑工程工程量清单计价规范》（GB 50500—2008）是我国招标投标实行工程量清单计价应遵守的规则，它统一了建设工程工程量清单的编制和计价方法，规范了工程造价计价行为。条文数量共 136 条，其中强制性条文 15 条。

（二）《计价规范》的内容

工程量清单计价规范由正文和附录两部分组成。

正文部分共有五章，包括总则、术语、工程量清单编制、工程量清单计价、工程量清单及其计价格式等内容，分别就计价规范的适用范围、应遵循的基本原则（编制工程量清单的原则、工程量清单计价活动的原则）和工程量清单及其计价格式作了明确的规定。

附录部分共有 6 个附录，即附录 A、B、C、D、E、F，它们分别表示建筑工程、装饰装修工程、安装工程、市政工程、园林绿化工程和矿山工程。这些附录中主要内容包括：项目编码、项目名称、项目特征、计量单位、工程量计算规则等。其中项目编码、项目名称、计量单位、工程量计算规则作为“四统一”内容，要求招标人在编制工程量清单时必须执行。

1．总则

总则共计 8 条，其中强制性规定 1 条，规定了建设工程工程量清单计价规范制度的目的、依据、工程量清单计价活动及附录适用的工程范围等。

为规范工程造价计价行为，统一建设工程工程量清单的编制和计价方法，根据《中华人民共和国建筑法》《中华人民共和国合同法》《中华人民共和国招投标法》等法律法规，制定本规范。

本规范适用于建设工程工程量清单计价活动。

全部使用国有资金投资或国有资金投资为主的工程建设项目，必须采用工程量清单计价。（强制性规定）

非国有资金投资的工程建设项目，可采用工程量清单计价。

工程量清单、招标控制价、投标报价、工程价款结算等工程造价文件的编制与核对应由具有资格的工程造价专业人员承担。

建设工程工程量清单计价活动应遵循客观、公正、公平的原则。

2. 术语

主要术语定义如下：

（1）工程量清单

建设工程的分部分项工程项目、措施项目、其他项目、规费项目和税金项目的名称和相应数量等的明细清单。

（2）项目编码

分部分项工程量清单项目名称的数字标识。

（3）项目特征

构成分部分项工程量清单项目、措施项目自身价值的本质特征。

（4）综合单价

完成一个规定计量单位的分部分项工程量清单项目或措施清单项目所需的人工费、材料费、施工机械使用费和企业管理费与利润，以及一定范围内的风险费用。

（5）措施项目

为完成工程项目施工，发生于该工程施工准备和施工过程中技术、生活、安全、环境保护等方面的非工程实体项目。

（6）暂列金额

招标人在工程量清单中暂定并包括在合同价款中的一笔款项。用于施工合同签订时尚未确定或者不可预见的所需材料、设备、服务的采购，施工中可能发生的工程变更、合同约定调整因素出现时的工程价款调整及发生的索赔、现场签证确认等的费用。

（7）暂估价

招标人在工程量清单中提供的用于支付必然发生但暂时不能确定价格的材料的单价以及专业工程的金额。

（8）计日工

在施工过程中，完成发包人提出的施工图纸以外的零星项目或工作，按合同中约定的综合单价计价。

（9）总承包服务费

总承包人为配合协调发包人进行的工程分包自行采购的设备、材料等进行管理、服务以及施工现场管理、竣工资料汇总整理等服务所需的费用。

（10）企业定额

施工企业根据本企业的施工技术和管理水平而编制的人工、材料和施工机械台班等的消耗标准。

（11）规费

根据省级政府或省级有关权力部门规定必须缴纳的，应计入建安工程造价的费用。

（12）税金

国家税法规定的应计入建筑安装工程造价内的营业税、城市维护建设税及教育附加费等。

（13）造价工程师

取得《造价工程师注册证书》，在一个单位注册从事建设工程造价活动的专业人员。

（14）造价员

取得《全国建设工程造价员资格证书》，在一个单位注册从事建设工程造价活动的专业人员。

3．工程量清单编制

工程量清单编制规定了工程量清单编制人及其资质、工程量清单的组成内容、编制依据和各组成内容的编制要求。

工程量清单应由具有编制能力的招标人或受其委托，具有相应资质的工程造价咨询人编制。

采用工程量清单方式招标，工程量清单必须作为招标文件的组成部分，其准确性和完整性由招标人负责。

工程量清单是工程量清单计价的基础，应作为标准招标控制价、投标报价、计算工程量、支付工程款、调整合同价款、办理竣工结算以及工程索赔等的依据。

工程量清单应由分部分项工程量清单、措施项目清单、其他项目清单、规费项目清单、税金项目清单组成。

4．工程量清单计价

采用工程量清单计价，建设工程造价由分部分项工程费、措施项目费、其他项目费、规费和税金组成。分部分项工程量清单计价应采用综合单价计价。

招标文件中的工程量清单标明的工程量是投标人投标报价的共同基础，竣工结算的工程数量按发、承包双方在合同中约定应予计量且实际完成的工程量确定。

措施项目清单计价应根据拟建工程的施工组织设计，可以计算工程量的措施项目，应按分部分项工程量清单的方式采用综合单价计价；其余的措施可以“项”为单位的方式计价，应包括除规费、税金外的全部费用。

措施项目清单中的安全文明施工费应按照国家或省级、行业建设主管部门的规定计价，不得作为竞争性费用。

其他项目清单，应根据工程特点和本规范规定计价。

规费和税金应按国家、省级或行业建设主管部门的规定计算，不得作为竞争性费用。

5. 计价规范的特点

工程量清单计价规范具有明显的强制性、竞争性、通用性和实用性 4 个方面的特点。

（1）强制性

强制性主要表现在：一是由建设主管部门按照强制性国家标准的要求批准颁布，规定全部使用国有资金或国有资金投资为主的大中型建设工程应按计价规范规定执行。二是明确工程量清单是招标文件的组成部分，并规定了招标人在编制工程量清单时必须遵守的规则，做到四个统一，即统一项目编码、统一项目名称、统一计量单位、统一工程量计算规则。

（2）竞争性

竞争性表现在计价规范中从政策性规定到一般内容的具体规定，充分体现了工程造价由市场竞争形成价格的原则。一方面，计价规范中的措施项目，在工程量清单中只列“措施项目”一栏，具体采用什么措施，如模板、脚手架、临时设施、施工排水等详细内容由投标人根据企业的施工组织设计，视具体情况报价。因为这些项目在各个企业之间各不相同，是企业的竞争项目，是留给企业竞争的空间，从中可体现企业的竞争力。另一方面，计价规范中人工、材料和施工机械没有具体的消耗量，投标企业可依据企业定额和市场价格信息进行报价，为企业报价提供了自主的空间。

（3）通用性

通用性表现在我国采用的工程量清单计价是与国际惯例接轨的，符合工程量计算方法标准化、工程量计算规则统一化、工程造价确定市场化的要求。

（4）实用性

实用性表现在计价规范的附录中工程量清单项目及工程量计算规则的项目名称表现的是工程实体项目，项目名称明确清晰，工程量计算规则简洁明了；此外还列有项目特征和工程内容，方便编制工程量清单时确定项目名称和投标报价。

6. 计价规范的适用范围

GB 50500—2008《建筑工程工程量清单计价规范》主要适用于建设工程招标投标的工程量清单计价活动。本规范所指的工程量清单计价活动包括：工程量清单编制、招标控制价编制、投标报价编制、工程合同价款的约定、竣工结算的办理以及工程施工过程中工程计量、工程价款的支付、索赔与现场签证、工程价款的调整和工程计价纠纷处理等活动。工程量清单计价是与现行定额计价方式共存于招标投标计价活动中的另一种计价方式。

《计价规范》所称的建设工程包括建筑工程、装饰装修工程、安装工程、市政工程、园林绿化工程和矿山工程。凡是建设工程招投标实行工程量清单计价的，不论招标主体是政府机构、国有企事业单位、集体企业、私人企业和外商投资企业，不管资金来源是国有资金、外国政府贷款及援助资金、私人资金等都应遵守该规范。全部使用国有资金投资或国有资金投资为主的工程建设项目，必须采用工程量清单计价。“国有资金投资为主”的工程是指国有资金占总投资额 50%以上，或虽不足50%但国有资产投资者实质上拥有控股权的工程。

7．计价规范的作用

《计价规范》在工程量清单项目及计算规则的项目名称上表现的都是工程实体项目，项目名称明确清晰；计算规则简洁明了；同时，由于工程量清单统一提供，简化了投标报价的计算过程，节省了时间，减少了不必要的重复劳动。这种计价方式符合工程量计算方法标准化、统一化，工程造价确定市场化的要求，有利于提高国内建设主体参与国际化竞争的能力，有利于提高工程建设的管理水平。《计价规范》的发布与实施，在我国工程造价管理领域具有以下作用：

- 有利于我国工程造价管理政府职能的转变；
- 有利于规范市场计价行为，规范建设市场，促进有序竞争；
- 有利于控制投资，促进技术进步，提高劳动生产率；
- 有利于提高计价专业人员的素质，使其成为集施工技术和经济管理知识于一体的复合型人才；
- 有利于适应我国与国际惯例接轨的要求；
- 有利于提高我国各种建设主体参与国内和国际竞争的能力；
- 有利于全面提升我国的工程造价管理水平。

二、工程量清单编制

《计价规范》计价的核心：一是由招标人提供承担风险的工程量清单；二是由投标人进行自主和承担风险的报价。在工程量清单的计价过程中，工程量清单向建设市场的交易双方提供了一个平等的平台，是投标人在投标活动中进行公正、公平、公开竞争的重要基础。

（一）工程量清单的概念

用以表现拟建建筑安装工程的分部分项工程项目、措施项目、其他项目、规费项目和税金项目名称和相应数量等的明细标准表格，即称为工程量清单。工程量清单作为招标文件的组成部分，其准确性和完整性由招标人负责。它由招标人或由其委托的具有相应资质的代理机构按照招标要求，依据《计价规范》中的统一项目编码、统一项目名称、统一计量单位、统一计算规则进行编制，作为编制招标控制价、投标报价、计算工程量、支付工程款、调整合同价款、办理竣工结算以及工程索赔等的依据之一。

（二）工程量清单的组成及编制原则

工程量清单体现了招标人要求投标人完成的工程项目及相应工程数量，全面反映了投标报价要求，是投标人进行报价的依据，工程量清单是招标文件不可分割的一部分。

其编制原则可归纳为“四个统一”或“五个统一”，即：项目编码统一、计算规则统一、项目名称统一、项目特征统一、计量单位统一。

1．工程量清单的组成

《计价规范》规定：工程量清单由分部分项工程量清单、措施项目清单、其他项目清单、规费项目清单和税金项目清单组成。

（1）分部分项工程量清单

分部分项工程量清单应表明拟建工程的全部分项实体工程名称和相应数量，该清单为不可调整的闭口清单，编制时应避免错项、漏项。分部分项工程量清单应根据《计价规范》规定的统一项目编码、项目名称、项目特征、计量单位和工程量计算规则进行编制。

1）项目编码

分部分项工程量清单编码以 12 位阿拉伯数字表示，前 9 位为全国统一编码，编制分部分项工程量清单时应按附录中的相应编码设置，不得变动，后 3 位是清单项目名称编码，由清单编制人根据设置的清单项目编制，并应自 001 起顺序编制。项目编码以五级编码设置，一、二、三、四级编码（即前 9 位）统一；第五级编码由工程量清单编制人区分具体工程的清单项目的特征而分别编码。各级编码代表的含义如下：

第一级表示分类码（分两位）；如：建筑工程为 01、装饰装修工程为 02、安装工程为 03、市政工程为 04、园林绿化工程为 05；

第二级表示章顺序码（分二位）；

第三级表示节顺序码（分二位）；

第四级表示清单项目码（分三位）；

第五级表示具体清单项目码（分三位）。

以建筑工程为例，各位编码含义说明见图 12-4。

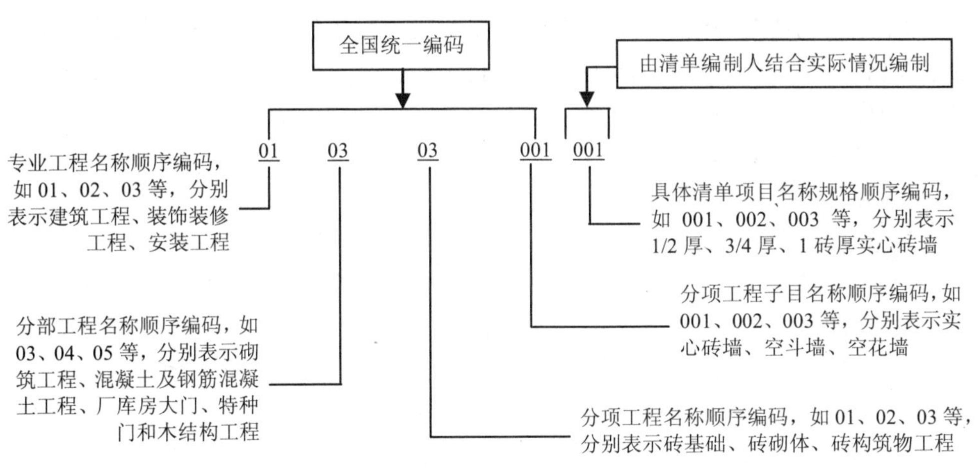

图 12-4 工程量清单编码含义

2）项目名称

分部分项工程量清单项目名称的设置应考虑三个因素，一是附录中的项目名称。二是附录中的项目特征。三是拟建工程的实际情况。工程量清单编制时，以附录中的项目名称为主体，考虑该项目的规格、型号、材质等特征要求，结合拟建工程的实际情况，使其工程量清单项目名称具体化、细化，能够反映影响工程造价的主要因素。另外，附录中的缺项在工程量清单编制时，编制人可作补充。补充项目应填写在工程量清单相应分部工程项目之后，并在“项目编码”栏中以“补”字标明。

3）计量单位

分部分项工程量清单的计量单位应按《计价规范》规定的计量单位确定，采用基本物理计量单位或自然计量单位。

工程量的有效位数应遵守下列规定：

以“t”为单位，应保留小数点后 3 位数，第 4 位四舍五入；

以“m^3”“m^2”“m”为单位，应保留小数点后 2 位数字，第 3 位四舍五入；

以“个”“项”等为单位，应取整数。

（2）措施项目清单

措施项目是指为完成工程项目施工，发生于该工程施工前和施工过程中技术、生活、安全等方面的非工程实体项目。应根据拟建工程的具体情况，考虑多种因素，除工程本身的因素外，还涉及水文、气象、环境、安全等和施工企业的实际情况。

措施项目清单为可调整清单，投标人按招标文件中所列项目，根据企业自身特点可做适当的变更增减。投标人要对拟建工程可能发生的措施项目和措施费用做通盘考虑，清单计价一经报出，即被认为是包括了所有应该发生的措施项目的全部费用。如果报出的清单中没有列项，且施工中又必须发生的项目，业主有权认为，其已经综合在分部分项工程量清单的综合单价中，将来措施项目发生时投标人不得以任何借口提出索赔与调整。

（3）其他项目清单

其他项目清单包括：

1）暂列金额

暂列金额是招标人在工程量清单中暂定并包括在合同价款中的一笔款项。由工程建设自身的规律决定，工程设计需要根据工程进展不断地进行优化和调整，发包人的需求可能会随工程建设进展出现变化，工程建设过程还存在其他诸多不确定性因素。消化这些因素必然会影响合同价格的调整，暂列金额正是应这类不可避免的价格调整而设立，以便合理确定工程造价的控制目标。暂列金额的定义非常明确，只有按照合同约定程序实际发生后，才能成为中标人的应得金额，纳入合同结算价款中。扣除实际发生金额后的暂列金额余额仍属于招标人所有。

2）暂估价

暂估价包括材料暂估单价、专业工程暂估价。暂估价是指招标阶段直至签订合同协议时，招标人在招标文件中提供的用于支付必然要发生但暂时不能确定价格的材料以及需另行发包的专业工程金额。

3）计日工

计日工是为了解决现场发生的零星工作的计价而设立的。计日工以完成零星工作所消耗的人工工时、材料数量、机械台班进行计量，并按照计日工表中填报的适用项目的单价进行计价支付。计日工适用的所谓零星工作一般是指合同约定之外的或者因变更而产生的、工程量清单中没有相应项目的额外工作，尤其是那些时间不允许事先商定价格的额外工作。计日工为额外工作和变更的计价提供了一个方便快捷的途径。因此，为了获得合理的计日工单价，计日工表中一定要给出暂定数量，并且需要根据经验，尽可能估算一个比较贴近实际的数量。

4）总承包服务费

总承包服务费是为了解决招标人在法律、法规允许的条件下进行专业工程发包以及自行采购供应材料、设备时，要求总承包人对发包的专业工程提供协调和配合服务（如分包人使用总包人的脚手架、水电接剥等）；对供应的材料、设备提供收、发和保管服务以及对施工现场进行统一管理；对竣工资料进行统一汇总整理等发生并向总承包人支付的费用。

规范规定：对其他项目清单可根据工程实际情况补充。

（4）规费项目清单

根据建设部、财政部“关于印发《建筑安装工程费用项目组成》的通知”（建标[2003]206 号）的规定，规费包括工程排污费、工程定额测定费、社会保障费（含养老保险、失业保险、医疗保险）、住房公积金、危险作业意外伤害保险。规费作为政府和有关权力部门规定必须缴纳的费用，政府和有关权力部门可根据形势发展的需要，对规费项目进行调整。因此，对《建筑安装工程费用项目组成》未包括的规费项目，在计算规费时应根据省级政府和省级有关权力部门的规定进行补充。

（5）税金项目清单

目前国家税法规定应计入建筑安装工程造价内的税种包括营业税、城市建设维护税及教育费附加。如国家税法发生变化或地方政府及税务部门依据职权对税种进行了调整，应对税金项目清单进行相应调整。

2．工程量清单编制的依据

工程量清单编制的依据包括：

◆《建设工程工程量清单计价规范》（GB 50500—2008）；

◆ 国家或省级、行业建设主管部门颁发的计价依据和办法；

◆ 建设工程设计文件（施工设计图纸及相应通用图册）；

◆ 与建设工程项目有关的标准、规范、技术资料；

◆ 工程场地勘察资料、工程特点及其他相关资料；

◆ 有关工具书籍等。

3．工程量清单编制的原则

按计价规范的要求，工程量清单编制应遵守的原则，归纳有如下几点：

（1）必须能满足建设工程项目招标和投标计价的需要。

（2）必须遵循《计价规范》中的各种规定（包括项目编码、项目名称、项目特征、计量单位、工程量计算规则等）。

（3）必须能满足控制实物工程量，市场竞争形成价格的价格运行机制和对工程造价进行合理确定与有效控制的要求。

（4）必须有利于规范建筑市场的计价行为，能够促进企业的经营管理、技术进步，增加企业的综合能力、社会信誉和在国内、国际建筑市场的竞争能力。

（5）必须适度考虑我国目前工程造价管理的现状。虽然在我国已经推行了工程量清单计价模式，但由于各地实际情况的差异，工程造价计价方式不可避免地会出现双轨并行的局面，工程量清单计价与定额计价同时存在、交叉执行。

（三）工程量清单编制的程序

工程量清单编制的程序如下：

◆ 熟悉施工图纸；

◆ 熟悉工程量计算规则；

◆ 计算分部分项工程工程量；

◆ 校审工程量；

- ◆ 确定分部分项工程量清单；
- ◆ 确定措施项目清单；
- ◆ 确定其他项目清单；
- ◆ 确定规费及税金清单；
- ◆ 审核工程量清单；
- ◆ 发送投标人计价（或招标人自行编制标底价）。

（四）工程量清单格式

1．填写工程量清单封面

招标人需在工程量清单封面上填写：拟建的工程项目名称、招标人（招标单位）法定代表人、中介机构法定代表人、造价工程师及注册证号、编制时间。

具体填写方法见表 12-21。

表 12-21　工程量清单封面

某垃圾填埋场工程			
工　程　量　清　单			
招标人：	××项目指挥部 （单位签字盖章）	工程造价 咨询人：	××工程造价事务所 （单位资质专用章）
法定代表人：	××× （签字或盖章）	法定代表人：	××× （签字或盖章）
编制人：	××× （造价人员签字盖专用章）	复核人：	××× （造价人员签字盖专用章）
编制时间：	年　月　日	复核时间：	年　月　日

2．工程量清单填表须知

主要说明工程量清单及其计价格式的填写规定及要求。招标人在编写工程量清单表格时，必须按照所规定的要求完成。具体规定如下：

（1）工程量清单及其计价格式中所有要求签字、盖章的地方，必须由规定的单位和人员签字、盖章。

（2）工程量清单及其计价格式中的任何内容不得随意删除或涂改。

（3）工程量清单计价格式中列明的所有需要填报的单价和合价，投标人均应填报，未填报的单价和合价，视为此项费用已包含在工程量清单的其他单价及合价中。

（4）金额（价格）均应以人民币表示。

3．工程量清单总说明

（1）工程量清单总说明的基本内容

工程量清单总说明用于说明招标项目的工程概况、建设规模、施工工艺的特殊要求和质量标准要求，工程量清单的编制依据和包括与未包括的工程内容范围，以及招标人应说明的其他有关事项。一般来说，总说明中应填写的内容没有统一规定，应根据工程实际情况而定。

总说明可参考下列内容填写：

1）工程概况。

建设规模、建设地点、工程特征、计划工期、施工现场实际情况、交通运输情况、自然地理条件、环境保护要求等。

2）工程招标和分包范围。

招标范围是指这次招标包括的范围，比方说：土建工程，装修工程、安装工程等施工图所涵盖的所有内容。

分包范围是指总包人中标承包后，哪些分项分部工程拟分包给具有资质的单位施工。一般要看招标人允许哪些分部分项工程可以分包。

3）工程量清单编制依据。

略。

4）工程质量、材料、施工等的特殊要求。

工程质量要求：合格。

材料质量要求：钢材、水泥、其余材料选用需满足招标文件要求以及设计和相关质量标准的要求。

施工要求：满足当地政府和建设行政主管部门在招标基准日前发布的有关安全文明及施工相关要求的规定，并按经批准的施工组织设计实施，且要符合施工规范及验收标准的相关要求。

工期：详见招标文件。

5）招标人自行采购材料的名称、规格型号、数量等。

略。

6）自行采购材料的金额数量。

略。

7）其他需说明的问题。

其他需说明的问题主要包括以下几条：

工程量清单包括的分部工程量清单报价表应与投标人须知、拟签订合同主要条款、《建设工程清单计价规范》（GB 50500—2008）、工程技术要求及图纸等文件结合起来查阅、理解和使用。

投标报价应由投标人根据工程量清单、施工图、地勘资料、施工现场实际情况

（投标人已经充分了解施工现场所能提供的施工作业面、地下管线可能造成的工作难度以及周边建、构筑物的保护和需提供的必要通道等）、当地水文地质气候条件，结合投标人自身技术及管理水平、经营状况、机械设备以及编制的施工组织设计和招标文件的有关要求，并参照建设行政主管部门发布的计价定额或企业定额以及本说明自主编制确定。

除非合同另有约定，工程量清单中分部分项的报价均应包含为实施和完成该项所有工作内容（除计价规范中规定的工作内容外，还应包括图纸和规范列明、暗示和要求的工作内容、检验试验等，除非该项内容已在清单内单独列项，或其为独立项目内容不与清单内分部分项任何具体项目组合成为产品）即除措施项目费用、规费和税金以外所需的人工、材料、机械、按设计规定和验收规范要求施工单位应进行的测试、试验费用，缺陷修复、管理、保险、利润、材料现场抽样等全部费用，以及招标文件、合同及图纸明示和暗示的所有责任、义务和风险。

工程量清单的工程量是按《建设工程工程量清单计价规范》（GB 50500—2008）计算规则进行计算编制的，工程项目编码是按《建设工程工程量清单计价规范》（GB 50500—2008）相应章次编号的，因此工程量清单各项目编码的范围、计量方式应与《建设工程工程量清单计价规范》（GB 50500—2008）的各条款相对应结合起来理解和解释。但工程量清单中个别项目计量单位为了便于工程计量与结算改变了计量单位；投标人投标报价时请注意计量单位。

工程量清单中所列的工程量仅作为投标报价的共同基础，不能作为最终结算与支付的依据。工程竣工结算时按经相关单位签字认可的全套竣工资料（包括竣工图）等，并根据《建设工程量清单计价规范》（GB 50500—2008）的规定和招标文件中的相关条款进行计量，经审计单位审定后确定。

工程量清单中所列的每一个项目均应填入单价、合价，若投标人未报价，则其费用视为已包含在其他项目清单报价中，承包人必须按发包人和监理工程师指令完成工程量清单中未填入单价或合价的相应工程项目，但不能得到结算与支付。分部分项报价是包含该分部分项所有工作（无论清单是否列明在清单内）的全部报价。

除分部分项工程工程量清单外，投标人应按有关规定计取以下费用：措施费用、其他项目费用、政府和有关部门规定必须缴纳的规费和税金费用。

工程采用工程量清单综合单价法报价，综合单价报价保留到小数点后两位，投标报价中的单价和合价全部以人民币表示。

投标报价应包含成品保护费用。

其他未尽事宜详见招标文件。

（2）工程量清单总说明格式

表 12-22 总说明

工程名称：×××化验楼建筑工程

（1）工程概况：该化验楼位于本建设项目界区内东北角，距行政办公楼 50 m，建筑面积 2 200 m^2，框架结构四层。
（2）招标范围：该化验楼全部建筑工程和附属安装工程。
（3）编制依据：《计价规范》（GB 50500—2008），该化验楼的全套施工图纸，该工程所在地的建筑安装工程消耗量定额及配套使用的建筑安装工程费用定额。
（4）施工工期：总施工天数 180 天（自开工报告批准日算起）
（5）施工安全：加强安全防范意识，严格执行《安全生产法》等有关法律法规规定，消除一切不安全因素，预防一切不安全事故。
（6）工程质量：各项工程质量应严格执行《建筑工程施工质量验收统一标准》（GB 50300—2001）、《建筑装饰装修工程质量验收》（GB 50210—2001）等，工程质量力争达到优良标准。
（7）现场环境保护：施工企业必须按照《建筑施工现场环境与卫生标准》（JCJ 146—2004）的各项规定执行，必须做到： ①施工工地必须封闭，禁止敞开作业； ②运输车辆必须密闭、整洁、不得撒漏； ③风力达 4 级以上时，禁止施工； ④拆除建筑物时必须喷水、洒水湿法作业； ⑤垃圾、渣土必须及时清运干净等。

4．分部分项工程量清单编制

工程量清单编制，就是将已经计算完毕并经校审和汇总好的分部分项工程量填写到《计价规范》规定的“分部分项工程量清单”标准表格中的全过程。

根据工程量清单计价规范，分部分项工程量清单有规定格式。按照《计价规范》（GB 5055—2008）规定，分部分项工程量清单与计价表合并，标准表格见表 12-23。

5．措施项目清单编制

（1）计价规范的相关规定

措施项目是指为完成拟建工程项目施工，发生于工程施工准备和施工过程中不构成工程实体的有关措施项目费用，如建筑工程施工过程中的垂直运输机械费、脚手架搭拆费、环境保护费、安全施工费、施工排水降水费等。在编制此项费用清单时，应结合工程的水文、气象、环境、安全等具体情况和施工企业实际情况，对通用措施项目可结合具体情况，按照《计价规范》中表 3.3.1 内容编列。对于专业工程的措施项目可按附录中规定的项目选择列项，如建筑工程的措施项目可按附录 A 中的第二部分“措施项目”规定内容选列。若出现《计价规范》（GB 50500—2008）中未列的项目，清单编制人可根据工程实际情况补充。

表 12-23　分部分项工程量清单与计价表

工程名称：　　　　　　　　　　　　　　　　　　第　页、共　页

序号	项目编码	项目名称	计量单位	工程数量	金额/元		
					综合单价	合价	其中：暂估价
1	010101001001	平整场地　土壤类别：三类土，弃土运距：就地挖填	m^3	316.50			
2	010101003001	挖基础土方　土壤类别：三类土，带形基础，3∶7 灰土垫层底宽 700 mm，底面积＝64.35×0.7，挖土深度 0.9 m，弃土运距 50 m	m^3	69.35			
3	010101003002	挖地坑土方　土壤类别：三类土，C10 混凝土垫层 100 厚，C20 钢筋混凝土独立柱基础	m^3	380.22			
4	010301001001	砖基础　3∶7 灰土垫层 0.45 m 厚，MU10 标准砖，带形基础，基础深度 0.75 m，M5 水泥砂浆砌筑	m^3	13.63			
		……					
本页小计							
合计							

措施项目中可以计算工程量的项目清单宜采用分部分项工程量清单的方式编制，列出项目编码、项目名称、项目特征、计量单位和工程量计算规则；不能计算工程量的项目清单，以“项”为计量单位。

编制措施项目清单应注意：清单编制人依据图纸、经验和有关规范的规定拟订合理的施工方案，为投标人提供较全面的措施项目清单；编制时力求全面而准确。

通常编制人提供的措施项目是依据项目的具体情况，考虑常用的、一般情况下可能发生的措施费用确定的。原则上投标人报价时可以根据招标文件的要求，以及自己企业和采用施工方案的具体情况调整措施项目及其内容。

某些省市的主管部门根据当地的措施项目费用特征制定了措施费用项目内容及其计算方法，以指导当地的工程计价活动。

对施工技术措施项目，企业可以根据其消耗定额或参照消耗定额对技术措施项目进行计价；主管部门提供的相关的费用标准和计取办法，企业也可以参照报价。企业也可建立自己的措施费用项目计价模型。

（2）措施项目清单格式

措施项目清单格式如下：

表 12-24（a） 措施项目清单

工程名称：实验楼　　　　　　标段：　　　　　　　　第　页共　页

序号	项目名称	计算基础	费率/%	金额/元
1	安全文明施工费			
2	夜间施工费			
3	二次搬运费			
4	冬雨季施工			
5	大型机械设备进出场及安拆费			
6	施工排水			
7	施工降水			
8	地上、地下设施，建筑物的临时保护设施			
9	已完工程及设备保护			
10	各专业工程的措施项目			
……				
合　计				

注：1. 本表适用于以“项”计价的措施项目。

2. 根据建设部、财政部发布的《建筑安装工程费用组成》（建标〔2003〕206 号）的规定，“计算基础”可为“直接费”、“人工费”或“人工费＋机械费”。

表 12-24（b） 措施项目清单与计价表（二）

工程名称：　　　　　　标段：　　　　　　第　页共　页

序号	项目编码	项目名称	项目特征描述	计量单位	工程量	金额/元	
						综合单价	合价
1							
2							
3							
……							
本页小计							
合　计							

注：本表适用于以综合单价形式计价的措施项目。

6．其他项目清单编制

（1）计价规范的相关规定

此项清单是指“分部分项工程量清单”和“措施项目清单”以外，该工程项目施工中可能发生的有关费用。由于具体工程项目结构繁简程度、内容组成、建筑标准等的不同，将直接影响到“其他项目清单”中具体内容的多与少。

《计价规范》第 3.4.1 条仅列出了“暂列金额”、“暂估价”（包括材料暂估价、专业工程暂估价）、“计日工”、“总承包服务费”四项内容。实际工作中出现第 3.4.1 条未列的项目，可根据实际情况补充。

（2）其他项目清单格式

其他项目清单格式如表 12-25 及表 12-26～表 12-30 所示。

表 12-25　其他项目清单与计价汇总表

工程名称：　　　　标段：　　　　第　页共　页

序号	项目名称	计量单位	金额/元	备　注
1	暂列金额			明细详见表 4-6
2	暂估价			
2.1	材料暂估价			明细详见表 4-7
2.2	专业工程暂估价			明细详见表 4-8
3	计日工			明细详见表 4-9
4	总承包服务费			明细详见表 4-10
合　计				

注：材料暂估单价进入清单项目综合单价，此处不汇总。

表 12-26　暂列金额明细表

工程名称：　　　　标段：　　　　第　页共　页

序号	项目名称	计量单位	暂定金额/元	备注
1				
2				
……				
合　计				

注：此表由招标人填写，如不能详列，也可只列暂定金额总额，投标人应将上述暂列金额列入投标总计中。

表 12-27　材料暂估价表

工程名称：　　　　标段：　　　　第　页共　页

序号	材料名称、规格、型号	计量单位	单价/元	备注
1				
2				
3				
……				

注：1. 此表由招标人填写，并在备注栏说明暂估价的材料拟用在哪些清单项目上，投标人应将上述材料暂估单价计入工程量清单综合单价报价中。

2. 材料包括原材料、燃料、构配件以及按规定应计入建筑安装工程造价的设备。

表 12-28　专业工程暂估价表

工程名称：　　　　标段：　　　　　　　　　　　第　页共　页

序号	工程名称	工程内容	金额/元	备注
1				
2				
3				
……				
合　计				

注：此表由招标人填写，投标人应将上述专业工程暂估价计入投标总价中。

表 12-29　计日工

工程名称：　　　　标段：　　　　　　　　　　　第　页共　页

编号	项目名称	单　位	暂定数量	综合单价	合　价
	人　工				
1					
2					
3					
人工小计					
	材　料				
1					
2					
3					
材料小计					
	施工机械				
1					
2					
3					
4					
施工机械小计					
总　计					

注：此表项目名称、数量由招标人填写，编制招标控制价时，单价由招标人按有关计价规定确定；投标时，单价由投标人自主报价，计入投标总价中。

表 12-30　总承包服务费计价表

工程名称：　　　　标段：　　　　　　　　　　　第　页共　页

序号	项目名称	项目价值/元	服务内容	费率/%	金额/元
1	发包人发包专业工程				
2	发包人供应材料				
……					
合　计					

7．编制规费、税金清单

（1）计价规范的相关规定

规费与税金两项费用均属不可竞争性费用。

1）规费项目清单

规费项目清单应按下列内容列项：工程排污费；工程定额测定费；社会保障费（包括养老保险费、失业保险费、医疗保险费）；住房公积金；危险作业意外伤害保险。实际工作中出现上述未列的项目，应根据省级政府或省级有关权力部门的规定列项。

2）税金项目清单

税金项目清单应包括下列内容：营业税；城市维护建设税；教育费附加。出现上述未列的项目，应根据税务部门的规定列项。

湘建价计[2008]31 号文：根据《湖南省教育费附加和地方教育附加征收管理办法》（湖南省人民政府第 218 号）的规定，“应按照实际缴纳税额的 3%和 1.5%同时缴纳教育费附加和地方教育附加”，其增加的地方教育附加费应进入建设工程造价。其综合税率按以下规定调整：

纳税地点在市区的企业税率由 3.413%调整为 3.461%；

纳税地点在县城镇的企业税率由 3.348%调整为 3.397%；

纳税地点不在市区、县城、镇的企业税率由 3.220%调整为 3.268%。

（2）规费、税金项目清单格式

规费、税金项目清单与计价表的格式，见表 12-31。

表 12-31　规费、税金项目清单与计价表

工程名称：　　　　标段：　　　　　　　　　第　页共　页

序号	项目名称	计算基础	费率/%	金额/元
1	规费			
1.1	工程排污费			
1.2	社会保障费			
（1）	养老保险费			
（2）	失业保险费			
（3）	医疗保险费			
1.3	住房公积金			
1.4	危险作业意外伤害保险			
1.5	工程定额测定费			
2	税金	分部分项工程费＋措施项目费＋其他项目费＋规费		
合　计				

注：根据建设部、财政部发布的《建筑安装工程费用组成》（建标[2003]206 号）的规定，“计算基础”可为“直接费”、“人工费”或“人工费＋机械费”。

三、清单编制实例

某砖基础墙为 370 mm，砖基础垫层为 C10 素混凝土，厚 100 mm；基础用 M5 水泥砂浆砌筑，砖的规格为 240 mm×115 mm×53 mm，MU10，基础高度 2.1 m，采用 5 层等高大放脚，防潮层为 1∶3 防水砂浆。垫层宽为 1.2 m，基础全长为 20 m。试对此工程进行工程量清单编制。

【解】

砖基础，应根据项目特征（垫层材料种类、厚度；砖品种、规格、强度等级；基础类型；基础深度；砂浆强度等级），以“m^3”为计量单位，工程量按设计图示尺寸以体积计算。基础长度：外墙按中心线，内墙按净长线计算。

其中工程内容包括：砂浆制作、运输；铺设垫层；砌砖；防潮层铺设；材料运输。

业主根据基础施工图计算（0.647 为折加高度，查相关计算表得）：

砖基础体积：$V=[0.365\times(2.1+0.647)+1.2\times0.1]\times20\ \text{m}^3=22.45\ \text{m}^3$

分部分项工程量清单

序号	项目编码	项目名称	计量单位	工程数量
1	010301001001	砖基础 垫层材料：C10 素混凝土 厚度：100 mm 砖材料：红机砖 规格：240×115×53 强度等级：MU10 基础类型：条形 5 层大放脚砖基础 基础深度：2.2 m	m^3	22.45

四、工程量清单计价

（一）工程量清单计价模式

工程量清单计价模式是指在建设工程招投标中，由招标人编制反映工程实体消耗和措施性消耗的工程量清单，作为招标文件的组成部分提供给投标人，由投标人按照现行的工程量清单计价规范的规定以及招标人提供的工程量清单的工程内容和数据，自行编制有关的综合单价，自主报价，确定建设工程价格的计价方式。

工程量清单计价模式的基本过程：在统一的工程量计算规则的基础上，制定工程量清单项目设置规则，根据具体工程的施工图纸计算出各个清单项目的工程量，再根据各种渠道所获得的工程造价信息和经验数据计算得到工程造价。

如果建设单位提供的工程量清单中的数量有误，由招标方承担责任，做到风险分担。所有投标单位都以所提供的工程量清单进行报价，大家都在同一平台上进行竞争，避免了由于预算员算量错误引起的风险。

（二）工程量清单计价的特点

工程量清单计价的特点如下：

1．统一计价规则

通过制定统一的建设工程工程量清单计价办法、统一的工程量计量规则、统一的工程量清单项目设置规则，达到规范计价行为的目的。这些规则和办法是强制性的，建设各方面都应该遵守。

实行工程量清单计价，工程量清单造价文件必须做到工程量清单的项目划分、计量规则、计量单位以及清单项目编码四统一，达到清单项目工程量统一的目的。

2．有效控制消耗量

通过由政府发布统一的社会平均消耗量指导标准，为企业提供一个社会平均尺度，避免企业盲目或随意大幅度减少或扩大消耗量，有效控制消耗量，确保工程质量。

3．彻底放开价格

将工程消耗量定额中的工、料、机价格和利润、管理费全面放开，由市场的供求关系自行确定价格。

4．企业自主报价

投标企业根据自身的技术专长、材料采购渠道和管理水平等，制定企业自己的报价定额，自主报价。企业尚无报价定额的，可参考使用造价管理部门颁布的《建设工程消耗量定额》。

5．市场有序竞争形成价格

通过建立与国际惯例接轨的工程量清单计价模式，引入充分竞争形成价格的机制，制定衡量投标报价合理性的基础标准，在投标过程中，有效引入竞争机制，淡化标底的作用，在保证质量、工期的前提下，按国家“招标投标法”及有关条例规定，最终以“不低于成本”的合理低价者中标。

（三）工程量清单计价的一般规定

（1）采用工程量清单计价，建筑工程造价由分部分项工程费、措施项目费、其他项目费、规费和税金组成。

（2）分部分项工程量清单应采用综合单价计价。

（3）招标文件中的工程量清单标明的工程量是投标人投标报价的共同基础，竣工结算的工程量按发、承包双方在合同中约定应予计量且实际完成的工程量确定。

（4）措施项目清单计价应根据拟建工程的施工组织设计，可以计算工程量的措施项目，应按分部分项工程量清单的方式采用综合单价计价；其余的措施项目可以"项"为单位的方式计价，应包括除规费、税金外的全部费用。

（5）措施项目清单中的安全文明施工费应按照国家或省级、行业建设主管部门的规定计价，不得作为竞争性费用。

（6）其他项目清单应根据工程特点和《计价规范》第4.2.6、4.3.6、4.8.6条的规定计价。

（7）招标人在工程量清单中提供了暂估价的材料和专业工程属于依法必须招标的，由承包人和招标人共同通过招标确定材料单价与专业工程分包价。

若材料不属于依法必须招标的，经发、承包双方协商确定单价后计价。

若专业工程不属于依法必须招标的，由发包人、总承包人与分包人按有关计价依据进行计价。

（8）规费和税金按国家或省级、行业建设主管部门的规定计算，不得作为竞争性费用。

（9）采用工程量清单计价的工程，应在招标文件或合同中明确风险内容及其范围。

（四）工程量清单计价的原理

符合实行招标投标承建的建筑工程，在招标投标过程中，通常以招标人提供的工程量清单为基础，投标人结合施工现场的实际情况以及自身的技术、财务、管理能力进行投标报价，招标人根据具体评标细则进行优选合理低价中标。这种计价方式是市场定价体系的具体表现形式。

工程量清单计价的基本原理可以描述为：在统一的工程量清单项目设置的基础上，制定工程量清单项目计量规则，根据拟建项目的施工图纸计算出各个清单项目的工程量，再按照企业定额或参照工程所在地建设行政主管部门发布执行的消耗量定额、参考价目表、参考费率、市场价格或相关价格信息和经验数据计算得到工程造价的过程。这一基本的计算过程可用图12-5表示。

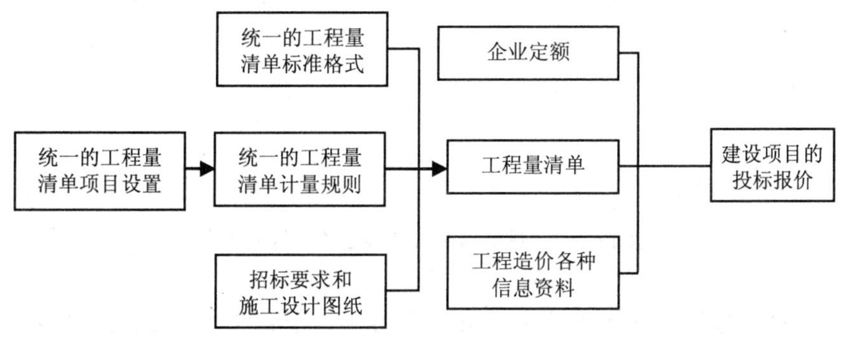

图12-5 工程量清单计价原理图

（五）工程量清单计价文件的编制

工程量清单计费的全过程包括以下几部分：

1．熟悉施工图纸及相关资料，了解施工现场情况

根据招标文件、施工图设计文件和计价定额，详细阅读、审核工程量清单，并由技术人员编制拟建工程的施工组织设计或施工方案。根据《计价规范》各附录中所提示的“工程内容”，对照清单项目的施工过程，结合该工程的施工图设计文件和计价定额，确定分部分项工程量清单项目组价内容和措施项目所包含的具体内容。

2．编制工程量清单

根据计价定额的工程量计算规则和计量单位，计算清单中未提供的分项工程工程量。包括：分部分项工程量清单项目组价内容所对应的分项工程量和措施项目包括的工程内容工程量。

3．组合综合单价（简称组价）

组合分部分项工程量清单项目综合单价应根据招标文件中分部分项工程量清单项目的特征描述及有关要求按计价规范的规定确定。综合单价中应包括完成该分部分项工程所需的人工费、材料费、机械使用费、管理费、利润，还应包括招标文件要求投标人承担的风险费用。招标文件提供了暂估单价的材料，按暂估的单价计入综合单价。综合单价的构成内容见图 12-6。

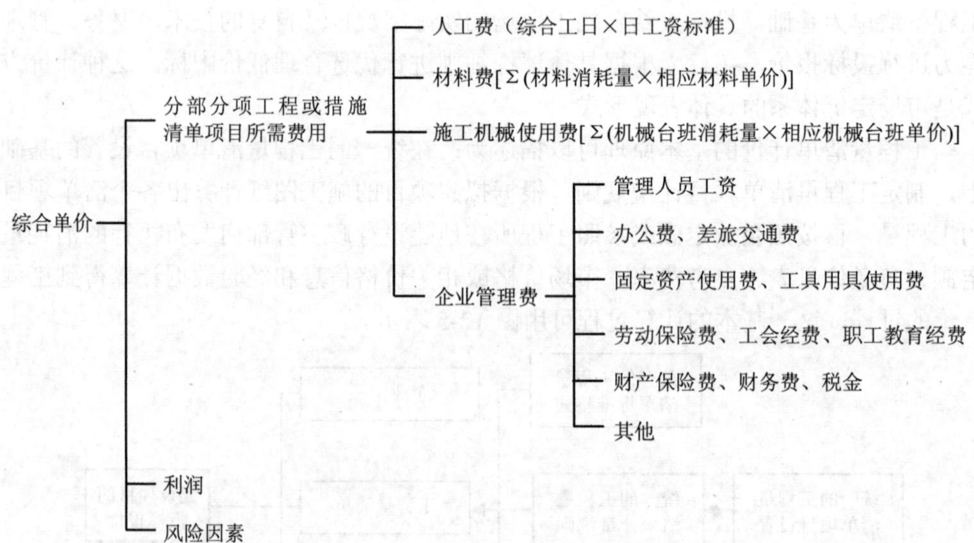

图 12-6　工程量清单计价综合单价构成内容

综合单价的组价过程一般为：确定分部分项工程清单项目的工作内容→计算人工消耗与费用→计算材料消耗与费用→计算机械消耗与费用→计算工程分项管理

费→计算工程分项利润→自审分项数据和汇总→整理单价格式、送审、反馈。

组价过程中，企业必须根据自身条件和生产水平、市场行情、工程实际以及应考虑的风险因素，对综合单价的各项费用进行必要的调整，确保合理报价。

4．计算分部分项工程费

将分部分项工程量清单综合单价分析表中的综合单价填入分部分项工程量清单计价表，并计算出相应的金额和合计金额。

5．计算措施项目费

投标人可根据工程实际情况结合施工组织设计，对招标人所列的措施项目清单进行增补。措施项目清单费应根据招标文件中的措施项目清单及投标时拟定的施工组织设计或施工方案确定。

将措施项目费分析表中的综合单价填入措施项目清单计价表，并计算出相应的金额和合计金额。

6．计算其他项目费

其他项目清单费应按下列规定计价：

（1）暂列金额应根据工程特点，按有关计价规定估算；

（2）暂估价中的材料单价应根据工程造价信息或参考市场价格估算；暂估价中专业工程金额应分不同专业，按有关计价规定估算；

（3）计日工应根据工程特点和有关计价依据计算；

（4）总承包服务费应根据招标人列出的内容和要求估算。

7．计算规费、税金，汇总形成单位工程费

把分部分项工程量清单计价合计、措施项目清单计价合计、其他项目清单计价合计，填入单位工程费汇总表，并按规定计算规费和税金。

8．计算单项工程费

以单项工程为基本单元，填写单项工程费汇总表。在该表中，一个单项工程包括几个单位工程就填写几个单位工程的费用。

9．计算工程项目总价

填写工程项目总价表。在该表的“单项工程名称”栏内，应分别填写报价项目所含全部单项工程的名称及金额。

工程量清单实行综合单价计价的优点主要是：有利于简化计价程序；有利于与国际惯例接轨的实现；有利于促进竞争。因为上述各项费用均为竞争性费用。据此，工程量清单计（报）价的方法，可用计算式表达为：

分部分项工程费＝∑工程量清单中分部分项工程量×分部分项工程综合单价

措施项目费＝∑工程量清单中措施项目工程量×措施项目综合单价

其他项目费＝按相关文件及投标人的实际情况进行计算汇总

规费＝（分部分项工程费＋措施项目费＋其他项目费）×规费费率

税金＝（分部分项工程费＋措施项目费＋其他项目费＋规费）×综合税率

单位工程造价＝分部分项工程费＋措施项目费＋其他项目费＋规费＋税金

综合以上计算可得：

单位工程造价＝[∑（分项工程量×综合单价）＋措施项目费＋其他项目费＋规费]×（1＋税金率）

单项工程造价＝∑单位工程造价＋工程建设其他费用（当不编制建设项目总造价时）

建设项目总造价＝∑单项工程造价＋工程建设其他费用

（六）计价文件组成

工程量清单计价文件，是指投标人按照招标人提供的各项工程量清单文件，逐项计价的各种表格，其具体内容包括：封面；总说明；工程项目投标报价汇总表；单项工程投标报价汇总表；单位工程投标报价汇总表；分部分项工程量清单与计价表；工程量清单综合单价分析表；措施项目清单计价表；其他项目清单与计价汇总表；暂列金额明细表；材料暂估单价表；专业工程暂估价表；计日工表；总承包服务费计价表；规费、税金项目清单与计价表。

工程量清单计价的各种表格由投标人填写，各种表格填写完毕后，将其按先后次序装订成册，这个“册”就称为计价文件或投标报价书。其各种表格的填写方法分述于下。

1. 封面

由投标人单位注册的造价人员按表中规定内容填写、签字、盖章，见表12-32。

表12-32　投标报价文件（封面）

投　标　总　价
招 标 人：＿＿＿＿＿＿＿＿＿＿
工程名称：＿＿＿＿＿＿＿＿＿＿
投标总价（小写）：＿＿＿＿＿＿＿＿
（大写）：＿＿＿＿＿＿＿＿
投 标 人：＿＿＿＿＿＿＿＿＿＿
（单位盖章）
法定代表人 或其授权人＿＿＿＿＿＿＿＿＿＿ （签字或盖章）
编 制 人：＿＿＿＿＿＿＿＿＿＿
（造价人员签字盖专用章）
编制时间：　年　　月　　日

2．总说明

投标报价总说明的内容一般应包括：①采用的计价依据；②采用的施工组织设计；③综合单价中包含的风险因素，风险范围；④措施项目的依据；⑤其他有关内容的说明等。

3．工程项目投标报价汇总表

它是各单项工程投标报价汇总表中数值的“集合”表，表中的“单项工程名称”应按《单项工程投标报价汇总表》的工程名称填写，表中的金额应按《单项工程投标报价汇总表》的合计数填写，见表 12-33。

表 12-33　工程项目投标报价汇总表

工程名称　　　　　　　　　　　　　　　　　　　　第　　页共　　页

序号	单项工程名称	金额/元	其中		
			暂估价/元	安全文明施工费/元	规费/元
1					
2					
合计					

4．单项工程投标报价汇总表

它是各单位工程投标报价汇总表中数值的“集合”表，表中的“单位工程名称”应按《单位工程投标报价汇总表》的工程名称填写，如建筑工程、装饰装修工程、安装工程等，表中的金额按《单位工程投标报价汇总表》的合计金额填写，见表 12-34。

表 12-34　单项工程投标报价汇总表

工程名称　　　　　　　　　　　　　　　　　　　　第　　页共　　页

序　号	单位工程名称	金额/元	其中		
			暂估价/元	安全文明施工费/元	规费/元
1					
2					
合计					

5．单位工程投标报价汇总表

内容应包括该单位工程的“分部分项工程清单计价表”合计数、“措施项目清单计价表”合计数、“其他项目清单计价表”合计数、“规费”、“税金”等，见表 12-35。

表 12-35　单位工程投标报价汇总表

工程名称　　　　标段：　　　　　　　　　　　　第　　页共　　页

序号	汇总内容	金额/元	其中：暂估价/元
1	分部分项工程		
1.1			
1.2			
	……		
2	措施项目		
2.1	安全文明施工费		
3	其他项目		
3.1	暂列金额		
3.2	专业工程暂估价		
3.3	计日工		
3.4	总承包服务费		
4	规费		
5	税金		
招标控制价合计=1+2+3+4+5			

注：本表适用于单位工程招标控制或投标报价的汇总，如无单位工程划分，单项工程也使用本表汇总。

6．分部分项工程量清单与计价表

“08 规范”将“03 规范”的分部分项工程量清单表与分部分项工程量清单计价表两表合一。此表是建设工程工程量清单计价文件组成中最基本的计价表格之一，投标人按综合单价计价，并将各相应分项或子项工程的合价（工程量×综合单价）填入合价栏内。“分部分项工程量清单与计价表”中的项目编码、项目名称、项目特征、计量单位、工程数量均不做改动。对其中的“暂估价”栏，投标人应将招标文件中所提供的暂估材料单价的暂估价列入综合单价，并应计算出暂估单价的材料在“综合单价”及其“合价”中的具体数额。

7．措施项目清单与计价表

此表是投标人根据拟建工程施工场地勘踏而掌握的第一手资料以及施工组织设计或施工方案等为依据，对拟建工程施工应采取有关措施项目的费用计算表。措施项目费包括：环境保护费、文明施工费、安全施工费、临时设施费、夜间施工费、二次搬运费、大型机械设备进出场及安拆费、已完工程及设备保护费、施工排水、降水费等。“08 规范”措施项目清单与计价表有“(一)”“(二)”之分。措施项目清单与计价表（一）适用于以“项”计价的措施项目。投标报价时，除“安全文明施工费”必须按《计价规范》第 4.1.5 条强制规定计取外，其他措施项目均可根据施工组织设计自主报价。措施项目清单与计价表（二）适用于以分部分项工程量清单项目综合单价方式计价的措施项目。其编制方法与分部分项工程量清单与计价表基本相同。

8．其他项目清单与计价汇总表

此表中的数值来源于“暂列金额明细表”“材料暂估单价表”“专业工程暂估价

表”“计日工表”“总承包服务费表”五个表格。编制投标报价文件时，应按招标文件工程量清单提供的“暂列金额”和“专业工程暂估价”填写金额，不得变动。“计日工”、“总承包服务费”自主确定报价。

“暂估金额”在实际履约过程中可能发生，也可能不发生，所以它尽管包含在投标总价中（所以也将包含在中标人的合同总价中），但并不属于承包人所有和支配，是否属于承包人所有受合同约定的开支程序的制约。

9．工程量清单综合单价分析表

工程量清单综合单价分析表是评标委员会评审和判别综合单价组成和价格完整性、合理性的主要基础，对因工程变更调整综合单价也是必不可少的基础价格数据来源。

该分析表集中反映了构成每一个清单项目综合单价的各个价格要素的价格及主要的“工、料、机”消耗量。投标人在投标报价时，需要对每一个清单项目进行组价，为了使组价工作具有可追溯性（回复评标质疑时尤其需要），需要表明每一个数据的来源。

该分析表一般随投标文件一同提交，作为竞标价的工程量清单的组成部分，中标后，作为合同文件的附属文件，见表 12-36。

表 12-36 工程量清单综合单价分析表

工程名称： 标段： 第 页 共 页

<table>
<tr><td colspan="2">项目编码</td><td colspan="2"></td><td colspan="2">项目名称</td><td colspan="2"></td><td colspan="2">计量单位</td><td colspan="2"></td></tr>
<tr><td colspan="12">清单综合单价组成明细</td></tr>
<tr><td rowspan="2">定额编号</td><td rowspan="2">定额名称</td><td rowspan="2">定额单位</td><td rowspan="2">数量</td><td colspan="4">单价</td><td colspan="4">合价</td></tr>
<tr><td>人工费</td><td>材料费</td><td>机械费</td><td>管理费和利润</td><td>人工费</td><td>材料费</td><td>机械费</td><td>管理费和利润</td></tr>
<tr><td></td><td></td><td></td><td></td><td></td><td></td><td></td><td></td><td></td><td></td><td></td><td></td></tr>
<tr><td></td><td></td><td></td><td></td><td></td><td></td><td></td><td></td><td></td><td></td><td></td><td></td></tr>
<tr><td></td><td></td><td></td><td></td><td></td><td></td><td></td><td></td><td></td><td></td><td></td><td></td></tr>
<tr><td></td><td></td><td></td><td></td><td></td><td></td><td></td><td></td><td></td><td></td><td></td><td></td></tr>
<tr><td colspan="2">人工单价</td><td colspan="6">小计</td><td></td><td></td><td></td><td></td></tr>
<tr><td colspan="2">元/工日</td><td colspan="6">未计价材料费</td><td colspan="4"></td></tr>
<tr><td colspan="8">清单项目综合单价</td><td colspan="4"></td></tr>
<tr><td rowspan="8">材料费明细</td><td colspan="5">主要材料名称、规格、型号</td><td>单位</td><td>数量</td><td>单价/元</td><td>合价/元</td><td>暂估单价/元</td><td>暂估合价/元</td></tr>
<tr><td colspan="5"></td><td></td><td></td><td></td><td></td><td></td><td></td></tr>
<tr><td colspan="5"></td><td></td><td></td><td></td><td></td><td></td><td></td></tr>
<tr><td colspan="5"></td><td></td><td></td><td></td><td></td><td></td><td></td></tr>
<tr><td colspan="5"></td><td></td><td></td><td></td><td></td><td></td><td></td></tr>
<tr><td colspan="5"></td><td></td><td></td><td></td><td></td><td></td><td></td></tr>
<tr><td colspan="7">其他材料费</td><td>—</td><td></td><td>—</td><td></td></tr>
<tr><td colspan="7">材料费小计</td><td>—</td><td></td><td>—</td><td></td></tr>
</table>

注：1. 如不使用省级或行业建设主管部门发布的计价依据，可不填定额项目、编写等。

2. 招标文件提供了暂估单价的材料，按暂估的单价填入表内“暂估单价”栏及“暂估合价”栏。

10．规费、税金项目清单与计价表

本表按原建设部、财政部 2003 年 10 月 15 日以“建标[2003]206 号”通知印发的《建筑安装工程费用项目组成》列举的规费项目列项，在施工实践中，有的规费项目，如工程排污费，并非每个工程所在地都要征收，实践中可作为按实计算的费用处理。此外，按照国务院《工伤保险条例》，工伤保险建议列入，与“危险作业意外伤害保险”一并考虑。

前面说过，工程量清单计价文件由 16 个表格组成，但由于投标报价文件的编制总说明、分部分项工程清单与计价表、措施项目清单与计价表、其他项目清单与计价汇总表、暂列金额明细表、材料暂估单价表、专业工程暂估价表、计日工表、总承包服务费计价表、规费、税金项目清单与计价表，均与工程量清单文件表格的组成相同，故在此处不再重复编列。

五、清单计价编制实例

某砖基础墙为 370 mm，砖基础垫层为 C10 素混凝土，厚 100 mm；基础用 M5 水泥砂浆砌筑，砖的规格为 240 mm×115 mm×53 mm，MU10，基础高度 2.1 m，采用 5 层等高大放脚，防潮层为 1∶2.5 防水砂浆。垫层宽为 1.2 m，基础全长为 20 m。该分项工程量清单见表 12-37，试报出该分项工程的综合单价，并对此分项工程进行工程量清单计价。

表 12-37　分部分项工程量清单

序号	项目编码	项目名称	计量单位	工程数量
1	010301001001	砖基础 垫层材料：C10 素混凝土 厚度：100 mm 砖材料：红机砖 规格：240×115×53 强度等级：MU10 基础类型：条形 5 层大放脚砖基础 基础深度：2.2 m	m^3	22.45

假设某投标企业的企业定额如下：

C10 素混凝土垫层定额人工费：24.02 元/m^3；材料费：157.96 元/m^3；机械费：13.47 元/m^3。

砖基础定额人工费：34.51 元/m^3；材料费：126.57 元/m^3；机械费：4.05 元/m^3。

1∶2.5 水泥砂浆防潮层：人工费：2.52 元/m^2；材料费：6.34 元/m^3；机械费：0.27 元/m^2。

企业管理费费率：34%。

企业利润率：8%。

暂不考虑风险。

【解】

1．计价规范规定砖基础工程内容包括：砂浆制作、运输；铺设垫层；砌砖；防潮层铺设；材料运输。

投标人计算：（参考第七章，工程量计算按定额计价中工程量计算规则计算）

（1）基础垫层，C10 素混凝土，厚 100 mm，$V1 = 1.2 \times 0.1 \times 20\ m^3 = 2.4\ m^3$

人工费：24.02 元/$m^3 \times 2.4\ m^3 = 57.648$ 元

材料费：157.96 元/$m^3 \times 2.4\ m^3 = 379.104$ 元

机械费：13.47 元/$m^3 \times 2.4\ m^3 = 32.328$ 元

（2）砖基础：$V2 = 0.365 \times (2.1 + 0.647) \times 20\ m^3 = 20.05\ m^3$

人工费：34.51 元/$m^3 \times 20.05\ m^3 = 691.926$ 元

材料费：126.57 元/$m^3 \times 20.05\ m^3 = 2\,537.729$ 元

机械费：4.05 元/$m^3 \times 20.05\ m^3 = 81.203$ 元

（3）1∶2.5 水泥砂浆防潮层：$S = 0.365 \times 20\ m^2 = 7.3\ m^2$

人工费：2.52 元/$m^2 \times 7.3\ m^2 = 18.396$ 元

材料费：6.34 元/$m^3 \times 7.3\ m^2 = 46.282$ 元

机械费：0.27 元/$m^2 \times 7.3\ m^2 = 1.971$ 元

（4）综合：

直接费合计：3 846.587 元

管理费：3 846.587 元×34%＝1 307.840 元

利润：3 846.587 元×8%＝307.727 元

总计：3 846.587 元＋1 307.840 元＋307.727 元＝5 462.154 元

综合单价：5 462.154 元÷22.45 m^3＝243.303 元/m^3

分部分项工程量清单计价表及综合单价计算表如表 12-38、表 12-39 所示。

表 12-38　分部分项工程量清单计价表

序号	项目编码	项目名称	计量单位	工程数量	金额/元	
					综合单价	合价
1	010301001001	砖基础 垫层材料：C10 素混凝土 厚度：100 mm 砖材料：红机砖 规格：240×115×53 强度等级：MU10 基础类型：条形砖基础 基础深度：2.2 m	m^2	22.45	243.303	5 462.154

表 12-39　分部分项工程量清单综合单价计算表

序号	定额编号	工程内容	单位	数量	费用/元					
					人工费	材料费	机械费	管理费	利润	小计
1	5-1	基础垫层，C10素混凝土	m^3	2.4	57.648	379.104	32.328			
	4-1	砖基础	m^3	20.05	691.926	2 537.729	81.203			
	13-5	1∶2.5 水泥砂浆防潮层	m^3	7.2	18.396	46.282	1.971			
		总计			767.97	2 963.115	115.502	1 307.840	307.727	5 462.154

第五节　工程结算与竣工决算

一、工程结算

（一）工程结算的概念

环境工程项目的定价过程，是一个具有单件性、多次性特征的动态定价过程。由于施工过程中人工、材料耗用量较大，在施工过程中为了合理补偿施工企业的生产资金，通常将已完成的施工部分，按有关文件规定的结算方式或合同约定的付款方式结算建筑安装工程价款，俗称工程进度款，直到工程项目全部竣工验收，再进行最终的工程竣工结算。最终的工程竣工结算价，才是承发包双方的市场真实价格，也是最终产品的工程造价。因此，工程结算是指建筑安装工程施工期间，建设单位与施工单位围绕建筑安装工程价款的计算、拨付和收付事宜而发生的经济往来行为。

（二）环境工程价款结算对象及程序

1．环境工程价款的结算对象

环境工程价款结算对象为施工过程中的“中间产品”，一般是指预算定额规定的全部工序的分部分项工程。凡是没有完成预算定额所规定的作业内容及相应工作量的，只能按“未完施工”产品处理，不允许作为办理结算的对象。对工期短、预算造价低的工程，可分次或分月预支，竣工后一次结算。在办理中间结算的施工期间，其中间结算累计额一般不应超过承包工程价值的95%，其余尾款在竣工结算时处理。

2．按月结算工程价款的一般程序

环境工程价款的结算方式有多种，如按月结算，分阶段结算，竣工后的一次结算，以及结算双方协商约定并经开户银行同意的其他结算方式。办理按月结算的程序如下：

（1）预付备料款

为确保工程施工顺利进行，在工程开工前，建设单位按照施工承包合同规定，向施工单位提供一定数额的工程款，这种预先支付给施工方的款项叫工程预付款，主要用于施工方筹备工程材料、搭建临时设施以及其他与施工有关的准备工作，所以又称其为备料款。备料款的限额应根据工程的规模和造价、工期、材料费在工程造价中所占的比重，以及材料储备的时间长短等综合考虑，合理确定，或根据当地主管部门的规定执行。如《建设工程价款结算暂行办法》（财建[2004]369 号）规定：包工包料工程的预付款按合同约定拨付，原则上预付比例不低于合同金额的 10%，不高于合同金额的 30%，对重大工程项目，按年度工程计划逐年预付。《湖南省建设工程价款结算暂行办法》规定：备料款的预付额度，建筑工程一般为当年建筑（包括水、电、暖、卫）工程工作量的 15%～20%；大量采用预制构件以及工期在六个月以内的工程，可适当增加；安装工程一般为当年安装工作量的 5%～10%，安装材料用量大的工程，可以适当增加。

备料款属于预付性质，到施工的中后期，应随着工程备料储量的减少，预付备料款应在中间结算工程价款中逐步扣还。

（2）中间结算

施工企业在施工过程中，按逐月完成的分部分项工程数量计算各项费用，于上旬末或中旬向建设单位提出预支工程款账单，预支一旬或半月的工程款，月终再提交工程款结账单和已完工程月报表，经建设单位和建设银行审定签证后，收取当月工程价款。

为了简化手续，是以施工企业提出的统计进度月报表作为支取工程价款的凭证，故通常称为“工程进度款”。工程进度款的拨付，应体现及时、准确的原则。

按月结算时，对现场已完成的施工部分产品，必须严格检查质量和逐一清点工程量，质量不合格或工作量不足，不能办理中间结算。工程承发包双方必须遵守结算纪律，不准虚报冒领，不准相互拖欠，违者应按国家主管部门的规定处罚。

每期拨付工程进度款数额＝本期完成建安工程造价−本期完成建筑安装工程造价中材料费＝本期完成建筑安装工程造价×（1−材料费所占比重）

【例 12-7】某污水处理厂土建与安装工程施工承包造价为 600 万元。合同规定工程预付款额度按总造价 25%计算。该工程材料费占总造价的比重为 62.5%，二月至五月完成工程情况见表 12-40。试确定工程预付款数额和进度款的拨付。

表 12-40　工程进度情况

月份	二	三	四	五
完成产值/万元	164	156	188	92

【解】工程预付款数额为：600×25%＝150（万元）

未完工程造价为：150/62.5%＝240（万元）

预付款起扣点造价为：600−240＝360（万元）

二月至五月工程进度款拨付情况如下：

二月　164 万元

三月　156 万元

四月　360−（164＋156）＋148×（1−62.5%）＝95.5 万元

五月　92×（1−62.5%）＝34.5 万元

（3）分段结算方式

分段结算是把整个工程按形象进度划分为几个阶段，根据施工图预算划分出每个阶段的造价占合同总造价的比重，或以单项或单位工程为对象，采用分段预支、分段结算、竣工清算。如某污水处理厂曝气池土建和安装工程，按形象进度的结算情况如下：

破土动工、基坑土方工程，按合同造价预付 30%。

基础完成，按合同造价预付 15%。

主体结构完成，按合同造价预付 20%。

设备管道安装工程完成，按合同造价预付 30%。

工程竣工后，按合同造价支付 5%。

（4）竣工后一次结算方式

竣工后一次结算就是分期预支、竣工后一次清算的方式。这种结算方式适用于投资少、工期短、技术简单的工程，可减少结算次数。

对于按月结算和分段结算，累计拨付工程款和预付款之和，一般不应超过承包工程价值的 95%，保留 5%，等工程验收合格后，由竣工结算最后结清。

（三）环境工程竣工结算

竣工结算是在工程竣工后，施工单位与建设单位依据招投标文件或施工承包合同，对工程施工价款进行的最终结算。

1. 采用定额计价的工程竣工结算

（1）编制工程竣工结算的依据

①工程竣工报告和工程验收单。

②工程承包合同与已经核查的原施工图预算。

③设计变更图、通知书、技术洽谈与现场施工记录。

④现行预算定额、地区人工工资标准、材料预算价格、材料调价凭证及费用标准等有关文件。

⑤工程签证凭证、工程价款结算凭证及其他有关资料等。

（2）竣工结算方式

用作确定合同价的施工图预算，是在开工之前的招标投标中确定的，在施工过程中，往往由于地质条件的变化，设计变更和施工条件及措施的变动，在施工中发生的各种经济签证，导致原定工程预算已不能如实地反映竣工验收后的最终产品的价值，应对原定预算价格进行合理的调整。由施工单位编制竣工结算，报建设单位和建设银行审查，经三方协商同意后，办理最后一次的工程价款结算，即竣工结算，也是承发包双方的工程财务结算。

竣工结算方式随工程承包方式的不同，有以下几种：

①施工图预算加签证的结算方式

这种方式是以原施工图预算为基础，以施工中发生而原施工图预算并未包含的增减工程项目和费用签证为依据，在竣工结算中进行调整。

②预算包干结算方式

此种方式是承发包双方已在承包合同中明确了双方的义务和经济责任，一般不需在工程结算时做增减调整。只有在发生超出包干范围的工程内容时，才在工程结算中进行调整。

③平方米造价包干的结算方式

这是承发包双方根据预定的建筑工程图纸及有关资料，确定了固定的平方米造价。工程竣工结算时，按已完成的平方米数量进行结算。

（3）工程竣工结算书的编制内容和方法

工程结算书的内容和编制方法与施工图预算书基本相同，不同处是以变动签证等资料为依据，以原施工图预算书为基础，进行部分增减与调整。随着承包方式的不同，工程竣工结算的编制也有差异。

1）采用施工图预算加增减账承包方式的工程结算书的编制。

是在原工程预算的基础上，加上工程施工过程中不可避免地发生的设计变更、材料代用、施工条件的变化、经济政策的变化等而产生的增减费用。所以又称为预算结算制。

①工程分项有无增减

由于设计的变更，可能带来工程分项的增减，应对原施工图预算分项进行核对、调整。一般情况下原施工图预算分项不变，遇特殊情况设计变动较大时，也可能增加不同类别的分项。此时应根据设计变更计算其分项工程量，确定采用相应的预算定额，作为新项列入工程决算。

②调整工程量差

即调整原预算书与实际完成的工程数量之间的差额，一般是调整的主要部分。出现量差的主要原因是修改设计或设计漏项，现场施工条件及其措施的变动和原施工图预算的差错等。

③调整材料价差

材料价差的调整是调整结算的重要内容，政策性强，应严格按照当地主管部门的规定进行调整。材料代用发生的价差，应以材料代用核定通知单为依据，在规定范围内调整。

④各项费用的调整

由于工程量的增减会影响直接费（或定额人工费总额）的变化，其间接费、利润和税金也应做相应调整。各种材料价差不能列入直接费作为间接费的调整基数，但可作为工程预算成本，也可作为调整利润和税金的基数费用。

其他费用，例如因建设单位的原因发生的窝工费用、机械进出场费用等，应一次结清，分摊到结算的工程项目之中。施工现场使用建设单位的水电费用，应在竣工结算时按有关规定付给建设单位。

2）采用施工图预算加包干系数或平方米造价包干的工程结算书的编制。

采用这种承包方式的工程，一般在承包合同中已分清了承发包单位之间的义务和经济责任，不再办理工程施工过程中承包内容的经济洽商，在工程结算时不再办理增减调整。工程竣工后，仍以原预算加系数或平方米造价包干价值进行结算。

3）采用投标方式承包工程结算书的编制。

采用招标投标方式的工程，其结算原则上应按中标价格进行。但是一些工期较长、内容较复杂的工程，在施工过程中难免发生一些较大的设计变更和材料价格调整。如果在合同中规定有允许调价的条文，施工单位在工程竣工结算时，在中标价格的基础上进行调整。合同条文规定允许调价范围以外发生的非建筑企业原因造成中标价格以外的费用，建筑企业可以向招标单位提出洽商或补充合同作为结算调整的依据。

（4）工程竣工结算书的编制程序

由于各地区编制施工图预算所使用的定额有差异，费用定额的内容、费率及取费基数、计算方法不尽相同，所以竣工结算的计算程序也不尽相同。表 12-41 所示是某市建筑市政工程竣工结算费用计算程序，仅供参考。

表 12-41　建筑市政工程竣工结算费用计算程序表

序号	费用项目	计算公式	金额
1	原预算直接费		
2	历次增减变更直接费		
3	其中：暂估价	1、2 项所含	
4	人工费调整金额	1、2 两项人工费×系数	
5	五类材料价差		
6	暂估价价差		

序号	费用项目	计算公式	金额
7	其他直接费	其他直接费	
8		人工费调整＝7所含人工费×系数	
9		现场经费＝（1+2+4+5+6）×费率	
10	小计	1+2+4+5+6+7+8+9	
11	调价金额	（10–3–6）×调价系数	
12	工程直接费	10+11	
13	企业经营费	12×相应工程类别费率	
14	利润	12×相应工程类别费率	
15	税金	12×相应工程类别费率	
16	参考价价差	实际供应价格－参考供应价格×（1+3.4%）	
17	工程造价	12+13+14+15+16	
18	劳保基金	17×1.5%	
19	建材发展补充基金	17×2.0%	
20	工程总价	17+18+19	

2．工程量清单计价工程的竣工结算

采用工程量清单计价的工程完工后，发、承包双方应在合同约定时间内办理工程竣工结算。

工程竣工结算由承包人或受其委托具有相应资质的工程造价咨询人编制，由发包人或受其委托具有相应资质的工程造价咨询人核对。

工程竣工结算应依据：2008 年的《计价规范》；合同约定的工程价款；工程竣工资料；双方确认的工程量；双方确认追加（减）的工程价款；双方确认的索赔、现场签证事项及价款；投标文件；招标文件；其他依据。

分部分项工程费用依据双方确认的工程量、合同约定的综合单价计算；如发生调整的，以发、承包双方确认调整的综合单价计算。

措施项目费依据合同约定的项目和金额计算；如发生调整的，以发、承包双方调整确认的金额计算，其中安全文明施工费按2008年的《计价规范》的规定计算。

其他项目费用按下列规定计算：计日工按发包人实际签证确认的事项计算；暂估价中的材料单价按发、承包双方最终确认价在综合单价中调整；专业工程暂估价应按中标价或发包人、承包人与分包人最终确认价计算；总承包服务费应依据合同约定金额计算，如发生调整的，以发、承包双方确认调整的金额计算；索赔费用依据发、承包双方确认的索赔事项和金额计算；现场签证费用应依据发、承包双方签证资料确认的金额计算；暂列金额应减去工程价款调整与索赔、现场签证金额计算，如有余额归发包人。

规费和税金按规范的规定计算。

承包人应在合同约定时间内编制完成竣工结算书，并在提交竣工验收报告的同时递交给发包人。承包人未在合同约定时间内递交竣工结算书，经发包人催促后仍未提供或没有明确答复的，发包人可以根据已有资料办理结算。

发包人在收到承包人递交的竣工结算书后，应按合同约定时间核对。工程竣工结算核对完成，发、承包双方签字确定认。

竣工结算办理完毕，发包人应将竣工结算书报送工程所在地工程造价管理机构备案。竣工结算书作为工程竣工验收备案、交付使用的必备文件。

工程竣工结算办理完毕，发包人应根据确认的竣工结算书在合同约定期限内向承包人支付工程竣工结算价款。

二、竣工决算

（一）竣工决算的概念

工程竣工决算是在建设工程全部完成之后，以竣工结算资料为基础编制的费用文件，可分为两个方面，即施工企业的竣工决算和建设单位的竣工决算。

为了严格执行基本建设项目竣工验收制度，正确核定新增固定资产价值，分析考核投资效果，建立健全经济责任制，所有新建、改建和扩建项目竣工后，都必须按照国家主管部门对基本建设竣工验收的有关规定和要求编制竣工决算。竣工决算造价反映整个工程从筹建到竣工直至交付使用过程中全部投资的使用情况。竣工决算造价是建设项目的最终造价，它包括各单项工程造价和其他工程费用之和。

1．施工企业的竣工决算

施工企业内部的工程竣工决算是以单位工程为对象，以单位工程竣工结算为依据编制的从开工到竣工的施工企业的实际总成本，并进行成本降低额核算，因此又可称为工程竣工成本决算。企业通过内部的实际成本决算，进行成本分析，评价经营效果，总结经验，不断提高项目经营的管理水平。

2．建设单位的竣工决算

建设单位的工程竣工决算是反映竣工验收项目建设成果的文件，是办理交付使用验收的依据，是竣工验收报告的重要内容之一。建设单位编制竣工决算时，施工单位应负责提供有关资料。施工单位在完成每项单位工程之后，应向建设单位提供有关技术资料和竣工图纸，办理交工验收后，应及时办理工程结算，同时编制好工程决算。

建设工程竣工决算的编制以竣工结算等资料为基础。其内容一般应包括竣工工程概况表、竣工工程财务决算表、交付使用财产总表、交付使用财产明细表以及必要的说明。是说明从项目筹建开始到工程全部竣工为止的实际投入总费用的文件，它能全面反映一个建设项目的财务支出状况和建设成果。

（二）竣工决算的编制步骤

1．收集、整理、分析原始资料

从建设工程开始就按编制依据的要求，收集、清点整理有关资料，主要包括建设工程档案资料。

2．对照、核实工程变动情况，重新核实各单位工程、单项工程造价

将竣工资料与原设计图纸进行查对、核实，必要时可实地测量，确认实际变更情况；根据经审定的施工单位竣工结算等原始资料，按照有关规定对原概（预）算进行增减调整，重新核定工程造价。

3．计算建设成本

将审定后的待摊投资、设备工器具投资、建筑安装工程投资、工程建设其他投资严格划分和核定后，分别计入相应的建设成本栏目内。

4．编制竣工财务决算说明书

力求内容全面、简明扼要、文字流畅、说明问题。

5．填报竣工财务决算报表

6．作好工程造价对比分析

7．清理、装订好竣工图

8．按国家规定上报、审批、存档

第六节　计算机辅助工程概预算

计算机编制建筑工程概预算，目前已得到了广泛的应用，本节简要说明计算机编制工程概预算的优点以及步骤和方法。

一、计算机编制工程概预算的优点

随着计算机的发展，建筑业中越来越广泛地使用计算机来解决工程中的实际问题。目前，我国建筑工程预决算的电算化工作逐步完善，用计算机辅助编制建筑工程概预算已经相当普遍。实践证明：应用计算机编制概预算比手工编制具有以下优点：

1．编制速率快，工作效率高

利用计算机及其相应的建筑工程预算软件可以快速地、精确地处理大量数据，应用计算机计算比手工计算可提高工作效率几倍甚至十几倍，可以减少大量的抄写工作，从而减轻了工程概预算人员的工作量。

2. 计算准确、精度高

由于计算机定额库中已输入本地区采用的定额及统一编制程序，只要操作人员采集的工程原始数据准确、输入正确，就可能保证计算结果的一致性，实现数据共享，可保证编制出的概预算的准确性和精度，避免了手工计算中每一环节都可能出现差错的可能性。

3. 成果完整，数据齐全，审核、修改方便

当初始数据输入计算机后，计算机可以代替或部分代替手工预算，从而快速完成工程量计算、套定额、数据统计、分类、汇总生成报表等工作。另外，采用计算机审核预算时可以在屏幕上进行，发现错误直接修改，并且文件的存取也十分方便，便于存档。

二、计算机辅助工程概预算的发展

我国计算机在建筑工程概预算中的应用开始于 1973 年。最早是华罗庚教授的应用数学小分队在沈阳进行了应用计算机编制工程预算的试点，后来，华罗庚教授向当时的国家建委建议：“在北京设立一台中心计算机，负责全国的建筑工程概预算编制工作。”遵照国家建委指示，原国家建委建筑科学研究院建筑经济室（现在的中国建筑技术研究院建筑经济研究所）进行了普遍推广应用计算机编制工程概预算的工作。1977 年 5 月，由原国家建委施工管理局和建筑科学研究院联合召开了“应用计算机编制工程概预算座谈会”。随着建筑市场的逐年扩大，工程建设招投标制度的全面实施，人们对建筑工程概预算的速度、质量、准确性提出了更高的要求。为了能迅速、准确地算出工程标底和报价，利用计算机进行建筑工程概预算成了解决问题的最佳途径。

根据我国目前的工程造价管理模式，建筑工程预算一般是先熟悉图纸、再计算工程量、而后套价、即套用定额、分析统计工、料、机消耗量、计算差价、计取费用。由此可见，各种计算工作在这个程序中占有重要地位，并消耗了工程预算人员大量的时间和精力。随着计算机的普及、计算机性能的迅速发展，应用计算机来完成大量的计算统计工作已成为现实，工程预算套价计算快捷、准确，可提高工效 30%。

到目前为止，全国各省、市、自治区都开展了应用计算机编制工程概预算的工作，且建筑工程预算软件也已由原来的单一功能向集成化功能发展，从单项应用向综合应用和系统应用方面发展。一些新开发的预算软件，可在应用计算机套价计算的基础上更进一步，工程量自动计算、钢筋翻样自动计算，将计算机在建筑工程预算中的应用水平又大大地推进了一步。

三、概预算软件简介

由于目前全国各地所采用的定额不同，定额栏目各异，因此概预算软件的应用有很大的地区性限制。目前的概预算软件主要有计算工程量和套定额计算两大功能，而套定额计算功能又可建立不同地区的不同定额库（如建筑工程、安装工程、装饰工程、市政工程、房屋维修工程定额库），以便用于不同的地区和不同的预算要求。

目前，工程量计算主要是靠手工计算或手工输入图纸尺寸（按一定的规则填表），由计算机自动识图并自动计算工程量。由于各种建筑项目的外形和内部结构各不相同，而且各种构件，如梁、柱、板、墙、门、窗等工程量的计算过程中又有一套复杂的扣减规则，要用计算机自动计算工程量，必然涉及复杂的工程图纸或其计算机图形的识别和处理。由于各设计单位使用的计算机软件不完全一样，设计者制图的习惯也不一致，因此，目前比较成熟的还是手工输入数据计算工程量，有些软件通过一些规定表格将数据进行一些组织，可以实现一定程度的自动化计算。

目前比较有代表性的预算软件有：

（1）中外合资海口奈特电脑软件公司与清华大学土木系合作研制的奈特工程预决算系统。该系统首创“图形矩阵法”土建工程量计算数学模型，使原本扣减关系复杂，重复、漏算多，计算繁杂的土建工程量计算，转化为简捷快速的计算机图形输入，再由计算机自动进行准确的扣减计算和汇总，其所需时间仅为手工计算的十分之一。

（2）武汉三山应用科学研究所开发的“湖北省建筑工程预算 V2 版”。

（3）北京梦龙科技开发公司开发的《梦龙智能项目管理集成系统》，其中的梦龙工程概预算系统具有以下特点：①开放式数据库，适应全国各种情况，任意挂接各地定额。②专为定额站而作的设计，使定额及工料机的建库工作迅速准确，完全符合各地定额标准，用户可用来建立自己的补充定额库及材料库。③允许跨定额库操作，如做建筑工程预算时可以取安装工程定额库的定额子目。④用户可以自定义数据的分类方式和编码规则，各个常用部分均提供模板功能，允许用户自行维护。⑤可以将工程分割成若干部分，同时对各部分进行预算，最后进行合并，从而大大提高工作效率。⑥由于梦龙软件是一个集成系统，预算系统所得的数据可以直接进入梦龙投资控制系统和材料管理系统，亦可与梦龙项目管理系统交互数据，最大限度地利用数据资源，减少数据的重复录入。

（4）北京广联达技术开发有限公司开发的广联达工程造价系列软件，包括图形自动计算工程量软件、工程概预算软件、钢筋翻样及下料软件、钢筋预算统计软件等。

（5）海文电脑软件有限公司的建筑工程造价软件系列，其主要特点是：①专业齐全，包括土建、安装、市政等专业软件。②针对不同地区开发不同的版本。③多种灵活的输入方式，强大的换算功能。④工程分期报价，不同工期套用不同的信息价。⑤用户可灵活调整取费标准。⑥与工程量自动计算软件配合使用，不用重复输入数据。

（6）海口神机电脑科技有限公司开发的建筑工程量自动计算软件、海文电脑科技有限公司开发的建筑工程钢筋翻样软件及湖南省建设工程定额管理站信息中心的神机妙算建筑工程及安装工程预算软件、神机妙算工程造价软件。

以上各公司软件都具有集成化的特征，各种主要功能大同小异，各软件的差别主要在于其集成化的程度不同，后续开发与维护能力、售后服务以及对当地定额的适应性有所不同。

四、部分工程造价软件应用

（一）神机妙算工程造价软件编制概预算

现以神机妙算工程造价软件为例进行介绍。神机妙算工程造价软件功能特点主要表现在以下几个方面：支持 Windows95～XP 跨平台使用，运行稳定、操作灵活；支持自定义操作界面，工程模板、表格及取费文件，符合个性化的需要；支持国标、企业定额计价和清单计价；支持工程概预结算、投标报价、审计审核、电子评标、工程项目管理；支持跨地区、跨专业套清单、定额；支持单一或分部子目人材机价格调差、取费、报价；支持多种格式数据转入转出（如：Excel 电子表格、Access、Txt）；支持智能升级、文件压缩、多种格式电子文件发送、电子评标；支持清单计价与定额计价的转换；支持多种自定义表格，表格编辑功能、打印功能非常强大；支持工程文件和软件锁加密，有利于保护工作成果。

1．系统的组成

该软件系统分为两大部分：工程预算管理和定额数据管理。其中，工程预算管理部分包括工程管理、数据输入、计算汇总和报表输出。定额数据管理部分包括定额管理、材料管理、机械管理、半成品管理。

2．系统安装与启动

将光盘插入光驱，按照系统提示安装，计算机自动安装完毕，在桌面建立“土建预算”和“安装预算”图标。双击预算图标打开应用程序时，自动进入建筑工程预算系统”。

3．预算过程（图 12-7）

编制概预算用电算的方法与手算的方法基本相似，也分为：工程量计算、套用定额单价、计算工程造价和各项经济指标以及工料分析等过程。

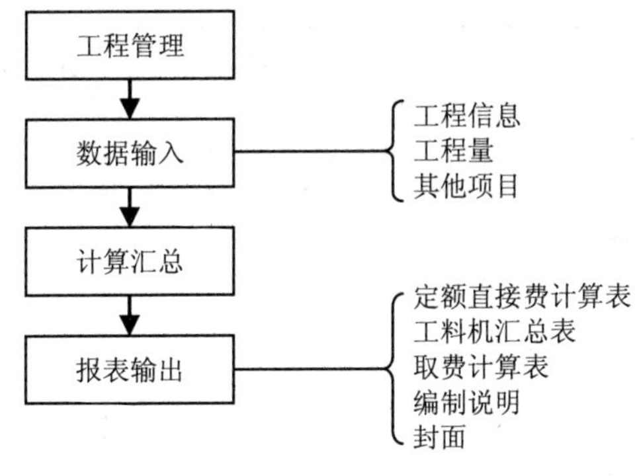

图 12-7 预算过程

（1）准备工作

熟悉软件的使用说明，熟悉施工图纸，按施工图纸及本地区建筑工程概预算定额和工程量计算规则以及有关规定，手工计算工程量或按软件使用说明，采集工程初始数据。

（2）上机运算

对采集到的工程初始数据或手工计算的工程量进行仔细核查无误后，上机进行数据输入。工程初始数据包括：工程量初始数据，其他工程初始数据。其他工程初始数据又包括：建筑面积，工程编号或工程名称，结构层数及建筑物檐高，工程所在地点，各项费用取费标准，编制预算日期等。

输入工程初始数据后，计算机自动计算，汇总。

（3）成果输出

根据工程预算书编制的要求，输出所需预算表格及预算书封面、编制说明，装订成册。

（二）广联达 GBQ4.0 计价软件

GBQ4.0 是广联达推出的融计价、招标管理、投标管理于一体的全新计价软件。GBQ4.0 主要通过招标管理、清单计价、投标管理三大模块来实现电子招投标过程的计价业务。包含清单与定额两种计价方式，并提供“清单计价转定额计价”功能，满足不同工程的计价要求；其应用流程是见图 12-8。

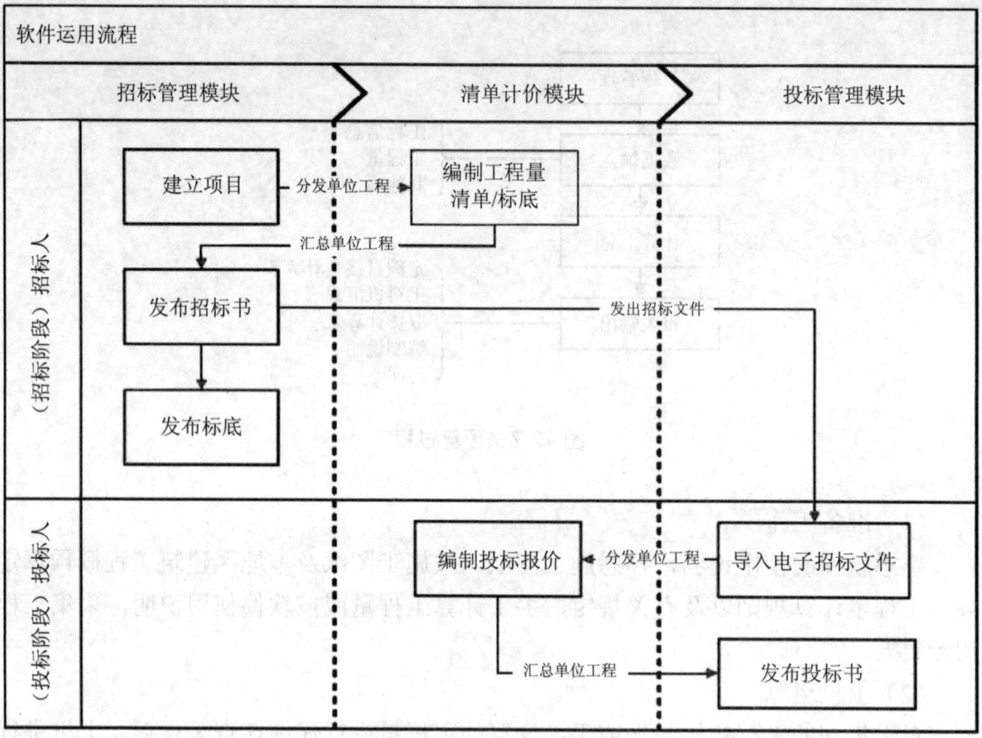

软件运用流程

招标管理模块　清单计价模块　投标管理模块

（招标阶段）招标人

建立项目 → 分发单位工程 → 编制工程量清单/标底

汇总单位工程 → 发布招标书

发布招标书 → 发出招标文件

发布招标书 → 发布标底

（投标阶段）投标人

导入电子招标文件 → 分发单位工程 → 编制投标报价

编制投标报价 → 汇总单位工程 → 发布投标书

图 12-8　应用流程图

“清单指引查询”、可实现清单子目同时输入，快速组价；

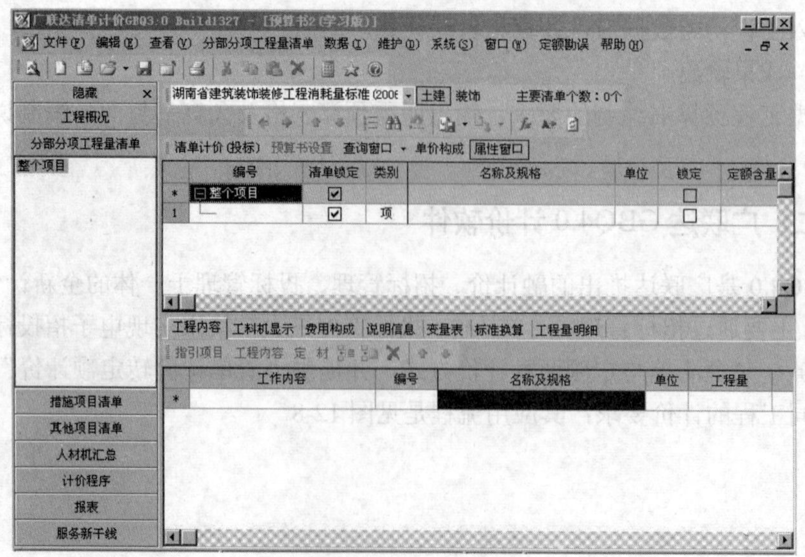

图 12-9　清单子目输入

输入子目后，子目下的主材、子目名称均可自动弹出以便修改；

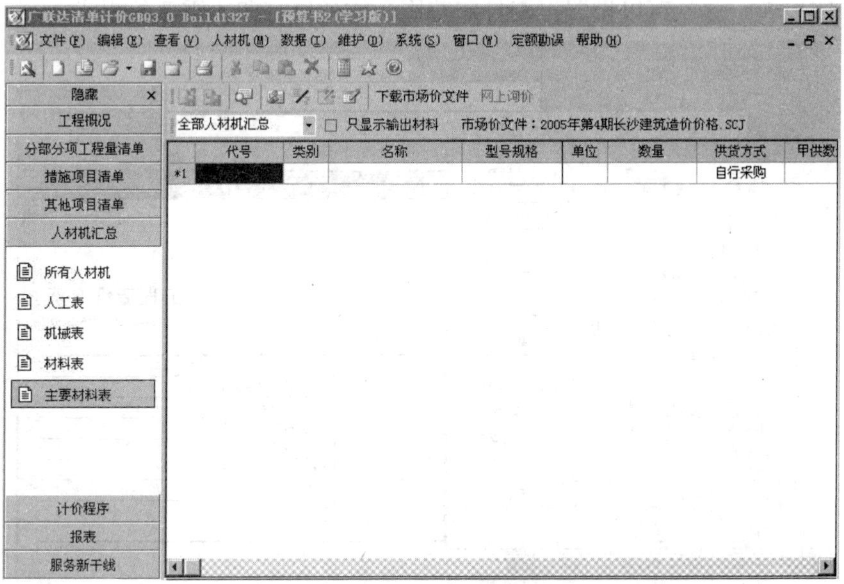

图 12-10 子目下的主材、子目名称修改

“统一设置安装费用”功能，自动根据用户输入的子目，计取对应的安装费用；提供“工程造价调整”、“统一调整人材机单价”功能，一次性调整单位工程造价或整个项目的投标报价；

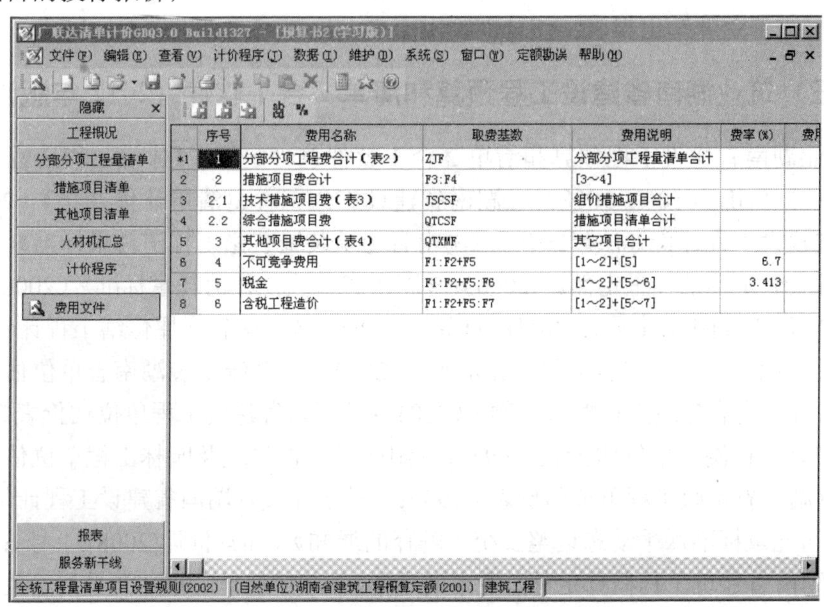

	序号	费用名称	取费基数	费用说明	费率(%)
*1	1	分部分项工程费合计(表2)	ZJF	分部分项工程量清单合计	
2	2	措施项目费合计	F3:F4	[3~4]	
3	2.1	技术措施项目费(表3)	JSCSF	组价措施项目合计	
4	2.2	综合措施项目费	QTCSF	措施项目清单合计	
5	3	其他项目费合计(表4)	QTXMF	其它项目合计	
6	4	不可竞争费用	F1:F2+F5	[1~2]+[5]	6.7
7	5	税金	F1:F2+F5:F6	[1~2]+[5~6]	3.413
8	6	含税工程造价	F1:F2+F5:F7	[1~2]+[5~7]	

图 12-11 取费计算、人材机单价调整

最后通过“统一调整报表方案”功能，可以实现快速调整报表格式；软件可以批量打印报表，并且可以设置报表打印范围，方便地打印所需要的报表。

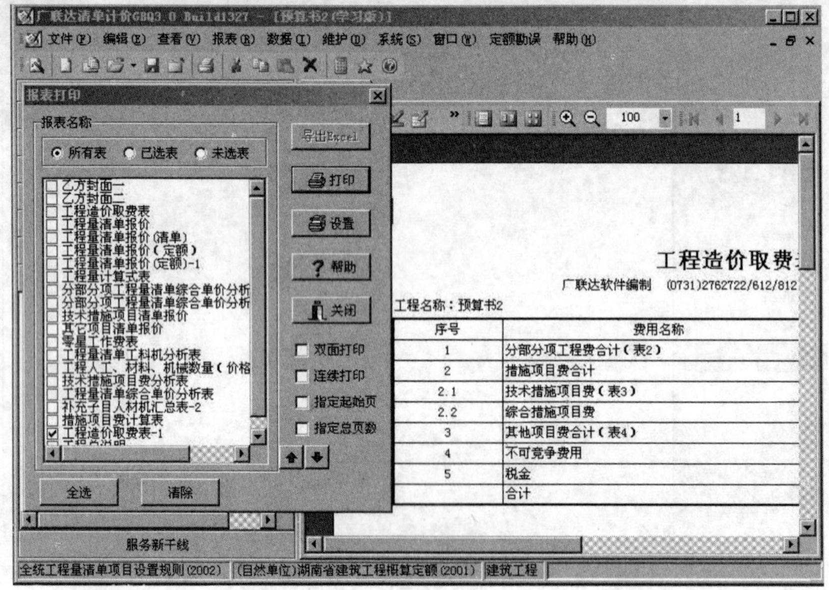

图 12-12　报表打印

软件提供局部汇总功能；把工程中部分清单、子目、措施选定后，执行【局部汇总】功能，可以使工程中只显示选定的内容，且人材机、取费、报表均按选定的清单子目来汇总并输出报表；使分期输出变更、洽商，结算工作更加快捷。

（三）筑业湖南省建设工程预算和清单 2 合 1 软件（2012 年版）

筑业湖南省建设工程预算和清单 2 合 1 软件包含定额：《建设工程工程量清单计价规范》（GB 50500—2008）；《湖南省建设工程工程量清单计价办法》（2010）；《湖南省建设工程计价办法》（2006）；《湖南省建筑装饰装修工程消耗量标准》（2006）；《湖南省安装工程消耗量定额》（2006）；《湖南省市政工程消耗量标准》（2006）；《湖南省仿古建筑及园林景观工程消耗量标准》（2006）；《湖南省房屋修缮工程计价定额》（2005）；《湖南省路灯安装工程预算定额》（2004）；《全统安装湖南省单位估价表》（2002）；《湖南省建筑工程概算定额》（2001）；《湖南省建筑工程单位估价表》（99）；《全统安装工程湖南单位估价表》（97）；《湖南省仿古建筑及园林工程单位估价表》（97）；《湖南省市政工程单位估价表》（95）；《关于印发〈湖南省建设工程计价办法〉和工程消耗量标准水平动态调整及统一解释的通知》（湘建价计[2008]31 号）；《关于调整〈湖南省建筑工程概算定额〉费率的通知》（湘建价计[2008]22 号）；《关于调整工程安全防护、文明施工措施费的通知》（湘建价[2007]403 号）。

筑业湖南省建设工程预算和清单 2 合 1 软件可用于土建工程、装饰装修工程、安装工程、路灯安装工程、仿古建筑及园林景观工程、市政工程等工程预算。

具有最先进的树形操作方法，简便的查询库维护功能；预算报表可导出到 Excel 同时可导入 Excel 招标文件，自动生成各类报表格式；钢筋模板、主材设备自动带出，强大的换算功能。简便的补充定额录入及直观的定额修改功能。还可根据甲方提供的招标文件完成工程量预算报价及投标文件的编制。

习题

1. 什么情况下编制工程投资估算和设计概算？
2. 投资估算的常用方法有哪些？
3. 已建成的某污水处理工程项目，处理能力为 10 万 m^3/d，固定资产为 8000 万元。若拟建一个生产能力为 20 万 m^3/d 的同类项目，试估算其固定资产投资。（按增加设备容量考虑 $n = 0.7$）
4. 设计概算和施工图预算相比较有什么特点？
5. 设计概算的常用方法有哪些？
6. 施工图预算有哪些作用？
7. 编制施工图预算有哪些主要依据？
8. 施工图预算的编制方法有哪几种？单价法编制施工图预算的具体步骤如何？
9. 一份完整的施工图预算应包含哪些内容和表格？
10. 什么是《建筑工程工程量清单计价规范》？
11. 《计价规范》的内容由哪几部分组成？
12. 《计价规范》的特点是什么？
13. 工程量清单由哪几部分组成？
14. 何谓“工程量清单”和“工程量清单计价”？
15. 工程量清单计价适用于哪些建设项目？
16. 单位工程工程量清单造价怎样计算（列出计算式即可）？
17. 工程量清单计价文件由哪几种表格组成？
18. 某施工单位承包某工程，甲乙双方签订的关于工程价款的合同内容如下：

建筑安装工程造价 660 万，建筑材料及设备费占施工产值的 60%；工程预付款为建筑安装工程造价的 20%。工程实施后，工程预付款从未施工工程尚需的建筑材料及设备费相当于工程预付款数额时起扣，从每次结算工程价款中按材料和设备占施工产值的比重抵扣工程预付款，竣工前全部扣清；工程进度款逐月计算；工程质量保证金为建筑安装工程造价的 3%，竣工结算月一次扣留；建筑材料和设备价差调整按当地工程造价管理部门有关规定，上半年材料和设备价差上调 10%，在 6 月一次调增。

工程各月实际完成产值见下表。

各月实际完成产值　　(单位：万元)

月份	2	3	4	5	6	合计
完成产值	55	110	165	220	110	660

问题：工程竣工决算的前提条件是什么？工程价款结算的方式有哪几种？该工程的工程预付款、起扣点为多少？该工程在 2 月至 5 月每月拨付工程款为多少？累积工程款为多少？6 月办理竣工结算，该工程结算造价是多少？甲方应付工程结算款是多少？